孕育健康宝宝一本通

主　编　王新良　魏玉华
副主编　侯红艳　安建斌　郝恒瑞
　　　　李晓慧
编　者　王　雪　张　薇　付艳华
　　　　林　栩　路　娟　王会松　杨丽昕　尹　力

金盾出版社

内容提要

本书共分十四章，从孕前准备开始，就如何应对早孕反应、孕期营养补充、孕期健康检查、孕期防病、孕期性生活、胎教与优生、临近分娩的征兆、分娩方式的选择、坐月子指导，以及新生儿护理与早期教育等均作了详细介绍，是指导准备孕育宝宝的年轻夫妇和准爸爸、准妈妈们科学孕育健康宝宝的良师益友，也可供妇幼保健人员参考。

图书在版编目(CIP)数据

孕育健康宝宝一本通/王新良，魏玉华主编. -- 北京：金盾出版社，2012. 1
ISBN 978-7-5082-7106-4

Ⅰ. ①孕…　Ⅱ. ①王…②魏…　Ⅲ. ①婴幼儿—哺育　Ⅳ. ①TS976. 31

中国版本图书馆 CIP 数据核字(2011)第 155700 号

金盾出版社出版、总发行
北京太平路 5 号(地铁万寿路站往南)
邮政编码：100036　电话：68214039　83219215
传真：68276683　网址：www. jdcbs. cn
封面印刷：北京凌奇印刷有限责任公司
正文印刷：双峰印刷装订有限公司
装订：双峰印刷装订有限公司
各地新华书店经销

开本：787×1092 1/16　印张：24. 25　字数：514 千字
2012 年 1 月第 1 版第 1 次印刷
印数：1～8 000 册　定价：55. 00 元

前　言

作为一名儿科医生，我总是喜欢看到宝宝康复时家长幸福的笑容。对于一个家庭来说，孩子的健康与否会直接影响家庭的稳定程度。既然孩子的健康如此重要，我们就需要从孕育生命开始，早早让孩子踏上健康的起跑线。

作为一个父亲，我是“过来人”，希望我的医学知识和育儿经验能给年轻的准爸爸、准妈妈多一点帮助。其实做父母不容易，需要知道的知识很多，需要准备的物品也很多。为了孕育一个聪明健康的宝宝，年轻的父母们需要学习、了解一些孕育宝宝和照顾新生宝宝的相关知识。

本书以孕育健康宝宝为主线，从孕前准备到新生宝宝的早期教育，共分为十四章。

第一章孕前准备中详细地介绍了夫妻如何进行孕前的健康准备、如何选择受孕时机与受孕环境、怎样才能培养健康的受精卵等常见问题。

孕期的妇女是需要特殊关注的对象，如何应对早孕反应、孕期性生活如何进行、如何远离环境污染等诸多问题简直可以汇成一个百科全书。这类问题请浏览第二章孕期健康生活百科。

孕期应该如何补充营养、什么样的饮食结构对孕妇更有帮助等问题，可以参考第三章孕期营养。

本书的第四章、第五章着重论述了孕期胎儿发育与孕期检查，孕妇防病与用药的问题。第六章则是讨论如何进行胎教。

由于迫近产期，第七章讨论分娩前期保健和产前需要准备哪些物品、自然生产与剖宫产应如何选择、产前有哪些征兆等问题。

十月怀胎即将结束，妈妈马上要开始“坐月子”了。在第八章与第九章中，你可以了解到分娩后如何护理、如何促进身体恢复、“坐月子”需要知道的常见问题等内容。

宝宝出生了，嗷嗷待哺的宝宝需要你更加悉心地照料。从第十章至第十四章我们将了解关于新生宝宝有哪些生理特点、如何喂养、如何进行日常照料、如何防病、如何进行早期教育等诸多内容。

本书内容全面、时间跨度也很大，从孕前准备一直到婴儿照料所需要的知识都尽可能地讲述清楚，希望能给年轻的父母们带来帮助。阅读本书，您会在孕育宝宝、照顾宝宝的路上多一份轻松与愉快。

作　者

目 录

第一章 孕前准备

第二章 孕期健康生活百科

第三章 孕期营养

第四章　胎儿发育与孕期检查

第五章　孕期防病与用药

第六章 胎教与优生

第七章 分娩前期保健与物品准备

第八章　分娩保健

第九章　坐月子指导

第十章 新生儿生理特点

第十一章　新生儿喂养

第十二章　新生儿的日常照料

第十三章 新生儿常见疾病及预防

第十四章　新生宝宝的早期教育

第一章 孕前准备

一、夫妇双方身体健康准备

1. 做好孕前健康准备是胎儿健康一生的基础

从整个生命周期而言，胎儿时期的健康状况影响深远。有医学研究显示，胎儿在母体内的生存状况对其一生的健康至关重要。越来越多的证据表明，成年人的健康与否早在子宫里就被预设好了。通过对婴儿出生体重的分析，基因学家们得出如下结论：胎儿的生长不但受到基因的影响，同时也受到他所吸收的营养和氧气等环境的限制。

胎儿时期不健康的话，成人之后患上心脏疾病、癌症、哮喘、高血压、骨质疏松、肥胖、忧郁和精神分裂症等疾病的机会就会多一些。

胎儿体重偏轻会有很多负面影响。成年人的骨质疏松症、肺癌和免疫系统功能低下等情况跟胎儿时期体重偏轻有一定关系。

因此，夫妇双方做好孕前健康准备就显得十分重要。

2. 怀孕前需适度减肥

良好的身体状况有益于孕育健康的宝宝，很多女性在怀孕后发现自己的身体不适于生育或有可能影响胎儿发育，结果只能忍痛割爱，终止怀孕。在现实生活中这样的例子数不胜数，这不仅是家庭的遗憾，而且会给女性身心带来很大的伤害。适当减肥有利于女性身体承受孕育胎儿的重任。

对于体重超过正常标准的女性，计划怀孕前一定要有一个周密的减肥计划，并严格执行。过胖的女性在怀孕后极易出现孕期糖尿病，它不仅可以对孕妇本身的身体造成危害，而且可以造成胎儿在母体内发育或代谢障碍，出现胎儿高胰岛素血症及巨大儿。

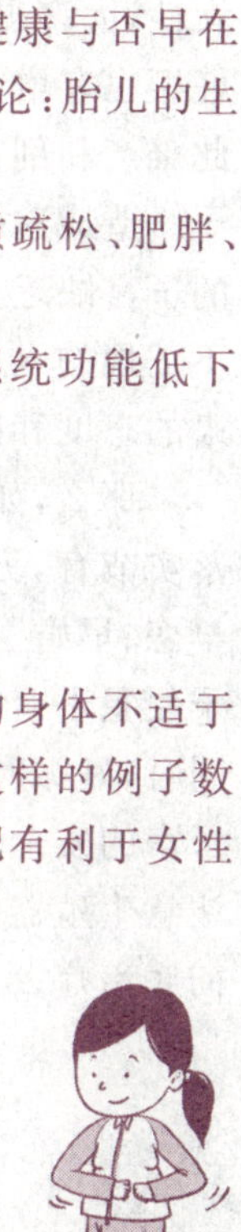

每位计划怀孕且体重超出正常标准的女性，在计划怀孕前 3 个月，应注意减少脂肪和糖类食物的摄入，并加强体育锻炼，待体重恢复到正常标准再怀孕。丈夫们应该帮助自己的妻子合理安排饮食，与妻子共同锻炼身体，达

到怀孕前身体素质的要求。

3. 怀孕前夫妻应制订运动计划强壮身体

女性怀孕时大都尽量减少体育活动或运动。因此在怀孕前应该进行适宜而有规律的体育锻炼。

随着科学与医学的进步，越来越多的证据表明，夫妻双方在计划怀孕前的一段时间内，若能进行适宜而有规律的运动，不仅可以促进女性体内激素的合理调配，确保受孕时女性体内激素的平衡与精子的顺利着床，避免怀孕早期发生流产，而且可以促进孕妇体内胎儿的发育和日后宝宝身体的灵活程度，更可以减轻孕妇分娩时的难度和痛苦。同时，适当的体育锻炼还可以帮助丈夫提高身体素质，确保精子的质量。

因此，对于任何一对计划怀孕的夫妻而言，应该进行一定时期的有规律的运动后再怀孕。夫妻双方计划怀孕前的3个月应共同进行适宜与合理的运动或相关的体育锻炼，如慢跑、做柔软体操、游泳、打太极拳等，以提高各自的身体素质，为怀孕打下坚实的基础。

4. 养护好子宫

子宫是孕育胎儿的宫殿，然而据临床统计资料表明，当前子宫处境并不妙。

近几年来，未婚先孕、婚外孕和施行人工流产者增多。那些多次妊娠或做人工流产的女性，大多得不到应有的、细心的照料，所以很容易引起内膜感染，危害子宫的安全。高龄妊娠也有增多的趋势，加上一些高龄初孕妇不注意孕前保健，不按要求进行产前检查，因此难产和剖宫产也普遍增多，这对子宫也造成了一定的伤害。

造成这么多伤害的原因是多方面的，但主要的“肇事者”还是女性自己。她们对自己的子宫缺乏必要的保护，有的人甚至是在糟蹋自己的子宫。这并非危言耸听，反复多次或不正规的人工流产是造成子宫内膜损害的重要原因。有的青年女性，对两性关系缺乏严肃的态度和必要的自我保护知识，因而导致多次做人工流产或引产，引起多种子宫疾患。

那么，如何保护好子宫呢？首先，必须最大限度地降低人工流产的发生率。一方面要落实节育，另一方面少女要自尊、自爱、自重，提高对不良生活方式的抵抗力，有效地防止早恋、早婚、早孕和未婚先孕，从而减少人工流产的发生。其次，保护子宫就要防止致病因子侵犯子宫。子宫颈口平时是关闭的，但在月经期、分娩期颈口是开放的，与阴道相通。同时，妊娠时子宫显著增大，负担加重。性生活时，不洁之物也可经阴道进入宫颈口，危害子宫的安全。为此，保护子宫必须加强月经期、妊娠期、分娩期的卫生保健，性生活时更要注意生殖器的卫生。更重要的是，妇女应定期进行妇科检查，发现子宫疾病要及时、积极、彻底治疗。

二、受孕时机和受孕环境选择

1. 精卵结合产生新生命

一个新生命的孕育，总是带着很多神秘的色彩。很多人对新生命是如何开始地充满了好奇，但是大部分人并不知道一个新生命是如何开始的。随着科学知识的增长，我们对新生命的开始与产生越来越了解了。这些不断增长的新知识，不但让我们对新生命如何生长有了更深的认识，更让我们知道如何让一个新生命更加健康的孕育、出生、成长。这应该是准备做爸爸、妈妈和刚刚成为爸爸、妈妈的年轻夫妇们都感兴趣的事情吧。

一个小生命开始于妈妈子宫内的一个单个的细胞，叫做受精卵。这个小小的受精卵通过分裂、复制，慢慢变成一个大一点的生命体。然后不断地吸收来自妈妈体内的各种营养，慢慢发育出各个器官：眼、耳、心脏、皮肤……这个小生命经过10个月的发育，身体的各个器官逐渐成熟，它就"钻"出妈妈的身体，成为哇哇哭闹的小宝宝了。

这个过程说出来不复杂，可是从怀孕之前夫妻双方的身体状况、心理状况，到精子卵子是不是健康，再到怀孕之后准妈妈的营养情况等很多方面都影响着这个小生命。这些事情中的每一步都关系到这个小宝宝出生之后是不是健康，有些因素还影响孩子整个身心的发展。

在受孕过程中，当数以亿计的精子像潮水一般向前奔涌的时候，一个新生命有可能要诞生了。因为小小的精子与生俱来的任务只有一个，那就是寻找到卵子(也叫卵细胞)，并且与卵子"牵一下手"。这个精子得到的"奖励"就是一下子被卵子给"吞掉"了。这个精子就成了卵子的一部分，它们也算是一种结合吧，结合之后我们称它为受精卵。这是一个新生命的开端哦。

对精子来说，从出发到与卵子相遇的路很长，所以绝大部分精子都"死"在路上了。能坚持到最后并且抢在前面见到卵子的精子，才是强壮又有耐力的"冠军精子"。所以卵子"妹妹"当然要选这样优秀的精子结合，连亚军都不考虑，更何况是其他晚到的精子？所以说，一般情况下，一个卵子只跟第一个与它见面的精子结合。

结合成为受精卵之后，受精卵并不是安静不动。俗话说："好吃不过饺子，舒服不过躺着。"大概受精卵也是这样想的，所以它会在子宫内找一个比较舒服的地方躺下，我们称其为"着床"，说专业一点叫做"受精卵植入"。相当于我们找到了一个可以安心休养的家一样。从着床那个时刻开始才算是正式的受孕了。

这时候的新的生命开始计时发育啦！

2. 影响精子与卵子健康的因素

我们知道新生命是开始于受精卵的发育，那么"精子和卵子的健康状况直接影响着这个新生命的健康情况"这句话就很容易理解了。哪些因素影响精子和卵子的健康呢？

生育所需要的生理基础：

(1)男女双方身体健康状况：这虽然是老生常谈的事情，但却是最重要的事情。男女双方都要有适当的体能，没有任何影响生育的疾病，这是精卵健康的基础。

(2)社会因素和饮食习惯：男子的睾丸能产生正常的精子，女性的卵巢能排出健康成熟的卵子。随着我们生活节奏变快和饮食中不良因素增多，很多男性精子的质量都有所下降。建议准备要宝宝的男性可以去医院做一个精子方面的检查，看看精子质量是不是合格。

(3)男女双方的生殖道必须畅通无阻：这是健康的精子和卵细胞顺利相遇的基础。由于输卵管又细又长，所以有些妇科炎症会让女性的输卵管变得狭窄，甚至堵塞。这样卵子就很不容易从卵巢排出而到达子宫腔内。那精子千辛万苦来到子宫内，也只能是“白跑一趟”了。

3. 受孕时夫妻情绪对宝宝的影响

生育最佳心理状态：有人研究发现，夫妇之间有深厚的爱情，性生活和谐美满时受孕，会对孩子健康有很好的影响。夫妻双方和谐相处，心情愉快地进行性爱所生出宝宝的健康状况，要比生气、吵架、情绪低落时生出的宝宝健康状况好。

4. 婚后不宜马上受孕

新婚马上受孕是不利的。因为此时男方体力、精力消耗巨大，他们长时间忙于操办婚事，机体处在极度的疲劳状态，排出精液中的精子活力差。新婚受孕后，由于不能控制感情，受孕早期的频繁性交，易引起流产，也可影响胎儿的正常发育。

5. 旅行结婚时不宜受孕

旅行结婚是许多情侣热衷的一种结婚方式，因为它不仅可以充分享受二人世界，而且可以欣赏到迷人的自然风光。不过这时候受孕却是不合时宜的。

为了结婚，夫妻二人忙得已经很疲惫，体力不是很充沛。这时候的精子和卵子的质量会受到一些影响。另外，旅行结婚的时候，住宿、饮食等条件会跟平时所习惯的有所不同，也会引起一些身体的不适。这样的情况下不宜仓促受孕。

曾有人调查200对旅行结婚的夫妇，其中先兆流产发生率竟达20%，患其他疾病的为8%，所以，专家指出旅行结婚时要采取避孕措施。

适合胚胎孕育的内环境：子宫内环境必须适合受精卵着床和发育。卵子受精后，一边发育一边向子宫方向移动，3～4天后到达子宫腔，6～8天就埋藏在营养丰富的子宫内膜里，然后继续发育为胎儿。受精卵发育和子宫内膜生长是同步进行的，如受精卵提前或推迟进入宫腔，这时的子宫内膜不适合受精卵着床和继续发育，也就不可能怀孕。

6. 选择受孕好时机

谁不想生个既聪明又健壮的宝宝呢？除男女双方日常对各自体质锻炼和健康的维护外，科学研究表明，选好受孕时间也是十分重要的因素。

在排卵期当天及前5天，安排同房受孕率较高，受孕率的“顶点”是排卵那天，所以应尽量安排在最接近排卵日的时间同房。因为排卵之前过早性交，精子在女性生殖道里停留时间过长活力减退，排卵后过迟性交，卵子等待时间过久，都会造成受精后质量差。两种情况都影响受精卵的质量，不利于优生。

生育最佳性生活时间是在女性排卵期前后要有正常的性生活，使精子和卵子有机会相遇受精。精子在女性生殖道内能生存1～3天，卵子排出后能生存1天左右，女性排卵时间在下次月经来潮前14天左右，在排卵前后几天内性交才有受孕的可能性。在非排卵期性交是不会受孕的。

7. 牢记优生七要素

提高精子和卵子的质量，还有七点要素需要注意并遵照去做。

(1)夫妻双方的心理状态良好，特别是精神舒畅，无任何忧愁干扰时。

(2)双方身体无任何疾病，长期口服避孕药的妇女应停药3个月后再受孕。

(3)受孕前3个月，男女双方最好忌烟、酒，营养状态良好。

(4)受孕前1个月内，同房次数不宜过频，最好按女方排卵期隔日安排1次。

(5)双方都有强烈的性需求时。

(6)同房时间宜选择早晨起床前，经过休息，精力充沛。且早晨女性容易测出排卵期，男性激素水平高。

(7)受孕期间不看恐怖影视，多在优美的自然环境中走走。

实际上，同时满足所有条件是非常难的，最重要的是男女双方可以以此为参考，尽可能选择相对好的时间受孕。

8. 预测排卵期

排卵期，顾名思义就是指卵巢排出卵子的时期。正常女性每个月经周期都有一次排卵，双侧卵巢交替排放卵子。当排出的卵子遇到精子，并结合成为受精卵，女性就会受孕。若没有遇到精子，则女性约半个月后就会来下次月经。女性通过预测自己排卵期，是可以增加受孕机会的。此外，排卵期的预测对于避孕也有一定的意义。

目前，常用的预测方法有几种：测量基础体温法、月经周期推算法、排卵预测试纸测试排卵期、观察宫颈黏液。

(1)根据基础体温预测排卵期：基础体温（又称静息体温），是指人在静息状态下测量的体温，它反映人体在静息状态下的新陈代谢水平。基础体温的测量多在清晨自然醒来但还没有起床前进行，测量时应保持安静，不要讲话，也不能排大小便等。每天测量1次，把测得的体温数值记下来，并记好日期，以便画出基础体温曲线图。通常要求连续测量3个月的基础体温，这样才可掌握卵巢排卵的规律。

测量基础体温法：当卵巢将要排卵前，身体内的雌激素含量达到高峰，这些雌激素会使血液中一种叫“乙酰胆碱”的物质含量增加，这种物质可以促使血管扩张，增加皮肤的散热，从而导致基础体温出现较低值。当卵巢排出卵子后，身体内的孕激素会增加，孕激素会促进血管收缩，减少皮肤的散热，从而使基础体温有所升高。因此，女性在排卵前后的基础体温会出现一个由低到高的温度变化过程。将这一温度变化绘成一图形，就形成了一条医学上所称的双相基础体温曲线。如果没有出现这种双相曲线，意味着这个妇女可能没有排卵。

(2)根据月经周期推算排卵期：这种方法适合月经周期规律的女性。但应注意，因女性排卵受多方面因素影响，如心情紧张、工作压力大等，因此，即使月经周期规律的女性，排卵时期也会有所改变，所以用月经周期推算排卵期与实际情况相比有较大出入。对于月经周期在28～30天的女性，排卵时间约在两次月经中间，也就是下次月经来潮前的14天左右。对于月经周期较长的女性，月经周期的总天数减去黄体期的天数（一般为14

天),就是大致的排卵时间。例如,若女性的月经周期为45天,排卵期就为45－14＝31(天),说明这位女性排卵时间大约在距上次月经来潮的第一天算起后的31天左右。

(3)试纸法测试排卵期:首先确定通常的月经周期,即从每次月经的第一天到下次月经的第一天的天数,从月经周期第11天开始测试,每天1次。

(4)观察宫颈黏液确定排卵期:月经干净后宫颈黏液常稠厚而量少,甚至没有黏液称"干燥期",提示非排卵期。月经周期中期随着内分泌的改变,黏液增多而稀薄,阴道的分泌物增多称"湿润期"。接近排卵期黏液变得清亮,滑润而富有弹性,如同鸡蛋清状,拉丝度高,不易拉断,出现这种黏液的最后一天加减48小时之间是排卵日,因此,在出现阴部湿润感时即是排卵期,也称"易孕期",女性容易受孕。

9. 受精需要把握好时机

受精是卵细胞和精子相结合的复杂过程。人类卵细胞与精子结合的部位是在输卵管壶腹部。性生活将精子射入阴道后,精子沿生殖道向上移送到输卵管。精子进入输卵管的过程很复杂,精子的运行不完全依靠本身的运动,宫颈、子宫和输卵管对精子的运行都起到一定的作用。精子进入输卵管后,在其中的运行主要受输卵管蠕动的影响。雌激素有促进输卵管的蠕动作用;孕激素则抑制其蠕动。一次射精虽能排出数以亿计的精子,但最后只有20～200个精子能到达受精部位,最终只能有一个精子与一个卵子结合。

受精过程约需24小时。受精之前,精子的表面膜和卵子的微纤毛都有明显的超微结构变化。卵细胞外围的放射冠细胞在输卵管黏膜和精液内酶的作用下分散,若干个精子借助自身的运动穿过放射冠。10分钟内精子借顶体的顶体反应穿过透明带。精子穿过透明带后只有一个精子能进入卵细胞内,遂即抑制其他精子穿入。精子进入卵细胞后再进入卵黄,释出第二极体。精子尾部消失,头部变圆、膨大,形成雄原核;卵黄收缩,透明带内出现缝隙,而次级卵母细胞完成第二次有丝分裂,排出第二极体后,主细胞成为成熟的卵细胞,其细胞核形成雌原核。雌雄原核的接触、融合形成一个新细胞,恢复46条染色体(父系母系各23条),这个过程就称为受精。受精卵形成后,由输卵管转移到子宫中进行胚胎发育。

女子每月定期排卵一次,一般在下次月经前14天左右。排出的卵子一般只能存活12～30小时,精子射入女性生殖道后保持受精能力的时间为1～3天。因此,只有在女性排卵期前3天至排卵期后1天同房,才有可能怀孕。如果当精子与卵子相遇时,任何一方已失去了受精能力则不能受孕。

三、健康精子和卵子的培育

1. 决定生男生女的染色体

人类的体细胞中有23对染色体。其中22对是常染色体,这在男女都是一样的。还有1对是性染色体,男女不同。在女性的体细胞中,这对性染色体是两条完全相同的X染色体,男性的一对性染色体是一条X染色体和一条较小的Y染色体。人类的基因就存在于这46条染色体中,染色体通过一系列活动将遗传信息准确无误地传给后代。

所有的卵子都含有一条X染色体,但精子却有两种。含有X染色体的精子与含有X染色体的卵子结合,形成XX型受精卵,即发育成女孩。含有Y染色体的精子和含有X染色体的卵子结合形成XY型受精卵,即发育成男孩。所以说,人的性别取决于使卵子受精的精子是带有X染色体还是带有Y染色体。也就是说,人的性别在精子与卵子结合的一刹那就已经决定。

另外,在受精时,精子和卵子的结合是随机的,机会也是均等的,不论是男孩还是女孩,都要坦然地接受自己的性别。计划怀孕的夫妇对于未来孩子的性别也不应强求,要树立男女都一样的良好观念。

2. 孕前的精液检查很重要

众所周知,健康宝宝首先必须是健康的精子和卵子结合的结晶。因此孕前男士精液检查十分必要。

孕前检查虽日渐受到重视,却得不到准爸爸们的支持。在检查的人群中,男女比例明显失调。为什么男性对于孕前检查羞羞答答?原来,大部分男士都认为在生育方面女人比较重要,而且大部分男士都认为自己很健康,尤其是做过婚检的男士更是非常自信。

然而,事实并非如此。随着社会的发展和工业化进程的加快,工作压力、环境污染及性病等因素导致了男性生育能力也呈逐年下降的趋势,况且无精症患者自身并不一定有不适的感觉。还有些人认为,以前女友怀过孕,自己生育能力一定很好。事实上,即使已经有过一个健康的孩子,后来检查发现为无精症的人也不在少数。

男性检查精液可以预知精液是否有活力或者是否少精、弱精。如果精子活力不够,则要从营养上补充;如果出现少精症,男性要戒除不良卫生习惯,如不吸烟、不酗酒、不穿过紧的内裤等;如果是无精症,则要分析原因,决定是否采用辅助生殖技术。

3. 精液检查内容

孕前除了女性需要检查身体之外,男性的身体检查也是必要的。男性身体检查的一个重要内容就是精液检查。一般精液检查主要检查以下几个方面:

(1)精液量:正常量应该多于或等于2毫升(ml)。如果多于7毫升则为过多,这时候不但精子密度变低,还容易从女性阴道中流出,致使精子总数降低,常见于精囊炎患者。如果总量少于2毫升,则为精液量少,1毫升以下为过少,容易导致不育。

(2)颜色:正常颜色是灰白色或略带黄色。如果精液出现乳白色或黄绿色,则表示男性生殖道或副性腺存在炎症。如果出现粉色、红色,或者显微镜下能看到红细胞,则为血性精液,常见于副性腺、后尿道炎症患者,偶可见于结核或肿瘤患者。

(3)液化时间:正常精液射出后,在精囊凝固酶的作用下会变为胶胨状,经15~30分钟,又在前列腺液化酶的作用下变为液体,称为精液液化。如果精液射出30分钟后仍不液化,则属于异常。

(4)黏稠度:用玻璃棒接触已经液化的精液,轻轻提起后会形成精液丝。如果精液正常,则精液丝长度应小于2厘米。

4. 受精卵着床三步走

着床是胚泡(受精卵)植入子宫内膜的过程,经过定位、黏着和穿入3步。受精后第6～8天开始着床,至第11～12天完成。一般着床于子宫体后壁比前壁略多,中线多于侧壁。

着床过程分为以下几步:

(1)定位:胚泡进入子宫腔后在一定位置靠近内膜。由于胚泡本身所发生的机械压力和子宫平滑肌的蠕动作用的相互配合,能将胚泡安置在子宫角腔中一个适当的位置。着床位点的选择可能决定于胚泡和内膜的某种特性。

(2)粘着:胚泡在内膜上附着之后进一步贴紧粘着,除非损伤胚泡,否则无法使它与内膜分开。在粘着之后,母、子细胞接触面出现微绒毛交错,或者由内膜上皮细胞的膜上长出突起去连接胚泡的滋胚层细胞。此后,滋胚层细胞和内膜上皮细胞的接触面上形成桥粒和连接复合体等专门的固着结构。

(3)穿入:已黏着的胚泡其滋胚层细胞分泌某种物质(可能是蛋白酶)使相邻的内膜上皮的细胞之间出现缝隙。胚泡与内膜融合后挤进缝隙而钻入内膜的基质,深埋在内膜基质之中。

5. 健康精卵需要的营养

卵子和精子的生长发育期约为3个月,在孕前3个月就应为妊娠做准备。所以怀孕前3～6个月有较好的身体状态与营养对胎儿的健康发育很重要。如果要赢在起跑点,就应了解夫妻双方是否缺少以下营养素,并酌情给予补充。

(1)蛋白质:蛋白质是人类生命的基础,是脑、肌肉、脏器最基本的营养素,占总热能的10%～20%,计划怀孕的夫妇的蛋白质摄入量应增加。平时每天每千克体重1～1.5克,而现在应加至1.5～2.0克,故应多进食肉、鱼、蛋、奶、豆制品等。

(2)维生素E:又称生育醇,缺乏维生素E可能会造成对睾丸的伤害。胚芽、全谷类、豆类、蛋、甘薯和绿叶蔬菜含丰富的维生素E。

(3)叶酸:孕前和孕早期补充叶酸,能有效地预防胎儿畸形的发生。食物中谷类、豆类、花椰菜、菠菜、芦笋、橙、葡萄、肝脏等叶酸的含量丰富。

(4)钙:钙是骨骼与牙齿的重要组成成分,怀孕时需要量为平时2倍。孕前未摄入足量的钙,易使胎儿发生佝偻病、缺钙抽搐。孕妇流失钙过多可患骨质软化症、抽搐。鱼类、牛奶、绿色蔬菜等食物含钙丰富。

(5)铁:铁是血红蛋白的重要成分。如果铁缺乏就会贫血。含铁多的食物有牛奶、猪肉、鸡蛋、大豆、海藻等,还可用铁锅做饭、炒菜。

(6)锌:锌是人体新陈代谢不可缺少的酶的重要组成成分。锌缺乏可影响生长发育并影响生殖系统,导致女性不来月经,男性无精或少精。孕妇怀孕期间,锌还会影响胎儿体重和头围的发育。孕前应多吃含锌的食物,如鱼类、小米、大白菜、羊肉、鸡肉、牡蛎等。

(7)维生素:维生素不仅是人体生长发育所必需的营养素,同样也是生殖功能保持正常的物质。经小鼠实验表明,如果缺乏维生素可使小鼠不孕、死胎、畸形、生长发育缓慢。

人体维生素缺乏时也有同样的情况，不易怀孕，即使怀孕了胎儿也容易有缺陷，如骨骼发育不全、抵抗力弱、贫血、水肿、皮肤病、神经炎，还可流产、早产和死胎，或影响子宫收缩，导致难产。故在孕前就应有意识地补充维生素，多进食肉类、牛奶、蛋、肝、蔬菜、水果等。

男性在孕育下一代过程中的作用是提供精子。高质量的精子是健康受精卵的基础。所以，男性对营养的需求也不能忽略。

男性在准备要孩子前的半年里就应该开始补充一些有利于精子生长发育的营养物质，如锌、蛋白质、维生素 A 和其他某些无机盐，如铜、钙等。所以应适当进食含有这些物质的食物。

总的来说，在计划怀孕前 3 个月，夫妻双方都应尽量吃好吃饱，保证营养合理、平衡，营养状况好的具体指标是：夫妻双方体检指标正常、又不能过胖。

四、孕前医学咨询与疾病的防治

1. 孕前需要防治痔疮

痔疮是常见的疾病，还有“十男九痔”或者“十女十痔”的说法，这充分表明痔疮这种疾病的普遍性。由于直肠的静脉无防止血液回流的瓣膜——静脉瓣，血液易于淤积而使静脉扩张，并且直肠静脉的壁薄、位置浅，末端的直肠黏膜下组织又松弛，均易导致静脉扩张，从而形成痔疮。

根据痔疮发生的部位不同，痔疮可分为内痔、外痔、混合痔。内痔常有便血和脱垂的现象；外痔主要是在肛门周围有圆形或椭圆形的皮下肿块，可单个或多个皮垂；而混合痔兼有内痔和外痔的特性。

女性妊娠期，机体分泌的激素易使血管壁的平滑肌松弛，增大的子宫压迫腹腔的血管，导致肛门附近静脉血液回流不顺畅，同时，为了供应胎儿足够的养分及氧气，母体会提高骨盆腔中血液的供应量，这样会使怀孕的妇女出现痔疮或原有的痔疮加重。因此，如果原来有痔疮的女性，在怀孕前应积极治疗痔疮。

目前，对于痔疮的治疗方法有很多，依据不同的种类，可选用不同的治疗方法。如内痔，可根据病情选择注射疗法、枯痔钉疗法、胶圈套扎疗法，以及物理疗法（冷冻或红外线照射疗法）或者手术疗法；而对于外痔，无须特殊的治疗，只要保持肛门清洁，避免局部刺激即可。

如果准妈妈在孕前已经出现了痔疮，生活中要注意以下事项，一定不要让症状再加剧。

（1）不要暴饮暴食，造成直肠的压力过重。可以少食多餐。避免吃辛辣等刺激性食物，不要吃过精过细的食物，精细要合理搭配。

（2）注意局部清洁，坚持进行温水坐浴，并按摩肛门周围组织 3～4 分钟，以加快血液循环。

（3）不要长时间坐沙发，并避免在电脑前久坐不起。

（4）练习肛门收缩，每天有意识地进行 3～5 次提肛动作。

(5)不要自行滥用刺激性的药物。用药应该在医生的指导下进行。

2. 附件炎会影响受孕

输卵管和卵巢是被称为女性生殖器的附件，一旦发生炎症就称为“附件炎”。附件炎是致病微生物侵入生殖器官后引起输卵管、卵巢感染的常见疾病。分急性和慢性两种。可是，女同胞们千万不要因为这种炎症带有“附件”标志就掉以轻心。要知道输卵管和卵巢虽为女性生殖器的“附件”，但在生儿育女中却是挑大梁的角色。这两个“附件”若出现严重的炎症，会酿成不孕症，使你做不成妈妈。

妇科临床观察，未婚女子在经期如果不注意卫生保健，如外阴不洁，月经用品不洁，病菌就可能穿过阴道进入子宫，引起子宫发炎；炎症再经过血管、淋巴管，或者从子宫腔直接扩散到输卵管，引起输卵管发炎，而输卵管发炎又常波及邻近的卵巢，从而引起附件炎。此外，阑尾炎、腹膜炎等腹腔炎症，也可以波及输卵巢和卵巢，引起这两个“附件”发炎。患者小腹痛、发热、流黄色白带，这是急性附件炎的典型症状。急性附件炎经及时诊治，很快就会痊愈，倘若治疗不彻底或延误医治，就会转为慢性附件炎。这时，常会感到下腹痛、腰骶酸痛，经期和劳动后疼痛加重。如果卵巢的炎症影响排卵时，就会出现月经不调，白带增多。每当着凉感冒或身体抵抗力下降时，慢性附件炎就会急性发作，不仅原有的症状加重，还会引起发热、白细胞增多等。

一部分年轻女性刚患上附件炎时，急性炎症表现并不明显，待症状明显时已转成慢性；还有些年轻女性虽然患了慢性附件炎，但因症状不明显而未察觉。输卵管的慢性炎症，时间久了可导致输卵管纤维化、增粗且阻塞不通，还可与周围组织粘连。如输卵管两端闭塞，可形成输卵管积水，积水穿入粘连在一起的卵巢中就会形成输卵管囊肿。这是造成婚后不孕或宫外孕的主要祸端。

因此，不论患急性附件炎还是慢性附件炎，都应及时到医院妇科诊治。消除炎症后就恢复了受孕的功能。

3. 阴道炎对受孕有影响

阴道炎是女性常见疾病，危害女性健康，影响怀孕。阴道的炎症多由滴虫和白色念珠菌引起。

滴虫阴道炎是由滴虫在月经前后大量繁殖而引起的炎症发作。滴虫通常隐藏在腺体及阴道皱襞中，消耗和吞噬阴道细胞内的糖原物质，阻碍乳酸的生成，改变了阴道的酸碱度，破坏了防御机制，促进继发性的细菌感染。滴虫阴道炎表现为外阴瘙痒和有稀薄的泡沫状白带，也可造成尿道感染，而出现尿频、尿痛等症状。严重的阴道炎症常常导致不孕，因为大量的白细胞和泡沫状白带使精子的运动发生改变，不能到达输卵管与卵子结合。

白色念珠菌性阴道炎是由白色念珠菌感染而引起的。白色念珠菌是条件致病菌，只有当局部的环境条件适合时，才易发病。白色念珠菌性阴道炎主要为外阴瘙痒、灼痛，症状严重时，奇痒难忍，坐卧不宁，痛苦异常。还可出现尿频、尿痛及性交痛，白带呈现豆腐渣样。真菌性阴道炎使阴道内的正常弱酸性环境被破坏，炎性细胞可吞噬精子，使精子的活动力减弱，真菌还有凝集精子的作用，因此会对受孕产生一定的影响。

如有阴道炎应该治愈后再怀孕，否则孕期病情严重了用药会很棘手；阴道炎还常常引起新生儿的感染，要积极治疗。但是，不要私自去药店买药，而应该及时到医院检查致病菌，如有合并感染者可一并治疗，以免阴道炎长期不愈而引起炎症蔓延，对怀孕的影响会更大。

4. 医学咨询杜绝遗传病

遗传病就是从父母那里得到已发生突变的遗传物质（基因）而引起相应的疾病或缺陷。这种遗传因素（致病基因）按一定的方式传给子代，子代就可能发生遗传病。

有些人容易把遗传病和先天性疾病混为一谈。先天性疾病一般是指婴儿出生时就表现出症状的疾病。先天性疾病中有些是遗传因素引起的，属遗传病，如先天愚型（唐氏综合征）；有些是孕期受外界不良因素影响而引起胎儿发育异常，不属遗传病范畴，如先天性心脏病。由此可知，先天性疾病并不都是遗传病。

另一方面，遗传病也不一定是在出生时就有症状表现的，也就是说，一些后天出现的疾病也可能是遗传病。有些遗传病，要在个体发育到一定年龄时才表现出来。例如，进行性肌营养不良，一般4～6岁才发病。许多遗传性智力低下患者，在婴幼儿期不易发现。由此可知，后天发生的疾病中，也有遗传病。

遗传病是由于遗传物质发生变异所引起的疾病，各代上下之间按一定方式垂直传递。遗传疾病的种类很多，目前已有3 000多种，不同的遗传病，其遗传的方式也不一样，有的可以在下代出现，有的要等到二、三代以后才发病。有的人身体里已有了某种含有遗传病的基因，但并不发病，这种人叫携带者，当父母都是同一种遗传病携带者时，这样的遗传病就可能在他们的下一代身上出现。例如，白化病（由于病人体内缺乏一种黑色素），如果只有母亲一方有这种病的遗传基因，父亲是正常的，孩子就不会出现这种病症，但他是发病基因的携带者。当他同一个同病基因携带者结婚后，他们的孩子就很可能会患病。精神病也属于遗传性疾病。它代代相传，也有隔代相传。

遗传病繁衍将降低民族素质，影响国家繁荣昌盛。因此，预防和发现遗传病，控制和阻断遗传病的延续，改进人类后代遗传素质是当前十分重要的课题。

遗传病是严重危害人类健康的疾病。它不仅使患者终身痛苦，而且还能通过致病基因将疾病传给后代。为了消灭和减少遗传病的发病率，就要了解遗传性疾病的特点。

（1）先天性：在胎儿发育的早期，疾病就往往已经形成。常造成胎儿在宫内死亡或出生后发病。

（2）遗传性：一些遗传病患者，可以成活到生育年龄，将遗传病传给下一代。还有人外表正常，但携带致病基因，亦可将遗传病按一定方式传给后代，使家庭中不少成员发病。这是遗传病危害人类质量的根本所在。遗传病有3 000多种，按其发病原因的不同，分为染色体病、单基因病、多基因病。

（3）终生性：大多数患者是终生患病，所以常造成患者终生痛苦。也有的疾病如早期发现，及时治疗，可以避免发病。如苯丙酮尿症，如果能在生后3个月以内发现，并且在6岁前不吃含苯丙酮酸的乳品，就不能影响脑的发育。

（4）家族性：大多数遗传病有家族性，例如，某些视网膜母细胞瘤是遗传性的，还有遗传性甲状腺肿和家族性结肠息肉等。但是,同一家族出现几个甚至多个同种疾病的患者,未必说明该病具有遗传性。

(5)罕见性:绝大多数直接由遗传决定的典型的遗传病,都具有这一特征。即使在遗传病中属于发病率颇高的“先天愚型”,在新生儿中的发病率也仅六百分之一左右。至于由遗传基因缺陷引起的先天性代谢缺陷,发病率则低到十万分之一。这里说的罕见是就某种单独的遗传病而言,若就所有遗传病的总体而言,就绝非罕见了。已知的人类遗传病多达3 550种。

5. 常见的遗传病及预防方法

(1)常见遗传病种类:目前已经知道的遗传性疾病超过3 000种,估计每100个新生儿中有3～10个患有各种程度不同的遗传病。遗传病可分为单基因遗传病、多基因遗传病、染色体病三类。

①单基因遗传病。它是由一对遗传基因突变引起疾病,具有这种基因的人一般都发病。也就是说,在单基因遗传病中,遗传因素起了决定作用,而环境因素基本不起作用。如家族性多发性结肠息肉症、成骨不全症、银屑病、高胆固醇血症、多囊肾、神经纤维瘤、视网膜母细胞瘤、腓肌萎缩症、软骨发育不全、多指、并指、上睑下垂、先天聋哑、全身白化、血友病、着色性干皮病、苯丙酮尿症、鱼鳞症、眼球震颤、视网膜色素变性、抗维生素D佝偻病等。人群中受累人数约占10%。

②多基因遗传病。它是遗传信息通过两对以上致病基因的累积效应所致的遗传病,其遗传效应较多地受环境因素的影响。与单基因遗传病相比,多基因遗传病不是只由遗传因素决定,而是遗传因素与环境因素共同起作用。病种虽不多,但发病率高,多为常见病和多发病。如原发性高血压、支气管哮喘、冠心病、糖尿病、类风湿关节炎、精神分裂症、癫痫、先天性心脏病、消化性溃疡、下肢静脉曲张、青光眼、肾结石、脊柱裂、无脑儿、唇裂、腭裂、畸形足等。人群中受累人数约占20%。

③染色体病。它是因染色体数目或结构的异常所致的遗传病,这类遗传病一般出生后即可发现一些躯体器官的结构异常,也常常伴有精神和智能的障碍,如先天愚型(伸舌样痴呆)、原发性小睾症、先天性卵巢发育不全症、两性畸形等。人群中受累人数约占1%。

以上各类遗传病发病率加起来约为30%,而且还有逐年增加的趋势。因此,不能再笼统地说遗传病只是一种罕见之症。预防遗传病患儿的降生,是提高我国人口素质的重要优生手段。

(2)预防遗传病的方法:我们知道,多数遗传病是由亲代遗传下来的,但也有可能是由于某些条件使子代或者父母的配子细胞的基因发生致病性变异,这样他们即成为新的传播遗传病的源头。这些遗传病基因代代相传,给人类社会带来了极大危害。我们可以通过采取一些措施,最大限度地防止遗传病的发生。

①禁止患有某些严重遗传性疾病的患者结婚。如精神分裂症、白痴患者等。

②避免近亲结婚。防止后代出现隐性遗传病患者。

③坚持婚前检查。这是优生的重要措施。如发现遗传方面问题,应尽早阻断其延续。

④重视生育保健。从计划怀孕到妊娠全程都应尽量避免接触致畸、致突变的有害因素。

⑤重视产前诊断。产前诊断是防止遗传病的重要方法。对可能分娩某种遗传病患儿的孕妇，进行产前检查，以确定胎儿是否可能患有某种遗传病的方法很多，如B超、羊膜穿刺、胎儿镜检查和绒毛膜检查等，如发现异常，即可及时终止妊娠，以达到优生优育的目的。

⑥早期发现、治疗遗传病。遗传病并非都是在出生时就能表现出来的。有的在儿童时期，有的在青少年期，有的甚至成年后才逐渐显出症状和体征，如能在症状出现前就做出诊断，可以控制一些遗传病的发生。如半乳糖血症，出生数周至数月可出现拒食、肝大、白内障和智力发育迟缓等异常表现。如能及早发现并到医院确诊，停止喂养乳制品，代之以米汤、肉汤等蛋白质食物，可以防止这种遗传病的发生和发展。

⑦指导和帮助子女预防同种遗传病。有些多基因遗传病，虽植根于胚胎，但却发作于少年乃至青年、壮年，能否最后形成与发生，环境因素起着重要作用。比如，原发性高血压病，应主动让孩子适当少吃咸食和高脂肪食物，避免长期过度紧张、坚持劳逸结合，注意培养成性格开朗、情绪稳定的人，这样就会减少患高血压病的机会。糖尿病患者的子女，应坚持锻炼身体、合理进食和防止过早肥胖，可有利于预防糖尿病的发生。

总之，不仅要从阻断遗传的获得入手，还要从遗传后防止发病入手，全面预防遗传病。随着科学技术的进一步发展，相信人类最终能杜绝遗传病儿的诞生。

6. 染色体病简介

由于染色体的数目或结构异常而造成机体结构及功能异常的疾病叫做染色体病。目前已知50%～60%的自然流产胚胎中有染色体异常，围生儿死亡中6%有染色体异常，痴呆儿中10%有染色体异常。染色体病一般多表现为多发性的先天畸形及智力低下，有的表现为身体发育不良的低体重儿。染色体病可分为常染色体异常和性染色体异常两个类型。

常染色体异常以常染色体数目异常较多见，表现为某号常染色体多一个额外的染色体，称三体性。具有三体性的个体常有形态上的特征，特征的性质和范围取决于是哪个染色体处于三体状态。三体性多发于一些小的染色体。常染色体结构异常以缺失、重复、倒位和易位常见。常染色体异常的胎儿多致流产，如能出生则有多发性畸形、智力低下和发育障碍。常见的常染色体异常疾病有21-三体综合征（先天愚型）、18-三体综合征（Edward综合征）、13-三体综合征（Patau综合征）和猫叫综合征（5P-综合征）等。

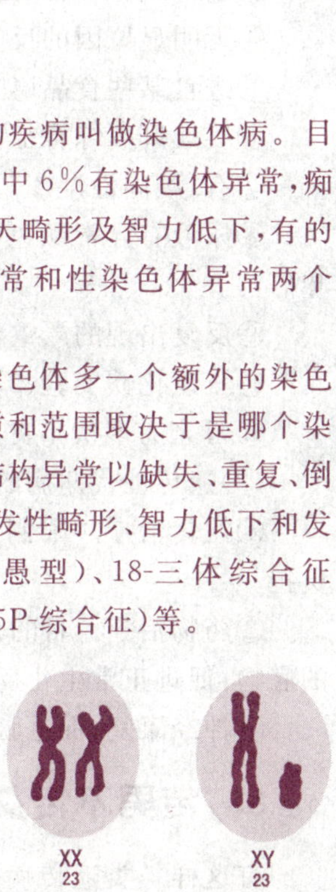

性染色体病是指由性染色体的数目增加或减少，以及性染色体部分片段的缺失或性染色体上的某些遗传物质发生改变而引起的各种疾病。一般患性染色体异常的人都能够继续生存，并有一定的生活能力。性染色体异常以性染色体数目异常多见，可以增多或减少并多为嵌合体型。性染色体结构异常较少见，其表现为短臂或长臂、缺失或易位等。性染色体异常疾病的主要症状为性发育异常、智力低下、女性侏儒等。常见的性染色体异常疾病有先天性卵巢发育不全综合征(45,XO;脱纳综合征)、先天性睾丸发育不全综合征(47,XXY)、超雌综合征(47,XXX;49,XXXXX)、真性两性畸形(46XX、46XY或46XX/46XY)等。

7. 遗传代谢病简介

遗传性代谢病是一种严重的危及生命的疾病,一般都是由于酶的缺陷引起的。人体的发育过程都是通过细胞的新陈代谢,新陈代谢是体内一系列的生物化学过程,而生化过程的每一步骤都需要酶的催化,酶的缺陷就会影响生化代谢过程的进行,引起代谢性疾病。酶的缺陷是由于决定这种酶的基因发生突变引起的,基因突变可以是散发的,并无家族史,但突变的基因可以遗传给下一代,则出现家庭倾向。常见的代谢病有苯丙酸酮尿症、白化病、半乳糖血症、蚕豆病等。

近年来,由于基础科学的突飞猛进和新技术的应用,能在产科诊断的遗传性代谢病已超过70余种。主要运用以下方法诊断:①检测母体血、尿诊断胎儿代谢病。②绒毛细胞检查诊断。③羊水细胞培养检查诊断。④直接羊水分析诊断。

(1)临床表现:遗传性代谢病的临床表现缺乏特异性,以下临床表现往往提示遗传性代谢病可能。

①智力、运动发育迟缓,或停滞,甚至倒退。

②顽固性惊厥、癫痫。

③精神发育异常(如孤独症)。

④无明显原因的反复呕吐者。

⑤进食某些食品(如肉、蛋、奶)后病情加重。

⑥婴儿肝炎综合征。

⑦有"顽固性湿疹"、"红皮病"、"脓皮病"、"牛皮癣"样皮肤表现。

⑧尿液有异常颜色、气味(鼠尿味,雄猫臭味,烂白菜味,汗脚味,臭鱼味,烧焦的枫糖味等)。

⑨反复出现的严重代谢性酸中毒、阴离子间隙增大。

⑩三氯化铁实验、2,4-二硝基苯肼实验或血氨基酸检查等提示IEM。

⑪母亲有多次不良妊娠、生育史。

(2)遗传性代谢病的治疗应当遵循的原则

①饮食治疗。限制过多代谢底物的摄入,避免内源性底物的产生,减轻机体代谢负担。

②药物治疗。目的是补充体内缺乏的正常产物,排除体内过多的旁路产物或者堆积的底物,促进正常生化反应的进行。

③神经康复,促进脑损伤的恢复,争取脑功能的改善。

8. "传男不传女"的疾病

有这样一类遗传病,它的致病基因位于Y染色体上,X染色体上没有与之相对应的基因,所以这些基因只会随Y染色体传递,因此,被称为"全男性遗传"。本病的遗传方式表现在:

(1)由于只有男性才有Y染色体,故这种病只遗传给男性。

(2)家庭中的所有男性都会发病,并且是男传男。

(3)由于Y染色体只有1个(不同于X染色体有2个),故其上的致病基因没有等位基因,也就不存在显隐性的关系。

(4)只要带有1个致病基因就会发病。

到目前为止,仅发现Y伴性遗传病10余种,这主要是因为Y染色体很小,其上的基因有限的缘故。长毛耳男性是目前学者们公认的Y伴性遗传症状。患者的耳郭上长有长而硬的毛。这种病在印第安人中发现的较多,高加索人、澳大利亚土人、日本人、尼日利亚人中也有少数发现。

9. 致病基因携带者是特殊群体

基因是控制生物性状的遗传物质的结构单位和功能单位,包括正常基因和致病基因。

所谓的致病基因携带者是人群当中的一个特殊群体,既不属于病人,也不属于完全健康。这样的人体内携带有致病基因,只不过自身不表现致病基因所导致的疾病症状。主要因为这类致病基因是隐性遗传方式在上下代之间传递的。

例如,常染色体隐性遗传病的致病基因在常染色体上,基因性状是隐性的,即只有纯合子时才显示病状。此种遗传病的发病者,其父母双方均为致病基因携带者,故多见于近亲婚配者的子女。子代有1/4的概率患病,子女患病概率均等。

还有某些伴隐性遗传病,比如甲型血友病,它的发病基因是位于X染色体上的第八凝血因子突变所致,是一种典型的隐性遗传病,其发病者均为男性。由于父亲遗传给儿子的性染色体只是Y,传给女儿的则是惟一的一个带致病基因的X染色体,所以患血友病的男性,他的儿子完全正常,女儿虽然表型正常,但全部为致病基因携带者,她们结婚所生男孩约有一半将患有外公所患的遗传病。

通过指导致病基因携带者的婚配可以降低某些遗传病的发生率,也是优生优育的一个重要途径。

10. 近亲结婚子女会得遗传病

所谓近亲,指的是与自己有较近血缘联系的亲属。从婚姻法有关禁止结婚的条款看,近亲是指直系血亲和三代以内旁系血亲。

直系血亲是指与自己具有直接血缘关系的亲属,即生育自己的和由自己所生育的上下隔代亲属,如父母、子女。

旁系血亲是相对直系血亲而言,它指与自己具有间接血缘关系的亲属,即除直系血亲以外的、与自己同出一源的血亲。例如,自己与兄弟、姐妹及伯叔姑、姨舅之间就属旁系血亲。

三代以内旁系血亲是指同源于祖(外祖)父母的旁系血亲。按照我国婚姻法的计算方法,三代以内旁系血亲是指:伯、叔、姑、舅、姨、侄子(女)、外甥、外甥女、堂兄弟姐妹、姑舅表兄弟姐妹、姨表兄弟姐妹等。

血缘相近的个体间的通婚叫近亲结婚。如表兄妹结婚,就是较常见的近亲结婚。我国婚姻法禁止直系血亲和三代以内旁系血亲通婚。

为什么不能近亲结婚呢？

长久以来，我国一直有近亲结婚的旧习俗，认为这是“亲上加亲，不断亲缘”。直到现在，我国一些偏僻的地区仍存在着这种陋习。其实，近亲结婚所带来的危害是相当大的。现在已经制定了新的婚姻法，《婚姻法》明确规定：“直系血亲和三代以内的旁系血亲”禁止结婚。

因为近亲结婚会给婚姻和家庭带来很大的危害。首先是近亲结婚会使遗传病和先天性身体、智力障碍的发生率大为增加。在人类上、下代之间是靠生殖细胞进行遗传活动的，生殖细胞的染色体上有许多个带有遗传信息的基因。遗传病既然能够遗传，患者的后代往往也有致病基因，但是，并不是所有携带致病基因的人都表现出有遗传病。因为任何人的基因都是来自父母双方，如果父母双方传给子女的基因一方是正常的显性基因，另一方是不正常的隐性基因，那么，子女就不会得遗传病。如果父母双方传给子女的基因中都有隐性致病基因，那么，子女肯定要得遗传病。血缘关系越近的人，遗传基因越相似，婚后所生子女得遗传病的可能性就越大。每一个正常人都有可能携带几个病态基因而不表现出来，成为“隐性遗传病携带者”。近亲结婚的夫妻双方有共同的祖先，有若干相同的基因，其子女就很容易从父母身上得到相同的病态基因，两个相同致病基因结合在一起，就会将父母隐性遗传病外显出来成为显性，因而发生遗传病。如果一个携带有遗传病基因的正常人和非相同血缘的人结合（携带同一遗传病基因的机会很小），那么他们的子代得遗传病的机会就减少了。

需要说明的是，并不是非近亲结婚者的后代就不会有遗传病，也不是近亲结婚者的后代就一定会产生遗传病。大家知道，非近亲结婚者的后代中也会产生一定数量的遗传病患者，而近亲结婚者的后代中也有好多人并没有什么遗传病。但两者发生遗传性疾病的数量多少存在着明显的差异。大量的统计数字表明，近亲结婚的子女，其遗传病发生率大大高于非近亲结婚的，如常见的兔唇，在非近亲结婚者的子女中发生率为万分之十六，而在近亲结婚者的子女中则高达万分之四百。再如白化症，在非近亲结婚者的子女中发生率仅为四万分之一，而在表兄妹结婚的后代中则高达三千分之一，后者为前者的13.3倍。统计数据还表明，近亲结婚不仅增加后代遗传病发病率、流产率和早夭率，对子女的身体素质和智力发育也有明显的不良影响。近亲结婚后他们的下一代儿童死亡率比非近亲结婚的高出3倍，近亲结婚的后代遗传性疾病的发病率比非近亲结婚的后代高出150倍。

避免近亲结婚可以有效地控制遗传性疾病的发生率，同时也是提高整个中华民族的人口质量的重要措施。

11. 需要遗传咨询的人群

遗传咨询又称遗传商谈、遗传劝告或遗传指导，是指由从事医学遗传的专门人员、医师或计划生育工作者，对遗传病、先天畸形患者及其亲属提出的有关疾病的病因、遗传方式、诊断、预防或预后等问题，以及对同胞、子女发病风险进行估计，提出建议和指导，供患者和亲属参考。

需要进行遗传咨询的对象有：

(1)近亲婚配的夫妇。

(2)夫妇双方或一方患有某种遗传病,或有遗传病的家族史。

(3)有致畸物质或放射性物质接触史的夫妇。

(4)已生育过一个有遗传病或先天畸形患儿的夫妇。

(5)夫妇双方或一方已知或可能是遗传病致病基因的携带者,以及染色体平衡易位的携带者。

(6)血型不合的夫妇。

(7)有自发性流产史的夫妇。

(8)35岁以上的高龄孕妇,以及高龄男女的生育。

12. 医学遗传咨询的类型

遗传咨询通常可以让咨询者了解什么是遗传病,遗传病以什么方式遗传,如果有遗传病家族史,这种病是否会累及其子女或咨询者本人。如果近亲婚配,子女中出现遗传病的概率,以及以往曾生育过患儿,现在又怀孕,能否测出胎儿有无异常,有无预防治疗的措施来防止患儿的出生与发病等问题。遗传咨询专家会根据咨询者的具体情况,运用临床的检查、实验室检测结果并运用专业知识做出正确诊断,确认是否遗传病,再进一步推算出预期可能的发病风险,并向咨询者提出对策或方法,供咨询者运用。

专家根据大量遗传咨询中人们提出的问题作了归纳,大致分为以下几种类型:

(1)婚前咨询:男女双方或一方,或亲属中有遗传病患者的困扰。担心婚后是否会出生同样遗传病患儿;男女双方有一定亲属关系,咨询他们能否结婚,如果结婚其后果是否很严重;双方中一方患有某种疾病,但不知是否遗传病,可否结婚,传给后代的机会如何?医生会对此做出明确的诊断,可就再发风险做出估计,并且告知产前诊断的可能性。

(2)生育咨询:已婚的男女在孕期或孕后进行的咨询。包括:夫妻双方之一或亲属中有某种遗传病患者,则他们生育该病患儿的机会有多大,可否预防;曾经生育过智能低下或残疾儿,或患儿因病早亡,再生育是否会出现同样的情况;女方是习惯性流产者,是否可以再生育,如何防止;妇女在孕期患过病、服过某些药物、接触过化学毒物或在有放射线污染的岗位上工作过,是否会影响胎儿。

(3)一般咨询:针对遗传学中的一般问题进行咨询。例如:本人或者亲属所患的疾病是否为遗传病;性别畸形能否结婚、能否生育等。

(4)行政部门咨询:卫生行政部门或计划生育部门在制定有关优生政策时常征询从事医学遗传工作者的意见,例如:对某些优生法规、条例的制订是否合理;某地区常见遗传病的控制有何对策;某些遗传病的调查应该如何进行等。

第二章 孕期健康生活百科

一、早孕反应

1. 怀孕的征兆

怀孕对女性来说，除了心情的喜悦和体形的改变之外，在怀孕初期会有一些可以觉察的征兆和生理变化，提醒可能已经怀孕。

对月经有规律的妇女来说，出现月经到期不来，有可能是怀孕了。但对于月经不规则的妇女来说，要到出现自觉症状才会想到是有孕了。

自觉症状是指妊娠早期反应，一般在停经3～4周后出现。主要有以下几方面：

(1)胃口发生变化：平常喜欢吃的东西，现在不爱吃了。吃过一次的食品第二次就不爱吃了，甚至不想吃或要呕吐。喜欢吃酸和清淡的饮食，厌油腻及荤腥；容易感到疲劳，这样的情况在早晨比较明显。一般经过半个月至1个月，这些症状就会自然地消失。

(2)乳房的变化：由于怀孕后卵巢分泌的孕激素增加，促进乳腺小泡的发育，乳房会增大一些。乳房会有一种饱满和刺痛的感觉。乳头会稍稍变大，乳晕范围扩大，颜色加深，乳头周围有小结节突起，并有发胀的感觉。

(3)基础体温居高不下：如果月经迟迟不来，不妨测一下基础体温，若呈现持续高温就可能怀孕了(但这需要你了解自己平时的体温情况)。这种情况会持续3周左右。

(4)白带增多：孕妇的阴道分泌物会比平时增多，但不像感染时那样浑浊、有异味。

(5)腹部微痛：怀孕时的子宫相当敏感，少量刺激就会产生收缩现象，因而有人腹部会有轻微疼痛。

实际上，以停经和自觉症状确定怀孕并不是可靠的方法。因为有的妇女在环境改变或朝思暮想怀孕的情绪影响下也会出现停经和类似妊娠反应的假孕现象。有一部分人怀孕后除停经没有任何反应。因此，要准确断定怀孕与否应去医院检查确诊。

2. 正确应对早孕反应

早孕反应是很多孕妇都会遇到的“麻烦”。通过一些简单的手段我们可以减少或消除早孕反应带来的负面影响。

(1)应对早孕反应的原则

①孕妇要消除不必要的紧张情绪,保持心情舒畅,保证有充分的休息和睡眠。饮食上以“随心适口”为原则,能吃时就多吃些东西,尤其是一些对孩子脑部发育有裨益的食品,不想吃的不要强食。

②找出呕吐规律,改变饮食习惯。孕吐反应多数是在早晨起床或早餐后反应较强,因此,可以在起床前吃点烤馒头、咸饼干等。午后反应现象一般减轻,晚餐时应增加可口的饭菜。睡前也可吃一些易消化的食物。宜少食多餐。少吃油炸的食品。

③注意烹调方法,使饭菜做到色香味俱全,能引起食欲;要保证水分的供应,多吃水果、果汁等。

④注意不要随便服用抗呕吐药物,以免引起胎儿畸形。

呕吐严重者应及早到医院请医生进行必要的治疗,否则对胚胎的发育与成长极为不利,同时可能影响孕妇自身的健康。

(2)应对早孕反应的小方子:早孕反应是多数孕妇需要面对的难题。中药中有些简单的小方子对早孕反应有一定的缓解作用。

方1　洋参麦冬茶

配方:西洋参10克,麦冬30克,灯心草2克。

制作:将药洗干净,取水2杯煮沸,沏泡30分钟,以药代茶。

功效:具有益气、养阴、除烦的功效。用于妊娠烦闷,少气无力。

方2　芦根姜蔗茶

配方:青皮甘蔗、鲜嫩生姜、鲜芦根各适量。

制作:将甘蔗、鲜芦根、生姜洗净,分别削去外皮,切碎,捣汁。每次取甘蔗汁、芦根汁半杯,对姜汁1酒盅,和匀,不拘时,当茶饮。

功效:具有清热、养阴、止呕功效。用于妊娠早期胃气上逆,干呕、胃中嘈杂。

方3　苏叶生姜茶

配方:紫苏叶4~5克,生姜汁数滴。

制作:沸水冲泡,代茶饮服。

功效:具有理气、和胃、安胎功效。用于妊娠早期恶心呕吐,头晕厌食。

方4　橘皮竹茹茶

配方:橘皮5克,竹茹10克。

制作:用沸水冲泡,代茶饮服。

功效:具有理气、和胃、止呕功效。用于妊娠早期反应,胃气上逆,恶心呕吐,头晕厌食,心烦等。

二、孕期日常保健

1. 孕妇应采取正确的睡眠姿势

怀孕了，肚子里面有了小宝宝，准妈妈会随时随地挂念着这个稚嫩的小生命。尤其是在睡眠的时候更是小心翼翼。但是，你知道采取什么样的睡眠姿势对小宝宝最有利吗？孕妇睡觉的姿势对胎儿的生长发育的确有着重要的影响。因此，作为准妈妈一定要了解有关知识。

人的睡眠姿势有仰卧、侧卧和俯卧三种，睡眠姿势对人体健康有一定影响，但由于各人的具体情况不同，对睡眠姿势很难强求一致，应以感觉舒适，入眠后不影响换气，以及长时间不动体位时不引起麻木为宜。一般说来，仰卧和侧卧都是可取的睡眠姿势，而俯卧会影响血液循环和呼吸功能等，对健康不利。

一般人睡觉姿势可以随意采用侧卧或仰卧都无问题，但是孕妇可根据不同时期采取相应睡姿。怀孕前3个月，孕妇身体变化尚不明显，可随意采取自己感觉舒服的姿势睡眠。妊娠中后期，由于腹部逐渐膨胀则应采取侧睡姿势，以左侧卧位为佳。

因为，妊娠中后期孕妇如果仰卧睡觉，增大的子宫会压迫腹主动脉，影响子宫的供血及胎儿的营养，同时可能影响肾脏的血液供应，血流减慢使尿量也随之减少。孕妇身体内的钠盐和新陈代谢产生的有毒物质不能及时排出，可引致妊娠高血压综合征，出现血压升高，下肢和外阴水肿现象，严重时会发生抽搐、昏迷，甚至可能危及生命。子宫也可压迫输尿管，使排尿不畅，容易发生肾盂肾炎等病。子宫还可能压迫后方的下腔静脉，使回心血液减少，影响大脑的血液和氧气供应，孕妇会出现头晕、胸闷、面色苍白、恶心呕吐等情形，医学上称为“仰卧位低血压综合征”。同时，孕妇仰卧睡觉还有其他危害，如可能造成下肢及外阴部静脉曲张、水肿、溃破出血；诱发胎盘早期剥离，突然出现腹痛、阴道及子宫内出血，发生产妇休克，威胁生命或造成胎儿死亡。

怀孕期间经常右侧卧也不利于胎儿发育和分娩。由于子宫的不断增大，使腹内其他器官受到挤压。有时，下腹腔内乙状结肠受挤压，使孕妇的子宫不同程度地向右旋转，从而使维护子宫正常位置的韧带和系膜处于紧张状态。系膜中营养子宫的血管受到牵拉会影响胎儿的氧气供应，造成宫内胎儿慢性缺氧，严重的还会引起胎儿窒息或死亡。因此，为确保宝宝和自身的健康，孕妇一定养成左侧卧的习惯。当然，整个晚上只保持一个睡眠姿势是不太可能的，可以左右侧卧位交替，建议较长时间左侧卧位，短时右侧卧位，避免仰卧位，尤其是妊娠中晚期更应如此。

温馨提示：到第8个月时，为缓和腹部的紧张和防止失眠，可将小枕头或椅垫放在背部凹处，自然能使身体感到舒适。到第9个月时，在侧腹和膝盖之间放个枕头可使孕妇睡得安稳。此外，有静脉曲张的孕妇在睡觉时应把椅垫垫在脚下，使脚部抬高。

2. 孕妇应保证足够的睡眠时间

如果不能保证足够的睡眠，就会影响到孕妇的情绪。而不良情绪是妊娠的大敌，不仅会加重妊娠反应，使孕妇食欲更差，影响营养的摄入，还会使机体内分泌功能及血液成分发生变化，以致对神经系统和心血管组织有害的化学物质增加，使胎动的频率猛增。若这种过度活动贯穿整个胎儿期，就会影响胎儿身心的正常发育，孩子出生后往往身体羸弱、喜欢哭闹，长大后情绪不够稳定，自我控制能力差，易罹患多动症及其他身心疾病。

一般正常成年人每日需要8小时睡眠。孕妇每日的睡眠时间不能低于8小时。怀孕7～8个月后，应该保证午睡，但时间要控制在2小时之内，以免影响夜间的睡眠。

孕期睡眠不好不但影响孕妇的日常工作和生活，而且还影响孕妇和胎儿的身心健康。如果你正苦于睡眠不好，可以参考以下措施。

(1)生活规律，情绪稳定：白天工作不宜过度紧张和劳累，要劳逸结合。定时作息，养成有规律的睡眠习惯。心情愉快，情绪稳定，保持心理平衡。

(2)睡前准备：睡前不要看书，不要看球赛等情节紧张的电视节目，不饮用浓茶、咖啡等刺激性饮料。睡前如厕，排空膀胱，然后温水洗脚后安睡。

(3)卧室环境：应安静整洁，空气流通。卧具宜舒适。

3. 孕妇应调理好睡眠质量

有睡眠困扰的孕妇有很多，首先要清楚难以入睡的原因。首先，随着宝宝的日渐发育，孕妇身体重心发生变化，使得多年来养成的最佳睡眠姿势和习惯变得不再舒适。侧卧是孕妇最佳的睡眠姿势，可是如果你原来一直仰卧或趴着睡的话，侧睡会令你在短期内难以适应。其次，身体上的原因也会导致孕妇难眠，如易劳累、尿多而起夜频繁、心跳增加、呼吸短促、恶心及便秘等。此外，还有其他因素会影响孕妇睡眠。例如，有的人睡觉多梦，甚至做噩梦。同时，心理压力影响睡眠质量，特别是有的孕妇信心不足，担心不能顺利生产、宝宝不健康及以后难以抚养等。

如果在孕期有睡眠问题，最好不要使用安眠药之类的药物。“是药三分毒”，任何药品都有可能影响母子健康。而下面一些小措施会有助于你改善睡眠。

(1)减少咖啡因的摄入量。无论是早晨、中午，还是晚上睡觉前，都尽量少喝咖啡、可乐、苏打水之类含有咖啡因的饮料。茶也不要喝太多。

(2)在睡前2小时内不要大量吃喝，早晨和中午多吃一些、晚上少吃一些会感觉很好。如果你有恶心、呕吐现象，临睡前可以吃几块小饼干压压胃。

(3)养成良好的睡眠习惯和规律。除了保持正确、舒适的睡眠姿势外，最好每天晚上准时上床睡觉，早晨准时起床，这样养成规律，有助于你的睡眠质量提高。

(4)床上不要放太多杂物，尤其不要把卧室和床当做工作的地方，否则会给你一种心理暗示，让你难以入眠。

(5)睡前不要做剧烈运动或令你兴奋、劳累的事情。可以冲个热水澡，喝杯自己喜爱的热饮料等。

(6)按照医生的建议适当做一些孕期运动，或参加相关的孕妇保健培训班。多与其他准妈妈或有经验的妇女交流，她们会给你很好且实用的建议。

其实无论是谁，无论你睡前如何准备，都会有失眠的时候。你努力入睡却怎么也睡不着，这时不如干脆起床，做点事情。可以读书，听音乐，看电视，但不要做令你兴奋的事。这样过一段时间后，就会因劳累而自然有睡意了。

4. 孕妇出门旅游注意事项

原则上来说，孕妇是不宜出门旅游的。但由于某种原因，孕妇确实需要长途旅行时，则应从以下几个方面做好保健。

(1)旅游时间：孕妇旅行选择在怀孕的第4至第6周之内最为安全。妊娠晚期不宜长途旅行，以免车船颠簸刺激母体与胎儿或旅途疲劳，引起早产，导致“途中分娩”。

(2)准备充分：孕妇旅行出发前必须做到三个“必须”：必须与产科医生取得联系，将整个行程向医生“交底”，以获得医生的技术指导；必须准备自身卫生用品及常用药；必须至少有一人陪同，以确保旅途中有人照应。

(3)交通工具：孕妇长距离旅行，应选飞机、火车、轮船这些既平稳舒适又安全的交通工具。

(4)严防疾病：根据气候变化情况，及时增减衣服，防止着凉感冒。旅途中讲究饮食卫生以免感染疾病。不到传染病流行区域旅行。

(5)注意安全：途中行走，要选择平路。走路要慢，步伐要稳，防止摔倒。遇到噪声、放射、烟尘等情况时，要立即避开。

(6)特别准备：若万不得已必须单独旅行时，要携带怀孕状况的资料及紧急联络人的信息，以便于紧急时让救护人员能掌握状况。

5. 孕妇驾车出行要谨慎

随着人们生活水平的提高，汽车进入了越来越多的家庭，为人们出行带来便利。然而，孕妇驾车出行一定要谨慎。

(1)要注意驾驶姿势：许多孕妇驾车时习惯前倾的姿势，这样容易使子宫受到压迫，产生腹部压力，特别是在怀孕初期和怀孕七八个月时，最容易导致流产或早产。

(2)不要长时间驾驶：因为长时间保持一种坐姿容易疲劳，下肢静脉回流不畅，有可能造成腿脚水肿。另外，怀孕期间孕妇的神经比平时更敏感，容易疲劳、困倦、情绪不稳定。而驾驶汽车如果精神过分地专注，疲劳感就会加强。所以，最好每隔一段时间停下来稍作休息。

(3)了解路况并备齐物品：开车难免会遇到汽车抛锚或其他事故，为此一定要熟悉路边的汽车维修点。此外，要随身携带手机，以便关键时刻可以打电话向他人求援，可以避免换轮胎等危险活动。如果是长距离驾车，还应带上手电筒、厚衣服、食物和水，以及卫生纸等必备物品。

(4)要理智对待意外：一旦遇到交通事故，哪怕只是受到轻微擦伤也要尽快到医院检查。因为尽管子宫为胎儿和胎盘提供了保护作用，但是猛烈的颠簸与震动仍然有可能导致胎盘部分或全部脱落。有时胎盘脱落身体却可能没有任何症状。所以，无论有无不适都要接受全面检查。即使当时检查结果良好，仍然不能掉以轻心，回家后仍要密切观察阴道出血情况，以及腹痛和胎动等情况。如果发现异常要尽快与医生联系，以便及时诊断治疗。

6. 孕妇要正确使用安全带

一些怀孕的女士担心安全带会在某种程度上伤害未出生的宝宝。而专业的汽车安全研究人员建议：孕妇要使用安全带，而且系安全带的方式必须正确。

驾车出行一定要系好安全带。万一出现意外事故，安全带可以有力拉住孕妇的身体，使胸部能够最大限度地远离方向盘，为孕妇和腹中的胎儿提供有效的保护。因为行车时，坐在车内人体的移动速度与车速相同。当汽车突然紧急刹车，人体在惯性作用下仍会以原有的速度移动，并产生出3 000～5 000千克的强力使人撞向车内设施，或被抛出车外。这对于任何人来说都是异常危险的。

孕妇使用安全带的正确方法为：腰部安全带应该紧贴腹部下方从盆腔绕过。另外，为了加强保护，还必须系上肩部的安全带，应该紧贴腹部上方从乳房中间绕过。千万不要将安全带从腹部中间绕过。一旦紧急刹车，腹部中间的安全带可能导致子宫内胎盘脱落。如果安全带卡到脖子，必须把座位向前调整，直到安全带的位置令驾车孕妇觉得舒适为止。

不舒适是对处于怀孕后期的女士使用安全带而言普遍存在的一个问题，还有一些孕妇在使用安全带围住自己时怕麻烦。安全专家建议，如果怀孕的女士不能用安全带围住自己，那就应该避免乘车旅行。

7. 适宜孕妇的运动及注意事项

根据自己的体力和爱好，孕妇做一些运动量不大的活动是必要的，也是安全的。适当的活动可以促进新陈代谢，增强心肺功能。锻炼全身特别是腹壁、腰背的肌肉，有利于分娩；户外活动能呼吸新鲜空气；沐浴阳光使体内产生维生素D，促进食物中的钙、磷物质的吸收利用，以供母体和胎儿骨骼的发育。

怀孕后，一些喜欢运动的女性想运动又不敢轻易动，但她们很想知道何种程度的运动对胎儿没有影响。专家表示：准妈妈运动需因人而异，但基本原则是以不感觉到疲劳为准。

(1)适宜孕妇的运动：准妈妈运动首选户外散步。散步不仅能帮助准妈妈呼吸到室外的新鲜空气，调节自己的情绪，更重要的是能够提高神经系统和心、肺的功能，促进身体的新陈代谢。而且节奏相对稳定的步行，可以使腿部、腹壁、胸部及心肌运动加强，血管容量增大，血液循环加快，对身体细胞的营养，特别是对心肌的营养有很好的促进作用，长期坚持，对促进腹内胎儿的发育大有好处。另外，慢跑、打太极拳、比较简单的瑜伽等对孕妇来说都是比较合适的运动。

(2)孕妇运动注意事项：无论孕妇本人在孕前是否有运动健身的习惯，在开始孕期健身前务必做到以下几点。

①必须首先征得妇产科医生的许可，同时了解何种运动适合自己。

②不要在太热或太潮湿的环境里活动。

③运动前后一定要进行热身和放松活动，尤其要注意活动韧带部位。

④即便你在怀孕前已养成良好的健身习惯，也要注意运动的数量和强度。

⑤整个孕期应避免做仰卧起坐一类的腹肌练习；避免仰卧位、抬高臀部的任何练习；妊娠18周以后，避免任何仰卧位的练习。

⑥避免震动较大和急促的动作，如蹦跳、冲刺跑等。

⑦避免过度拉伸关节，尤其在妊娠后期，孕激素会使孕妇全身的关节连接松弛，过度拉伸会造成损伤。

⑧注意体温，运动时难免有体温升高，孕期运动要适当调整衣着，避免体温过高，尤其是妊娠初期，体温过高会影响胎儿的器官分化。

⑨运动时应穿着宽松的服装，如果下水游泳，应穿专门为孕妇设计的游泳衣。

⑩多喝水以避免出汗过多而引起的脱水；注意补充运动所消耗的能量，孕期锻炼不是为了减肥，你和宝宝都需要足够的能量和营养。

⑪避免在饭前和饭后1小时运动。

⑫锻炼中一旦出现下列情况，应立即停止运动并马上就医：阴道出血；下腹部剧烈疼痛；羊膜破裂羊水溢出；呼吸困难或晕厥，以及其他显示孕妇或胎儿出现危险的症状。

8. 孕妇体操锻炼

孕期体操只有坚持每天做才会有效果，所以日常生活中一定要勤锻炼。例如，晚上睡觉前、做家务的间隙等都可以锻炼。

(1)脚部运动

①把一条腿搭在另一条腿上，然后放下来，重复10次，每抬1次高度增加一些，然后换另一条腿，重复10次。

②两腿交叉向内侧夹紧、紧闭肛门，抬高阴道，然后放松。重复10次后，把下面的腿搭到上面的腿上，再重复10次。

(2)腹肌运动：锻炼支持子宫的腹部肌肉。

①单腿弯曲、伸展、曲起、伸展，左右各10次。

②双膝屈起，单腿上抬，放下，上抬，放下，左右各10次。

(3)骨盆的运动：放松骨盆的关节与肌肉，使其柔韧，利于顺产。

①单膝屈起，膝盖慢慢向外侧放下，左右各10次。

②双膝屈起，左右摇摆至床面，慢慢放松，左右各10次。

(4)做孕期体操时，要注意的事项

①开始时不要勉强自己，做操次数可依身体状况而定，以后可逐日增加运动量。

②做完一遍体操后如果感到累，就应该适当减少运动量。运动适量的感觉为身体微微发热，略有睡意。

③肚子发胀、生病等身体不舒服的时候，可酌减体操的种类、次数、强度等。

④早晨不要做操，沐浴后可以。

⑤电梯式体操会使胎儿在腹中逆转，所以怀孕8～9个月时不要做。

9. 孕妇骑车是种锻炼

骑自行车是不少人的出行方式。但对于孕妇这个特殊的群体，骑车可不可以呢？医学研究表明，孕期只要避免剧烈运动和过度疲劳，不仅不会有危险，还有助于增强心肺和肌肉功能，对孕妇有益。因此，在不存在高危流产因素的情况下，妊娠初、中期骑自行车上下班、出行或锻炼是没有问题的。

不过，在骑车过程中要注意以下几点：

(1)适当调节车座的倾斜度，使车座后边略高一些，坐垫也要柔软一点，最好在车座上套一个海绵座，以缓冲会阴部的压力。

(2)要骑女式车。不要骑带横梁的男式自行车，以免上下车不方便。而且骑男式车遇到紧急情况时还容易造成骑跨伤。

(3)骑车速度不要太快，活动不要剧烈，防止因下肢劳累、盆腔过度充血而引起早产、流产等不良后果。

(4)骑车时车筐和后车座携带的物品不要太沉。

(5)不要在不平坦的路上骑车，因为这样容易造成会阴部损伤。

(6)孕妇不适于骑车长途行驶，骑车遇到太陡的坡或道路颠簸不平时，不要勉强骑过，因为剧烈震动和过度用力易引起会阴损伤，影响胎儿。

(7)怀孕晚期的孕妇肢体不灵活，应付紧急情况的能力差，骑车危险性比较大。撞伤可能引起软组织损伤、羊水早破，甚至早产。特别危险的是，外伤有可能引起胎盘早剥、阴道大出血，引起胎儿生命危险。所以孕晚期不宜骑车。

(8)孕妇患有高血压、心脏病、糖尿病和肾炎，最好不要骑车；车流量很大的街道，也不适于孕妇骑车。因为机动车所排放废气中含的微小颗粒容易对人的血管造成严重损害，增加骑车者患心脏病的风险。

10. 孕妇正确的洗澡方法

怀孕期间孕妇当然要洗澡。因为孕妇新陈代谢旺盛，身体容易出汗，因盆腔充血，阴道分泌物也增加，特别要注意皮肤、外阴清洁，预防感染。再者，洗澡可促进血液循环、消除疲劳，所以洗完澡往往会觉得心情舒畅，人很轻松。但孕期洗澡和平时是不同的，下面介绍孕妇沐浴需要注意的问题。

(1)要注意水的温度：水温不要过热或过凉。据近代医学研究表明，过高的温度会损害胎儿的中枢神经系统。据临床测定，孕妇体温较正常上升2℃时，就会使胎儿的脑细胞发育停滞；如果上升3℃，则有杀死脑细胞的可能，而且因此形成的脑细胞损害，多为不可逆的永久性的损害，胎儿出生后可出现智力障碍，甚至可形成胎儿畸形，如小眼球、唇裂、外耳畸形等，有的还可导致癫痫病发作。一般来讲，水的温度越高，持续时间越长，损害越重。所以，孕妇沐浴时水的温度应掌握在38℃以下，并避免热水浸没腹部。水温过低则容易使孕妇受凉而生病，同样会对胎儿有害。

(2)沐浴时间不宜过长:在浴室或浴罩内沐浴,孕妇很快会出现头晕、眼花、乏力、胸闷等症状。这是由于浴室或浴罩内的空气逐渐减少,温度又较高,氧气供应相对不足所致,加之热水浴的刺激,会引起全身体表的毛细血管扩张,使孕妇脑部的供血不足。同时胎儿也会出现缺氧、胎心率加快,严重者还可使胎儿神经系统的发育受到不良影响。因此,孕妇在进行热水浴的时间应控制在20分钟以内。

(3)孕妇沐浴时淋浴较好,不要坐浴:因为,妇女怀孕后机体的内分泌功能发生了多方面的改变,阴道内具有灭菌作用的酸性分泌物减少,体内的自然防御功能降低,此时如果坐浴,水中的细菌、病毒极易随之进入阴道、子宫,导致阴道炎、输卵管炎等,或引起尿路感染,使孕妇出现畏寒、高热、腹痛等症状,这样势必增加孕期用药的机会,也增加畸胎、早产的风险。

(4)配合按摩:随着孕周增加,孕妇下肢的负担会日益增加,脚容易疲倦,在洗澡时可做些足部按摩,促进血液循环,预防肌肉痉挛。孕后期洗澡时还应多擦洗、牵拉乳头,为哺乳做准备。

(5)次数适当:夏季酷热,每天洗澡不可少于2次;春秋气候宜人,每周1～2次即可;寒冬腊月每2周1次就足够了。

(6)时间适当:饥饿时、饱食后1小时以内不宜洗澡。

11. 孕妇要注意身体的清洁

妇女怀孕以后,身体各组织、系统均发生了一系列生理变化。皮肤上皮屑增多,汗腺及皮脂腺的分泌也旺盛,因此孕妇也必须注意皮肤卫生。孕妇清洁身体时要讲究以下几个方面:

(1)外阴部位的清洁:孕妇除了清洗全身以外,最重要的是外阴部位的清洗。因为怀孕后阴道分泌增多,有时会感觉痛痒,所以一定要每天清洗。此部位最好用清水洗,尽量少用洗剂,避免坐浴,也不要冲洗阴道,否则会影响阴道酸碱环境而引起感染。洗好后,可先穿上宽松的长衫或裙子,等阴部风干后,再穿上内裤,这样可以有效地预防阴部痛痒。

(2)乳房的清洁:洗澡时,注意用温水冲洗乳房,动作要轻柔,不要用力揉搓,避免引起子宫收缩。洗后抹上油脂(如橄榄油、鱼肝油、菜油等),这样可使皮肤滋润而有韧性,分娩后经得起婴儿吸吮,否则容易发生乳头皲裂。

(3)小部位的清洁:肚脐、耳朵、耳背、指甲、脚趾等部位的日常清洁往往被忽视。对于肚脐的清洗,可每次洗澡前,用棉花棒蘸点乳液来清洗污垢,等其软化后再洗净。

12. 孕妇避免做的家务

整个孕期,孕妇家务劳动不可不做,但也不可能做得十全十美。为了自己和胎儿的安全,有些危险的家务还是交给丈夫或其他家人来做吧,相信亲人会很乐意代劳的。

孕妇要避免做的家务:

(1)打扫室内卫生,要避免需要登高的活儿。

(2)大扫除时要避免搬重东西,这些动作既危险又压迫腹部。

(3)要避免做弯腰擦地板的家务,尤其是孕晚期。

(4)要避免做长时间接触冷水的家务,尤其是天气寒凉时,身体受凉也会导致流产。

(5)要避免做长时间蹲着的家务,因为会导致盆腔充血,易引起流产。

(6)妊娠早期避免下厨,尤其是早孕反应强烈的孕妇。

13. 孕妇做家务时须遵守的原则

在怀孕期间,由于特殊的身体条件必须加倍呵护自己的身体,虽然可以根据自己的身体状况做一些家务,如洗衣、做饭等。但是,由于孕妇身体的变化,行动不便,做家务时须遵守以下原则。

(1)动作要缓慢:随着妊娠周数的增加,孕妇的肚子越来越大,本身的负荷就很重,身体不那么灵活了,所以在做家务时,要以"缓慢"为原则,并以不直接压迫到肚子的姿势作为最基本的原则。

(2)不要长时间站立:建议准妈妈在做了15~20分钟家务后,能休息10分钟左右。

(3)降低清洁标准:如果有些准妈妈平时对家务要求严格的话,怀孕时就可以稍微降低标准了。

(4)以舒适为主:有些孕妇由于体重增加太快而造成体态臃肿,所以做家务时,要以不影响身体的舒适为主,如果突然出现腹部阵痛,这表示子宫收缩,也就是活动量已超过孕妇身体可以承受的程度,此时要立即停止手里的活,并躺下休息,如果还不能缓解不适,就要赶紧就医了。

(5)家务重新分配:准妈妈不要逞强,如果感觉自己做不到的家务,最好让丈夫和家人分担。

孕期妇女在做家务方面不能以未怀孕前的标准要求自己,要时刻想到肚子里的小宝宝,量力而行就好。

14. 孕妇下厨时须注意安全

有些孕妇在孕初期因为妊娠反应,通常对油烟非常反感,所以,此时的孕妇并不适合到厨房做饭或洗碗。不过,对于孕中期的孕妇而言,胃肠道的麻烦少些,此时是可以下厨做饭的。但是要注意安全。

孕妇不适宜提太重的东西,所以,孕妇提东西时,两肩不要费力拉起,或是因为使用腹肌力量而让肚子感到紧绷。总之,不要让物品的重量超过身体一般负荷的程度。

做饭的时候,为避免腿部疲劳、水肿,尽量坐在椅子上操作。在怀孕晚期尤其注意不要让凸出的锅台压迫已经鼓起的大肚子。有早孕反应时,烹调的味道会引起孕妇呕吐、过敏,所以要想办法做一些清淡可口的饭菜。

如果准妈妈必须使用化学成分的清洁剂才能清除厨房墙壁、器皿上的油烟,可采用另一种方式,也就是用类似锡箔纸类的美化贴纸贴到墙上,想要清洁墙壁时,只需将纸撕掉,就可以轻松又方便地达到清洁效果了。至于排油烟机的清洁也是同样道理,准妈妈可以购买滤网,将其整面铺上,如果油烟很多时,只需撕掉换张新的就可以了。

15. 孕妇洗衣服时不可忽视的细节

如果你是个爱干净的女性，在怀孕后仍然喜欢洗洗涮涮，应尽量使用洗衣机，尤其是大件的衣物。如果衣服必须要手洗，要注意以下方面：

(1)不宜用很冷的水洗，因为孕妇受凉对胎儿不利。

(2)洗衣时姿势要稳，尽可能避免蹲着洗衣，因长时间蹲位可使腹部受压迫，影响血液循环，会影响到腹内的胎儿。

(3)洗衣时用力不宜过猛，搓板不要顶着腹部，避免胎儿受压。

(4)妊娠早期，洗衣时不宜使用洗衣粉，因为洗衣粉里化学物质可损害受精卵。

(5)晾晒衣服时动作宜轻柔，不要用力向上伸腰，晒衣绳应该低一些。最好使用可以升降的晾衣架，既方便又安全。

(6)如果洗的衣服太多，可以分几次洗。站立的时间长了会造成下半身水肿，要避免一次洗得太久。

16. 孕妇不宜长时间直吹电风扇

炎热的夏天，人们不论是在家还是在工作单位往往让电风扇不停地吹，这种乘凉法对孕妇是不适宜的。

由于孕妇新陈代谢旺盛，皮肤散热能也比常人多，基础体温比一般人高 0.3℃～0.5℃，所以比一般人耐热能力差。但若是长时间吹电风扇，特别是高速的风直接吹到皮肤上，汗液蒸发作用会使皮肤温度骤然下降，表皮毛细血管收缩，外周血管阻力增加，而使动脉血压暂时升高，加重心脏负担。由于头部皮肤血管丰富，血流量较多，对冷刺激较敏感，易引起头痛、头晕、疲乏无力等不适。长时间头部受冷刺激，可因面神经产生损害而引起面瘫。为了调节全身体温，达到均衡状态，全身的神经系统和各器官组织必须加紧工作，因此，长时间吹风人也容易疲劳。

孕妇出汗较多时，不要马上吹电风扇。因为此时全身皮肤毛孔开放，冷风易乘虚而入，孕妇极易受凉感冒，轻者鼻塞流涕，重者高热或并发呼吸道炎症，对孕妇及胎儿健康极为不利。

因此，孕妇应注意避免突然或长时间吹电风扇，更不可用吹电扇的方法落汗。必须吹电风扇时，也要避免直吹，风速宜缓和，或者干脆选择手摇扇。

17. 孕妇睡硬板床比睡席梦思床好

席梦思床弹性好，睡在上面既柔软又舒适，但孕妇睡席梦思床垫并不合适。

因为孕妇的腰部前突，仰卧时其脊柱呈弧形，使已经前屈的腰椎小关节摩擦增加；侧卧时，脊柱会不同程度地向侧面弯曲，长此以往，脊柱的结构与形态发生异常，压迫神经，加重腰肌负担，既不能消除疲劳，又不利于生理功能的发挥，反而增加了腰痛与腿痛的发病率。一般人夜间睡眠时体位经常变化，辗转反侧可达 20 次左右，这有助于调节肌肉疲劳，提高睡眠效果。而孕妇睡席梦思床，不易翻身，也会影响睡眠效果，加重疲劳感，从而影响健康及正常工作的进行。此外，因为妊娠中晚期脊柱较正常腰部前屈更大，睡松软的席梦思床仰卧时，比睡一般床更易使腹主动脉和下腔静脉受压而影响孕妇和胎儿健康。妊娠晚期为避免仰卧综合征的发生，孕妇宜采取左侧卧位或左右交替侧卧，但睡席梦思床则难以做到随意翻身。

那么睡什么样的床好呢？为了让孕妇睡得舒服，一般可用硬板床，上面铺 9 厘米厚的棉垫或 4 千克以上的棉被褥为宜，枕头宜松软，高低适中。合并双下肢水肿的孕妇，可以在双侧小腿下垫棉被之类的松软垫以利于水肿消失。这样既有利于孕妇本人，对胎儿也有好处。

18. 孕妇应回避的工作环境和强度

为了母子的健康和安全，孕妇应该回避下列几种工作。

(1)不能休息的流水线作业。

(2)频繁上下楼梯的工作。

(3)高温作业和噪声环境中的工作。

(4)需要长时间站立的工作，如售货员、餐厅服务员。

(5)高度紧张的工作，如机器作业的工人。

(6)过重的体力劳动，如搬运、推拉等。

(7)单独一人的工作，发生问题无人相助。

(8)野外作业，如出危险，无条件抢救。

(9)接触传染病人的工作，如医务人员。

(10)有接受放射线辐射危险的工作，如放射科技术人员。

(11)振动作业或震动波及腹部的工作，如公共汽车售票员。

(12)接触动物的工作。动物身上常带有病菌，孕妇感染后，可能影响胎儿的发育。

(13)接触刺激性物质或有毒化学物品及农药的工作，如药厂工人、半导体生产线工人、印刷、喷漆、航天部门工人和农村妇女的施药工作、石油化工厂工人等。

上述各种工作都不利于孕妇、胎儿的健康，孕妇可以适当请求调整工作，尽量回避上述工作或尽量减轻这些工作的强度。

19. 孕妇要保持大便通畅

孕妇便秘是孕期最常见的烦恼之一，也是孕期经常被疏忽的现象。妊娠晚期便秘会越来越严重，常常几天没有大便，甚至 1～2 周都未能排便，通常会导致孕妇高度的生理和心理紧张，常有恶心、饱胀感、呕吐、焦虑、腹痛、腹胀等症状。

(1)导致孕妇便秘的常见因素

①妊娠后，体内孕激素水平增高，使平滑肌及子宫肌肉松弛，这对胎儿是有利的。然而肠道平滑肌松弛，也造成肠蠕动减慢。平素大便不畅的女性，在怀孕期间，这种倾向更加明显。

②妊娠期，随着胎儿一天天长大，肛门直肠部受胎儿的压迫也越来越重；同时，肛门直肠部的血液回流受到影响，易造成痔疮，两者都可以引起便秘。

③食物过分精细，纤维残渣少，导致便秘。因为早孕反应无法充分摄取食物，使得食

量减少，更加助长了便秘的形成。

④久坐不动是众所周知的导致胃肠道蠕动减弱的因素。而且妇女在妊娠期，随着胎儿长大，身体活动越来越不便利，缺少活动，肠蠕动更加减弱，导致便秘。

⑤孕妇可能服用各种药物，如镇静药物来缓解孕期不适症状，但这些药物常对肠道功能产生不良反应，这是造成孕妇便秘的又一重要原因。

⑥常见的剧吐导致的脱水也使粪便更为干燥，也更加重了便秘。

(2)孕妇便秘的危险：①进一步诱发静脉曲张和痔疮的发生。②这种强力的肠道排空还增加了流产的风险。③便秘严重者可导致肠梗阻，并发早产，危及母婴安危。临床上曾有患者在妊娠 38 周时因便秘，肠梗阻导致小肠坏死而切除大部分小肠。④有的孕妇分娩时，由于便秘导致大量的粪便堆积在肠腔，妨碍胎儿下降，引起产程延长，甚至难产。

(3)孕妇便秘的调理方法

①日常饮食调节：一是食物不要过于精细，更不能偏食，增加饮食中的纤维素含量，如五谷杂粮、蔬菜(青菜、萝卜、西红柿等)、水果(苹果、梨、香蕉、柿子等)，少吃强烈刺激性的食物，忌饮酒、浓茶。二是摄取足够的水分，每日进入量约 2 000 毫升，每天清晨空腹饮 1～2 杯淡盐水或温开水，有利于保持肠道内的水分软化粪便。适当饮用蜂蜜、酸奶等均能防治便秘。三是饮食中摄入适量植物脂肪，如香油、豆油等。或食物用含植物油的硬果类，如核桃、花生、芝麻等。

②养成每日定时排大便的习惯。最好在每天早饭后定时去厕所，只要坚持，即可逐渐建立起排便反射的条件，习惯后则能按时排便。

③养成集中精力排便的习惯。上厕所不宜看书、看报、打手机、吸烟等，消除一切分散注意力延长排便时间的不良习惯。

④不能忽视便意。因为经常忽视便意，粪便在肠内滞留时间过久，其中的水分在肠道被大量吸收，引起大便干燥而诱发便秘。

⑤提肛预防便秘。有意识地向上收缩提升，即收缩—放松—收缩肛门肌肉，反复做。每天早晚各 1 次，每次 30～50 次，肛门经常进行提肛运动可增加肛门的功能，加速静脉的回流，促进肠蠕动。

⑥腹部按摩。方法简单，以肚脐为圆心顺时针方向按摩腹部。每天 2～3 次，每次 10～20 回，可促进消化道的活动防便秘。可在晚上临睡前或早上起床前做，睡前做还有助于睡眠。

处理便秘，应首先采用饮食调节等综合防治措施，不要滥用药物。如果需要用药，应在医生的指导下针对病因使用。

20. 孕妇衣着与穿鞋细节

(1)孕妇穿衣要求：妇女在妊娠期间，为了供给胎儿所需的营养物质及排出胎儿的代谢产物，全身各个器官功能都发生了很大变化。身体形态也呈现出一个特殊的体形。所以，对衣着也有着特殊的要求。

孕妇的穿着必须注意身材的进展，选择简单而美观的孕妇装，宜宽松不宜过紧，质地柔软，纯棉为好，式样简单，易穿易脱，防暑保暖，清洁卫生。特别是乳房及腰部不宜束缚过紧，否则会影响孕妇的活动和胎儿的生长发育。在讲究宽松，舒适的同时，还要根据自己的喜爱，注意色彩的搭配和款式，使孕妇有一个良好的心理状况，利于孕妇和胎儿的健康。

(2)孕妇穿鞋的特殊要求：怀孕早期由于子宫胚胎植入不久，根基不深，激素水平尚低，外界的不良刺激容易导致流产；怀孕中期子宫增大和体重增加所产生的压力，使孕妇腹部前凸，重心向后，走路感到吃力；怀孕末期，胎儿增大，腹部向前突出，身体重心前移，为了保持身体平衡，孕妇常常采取后倾的姿势，因而会感到腰酸背痛，下肢和脚面水肿，行走困难。因此，孕妇在孕期不同阶段，穿鞋也有特殊要求。

为了适应怀孕妇女的特点和保证安全，孕妇不宜穿中跟和高跟皮鞋，也不宜穿拖鞋式凉鞋和胶底鞋。因为这类鞋的重心不稳，易滑易摔，有的太硬太紧，均不合适。孕妇穿鞋的基本要求是：结实、牢固，鞋底略有坡度，穿着走路平稳，防止滑倒，柔软舒适，透气防潮，不紧不松，穿着方便。

不仅是鞋子，袜子的选择也很重要。裤袜不宜穿着，它会影响胎儿的发育；袜口不能收得过紧，否则会阻碍足部的血液循环，导致水肿。可以穿一些色彩绚丽的手织线袜，既能暖足又适合散步度假。

21. 孕妇晒太阳好处多

有些孕妇总是怕晒黑皮肤，一出门就躲着阳光。但到怀孕中后期很多人出现了腰酸、腿痛、手脚发麻、腿抽筋等不适，其实这是体内缺钙的信号。

由于腹内胎儿的生长发育，以及母体自身的代谢变化，需要比正常人更多的钙等营养物质。而钙的吸收又离不开足够的维生素D。为了摄取孕妇所必需的维生素D，以促进钙的正常吸收，除了加强饮食中营养，还应该积极摄取最廉价而又最宝贵的营养——阳光中的紫外线。因为阳光照射可使皮下的7-脱氢胆固醇转化为维生素D，而维生素D可以促进食物中的钙在肠道吸收。

此外，阳光中的紫外线具有很强的杀菌消毒作用，能杀灭皮肤和空气中的细菌。阳光在室内照射30分钟以上，能达到空气消毒的效果，孕妇居室也要有定时“引来阳光”照射的习惯。晒太阳可以提高孕妇抵抗力，预防感染性疾病，有益于胎儿发育。

至于什么时候晒太阳，应根据季节、时间及每个人的具体情况灵活掌握。一般来说，孕妇每天在室外晒太阳半小时左右，皮肤生成的维生素D即可满足孕妇的生理需要。孕妇晒太阳，最好选择在上午或午后，要避开正午以免晒伤皮肤。假如是烈日炎炎的盛夏季节，就用不着专门去晒太阳，树荫下的散射阳光就足以满足孕妇的需要了。根据我国的地理条件，一般来说，春秋季以每天9～16时，冬季以10～13时阳光中的紫外线最为充足，孕妇可选择在这段时间晒太阳。

紫外线是看不见的，一层玻璃几乎能挡住阳光中的全部紫外线。所以，孕妇要适当地到户外去晒太阳，在我国北方尤为需要。

太阳光是我们取之不尽的仓库，“阳光不照门，医生便登门”，请孕妇切莫忘记这句老话。

22. 孕妇必须戒烟

对育龄妇女来说，不管是孕前、孕期，吸烟都将对自己和孩子造成极为有害的影响。烟草中含有尼古丁、一氧化碳和其他有害物质，对胎儿和孕妇都有危害。

(1)吸烟的孕妇所生的婴儿畸形多：烟草中的氰化物与人体内的硫氨基酸相结合，使孕妇体内维生素 B_{12} 的含量降低，影响胎儿的发育生长，导致婴儿畸形为不吸烟孕妇的2倍，而且大多是严重的先天性心脏病和腭裂、兔唇等。

(2)新生儿体重轻，易患各种先天性疾病：吸烟影响向子宫输送血液及向胎儿输送氧气，使胎儿呼吸活动减慢、心跳不正常、活动能力减低等，这些问题都会阻碍胎儿正常生长，导致初生婴儿体形过小或体重过轻。如果母亲在怀孕期间每天吸烟超过10支，胎儿出生后就可能出现体重偏轻的现象。

(3)围生儿死亡率高：围生儿指胎龄满28周的胎儿到出生7天之内的新生儿。而丹麦奥胡斯大学研究人员进行的一次大规模调查证实，30%～40%的猝死婴儿与他们的母亲在怀孕期间吸烟有关。在1989～1996年对25 000名孕妇进行的跟踪调查显示，那些在怀孕期间吸烟的妇女生下的婴儿发生猝死的危险性要比不吸烟妇女的婴儿高3倍。据推测，香烟中的尼古丁可能是罪魁祸首，因为尼古丁具有削弱或破坏胎儿的自我保护机制的作用。

(4)孕妇吸烟还是造成婴儿出生后患过敏和气喘的主要原因之一：这是因为胚胎的免疫功能会对某些物质做出过分反应，产生抗体，出生后婴儿就容易患过敏。吸烟会削弱胎儿的肺功能，使其成年后容易出现肺部疾病。

(5)孕妇吸烟对自身也有许多不良影响：吸烟的孕妇，在妊娠早期由于烟草中尼古丁及其代谢产物的作用，使孕妇体内黄体酮分泌量不足，容易发生自然流产。吸烟的孕妇早产率、妊娠并发症的发生率也远远高于不吸烟者。此外，孕期出血、胎盘早期剥离的发生率，吸烟者也较不吸烟者为高。

也许有人会说："怀孕时，我就不吸烟了，这不就没事了？"其实不然，吸烟的影响是远期的，有多年吸烟史的女性即便短期内不吸烟，肺里残留的部分有害物质进入血液循环流向全身，仍将对身体造成损害。有研究表明，妇女在怀孕20周以前减少吸烟支数或停止吸烟，所生婴儿重量可接近于非吸烟者的婴儿，但仍有先天性异常的危险，这是由于在怀孕早期阶段或怀孕前吸烟所引起的。

因此，为了自己和孩子的健康，请停止吸烟。

23. 孕妇还应远离二手烟

我国年轻妇女吸烟者很少，但近年有增加趋势，孕妇本人吸烟，为"主动吸烟"。然而，被烟雾危害最多的是来自家庭内、集会处、办公室及公共场所瘾君子的吞云吐雾。不吸烟的人，长时间在这种烟雾腾腾的环境里，吸进去的烟雾比吸烟者还多，这就是被动吸烟，即二手烟。

被动吸烟的危害包括：被动吸烟者所吸入的有害物质浓度并不比吸烟者低，吸烟者吐出的冷烟雾中，烟焦油含量比吸烟者吸入的热烟雾中的多1倍，苯多2倍，一氧化碳多4

倍。研究发现，孕妇被动吸烟可影响胎儿的正常生长发育。有学者分析了5 000多名孕妇后发现，当丈夫每天吸烟10支以上时，其胎儿产前死亡率增加约65%；吸烟越多，死亡率越高。丈夫吸烟的孕妇先天畸形儿出生率，比丈夫不吸烟者要高2.5倍左右。如果丈夫吸烟而又不回避，孕妇也会吸入飘浮在空气中的焦油和尼古丁。吸烟家庭儿童患呼吸道疾病的比不吸烟家庭多。

若丈夫吸烟，即使孕妇本人不吸烟，间接吸入的浓厚烟雾，同样对母婴不利。因此丈夫不应在室内吸烟，孕妇也应避免在有烟环境内停留。

24. 酒对胎儿有危害

酒为什么会影响后代呢？首先让我们来看看酒精对人体有什么影响。酒的成分主要是酒精。当酒精被胃、肠吸收进入血液运行全身以后，除少量从汗、尿及呼出的气体中以原来的形式排出外，其余大部分由肝脏代谢。肝脏首先把酒精转化为乙醛，进而变成醋酸被利用，但这种功能是有限的，所以，随着饮酒量的增加，血液中的酒精浓度也随之增高，对大脑、心脏、肝脏、生殖系统都有危害。我们知道，自从精子与卵子结合，一个新的生命就开始了。而酒精可使生殖细胞受到损害，使受精卵不健全。酒后受孕，可造成胎儿发育迟缓，出生后智力低下，甚至成为白痴。因此，为了使后代健康成长，发育正常，孕前千万不可饮酒。

如果孕妇饮酒，将伤害胎儿的脑细胞，使脑细胞发育停止，数目减少，导致不同程度的智力低下，发育不良。母体的子宫内膜和胎盘的绒毛膜形成了一个严密保护层，医学上称为胎盘屏障。在正常情况下，母体即使发生感染，致病微生物及其毒素一般也不易通过胎盘进入胎儿体内。但这种屏障作用具有相对的选择性，酒精分子量很小，而且具有脂溶性，穿透力很强，因此，胎盘对酒精没有屏障作用，使得母体血液中酒精可以畅通无阻地通过胎盘进入胎儿体内。另外，因为乙醇在人体内的降解需依赖一种叫乙醇脱氢酶的化合物来催化，而胚胎中却无此种酶，因此乙醇在胚胎中的滞留时间较长。进入和滞留在胎盘内的乙醇，可直接构成对胎儿的危害而严重影响胎儿的发育。胎盘中的乙醇及其代谢产物乙醛可大致均匀地渗入胎儿各个组织和内脏，其中尤为明显的是引起神经细胞变性、坏死及因神经细胞分化延缓或细胞结构破坏而造成的中枢神经系统发育障碍，造成胎儿酒精综合征。

另外，由于乙醇的刺激，可使脐带充盈度降低，造成胎盘供血减少，使得胎儿的营养供给缺乏，发育受到限制。胎儿长期处于乙醇、乙醛刺激的环境中，不但大脑、肾脏、肺等重要器官的发育受到损害，而且心肌收缩也受到影响，因而会直接影响胎心的发育。近来一些研究还发现，孕妇饮酒可导致胎儿泌尿生殖系统的畸形，如阴蒂、阴唇、阴道缺陷，输卵管和子宫发育异常，以及两性畸形等。可见，孕期饮酒对于胎儿的发育极其有害。

一般认为，酒精对胎儿的危害程度与孕妇饮酒数量及妊娠月份有关。在妊娠初期的1～2个月，孕妇即使少量饮用一些含酒精饮料也会影响胎儿发育及出生后的智力。喝烈性酒对胎儿的危害更大。如果想要生一个健康、聪明的孩子，孕妇一定不要喝烈性酒，最好是什么酒也不喝。

喝啤酒会影响哺乳：啤酒是以大麦等为原料酿制而成的，中医学认为大麦芽具有回乳作用，用大麦酿制成的啤酒会抑制乳汁的分泌，哺乳期妇女饮啤酒就会影响母乳哺婴；再者，啤酒中也含有一定量的酒精，通过哺乳进入婴儿体内，影响婴儿的大脑发育。

所以，为了避免酒精对胎儿的危害，也为了产后可以顺利用自己的乳汁喂养宝宝，孕妇不要喝啤酒。

25. 孕妇饮酒可致胎儿酒精综合征

女性怀孕期间饮酒给胎儿造成的各种损害被称做胎儿酒精综合征。这是一种包括胎儿智能发展障碍、身体发育障碍及先天性畸形发生率增加为特征的综合征。

胎儿酒精综合征的临床特征：

(1)身长短，体重轻。

(2)中枢神经系统功能障碍，出生的孩子智能低下、运动不协调、多动症。

(3)特异性丑陋面容，前额突起、短眼裂、小眼球、斜视、短鼻梁、朝天鼻孔、兔唇等。

(4)心脏、脊柱及四肢畸形。

(5)先天性免疫功能缺陷，抗病能力差。

据国外专家报道：妊娠妇女如每天饮酒 150 克，可导致出生的婴儿约 1/3 发生酒精综合征，另 1/3 婴儿有不同程度的精神障碍。严重者可导致流产或死胎。

三、孕期性生活

1. 孕期应节制性生活

很多孕妇在为要不要停止和丈夫的性生活而烦恼，一方面担心肚子里的宝宝受到危害，另一方面担心不能满足丈夫而影响夫妻感情。和谐的性生活是促进夫妻感情的催化剂，但孕期过性生活要视情况而定。

(1)怀孕初期：女性怀孕后内分泌功能发生改变，对性生活的要求降低。同时担心性生活会影响胎儿正常发育和安全，使孕妇不想过性生活。更重要的是妊娠头 3 个月里，由于胚胎正处于发育阶段，特别是胎盘和母体子宫壁的连接还不紧密，如果进行性生活，很可能由于动作的不当或精神的过度兴奋使子宫受到震动而导致胎盘脱落，造成流产。

(2)怀孕中期：胎盘已经形成，妊娠较稳定；早孕反应也过去了，孕妇也已适应了妊娠状态，心情开始变得舒畅。性器官分泌物也增多了，是性欲高的时期，因此可以适当地过性生活。但是要节制，还要注意性生活的体位与时间，避免造成对胎儿的影响。怀孕期性生活恰当体位的原则有两个：其一，不要给孕妇的腹部增加负担；其二，不要给予子宫以直接的强烈的刺激。

(3)怀孕晚期：孕妇的肚子突然膨胀起来，身体笨重、不灵便，腰痛，身体懒得动弹，性欲减退。此阶段胎儿生长迅速，子宫增大很明显，对任何外来刺激都非常敏感。夫妻间应尽可能停止性生活，以免发生意外。若一定要有性生活，必须节制并注意体位，还要控制性生活的频率及时间，动作不宜粗暴。

妇女怀孕以后阴道的分泌物增多，外阴部不仅容易溃烂，对细菌的抵抗力也会减弱。

被细菌感染后，症状加重就有流产的危险。所以性生活要清洁，严格防止细菌感染。

2. 应停止性生活的情况

对于正常而健康的孕妇而言，适当时期合理的性生活并不会有任何不良的影响，尽可以享受夫妻之间的性生活。但是，如果孕妇有下列情形时应停止性生活：

(1)以前曾经多次流产者。

(2)有流产的威胁存在。

(3)性行为时会感到疼痛。

(4)医师怀疑有前置胎盘的可能。

(5)有出血和腹痛的症状，医生认为有流产危险。

(6)子宫有收缩阵痛或子宫颈口已经开始扩张。

(7)子宫、阴道有间断或持续出血。

(8)有破水的可能。

(9)有妊娠高血压综合征。

(10)有严重的并发症。

(11)怀孕10个月以后直至分娩。

3. 孕期性生活必须注意的事项

虽然孕妇在妊娠中期是可以过性生活的，但是一定要注意安全，以免对胎儿造成不良影响。

(1)注意卫生：妇女怀孕以后，阴道的分泌物增多，外阴部不仅容易溃烂，而且对细菌的抵抗力也减弱。被细菌感染后，症状加重就有流产的危险。所以不但平时要注意保持局部的清洁，在性生活前必须特别重视。丈夫也应同样注意。

(2)避免过度刺激：粗暴的性交往往造成不良的后果，特别是子宫日益膨胀的时期。男性的动作应保持平稳，哪怕是性交高潮时，动作也应缓慢。

(3)注意性交的体位：这一点也很重要，夫妻可以选择一些合适的姿势，以不会压迫孕妇腹部为宜。

4. 孕期性生活体位

怀孕后性生活的原则一定要记住，首先不能压迫或撞击肚子，再者不要给子宫以直接的强烈的刺激。当孕妇子宫还没有明显增大的时候，同房时仍可取正常位，即男上女下的体位，但不要压迫孕妇的腹部，且男性的生殖器不要插入过深。孕妇的肚子越来越大后，应采取前侧位、侧卧位或前坐位，动作不要过于激烈。

到怀孕偏后期的时候，也可取后侧位同房。如果孕妇无同房意愿，绝不可勉强，要记住性生活不仅仅是指性交本身，还包括性爱抚等许多范围，因此在怀孕期间，夫妇双方一定要相互体谅、相互体贴，共同度过这一生中的特殊时期。

四、孕妇要远离电磁污染

1. 孕妇少用电热毯

人们使用电热毯的时候，由于人体和电热毯之间存在着电容，因此即使是绝缘电阻完全合格的电热毯，也会有感应电压产生并作用于人体，人体与电热毯之间的感应电压可达40～70伏特，且有15微安的电流。这个电流虽小，但由于电热毯紧贴在孕妇身下，对处于发育阶段的胎儿可能存在潜在的危险。

同时，电热毯会发出少量电磁辐射，而电磁辐射被认为对胎儿有不良影响。据报道，孕早期使用电热毯是形成流产和导致胎儿畸变的危险因素之一。

因此，为了安全起见，孕妇还是不用为好。如果使用，可以在上床前将电热毯接通电源，待被窝暖和后关掉电热毯电源，切忌使用电热毯整晚不关。

2. 孕妇不宜用电吹风

沐浴或洗头后，为了让头发快些干，很多人喜欢使用电吹风。普通人不会有健康大碍，然而孕妇就不能不注意。

电吹风的某些部件是由石棉做的，使用时吹出的热风中大多含有石棉纤维微粒。这种石棉纤维微粒可通过呼吸道和皮肤进入血液，经胎盘循环进入胎儿体内，诱发胎儿畸形。据统计，经常使用电吹风的孕妇，胎儿畸形的发生率要比正常孕妇高1倍以上。

此外，电吹风工作时会形成电磁场，电磁场的微波辐射会使人出现头痛、头晕、精神不振等症状，对孕妇及胎儿都不利。因此，孕妇最好不用电吹风。

3. 噪声影响胎儿健康

噪声对孕妇的危害很大，可影响孕妇的中枢神经系统的功能活动。孕妇受噪声影响还可使胎心加快，胎动增加，对胎儿极为不利。高分贝噪声可损害胎儿的听觉器官，并使孕妇内分泌功能紊乱，诱发子宫收缩而引起早产、流产、新生儿体重减轻及先天性畸形。有调查研究证实，孕妇若受过85分贝以上的噪声影响，胎儿在出生前就已丧失了听觉的灵敏感。胎儿内耳蜗处在生长发育阶段，极易遭受噪声损害，大量低频率噪声可进入子宫被胎儿听到，影响耳蜗发育。胎儿内耳受到噪声影响，可能使脑的部分区域受损，严重影响大脑的发育。

我国的学者对怀孕期间接触强烈噪声(95分贝以上)的女工所生子女进行测试，并把结果同其他条件相似的小儿作比较，发现前者的智商水平比后者低。造成这种情况的原因可能是噪声经常引起子宫收缩，影响胎儿的血液供应，进而影响了胎儿神经系统的发育。此外，母亲接触强烈噪声还可对胎儿的听觉发育产生不良后果。国外的一些研究表明，孕妇在怀孕期间接触强烈噪声(100分贝以上)使婴儿听力下降的可能性增大。这可能是由于噪声对胎儿正在发育的听觉系统有直接的抑制作用。

由于噪声会对人体产生许多不良的影响，因此很多国家都在这方面作了规定。我国也制订并公布了《工业企业噪声卫生标准》，对生产车间或工作场所的噪声作了明确规定。为了保护女职工及其子女的健康，妇女在怀孕期应该避免接触超过卫生标准（85～90分贝）的噪声。

4. 孕妇尽量少用手机

妇女怀孕的头3个月，称为妊娠早期，是胚胎组织分化、发育的重要时期，也是最容易受内外环境影响的时期。因此，为了避免胎儿的畸形，母亲在妊娠早期应远离或少使用手机。

对小老鼠进行的实验得出结论，让其暴露在手机发射的电磁场中，手机电波会增加小鼠患脑瘤的概率。但是，实验结论是从一个仅有几克重的动物身上得到的，要将它推理到有几十千克体重的人身上是不合理的。有一点人们可以确定的是，使用手机可以引起大脑活动的改变。

科研人士进行的一项测试显示，手机在接通时，产生的辐射比通话时产生的辐射高20倍，因此当手机在接通阶段，用者应避免将其贴近耳朵，这样能减少80%～90%的辐射量。

孕妇更不应将手机挂在胸腹部，以减低辐射对体内胎儿的影响。手机的辐射对人体有一定的危害，这种辐射是在一定的距离范围内才会危害人体的。这就是说手机距离人体越远，危害就越小。

建议孕妇手边如果有座机，最好不要使用手机。尤其要避免把手机放在肚皮上，让腹中的胎儿听出差在外的爸爸的声音，或听远方亲人打来的电话。

5. 孕妇应正确使用办公电话

现有资料显示，黏附在电话机上的细菌和病毒有480种以上，尤其使用率高的公用电话，所黏附的细菌和病毒更多。因为人们打电话时，随着喷到话筒上的唾液，将口腔中潜藏的病菌送到话筒上，尤其是有人打电话时声嘶力竭地大声喊叫，很多疾病最容易通过电话机来传播。

然而，孕妇使用时却很少想到这个问题。由于忽视了这个问题，有的孕妇在打电话时，讲话时总是离话筒很近，有时还一边打电话一边吃东西。很多孕妇打完了电话也不去洗手，然后又去摸别的东西，包括自己的身体。这样，常年积累在电话机上的病毒，就会浩浩荡荡地进入孕妇的口腔和鼻孔中，并在此进行生长繁殖。然后，再通过这些部位的黏膜和一些微小的创口等，大摇大摆地进入人体，从而引起多种不良结局，如上呼吸道感染、胎宝宝生长发育不良、流产、早产等。

孕妇讲话时尽量与话筒保持远一点距离，只要对方能听见即可，并在使用后马上洗手。对于自己固定使用的办公电话，要经常采取消毒的处理。可用75%的酒精棉球来擦拭电话机的外壳部分。但由于酒精容易挥发，消毒效果比较短暂，所以应当经常地进行擦拭。

6. 微波炉可能影响孕妇健康

微波炉，它是让我们做饭速战速决的好帮手。孩子出生后，你或许还会用它来给孩子加热牛奶、菜饭。微波炉的确给生活带来了很大便利。

然而，微波炉会释放电磁波，这一点令人们不由地对它是否对身体有害产生怀疑。法国国家农业化学研究院的物理学博士罗斯特解释说："在微波炉中，食物的分子被高频的电磁波振动产生热能，可以烹熟鸡或鱼。关键的问题是，如果微波炉密封不好，微波也同样振动旁边使用者身上的分子，尤其是孕妇。"

在设计上，微波炉是要完全密封，避免任何微波泄漏的。如果我们使用的微波炉不是新买的，门的橡胶垫就可能不会密封得很好。那么怎么能知道呢？关好微波炉的门，将它开到最大限度，让它运行。在门的外面放一张铝纸，纸大于微波炉，如果你听到纸上发出"滋滋"的声音，就证明微波炉的门密封已经不好了，从里面散出的电磁波碰到了金属纸上，这样的微波炉孕妇更不应使用。

7. 孕妇要远离电磁炉

大家都知道微波炉的微波辐射对孕妇是有影响的，那电磁炉对孕妇有影响吗？回答是肯定的。电磁炉一样会产生电磁波，并不亚于微波。

电磁炉容易维护，而且不易烫着手。同时，它可以非常准确地控制温度。况且，它的玻璃陶瓷外观也非常漂亮，总之，电磁炉是一件越来越吸引人的家用电器。

电磁炉发射的电磁场很高，比冰箱高出上千倍，甚至上万倍。这已经是很高的电磁场了。孕妇在做饭时，腹中的胎儿正好处在电磁炉放置的高度。强大的电磁辐射可能影响胎儿的大脑发育。要十分小心和谨慎。

如果你的家里恰好使用的是电磁炉，不妨把做饭的锅勺"转让"给丈夫。如果你的丈夫根本不会做饭，那就尽量不要使用电磁炉。

8. 电脑对孕妇有危害

(1)危害性：电脑开启时，显示器会散发出电磁辐射，电脑周围会产生低频电磁场。计算机显示屏危害健康的主要因素有电离辐射、射频辐射、可见光、红外线及空气离子化的改变等。其中可能会影响妊娠结果和胚胎发育的辐射因素包括X线、紫外线、可见光、红外线、微波、低频磁场，以及压力和紧张等。在上述的各种射线中，X线是已知的有害因素。目前，世界各国生产和使用的各种主要型号的显示器，X线的产生量都非常低，只有在特殊设备和房间内才能测出，因而正常操作情况下，不至于对人类胚胎造成致畸损害。

在电脑环境中工作有些因素可能会影响妊娠，最有可能的因素是低频电磁场。最近的研究指出，孕妇每周使用20小时以上计算机，其流产的发生率增加80%以上，同时，也可能导致胎儿的畸形。但绝大部分的研究和观察都没有发现计算机对妊娠结果有明显的不利影响。少数研究发现接触显示屏终端可造成胎儿出生畸形等缺陷。但这种出生缺陷的致畸因素和混杂因素很多，实际上很难确定它们的发生和出现是因接触使用计算机显示屏所致。

因此在实际工作中，孕妇既不要谈之色变，也不要毫无顾忌。但长时间坐在电脑前，缺乏适量活动，心血管、神经系统的功能将受到影响，盆底肌和肛提肌也会因劳损影响正常分娩。

(2)孕妇正确使用电脑的方法：如果可能，孕妇最好避免接触电脑，以免伤及胎儿。但是，如果因为工作或其他原因，不得已一定要使用电脑，那么一定要谨慎使用。专家提醒，操作电脑时注意以下几点：

①避免长时间连续操作电脑，注意中间休息。通常连续操作1小时，休息5～10分钟。休息时可以看远处或做眼保健操。每天工作时间不超过10小时。

②保持良好的工作姿势。采取一个最适当的姿势，使双眼平视或轻度向下注视显示器，这样可使颈部肌肉放松，并使眼球暴露于空气中的面积减至最少。

③保持适当的工作距离。人体要与电脑屏幕保持不少于80厘米的距离，与电脑后部及两侧保持不少于120厘米的距离。眼睛和显示器的距离要保持在60厘米以上。

④创造并保持良好的工作条件。周围环境的光线要柔和，显示器的亮度要适当，清晰度要好，桌椅的高度和电脑的高度要匹配。有条件的电脑操作者最好穿上电磁波防护服装。如果出现眼睛干涩、发红、有灼热或异物感，眼皮沉重、看东西模糊，甚至出现眼球胀痛或头痛，休息后仍无明显好转，就需要到医院看眼科医生了。

9. 孕妇常看电视对胎儿的影响

(1)危害：由于电视机的普及，看电视欣赏自己喜爱的节目已成为很多人下班休息时消遣的首选。不少孕妇由于孕后家人承担了大部分的家务劳动，往往回家后就坐在电视机前。与此相反，不少孕妇担心看电视对胎儿有害，在整个孕期家里都不准开电视。那么，看电视究竟对胎儿有没有危害呢？

电视机尤其是彩电，在长时间工作时，由于电子流对荧屏的不断轰击，荧屏表面会产生对人有影响的静电荷及放出一定的射线。这种射线含辐射量轻微，不构成什么危害。但长期少量辐射的积聚作用，对胎儿健康的不良影响是不容忽视的。另外，放射线本身是一种能量，这种能量被人体组织吸收时，吸收物的分子就会发生电离作用，也就是能量转变成另一种形式，而这种能量仍需被释放出来，从而在吸收物中引起其他反应，这种所谓的“二次效应”的能量传递，将对人体产生危害。如果怀孕早期孕妇下腹部接受的放射线过多，容易引起胎儿死亡、流产，还容易造成胎儿小头症、无脑儿等畸形。

电视机的显像管在强大的高压电源激发下，向荧光屏连续不断地发射电子流，从而产生对人有影响的高压静电，并释放大量的正离子。正离子可以吸附空气中带负电的尘埃和微生物，附着在人的皮肤上，特别是使孕妇的皮肤产生炎症。

此外，荧光屏上还能产生波长小于400微米的紫外线，由此产生臭氧，当室内臭氧达到1%的浓度时，可引起咽喉干燥、咳嗽、胸闷、脉搏加快等，就会影响孕妇和胎儿的健康。

(2)孕妇看电视的正确方法：由于看电视尤其是彩电，有可能危害孕妇和胎儿，所以准妈妈在怀孕期间应尽量少看电视，更不可长时间、近距离、对准荧光屏收看。特别是在早孕阶段，最好不看。

但妊娠3个月以后，只要不是长时间地持续看电视，对胎儿不会造成大的危害。

看电视应注意：①室内要适当注意通风。②坐姿要正确，并与电视机保持2米以上的距离。③每天不应超过2个小时，每看1个小时应休息几分钟。

应选择轻松、欢快的节目，如喜剧片、风光片等，以欣赏或消遣的情绪去看；不宜看情节紧张或场面惊险的节目，如武打片和侦探片，也不要看悲剧片。这些节目会使孕妇情绪紧张，血液中出现一种特殊物质，通过胎盘带给胎儿，使胎儿不安。

另外，餐后不要立即看电视。饭后食物需要消化，看电视需要用脑，这样势必使人体内供给胃肠的血液相对减少，从而影响正常的消化、吸收功能，也不利于胎儿发育生长。

不要边看电视边吃零食，也不要蜷缩身体看电视等。妊娠期胆囊排空时间延长，胆汁黏稠，容易诱发胆石症。蜷缩身体、吃零食看电视会使腹腔压力增大，胃肠蠕动受限，不利于食物的消化吸收，特别不利于胆汁排泄，易诱发胆道疾病。

10. 孕妇应远离复印机

在复印机工作时，因静电作用使复印室内具有一定的臭氧。臭氧具有很强的氧化作用。曾有调查结果表明，在经常使用复印机的地方，臭氧浓度足以危害人体。通过对一些使用复印机的办公室和公共图书馆的监测发现，在距复印机0.5米的地方，臭氧浓度达0.12毫克/升。这些臭氧是复印机中带高电压的部件与空气进行化学反应产生出来的。臭氧具有很高的氧化作用，可将氮气化成氮氧化物，对人的呼吸道有较强的刺激性。臭氧的比重大、流动慢，加之复印室内因防尘而通风不良，容易导致复印机操作人员发生“复印机综合征”。主要症状是口腔咽喉干燥、胸闷、咳嗽、头晕、头痛、视力减退等，严重者可发生中毒性水肿，同时也可引起神经系统方面的症状。此外，某些复印机操作人员的皮肤过敏症状也可能与接触复印纸被污染有关，因为复印纸中含有一些特殊的添加成分，并在复印过程中会产生纸屑尘。

目前使用最广泛的是有碳复印机，它使用的显影粉有干、湿两种。干性显影粉用特级炭黑制作，其中的环芳烃具有致癌作用。但因炭黑多聚体物质混溶后被包裹起来，故在复印过程中，干性显影粉极少分解，非常稳定。湿性显影粉是将炭黑分散在烃溶剂中，而含有10～20个碳原子的脂肪烃有助于肿瘤的生长。由于所用烃类的沸点较低而易挥发，通风不良会对长期接触者产生危害。

无碳复印机的显影材料有很大刺激性，可以引起皮肤、眼睛、呼吸道和神经系统等方面的病症。另外，无碳复印在复印过程中也可释放一些可能致癌的物质。所以，孕妇最好不要从事复印机的操作。

11. X线检查对孕妇的影响

人的生殖细胞对放射线最为敏感。为避免X线照射对后代的影响，应该在怀孕前一段时间(一般4周)内夫妇双方尽量不做X线检查。如果在孕前4周内曾接受X线照射，可能会影响生殖细胞，甚至发生胎儿畸形。已经接受过X线照射的妇女，应在4周后怀孕才较为安全。

妊娠早期是胚胎器官形成期，孕妇在这个时期，尤其前6周，应尽量避免接受X线照射。这时照射X线，可使细胞染色体畸变，细胞受损而发生流产、死胎；也可使胚胎的神经系统发育障碍，导致小头畸形、脊柱裂等。妊娠中期，即孕12周后到孕5～6个月内，胎儿器官继续发育成熟，此期如果接受X线照射，会影响胎儿的生长发育，因此最好避免X线透视、摄片，更不宜反复多次检查。妊娠晚期，虽然胎儿器官已发育成熟，小剂量的X线检查对胎儿的影响不大，但如反复多次大剂量检查，仍可能影响胎儿。此外，X线除致畸外，还可致癌如白血病。

如果孕妇病情确实需要进行X线检查，应尽量在妊娠4个月以后进行摄片检查，并在腹部放置防X线装置，以降低胎儿受害限度，检查时尽量采用最小的合适剂量。

此外，常规胸透尽可能推迟到怀孕6～7个月。需要照射时间较长的胃肠造影、钡剂灌肠等应尽量避免。妊娠36周后，如果产科情况需要做X线摄片，由于此时胎儿已基本成熟，一次X线检查影响不大。有些孕妇在妊娠早期不知道已经怀孕而接受了X线的检查，也不必过分惊慌失措，可以去产科遗传咨询门诊，以决定是否继续妊娠下去。

总之，妊娠期X线检查应该慎重，尤其是在早期应尽可能避免，更不宜多做X线检查。

12. 孕妇忌做CT检查

孕妇在怀孕头3个月内接触放射线可能引起胎儿脑积水、水头畸形或造血系统缺陷、颅骨缺损等严重后果。

CT是利用电子计算机技术和横断层照射方式，将X线穿透人体的组织，它具有很高的密度分辨力，要比普通X线强100倍。所以，做一次CT检查受到X线照射量比X光检查大得多，其对人体的危害也大得多。

因此，孕妇做CT检查，当然也有可能产生不良后果。孕妇如果不是病情急需，还是不做CT检查为好。如检查孕妇其他器官必须做CT检查时，那么需要在腹部放置防X射线的装置，以避免和减少胎儿畸形的发生。

13. 孕妇多吃新鲜水果、饮茶可对抗电磁污染

电磁波向空中发射或泄漏的现象就叫做电磁辐射，手机、电话机、电脑、输配电线的周围都存在这样的辐射。电磁辐射虽无处不在、无时不在，但只有在电磁辐射超过一定强度(安全卫生标准限制)后，才会对人体产生负面效应，此时才能称其为电磁污染。虽然有时候辐射的强度极微，但长时间接触可能对人们健康，特别是对胎儿造成一定影响。它无色、无味、无形、无踪、无任何感觉又无处不在，给人类带来的危害却不可小视。

经研究证明，多吃新鲜水果和饮茶可减少电磁的伤害。平素还应该多吃一些富含维生素C的新鲜蔬菜和水果，如青椒、胡萝卜、柑橘、草莓、猕猴桃、橄榄和动物的肝脏等。维生素C有利于调节人体电磁场的紊乱状态，增强机体防御功能，起到减少电子污染的作用。电脑工作者应该多饮茶，茶叶已经被证实是防止辐射的天然有效武器，坚持饮茶对预防或缓解电磁波的辐射很有益处。

五、孕妇需要远离污染环境

1. 孕妇禁用的化妆品

每个女性都希望自己在各个时期都是美丽的，而恰当地用化妆品修饰自己通常会令女性看起来更加完美和自信。怀孕是女性的特殊生理阶段，这时的女性常常会因为身体状况的变化，而变得敏感、身体抵抗力下降，而且孕期特别忌讳接触有害的化学物品。这时对化妆品有什么禁忌呢？

(1)染发剂：据国外医学专家调查，染发剂不仅会引起皮肤癌，而且还会引起乳腺癌，导致胎儿畸形。所以，孕妇不宜使用染发剂。

(2)冷烫精：据法国医学专家多年研究，妇女怀孕后，不但头发非常脆弱，而且极易脱落。若是再用化学冷烫精烫发，更会加剧头发脱落。此外，化学冷烫精还会影响孕妇体内胎儿的正常生长发育，少数妇女还会对其产生过敏反应。因此，孕妇也不宜使用化学冷烫精。

(3)口红：口红是由各种油脂、蜡质、颜料和香料等成分组成。其中油脂通常采用羊毛脂，羊毛脂除了会吸附空气中各种对人体有害的重金属微量元素，还可能吸附大肠埃希菌进入胎儿体内，而且还有一定的渗透性。孕妇涂抹口红以后，空气中的一些有害物质就容易被吸附在嘴唇上，并随着唾液侵入体内，使孕妇腹中的胎儿受害。鉴于此，孕妇最好不涂口红，尤其是不要长期涂口红。

因此，请孕妇当心化妆品对自身健康及腹内胎儿的危害。上述几种化妆品在怀孕期间最好避免使用。

2. 孕妇宜选择非化学性方法护理皮肤

孕妇皮下脂肪大幅增厚，汗腺、皮脂腺分泌增加，全身血液循环量增加，面部油脂分泌旺盛的情况会加重，皮肤变得格外油腻。有些孕妇，由于孕激素的关系，皮肤失去了以前的柔软感，而略呈粗糙，甚至会很干燥，有些区域会出现脱皮现象，脸部的色素沉着也增加。孕妇的黑色素代谢缓慢，面部大多会长黑斑，且孕后不易恢复。妊娠中后期，孕妇皮肤变得敏感，对紫外线抵抗力减弱，皮肤容易被晒黑，面孔出现黄褐斑，额头和双颊出现蝴蛛斑。除了面部，孕期时的身体肌肤也会受到很大影响，尤其是那些本来就有色素沉着的区域，如乳晕、痣及雀斑、外阴部、大腿内侧及腋窝的颜色亦会加深，肚子正中央还会出现一条黑线。这些问题很大程度上困扰着爱美的孕妇。

建议孕妇采取非化学性护理方法。

(1)主要是保持皮肤的清洁：选用温和无刺激的婴儿皂、甘油皂洗脸。

(2)沐浴时不应浸泡太久：否则容易造成皮肤脱水，尽可能少用普通肥皂，可使用不含皂质、pH 值属中性的沐浴露或婴儿香皂。沐浴后，应在全身涂抹润肤油。

(3)要特别注意饮食营养平衡：增加镁、钙等无机盐的摄取，如肉类、鱼、蛋；还要增加必要的脂肪酸和维生素，如绿色蔬菜、水果、坚果、谷物、牛奶、鱼油、豆类等；要减少含兴奋剂如咖啡、酒、茶的摄取，多喝水。

(4)避免在炽热的阳光下直接暴晒：阳光会使原本已有色素之部位颜色加深，在炎热的天气里最好将原本即有色素的皮肤尽量保护好，外出可以戴遮阳帽。

(5)按摩操

①额头的按摩。左右手的中指及无名指放在额头上，分别自额心向左右两边做圈按摩，一共按摩6圈，到两边太阳穴时轻轻地压一下，来回共做3次。

②眼角的按摩。避免眼角长出鱼尾纹，用两手的手指自两边眼角沿着下眼眶按摩6小圈，然后绕过上眼眶，回到眼尾处轻轻地按一下。眼睛周围的按摩：用手指沿着眼睛四周做绕圈按摩，按摩6圈后在太阳穴轻轻压一下。

③鼻头的按摩。用手指自太阳穴沿额头、鼻梁滑下，在鼻头两侧做小圈按摩，共按摩8小圈，由上向外按摩。

④唇上按摩。双手手指放在唇上做8小圈的按摩。

3. 孕妇不宜染发、烫发

染发剂含铅，由于铅可以通过胎盘和血脑屏障，造成子代患母源性铅中毒，经常接触高浓度铅蒸气或铅尘易导致低体重出生儿、胎儿发育迟缓、智力低下。神经系统对铅敏感，所以产前接触铅过量，可损伤胎儿脑组织，影响儿童期的体格和智力发育。

另外，孕妇的皮肤敏感度比较高，一些染发剂接触皮肤后，可刺激皮肤，引起头痛和脸部肿胀，眼睛也会受到伤害，难以睁开。

孕中期以后，孕妇的头发往往比较脆弱，并且极易脱落，孕妇如烫发会加剧头发的脱落，因为烫发用的冷烫精，也有害于头发。

孕妇的皮肤敏感度较高，应禁忌染发、烫发，以免使自己和胎儿受害。

4. 孕妇不可接触农药

目前，农药的应用十分广泛，误服农药引起的急性中毒日益受到重视，但对长期少量摄入农药引起的慢性危害，却缺乏足够的认识和警惕。农药对孕妇和胎儿都有很大危害。

(1)对孕妇的危害：有调查资料表明，因职业接触有机氯和有机磷的妇女容易发生妇科疾病，如月经不调、继发不孕及提早绝经发生率提高。输卵管炎、宫颈糜烂和子宫纤维瘤的患病率也增加。接触农药的妇女子宫收缩无力，分娩时出血的发生率增高。

(2)对胎儿的危害：农药可经胎盘进入胎儿体内对胎儿造成危害：大约有30多种农药对实验动物有胚胎毒性，可引起胎儿发育迟缓或畸形，但一般使用剂量较大。目前，仅有甲基汞农药被证实可引起胎儿出生缺陷，出生的婴儿发生脑性麻痹及舞蹈症、运动失调、震颤，以及精神发育迟缓、智力低下等神经系统症状。胎儿对有机汞的毒性作用比母亲更敏感，往往孕妇本人并无明显中毒症状，但其所生婴儿即可有明显的肌震颤，不能正常发育，小孩1岁多仍不能坐起，也不能看东西。

妇女妊娠期和哺乳期应避免接触农药。另外，食用喷洒农药后的水果、蔬菜要注意严格清洁。

5. 水果蔬菜要清除残留农药后方可食用

冬季食物中毒多为蔬菜和水果上残存的农药所致。进入冬季后，植物的光合作用并不能完全将农药吸收，大棚种植的植物对农药的需要量更大，农药的残留量也会更大。如果在食用时没有很好地清洁，就易发生食物中毒，出现头晕、头痛、恶心、呕吐、食欲减退、倦乏、四肢发麻无力等症状。而妇女、儿童是水果、蔬菜的主要消费群体，所以，这些人更容易成为受害者。孕妇由于特殊体质，则更易受到危害。

因此，要在正规的集贸市场或超市购买蔬菜水果，因为这些场所的蔬菜水果一般都要经过农药残留的检测，合格的才能上市。不要认为田间地头和流动摊贩的水果蔬菜新鲜而盲目购买，因为这些果蔬大多没有经过抽检，不能保证农药残留合格。

孕妇最好选择无公害的绿色食品。以下介绍常用清除水果蔬菜残留农药的方法。

(1)浸泡水洗法：主要用于叶类蔬菜，如菠菜、黄花菜等。先用水冲掉表面污物，然后用清水浸泡至少 10 分钟。果蔬清洗剂可增加农药的溶出，浸泡时可加少量果蔬清洗剂，浸泡后用流水冲洗两三遍。

(2)储藏法：农药在存放过程中能够缓慢地分解为对人体无害的物质，所以对易于保存的蔬菜水果可通过一定时间的存放后食用，如苹果、猕猴桃、冬瓜等不易腐烂水果。一般应存放 15 日以上。

(3)加热法：氨基甲酸酯类杀虫剂随着温度升高，可加快分解。这种方法常用于芹菜、菠菜、小白菜、圆白菜、青椒、菜花、豆角等。先用清水将蔬菜表面污物洗净，放入沸水中焯 2～5 分钟后捞出，然后用清水洗两遍，最后再烹炒食用。

(4)碱浸法：农药的化学成分大都呈酸性，用碱水浸泡会发生中和反应，蔬菜水果上的残存农药就会被清除。方法是在水中加一小撮碱面，溶解后放入蔬菜、水果浸泡 10 分钟左右，再用清水冲洗干净。

6. 孕妇应避免接触芳香剂

随着生活质量的提高，芳香剂成为不少家庭必备的生活用品。芳香剂可以去除异味儿，美化我们的生活环境。但是要注意，芳香剂对孕妇是有危害的。

如今市场上的芳香剂主要有气雾型、液体型和固体型 3 种。无论哪种芳香剂，都是由香料和有机溶剂合成的。这些有机溶剂中包括会使神经受损的“烷”类、使肝肾中毒的“氯”类，以及可能导致白血病的“苯”类，甚至还有甲醛和丙酮等可怕的有毒物质。随着人的呼吸，这些物质慢慢侵入人体，对人体危害极大。有些孕妇闻了某种气味后会感觉头晕、恶心，如果该气味有毒性，那么它会通过嗅觉神经到达大脑中枢，刺激大脑分泌出某种激素，然后通过血液循环作用于胎儿，影响胎儿的正常发育。

怀孕不足 3 个月时正是胎儿细胞分裂的关键时期，如果孕妇长时间处于芳香环境中还可能使胎儿细胞分裂受影响导致胎儿畸形。

7. 吸毒对胎儿的危害极大

由于海洛因等毒品可以通过胎盘对胎儿造成不良影响，因此海洛因成瘾可殃及母、婴两代人，给下一代造成伤害。滥用毒品对妊娠妇女、胎儿，以及新生儿的健康会产生严重的危害。

(1)对妊娠胎儿的危害：海洛因、吗啡等毒品可通过胎盘向胎儿传递，孕妇吸毒1小时后，即可在胎儿体内测出有海洛因存在。进入胎儿体内的海洛因由于脂溶性的特点，大部分会进入神经系统，储存在脑组织中。吸毒成瘾的孕妇怀孕4～6个月时即可发现胎儿发育迟缓，并且在孕期容易早产。

(2)对新生儿的危害：娩出的新生儿除可发生畸形儿、怪胎以外，50%是低体重儿(出生时体重少于2 500克)，这些胎儿在围生期有着较高的死亡率和患病率；80%的新生儿可出现新生儿窒息、呼吸反射低、颅内出血、低血糖症、低钙血症等并发症；60%～90%的新生儿可有戒断症状，包括尖叫、易激惹、震颤、不安、多动、肌张力增高、呼吸急促、呼吸困难、厌食、体重下降、间断发绀与呼吸暂停、惊厥发作、发热、多汗、腹泻、呕吐、打哈欠、喷嚏等，这些症状一般出现在出生后48小时以内，也有10%的新生儿戒断反应不明显，要到生后2～4周才表现出来，这可能是毒品在胎儿体内有储积或毒品排泄较慢所致。被动成瘾的新生儿死亡率很高，若不经治疗，93%的新生儿将发展到惊厥发作，其死亡率可高达3.5%。

(3)对乳儿的影响：海洛因成瘾的妇女，其乳汁中有海洛因排出，毒素会随乳汁危害乳儿。

所以，吸毒成瘾的女性在脱毒康复前不宜怀孕，如果发现怀孕则应人工流产或引产以终止妊娠。

8. 高铅影响胎儿发育

铅是一种具有神经毒性的重金属元素，它广泛地存在于生活的很多方面，如工业废气、汽车废气、含铅的玩具、文具和含铅的蔬果等。

孕期妇女由于体内胎儿快速的生长发育对各种营养要素的需求很大，常常造成母体代谢的负平衡。例如，由于胎儿生长发育和骨骼钙化对钙的需求量迅速增加，母体从膳食中摄入的钙往往不能满足胎儿和自身的需求，只好一方面通过激素水平的调节增加肠道对钙的吸收，另一方面动用母体钙储备，将自身的钙无私地奉献给腹中的胎儿。但孕妇在增加肠道钙吸收率的同时，也会将更多的铅吸收入体内，也就是说，铅的吸收率也明显提高；而母体动用骨骼中钙储备的同时，通常也会将存储在骨骼中的铅释放出来，其结果就是母体血铅水平升高，并造成胎儿铅接触水平的增加。

因为孕妇吸收的铅90%会通过胎盘传输给胎儿，导致胎儿先天性铅中毒，而母体血铅水平升高，会造成胎儿铅接触水平的增加；由于孕妇腹中的胎儿是处于组织分化、器官成熟、生长发育迅速的特殊阶段，特别是神经系统正处于快速发育之中，同时血脑屏障功能不完善，其中枢神经系统对铅的抵抗力较差。铅透过血脑屏障进入正在迅速发育中的胎儿大脑，在脑细胞中与功能蛋白结合，使脑细胞的正常代谢和活动发生障碍。从而扰乱神经系统的正常发育，导致神经系统结构异常，致使胎儿发育迟缓，严重的可导致多系统性先天畸形，如无脑儿、死胎及儿童期智力低下。

另外，研究表明，高铅孕妇发生流产、死胎、早产和胎儿宫内生长迟缓等的概率也较正常孕妇高得多。所以，准备怀孕的准妈妈们，在怀孕前3个月就应做排铅保健，这样才能保证优生。

(1)铅毒侵入人体的渠道

①消化道。通常是铅吸收的主要途径。铅在肠道内通过主动转运和被动扩散两种方式由小肠吸收入血液。主动转运占吸收总量的80%以上。主动转运依赖铅与肠黏膜上一种转运蛋白质结合，由转运蛋白作载体将铅转运入血液。被动扩散则是铅由肠腔向血液自然扩散。肠腔中铅浓度越高、血液中铅浓度越低，被动扩散的量就越大。

②呼吸道。空气中含铅的灰尘经鼻孔吸入呼吸道后，一部分被鼻毛、气管纤毛和支气管纤毛、细支气管纤毛阻挡，最后以痰液的形式返回口腔。另一部分特别微小的铅尘到达肺泡，沉积在肺泡里，然后由吞噬细胞等吸收，进入血液。

③皮肤。当我们接触有机铅的时候，有一部分铅会被皮肤直接吸收。

(2)孕妇预防铅毒的方法：虽然铅毒危害大，传播途径多，但是孕妇生活中注意一些细节，还是可以防止铅中毒的。如：①注意卫生勤剪指甲。②不用含铅化妆品。③蔬菜水果食用前要洗净，能去皮的去皮，以防残留农药中的铅。④多吃酸性食物如鱼、肉、蛋、禽等。⑤多吃富含维生素C的水果。⑥不吃高铅食品，像松花蛋、爆米花和劣质的罐头、饮料等。⑦不要在交通繁忙区和工业生产区逗留。⑧饭前要换掉工作衣、洗手要勤。⑨室内少用煤、少用含铅涂料及油漆粉刷装修房子等。

研究证明，由于铅和钙、铁和锌等在肠道吸收过程中享用同一部位的转运蛋白，相互之间在吸收过程中具有竞争性，因此，提高膳食中钙、铁和锌的含量可有效降低铅在肠道内的吸收。

9. 孕妇不宜接触汽油

汽油主要是交通运输工具的动力燃料。橡胶、油漆、染料、印刷、制药、黏合剂等工业用汽油作溶剂。机器部件和衣物的清洗去污，以及电镀产品的前处理用汽油做去油剂。可见，汽油充斥在生活的方方面面。

由于产地及生产方法不同，汽油的成分及毒性各有差异。汽油具有强烈的挥发性，并且易溶于脂肪。在生产环境中主要是以蒸气的形式经呼吸道吸入人体，通过血液循环到人的大脑，引起麻醉作用。并对中枢神经系统及末梢神经产生毒害作用，对骨髓造血功能也产生不良影响。

汽油可通过胎盘屏障进入胎儿体内，并能在胎儿组织中蓄积。有人测定了85名橡胶厂接触汽油女工血液、人工流产时的胚胎组织及临产时胎儿脐带血中的汽油含量，发现上班族孕妇血中汽油含量为100%时，胚胎组织中汽油含量则相当于260%；以产妇血中汽油含量为100%时，脐带血中汽油含量则相当于140%。同时，于每立方米300毫克浓度的汽油中对雌性大鼠染毒25～30日后进行交配，妊娠后继续染毒14～18日后处死，分析母鼠及胎鼠组织中汽油含量，结果胎鼠组织中汽油含量高于胎盘、子宫，以及母鼠血液、肝、脑等组织中的含量，与人体测定结果一致。

由于汽油可在体内蓄积，排出速度较慢，妊娠女工于脱离接触56日后分娩时，血中仍可检出汽油。人体观测及动物实验均证明，血中汽油含量随空气中汽油浓度增高而增高，且随接触时间的增长，动物随染毒时间的加长，血中汽油浓度亦增加。因此，长时间持续于高浓度汽油的环境中工作，对胎儿的影响仍是一个值得重视并继续加以观察研究的问题。汽油可自乳汁中排出，乳汁中汽油浓度为血中含量的12%～18%。且接触汽油的女工乳汁分泌减少者明显多于对照组。

所以孕妇应该尽量避免接触汽油。

10. 避免装饰材料中甲醛等对孕妇的毒害

虽然现在人们装修时环保意识已加强，但仍旧避免不了有害物质在室内存留，如粉尘等，如果是正常人在装修屋内居住可能不会有什么影响，但如果是孕妇的话，为了确保下一代的健康，最好还是搬离为好。

装饰材料中含有甲醛、苯、松节油、漆酚、石棉纤维等有害成分，对孕妇及胎儿均有很大危害。

苯为具有特殊芳香味的无色气体，已被世界卫生组织确定为强烈致癌物质。人在短时间内吸入高浓度苯时，会出现中枢神经系统麻醉作用，轻者出现头晕、头痛、恶心、呕吐、胸闷、乏力等现象，重者还会导致昏迷、甚至因呼吸、循环系统衰竭而死亡。如果长期接触一定浓度的苯，会引起慢性中毒，出现头痛、失眠、精神委靡不振、记忆力减退等神经衰弱症状。

甲醛是一种无色的强烈刺激性气体，已被世界卫生组织确定为致癌和致畸形物质，是公认的变态反应源，也是潜在的强致突变物之一。甲醛释放污染，会造成眼睛流泪，眼角膜、结膜充血发炎，皮肤过敏，鼻咽不适，咳嗽，急慢性支气管炎等呼吸系统疾病，亦可造成恶心、呕吐、肠胃功能紊乱。严重时还会引起持久性头痛、肺炎、肺水肿、丧失食欲，甚至导致死亡。长期接触低剂量甲醛，可引起慢性呼吸道疾病、眼部疾病、女性月经不调和紊乱、妊娠综合征、新生儿畸形、精神抑郁症。另外，还会促使新生儿体质下降，造成儿童心脏病。

氨是一种无色且具有强烈刺激性臭味的气体。氨是一种碱性物质，它对所接触的皮肤组织都有腐蚀和刺激作用，可以吸收皮肤组织中的水分，使组织蛋白变性，并使组织脂肪皂化，破坏细胞膜结构。浓度过高时除腐蚀作用外，还可通过三叉神经末梢的反向作用而引起心脏停搏和呼吸停止。氨通常以气体形式被吸入人体并进入肺泡内，氨被吸入肺后容易通过肺泡进入血液，与血红蛋白结合，破坏运氧功能。氨的溶解度极高，所以主要对动物或人体的上呼吸道有刺激和腐蚀作用，减弱人体对疾病的抵抗力。少部分氨为二氧化碳所中和，余下少量的氨被吸收至血液，可随汗液、尿或呼吸道排出体外。长期接触氨的人可能会出现皮肤色素沉着或手指溃疡等症状；短期内吸入大量氨气后可出现流泪、咽痛、声音嘶哑、咳嗽、痰带血丝、胸闷、呼吸困难，可伴有头晕、头痛、恶心、呕吐、乏力等症状，严重者可发生肺水肿、成人呼吸窘迫综合征，同时可能发生呼吸道刺激症状。所以，碱性物质对组织的损害比酸性物质深而且严重。

防止甲醛危害的方法：

(1)注意室内空气的检测和净化：根据室内空气中的甲醛污染程度，请相关的专家提供有效的治理方案。

(2)通风法去除甲醛:通过室内空气的流通,可以降低室内空气中有害物质的含量,从而减少此类物质对人体的危害。

(3)绿色植物去甲醛:在室内和家具内采取一些有效的净化措施,可以降低家具释放出的有害气体,如室内养些绿色植物。

(4)活性炭吸附法:活性炭是国际公认的吸毒能手,活性炭口罩,防毒面具都使用活性炭。本品利用活性炭的物理作用除臭,去毒;无任何化学添加剂,对身体无影响。每屋放2~3碟,72小时可基本除尽室内异味。

(5)其他小妙招:300克红茶泡两脸盆热水,放入居室中并开窗透气,48小时内室内甲醛含量将下降90%,刺激性气味基本消除。

另外,用人造板制作的衣柜,如甲醛未清除干净,使用时一定要注意,尽量不要把内衣、睡衣等放在里面。

11. 孕妇不要接触油漆

油漆中有很多的化学元素,含有很多的有害物质,如甲醛、苯。如果孕妇在怀孕前3个月胚胎发育时期接触这些有害物质,会导致胚胎发育畸形,最普遍的就是唇腭裂。

因此,最好不要待在有油漆的房间里。

12. 汽车污染影响孕妇健康

随着私家车的快速增长,车内空气污染也和室内装修污染一样日益凸显,孕妇及家人要格外重视。

许多私家车车主喜欢在自己的车内放瓶香水以改善室内气味,益气养神。然而专家却认为,这并不可取。目前许多香水并非天然提取物,而是化学合成品,本身具有一定的污染,在冬夏关窗开空调的季节,会在车内形成循环污染,破坏空气质量。

装潢过程中无疑要使用化学制品,必然会产生一定的污染。我们追求的柔软有弹性的座椅、光亮的色彩、舒适的手感,都是通过填充物、柔软剂、胶黏物等材料得以满足的,而它们正是"污染"易于藏身之所。对汽车空气质量的检测,无一例外都存在甲醛超标问题。对于孕妇来说很危险。

汽车装潢污染严重,除去材料选择因素,也和许多车主的"错误"保护有关,买来的新车通常会有一些塑料质地的包装,是厂家防止破损而进行的保护,许多车主也认为这些原始包装可以延缓车辆"衰老",因此不愿将其去除。专家称,这样会使原本可以挥发的污染闷在车内"发酵",让污染久留车内;另外,私车的增长速度使其下了生产线就直接开进居民家,即便按照严格环保要求进行装备的汽车也会因为挥发不全在短时间内存有污染。新买的汽车最好能停置一段时间,开窗透气,挥发污染物。

第三章 孕期营养

一、孕期科学补充营养

1. 孕期补充营养意义重大

胎儿的生长发育完全依赖于母体的营养供应，因此了解生育营养方面的常识对于培育健康胎儿有不少的帮助。孕妇补充营养的意义在于以下几方面。

(1)一人营养，两人吸收：人们都知道，孕妇需要比较丰富的营养，这是因为孕妇在妊娠期除了保证自身的基本营养以外，还要供给乳房、子宫、胎盘足够的营养物质，为以后的分娩、哺乳打好基础。另外，胎儿的生长发育，也需要充足的营养。孕妇担负着自身和胎儿两个人的营养供应。为了保证母子的健康，孕妇必须要有充足的营养。

(2)保证营养，提供胎儿大脑发育的必要物质：现在提倡每对夫妇只生一个孩子，谁都希望自己的孩子健康、聪明。孕妇补充蛋白质对胎儿大脑的发育具有重要作用。人的大脑发育有两次高峰，妊娠10～18周是第一次高峰，第二次高峰则在婴儿出生以后。在大脑发育的第一次高峰期，脑细胞的数目、体积和突起的生长情况，对胎儿将来的智力发育有很大影响。胎儿脑细胞的发育是否良好，孕妇的营养供应至关重要。如果孕妇营养不良，胎儿的生长发育也会受到影响，容易发生流产、早产、死产或畸胎。胎儿即使能活着来到人间，也会体弱多病或智力低下。

孕妇摄取充足且均衡的营养才能使胎儿健康良好的发育。孕妇膳食的基本原则有两方面：①膳食的组成要多样化，保持营养素平衡。②膳食中各种营养素和热能要能够满足孕妇的需要。

2. 孕妇饮食营养三步走

孕妇的饮食营养在不同时期有不同的要求。

(1)妊娠初期：胎儿生长比较缓慢，体重每天只增加1克左右，这时胎儿对营养的需要量较少，孕妇又有妊娠反应，所以饮食应该清淡，富含营养，容易消化。

(2)妊娠中期:胎儿生长迅速,体重每天大约增加 10 克,是胎儿发育的重要时期。这时孕妇的胃口也比较好,要充分保证各种营养素的供应。

(3)妊娠晚期:胎儿各器官均已形成,生长特别快,孕妇应该多吃富含蛋白质的食物及蔬菜和水果。对脂肪和糖类要加以适量限制,以免热能过剩,使胎儿发育过大,给分娩造成困难。

3."巨大儿"与孕妇营养过剩

孕妇每日各种食物吃得过多,特别是食入糖类和脂肪食品,出现营养过剩会导致孕妇血压偏高和导致胎儿长成"巨大儿"。

有的孕妇胃口特别好,不但吃得多,而且所吃食物营养相当丰富,并且很少活动。她们以为这样才有利于胎儿生长发育和孕妇分娩。其实这种吃法很容易使孕妇发胖,也使胎儿过大,造成分娩困难。

"巨大儿"容易造成难产,分娩期延长,子宫收缩无力,引起产后大出血;也有的因产妇过胖,造成哺乳困难,不能及时给孩子喂奶,乳腺管堵塞,引起急性乳腺炎。所以,孕妇要合理饮食,既不能营养不足,也不要营养过剩。既要做到营养适度、荤素搭配,又要注意活动。防止由于营养过剩造成的高血压和"巨大儿"。

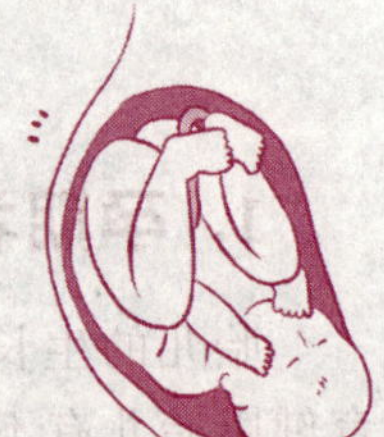

总之,孕妇在孕期要密切观察体重的变化,发现异常及时到医院诊治,以确保母体的健康及胎儿的正常生长发育。

4. 厌食与呕吐对胎儿的影响

妇女怀孕头 3 个月是决定新生儿智力高低的关键时期。从胎儿的整个发育过程来看,其心、脑、口、牙、耳、上腭等器官分化,均在头 3 个月内形成。然而,令人遗憾的是往往孕妇的妊娠反应偏在这个关键时期最厉害。

厌食与呕吐会影响胎儿吗?影响有多大呢?几乎所有怀孕的女性都会有这种担心。在此期间,孕妇的胎盘会分泌出一种叫做绒毛膜促性腺激素的物质。该物质能抑制胃液的分泌,使胃液显著减少,致使体内消化酶的活力大大降低,影响孕妇的正常消化吸收功能,使人产生恶心、呕吐、食欲缺乏、不思饮食等现象。

一般早孕反应出现的轻微的厌食、呕吐并不会对胎儿产生很大影响。但如果怀孕前孕妇的体质虚弱、营养欠佳,早孕反应的厌食与呕吐严重,会致使孕妇出现消瘦、体重下降等症状,则不仅可以影响孕妇自身的营养需要,而且还直接影响着胎儿的营养需求量,尤其对蛋白质、叶酸及一些微量元素的摄入都将对胎儿的发育造成不良影响。

因此,如果出现了怀孕早期的剧烈呕吐,孕妇应及早到医院请医生进行必要的治疗,否则对胚胎的发育与成长极为不利,同时可能影响孕妇自身的健康。

5. 孕妇要养成健康的饮水习惯

俗语说:"水是生命之源",可见水对人生命的重要性。孕妇要负担着母子两人的代谢任务,新陈代谢旺盛,主要表现为心跳加速、呼吸急促、容易出汗、排泄增加等,机体的物质消耗量大大增加，因此不能忽略饮水。

(1)孕妇在清晨起床后应喝一杯新鲜的凉开水：早饭前 30 分钟喝 200 毫升 25℃～30℃的新鲜温开水，可以温润胃肠，使消化液得到足够的分泌，以促进食欲，刺激肠胃蠕动，有利定时排便，防止痔疮、便秘。早晨空腹饮水能很快被胃肠吸收进入血液，使血液稀释，血管扩张，从而加快血液循环，补充细胞夜间丢失的水分。

(2)孕妇不要等到口渴才饮水：口渴说明体内水分已经失衡，脑细胞脱水已经到了一定的程度。孕妇饮水应每隔 2 小时 1 次，每日约 8 次，共 1 600 毫升。

(3)孕妇还要注意不是所有的水都能喝：有几种水不能喝，如久沸或反复煮沸的开水，没有烧开的自来水，保温杯沏的茶水，被工业生产中的废水、废气、废渣等污染物污染过的水，蒸饭或者蒸肉后的"下脚水"。

(4)不宜长期饮用的水：长期饮用纯净水会降低免疫力。由于人体的体液是微碱性，而纯净水是弱酸性，长期饮用会使体内环境受到破坏。长期饮用纯净水还会增加钙的流失，孕妇不宜长期饮用。

(5)孕妇宜饮用的健康水

①矿泉水，无机盐适中才是健康水。

②自来水。自来水是天然水的一种，是安全水，含有天然饮用水中的有益无机盐，是符合人体生理功能的水。

孕妇一定要培养良好的饮水习惯，这样能有利于水的有效补充。

6. 孕妇吃蔬菜和水果有讲究

蔬菜、水果是人们生活中必不可少的食物，在膳食中占有较大的比例，其蛋白质和脂肪含量很低，含有一定量的糖类，以及丰富的无机盐类(钙、钾、钠、镁等)和某些维生素(如维生素 C 和胡萝卜素等)。

蔬菜、水果具有良好的感官性状，可增进食欲，帮助消化，对维持肠道正常功能及丰富膳食的多样化等方面具有重要意义。尤其在孕期，某些孕妇由于妊娠反应剧烈，食欲不佳，容易便秘，吃些蔬菜水果，是保证无机盐和维生素 C 供给的重要途径，有利于孕妇的健康及宝宝的成长。

在蔬菜、水果的选择上，还是有一定的学问的。一般来说，颜色深的和青椒、胡萝卜、韭菜、绿菜花等蔬菜富含叶绿素、叶酸、β-胡萝卜素及维生素 C 等孕妇所需的重要营养素。另外，在选择的时间上也有不同，一般来说，新鲜采摘的水果和蔬菜比长期存放的营养丰富，比如新鲜大白菜与存放了许久的大白菜相比，不但口感好，而且营养丰富，水果蔬菜在食用前要注意专用清洗剂洗干净，以免残留农药对人体造成危害。蔬菜加工时要先洗后切，以免营养成分丢失。且过的菜不宜存放时间过长，以免产生有害物质——亚硝酸盐。不要用铜锅炒菜，炒菜时应急火快炒，菜汤不要丢掉，以减少营养成分的丢失。

7. 适宜孕妇食用的蔬菜

各种蔬菜对孕妇都有好处，孕妇在日常膳食中可以经常变换着吃各种蔬菜。以下几种蔬菜宜常选用。

(1)萝卜：是一种极普通的根茎类蔬菜，它的营养及药用价值却很高。它富含木质素，能够大大增强体内巨噬细胞的活力，从而吞噬癌细胞。同时，萝卜中的钙、磷、铁、淀粉酶及维生素 A、维生素 B_1、维生素 B_2、叶酸等，都有益于妊娠期的营养。青萝卜含维生素 C 比苹果高 6 倍。胡萝卜富含维生素 A，可以防治夜盲症及胆结石。淀粉酶能够分解食物中的淀粉及脂肪，有利于人体充分吸收。孕妇常吃萝卜可以获得防病健身的效果。

(2)菜花：富含维生素 K、蛋白质、脂肪、糖类、维生素 A、B 族维生素、维生素 C 及钙、磷、铁等营养素。孕妇产前经常吃些菜花，可预防产后出血及增加母乳中维生素 K 的含量。菜花除了营养价值高之外，更大的优点是常吃可以防治疾病。它能增强肝脏的解毒能力及提高机体的免疫力，预防感冒，防治坏血病等疾患。用菜花叶榨汁液煮沸后加入蜂蜜制成糖浆，有止血止咳、消炎祛痰、润喉开音之功效，更是预防新生儿颅内出血、皮下出血、上呼吸道感染的药膳。孕妇常吃菜花有益。

(3)茭白：又称菱笋，是人们普遍爱吃的蔬菜，它富含蛋白质、糖类、维生素 B_1、维生素 B_2、维生素 C 及钙、磷、铁、锌及粗纤维素等营养成分，有清热利尿、活血通乳等功效。用菱白煎水代茶饮可防治妊娠水肿。菱白炒芹菜食用可防治妊娠高血压及大便秘结。

(4)野菜：是孕妇的又一营养佳品。野菜不仅以其污染少或无污染而优于田园蔬菜，而且具有营养及食疗双重作用。我国营养学家对我国近 100 种可食用的野菜进行分析，发现野菜中富含植物蛋白、维生素、纤维素及多种无机盐，其营养价值颇高，味道别具一格。更为可贵的是，野菜的防病保健作用显著。例如，小根蒜有健胃、祛痰之功效。地米菜可补脑明目。马齿苋有清洁胃肠道的作用，可以防治急、慢性肠炎或痢疾。蕨菜可清热利湿、消肿止痛，还有活血安神之功效。人们每天吃的米、面、杂粮、肉、鱼、禽、蛋等，在身体内多呈酸性反应，只有野菜经过消化分解后在身体内呈碱性反应。孕妇间隔地吃些野菜可以中和体内的酸性，以维持身体弱碱性的内环境。这对于孕妇养胎十分重要。吃野菜还可以扩充营养素的来源，调剂口味，而且促进胃肠道清洁，减少粪便中毒素的吸收，有益于妊娠。

8. 孕妇适宜吃的水果

水果的营养丰富，味道鲜美，男女老幼，人人爱吃。孕妇适宜的水果，这里特别推荐以下几种水果。

(1)梨：它质脆多汁，清甜爽口，醇香宜人。有清热利尿、润喉降压、清心润肺、镇咳祛痰、止渴生津的作用。对于治疗妊娠水肿及妊娠高血压的孕妇有一定好处。它还具有镇静安神、养心保肝、消炎止痛等功效，有防治肺部感染及肝炎的作用。常吃炖熟的梨，能增加口中津液，防止口干唇燥，不仅可保护嗓子，也是肺炎、支气管炎及肝炎患者的食疗品。

(2)柿子：汁多味甘，是一种物美价廉的水果。每 100 克柿子含糖 20 克，蛋白质 0.7 克，脂肪 0.1 克，碘 49.7 毫克，还富含多种维生素及钾、铁、钙、镁、磷等，其无机盐的含量超过苹果、梨、桃等水果。柿子性寒，有清热、润肺、生津、止渴、镇咳、祛痰等功效，其营养及药用价值均适宜孕妇适量食用，尤其是妊娠高血压综合征的孕妇。柿子虽然有很好的营养及医疗作用，它也有不足之处。柿子有涩味，吃多了会感到口涩舌麻，收敛作用很强，引起大便干燥。遇酸可以凝集成块，与蛋白质结合后产生沉淀。因此，吃柿子应该点到为止，以一餐一个为宜。

(3)柑橘：品种繁多，有甜橙、南橘、无核蜜橘、柚子等。其果汁富含柠檬酸、氨基酸、糖类、脂肪、多种维生素、钙、磷、铁等营养成分，是孕妇喜欢吃的食品。500克橘子中含有维生素C 250毫克，维生素A 2.7毫克、维生素 B_1 的含量居水果之冠。柑橘中所含的无机盐以钙为最高，磷的含量也超过大米。柑橘的皮、核、络等都是有名的中药。常吃柑橘可以预防坏血病及夜盲症。但是，柑橘好吃，不可多食。因为柑橘性温味甘，补阳益气，过量反对身体不利，容易引起燥热而上火，发生口腔炎、牙周炎、咽喉炎等。孕妇每天吃柑橘不应该超过3只，总重量在250克以内。

(4)无花果：无论鲜品还是干品均味美可口。它富含多种氨基酸、有机酸、镁、锰、铜、锌、硼及维生素等营养成分。它不仅是营养价值高的水果，而且是一味良药。它性甘味酸，有清热解毒、止泻通乳之功效，尤其对于痔疮便血、脾虚腹泻、咽喉疼痛、乳汁干枯等疗效显著。孕妇宜常吃适量的无花果。

(5)香蕉：营养学家认为，孕妇吃香蕉对补充营养有好处。香蕉是钾的极好来源，钾有降压、保护心脏与血管内皮的作用，这对于孕妇是十分有利的。并且香蕉含有丰富的叶酸，而体内叶酸及亚叶酸和维生素 B_6 的储存是保证胎儿神经管正常发育、避免无脑、脊柱裂严重畸形发生的关键性物质。此外，香蕉有润肠通便的作用，有利于孕妇预防便秘。孕妇最好每天吃一只香蕉。

9. 适合孕妇食用的坚果

很多准妈妈会因为坚果中含有大量的脂肪和蛋白质，害怕食用后发胖，而对它望而却步。其实恰恰是这两种营养成分，无论对于准妈妈自己的能量补充，还是腹中胎儿的成长都是不可或缺的。

吃坚果补什么？在食物的分类中，坚果都被归为脂肪类食物。高热能、高脂肪是它们的特性，但是坚果含有的油脂虽多，却多以不饱和脂肪酸为主。对于胎儿来讲，身体发育首先需要的营养成分当然是蛋白质。但是对于大脑的发育来说，需要的第一营养成分却是脂类(不饱和脂肪酸)。据研究，脑细胞由60%的不饱和脂肪酸和35%的蛋白质构成。另外，坚果类食物中还含有15%～20%的优质蛋白质和十几种重要的氨基酸，这些氨基酸都是构成脑神经细胞的主要成分，同时还含有对大脑神经细胞有益的维生素 B_1、维生素 B_2、维生素 B_5、维生素E及钙、磷、铁、锌等。因此，无论是对准妈妈，还是对胎儿，坚果都是补脑、益智的佳品。以下介绍适宜孕妇食用的坚果类。

(1)核桃：补脑、健脑是核桃的第一大功效，其含有的磷脂具有增长细胞活力的作用，能增强机体抵抗力，并可促进造血和伤口愈合。另外，核桃仁还有镇咳平喘的作用。

(2)花生：蛋白质含量高达30%左右，其营养价值可与鸡蛋、牛奶、瘦肉等媲美，而且易被人体吸收。花生皮有补血的功效。

(3)瓜子：我们经常可以看到的是葵花子、南瓜子和西瓜子。瓜子油性较大，有一定的润肠左右，可以适当缓解便秘。

(4)松子：含有丰富的维生素 A 和维生素 E，以及人体必需的脂肪酸、油酸、亚油酸和亚麻酸，还含有其他植物所没有的营养成分。适当吃松子可以有效地补充一些维生素。

(5)榛子：含有不饱和脂肪酸，并富含磷、铁、钾等无机盐，以及维生素 A、维生素 B_1、维生素 B_2、烟酸，常吃可以明目、健脑。

凡事都有个适度问题，坚果对孕妇身体保养和胎儿发育虽然有诸多好处，但是吃起来不宜过多。由于坚果类食物油性大，如果食用过多，容易引起消化不良。所以，孕妇吃坚果要注意适量。作为一般零食吃即可，不需要每天吃太多。

同时孕妇可以对坚果进行一下加工，以更适合自己的口味。例如，不喜欢生食可以炒熟后食用。

10. 孕妇喝牛奶好处多多

牛奶营养的价值非常丰富。据测定，每 500 毫升牛奶含有丰富的蛋白质 16.5 克，糖 22.5 克，钙 600 毫克、维生素A 200 个国际单位。能满足人体每天所需动物蛋白的 50%，所需钙的 60%，所需能量的 16%。

牛奶的营养比较接近人体天然需要的营养，所以在正常饮食之外，不要忘了喝牛奶。孕妇也需要喝一些牛奶，促进胎儿的发育。

喝牛奶至少有下列好处：

(1)牛奶中酪氨酸能促进快乐激素大量增加。

(2)牛奶中的铁、铜和维生素 A 有美容作用，可使皮肤光滑。

(3)牛奶中的维生素可提高视力。

(4)睡前喝牛奶有催眠作用。

(5)牛奶中的钙能促进骨骼的生长。

(6)酸奶和脱脂乳可增强免疫系统功能。

11. 科学喝牛奶更健康

牛奶是人类饮食中蛋白质和钙的最佳来源，是改善营养、增强体质所不可缺少的理想食物。但是孕妇在饮用牛奶时还要注意：

(1)选择健康牛奶

①看营养成分，否则就不知其含奶量。

②看生产日期、保质期和保存条件。如果不按条件保存，即使在保质期内也有可能变质。

③要看生产厂名、地址等，最好选用著名牛奶生产厂家的牛奶，这样更有质量保证。

(2)切忌空腹饮用牛奶：最好先吃点食物，如可以吃点面包、饼干等，然后再喝牛奶。尤其，如果只以 1 杯牛奶作为早餐，热能肯定是不够孕妇需要的。

(3)睡前饮用牛奶助睡眠：在晚饭后 2 小时或睡前 1 小时饮用牛奶，这对睡眠较差的人可能会有所帮助。因为牛奶中含有丰富的色氨酸，具有一定的助眠作用。

(4)饮用方式:冷饮、热饮皆可。牛奶煮沸后,其营养成分会受点影响,如蛋白质含量会有所减少,但总的损失不会很大。对于饮用方式要看各人的习惯和胃肠道对冷牛奶的适应能力而定。

12. 孕妇食用西红柿须知

西红柿富含维生素 C、胡萝卜素、蛋白质、微量元素等。除了价廉物美,酸甜可口之外,还有美容健身之功效。吃西红柿可以使皮肤色素沉着减退或者消失,还可用于治疗蝴蝶斑等皮肤疾患。西红柿营养多,但孕妇食用时要注意。

(1)不要吃长有赘生物的西红柿和不成熟的西红柿:因为青色的西红柿含有大量有毒的番茄碱,孕妇食用后,会出现恶心、呕吐、全身乏力等中毒症状,对胎儿发育有害。

(2)不要空腹吃西红柿:西红柿含有大量的胶质、果质、柿胶粉、可溶性收敛剂等成分,这些物质容易与胃酸起化学反应,结成不易溶解的块状物,阻塞胃口引起腹痛。

(3)西红柿清洗干净再吃:不要拿未经清洗的西红柿吃,因为上面可能残留农药,会对胎儿有害。

下面介绍几招西红柿的别样吃法:

①西红柿酱。原料:西红柿 2 只、青蒜、芝麻、青椒。制法:将西红柿洗净,用烤箱烤软,去皮,留西红柿酱;芝麻炒香;炒锅加植物油,葱花爆香,下入切碎的青椒和青蒜略炒,加入西红柿酱同煸片刻即成。功效:不仅口味好,开胃助消化,而且其中的西红柿红素又可随脂肪被人体充分吸收,同时芝麻、植物油中含有很多维生素 E,它也是重要的抗氧化营养素。

②西红柿蒸水蛋。原料:西红柿、鸡蛋。制法:西红柿去皮切小丁,急火快炒 5 秒钟;鸡蛋打散、调味、加水,小火蒸至约七成熟时加入西红柿丁,继续蒸熟即成。功效:西红柿蒸水蛋非常滑嫩,酸而不腻,如果作为正餐的主菜,还可以即兴加上些肉末或肉松,味道会更上一层楼,营养也更加均衡。

③西红柿生菜沙拉。原料:西红柿、生菜、沙拉酱。制法:西红柿烫过,去皮,切块;生菜洗净,切成稍小的片,与西红柿混合,调以沙拉酱即成。功效:这道菜不仅生吃方便,而且最大限度地保留了原料中的西红柿红素和维生素 C,有良好的祛斑效力。

13. 孕妇每日食盐的摄入量

人们天天吃的食盐,其主要成分是氯化钠。钠是人体生命活动中不可缺少的物质。钠与氯在血浆中的浓度对渗透压有重要的影响,同时,对血浆与细胞间液量、酸碱平衡、维持体细胞的电子活性,以及心血管系统的功能都是必不可少的。

人为了维持身体内环境的稳定,吃进去的钠与排出来的钠是相等的。如果孕妇多吃盐就会加重水肿且使血压升高,甚至引起心力衰竭等疾病。由于钠离子是亲水性的,会造成体内水的潴留,开始时这会使细胞外液积聚,如果积聚过多,会导致孕妇水肿。

但是,如果长期低盐或者不能从食物中摄取足够的钠时,就会使人食欲缺乏、疲乏无力、精神委靡,严重时发生血压下降,甚至引起昏迷。如果身体内缺少盐分,水分也会减少。

在这种情况下除了产生口渴的感觉外，血液也会变得黏稠，流动缓慢，以致养料不能及时地输送到身体的各个部位，废物也不能及时地排出体外。时间一长，对身体有害。

正常孕妇每日的摄盐量以7～10克为宜。在一般情况下，怀孕后妇女和怀孕前妇女在钠的摄入上差别不是很大。同时，妊娠期间不应服用利尿药，以免造成钠的损失。

14. 孕妇食用蜂蜜不宜过多

蜂蜜是人们生活中常用的天然营养佳品，又是中药的重要配药材料。

蜂蜜是天然的大脑滋补剂。因为在所有的天然食品中，大脑神经元所需要的能量在蜂蜜中含量最高。孕妇适量食用蜂蜜有益于胎儿大脑的发育。

孕妇每天在上、下午的饮水中各放上数滴蜂蜜，可以有效地预防妊娠高血压综合征、妊娠贫血、妊娠合并肝炎等疾病。同时，蜂蜜缓下通便，能有效地预防便秘及痔疮出血。

孕妇睡前饮1杯蜂蜜水，有安神补脑、养血滋阴之功效；能够治疗多梦易醒、睡眠不香。冬天很容易出现咽唇干燥及肺热咳嗽，食用蜂蜜可改善症状。如果用蜂蜜调匀适量面粉涂在面部及手背上，还有滋润皮肤、养颜美容之功效。

但是，蜂蜜中糖分含量较高，热能也高。因此，糖尿病、肥胖及一些血脂高的患者不宜食用。健康孕妇也不要过量食用，毕竟蜂蜜也属于甜食。

15. 从酸味食物中补充维生素C

很多新鲜的瓜果是酸味的。这类食物含有丰富的维生素C，维生素C可以增强母体的抵抗力，促进胎儿正常生长发育。因此，喜吃酸味食物的孕妇最好选用一些带酸味的新鲜瓜果，如西红柿、青苹果、橘子、草莓、葡萄、酸枣、话梅等。同时可在食物中放少量的醋、西红柿酱，增加一些酸味。

16. 孕期食用巧克力对胎儿有好处

最近一项研究结果给既馋又不敢乱吃东西的孕妇带来了好消息：孕妇吃巧克力对宝宝的行为有益。调查和分析结果发现，孕妇每天吃一些巧克力对宝宝出生后的行为有着积极的影响。

研究人员发现，与那些在妊娠期间很少吃巧克力的孕妇所生的宝宝相比，在妊娠期间爱吃巧克力的孕妇所生的宝宝在出生6个月后更喜欢微笑或表现出开心的样子。该项研究还显示，那些容易紧张的孕妇，如果在妊娠期间能经常食用巧克力，其所生的孩子不怕生人。

芬兰科学家认为，喜欢吃巧克力的孕妇所生孩子容易呈现出比较健康向上的情绪，这与巧克力中所含的某种化学成分有关。孕妇在食用巧克力后会把这种化学物质传给正在母体内发育的婴儿，从而使得其在出生后，特别是在6个月后，表现出积极的生活情绪。

17. 孕妇早餐要有谷类食品

谷类食物是各种米、面等食品的总称，历来是人们餐桌上必不可少的食物。但由于近些年来人民生活水平提高，生活节奏加快，以及营养知识欠缺，很多家庭的早餐只喝1杯牛奶、吃 1 个鸡蛋，早餐中不再有谷类食物，这种食谱是不利于健康的。

谷类的主要成分是淀粉，营养成分是碳水化合物，即糖类。糖类是最经济、产热最快的热能来源，它在体内分解快、耗氧少，最易消化吸收，为人体各种生理活动提供 60%～70%的能量，大脑组织耗热的主要来源是糖。此外，糖类能增加蛋白质在体内的合成；帮助脂肪在体内供热；糖在肝脏中转化为糖原，能增强肝细胞的再生，促进肝脏的代谢和解毒作用，有利于保护肝脏。如果食物中缺乏谷类，糖类供给缺乏，容易导致疲劳、头晕、体重减轻。同时，如果仅进食牛奶、鸡蛋这种高脂肪、高蛋白质食物，会加重孕妇肝、肾的负担。

谷类是膳食中 B 族维生素的重要来源，这些成分中的泛酸烟酸、维生素 B_1 及少量的维生素 B_2 等，是胎儿神经系统发育所必需的。谷类食物也含有一定的植物固醇和卵磷脂，可促进胎儿神经发育。B 族维生素对孕期反应如妊娠剧吐具有很好地减轻作用，能够促进消化液的分泌，增进食欲。

如果早餐无谷类食品，孕妇将要靠脂肪或蛋白提供热能。脂肪虽能产热，但其代谢产物对人体是有害的，因此，为了增进健康和舒适的感觉，孕妇早餐应有一定量的谷类食品。

18. 豆类食品有利于胎儿发育

妊娠期间胎儿的生长发育需要蛋白质，它是胎儿细胞分化、器官形成的最基本的物质。蛋白质对胎儿身体的成长来说，就像构筑一座坚实大厦的基础一样重要。孕妇也需要蛋白质来维持子宫、胎盘、乳腺组织及全身的变化。同时，孕妇还需要有一定量的蛋白质储备，以供应分娩时的消耗及产后泌乳。除此之外，每 1 克蛋白质还能提供相当于 4 000卡的热能。孕妇每日需要蛋白质 100 多克，比正常人多出 2～3 倍。整个妊娠期间需要大量优质的蛋白质食品。

蛋白质由 20 种氨基酸组成，是细胞生长发育的物质基础，是维持生命活动最基本的营养素。人体本身可以合成 12 种氨基酸，有 8 种氨基酸不能靠人体自身合成，必须从食物中摄取，称为人体必需氨基酸。食物中的蛋白质含必需氨基酸越多，则对人体越有利。含有大量必需氨基酸的蛋白质食品即被称为优质蛋白质食品。

黄豆富含人体必需的 8 种氨基酸，素有“植物蛋白之王”的美称。据测定：每 100 克黄豆中合蛋白质 36.3 克，每 500 克黄豆中蛋白质的含量相当于 1 000 克瘦肉中的蛋白质含量。它还富含脂肪、糖、胡萝卜素、钙、磷、铁及亚油酸。

孕妇多食用豆及豆制品，可以补充蛋白质、脂类、钙及 B 族维生素等，有助于胎儿的发育，尤其是胎儿脑及神经系统的发育。脑及神经系统的发育依赖于大量的多不饱和脂肪酸及磷脂，孕期多吃豆制品可保证胎儿健康成长，使宝宝更聪明。

19. 海产品可以补充碘元素

妇产科专家提醒孕妇，为了下一代优生，孕妇应该多吃海产品以免缺碘。

碘在地球上分布相当不均匀，内陆山区比较缺乏，沿海低洼地区则积碘过多。由于缺碘又未补充，便会发生缺碘性地方性甲状腺肿。孕妇对碘的需要量又大，若再有挑食、偏食的毛病，则更易发生缺碘。孕妇缺碘，会造成死胎、流产、早产和先天性畸形。孩子出生后智力低下，体格矮小，呆傻面容，以及瘫痪、又聋又哑等克汀病表现。为了下一代的优生，给孕妇补碘既是必需的，又是重要的。在缺碘区，盐中加碘是一种经济、安全、方便和有效的补碘措施。也可口服碘化钾片或甲状腺片等。补碘的关键时间是在妊娠早期3个月，尤以妊娠前为好。若怀孕后5个月再补碘，作用甚微，起不到预防后代智力缺陷的作用了。在沿海及低洼等不缺碘的地区，水中的碘即可满足常人的需要，但对孕妇来讲还不够，这与孕妇偏食有关。

海带、海鱼、紫菜、贝类等海产品中含碘量较高，孕妇若每2～3日吃一次海鱼便可满足机体对碘的需求量。所以，孕妇不妨多吃些海产品。

20. 孕妇吃鸡蛋能有效补充营养

妇女在妊娠期常常会有恶心、呕吐、偏食等不良反应，鸡蛋富含蛋白质、多种维生素和无机盐，正是对母体丢失的营养素的有效补充。

鸡蛋的最可贵之处在于能够提供较多的优质蛋白，鸡蛋蛋白质含有各种必需氨基酸。每50克鸡蛋就可以供给5.4克优质蛋白，是常见食物中蛋白质较优的食物之一，因为它的生物价值较高。这不仅有益于胎儿的脑发育，而且母体储存的优质蛋白有利于提高产后母乳的质量。一个中等大小的鸡蛋与200毫升牛奶的营养价值相当。每100克鸡蛋含胆固醇680毫克，主要在蛋黄里。胆固醇并非一无是处，它是脑神经等重要组织的组成成分，还可以转化成维生素D。蛋黄中还含有维生素A和B族维生素、卵磷脂等，是最方便食用的天然食物。

鸡蛋所含的营养成分全面而均衡。鸡蛋还是铁、磷、维生素A和维生素E及大部分B族维生素的较好来源，它也是仅次于鱼肝油的维生素D的丰富来源。它的营养几乎完全可以被身体利用，是孕妇理想的食品。

孕妇只需要有计划地每天吃3～4个蛋黄，就能够保持良好的记忆力。因为蛋黄中含有"记忆素"——胆碱。胆碱的主要来源是蛋黄。

鸡蛋吃法多种多样，就营养的吸收和消化率来讲，煮蛋为100%，炒蛋为97%，嫩炸为98%，老炸为81.1%，开水、牛奶冲蛋为92.5%，生吃为30%～50%。

(1)鸡蛋以沸水煮5～7分钟为宜。但要注意细嚼慢咽，否则会影响吸收和消化。油煎鸡蛋过老，边缘会被烤焦，鸡蛋清所含的高分子蛋白质会变成低分子氨基酸，这种氨基酸在高温下可形成有毒的化学物质。

(2)对于消化功能不好的人来说，蒸蛋羹、蛋花汤更合适些。

(3)蛋白蛋黄都要吃，有的孕妇因为个人喜好，只吃蛋白而不吃蛋黄。其实，这样也不好。蛋白中的蛋白质含量较多，而其他营养成分则是蛋黄中含量更多。

(4)茶叶蛋应少吃，因为茶叶中含酸化物质，与鸡蛋中的铁元素结合，对胃有刺激作用，影响胃肠的消化功能。

(5)每天吃太多的鸡蛋，也不好。首先，鸡蛋吃得过多会增加孕妇胃、肠的负担，不利于消化吸收；其次，鸡蛋虽然营养丰富，但毕竟没有包括所有的营养素，不能取代其他食物，也不能满足孕妇在整个孕期对多种营养素的需求；最后，孕妇吃鸡蛋过多，则摄取了过多的蛋白质，造成生物利用率降低，没有被充分消化吸收，其实是一种浪费。

21. 孕妇巧吃零食

有的孕妇在怀孕前有吃零食的习惯，但是怀孕后还能不能吃零食呢？其实，不必因为怀孕而改掉吃零食的习惯，只是在零食的选择上应慎重。孕期吃零食的原则是营养、卫生、适量。

首先要注意小零食的卫生，街头露天出售的食品最好不要吃。另外，有些零食有可能对你的身体造成不良影响，比如腌渍的食品、冰淇淋、罐头食品和过甜的点心等，也不要多吃。

孕妇可以考虑既可口又有营养的零食，比如用果汁代替冰淇淋，用新鲜水果代替水果罐头，也可以把黄瓜、西红柿等蔬菜当水果吃，还可以吃一些营养饼干、核桃仁、花生等。零食一般以新鲜的天然果实为佳，这些食品味道香美并且含多种营养素，孕妇常吃不仅可以满足爱吃零食的嗜好，还能补充各种营养。

下面列举两种营养优秀的果实。

(1)大枣被人们称为“天然维生素丸”：它富含使人延年益寿的维生素 P，居百果之冠；维生素 C 的含量比梨高出数十倍；还富含蛋白质、脂肪、有机酸、钙、磷、铁、胡萝卜素及 B 族维生素等多种营养成分，是孕产妇滋补的佳果。大枣性平味甘，具有补血安神、补中益气、养胃健脾等功效，预防肝病效果显著。枣中含有一种治疗高血压的药物成分芦丁，孕妇常吃大枣可防治妊娠高血压。

(2)板栗又称为栗子：它与大枣、柿子一起被称为“三大木本粮食”。板栗富含蛋白质、脂肪、糖类、钙、磷、铁、锌、多种维生素等营养成分，有健脾养胃、补肾强筋、活血止血之功效。孕妇常吃板栗不仅可以健身壮骨，而且有利于骨盆的发育成熟，还有消除疲劳的作用。

二、孕期营养补充禁忌

1. 动物肝脏要少吃

动物肝脏含有丰富的消化酶，以及钙、铁、锌、镁等无机盐，一些重要的维生素，如维生素 A、维生素 D、维生素 B_1、维生素 B_2、维生素 B_{12} 等在肝脏中含量也很丰富。因此，孕妇平时注意摄取些动物肝脏，有利于预防因蛋白质、钙、铁、锌、维生素 B_2、维生素 A、维生素 D 缺乏而引起的多种营养缺乏性疾病。

食用肝脏也不宜过多，孕妇在妊娠期每周食用 2～3 次即可，各种动物肝脏可交替食用。肝脏是动物的解毒器官，有些有害物质是在肝脏内降解消除的，有些未降解完全的毒物仍存留于其间。另外，维生素 A、维生素 D 等在某些动物肝脏内含量极高，如羊肝、狗肝，过量摄入会致中毒。

因此，孕妇不宜多吃动物肝脏。而且在进食动物肝脏时要采用正确的清洗加工方法。肝脏在食用前应切成小块，在清水中浸泡，以便把有毒物质从肝脏中排出。

2. 孕妇不宜食用存放时间过久的土豆

土豆是营养丰富的食物。土豆的蛋白质中含有 18 种人体所需的氨基酸，是一种优质的蛋白质。其蛋白质中含有大量的黏体蛋白质，能预防心血管类疾病。土豆中维生素 B_1 的含量，也居常食蔬菜之冠。然而，食入发芽、腐烂了的土豆，却可导致人体中毒。

土豆中含有的生物碱属类固醇糖苷类，主要为龙葵碱和卡茄碱，其结构与人类的甾体激素如雄激素、雌激素、孕激素等性激素相类似。刚收获的土豆生物碱含量较低，储存一段时间以后则会明显上升，主要存在于土豆的芽或皮中。孕妇若长期大量食用含生物碱较高的土豆，蓄积体内会产生致畸效应，有造成胎儿畸形的可能。因此，孕妇要警惕放置时间较久的土豆，如果发现土豆长芽就不能再吃了。

此外，有的孕妇喜欢吃市场上出售的薯片，虽然它们接受过高温处理，龙葵素的含量会相应减少，但是却含有较高的油脂和盐分，多吃除了会引起肥胖，还会诱发妊娠高血压综合征，增加妊娠风险，所以也不能贪吃。

3. 孕妇少吃甲鱼、螃蟹为好

从中医中药的角度来看螃蟹虽然味道鲜美，但其性寒凉，有活血祛瘀之功效，尤其是蟹爪，有明显的堕胎作用。甲鱼又称为鳖，具有滋阴益肾之功效，对一般人来说，它是一道营养丰富的菜肴。但是甲鱼性味咸寒，有着较强的通血络、散瘀块作用，因而有一定堕胎之弊，尤其是鳖甲的堕胎之力比鳖肉更强。

以现代科学来看，孕妇吃甲鱼螃蟹可以导致流产的理论虽然没有很确切的科学依据，但我们还是建议孕妇少吃为妙。

4. 孕妇不能吃含汞多的鱼类

鱼类被广泛公认是健康食品，有些鱼还含有保护心脏的脂肪。然而，不同种类的鱼体内会积聚不同量的汞，这是一种对人体有害的天然元素。汞进入孕妇体内之后，可以破坏胎儿的中枢神经系统。

对于孕妇来说，要避免吃鲨鱼、鲭鱼王、旗鱼及方头鱼，因为这四种鱼的汞含量比较高，可能会影响胎儿大脑的生长发育。

不过，如果有哪位孕妇吃了旗鱼，先不要慌张，注意以后不要再吃了。因为吃这些鱼的危害在于汞的长期积累，偶尔吃一顿一般是没什么很大的影响的。要保护未出世的宝宝的健康，目前最好的方法就是避免再吃这 4 种鱼类。

5. 孕妇偏食挑食影响胎儿生长

孕妇要防止偏食、挑食，这是保证孕妇饮食科学合理的关键环节。

孕妇长期挑食、偏食，即使吃得多，也会造成营养不良，影响胎儿生长。因为胎儿发育需要多方面的营养元素，孕妇偏食、挑食势必造成体内营养成分单一，也会导致胎儿生长所需的元素缺乏源泉。所以，为了胎儿的健康，孕妇应克服不良习惯，均衡摄取富含蛋白质、维生素和钙、铁等营养物质的食物，不能因为不喜欢就拒绝。而可以通过变换烹制方法，增加食欲。

6. 孕妇忌单一摄入植物脂肪

脂肪是人体能量的主要来源。可提供人体不能合成的必需脂肪酸。

膳食中如果缺乏脂肪，可导致胎儿体重不增加，影响大脑和神经系统的发育。孕期要保证每天60克脂肪(包括烹调用的植物油25克和其他食品中含有的脂肪)。妊娠3～6个月和7～9个月，是胎儿脑细胞迅速增值的两个阶段。尤其要注意补充脂肪酸。每天吃2个核桃、20粒花生米、一把葵花子、适量芝麻或松子仁(相当于1个鸡蛋黄的脂肪量)都非常有益。

植物油提供的必需脂肪酸比动物油脂好，不仅消化率在95%以上，亚油酸含量丰富，而且含有大量维生素E。但是，孕妇忌单一摄入过多植物脂肪，如豆油、菜子油等，以免造成单一性的植物脂肪过高，对胎儿脑发育不利。也影响母体健康。应提倡摄入一定量的动物脂肪，如猪油、肥肉等。

7. 孕期摄入甜食宜适量

甜食中的蔗糖经胃肠道消化分解后，可以引起体内血糖浓度增加。吃甜食越多，血液中葡萄糖浓度就越高。血糖超过正常值时，对身体有两种不良的影响：

(1)促进金黄色葡萄球菌等化脓性细菌的生长繁殖，从而诱发疖疮或痈肿，一旦病菌侵入毛囊底部，又成为菌血症之根源，严重威胁胎儿生存的内环境。

(2)当糖在身体内分解产热时，会产生大量的丙酮酸、乳酸等酸性代谢废物，使血液从正常的弱碱性变成酸性并且形成酸性体质。这种体质是导致胎儿畸形与围生期婴儿早夭的原因之一。严格控制孕妇高血糖也是预防后代患糖尿病的关键。

甜食除糖类外，还包括蛋糕、水果派、饼干、果酱、加糖的起泡饮料、加糖的水果汁、巧克力、冰淇淋等，这些食品只含糖，营养成分不多，吃了以后还容易发胖。孕妇在怀孕晚期应尽量避免食用这类食品，以免体重上升过快，增加分娩的难度。

因此，为了保证自己和胎儿的健康，处于非常时期的孕妇要特别注意这个问题，调节自己的饮食结构，少吃甜食，减少糖的摄取量。计划怀孕的年轻女性应该在怀孕前6个月改正偏好甜食的嗜好，养成良好的饮食习惯，为自己和宝宝打下良好的基础。孕妇每日食糖量应控制在50克之内为适宜。

8. 孕妇不可多吃菠菜

90年前，由于印刷上的错误，把菠菜含铁量的小数点右移了一位数，从此人们一直都认为菠菜含有大量的铁，具有补血功能，把菠菜当做孕妇、儿童、患者理想的补血食品。其实，菠菜中铁的含量并不多，其主要成分是草酸，而草酸对锌、钙有着不可低估的破坏作用。

锌和钙是人体不可缺少的微量元素，如果锌、钙被草酸破坏，会给孕妇和胎儿造成严重恶果。如果人体缺锌，人就会感到食欲缺乏、味觉下降；儿童一旦缺钙，有可能发生佝偻病，出现鸡胸、罗圈腿，以及牙齿生长迟缓等现象。如果孕妇过多食用菠菜会对胎儿发育不利。因此，孕妇不可多吃菠菜。

9. 孕妇饮浓茶对胎儿有不良影响

茶叶是一种优质饮料。它含有茶多酚、芳香油、无机盐、蛋白质、维生素等上百种成分。孕妇如能每日喝3～5克茶，特别是淡绿茶，对加强心肾功能，促进血液循环，帮助消化预防妊娠水肿，促进胎儿生长发育是有一些好处的。绿茶含锌量丰富，适当的锌元素对胎儿的正常生长发育起着极其重要的作用。

但是，孕妇喝茶不宜太多、太浓。饮用一些很浓的红茶对胎儿会产生危害。因为茶水中含有2%～5%的咖啡因。每500毫升浓红茶水大约含咖啡因0.06毫克，如果每日喝5杯浓茶，就相当于服用0.3～0.35毫克咖啡因。咖啡因具有兴奋作用，饮茶过多会刺激胎儿增加胎动，甚至危害胎儿的生长发育。日本专家的调查也证实孕妇若每天饮5杯浓红茶就可能使新生儿体重减轻。

另外，茶叶中含有多量的鞣酸。鞣酸可与孕妇食物中的铁元素结合成为一种不能被机体吸收的复合物。孕妇如果过多地饮用浓茶就有引起妊娠贫血的可能，也将给胎儿造成先天性缺铁性贫血的遗患。科学家进行过多组对照试验，用三氯化铁溶液作为铁质来源给人服用，发现饮白开水的孕妇铁的吸收率为21.7%，而饮浓茶水者的吸收率仅为6.2%。

因此，有饮茶习惯的孕妇可适当饮点淡绿茶，没有饮茶习惯的最好用点富含维生素C的饮料。维生素C能帮助铁的吸收，还能增强机体抗病能力。

10. 孕妇应少喝可乐型饮料

美味爽口的可乐是很多人的最爱，每当燥热或口渴的时候，咕嘟咕嘟地来上几大口，真是惬意又痛快。但是需要提醒准妈妈的是，如果您一向喜欢可乐饮料，怀孕后最好少喝，否则会导致宝宝的发育障碍。

由于胎儿对咖啡因尤为敏感，而一些饮料中甚至含有2.4%～2.6%的咖啡因、可乐定等生物碱，所以有的孕妇喝了以后会出现恶心、呕吐、头痛、心跳加快等轻微中毒症状，由此可能会影响胎儿大脑、心脏和肝脏等重要器官的发育，甚至会导致孩子出生后患上先天性疾病。所以说，孕妇最好慎喝含咖啡因的饮料。

11. 孕妇不可多喝冷饮

很多孕妇在炎夏为了贪图一时凉爽，大量喝冷饮。其实这样对腹中的宝宝很不好。

孕妇在怀孕期，胃肠对冷的刺激非常敏感。多喝冷饮能使胃肠血管突然收缩，胃液分泌减少，消化功能降低，从而引起食欲缺乏、消化不良、腹泻，甚至引起胃部痉挛，出现剧烈腹痛现象。

孕妇的鼻、咽、气管等呼吸道黏膜往往充血并伴有水肿，如果大量贪食冷饮，充血的血管突然收缩，血液减少，可致局部抵抗力降低，使潜伏在咽喉、气管、鼻腔、口腔里的细菌与病毒乘虚而入，引起嗓子痛哑、咳嗽、头痛等。严重时能引起上呼吸道感染或诱发扁桃体炎。

胎儿对冷的刺激也极敏感，当孕妇喝冷饮时，胎儿会在子宫内躁动不安，胎动变得频繁。

因此，孕妇吃冷饮一定要有节制。

12. 大量喝咖啡会增加流产的机会

咖啡是一种很普遍的饮料，喝咖啡的人也愈来愈多，一旦养成嗜好之后也不容易戒掉。但是喝咖啡确实对胎儿有影响。

咖啡所含的咖啡因对胎儿的影响不是绝对的，少量引用一般影响不大。但是经常大量引用咖啡时确实对胎儿影响不小。也就是说，是否造成伤害与所喝的量有密切关系；一天喝 6～8 杯的咖啡会增加流产的机会，同时也会增加胎儿体重发育缓慢的机会。

如果孕妇有喝咖啡的习惯，也不是非戒不可，只是要稍微限制量。如果你一天只喝一两杯咖啡是没有什么大问题的，不用太在意。

13. 孕妇吃补品要适量

现在大家都只生一个孩子，都希望下一代能身体健康。有的人认为吃补品总不会错，于是孕期擅自进补。结果导致流产、难产、早产等病例屡见不鲜。

其实，孕妇的身体状况每天都在发生变化，妊娠早、中、晚期所需营养也各不相同。因此，怀孕后既不能单纯依赖营养保健品为自己补养，更不宜随便乱吃滋补药品。现代药物学研究指出，任何药物，包括各种滋补药品，对人体都不是绝对安全的，它们进入体内经过某些器官的分解、代谢，往往会产生一定的毒性作用或过敏反应。同时，孕妇体内的酶系统也多会发生某些变化，药物在代谢过程中毒性排解不出去，就会有蓄积中毒的可能。例如，孕妇服用大量鱼肝油后，有的可导致胎儿发育不良或畸形。又如有些药物由母体通过胎盘进入胎儿的血液循环，直接影响胎儿生长发育而引起流产或死胎，对母婴都有害无益。

不少孕妇怀孕后，总认为腹中的胎儿营养全靠母体供给，所以担心自己身体万一吃不消，会使营养供给不足，其实，只要从平时饮食中均衡摄取营养，胎儿是可以得到充足营养供给的。

三、孕期微量元素的补充

1. 孕期服用维生素 A 制剂不宜过多

维生素 A 是促进生长发育的必要成分，当孕妇体内缺乏时，可影响胎儿的正常生长，严重缺乏时还可导致胎儿缺陷。动物实验表明，孕期缺乏维生素 A，可造成胎儿眼缺陷（无眼），其次为泌尿生殖道、膈疝及肺等畸形。正因为如此，不少孕妇总想多补充些维生素 A。殊不知，维生素 A 服用过量也有致畸的弊端。

过量服用维生素 A 的害处在于，它能使婴儿在胚胎早期受到损害，而在这个阶段，母亲还不知道自己已经怀孕。孕妇如果服用大量的维生素 A，会增加新生儿兔唇、腭裂、先天性心脏病及中枢神经系统异常等的发生概率。而且维生素 A 会储藏在身体脂肪中，因此受孕前摄取过量也有可能导致日后的胎儿缺陷。

如果每日维生素 A 摄取量超过 1 万单位，胎儿出现缺陷的概率就持续上升。摄取量超过 2 万单位以上，胎儿出现缺陷率就会增加 4 倍。

不过，能转变成维生素 A 的 β-胡萝卜素可以毫无疑虑地大量摄入，因为 β-胡萝卜素是在人体内部，根据人体的需要量而转变成维生素 A 的，因此不会造成损害。

鉴于孕妇的特殊生理状态，我国营养工作者建议每日膳食中供给量为 1 000 微克视黄醇(1 国际单位维生素 A 相当于 0.3 微克视黄醇)。孕妇只要多吃些富含维生素 A 的食物，如动物肝脏、奶及奶制品、蛋及富含胡萝卜素的食物(如胡萝卜、苋菜、菠菜、红心甜薯及多种水果等)，即可满足需要。一般不必额外补服维生素 A 的药物制剂。

正常人每日维生素 A 建议摄取剂量约 2 000 国际单位，孕妇则要达到 3 000 国际单位。

2. 维生素 E 有助于安胎保健

维生素 E 又称生育酚或"体内警察"。它有两大功能。

(1)促进生育功能：促进脑垂体前叶促性腺分泌细胞功能，增加卵巢功能，使卵泡数量增多，黄体细胞增大，增强黄体酮的作用，促进精子的生成及增强其活力。所以，医学上常采用维生素 E 治疗男女不孕症及先兆流产，故生育酚由此得名。

(2)具有抗氧化作用：在体内，它能保护红细胞及其他易氧化的物质不被氧化，从而保证各组织器官的供氧，故化学家称它为"体内警察"。美国明尼苏达大学的研究表明：维生素 E 有中和有害胆固醇的作用。

如果孕妇缺乏维生素 E 容易引起胎动不安或流产后不易再受精怀孕。还可致毛发脱落，皮肤早衰多皱等。因此，孕妇要多吃一些富含维生素 E 的食品。

葵花子富含维生素 E。孕妇只要每天吃 2 勺葵花子油，即可以满足所需。富含维生素 E 的食品还有：麦芽糖、谷类、豆类、牛奶、鱼、绿叶蔬菜及各种植物油等。

3. 维生素 C 能促进胎儿的发育

维生素 C 又称抗坏血酸，具有重要的生理作用。它不但参与了人体一些组织的形成，而且对人体有很好的保护作用，能增强母亲的抗病能力。

(1)维生素 C 对胎儿的发育意义更大：首先，母体维生素 C 不足，维持妊娠的激素分泌不充分，就会造成胎儿发育不良，从而导致死胎、早产、流产，以及妊娠高血压综合征，对胎儿造成危险。另外，维生素 C 能促进胎儿皮肤、骨骼、牙齿和造血器官的生长。胎儿在母体内时牙胚就开始形成了，如果在牙齿形成时期缺乏维生素 C，牙质不能正常形成，造成牙基质不良，出生后牙齿容易损伤和产生龋齿。维生素 C 还能促进钙和铁的吸收，有利于防止孕妇钙、铁缺乏。

(2)富含维生素 C 的食物：富含维生素 C 的食物为新鲜的蔬菜和水果。蔬菜一般每 100 克含维生素 C 30～80 毫克，柿子椒、青菜、菠菜等深色蔬菜和花菜，以及柑橘、红果、柚子等水果含维生素 C 均较高，野生的苋菜、苜蓿、刺梨、沙枣、猕猴桃、酸枣等维生素 C 含量尤其丰富。蔬菜中每100克维生素C含量达100毫克的菜有油菜和辣椒，鲜果中维生素C含量最高的是枣子，每100克含300～600毫克，酸枣每百克含830～1 170毫克。因此，怀孕期间多吃新鲜水果和蔬菜有利于孕妇补充维生素C。

4. 孕妇不可缺乏叶酸

叶酸是一种水溶性维生素。叶酸吸收入人体后转变成四氢叶酸发挥生理效应，它能够通过转移一碳单位而对细胞分裂与生长、核酸的合成起重要作用。同时，叶酸还参与氨基酸及其他重要物质的转化、合成，因此对蛋白质的合成也有重要作用。血中红细胞的形成也必须有叶酸参与，如果人体缺乏叶酸，可使红细胞的生成发生障碍，引起巨幼红细胞性贫血。可见，叶酸有很重要的生理作用。

怀孕期间，胎儿在母体内不断生长发育，母体叶酸通过胎盘转运给胎儿，以满足胎儿的需要。同时，子宫、母体自身组织的增长，也使叶酸的需要量增加。有些育龄妇女在怀孕前叶酸的营养状况就比较差，怀孕后体内叶酸缺乏会更加严重。妊娠时，由于孕妇肾脏功能的变化，使尿中维生素的排出量增加，从而使体内叶酸水平降低。孕妇在怀孕前长期服用避孕药，可干扰叶酸在体内的代谢，尤其是不少孕妇常有恶心、呕吐等早孕反应，影响食欲，进食量少，体内叶酸水平更易降低。

如果怀孕早期妇女缺乏叶酸会影响胎儿大脑和神经系统的正常发育，严重者还会导致胎儿脊柱裂或无脑畸形。我国是神经管畸形(包括无脑儿和脊柱裂)高发的国家，在全世界每年所发生的40万例中，我国就占1/4。神经管畸形是优生优育的大敌，无脑儿出生后不可能成活，脊柱裂患儿则有90%能成活但出生后即成为残疾儿，就是给予最及时(出生后24小时内)的手术治疗，也还可能伴有脑积水，脊柱、足和髋关节的变形，以及尿失禁，排尿不充分以致形成肾盂积水、尿毒症等后遗症，这种情况严重地造成个人、家庭的不幸，也给国家增加了许多困难。所以，孕妇要补充叶酸来满足自身和胎儿生长发育的需要。

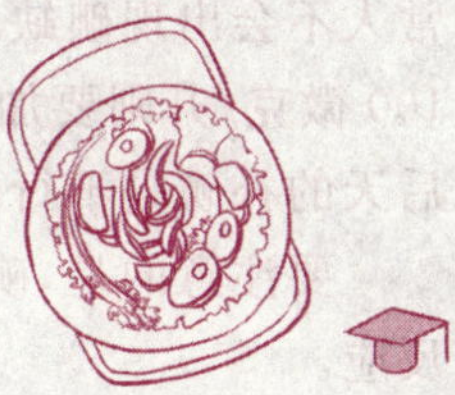

孕妇补充叶酸的方法：

(1)纠正偏食习惯，多吃含叶酸的食物：为了下一代的健康孕妇一定要纠正偏食的不良习惯，常食和多食富含叶酸的食物，如深绿色蔬菜、胡萝卜、蛋黄、杏、南瓜、牛奶、动物肝脏、土豆、水果、西红柿等，以消除或减少叶酸缺乏的可能。

(2)科学烹调与储存，防叶酸丢失：叶酸对热不稳定，见光易被破坏，食物中的叶酸在烹调、储存、加工过程中损失较大，故应尽量避免将蔬菜长期储存或长时间烹调。应多吃新鲜的绿叶蔬菜，而且在保证卫生的前提下，多吃凉拌菜。同时蔬菜一定要先洗干净再切，不要先切后洗，也不要在剁馅后将水挤出弃掉。

(3)适当服用干酵母：又叫食母生或酵母片，为麦酒酵母菌的干燥菌体，含有多种B族维生素。本品既可补充叶酸，又可防治脚气病、多发性神经炎、糙皮病及某些消化不良症。孕妇在医师指导下，适当服用本品，同样能够有效地补充叶酸。

5. 孕妇别忘了补充碘

无机盐及微量元素是机体血液、组织器官在执行正常功能中所必需的基本成分，我们的身体不具备合成无机盐、微量元素的功能，这类物质必须从食物或其他补充剂中摄取。其中，碘的补充非常重要。

碘缺乏是全球范围内的公众健康问题，它主要影响胎儿的生长发育，导致地方性克丁病、亚克丁病等碘缺乏病的发生。如果在胚胎及胎儿期缺碘未能得到及时补充，将会直接影响到新生儿的智商乃至终身。

碘是人体各个时期所必需的微量元素之一。它是人体甲状腺激素的主要构成成分。甲状腺激素可以促进身体的生长发育，影响大脑皮质和交感神经的兴奋。孕期母体摄入碘不足可造成胎儿甲状腺激素缺乏，出生后甲状腺功能低下。其结果是影响孩子的中枢神经系统，尤其是大脑的发育。

人体的碘80%～90%来源于食物。富含碘的食物为海带、紫菜、海虾、海鱼等。成人每天需要70～100微克，孕妇每天需要175微克，青少年需要150微克，儿童需要70～120微克，婴儿需要10～50微克。

缺碘对人体的危害非常大，而我国目前普遍采用食用加碘盐的方式补碘，所以一般正常人不会出现碘缺乏。但是，如果计划怀孕的女性或已经怀孕的孕妇，查尿碘含量低于100微克/升则要加大碘盐摄入或服用碘丸。要彻底解决困扰我国多年的碘缺乏病，光靠后天的补碘是不行的，最重要的是要从先天抓起，从胎儿抓起。

要注意的是，碘毕竟还是微量元素，只有碘缺乏才要补，否则碘含量过高也会有不良反应。

6. 孕妇应特别注意补充铁元素

铁是人体生成红细胞的主要原料之一，孕期的缺铁性贫血，不但可以导致孕妇出现心慌气短、头晕、乏力，还可导致胎儿宫内缺氧，生长发育迟缓，出生后智力发育障碍，出生后6个月之内易患营养性缺铁性贫血等。孕妇要为自己和胎儿在宫内及产后的造血做好充分的铁储备，因此，在孕期应特别注意补充铁。

(1)饮食补铁：富含铁的食物有很多。食物中的铁分为血红素铁和非血红素铁两种。血红素铁主要存在于动物血液、肌肉、肝脏等组织中，这种铁消化、吸收率较高，一般为11%～25%。植物性食品中铁为非血红素铁，主要含在各种粮食、蔬菜、坚果等食物中，此种铁吸收率低，一般为1%～15%。另外，鱼和肉除了自身所含的铁较容易吸收外，还有助于植物性食品中铁的吸收，因此，孕妇最好在同一餐中食入适量鱼或肉。维生素C能增加铁在肠道内的吸收，应多吃些维生素C含量多的蔬菜、水果。

(2)药物补铁：药物补铁应在医师指导下进行，因为过量的铁元素的摄入将影响锌的吸收利用。

(3)孕妇铁的需要量：在怀孕早期，每天应至少摄入15～20毫克铁；怀孕晚期，每天应摄入20～30毫克铁。建议孕妇可间断、小剂量药物补铁。具体方法分别是：①间断法。是从孕期13周开始，至35～38周结束，每周服硫酸亚铁1次，每次0.4克，于饭后服用。

②小剂量法。是在孕32～36周开始补充铁剂，每日口服硫酸亚铁0.4克，于饭后服用，每日仅1次。

7. 孕期补钙的意义及方法

钙为人体骨骼、牙齿的重要组成成分，参与神经、骨骼、肌肉代谢，并维持正常神经肌肉的兴奋性。

(1)补钙的重要性：钙摄入不足危害很大。怀孕前，若女性体内钙摄入不足，不仅影响个人的身体状况，而且直接影响怀孕后孕妇的身体与胎儿的发育对钙的需要。在孕期，孕妇体内的钙质就会转移到胎儿身上，如不能满足胎儿生长发育的需要，会影响胎儿乳牙、恒牙的钙化和骨骼的发育，还可导致出生后的孩子出现佝偻病；缺钙也会导致孕妇出现小腿抽筋，疲乏、倦怠，产后出现骨软化和牙齿疏松或牙齿脱落等现象。

(2)孕妇钙的需要量：正常女性在非怀孕期平均每天需要钙约800毫克，而在怀孕期间每天必须摄入1 000～1 500毫克的钙。孕妇在妊娠中期，应多食富含钙的食品，如海带、黄豆、腐竹、奶制品类、黑木耳、鱼虾类等。尽管食物中含有丰富的钙，但人体对钙很难吸收。因此，孕妇还必须额外补充一定量的钙剂，如碳酸钙、葡萄糖酸钙等。

应注意不能过多服用钙片及维生素D，否则会导致新生儿患高钙血症，严重者将影响胎儿的智力。

(3)饮食补充钙、磷：妇女怀孕以后，除了要保证孕妇需要的较多的钙和磷等元素外，还要承担另一个艰巨的任务——用母体里的钙、磷等营养素，源源不断地供给胎儿。因此，孕妇日常生活中宜多食含钙和磷的食物。医学家们认为，干虾皮、海带、黑木耳、豆腐干、腐竹、黑豆、芝麻、南瓜子、鸡蛋黄、螃蟹、海蜇、紫菜等食物含钙较多。磷广泛地存在于各种食物中，如干虾皮、干贝、各种豆制品、核桃仁、鸡蛋黄、炒西瓜子、花生仁、豆类、鱼类、紫菜、肝、猪瘦肉、羊瘦肉等。孕妇多吃这些食物可以增加钙和磷的摄入。

8. 孕妇补充镁、锌、铜的意义及方法

(1)补镁的意义和方法：镁是人体必不可少的微量元素之一。镁参与核酸的合成，维持核酸结构的稳定。镁又是酶的激活剂，能刺激人体内三磷腺苷酶、胆碱酯酶磷酸酶等多种酶的活性，从而加强了人体的新陈代谢作用。镁还可以调节心肌活动，预防心血管病。镁大多存在于神经与肌肉细胞内，可调节神经的感应性与肌肉的收缩。

孕妇缺镁往往出现情绪不安、容易激动及妊娠高血压、水肿、蛋白尿，严重时还会发生昏迷、抽搐等症，这对胎儿正常发育是极为不利的，有可能导致胎儿畸形。因此，孕妇要注意多吃些含镁丰富的食物。

在一般情况下，孕妇对镁的摄取量往往不足，在饮食中应特别注意吃以下几种富含镁的食物：大麦、荞麦、胡萝卜、芥菜、菠菜、豆芽、黄花菜、紫菜、嫩玉米、谷类、大豆制品、香蕉等。

(2)补锌的意义和方法：正常人每日需从饮食中补充12～16毫克的锌，孕妇每日需要补锌20毫克。锌的生理作用主要包括下面几点：①参与构成人体300多种酶，如合成RNA和DNA的酶。②促进生长发育和组织再生，对胎儿特别重要。③促进食欲。④参

与人体的免疫功能。⑤维持正常视力和皮肤健康。

怀孕时，由于胎儿发育的需要，孕妇对锌的需要会增加很多，而且怀孕初期的呕吐，食欲缺乏等现象，反过来又影响锌等营养素的摄入，因此怀孕的妈妈比较容易缺锌。如不能摄入足够的锌，可导致胎儿脑细胞分化异常，脑细胞总数减少；新生儿出生体重低下，甚至出现发育畸形。同时，血锌水平还可影响到孕妇子宫的收缩。血锌水平正常，子宫收缩有力；反之，子宫收缩无力。因此，应注意锌的补充，以保证胎儿的正常发育，孕妇的顺利分娩。

通过膳食和营养素给孕妇补锌，可使低出生体重儿童的发生率降低。富含锌的食物有香蕉、植物的种子（麦胚、葵花子、各种坚果等）、卷心菜、蛋类、瘦肉、动物肝、奶制品、紫菜、海带、红小豆、荔枝、栗子、虾、海鱼、芹菜、柿子等。

苹果素有“益智果”与“记忆果”之美称。它不仅富含锌等微量元素，还富含脂质、糖类、多种维生素等营养成分，尤其是细纤维含量高，有利于胎儿大脑皮质边缘部海马区的发育，有助于胎儿后天的记忆力。孕妇每天吃1～2个苹果即可以满足锌的需要量。

(3)补充铜的意义和方法：铜是体内酶和辅酶的重要成分之一，它与锌、镁的化合物有抑制恶性肿瘤的作用。铜是造血的要素，并具有促进铁透过肠黏膜吸收的作用。孕妇缺铜，会引起贫血、骨质疏松等症，严重的会导致流产、早产、胎膜早破、胎盘功能不良。如果孕妇体内铜、锌的含量均低，则胎儿容易畸形。因此，孕妇在日常饮食中应注意补充含铜食品。

含铜较多的食物有：柿子、柑橘、杏子、栗子、芝麻、红糖、蘑菇、鱼虾、动物肝、豆类、小米、玉米、绿色蔬菜等。

要注意的是，正常情况下，孕妇通过饮食摄入就可以满足对铜的需求，不需要额外补充铜剂。铜过量可发生致畸作用。

9. 胎儿大脑发育需要的营养

胎儿大脑的发育毫无疑问是很重要的。大脑发育需要哪些营养物质呢？

(1)脂肪：脂肪是构成脑组织的极其重要的营养物质，在大脑活动中起着重要的不可代替的作用。

(2)蛋白质：它对生命的物质结构、功能和大脑发育起着很重要的作用。

(3)维生素C：维生素C在胎儿脑发育期起到提高脑功能敏锐的作用。

(4)钙：钙具有保证大脑顽强工作，以及对脑异常兴奋起到抑制，使脑细胞避免有害刺激的作用。

(5)糖：脑是消耗能量的器官，虽然脑重只占体重的2%左右，但脑的耗能量却占全身总热能的20%。糖是大脑活动能量的来源，具有刺激大脑的活动能力的作用。

(6)B族维生素：许多营养学家认为B族维生素对大脑的功能有着间接的作用，是通过帮助蛋白质代谢而促进脑活动的。

(7)维生素A：缺少维生素A可使智力低下。

(8)维生素E：维生素E具有保护细胞膜的作用，还能防止不饱和脂肪酸的过氧化。

(9)碘：碘是人体生成甲状腺素的主要原料，也是胎儿神经系统发育的必要原料，胎儿脑发育离不开碘。

四、适宜孕妇不同孕期的食谱

怀孕的头3个月，胎儿生长较慢，孕妇的进食量与怀孕前基本相似。然而多数孕妇有早孕反应，恶心、呕吐及食欲缺乏是常见的现象，应注意休息，适当调节饮食。怀孕早期的膳食调节是，注意吃些容易消化、富有营养和符合孕妇口味的食物，坚持少食多餐的原则。

1. 适宜孕妇的菜肴类

(1)红烧牛肉

原料：牛肉75克，豆瓣酱10克，白萝卜30克，花椒15克，食盐2克，花生油10克，鲜汤150毫升，白糖、八角各适量。

做法：牛肉用沸水焯一下捞出，切成方块。白萝卜切方块。花椒、八角用纱布包好。将锅放在旺火上，下花生油烧至3成熟，放入豆瓣酱炒至油变成红色。加入鲜汤和牛肉、香料包、食盐、糖烧沸，弃浮沫，改用小火烧至熟烂。将萝卜块放入沸水焯一下，放食盐，烧至汁浓肉烂，取出香包，吃时撒上香菜。

特点：香软可口，富含优质蛋白质、核苷酸。

(2)蔗汁牛肉丸

原料：牛肉500克，甘蔗汁半杯，菜叶数张，酒1汤匙，酱油2汤匙，色拉油1茶匙，太白粉1汤匙，油500克。

做法：牛肉洗净，绞碎；生菜叶洗净，垫在盘中备用。将牛肉末加色拉油及酱油调匀，顺同一方向搅和均匀，再加半杯蔗汁，与太白粉保持同一方向拌成糊状。倒油500克在锅中烧至温热，起出1匙牛肉末做成一个牛肉丸，放在锅中炸至微黄，捞起沥干油放在菜叶上即成。

特点：此菜甜而不腻，又嫩又香，含有丰富的蛋白质、脂肪、钙、磷、铁、烟酸及维生素E等多种营养素，能补脾胃、益气血、除湿气、消水肿、强筋骨，怀孕妇女食用，有利胎儿营养的补充。

(3)鸡丝菠菜

原料：熟鸡脯肉150克，菠菜500克，水发粉丝50克，海米10克，蒜蓉、食盐、芥末面、芝麻酱、醋、熟油等各适量。

做法：将菠菜择洗干净，沥干水，切成3厘米长的段，在滚水中焯一下捞出，用清水泼凉，控净水分，放在大盘内。将水发粉丝放在凉开水中洗一下捞出，控净水分，切成4厘米长的段，放在菠菜上。熟鸡脯肉切成细丝，放在粉丝上，海米用温开水泡好，捞出，撒在上面。将芥末面用热水焖好，芝麻酱用少许冷开水搅开，再放入食盐、醋、味精、蒜蓉，搅拌均匀，浇在盘内，淋上熟油数滴，拌匀即成。

特点：清鲜爽口，含丰富蛋白质、糖类、胡萝卜素、维生素及钙、磷、钾多种无机盐。有滋阴平肝、助消化的作用。

2. 适宜孕妇滋补的汤饮类

孕妇的营养补充很重要。除了平时的饮食补充以外，做一些鲜香可口的汤类也可以有效地补充孕妇与胎儿所需要的营养物质。

(1)雪菜笋片汤

原料：腌雪里蕻50克，冬笋片50克，猪瘦肉25克，青蒜叶少许，香油半汤匙，料酒半汤匙，食盐少许，猪油1匙半。

做法：腌雪里蕻、青蒜叶切成细末；冬笋切成薄片；猪瘦肉切成细丝。炒锅烧热，倒入猪油，油热后倒入雪里蕻和笋片煸炒几下，加入2大碗水，盖盖烧开后将肉丝倒下，迅速拨散，加入料酒和食盐，烧开后即停火，盛入汤碗内，加入青蒜叶即可。

特点：鲜嫩、清香，味美可口，富含钙、铁等微量元素。

(2)肉丝榨菜汤

原料：猪瘦肉100克，榨菜50克，香菜少许。香油5克，食盐2克，味精1克，料酒、清汤各适量。

做法：猪瘦肉洗净切成细丝。榨菜洗去辣椒糊，也切成细丝。香菜择洗干净、切段。将汤锅置火上，加入清水烧开。下肉丝、榨菜烧沸，加食盐、味精、料酒、香菜、淋香油，盛入汤碗内即成。

特点：此汤肉嫩味美，清香利口，含有优质动物蛋白质、多种矿物质和维生素，并能补充人体需要的水分，适宜孕妇食用。

(3)丝瓜瘦肉汤

原料：丝瓜250克，猪瘦肉200克，蜜枣、味精、食盐各少许。

做法：丝瓜切块，猪瘦肉切片，瓦煲放适量水，放入蜜枣、丝瓜块、瘦肉片烧开，然后慢火煲至肉熟，用食盐、味精调味，即可食用。

特点：有清热利肠、解暑除烦之功效。

(4)薏苡仁炖鸡

原料：瘦鸡1只，薏苡仁50克，天门冬7.5克，冬菇3只，白菜少许，食盐少许。

做法：薏苡仁与天门冬预先泡上一夜，洗净待用。冬菇浸软后洗净去蒂；白菜洗净备用。鸡去毛洗净，从鸡背剖开，取出内脏后，放入沸水中焯片刻，取出置于清水中冲净。将鸡放入较大的炖盅内，注入适量沸水，炖约1.5小时，然后放入冬菇、薏苡仁及天门冬，再炖约1.5小时，再放入白菜，加入调味后，再炖一会儿即成。

特点：薏苡仁能柔美肌肤，又能消除关节及肌肉疼痛。薏苡仁再加上天门冬则更是益补，因为天门冬有滋养强壮之效，又能祛痰止咳。此汤热量不高，又有滋补美容之效。

3. 适宜孕妇的主食类

补充营养主食不能少。一顿好吃的主食，不但可以勾起孕妇的胃口，更可以补充胎儿所需要的营养。

(1)姜汁黄鳝饭

原料：粳米100克，黄鳝50克，姜汁10～20毫升，花生油、食盐各适量。

做法：先将黄鳝处理干净，以姜汁、花生油拌匀。待饭煮至水分将干时，放黄鳝于饭上面，收火，15～20分钟即成。齐米法：先洗净活黄鳝，把米下入瓦煲内煮开后，将黄鳝剪掉尾尖，迅速放入锅内盖好，煮熟后，加姜汁、花生油、食盐调味即成。

特点：具有补血健胃作用，尤其适用于妊娠呕吐，食欲缺乏的孕妇，并含有丰富的维生素B_2。

(2)菠萝炒饭

原料：带皮鲜菠萝1个，白米饭100克，熟虾肉25克，叉烧肉丁40克，鲜鸡蛋1个，葱花、芫荽叶、食盐、味精、花生油各适量。

做法：先将菠萝切去顶部，做盖用。用刀将菠萝中间挖空，把挖出的菠萝肉及菠萝壳分别放入盐水中，稍浸泡，捞起滤干。将菠萝肉切成小丁，待用。将油锅上中慢火，放入蛋液、白米饭、叉烧肉丁、熟虾肉，炒至有香味溢出，加葱花、食盐、味精调味，再加入菠萝丁。炒匀后盛入菠萝壳内并放上芫荽叶，盖上顶盖便成。

特点：由于炒饭放入菠萝壳内，菠萝的香味于饭中，醒胃可口，富有岭南果味香，富含钙、铁、优质蛋白质。

(3)什锦果汁饭

原料：标准大米、牛奶各250克，白糖200克，苹果丁100克，菠萝丁、蜜枣丁、葡萄干、青梅丁、碎核桃仁各25克，番茄沙司、玉米淀粉各15克。

做法：将米淘洗干净，放入锅内，加入牛奶和适量清水焖成软饭，再加入白糖150克拌匀。将番茄沙司、苹果丁、菠萝丁、蜜枣丁、葡萄干、青梅丁、碎核桃仁放入锅内，加入清水300毫升和白糖50克烧沸，用玉米淀粉勾芡，制成什锦沙司。将米饭盛入小碗，然后扣入盘中，浇上什锦沙司即成。

特点：色泽美观，味道香甜。此饭营养全面，含有丰富的蛋白质、糖类，维素和钙、磷、铁、锌、烟酸等多种营养素。此饭使怀孕早期妇女得到充分的营养，身体更健康，并且能满足胚胎生长对各营养素的需求。

(4)肉丝羹浇面

原料：瘦肉50克，黄瓜100克，面粉75克，食用油10克，酱油、食盐、葱各适量。

做法：用温水将面粉和成团，做成面条下锅煮熟。将肉及黄瓜切成丝，炒勺内放油在火上烧热，先放葱花炝锅，后放肉丝煸炒，再放少许酱油、食盐，倒入黄瓜丝，再煸炒几下，浇在面条上拌匀即可。

特点：蛋白质与锌含量较多。

4. 适宜孕妇滋补的粥类

对孕妇来说，除了油腻的炒菜之外还可以适当调节一下烹调的方式。其实好吃的粥类也可以补充不少营养成分。

(1)牛杂粥

原料：牛肉、牛肠、牛肚、牛肝、牛大肠、牛胰、牛心共计50克，米粉50克，大米25克，姜丝、香菜、葱花各适量，食盐少许。

做法：将大米洗净，用少许盐腌拌，水烧开时，下米先煮。将洗净的牛肚、牛大肠、牛胰放入粥内煮烂。将牛肝、牛心、牛肉切片，和米粉一起，在粥快好时再下锅煮熟，放入姜丝、葱花和香菜末调味即成。

特点：鲜美味浓。富含丰富的优质蛋白质、无机盐、铁、锌、维生素 B_1 和维生素 A。

(2)生姜羊肉粥

原料：生姜 30 克，羊肉 100 克，大米适量。

做法：生姜洗净，切片，羊肉切小块，三者同煮为粥。

特点：妊娠虚寒，小腹冷痛，形寒肢冷，纳少便溏。

(3)莲子猪肚粥

原料：莲子 50 克，猪肚 1 具。

做法：猪肚洗净，切小块，与莲子同煮为粥即可。

特点：此粥营养丰富，富含蛋白质、维生素、无机盐。

(4)母鸡墨鱼粥

原料：母鸡 1 只，墨鱼干(乌贼)1 大条，糯米 150 克，食盐少许。

做法：将母鸡宰杀，去毛及内脏，洗净。锅内加水，入鸡肉及内脏，同墨鱼干共炖烂，取浓汁，入糯米共煮粥，熟时加食盐调味即可。空腹温服。

特点：味美，营养丰富，有一定补益作用。

第四章

胎儿发育与孕期检查

一、了解胎儿发育

1. 胎儿期

胎儿期从受精卵形成至胎儿娩出为止，共40周，约280日。此期胎儿生长发育迅速。胎儿的周龄即胎龄。

临床上将胎儿期划分为3个阶段：

(1)妊娠早期：此期各组织器官处于形成阶段，若受到感染、放射线、化学物质或遗传等不利因素的影响可引起先天畸形，甚至胎儿夭折。

(2)妊娠中期：自13周至28周(16周)，此期胎儿体格生长，各器官迅速发育，功能日趋成熟。至28周时，胎儿肺泡发育基本完善，已具有气体交换功能，在此胎龄之后出生者存活希望较大。

(3)妊娠后期：自29周至40周(12周)。此期胎儿体重迅速增加，娩出后大多能够存活。

2. 胎儿各个系统发育的时间

胎儿期指自受孕至胎儿出生为止，约280日。此期胎儿生长发育迅速。下面分别介绍胎儿各个系统的特点。

(1)胎儿神经系统发育：研究表明，胎儿时期神经系统发育最早，尤其是脑的发育最为迅速。胎儿时期神经系统和大脑的迅速发育表现在结构和功能方面。

①结构。刚出生的婴儿脑重平均为出生体重的10%～12%，而成年人脑重仅占其体重的2%～3%，可见胎儿时期神经系统和大脑是优先发育的组织。

②功能。随着神经系统结构的发育，胎儿的运动、感知觉、记忆等高级神经系统功能逐渐发育。

(2)循环系统：胎儿的营养供给和代谢产物排出均须由脐血管经胎盘、母体来完成。脐静脉1条，出生后闭锁为肝圆韧带，脐静脉的末支静脉导管出生后闭锁为静脉韧带。脐动脉2条，出生后闭锁与相连的闭锁的腹下动脉成为腹下韧带。动脉导管位于肺动脉及主动脉弓之间，出生后闭锁为动脉韧带。卵圆孔出生后数分钟开始关闭，多在出生后6～8周完全闭锁。

(3)消化系统：妊娠11周时有小肠蠕动，至16周胃肠功能基本建立，胎儿能吞咽养水，吸收水分、氨基酸、葡萄糖及其他可溶性营养物质，同时能排出尿液控制羊水量。胎儿肝内缺乏许多酶，不能结合因红细胞破坏产生的大量游离胆红素。少部分在肝内结合经胆道胆红素排入小肠氧化成胆绿素。胆绿素的降解产物导致胎粪呈黑绿色。

(4)泌尿系统：妊娠11～14周的胎儿肾已有排尿功能，妊娠14周的胎儿膀胱内已有尿液，明确妊娠中期起，羊水的重要来源是胎儿的尿液。

(5)内分泌系统：胎儿甲状腺于妊娠第6周开始发育，是胎儿最早发育的内分泌腺。妊娠12周已能合成甲状腺激素。胎儿肾上腺发育良好，其重量与胎儿体重之比明显超过成年人，胎儿肾上腺皮质主要由胎儿带组成，约占肾上腺的85%以上，能产生大量甾体激素，与胎儿肝、胎盘、母体共同完成雌三醇的合成。

(6)生殖系统及性腺分化发育：男女胎之比例约为106∶100。男性胎儿睾丸开始发育较早，约在妊娠第9周分化发育，至14～18周形成细精管。有睾丸后刺激间质细胞分泌睾酮，促使中肾管发育，支持细胞产生副中肾管抑制物质，副中肾管退化。外阴部5α-还原酶使睾酮衍化为二氢睾酮，外生殖器向男性分化发育。睾丸于临产前降至阴囊内。女性胎儿卵巢开始发育较晚，在妊娠11～12周分化发育，缺乏中肾管抑制物质使副中肾管系统发育，形成阴道、子宫、输卵管。外阴部缺乏5α-还原酶，外生殖器向女性分化发育。

3. 胎儿发育1～12周

妊娠是一个复杂的过程，卵子受精后，进入宫腔，在胚胎及附属物迅速生长发育直至成熟的过程中，每个孕周都会有不同的变化。

4周：胎儿只有0.2厘米。受精卵刚完成着床后羊膜腔才形成，体积很小。超声还看不清妊娠迹象。

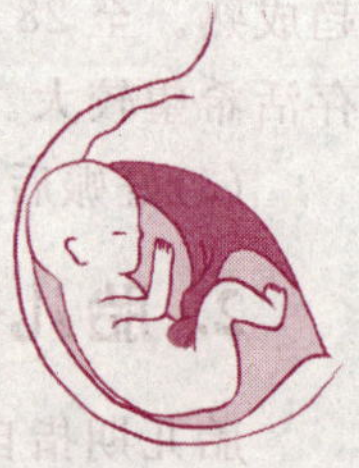

5周：胎儿长到0.4厘米，进入了胚胎期，羊膜腔扩大，原始心血管出现，可有搏动。B超可看见小胎囊，胎囊约占宫腔不到1/4，或可见胎芽。

6周：胎儿长到0.85厘米，胎儿头部、脑泡、额面器官、呼吸、消化、神经等器官分化，B超胎囊清晰可见，并见胎芽及胎心跳。

7周：胎儿长到1.33厘米，胚胎已具有人雏形，体节已全部分化，四肢分出，各系统进一步发育。B超清楚看到胎芽和胎心跳，胎囊约占宫腔的1/3。

8周：胎儿长到1.66厘米，胎形已定，可分出胎头、身体及四肢，胎头大于躯干。B超可见胎囊约占官腔1/2，胎儿形态及胎动清楚可见，并可看见卵黄囊。

9周：胎儿长到2.15厘米，胎儿头大于胎体，各部表现更清晰，头颅开始钙化、胎盘开始发育。B超可见胎囊几乎占满宫腔，胎儿轮廓更清晰，胎盘开始出现。

10周：胎儿长到2.83厘米，胎儿各器官均已形成，胎盘雏形形成。B超可见胎囊开始消失，可见月牙形胎盘，胎儿活跃在羊水中。

11周：胎儿长到3.62厘米，胎儿各器官进一步发育，胎盘发育。B超可见胎囊完全消失，胎盘清晰可见。

12 周：胎儿长到 4.58 厘米，外生殖器初步发育，如有畸形可以表现出，头颅钙化更趋完善。颅骨光环清楚，可测双顶径，明显的畸形可以诊断，此后各脏器趋向完善。

4. 胎儿发育 13～20 周

13 周：胎儿的脸看上去更像成年人了，身长 75～90 毫米，体重比上周稍有所增加。他(她)的眼睛在头的额部更为突出，手指上出现了指纹，两眼之间的距离拉近了。胎儿的神经元迅速地增多，神经突触形成，胎儿的条件反射能力加强，手指开始能与手掌握紧，脚趾与脚底也可以弯曲，眼睑仍然紧紧地闭合。

14 周：胎儿身长 75～100 毫米，体重达到 28 克。现在宝宝的皮肤上覆盖了一层细细绒毛，宝宝的头发也开始迅速的生长，胎儿此时在妈妈的肚子里已经可以做很多事情了，如皱眉，做鬼脸，斜着眼睛，可能他也在吸吮自己的手指等。

15 周：胎儿身长大约 12 厘米，体重达到 50 克。在接下来的几周中，胎儿的身长和体重可能会发生很大的变化，体重和声高会增长一倍，甚至更多。宝宝在本周发生的最大的事情就是他(她)开始在子宫中打嗝了，这是胎儿开始呼吸的前兆，遗憾的是您无法听到这个声音，主要的原因是胎儿在这时候气管中充斥的不是空气而是流动的液体。这时候宝宝的腿长超过了胳膊，手的指甲完全形成，手指部的关节也开始运动了。

16 周：胎儿身长大约 12 厘米，体重增加到 150 克，胎儿此时看上去像一个梨子。宝宝在本周发生的最大的事情就是自己会在子宫中玩耍了，宝宝在子宫中最好的玩具就是脐带了，他(她)有时会拉它，用手抓它，将脐带拉紧到只能有少量空气进入。但是不必太担心，16 周的宝宝自己已有分寸，不会让自己一点空气和营养都没有的。另外，循环系统和尿道在这时也完全进入了正常的工作状态。胎儿在第 6 周时可以不断地吸入和呼出羊水了。

17 周：胎儿身长大约 13 厘米，体重 150～200 克，胎儿此时看上去像一个梨子。宝宝此时的骨骼都还是软骨，可以保护骨骼的“卵磷脂”开始慢慢的覆盖在骨髓上。

18 周：胎儿身长大约 14 厘米，体重约 200 克，胎儿此时小胸脯一鼓一鼓的，这是他(她)在呼吸，但这时的胎儿吸入呼出的不是空气而是羊水。

19 周：胎儿身长大约 15 厘米，体重 200～250 克，胎儿此时开始能够吞咽羊水，肾脏已经能够制造尿液，头发也在迅速地生长。19 周的时候，宝宝最大的变化就是感觉器官开始按照区域迅速的发展。味觉，嗅觉，触觉，视觉，听觉从现在开始在大脑中专门的区域里发育，此时神经元的数量减少，神经元之间的连通开始增加。

20 周：胎儿生长趋于平稳，此时您需要将更多的精力放到增强营养上。怀孕早期食欲缺乏的情况早已经消失，您会在本阶段食欲大增，应尽量多吃些营养均衡的食品，切忌饮食过量。过量饮食会增加生产时的困难和痛苦，此外还容易造成高血压、糖尿病等症状，同时对胎儿的发育也没有什么好的作用。因此科学的饮食是十分重要的。

5. 胎儿发育 21～27 周

21 周：胎儿现在身长大约 18 厘米，体重 300～350 克，在这个时候的胎儿体重开始大幅度地增加。小宝宝的眉毛和眼睑清晰可见，手指和脚趾也开始长出指(趾)甲。21 周的胎儿听力达到一定的水平，他(她)已经能够听到您的声音了。

22周：胎儿现在身长大约19厘米，体重350克，在这个时候的胎儿体重开始大幅度地增加，看上去已经很像小宝宝的样子了。宝宝由于体重依然偏小的缘故，这时候的皮肤依然是皱的，红红的。当然这皱褶也是为皮下脂肪的生长留有余地。22周的胎儿看上去滑滑的，像覆盖了一层白色的滑腻的物质，我们称之为胎脂。胎脂可避免皮肤在羊水长期的浸泡下受到损害。很多宝宝在出生时候身上还会带有这样的胎脂。此外，宝宝的牙齿在这时也开始发育了，这时候主要是恒牙的牙胚在发育。

23周：胎儿现在身长大约19厘米，体重400克左右，在这个时候的胎儿听力基本形成，他(她)已经能够辨认您说话的声音，您的心跳及胃肠蠕动发出的声音。宝宝肺中的血管形成，呼吸系统正在快速地建立。宝宝在这时候还会不断地吞咽，但是他(她)还不能排便，直到出生后他(她)才会自己独立完成这件事情。

24周：胎儿现在身长大约25厘米多，体重500多克。宝宝这时候在妈妈的子宫中占据了相当大的空间，开始充满了整个空间。宝宝在此时身体的比例开始匀称。这时候的宝宝皮肤薄而且有很多的小皱纹，浑身覆盖了细小的绒毛。

25周：胎儿现在身长大约30厘米，体重约600克。宝宝这时候在妈妈的子宫中占据了相当大的空间，开始充满了整个空间。宝宝在此时身体的比例开始匀称。这时候的宝宝皮肤薄而且有很多的小皱纹，几乎没有皮下脂肪，全身覆盖着一层细细的绒毛。25周的胎儿舌头上的味蕾正在形成，所以胎儿在这时候已经可以品尝到食品的味道了。25周的胎儿大脑的发育已经进入了一个高峰期，宝宝在这时候大脑细胞迅速增殖分化，体积增大，孕妇在此时可以多吃些健脑的食品，如核桃、芝麻、花生等。

26周：胎儿现在坐高大约22厘米，体重约800克。宝宝的皮下脂肪已经开始出现，但这时候的宝宝依然很瘦，全身覆盖细细的绒毛。26周的胎儿开始有了呼吸，宝宝依然不是呼出吸入真正的空气，原因主要是因为胎儿的肺部还没有发育全。此外，宝宝在这时候已经可以睁开眼睛了，如果这时候您用手电筒照您的腹部，胎儿会自动把头转向光亮的地方，这说明胎儿视觉神经的功能已经开始在起作用了。

27周：胎儿现在身长大约38厘米，体重约900克。宝宝这时候眼睛已经睁开和闭合了，同时有了睡眠周期。宝宝有时也会将自己的大拇指放到嘴里吸吮。很多专家认为27周的胎儿开始会做梦了，但是还没有人能够说出宝宝到底做的是什么梦，但是有一点是肯定的，那就是胎儿大脑活动在27周时非常活跃。大脑皮质表面开始出现特有的沟回，脑组织快速地增长。除此之外，胎儿在这时已经长出了头发。

6. 胎儿发育28～34周

从28周开始就进入了孕晚期。

28周：胎儿现在坐高约26厘米，体重约1 200克，这时的宝宝几乎占满了整个子宫，随着空间越来越小，胎动也在减弱。尽管胎儿现在肺叶还没有发育完成，可如果万一发生早产，胎儿在器械帮助下也可以进行呼吸。

29周：胎儿现在坐高为26～27厘米，体重约1 300克，这时的宝宝，如果是男孩，他的睾丸已经从腹中降下来；如果是女孩，您可以看到宝宝突起的小阴唇。宝宝这时大脑发育迅速，头也在增大，听觉系统也发育完成，宝宝此时对外界刺激反应也更为明显。如果您在这时候给宝宝放点音乐，宝宝会对不同的音乐做出不同的反应。

30 周：胎儿现在身高约 44 厘米，体重约 1 500 克。胎儿的头部在继续增大，大脑发育也非常迅速。大脑和神经系统已经发达到一定的程度，皮下脂肪继续增长。这周胎儿的眼睛可以自由开闭，大概能够看到子宫中的景象，孩子还能辨认和跟踪光源。但是，您可不能期待出生后的宝宝一开始就是个火眼金睛。通常孩子在刚出生的时候只能看到很近距离的东西，逐渐才能看到远处的物体和人。胎儿在子宫中被羊水所包围，随着胎儿的增长，胎动逐渐地减少。

31 周：胎儿身体和四肢继续长大，直到和头部的比例相当。胎儿现在的体重约为 2 000克。宝宝的皮下脂肪更加丰富了，皱纹减少，看起来更像婴儿了。宝宝这时候各个器官继续发育完善，肺和胃肠接近成熟，可以有呼吸能力和分泌消化液。胎儿喝进去的羊水，经过膀胱排泄在羊水中。

32 周：胎儿身长约 45 厘米，体重约 2 000 克。如果宝宝是男孩，他的睾丸可能已经从腹腔进入阴囊，但是有的宝宝可能会在出生后当天才进入阴囊；如果是女孩，她的小阴唇明显地隆起，左右紧贴。这说明宝宝的生殖器发育接近成熟。除此之外，胎儿已经长出一头的胎发，但头发稀少，不过宝宝出生后头发的浓密稀疏并不取决于这时候胎儿头发的疏密。另外，宝宝的指甲已经长到了指尖。

33 周：胎儿身长约 48 厘米，体重约 2 200 克。胎儿的呼吸系统和消化系统发育已经接近成熟。33 周的胎儿应当注意头的位置，胎位正常与否直接关系到您是否能够正常的分娩。宝宝现在头骨很软，每块头骨之间有空隙，这是为宝宝在生产时候头部能够顺利通过阴道做准备。但是，宝宝身体其他部位的骨骼已经变得很结实，胎儿的皮肤也不再又红又皱了。

34 周：胎儿坐高约 30 厘米，体重约 2 300 克。胎儿现在开始变胖。胎儿的皮下脂肪形成后将会在宝宝出生后调节体温。同时胎儿也在为分娩做准备了，把头转向下方，进入骨盆。

7. 胎儿发育 35～40 周

35 周：胎儿身长 50 厘米左右，体重 2 500 克左右。胎儿在为分娩做准备了，头部进入骨盆。除此之外，宝宝的两个肾脏已经发育完全，肝脏也可以自行代谢一些东西了。35 周的宝宝指甲长长了，有的可能会超过指尖。

36 周：胎儿仍然在生长，本周宝宝身长 51 厘米左右，体重 2 800 克左右。

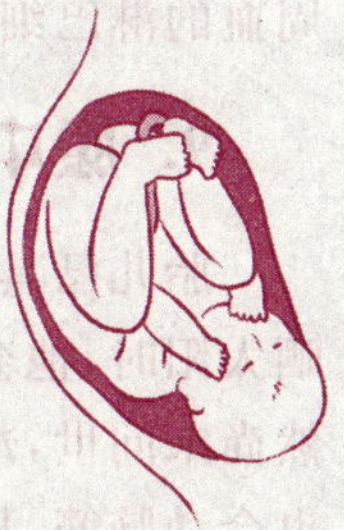

37 周：胎儿仍然在生长，本周宝宝身长 51 厘米左右，体重 3 000 克左右。其头部已经完全入骨盆，如果此时胎位不正常的话，那么胎儿自行转动胎位的机会就已经很小了。如果医生发现这样的情况，通常会建议您采取剖宫产。宝宝这时候的头发已经长得又长又密了，但是不必对宝宝头发的颜色或疏密过多的担心，宝宝在出生后随着营养的补充，头发会自然变得浓密光亮。

38 周：胎儿身长 52 厘米左右，体重 3 200 克左右。胎儿的头部在盆内摇摆，周围有骨盆的骨架在保护，这样会很安全。这样的位置也有利于宝宝有更多的空间放自己的小胳膊小腿。现在胎儿身上覆盖的一层细细的绒毛和大部分白色的胎脂逐渐脱落，胎儿的皮肤开始变得光滑。脱落的物质和分泌物会随着羊水吞入胎儿的肚子里，储存在宝宝的肠道中，在宝宝出生后形成黑便而排出。

39 周：胎儿身长 53 厘米左右，体重 3 200～3 400 克。现在出生的宝宝是足月儿。随着现在营养给予的提高，宝宝出生时体重越来越重，有的宝宝出生时体重可以到4 000克以上。通常情况下，男孩出生时的体重会比女孩重一些。宝宝在本周的活动越来越少了，似乎安静了很多，这难免加重您的担忧。这是正常现象，不必担心，宝宝活动减少的原因主要是因为胎儿的头部已经固定在骨盆中，随着头部的下降，宝宝便会来到这个世界上。

40 周：40 周是宝宝降生的时候。通常宝宝会在本周出生，但是也会提前或错后两周，这都是正常的。如果宝宝比预产期推后 2 周依然没有要出生的迹象，孕妇要到医院咨询医生，因为胎儿过熟会有危险。40 周时，原来清澈透明的羊水变得浑浊，同时胎盘功能也开始退化，到胎儿生出后胎盘即完成了使命。

8. 预测胎儿性别控制遗传病

在妊娠期进行胎儿性别预测不是为了挑选男孩，而是用于预防和控制某些与性别有关的遗传病的扩散。

如 X-连锁隐性遗传病有 180 余种，临床上常见的有血友病等，根据其发病规律，携带致病基因的女性与正常男性婚配，其所生育的男性中有一半可能为患者，故胎儿性别预测后最好将男胎流产，保留女胎；如果是携带致病基因的男性与正常女性婚配，其所生育的男孩均为正常，女孩为携带者，最好将女胎流产。

预测胎儿性别的临床方法：

(1)B 型超声：可以显示出男性胎儿的外生殖器，一般在妊娠 5 个月后用此方法。

(2)羊水细胞性染色体检查：在妊娠 16～20 周时用此方法。由于男性胎儿的羊水细胞可显示出 Y 染色体，女性则显示 X 染色体，通过标本上 X 小体和 Y 小体出现的频率判断胎儿的性别。

(3)绒毛细胞性染色体检查：在妊娠 2 个月内，通过检查胎儿的绒毛细胞不定期判断胎儿性别。

(4)孕妇外周血基因分析：由于胎儿的血细胞等也会混入母体外周血中，通过检查外周血的淋巴细胞的性染色体或中性粒细胞的鼓槌体出现的频率可判断胎儿的性别。

9. 腹中胎儿也会“思考”

胎儿已具有听力、视力。胎儿从第三个月开始就能对外界做出一定的反应，如母亲在晒太阳时，他会感知到。当阳光射到母亲腹部时，胎儿会做出转头或踢脚的反应。胎儿虽然尚未问世，却能通过晃动脑袋、手臂、身体及踢脚等动作来表达自己的感情。据称，胎儿也会动脑筋，从 7 个月起，胎儿的大脑就开始活动了，出生前不久的胎儿脑电图所显示的脑电波与新生儿的脑电波惊人地相似。

过去人们都习惯于把胎儿期和胎儿后期截然分割开，现在看来，这两个阶段之间并不存在十分明显的鸿沟，只不过是环境发生了明显变化而已。通过研究，人们已能初步揭示胎儿生活的奥秘。可是仍有一些疑团，如胎儿为什么会啼哭等仍有待于进一步研究、探索。不过，胎儿心理学的研究成果表明，胎教是十分重要的，做母亲的应该以良好的情绪随时倾听腹中的胎儿在说什么，以便为胎儿的发育创造一个良好的条件。

10. 胎儿发育迟缓常见原因

胎儿宫内发育迟缓也叫做胎盘功能不良综合征，或胎儿营养不良综合征。主要有两方面的原因：

(1)准妈妈原因

①遗传因素。胎儿出生体重的差异40%来自双亲的遗传因素，其中以母亲遗传影响最大。

②营养因素。孕妇营养不良，尤其是蛋白质和能量不足是影响胎儿生长的一个重要因素。微量元素与维生素缺乏影响胎儿发育，如缺锌，可影响核酸和蛋白质的合成，胎盘绒毛总面积缩小，影响胎儿发育。

③妊娠并发症。如妊娠高血压综合征影响子宫胎盘血流及其功能，胎儿因长期缺血和营养不良，造成宫内发育迟缓。另外，严重的贫血、多胎妊娠、严重心脏病、产前出血、糖尿病等都可以使胎儿发育迟缓。

④不良嗜好。吸烟、酗酒和吸毒。

(2)胎宝宝的原因

①宫内感染。如风疹病毒、单纯疱疹病毒、巨细胞病毒、弓形虫等，通过血液使胎盘感染，胎盘绒毛功能减退。

②胎儿发育异常。遗传性侏儒、先天性心脏病等，均可影响胎儿生长发育。

③胎盘及脐带因素。如胎盘炎症，脐带过细、扭曲、真结节等。使子宫胎盘血流量减少，胎儿得不到大量的营养和氧气，而无法发育。

怀孕期间要尽量避免这些不利因素，如果发现胎儿发育缓慢要及早找医生监护及治疗。

11. 判断胎儿是否发育迟缓的常用指标

(1)孕妇体重增加：根据怀孕后体重增加的速度可以初步判断胎儿发育是否迟缓。孕妇的体重从孕13周起至足月，体重以平均每周增加350克的速度增长。从孕13～28周期，孕妇体重的增加是以自身重量增加为主，孕28周后则以胎儿的体重增加为主。怀孕28周后，如孕妇体重持续3周不增加，要注意胎儿发育迟缓的可能。

(2)测量宫高：怀孕28周后，如产前检查发现孕妇的宫高低于该孕周宫高的第10百分位数，就有胎儿发育迟缓的可能，应及时去医院根据宫底高度测量和B超检查的结果来综合判断并确诊。

如果发现不正常，应立即去医院检查。最后要由有经验的医师根据宫底高度测量和B超检查的结果来确诊。

12. 脐带是胎儿生命的纽带

许多1岁左右的宝宝在洗澡的时候常常会对自己的肚脐发生兴趣，稍大点的宝宝甚至还会问妈妈:"为什么肚子上有小洞洞,它是干什么的?"妈妈经常会这样回答:"这肚子上的小洞洞叫做肚脐,当你在妈妈肚子里的时候,它是你的嘴。"

其实,肚脐是胎儿时期脐带的"遗留物",脐带才是母腹中小宝宝茁壮成长的"有功之臣"。宝宝生活在充满羊水的全封闭的子宫腔内,非但没被淹死,反而一天天地长大,靠的就是脐带,通过这条生命纽带来"吃饭"和"呼吸"。如果把胎盘比作提供养料的仓库,那么脐带就是一条运输线,宝宝通过这根细细长长的纽带与妈妈紧密相连,并通过它与妈妈进行物质交换。

脐带的一端附着于胎儿腹壁的脐轮,另一端附着于胎盘的中央或偏于一侧。脐带内有一条管腔较大、管壁较薄的血管,称为脐静脉,它把来自于妈妈,富含氧气和营养物质的新鲜血液注输送给宝宝,供其生长发育需要;脐带内还有两条血管旋绕在脐静脉周围,它的管腔较小、管壁较厚,称为脐动脉,担负着将宝宝全身代谢的废物交给妈妈排出的任务。在三条血管外面包绕的是半透明的基质,含水量丰富,并含有大量胶原纤维和弹性纤维,它使脐带内的血流通畅。脐带中的血液以每小时6 436米的速度流动着,也就是说,血液在整个脐带及胎儿体内的旅程仅需30秒。

当宝宝顺利娩出,嘹亮的哭声回荡在产房中,宝宝的心脏有节奏地"咚咚咚咚"跳动时,宝宝与妈妈紧密相连的生命纽带——脐带将由助产士轻轻地剪断。从此,一个新的生命彻底脱离了母体,带着美好的愿望和憧憬来到人间。随着脐带残端的萎缩、结痂、脱落,脐也就形成,永远地留下了胎儿时代的印记。

13. 胎盘的功能

胎盘是介于母体与胎儿之间的重要、复杂而特殊的器官。胎盘在拉丁文的原意为"蛋糕"。从它的形状来看,足月妊娠的胎盘是一个扁圆或椭圆形的盘状器官,的确很像一块大蛋糕。现代胎生哺乳动物都有胎盘。有了它,胎儿才能在子宫内充分发育成熟。

胎盘是由胎儿丛密绒毛膜及母体子宫基蜕膜共同组成的扁盘状结构。在胚泡植入子宫内膜后,基蜕膜中的绒毛膜囊上的绒毛长而密,称丛密绒毛膜。胎盘的胎儿面光滑,表面盖有羊膜,中央附有脐带和胎儿相连,脐动脉、脐静脉从脐带附着点分支向周围呈放射状分布。胎盘的母体面粗糙,由15～30个突起的胎盘小叶,以沟分隔。胎盘小叶是由粗大的绒毛干细分出许多游离的小绒毛所组成。游离绒毛浸于绒毛间隙母血中,胎儿血与母体血被极薄的胎盘膜所隔。胎盘膜是由滋养层上皮及其基膜、绒毛内少量结缔组织、胎儿毛细血管内皮及其基膜组成。

胎儿之所以能由小小的受精卵发育成一个可爱的、会哭会笑的天使,有赖于胎盘健全的功能:

(1)物质交换:母血在绒毛间缓慢流动,与绒毛内胎儿血进行物质交换。水、气体、营养物质及代谢废物等以渗透、扩散、主动运输和胞饮方式通过胎盘膜而进出绒毛,以维持胎儿发育。

(2)内分泌功能:胎盘在妊娠期所合成、分泌的绒毛膜促性腺激素、雌激素和孕激素,保证妊娠得以正常维持,防止流产。绒毛膜生长催乳激素(hCS)或胎盘催乳激素(hPL)有促进母体乳腺生长及影响母体同化代谢的作用。

(3)防御功能:胎盘膜有阻挡母体血液内大分子物质进入胎儿血液循环的作用。一般细菌不能通过,但有些病毒,如风疹、脑炎、脊髓灰质炎及梅素螺旋体、疟原虫、结核杆菌等能进入胎儿血内或先在胎盘中形成病灶,破坏绒毛,然后进入胎儿血液内;母血中所含抗体也能通过胎盘进入体内。

14. 胎儿6个月时能听到声音

胎儿在母腹中并非只是处于"沉睡"状态,而是具有听的能力。他凭借听觉器官与外界环境保持着密切的联系,甚至成年人听不到的极低或极高频率的声音,他都能敏锐地察觉到。

胎儿的听觉器官从发育到成熟,经过4个时期:在怀孕第2个月末,外耳、中耳及内耳已具雏形,有基本的形态结构,但尚无听觉功能;到4个月时,对外界的声音有所感觉;从6个月起,胎儿就能听到声音,并产生生理性反应,如眨眼、打呵欠、心率加快、头部转向等;第7个月起,听觉器官通过神经与脑建立联系,把听到的信息传导到大脑,并储存起来构成记忆。

妊娠以后,胎儿在母体迅速生长、发育,随时都受母体健康状况的影响,胎儿的听力当然也不例外。如果孕妇在妊娠期间患了对听觉器官有较大影响的疾病,势必会影响到胎儿的听力。

15. 羊水的作用

子宫内羊膜腔中的液体称为羊水。羊水具有稳定子宫内温度、保护胎儿不受伤害及轻度的溶菌作用。临近分娩时,羊水则可明显缓解子宫收缩导致的压力,使胎儿娇嫩的头颈部免受挤压。羊水还可使羊膜保持一定的张力,防止胎盘过早剥离。

羊膜腔内的羊水不是"死水一潭",它是不断地进行交换的。在妊娠早期,羊水主要来源于母体的血浆。在妊娠中、晚期,羊水主要来源于胎儿尿液。羊水量的平衡在怀孕过程中由母体和胎儿间的交换达成。胎膜的吸收和胎儿的吞咽是羊水的主要去路。一旦羊水交换失去平衡就会出现羊水过多或过少。羊水的多少随孕周的不同而有所不同,一般说来,妊娠10周时约有30毫升羊水;孕20周时,约有350毫升,38周时约有1 000毫升,妊娠最后2周略有减少。凡妊娠的任何时期内,羊水量超过2 000毫升就称为羊水过多。少于300毫升者为羊水过少。过多、过少均会出现问题。

16. 羊水过多或过少的原因及危害

(1)导致羊水过多的原因:羊水过多常常提示胎儿或母体方面存在着病变,常见的有胎儿畸形,如无脑儿、水脑儿、脊柱裂、脐膨出等,也有可能是双胞胎所致,或是妊娠合并糖尿病、母儿血型不合,或是提示胎盘过大等。一般羊水量超过3 000毫升时,临床上才出现症状。由于羊膜腔内羊水量过多,子宫会过度膨胀。羊水过多的孕妇,其腹部显著大于正常妊娠月份,皮肤发亮。

(2)羊水过少会发生意外:羊水过少发生在孕早期,胎膜可与胎体粘连。在中、晚孕期,四周压力可直接作用于胎儿,从而可引起各种不同的畸形。因羊水少,胎儿生长发育将受到限制，甚至影响到肺的发育。孕时胎儿肺泡吸入适量羊水有助于其膨胀和发育。分娩时，胎儿因羊水过少易发生宫内窘迫。新生儿窒息及围生儿死亡率都较正常高出多倍。

二、孕期检查

全面的健康检查可以纠正孕妇身体的某些缺陷，如果发现孕妇有疾患而不宜继续妊娠，或者发现胎儿有明显遗传性疾病时可以及早终止妊娠。

经常定期检查可了解胎儿发育和母体变化情况，如有异常及早治疗。

通过孕期生理卫生、生活及营养指导，可加强孕妇及胎儿的健康保护，有利于整个孕产期的顺利度过。

通过全面系统地观察可决定分娩时的处理方针，保证分娩安全。

通过产前检查，医生可向孕妇说明产前产后应注意事项，打消不必要的顾虑，教会孕妇分娩时应如何与医务人员配合，顺利分娩。

有些孕妇对于产前检查不太重视。有的初诊确定妊娠后就不再按时检查；有的怀孕到五六个月才去医院第二次检查，直到临产再进医院；有的甚至挨到足月时才去医院检查；还有的干脆不做产前检查。这些做法都是不对的，不利于孕妇的身体健康，更不利于对胎儿的监测。正确的做法应该是：妇女怀孕后整个妊娠期都应按时进行详细而系统的产前检查。通常从确诊怀孕开始，“准妈妈”就要定期检查。妊娠 28 周以前 1 个月 1 次，遇有异常情况如阴道出血、腰酸、肚子痛时，就应随时就诊；28～36 周每 2 周检查 1 次，要特别注意胎位正不正，血压高不高，有无水肿、蛋白尿等；36 周后还要查勤些，每周 1 次。如有特殊情况应随时检查，不受规定时间限制。

1. 胎儿健康检查

胎儿的健康检查是很必要的。常见的胎儿健康检查有超声波产前诊断、羊膜腔穿刺、X 线检查、绒毛细胞检查、胎儿镜检查等。了解这些知识有助于我们了解胎儿的健康状况。

(1)超声波产前诊断：这是一种最常用的产前诊断手段，尤其是近年来采用了先进的 B 型超声波扫描仪，使诊断水平有了很大提高。它的优点是无痛苦、快速(半小时以内)，可以反复检查等。对明显的肢体畸形、无脑儿、胎儿内脏畸形、胚胎发育异常、小头畸形、多胎妊娠，以及羊膜腔穿刺时的胎盘定位，具有很高的诊断价值。至少到目前为止，尚未发现超声波检查后有不良反应发生。据临床观察发现，经过超声波检查和未经超声波检查出生的新生儿，两者在孕龄、头围、出生体重、身长、先天畸形、新生儿感染等各方面均无区别。超声波检查对胎儿及其以后的生长发育没有什么不良影响。

(2)羊膜腔穿刺：羊膜腔穿刺是用于确诊胎儿是否有染色体异常、神经管缺陷，以及某些能在羊水中反映出来的遗传性代谢疾病。穿刺时用穿刺针穿过孕妇的腹壁刺入宫腔吸出少许羊水，进行羊水细胞和生物化学方面的检查。不少孕妇认为这样的检查难免会影响胎儿或引起流产，因此很不愿做该项检查。实际上，这些担心和顾虑是没有必要的。羊膜腔穿刺并不可怕，是一项十分成熟、安全的产前诊断技术。医生建议做羊膜腔穿刺检查是怀疑胎儿异常，如把出生异常儿的危险性与穿刺可能造成的危险性相比，权衡得失，你就会理智地接受医生的建议了。

(3)X线检查:众所周知,X线对胎儿有一定的损伤,但这主要是在妊娠早期。开展超声波检查以后,X线检查已很少用于产前诊断了。但X线检查在观察胎儿的骨骼发育方面具有其他检查手段所不可替代的优点。在妊娠晚期,医生怀疑胎儿骨骼发育异常时,往往需要用到这一检查手段。

(4)绒毛细胞检查:绒毛细胞检查是近些年发展起来的一项新的产前诊断技术。它是用一根细细的塑料管或金属管,通过孕妇的子宫口,沿子宫壁入内,吸取少量绒毛进行细胞学检查。怀孕40~70日时,胚泡周围布满绒毛,是进行检查的最佳时间,比羊膜腔穿刺的最佳时间(第16~20周)要早得多,其意义当然就大多了。目前,它主要用于了解胎儿的性别和染色体有无异常,其准确性很高,国内已开始逐步推广使用。从前几年应用的情况来看,对孕妇无不良影响,对出生的新生儿及其日后的随访观察,也未发现有任何异常。因此它是一种较为安全的、极有前途的产前诊断技术。

(5)胎儿镜检查:这是一项技术性较强的产前诊断项目。一般在怀孕第15~20周时进行检查。用超声波定位后,经过局部麻醉,做一腹部小切口,将此镜插入羊膜囊,可以直接观察胎儿的外形、性别,判断有无畸形,进行皮肤活检或从胎盘表面的静脉抽取胎儿血标本,对胎儿的某些遗传性代谢疾病、血液病进行产前诊治断。它的应用使产前诊断发展到了一个新的水平。国外一些研究机构还用它给胎儿注射药物,甚至对胎儿脑积水和尿道梗阻进行外科手术。这些成果确实很有吸引力。但事实上只有极少数孕妇需要进行胎儿镜检查,而且它造成的胎儿流产率达5%,由操作引起的胎儿死亡率达4.7%。因此,目前使用尚不广泛。

综上所述,对于可能有异常的胎儿进行产前诊断是优生的一项重要措施。其可能发生的不良反应与生出异常儿的风险相比,显然是微不足道的,孕妇和家属应正确认识这些检查技术,有产前诊断指征的孕妇应该听从医生的劝告,接受检查,千万不要因为某些不必要的疑虑而失去产前诊断的最佳时机。

2. 能听到胎心的时间

当一个小小生命开始在母亲体内孕育时,新任的准妈妈们可能只感受到怀孕所带来的不适,直到听到宝宝心跳的那一刻起,才真正地觉得有个小家伙正在肚子里成长。

胎心音是胎儿在子宫内心脏跳动的声音,音色清脆,节律整齐,很像钟表的滴答声,通过听胎心可了解胎儿正常与否。从受孕16天起,心脏还不具备心脏的形状,但已可以引起跳动。第一个月末,心脏已初具规模,此时的心脏还十分脆弱,还接收不到胎心音。到了孕12周时,使用超声波听诊器就能在腹部听到胎儿心跳的声音了。一般在怀孕18周左右,用普通听诊器就可以听到胎心音了。

听到胎心音即可表明腹中的胎儿为活胎。听胎心音一般需丈夫或家人来进行。由丈夫使用胎心听诊器或者简易的喇叭形木听筒,甚至将耳朵直接贴在你的腹壁上都可以听到。

胎心是一种美妙的音乐,希望每次听胎心会给你带来好心情。

3. 在家监测胎心音的方法

胎心音在胎儿的背部最清晰,它的位置一般处在孕妇脐部周围,上、下、左、右各旁开

2寸的地方。听胎心前先排空小便，仰卧在床上，两腿伸直，让丈夫或家人将木听筒轻轻放在胎心最清楚的部位，仔细聆听，认真计数，每次计1分钟，并把跳动的次数记录下来。第一次听胎心最好在医生指导下进行，便于正确掌握方法。正常胎心跳动为每分钟120～160次，听上去应当是规则的、无间隙的。如正好是胎动时，胎心会略增快。如每分钟胎心跳动超过160次，或少于120次，或心跳不规则，时快时慢，跳跳停停，中间有间隙等均属不正常。可过一段时间再听一次，如果仍然不正常，应及时到医院检查。

听胎心音的方法可直接用耳朵贴在孕妇腹壁上，听到声音后要分辨肠鸣音、母体主动脉音和胎心音，胎心音规律，肠鸣音不规律，胎心跳动快，母体心率慢。每次听胎心音要在1分钟以上，正常胎心率为每分钟140次左右。

正常范围：每分钟120～160次。

4. 测量宫高的方法

测量耻骨联合上缘中点到子宫底部最高点的距离为宫高，它反映子宫纵径长度，以厘米为单位。妊娠子宫的增大有一定规律性，表现为宫底升高，腹围增加。因此，从宫高的增长情况也可以推断妊娠期限和胎儿发育情况。

测量宫高的方法：做检查时要让孕妇先排尿，然后取平卧位，两腿屈曲。医生用软尺测量耻骨联合上缘中点至宫底的距离。一般从怀孕20周开始，每4周测量1次；怀孕28～35周每2周测量1次；怀孕36周后每周测量1次。测量结果画在妊娠图上，以观察胎儿发育与孕周是否相符。

以宫底高度来推测胎儿发育是否正常情况见表1。

表1 不同孕周宫高指标

妊娠周数	手测宫高	尺测宫高
满12周	耻骨联合上	2～3横指
满16周	脐耻之间	2～3横指
满20周	脐下一横指	15.3～21.4厘米
满24周	脐上二横指	22～25.1厘米
满28周	脐上三横指	22.4～29厘米
满32周	脐剑之间	25.3～32.0厘米
满36周	剑突下二横指	29.8～34.5厘米
满40周	剑脐之间	33厘米

5. 测量腹围和体重增长的意义

测量腹围和体重增长都是孕期检测胎儿是否正常发育的很好方法，便于孕妇及家人操作。

(1)腹围：腹围是经肚脐绕腹1周的长度，以厘米为单位，它能反映子宫的横径和前后径的大小。孕妇须定期接受产前检查，测量腹围大小是每次检查时必须要做的项目。随着孕期的进展，子宫顺应胎儿的发育而增大，通过腹围的测量即可初步判断孕周，并间接了解胎儿生长发育状况，估计胎儿体重。每次产前检查时测量腹围，有助动态观察胎儿发

育，及时发现胎儿宫内发育迟缓、巨大儿或羊水过多等妊娠异常，使其有可能通过及时治疗得到纠正。所以，产前检查时测量腹围是一种具有实用价值的、简便且无创伤的监测胎儿发育情况的重要方法。

怀孕 20～24 周时，腹围增长最快；怀孕 34 周后，腹围增长速度减慢。若腹围增长过快时则应警惕羊水过多、双胎等。当然，腹围的大小，要受孕妇怀孕前腹围的大小和体形的影响，应综合分析(表 2)。

表 2　怀孕月份腹围标准

怀孕时间	腹围下限	腹围上限	标准
5 个月	76 厘米	89 厘米	82 厘米
6 个月	80 厘米	91 厘米	85 厘米
7 个月	82 厘米	94 厘米	87 厘米
8 个月	84 厘米	95 厘米	89 厘米
9 个月	86 厘米	98 厘米	92 厘米
10 个月	89 厘米	100 厘米	94 厘米

(2)孕妇体重：其增加部分主要来自两个方面：一是胎儿、胎盘和羊水的重量；二是母体、子宫、乳房的增大，血容量的增加和水分额外的留于皮下脂肪沉积的重量。

6. 孕妇感觉到胎动的时间

怀孕后，宝宝会以很快的速度成长，从 16 周开始，小家伙开始不甘寂寞了，但此时他的运动还很微妙，孕妇一般体会不到。到了 20 周左右的时候，小家伙的动作会加大，甚至会翻筋斗，他的好动会让准妈妈的幸福感油然而生。

小家伙刚开始的运动很轻微，逐渐地他们的活动会有力度：准妈妈会有一种被电到的感觉，又好像是有人在敲门，也有些像肠子的蠕动……总之，不安分的小家伙，会趁你不注意和你开个玩笑、捉个迷藏。

7. 胎动和胎儿健康

胎动次数的多少、快慢、强弱等常表示着胎儿的安危。宫内胎动活跃表示胎盘功能良好，输送给胎儿的氧气充足，胎儿在子宫内发育健全；胎盘功能不良可致胎儿慢性缺氧，胎动减少。

准妈妈一般在怀孕第 20 周开始，每 12 小时平均的胎动次数约为 200 次，到 32 周时增加到 570 次左右，到 40 周时减少到 280 次左右。这些都是一些科学的数据，不是每一位准妈妈都严格符合，只要相差不多都属于正常范围。

胎动正常对胎儿的发育很重要，准妈妈要细心留意每天小家伙的动静。如果 12 小时的胎动数少于 20 次，或晚上 1 小时的胎动数少于 3 次，还有胎儿活动强度有明显改变，变得越来越弱，这都说明胎儿可能有异常，应加以警惕。如果12小时胎动数少于10次，或者晚上1小时内无胎动，表明胎儿有可能出现缺氧问题，应及时去医院检查，否则可导致悲剧。还要注意的是，在缺氧的最初阶段，胎儿会烦躁不安，拼命挣扎，这时感觉到的胎动不是减少，而是增加。所以，如果胎动突然变得异常频繁超过40次，也应引起警惕，及时去医院检查。随着缺氧的继续，烦躁不安逐渐被抑制，胎动减少、减弱直至消失。

有些准妈妈会有突然感觉胎动减少的状况出现，这通常和外界的因素有直接的关系：如胎儿处于睡眠状态、准妈妈使用了镇静药等药物、准妈妈出现血糖降低的情况。如果排除了上述的因素，准妈妈就要注意是否发生了下列的情况：准妈妈发热可导致胎动突然减少；准妈妈受剧烈的外伤可导致胎动突然加快；胎盘早期剥离、脐带绕颈或打结可导致胎动突然加剧，随后很快停止运动。

胎儿胎动异常预示着胎儿健康出现了问题，孕妇应尽快到医院检查。

8. 胎动的规律

胎儿也具有"生物钟"习性，昼夜之间胎动次数也不同。一般早晨活动最少，中午以后逐渐增加，晚6～10时胎动活跃。胎动有静息（清醒—睡眠）周期交替，在活跃期有胎动，胎动时胎心率加速；静息期无胎动，胎心率减慢。活跃期与静息期一般持续20分钟，也可长达40分钟。如静息期延长到1小时以上，提示胎儿已有危象。

（1）胎动类型：胎动有三种类型：①怀孕6个月开始剧烈地踢脚或冲撞。②产前3个月左右缓慢地蠕动或扭动。③感觉不舒服时猛烈的痉挛式的胎动。

（2）胎动的频率与妊娠周数有密切关系：胎儿越大胎动会越明显、越密集。怀孕29～38周是胎动最频繁的时期，接近足月时则略微减少。

（3）胎动的强弱与频率，因个体的不同而有很大的差异：有的12小时多达100次以上，有的则达30～40次。

一天之内，正常的胎动频率和次数，一般是每小时3～5次，12小时胎动为50～70次。不过，一天之中清晨最少，下午6时以后增多，晚上8～11时最为活跃。

胎儿受到某种刺激也会出现胎动。因为胎儿有固定的休息和睡眠时间，所以准妈妈有时候不容易感觉到胎动。若胎儿1小时都没有活动，准妈妈可以吃点东西，喝一点甜果汁或者拍一拍肚子，正常情况下，胎动会马上恢复。此外，巨大的声音、刺激的强光，均可增加胎动。除上述情况外，准妈妈的健康状况有时也会影响胎动的次数，如发热，胎儿活动量会减少，胎动次数也会相应减少。

9. 监测胎动的方法

尽管目前的科技很发达，有许多精密的仪器都可预测宝宝的健康发展情况，但对于每个准妈妈来说，天天跑医院也不现实，所以自测宝宝的胎动次数既简单又必要。孕晚期是胎儿活动频繁的时期，孕妇的感觉也会很明显。这里教你几种自我监护胎动的方法，孕妇就可在家里根据胎动的规律来监测胎儿情况。

（1）记录每天的胎动次数。准妈妈在白天计算胎动，如能够测得10次胎动，就可以放心了。如12小时内测得的胎动小于3次，应尽快就医。

(2)计算固定时间内的胎动次数。每日分早、午、晚,各固定1小时,如早上8~9时,下午1~2时,晚上8~9时测量胎动。再将一日所测的3个时段胎动总数乘以4,即为胎儿一天12小时的胎动。一般要求12小时胎动在20次以上为正常。

(3)计算达到某个胎动次数所需要的时间,以10次为标准。准妈妈每日固定一段空闲的时间,计算胎动10次所需的时间。可以在饭后进行,若10次胎动花的时间超过3小时,就需要到医院检查。

(4)临睡前数胎动。胎动一般在晚上最多、最强,而且晚上相对安静,孕妇容易察觉胎动。孕妇可在临睡前数1小时,取左侧卧位,正常每小时胎动应多于3次。

目前国内外均采用第二种方法。孕妈妈要及时掌握自己的宝宝在子宫内的生活习惯,发现有不正常情况,应咨询产科医生,以了解宝宝在子宫内有何不适并给予及时处理。

10. 做第一次B超检查的时间

B超是产前检查的一个重要项目,孕妇怀孕5周就可以开始做B超检查了,此时通过B超,可以观察妊娠部位是否正常(排除宫外孕),胚胎是否存活。

B超检查时间不宜过早。一般认为,怀孕18周以内的孕妇最好不要频繁做B超,尤其是在怀孕早期。因为孕2个月内若过多做B超可使胚胎细胞分裂与大脑发育受到影响。孕4个月时骨骼开始发育;5个月时胎心发育还不完善;6个月时所有脏器发育均尚不完善。过多做B超会抑制胎儿生长发育,发生畸胎或死胎。特殊情况例外,如对怀孕早期阴道见红者,需做B超检查以确定胚胎是否存活,能否继续妊娠,有无异常妊娠或葡萄胎、畸胎等。

B超检查时间一般是在孕5~孕6个月以后,因为超声波对胎龄越大的胎儿影响越小。这时可以看到胎儿的躯体,胎心跳动,胎儿头部及胎盘等完整的图像,还可听到胎心音,胎动音,脐带血流音及胎盘血流音等。可检测胎儿是否存活,并能鉴定妊娠是否正常,是否为多胎等。

11. B超检查能测量的指标

怀孕期间,孕妇将做至少3次超声波检查。医院B超检查报告单一般包括以下几方面内容:

(1)胎囊:胎囊只在怀孕早期见到。它的大小,在孕6周时直径约2厘米,10周时约5厘米为正常。胎囊位置在子宫的宫底、前壁、后壁、上部、中部都属正常;形态圆形、椭圆形、清晰为正常;如胎囊为不规则形、模糊,且位置在下部,孕妇同时有腹痛或阴道出血时,可能预示要流产。

(2)胎头:轮廓完整为正常,缺损、变形为异常,脑中线无移位和无脑积水为正常。bpd代表胎头双顶径,怀孕到足月时应达到9.3厘米或以上。按一般规律,在孕5个月以后,基本与怀孕月份相符,也就是说,妊娠28周(7个月)时bpd约为7.0厘米,孕32周(8个月)时约为8.0厘米,以此类推。孕8个月以后,平均每周增长约为0.2厘米为正常。

(3)胎心:有、强为正常,无、弱为异常。胎心频率正常为每分钟120~160次。

(4)胎动:有、强为正常,无、弱可能胎儿在睡眠中,也可能为异常情况,要结合其他项目综合分析。

(5)胎盘:指胎盘在子宫壁的位置;胎盘的正常厚度应在2.5~5厘米;钙化一项报告单上分为Ⅲ级,Ⅰ级为胎盘成熟的早期阶段,回声均匀,在怀孕30~32周可见到此种变化;Ⅱ级表示胎盘接近成熟;3级提示胎盘已经成熟。越接近足月,胎盘越成熟,回声越不均匀。

(6)股骨长度:是指胎儿大腿骨的长度,它的正常值与相应的怀孕月份的bpd值差2~3厘米,比如说bpd为9.3厘米,股骨长度应为7.3厘米;bpd为8.9厘米,股骨长度应为6.9厘米等。

(7)羊水:羊水深度在3~7厘米为正常,超过7厘米为羊水增多,少于3厘米为羊水减少。

(8)脊椎:胎儿脊柱连续为正常,缺损为异常,可能脊柱有畸形。

(9)脐带:正常情况下,脐带应漂浮在羊水中,如在胎儿颈部见到脐带影像,可能为脐带绕颈。

12. B超对胎儿畸形的诊断作用

超声波是频率在20千赫以上超过人耳听阈的声波。在目前的超声波方法中,B型超声波检查法是最主要的方法。因为B超可以直接显示图像,涉及的内容广泛,在预防、诊断、治疗、康复、监护和普查人体疾病中有很高的实用价值。借助B超诊断胎儿是否畸形的准确率较高。

(1)诊断作用:对于高度怀疑胎儿畸形者,可用B超进行诊断。

①无脑儿。可在妊娠3个月后检出。

②脑积水。脑积水常合并羊水过多,易于检出。

③神经管畸形脑脊膜膨出。

④脐带异常,如脐膨出。

⑤消化道异常,如消化道闭锁、十二指肠闭锁等。

(2)借助B超诊断胎儿是否畸形的优点

①对人体无创伤、无射线、无痛苦。

②能够清晰地显示人体软组织的解剖结构。

③可直接观察脏器的活动状态。

④施羊膜腔穿刺术时,可以帮助胎盘定位,避免损伤胎儿。

⑤简便、准确、容易被孕妇接受。

13. 孕期B超检查次数

孕期做B超检查是很有必要的。但是,做B超对胎儿有没有影响?孕期能做几次B超呢?相信每位准妈妈都很关注。对于这个问题的回答并非是绝对的,需视孕妇的具体情况而定,一般来讲,至少做3次B超。

(1)怀孕早期:除了妇科的常规检查之外,应通过B超确定宫内的妊娠是否正常。例如,宫腔内探查不到任何妊娠征象,而在子宫腔外探到异常的回声,结合其他的临床表现就可以诊断子宫外孕。所以,一般提倡于怀孕早期通过做B超明确是否是宫内正常妊娠或双胎、葡萄胎等。

(2)怀孕中期：大约在闭经16周需要再做一次B超，以确定胎儿有无畸形和生长发育是否正常。还能对胎儿的位置及羊水量有进一步的了解。如果这时发现胎儿不正常，在闭经20周以内终止妊娠，是比较适宜的。

(3)怀孕后期：即闭经36周以后，此时做B超检查的目的是确定胎位、胎儿大小、胎盘成熟程度，有无脐带缠颈等，进行临产前的最后评估。如果发现严重异常需要终止妊娠，必要时需进行剖宫产。

可见，在整个怀孕期间，早、中、晚期各进行一次B超检查是必要的。然而，B超对胚胎照射时间长会造成不良影响。所以，孕期做B超不要超过3次。还有些人对做B超的目的不明确，为了弄清楚孩子的性别，不惜到多家医院反复进行B超检查。这对母婴均不利。

14. 需要做B超检查的特殊情况

有些特殊情况是需要做B超检查来帮助确诊的。

(1)有流产症状时，检查胎儿是否存活。

(2)妊娠后期，阴道出血，测定胎盘位置。

(3)子宫增大和停经月份不符，观察妊娠进展情况。

(4)羊膜腔穿刺前的检查。

(5)怀疑多胎妊娠。

(6)怀疑胎儿有先天畸形。

(7)过期妊娠，观察胎儿生长情况及胎盘功能有无异常。

15. 胎儿缺氧的信号

正常胎儿在子宫内有一定的活动规律，如果胎儿在宫内环境不良，会发生严重宫内缺氧。临床研究证实：缺氧是导致胎儿屈死母腹、新生儿染疾或夭折及儿童智力低下的主要原因。尽管现代有许多仪器设备能监测出胎儿的缺氧情况，但由于条件限制，许多孕妈妈无法时时刻刻受到医疗监护，因而导致少数胎儿缺氧不能被及时发现并得到纠正。不过，缺氧的胎儿早期也会发出求救，所以孕妈妈一定不要放过自身所感受到的任何蛛丝马迹。

(1)胎动改变：妊娠18～20周孕妇便可以感知胎动。胎动情况因不同胎儿而有所差别，一般静型胎儿比较柔和，次数较少；兴奋型胎儿胎动幅度大，次数多。如果一个原本活泼的胎儿突然安静，或一个原本安静的胎儿突然躁动不安，胎动低于10次/12小时或超过40次/12小时，则提示胎儿有可能宫内缺氧。

(2)胎心异常：正常的胎心活动是规律和有力的，为120～160次/分钟，如胎位正常，在孕妇下腹的左侧或右侧即胎背所在的一侧，丈夫可借助简单的器械听取。胎动减少前，出现胎心过频，若超过160次/分钟，为胎儿早期缺氧的信号；胎动减少或停止，胎心少于120次/分钟，则为胎儿缺氧晚期。听取胎心的位置应在医生指定处，但需注意，若胎心异常，则应间隔20分钟再听；如胎心快，还应在没有胎动时再听。

(3)生长停滞：缺氧后胎儿的生长也会迟缓。胎儿生长情况可以测量子宫底高度(耻骨联合上方到子宫底最高处距离)得知。正常情况下，妊娠 28 周以后应每周增加 1 厘米左右。孕妇可定时在家里或到医院测量。如果持续 2 周不增长，则应做进一步检查。

孕妇一旦捕捉到以上异常信号，应及时去医院就诊，以便明确诊断胎儿在子宫内是否缺氧，从而针对病因给予纠正，保证胎儿顺利地健康生长。

16. 胎儿窘迫的病因及治疗措施

胎儿在宫内有缺氧征象危及胎儿健康和生命者，称为胎儿窘迫。胎儿窘迫是一种综合症状，是当前剖宫产的主要适应证之一。胎儿窘迫主要发生在临产过程，也可发生在妊娠后期。发生在临产过程者，可以是妊娠后期胎儿窘迫的延续和加重。

(1)胎儿窘迫的病因：胎儿窘迫是妊娠时比较常见的一种病症。这种病症对胎儿的发育影响较大。造成胎儿窘迫的原因有以下几种。

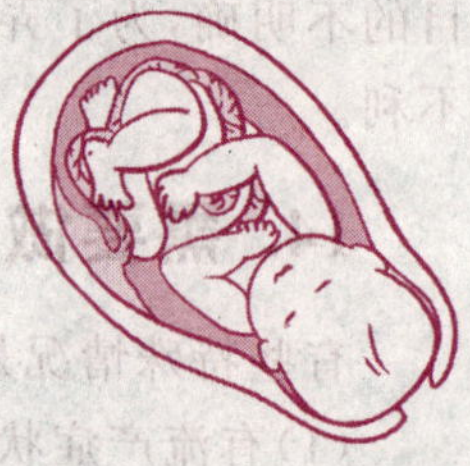

①母体因素。母体血液含氧量不足是重要原因，轻度缺氧时母体多无明显症状，但对胎儿则会有影响。

②胎儿因素。胎儿心血管系统功能障碍，如严重的先天性心血管疾病和颅内出血等胎儿畸形。

③脐带、胎盘因素。脐带血运受阻、胎盘功能低下、胎盘形状异常和胎盘感染等。

(2)临床表现：临床上除可发现母体存在引起胎盘供血不足的疾病外，随着胎儿慢性缺氧时间延长而发生胎儿宫内发育迟缓。胎心率改变，羊水胎粪污染，胎动过频，胎动消失及酸中毒。

可结合临床表现通过胎盘功能检查、胎心率变化、羊水胎粪污染、胎动计数、羊膜镜检查、酸中毒来诊断胎儿窘迫。

(3)胎儿窘迫的治疗措施：胎儿窘迫分急性与慢性两种，治疗方式也有区别。

①慢性胎儿窘迫。需要针对病因，视孕周、胎儿成熟度和窘迫的严重程度决定处理。

- 能定期做产前检查者，估计胎儿情况尚可，应使孕妇多取侧卧位休息，争取胎盘供血改善，延长孕周数。
- 情况难以改善，接近足月妊娠，估计在娩出后胎儿生存机会极大者，可考虑行剖宫产。
- 距离足月妊娠越远，胎儿娩出后生存可能性越小，则可将情况向家属说明，尽量保守治疗以期延长孕周数。实际胎儿胎盘功能不佳者，胎儿发育必然受到影响，所以预后较差。

②急性胎儿窘迫。宫口开全，胎先露部已达坐骨棘平面以下 3 厘米者，应尽快助产经阴道娩出胎儿。宫颈尚未完全扩张，胎儿窘迫情况不严重时，可予吸氧(面罩供氧)，通过提高母体血氧含量以改善胎儿血氧供应，同时嘱产妇左侧卧位，观察 10 分钟，若胎心率变为正常，可继续观察。若因使用缩宫素宫缩过强造成胎心率异常减缓者，应立即停止静脉滴注，继续观察是否能转为正常。病情紧迫或经上述处理无效者，应立即行剖宫产结束分娩。

17. 羊膜镜检查

羊膜镜检查现已成为围生医学中的一种检查方法。在消毒条件下，通过羊膜镜直接窥视羊膜腔内羊水性状，用以判断胎儿宫内情况有一定参考价值。

(1)判断标准：正常羊水见透明淡青色或乳白色，透过胎膜可见胎发及漂动的胎脂碎片；胎粪污染时，羊水呈黄色、黄绿色，甚至草绿色；Rh 或 ABO 血型不合病人，羊水呈黄绿色或金黄色；胎盘早剥患者羊水可呈血色。

(2)羊膜镜检查的禁忌证有：产前出血，阴道、宫颈、宫腔感染，先兆早产，羊水过多等。

18. 胎盘功能检查

胎盘功能检查能间接判断胎儿状态，是对胎儿进行孕期宫内监护。能早期发现隐性胎儿窘迫，有助于及时采取相应措施，使胎儿能在良好情况下生长发育，直至具有在宫外生活能力时娩出。可通过以下方法评定胎盘功能是否正常。

(1)测定孕妇尿中雌三醇(E3)值：收集孕妇 24 小时尿用 RIA 法测定观察 E3，是了解胎盘功能状况的常用方法。妊娠晚期 24 小时尿 E3 大于 15 毫克为正常值，10～15 毫克为警戒值，小于 10 毫克为危险值。或前次测定值在正常范围，此次测定值突然减少达50%以上，均提示胎盘功能减退。

(2)血和尿中 hCG 测定：在孕卵着床后 7 日左右，即可在血和尿中测到 hCG，随孕卵发育逐渐上升，至 80 日左右达高峰，此后逐渐下降，维持一定水平到产后逐渐消失。孕早期 hCG 测定反映胎盘绒毛功能状况，对先兆流产、葡萄胎监护具有意义。对晚孕价值不大。

(3)测定孕妇血清胎盘泌乳素(hPL)：采用放射免疫法。hPL 是胎盘滋养细胞分泌的一种蛋白激素，随妊娠而逐渐增高，34～36 周达峰值，以后稍平坦，产后逐渐消失，hPL 只能在孕妇血中测定。妊娠足月 hPL 值为 4～11 毫克/升，若该值于妊娠足月小于 4 毫克/升或突然降低 50%，提示胎盘功能低下。hPL 水平能较好地反映胎盘的分泌功能，是目前国际上公认的测定胎盘功能方法。连续动态监测更有意义。和 E3、B 超胎盘功能分级结合进行，准确性更高。

(4)B 型超声监测：从声像图反映胎盘的形状结构。

19. 胎儿成熟度检查

胎儿成熟度主要是指胎儿重要脏器的功能成熟情况，用以判断胎儿宫外独立生活的能力。通过成熟度可指导选择分娩时机、分娩方式及制订出生后的护理婴儿计划。胎儿成熟度主要通过检测羊水性质来判定，也可以通过其他检查来估计。

(1)羊水中卵磷脂/鞘磷脂比值(L/S)表示肺成熟度：如比值≥2，表示胎儿肺成熟；<1.5则表示胎儿肺尚未成熟，出生后可能发生新生儿呼吸窘迫综合征(RDS)。临床上可用泡沫试验代替，如两管液柱上均有完整泡沫环为阳性，表示 L/S≥2。需要注意的是，糖尿病孕妇的羊水中 L/S 比值达到 2 时，仍然有较多新生儿会发生 RDS，故大于 3 时才表示胎儿肺成熟。

(2)羊水中肌酐含量表示胎儿肾成熟度：利用肌酐能与苦味酸反应出现红色，可测肌酐值，准确率约为90%。羊水中肌酐含量与孕龄关系密切，自妊娠中期养水中肌酐值开始逐渐升高，于34周起迅速上升，37周后大于2毫克/分升表明肾成熟，小于1.5毫克/分升表明肾未成熟。

(3)胆红素测定表示胎儿肝脏成熟度：胆红素值随其孕期延长而减少。根据胆红素中450纳米有吸收峰的特点，取5～10毫升羊水以滤纸去除上皮细胞与胎脂，以蒸馏水调零，光径1.0厘米，波长450纳米读取吸收光度。如用分光光度比色仪450纳米的光密度差在0.04以上，表示胎儿肝脏未成熟。0.02～0.04为临界值，0.02以下表示胎儿肝脏成熟。

(4)羊水中胎儿脂肪细胞计数表示皮肤成熟度：以0.1%硫酸尼罗蓝染色后，胎儿脂肪细胞呈橘黄色，不含脂肪颗粒的细胞染为蓝色。橘黄色细胞大于20%为成熟，10%～20%为临界值，小于10%为未成熟。

(5)以胎龄及胎儿大小估计胎儿是否成熟：胎龄小于37周为早产儿；37～42周为足月儿，大于42周为过期儿。小于2 500克为早产儿或足月小样儿，大于4 000克为巨大儿。

(6)超声波：测定胎儿双顶径在8.5厘米以上的胎儿就已经成熟。

(7)测宫底高度：子宫底高度随妊娠进展而增加，这从一个侧面可以反映胎儿成熟度。

20. 认识胎儿安危的早期信号

怀孕期间，孕妇身体出现的一些异常现象都是胎儿向妈妈发出的信号，如果孕妇及时注意到这些情况，就可以及早处理，确保生育质量，因此，如果想优生就要学会识别胎儿安危的早期信号。

(1)乳房胀感消失：绒毛分泌雌激素、孕激素并刺激乳腺组织，使整个孕期乳房总是增大发胀。若乳房胀感消失，胸罩变宽松，揭示绒毛坏死，胚胎将死或已死。

(2)腰酸腹痛：孕早、中期小腹阵痛伴腰酸可能为先兆流产。如果还有“见红”，流产可能性更大，胎儿有夭折可能。

(3)胎动消失：胎动出现于4.5～5个月，若怀孕5个月仍未感到胎动，或曾有过胎动后又消失，提示胎儿有可能停止发育。

(4)体重不增：体重增加主要在妊娠中、晚期，平均每周增加0.5千克。若连续3周不增提示胎儿发育障碍。

(5)阴道流水：孕37周后胎膜早破、阴道流水，数天不临产，可造成胎儿肺炎。即使娩出，也因感染而危及生命。

(6)皮肤瘙痒：发生在孕7个月，为妊娠胆汁淤积症，母体不能将胆汁排出体外，对胎儿血供减少，胎儿缺氧而亡。

(7)头痛、呕吐：这是妊娠高血压现象，胎儿会缺氧死亡。

(8)视物模糊、头晕眼花：揭示妊娠高血压的严重阶段，说明母婴身处危境。

(9)过期妊娠：胎盘老化，缺氧加重，胎儿易窒息而亡。

(10)顽固咳嗽、伴体重骤增：提示妊娠高血压综合征，心力衰竭，胎儿生命垂危。

21. 胎儿宫内诊断有方法

胎儿宫内诊断，是近20年来发展起来的优生新技术。胎儿宫内诊断的主要方法有：经羊膜腔穿刺取羊水和羊水细胞做检查，B超扫描，母血化验及胎儿镜检查。

穿刺羊膜腔吸取羊水和进行羊水细胞检查，是胎儿宫内诊断的主要方法。抽取羊水，把胎儿脱落的细胞加以培养之后，少量活细胞可以系列繁殖生长，可用它进行细胞染色体核型分析。抽取羊水需要进行羊膜腔穿刺。一般认为，做羊膜腔穿刺的适宜时间是妊娠第16～20周。一旦发现胎儿异常，即可终止妊娠。如妊娠月份过大，容易增加引产的并发症，会使产妇身体受损伤。做羊膜腔穿刺，用一根细细的带芯长针，通过腹壁，子宫肌层刺入羊膜腔。因穿刺针很细，一般不会造成损伤。但是，羊膜腔穿刺也可能引起流产或感染而损伤胎儿等并发症。有时，可能刺伤子宫或胎盘血管，引起出血或血性羊水，故需要严格掌握其适应证。术前最好用超声波做胎盘定位，并由技术熟练的医生进行操作，以保证孕妇和胎儿的安全。取出羊水，先经过离心分成细胞和上清液两部分，将细胞部分经接种、培养，使胎儿细胞系列繁殖到一定数量后，即可进行细胞染色体核型分析或某些酶的测定。通过羊水细胞性染色体检查，和羊水细胞染色体核型分析，可确定胎儿性别，并可帮助可能分娩患有X连锁隐性遗传病患儿的父母，做出是否终止妊娠的抉择。羊水的上清液可用来做生化检查，以诊断其是否有先天性酶缺陷。另外，有些先天畸形的胎儿的羊水中某种生化成分特异性增高，如胎儿为无脑儿、开放性脊柱裂时，羊水中甲胎蛋白含量可显著增加。因此，羊水中甲胎蛋白的测定已成为开放性神经管畸形的特异诊断方法。

B超扫描可以诊断脑积水、无脑儿、多囊肝、囊肾等多种畸形，操作更为简便安全。其他章节已有叙述，在此不再重复。

对母血中的某些生化指标的测定，也能反映胎儿的某些先天性异常，如测孕妇血中的甲胎蛋白和某些内分泌激素等。

胎儿镜是近来国外采用的一种能直接观察胎儿的内镜技术。它可以直接放入宫腔检查胎儿的五官和四肢、生殖器等，还可取脐带血和胎儿皮肤做检查，甚至可以给胎儿注射药物或做手术。但接受这种检查的孕妇约有5%会引起流产。

总之，胎儿宫内诊断的历史不长，发展却十分迅速。人们将不断完善现有的诊断方法，发展新的诊断技术，以提高人类早期发现胎儿先天缺陷的能力。

22. 胎儿镜检查法

胎儿镜（又称羊膜腔镜）检查是产前诊断中的一种比较先进的方法。通过胎儿镜检查可以发现患儿是否有某种严重的先天畸形，并决定是尽早治疗还是终止妊娠。

胎儿镜检查目前采用的是直视针镜，长15～20厘米，直径1.7毫米，套管直径2.2毫米，可视角度为70°，每视野2～4平方厘米，带有细的导管用以抽取胎儿的血样。也有活检钳，可夹取胎儿的皮肤或胎膜检查。

妊娠15～20周可做胎儿镜检查，但以妊娠18～20周间进行最适合。因为妊娠15周时胎儿小，体重仅65克，失血1毫升就相当于全身血容量的15%，胎儿难以耐受。妊娠18周时，胎儿已较大，胎盘子体面的血管较粗，容易采血，而且胎儿的血容量已增多，失血

1毫升不及全身血容量的5%，对胎儿的影响少、较安全。同时，此时的羊水量相对较多，穿刺时不易损伤胎儿。而且此时的羊水澄清，视野清晰，可以观察到胎儿大部分体表情况，以诊断胎儿是否有体表畸形。

医生将胎儿镜伸入子宫腔内直接观察胎儿的全身及体表各部位，就能一目了然地对胎儿做出畸形与否的诊断。通过取胎儿的皮肤，可诊断白化病；取胎儿的肌肉，可诊断假性肥大肌营养不良或者进行性肌萎缩症；取胎儿的血液检测，可诊断血红蛋白病；用微量方法进行病理、生化、DNA（脱氧核糖核酸）分析，可以诊断染色体病等50多种遗传性疾病。还可以通过对胎儿输血、宫内给药为胎儿治病。

胎儿镜检查的流产率达6%，操作过程中偶尔可以引起羊水感染、脐带创伤、胎盘早剥、母子间血液渗漏等并发症。所以，进行胎儿镜检查法一定要由技术高度熟练的医务人员视实际情况选用。正常妊娠者只要没有异常情况，则不必做这种检查。

23. 胎儿绒毛取样检查

绒毛取样检查是一种识别遗传异常的检查，即用注射器针头从胎盘吸出含遗传物质的绒毛，由此测定胎儿性别，诊断胎儿是否有遗传缺陷。这项检查还能够诊断部分胎儿疾病，如唐氏综合征、家族性黑矇性白痴和囊性纤维变性等，从而决定是否需要进行人工流产以终止妊娠。通常对怀疑有分娩出遗传性疾病胎儿可能性的孕妇在妊娠第9周和第11周时要接受胎儿绒毛取样检查。

这项检查造成流产的危险性很小，并且可早于羊膜穿刺检查诊断疾病。但绒毛取样检查比羊膜穿刺检查干扰正常妊娠的危险性要高。近年来，英美等国家研究发现绒毛取样检查对胎儿肢体具有致畸作用。在英国，研究人员首先在289名接受过该项检查的孕妇所生婴儿中发现了5例独特而罕见的畸形婴儿，这一结果也相继得到了意大利和美国的研究证实。

24. 孕妇做放射线检查要注意防护

放射线一般包括X、α、β、γ射线以及电子、中子等粒子的放射线。放射线可使妊娠4～8周的胚胎细胞基因突变或染色体发生异常，造成胚胎的死亡或畸形，新生儿造血系统障碍和神经系统缺陷。所以怀孕期间，尤其是孕早期，尽量不要做放射线检查，不得不做的，最好不直接照下腹部，并在下腹部做好保护。

如果孕妇在不知道自己怀孕的情况下，做了X射线或放射性核素的治疗和检查，是否继续妊娠或终止妊娠应征询放射治疗医师的意见，医师会根据剂量的大小、孕妇的年龄、切盼程度，考虑是否终止妊娠。一般来说，孕妇必须做的胸透应安排在孕28周后进行，骨盆X线测量或拍摄胸片，均须在妊娠末期进行。如果是从事放射工作的孕妇，怀孕期间应暂时离开放射环境，改做其他工作。如果妊娠早期接受腹部放射线照射，应用人工流产术终止妊娠。

25. 筛查胎儿先天畸形与选择性流产

（1）筛查胎儿先天畸形

①血液或羊水甲胎蛋白的测定。

②染色体检查,在孕早期抽取绒毛或孕中期做羊膜腔穿刺抽取羊水做染色体检查。

③B超检查。B超可以检查的畸形有:

- 神经系统:无脑儿、脑积水、小头畸形、脊柱裂及脑脊膜膨出。
- 消化系统:脐部肠膨出、内脏翻出、肠道闭锁及巨结肠等。
- 泌尿系统:肾积水、多囊肾及巨膀胱、尿道梗阻。
- 其他畸形:短肢畸形、连体畸形、先天性心脏病及畸胎病等。

通过胎儿畸形检测可以及早发现致死性胎儿畸形,提前终止妊娠。

(2)选择性流产:就是孕妇通过遗传咨询和产前诊断,确认其胎儿有严重的发育障碍、畸形或严重遗传病时,进行人工流产术终止妊娠。这种流产就称选择性流产。选择性流产与遗传咨询、产前诊断一样,是实施优生的一种措施。

①必须明确指出的是,并不是有遗传病家族史的人一律要做人工流产,也不是一发现胎儿稍有毛病就要进行流产,而是需要通过遗传咨询和产前诊断进行分析判断。如曾生育过先天愚型儿的夫妇,再次怀孕后做了羊水细胞染色体检查,并没有发现胎儿染色体有异常的情况,那么这次妊娠就可以继续下去。但若发现有染色体异常,为了防止再生先天愚型儿,就必须做人工流产。

②目前须做选择性人工流产的疾病有各种染色体病、多发性畸形、小头畸形、脑积水、无脑儿、脊柱裂等严重的遗传病和先天性疾病。

我国目前还没有制定一个有关胎儿留与舍标准的法规。只能按照目前大多医学家的意见,进行选择性流产。一般认为,凡胎儿确认为先天愚型、黑矇性痴呆等严重智能障碍;丧失劳动和生活自理能力的;无脑儿、脊柱裂、脑积水、短肢、无肢等严重畸形;血友病、粘多糖病、苯丙酮尿症、脑苷脂累积病等多种严重遗传病者,都应列入选择性流产的适应证。例如,夫妇身体健康,第1胎为脑苷脂病患儿,1岁半死亡。现又怀孕,如果检查的结果证明胎儿的β-葡萄糖苷酶活性显著低下,即表示胎儿仍为脑苷脂病患儿,应实行人工流产。又如,夫妇身体健康,先后生了2个男孩均患血友病。长子4岁时因外伤流血不止死亡。现又怀孕,若经羊水细胞染色体检查出此胎仍是男孩,则有50%可能还是患儿。因此,应该当机立断,实行人工流产。

选择性流产对于减少或防止劣质人口的降生,提高我国人口素质,具有重要意义。

26. 影响胎儿听觉系统的孕期疾病

(1)风疹:是由风疹病毒引起的一种急性呼吸道传染病。母体如果被风疹病毒感染,能通过胎盘传染给胎儿,出现先天性风疹。风疹病毒侵犯耳蜗而成为先天性聋。

(2)性病:如孕妇患了性病,如梅毒、淋病,都会传给胎儿。获得性神经性梅毒可能引起耳聋,有的可以在身上潜伏几十年后发病。

(3)流行性感冒:这是由病毒引起的。中毒型流感对全身血管系统及神经系统可产生损害,出现明显的全身症状。如高热、昏迷及抽搐等。这些严重的全身中毒反应,可以使胎儿出现缺氧及微循环障碍,从而影响到听觉器官的发育。

第五章 孕期防病与用药

一、孕期常见疾病防治

1. 孕妇可以注射的疫苗

孕妇应与正常人一样，不仅有了病必须立即就诊，接受医生的指导和治疗，而且在适当时候也要接受一些必要的预防接种。孕妇可接受的防疫接种主要有以下几种：

(1)乙型肝炎疫苗：适用于生活在乙型肝炎高发地区的孕妇，孕妇的配偶或家庭成员查有阳性及E抗原阳性者；一些因特殊需要而从事高度感染乙肝危险的工作者，发现自己怀孕后也应及时注射乙肝疫苗。但孕妇本人如HBsAg阳性，尤其伴E抗原阳性，再给孕妇注射乙肝疫苗收不到效果，可以在分娩后及时给新生儿注射乙肝疫苗，保护孩子免遭乙肝病毒侵袭。

(2)人血或人胎盘两种球蛋白：这两种都是被动免疫制剂，适用于已经受到或可能受到甲型肝炎感染的孕妇。

(3)破伤风类毒素：我国新生儿破伤风发病率较高，该病死亡率很高，是威胁新生儿生命的一大因素。孕妇接种破伤风类毒素可以预防孩子染上破伤风。倘若孕妇已染上破伤风，则不宜使用破伤风类毒素，以免引起过敏反应，可用人血破伤风免疫球蛋白。

(4)狂犬疫苗：狂犬病的死亡率很高，几乎是100%，孕妇一旦染上，母子均难幸免于死。因此在狂犬病流行区，孕妇若被狗或其他的动物咬伤，或在非流行区被疯狗或疑似疯狗的动物咬伤，皆应注射狂犬疫苗。对于严重咬伤者，应即刻注射狂犬免疫球蛋白或注射抗狂犬病血清(每千克体重40个单位或0.5～1毫升)，然后再按上述程序注射狂犬疫苗。

此外，国外对怀孕3个月的妇女进行流感疫苗注射，以防止孕妇患流感而发生早产；有些国家还规定为育龄孕前妇女接种风疹疫苗，以减少胎儿发生先天畸形的机会。

2. 孕妇不可以注射的疫苗

孕妇可以打预防针，打预防针能保护孕妇的健康。但是，不是所有的预防针孕妇都能打。例如：

(1)麻疹疫苗:麻疹疫苗孕妇不能用,因为是活疫苗。如果孕妇从来没有得过麻疹,也没注射过麻疹疫苗,却又接触了麻疹患者时,应马上注射丙种球蛋白。不过,在人的生长过程中,从未患过麻疹,也没注射过麻疹疫苗,这种情况几乎是绝无仅有的。

(2)风疹疫苗:风疹疫苗也是活疫苗,孕妇也应禁用。未患过风疹的孕妇,在妊娠早期接触风疹病人时,最好终止妊娠。因为风疹极易引起胎儿畸形,而免疫球蛋白的预防效果又不肯定。

(3)其他:水痘、腮腺炎、卡介苗、乙脑和流脑病毒性减毒活疫苗,口服脊髓灰质炎疫苗和百日咳疫苗,孕妇都应忌用。有过流产史的孕妇,也不宜打预防针。

孕妇应该向医生介绍自己怀孕、以往及目前的健康情况和过敏史等,让专科医生决定究竟该不该注射,这才是惟一正确的方法。

3. 孕妇患感冒对胎儿的影响

妊娠早期呼吸功能发生变化,18 周时,孕妇的耗氧量增加 10%～20%(其中 50%为胎儿所消耗)。而肺的通气量增加达 40%,为达到孕妇本身和胎儿对氧的需求量,孕妇往往过度换气。胎儿在母体内无呼吸功能,完全靠母体吸入氧,排出二氧化碳,所以孕妇常感气短、呼吸困难。由于过度通气,吸入更多的尘埃,加上孕妇鼻、咽、气管等呼吸道黏膜充血、水肿很易发生上呼吸道感染。由于孕妇对氧的需求量增加,妊娠合并呼吸系统疾病时,病情多易加重。

一般的感冒,症状较轻,如流清涕,打喷嚏,对胎儿影响不大,也不必服药,休息几天就会好的。但在妊娠早期(5～14 周),主要是胎儿胚胎发育器官形成的时间,若患上流行性感冒且症状较重,则对胎儿影响较大,此间服药对胎儿也有较大风险。

已知与人类有关的流感病毒有 300 多种,目前已知其中有 13 种病毒在感染母体后可影响到胎儿的生长发育,出现低能、弱智、各种畸形,早产、流产,甚至死胎。因此,预防最重要。怀孕期间的妇女应注意休息,加强锻炼,保持强壮的身体,在疾病流行期间,注意个人卫生,不到人口密集的场所,不接触感冒的病人,家中居室通风换气,保持温、湿度适宜,经常用醋熏蒸房间,保持良好的心境,增强对疾病的抵抗能力。一旦患了感冒也不要惊慌失措或乱服药物,更不应对此不加介意,应及时到医院找医生咨询。

4. 孕妇患流感对胎儿的影响及预防措施

流行性感冒是冬春季节常见的传染性疾病,轻症仅有鼻塞、流清涕、头痛和咳嗽,重症会高热、四肢酸痛,甚至引起其他并发症。因为妊娠期间特有的免疫耐受性使孕妇对疾病的抵抗力较一般人群低,是流感的易感人群。孕妇患流感出现并发症的概率较一般人群高,由于妊娠期用药受限,致使流感有时不能及时控制。

(1)孕妇患流感时,对胚胎或胎儿可能的影响

①流产、早产、死胎发生率增高。对流产的胎儿组织进行分离培养,发现死胎的许多重要器官里都生存着大量的病毒,正是这些病毒破坏了胎儿组织的正常发育,带来致命的损害。被感染的胎儿月龄愈小,出现的危害则愈大。另外,流感可引起高热、毒血症、缺氧、脱水、酸中毒,这些情况可能给母体以巨大的损伤,也可能影响胎盘,影响胎儿的血液

循环和氧气供应，最终影响胎儿的发育。

导致胎儿畸形动物实验表明：在胎儿前神经管闭合阶段如果母体高热，可致无脑儿发生。在人体亦有类似报道，所以妊娠前3月内严重的病毒感冒、高热、胎儿畸形的发生率高。

②对新生儿的危害。如果母亲在产前患流感，很容易把病毒传染给胎儿，而致新生儿的发病，后者发病迅速，往往有并发症，而且极易恶化。

(2)预防措施：鉴于流感对胎儿有诸多不良影响，孕妇要特别注意预防流感。孕妇预防流感应该从以下几个方面入手。

①孕妇要尽量避免去拥挤、热闹、人多的公共场所。

②外出时应戴口罩，常用淡盐水漱口，室内要注意空气流通，保持清洁，如周围有流感病人应给予室内空气消毒。

③生活要有规律，不要过于劳累，应保证每天睡眠在10小时左右，饮食多样化，不要偏食，多食新鲜蔬菜、水果，以及足量蛋白质食物。

④适当体育锻炼，多做户外活动，多晒太阳，提高机体对气候变化的适应性。

5. 孕妇牙周炎会殃及胎儿

牙周炎是常见的口腔疾病，我国成年人中发病率可达50%以上。女性怀孕后，由于内分泌的原因，易出现牙周发炎，若孕前患有牙周炎，则容易加重原有病情。现代医学研究证明，患有牙周炎的孕妇，其牙周袋内的大量细菌可产生大量的内毒素，这些内毒素会激活体内的淋巴细胞，产生大量的炎性因子。众多的牙周致病菌、内毒素及炎性因子可进入血液循环，播散全身，并有可能通过血流进入胎盘，造成胎儿脑及多个器官组织的损害，影响胎儿的生长发育而引起早产。

动物实验发现，将牙周致病菌接种到怀孕的豚鼠身上，在引起局部感染的同时，豚鼠的生长发育也受到明显抑制。科学家们还从一些早产孕妇的下生殖道及羊水中，分离出了高含量的牙周致病菌，证实了牙周炎与早产之间的关系。此外，还发现患有重度牙周炎的孕妇生下低体重早产儿的概率，比起牙周健康的孕妇也要高出许多。

由此可见，对牙周炎不可掉以轻心。为了生个身心皆优的小宝宝，每个育龄妇女都要关注牙周健康，做好口腔保健。比如要掌握好正确的刷牙方法，坚持饭后刷牙，以清除齿缝中的食物残渣，防止形成牙菌斑；定期到医院口腔科检查，最好请医生为你进行治疗；一旦发现牙周疾患，彻底根除以杜绝隐患。

6. 孕妇容易患尿路感染的原因及预防措施

(1)孕妇发生尿路感染的常见原因

①解剖基础。因为女性的尿道宽而且直，仅有4厘米长，开口又紧邻阴道口和肛门，这些地方经常有分泌物和排泄物，很容易污染尿道，细菌容易沿着尿道上行而引起感染。

②特殊生理。怀孕后输尿管会增长增粗，又因受孕激素的影响，管壁的平滑肌松弛，蠕动减少减弱。到孕晚期，膨大的子宫压迫膀胱和输尿管，这些都会造成尿流不畅和尿潴

留。潴留的尿液不仅对泌尿道的黏膜有刺激，而且还容易使细菌滋生。妊娠后尿液中的葡萄糖、氨基酸等营养物质增多，这又是细菌繁殖的有利条件。

③麻痹大意。经调查，有5%～10%的孕妇尿液中含有细菌，但其感染症状可不明显，容易被忽视。如果没有及时治疗，不但孕期会持续有细菌尿，产后也大都不会消除。其中一些孕妇妊娠后期和产褥期可发生有症状的尿路感染，大多为急性肾盂肾炎。

(2)预防尿路感染的措施：某医院曾对妇女尿路感染进行过调查，结果表明孕妇的发病率高达11%。因此，孕妇要特别注意预防尿路感染的发生。其方法主要是适当增加营养，增强体质；节制房事，尤其是怀孕后头3个月、产前3个月，应尽量避免房事，即使偶有房事，男女双方均应清洗性器官及外阴部，女性还应在同房后小便1次，利用尿液冲洗尿道，减少尿路感染机会；坚持每日清洗外阴部，勤换洗内裤；定期去医院进行尿常规检查，即使未出现尿路感染症状，也应每2周最多1个月检查一次尿，以便及时发现尿液改变，得到治疗。一旦发病，要及时在医生指导下选择恰当药物进行积极治疗。

7. 宫颈糜烂的病因与防治

宫颈糜烂是女性最常见的生殖器官炎症。已婚妇女中约半数以上的人患有不同程度的宫颈糜烂。

对于宫颈糜烂很多人存在误会，以为宫颈真的烂了。其实宫颈糜烂是一种慢性宫颈炎症，并不是真正的糜烂。它是由于患慢性宫颈炎症后，子宫颈深部组织存在的炎症不易被消除，宫颈表面的鳞状上皮因发生营养障碍而脱落，剥脱面逐渐被柱状上皮覆盖。由于柱状上皮非常薄，可见下面的血管及红色的间质，使糜烂面呈红色，与周围的正常鳞状上皮有清楚的界限。

(1)主要病因：发生宫颈糜烂的主要原因就是过性生活时没有注意卫生。不注意性生活的卫生而给细菌侵入造成了机会；女性分娩或流产造成的不同程度的宫颈裂伤也使细菌有了可乘之机；一些必要的手术或妇科疾病的检查、治疗操作，如诊断性刮宫、人流术等，也可能导致宫颈的损伤。生活中经常用高浓度消毒液冲洗阴道，对阴道正常菌群的破坏，助长了致病菌的作用。

(2)宫颈糜烂的分型：临床从糜烂面的面积大小分为轻、中、重三度。从宫颈糜烂面的表现又可分为三型：①单纯性糜烂。多见于炎症初期，糜烂面被单层柱状上皮所覆盖，表皮比较平坦光滑。②颗粒型糜烂。炎症继续存在，使子宫颈上皮过度增生，糜烂面凹凸不平，外观呈颗粒状。③乳头型糜烂。如果腺上皮及间质增生显著，凹凸不平现象更加明显，外观呈乳头状。以上三种类型的宫颈糜烂可单独存在，也可交错共存。

(3)宫颈糜烂增加受孕难度：宫颈糜烂会增加受孕的难度，尤其是重度糜烂，有可能导致不孕。

正常情况下，排卵期时在雌激素的作用下，宫颈黏液中水分含量较多，质地稀薄，利于精子穿过。患宫颈糜烂后宫颈分泌物明显增多，而且分泌物质地黏稠，其中含有大量的白细胞，当精子通过子宫颈时，炎症环境会降低精子的活力，黏稠的分泌物同样使精子难以通过。炎症细胞还会吞噬大量的精子，剩下的部分精子还要被细菌及其毒素破坏。如果有大肠埃希菌感染，会使精子产生较强的凝集作用，使精子丧失活力。以上各种对精子的毒害作用使精子能量消耗过多，寿命变短，这样既对精子的活动产生了一定影响，同时又妨碍精子进入宫腔，从而最终减低精子和卵子结合的机会。形象地说，精子就像陷入了泥潭里面被“淹死”了。

(4)防治：宫颈糜烂是可以治愈的。根据宫颈糜烂程度的不同选择针对性的治疗，可采用射频消融技术，将射频作用于糜烂组织，通过计算机准确控制超导头端组织的温度，释放巨能，使炎症糜烂组织在热凝过程中脱水凝固、消失，恢复宫颈正常状态。该方法具有痛苦小、见效快，方法简便等优点。也可用激光、微波等辅助治疗，改善血液循环，增强机体免疫性，治疗后1个月之内应该避免夫妻生活、盆浴及阴道冲洗，否则会大大增加感染的机会。

治愈后应注意保持外阴清洁及房事卫生，并注意避孕，增强机体的抗病能力，防止宫颈的反复感染而造成宫颈糜烂复发。

温馨提示：如果已经怀孕后发现有宫颈糜烂且程度不严重，不会对胎儿造成大的影响的，不必过于担心。尽量避免在孕期治疗宫颈糜烂，尤其是在怀孕的早期，治疗宫颈糜烂会对发育中的胎儿有不利影响。

8. 感染支原体对胎儿发育的影响及防治

支原体是最小的能独立生活的原核生物。支原体大小为200纳米，它没有坚硬的细胞壁结构，因而在形态上呈现多形性。人类至少是11种支原体的自然宿主，而5种支原体(肺炎支原体、人型支原体、解脲支原体、生殖道支原体和隐匿支原体)对人类有致病性。人的生殖道支原体病是由人型支原体、生殖道支原体和解脲支原体引起的。

生殖器支原体感染是近年明确的一种性接触传播疾病。孕早期感染支原体有可能导致胎儿畸形。新生儿则由母亲生殖道分娩时感染。主要引起结膜炎和肺炎。

支原体实验室检测方法有：形态学检查、支原体培养、抗原检测、血清学方法和分子生物学方法。一旦发现支原体阳性要及早到正规医院积极治疗。此病经过积极治疗是会治愈的。支原体比细菌对外界环境的抵抗力弱，45℃ 15分钟即被杀死，对肥皂、酒精、胆盐、四环素、红霉素、卡那霉素等敏感。由于青霉素的作用是抑制细菌的细胞壁合成，所以青霉素对支原体是无效的。至于需要治疗多长时间要根据个体对药物的敏感性来决定，是否治愈只要进行相关检查即可知晓。

还要积极预防，一是治疗期间，性伴侣也要检查，发现问题也要诊治；二是内衣内裤要单独洗，最好用开水煮5分钟以上以防止多种病原体反复感染；三是增强体质，注意休息。

二、孕期用药禁忌

1. 影响胎儿发育的药物

下面介绍的药物会影响胎儿发育，孕妇要禁用或慎用。

(1)抗生素类药物，怀孕时不可使用：这些药物包括氯霉素、四环素、链霉素、卡那霉素，以及抗结核病的药物异烟肼、利福平等。其中尤以四环素最为多见，可导致胎儿手指畸形、骨骼异常、白内障，也可引起死胎。妊娠后期使用磺胺类药物，可影响胎儿肝脏的正常发育，造成胎儿畸形。

(2)退热止痛药：如阿司匹林、APC 等。孕妇服用后很可能造成胎儿畸形，有的导致新生儿头部血肿等出血倾向。

(3)抗疟疾用药：如奎宁、阿的平等，可导致胎儿发生先天性耳聋、血小板减少等病症。

(4)维生素类药物：很多人把维生素当成“安全药”、“营养药”给孕妇大量服用。但维生素过量也能致畸，往往被人们所忽视。维生素 A 可破坏胎儿软肌细胞，而导致骨骼畸形，指(趾)畸形，腭裂，眼及脑畸形。维生素 D 可使胎儿血钙增高，易引起胎儿智力发育低下。

(5)其他致畸药：能引起胎儿畸形的药物还有抗甲状腺类药物、抗癫痫类药物、抗肿瘤类药物等。

孕妇有病不可以自己随意用药。因为能影响胎儿生长发育、导致畸形的药物很多，要特别当心，以免后悔莫及。

温馨提示：孕期中合并一些常见病，如感冒、腹泻、尿路感染等，可用一些常用药。按常规剂量、常用疗程及常见方法，一般对胎儿影响不大，不必讳疾忌医。

● 感冒等呼吸道疾病，可使用感冒退热冲剂、板蓝根冲剂、双黄连口服液或头孢拉定、头孢氨苄等。

● 尿路感染，除多饮水外可服用头孢类及阿莫西林等药物。避免使用喹诺酮类药物(诺氟沙星、氧氟沙星、环丙沙星)。

● 腹泻等胃肠炎，可口服黄连素、阿莫西林、思密达、复合维生素 B 等。

2. 孕期禁用药物

孕妇服药时应看说明书上有无“孕妇禁忌”或“孕妇慎用”的字样，以免发生意外。禁用是指该药对某些人是绝对禁止使用之意。妊娠期禁用药物有：

(1)西药

①解热止痛药。布洛芬(异丁苯丙酸、芬必得)、双氯芬酸(双氯灭痛、扶他林)、吲哚美辛(消炎痛)及含有孕妇禁用成分的各种对乙酰氨基酚(扑热息痛)复方制剂；临产前 3 个月禁用阿司匹林(醋柳酸、巴米尔)与卡巴匹林钙(速克痛)。这类药可致胎儿软骨发育不全、脑积水、畸形足和先天性心脏病、智商和注意力较同龄人低，同时令胎儿的神经系统和肾脏也受到影响。

②抗过敏及抗眩晕药。异丙嗪(非那根)与临产前 1～2 周禁用；妊娠 1～4 个月禁用茶苯海明(乘晕宁、晕海宁、捉迷明)；妊娠初期 3 个月的妇女禁用色甘酸钠。

③驱肠虫药。阿苯达唑(丙硫咪唑、肠虫清)、甲苯达唑(甲苯咪唑、安乐士)、双羟萘酸噻嘧啶(抗虫灵)等。

④感冒用药。如双扑伪麻片、美酚伪麻片、扑尔伪麻片、美愈伪麻口服液等。

⑤平喘药。沙丁胺醇(舒喘灵、嗽必妥)。

⑥维生素与无机盐类药物。孕妇如摄取大量维生素 A 有可能致胎儿畸形，如兔唇、脑积水、严重心脏缺陷、泌尿道畸形、生长迟缓、早期骨骺愈合等；大量摄入维生素 B_6 可致新生儿产生维生素 B_6 依赖综合征；妊娠早期不宜使用烟酰胺。

⑦激素类药物。尤其是性激素易引起胎儿器官畸形。己烯雌酚可使女婴男性化、男婴女性化；黄体酮、睾酮类激素可使女婴男性化。肾上腺皮质激素也可引起胎儿各种畸形。

⑧各种镇吐药。怀孕早期由于反应性呕吐，如服用镇吐药也有致畸的危险。这类药包括异丙嗪、氯丙嗪、三氟拉嗪、美克洛嗪(氯苯甲嗪)等，可致胎儿心脏发育受阻而患先天性心脏病。

⑨抗生素类药。如四环素可致胎儿畸形、牙齿变黄，还能引起先天性白内障、长骨发育不全。链霉素和卡那霉素可致先天性耳聋、肾脏受损。氯霉素可致胎儿骨髓功能抑制，致使新生儿肺出血。

⑩抗肿瘤药。如甲氯蝶呤、白消安、6-巯基嘌呤和环磷酰胺可致胎儿颅骨骨化不全、腭裂、脑积水、指(趾)畸形。另有报道，儿童应慎服诺氟沙星，理由是此药会影响儿童骨骼生长。那么孕妇也应该慎用此种药。

(2)中草药：妊娠期应用中草药也有禁忌。从药物的性能来说，主要是忌活血破气、滑利攻下、芳香渗透、大热有毒之品。

①活血破气类。桃仁、红花、三棱、莪术、泽兰、苏木、刘寄奴、益母草、牛膝、水蛭、虻虫、乳香、没药等。因“血活”可使血液循环加速，“迫血随气行”，气乱则无力固胎。

②滑利攻下类。滑石、冬葵子、甘遂、大戟、芫花、薏苡根、巴豆、牵牛子、木通等。此类药物多具通利小便、泻下通府的作用。有伤阴耗气之弊。阴伤则胎失所养，气耗则胎失固摄，胎儿易下坠。

③大辛大热类。附子、肉桂、川乌、草乌等，这些药物辛热而燥，辛热走窜迫血妄行，燥能伤津，对胎儿不利，且多有不同程度的毒性，有堕胎之弊。

④芳香渗透类。如麝香、草果、丁香、降香等，多辛温香燥，有疏通气机的作用。气行则血行，以致迫胎外出。

⑤有毒之品。如水银、朱砂之类，有直接伤胎、腐胎的作用，应当严禁使用。

一般来说，受孕后第3周到第14周是胚胎发育期，此时期最易致残致畸，孕妇应特别注意。

(3)中成药方面：禁用牛黄解毒丸、大活络丹、六神丸、小活络丹、牛黄清火丸、十滴水、云南白药、三七片、益母膏和百降丹等。

3. 孕期慎用药物

慎用是指不适宜，应避免使用之意，否则用后很可能发生不良反应，但由于用药者的个体差异而不能一概而论。孕妇慎用的非处方药有：

(1)西药：解热止痛药阿司匹林(乙酰水杨酸)、卡巴匹林钙(阿司匹林钙脲)、酚咖片；镇静助眠药氯美扎酮(芬那露)；抗过敏与抗眩晕药苯海拉明(苯那君、可他敏)在妊娠期使用有使婴儿腭裂发生率增大的可能；缓泻药比沙可啶(便塞停)；利胆药苯丙醇(利胆醇)在妊娠初3个月尤其应慎用；镇咳药喷托维林(咳必清)、右美沙芬(右甲吗喃)、苯丙哌林(咳快好)，其中苯丙哌林在妊娠期内的安全性尚未确定；消毒防腐药聚乙烯吡咯烷酮碘(皮维碘)；具有抗过敏作用并用于治疗过敏性鼻炎的酮替芬的西药应慎用。

(2)中成药：暑湿药用药广东凉茶、六合定中丸；用于咳嗽的药物养阴清肺膏；用于治疗头痛的黄连上清丸、牛黄上清丸；郁证类用药柴胡舒肝丸；用于食滞治疗的药物木香顺气丸、神曲茶（六曲茶）；用于胃痛的药物气滞胃痛颗粒（冲剂）；用于便秘治疗的五仁润肠丸、苁蓉通便口服液；腹泻用药香连片；冻伤类药物如风痛灵；用于治疗腰腿痛的木瓜酒、史国公药酒、伤湿止痛膏；治疗痛经的元胡止痛片；用于治疗皮肤荨麻疹的药物如防风通圣丸等中成药宜慎用。

4. 孕期抗生素使用守则

妊娠期用药有可能影响胎儿的正常发育，这一点目前已引起人们的高度重视，但也不可谈药色变，得了病硬扛着不治，尤其是感染性疾病，这样对孕妇及胎儿都不利。其实妊娠期只要正确选用抗生素，是能做到既能治疗孕妇疾病又不影响胎儿健康的。

具体选用原则为：①具有明确致畸作用、对胎儿危害大的应禁用。②用后有一定的危险、它药又无法替代的应慎用。③对母胎安全的抗生素应放心使用。

目前，已有足够的证据证明，青霉素类（如青霉素、氨苄西林、阿莫西林、哌拉西林、美洛西林等）及头孢菌素类（如头孢氨苄、头孢唑林、头孢拉定等）抗生素对胎儿是安全的。以上两类药物都能抑制细菌细胞壁合成而起到杀菌作用，人的细胞没有细胞壁，故药物的毒性低，可安全用于妊娠各期感染患者。

大环内酯类（如红霉素、林可霉素、严迪、罗红霉素等）毒性也小，也可用于孕妇。红霉素可代替青霉作为首选药物治疗妊娠期淋病、梅毒、妊娠期尿路感染。林可霉素对多种革兰阳性球菌有特效，对脆弱杆菌及其他厌氧菌亦有效。但由于20%的用药者可发生腹泻，因此，孕妇使用时应慎重，最好用于临产时的厌氧菌感染。

氨基糖苷类抗生素（如庆大霉素、卡那霉素、阿米卡星、妥布霉素等）对胎儿听力及肾脏有损害。四环素类抗生素（如四环素、土霉素、多西环素、美他环素等）容易经胎盘进入胎儿体内，孕早期可致胎儿畸形，四肢发育不良及小肢畸形，孕中期可致牙蕾发育不良，从而使乳牙呈棕黄色及牙釉质发育不良，恒牙发育也受影响，易造成龋齿，孕后期可引起肝、肾损害。喹诺酮类（如吡哌酸、诺氟沙星、依诺沙星、氧氟沙星等）在动物实验中可引起幼崽儿关节发育受损，虽然在人尚无这方面的证据，应用时也应谨慎。磺胺类（磺胺甲基异噁唑等），容易通过胎盘进入胎儿体内，与血浆蛋白结合，而将胆红素替换出来导致新生儿黄疸。甲硝唑类药物容易通过胎盘进入胎儿体内，动物实验有致畸作用，尤其是妊娠头3个月，组织器官形成时期更是危险，故不宜应用。

5. 孕妇感冒用药要慎重

感冒是一种常见病，由于孕妇抵抗力较低，稍不注意就容易患感冒。如已经得了感冒、那该怎么办呢？由于担心用药和感冒对胎儿会有不良影响，孕妇往往不知道该不该用药物治疗。

一般说来，轻型感冒仅表现为打喷嚏、流鼻涕及轻度咳嗽时，不需特殊治疗，只要注意休息，多喝水，大都会很快自愈。必要时可服用中成药，如银翘解毒片、板蓝根冲剂、感冒冲剂等，效果较好。如果感冒较重，孕妇出现剧烈咳嗽、胸闷、发热等症状时，应及时去正规医院治疗。

有几类感冒时常用药对孕妇有不同程度的影响。

(1)抗感冒药:大多是复合制剂,含有多种成分,常见的有速效伤风胶囊、感冒通、康泰克、白加黑、康必得、克感康、快克等,这些药大都含组胺药,孕期不宜服用,特别是孕4周前,感冒药主要是对症药物,治标不治本,对孕妇又不是安全用药,所以建议孕妇最好不用抗感冒药。

(2)抗病毒药:均对胎儿有不良影响,孕妇不宜使用,若必须使用,则应在医生指导下。

(3)退热药:感冒伴有高热,多预示病情较重,应及时看医生。吲哚美辛是孕妇禁忌退热药,阿司匹林孕在32周后也不宜使用。

(4)抗生素:孕妇感冒如果没有细菌感染证据,如扁桃体炎、血压高、咳黄痰、流浓涕等,可不用抗生素。因为抗生素可通过胎盘作用于胎儿体内,有20%～40%的可能性对胎儿构成危害,要在医生指导下,选择安全的抗生素。

(5)祛痰、止咳药:一般比较安全,但含碘制剂的止咳药,孕妇不宜使用。

预防最重要。怀孕期间的妇女应注意休息,加强锻炼,保持强壮的身体,在疾病流行期间,注意个人卫生,不到人口密集的场所,不接触感冒的病人,家中居室通风换气,保持温、湿度适宜,经常用醋熏蒸房间,保持良好的心境,增强对疾病的抵抗能力。

6. 孕妇药物减肥危害胎儿

由于饮食不当、缺乏健康知识,肥胖的人越来越多。于是,减肥兴起。而孕妇减肥则会殃及胎儿。

妇女怀孕以后,随着妊娠日期的增加而体重也增加是很正常的,一般不属于肥胖,也用不着减肥。孕妇体重增加个体差异较大。除胎儿、胎盘、羊水、子宫、乳房及孕妇血容量等增加外,孕妇的脂肪储存亦有所增加。这是为储备能源做准备,这种脂肪是万万不可减掉的。整个妊娠期应增加10～12千克体重,如果超过这个水平,特别是妊娠期每周体重增加超过0.5千克以上时,即使孕妇无明显水肿,也应到医院诊治,但仍不可擅自使用减肥药物。

药物减肥,一方面是对大脑的饮食中枢造成一定抑制作用,另一方面是通过一些缓泻药使多余的水分和脂肪排出体外,从而达到减肥的效果。这些都可能造成营养不足。如果饮食中枢过于抑制,则容易导致厌食的发生,严重影响孕妇对营养的吸收,从而导致胎儿的营养危机。

再者,一般减肥药物都不是针对孕妇配制的,也没有考虑到对胎儿是否有影响。一旦对胎儿有不良反应,其后果难以预测,很有可能导致早产儿、畸形儿或有先天性疾病的胎儿发生。

其实,如果孕妇过于肥胖,适当的控制饮食也是可以的,但关键是要活动。多活动不但可以减轻肥胖,而且对减轻分娩时的痛苦也是大有好处的。

7. 孕妇腹泻要合理用药

有部分孕妇,在孕期因为饮食不当等原因发生腹泻,怕影响胎儿,不敢服药。腹泻对妊娠来说是一个危险信号，提示有流产或早产的可能，因而不能大意。

腹泻的原因有好多种，最常见的是肠道感染，致病微生物有沙门菌、痢疾杆菌、病毒及原虫等，食物中毒或其他部位的病毒感染（如呼吸道），也可引起孕妇腹泻。

孕妇出现腹泻，首先是要恰当地补液，补足因腹泻丢失的水分、电解质，尤其是钾离子；补充因腹泻而摄入不够的热能，同时观察胎儿的情况，了解有无流产或早产的征兆。

给孕妇应用治疗腹泻的药物，特别是抗生素类应格外小心。可选用青霉素类，如氨苄西林或先锋霉素类抗感染治疗，对母婴均较安全。也可给病人服用一些微生态制剂，以调节肠道菌群，扶正祛邪。氨基糖苷类、磺胺类、喹诺酮类及四环素、甲硝唑、利巴韦林等药物对感染性腹泻有效，但因为对胎儿有致畸作用或潜在的危害，所以都不能使用。

某些缓和的抗腹泻药，如高岭土、活性炭，因不被吸收，可以试用。思密达是一种八面体蒙托石，因其多层结构，吸附面大，又不被母体吸收，不但可吸水，还可吸附一些致病菌，因而安全有效。

孕期禁止服用“黄连素”，如果腹泻是由肠炎引起的，可以服用一些微生态制剂，如腹安乳酸菌等，少吃油腻食品。孕期频繁的腹泻会使肠的蠕动加快，从而刺激子宫收缩，容易引起流产。

8. 缩宫素不可以急用

缩宫素就是通常所说的“催生针”，它可以选择性地兴奋子宫平滑肌，引起子宫收缩，是一种很强的子宫收缩药，主要被用于催产、引产和防止产后出血。静脉滴注缩宫素 1 分钟即可发生作用，因此可以通过调节滴注的速度来控制剂量，从而控制子宫收缩的强度。在分娩时如能恰当地使用，可以起到良好的引产或加强子宫收缩的作用，也就是俗称的催生作用，在临床上应用极为广泛。但应用缩宫素引产，必须严格掌握它的用药方法，包括用药途径、用药速度和浓度，有无用药禁忌证等。否则，可能给胎儿带来不良影响。

缩宫素药物本身对于胎儿并无太大影响，如果滴注速度太快，给药过多，会引起强直性或痉挛性子宫收缩，因子宫持续强烈收缩而没有舒张期或舒张期很短，这时又因产道狭窄或胎儿过大、胎位不正等，阻碍了胎儿的下降，结果引起子宫下段越来越薄，最终破裂，会导致产妇大出血，胎儿缺氧。或者由于上述情况引起强烈子宫收缩，分娩阻力又不太大时，使胎儿很快娩出，整个产程不超过 3 小时，称为急产。这样会因为来不及消毒、保护会阴等，造成产后感染、产道裂伤、新生儿坠落伤等后果。同时如果宫缩持续时间长、间歇时间短或没有间歇，影响了胎盘的血液循环，极易引起胎儿宫内急性缺氧，引起死产或新生儿窒息等。

由此可见，使用缩宫素应该适量，并严格操作。切忌为了小宝宝的早点降生，急不可待地使用缩宫素。

三、亲子相传的疾病

1. 宫内感染

宫内感染是指在产前或产时，胎盘、胎膜、羊水或胎儿由于胎膜早破，来自阴道或宫颈中的细菌进入子宫所引起的感染。它可以持续至产后或从产后开始出现临床症状，可导致母子严重感染，引起新生儿肺炎、败血症或脑膜炎。孕妇若为阴道分娩，则发生产后感染的危险性较低，若为剖宫产，则可发展为产后子宫内膜炎、腹膜炎、血栓性盆腔静脉炎、败血症，甚至死亡。

引起宫内感染的常见病原体有厌氧菌、大肠埃希菌、金黄色葡萄球菌、肺炎球菌、肠球菌等，其中以厌氧菌出现最多；另外，单纯性疱疹病毒、巨细胞病毒，以及弓形体原虫等也可引起宫内感染。

(1)宫内感染的感染途径

①细菌经阴道、宫颈上行性感染。胎膜已破者细菌可直接进入羊水；若未破，则可经胎膜或蜕膜而污染羊水。

②细菌由母体血运经胎盘而进入胎儿血液循环中，或因胎盘炎症进入羊水中。

③细菌经输卵管下行性感染，由于绒毛膜、羊膜炎或蜕膜炎进入羊水。

④胎儿感染可由胎儿吞咽羊水至胃肠道内或吸入呼吸道内而感染。

(2)宫内感染的临床表现：宫内感染的孕妇或产妇多表现为发热，腋下体温高于37.5℃，脉搏快，白细胞计数增高；严重者可出现中毒性休克。胎盘、胎膜和羊水污染，有臭味。产妇感染的危险随胎膜破裂时间延长而上升。若感染传至胎儿，出生后新生儿可表现为心率快、呼吸急促、发绀、嗜睡，出现败血症、脓毒血症、肺炎、脑膜炎和中耳炎等。鉴于宫内感染危害孕产妇及胎儿健康，要了解其发生诱因并加以预防。

(3)宫内感染的诱因

①胎膜早破。胎膜早破是引起生殖道下段细菌上行性感染的最常见原因，且与破膜时间密切相关。

②妊娠晚期性交。妊娠晚期性交容易诱发宫内感染。

③阴道炎、宫颈炎。患阴道炎、宫颈炎的孕妇，即使胎膜完整也容易发生宫内感染。

④医疗检查。若胎膜破裂时间延长，此期间重复行阴道或肛门检查也有诱发宫内感染的危险。医疗检查导致的诊断性羊膜腔穿刺或宫内输血也是宫内感染的诱因之一。

⑤贫血、营养不良、慢性疾病均可使产妇抵抗力低下，易于发生感染。

(4)宫内感染预防：了解了宫内感染的诱因之后，我们应该采取有效措施来预防宫内感染。

①及时纠正贫血、营养不良、慢性疾病等可使产妇抵抗力低下的疾病。

②及时治疗妊娠合并感染性疾病，如阴道炎、子宫颈炎(包括衣原体感染)等。

③避免产程延长和胎膜早破。

④大力宣传临近预产期的孕妇分娩前1个月内不要性交等。

2. 孕妇宜普查乙肝病毒

乙肝病毒(HBV)能够通过血液和胎盘传播，并且在孕妇分娩时还可从产道传播。在美国，每年大约有3 500名婴儿成为HBV携带者，HBV致使婴儿肝大，出生后产生各种临床或亚临床征象，其中25%的婴儿到成年时常死于肝硬化和肝癌。

我国是乙型肝炎高发区，至少有5 000万～6 000万女性是乙肝病毒的携带者。对怀孕妇女普查乙肝病毒指标，或孕妇主动检查乙肝病毒指标，已检出带毒者，应对其新生儿在诞生后24小时内进行疫苗和高价免疫球蛋白注射，1个月和6个月后再分别予乙肝疫苗加强注射，至少可以使80%～90%以上的婴儿产生对乙型肝炎的免疫。

所以，孕妇普查HBV指标有利于优生优育，有造福后代的意义。

3. 母亲患乙型肝炎会感染胎儿

病毒性肝炎是由肝炎病毒引起的传染病，是严重危害孕产妇及婴幼儿健康的传染病。而孕妇肝炎的发病率远较非孕妇为高，且往往病情较重。根据其病原体目前发现的病毒性肝炎有：甲型、乙型、丙型、丁型、戊型、已型和庚型。其中以乙型肝炎最为多见。

随着孕期的母体生理变化，其肝功能也随之发生变化。当妊娠期机体的能量需求量增加时，代谢物质也增加，那么肝脏负担也会明显加重。若此时再患了乙型肝炎，受损的肝脏便难以承担妊娠的负担，从而进一步加重了肝脏的损害，甚至导致肝坏死，出现肝性脑病、产后大出血，危及母子的生命安全。

乙型肝炎可以通过胎盘、产道、羊水、母体唾液、汗、泪及乳汁而传给胎儿，妊娠晚期患病较早期患病婴儿的传染率高。据报道，孕妇合并急性乙型肝炎者，婴儿感染率达46.5%～100%；妊娠早期、中期，婴儿感染率约6%；妊娠晚期婴儿感染率可达70%。被感染后约90%以上会成为乙型肝炎病毒携带者。

当肝炎病毒通过胎盘进入胎儿体内时，易引起流产、早产、死胎、死产及新生儿窒息死亡，还可能发生胎儿畸形。而妊娠早期感染肝炎病毒，胎儿畸形率会增高2倍。

因此，妇女患肝炎后务必节育、不应怀孕。若怀孕后合并肝炎时，孕12周内以人工流产为宜。孕中晚期患者虽不主张终止妊娠，但病情加重且治疗无效时应考虑终止妊娠。

4. "大三阳"孕妇的治疗及生活注意事项

(1)治疗：单纯两对半"大三阳"而肝功能正常的孕妇系乙肝病毒携带者，一般情况下，妊娠对孕妇无太大的危害，但如果肝脏已有"潜在性"的损害，怀孕后出现一系列变化可能会影响到肝脏，加重肝脏的负担而引起肝脏病变(妊娠合并乙型肝炎)。携带乙肝病毒的孕妇可从怀孕7个月起，每月打1支乙肝高效免疫球蛋白。

(2)发现"大三阳"的孕妇要注意的事项

①应注意定期监测肝功、B超及相关指标，若肝炎发作(丙氨酸氨基转移酶升高)应及时到肝病专科就诊或住院治疗。

②加强孕期保健，包括自身保健和定期产前检查，及时发现有无胎儿异常和产前异常。

③注意休息，保持良好心情。

④注意合理饮食，忌吸烟、饮酒、浓茶、咖啡。

⑤避免用损肝药物。

⑥孕妇应注意个人卫生，防止自身唾液、血液及其他分泌物污染周围环境感染，他人所用食具、牙刷应与健康人分开。

⑦患者的食具、餐具、金属、玻璃、陶瓷器可采取煮沸消毒(100℃ 1分钟可使乙肝病毒失去传染性，煮沸15～20分钟可杀灭乙肝病毒)或熏蒸消毒(水沸后二三十分钟)，还可用

0.05%的过氧乙酸对用具、餐具等浸泡2小时或洗手。

⑧未感染乙肝病毒的亲人应进行乙肝疫苗接种。

⑨对于两对半"大三阳"孕妇不提倡母乳喂养，或者说应谨慎哺乳，不能直接用嘴喂食或亲吻，因为其乳汁及唾液中含有乙肝病毒颗粒，对婴儿有一定的传染性；对高危婴儿的喂奶，要在医生指导下采用确属有效的安全保障措施。

5. 乙肝病毒母子传染途径及预防方法

(1)母子传染途径：感染了乙型肝炎的孕妇应了解乙型肝炎主要的传播途径，以便有效地预防感染孩子。乙肝病毒的母婴传播主要包括4种途径：

①妊娠期。乙肝病毒通过胎盘，使胎儿受到宫内感染。

②分娩期。胎儿在分娩的过程中，因为接触到母亲的血液、羊水和分泌物而被感染。

③产褥期。婴儿在喂养的过程中被感染。

④日常生活中。因为与母亲接触频繁，受到母亲的唾液、血液及其他体液的感染。

(2)避免将乙型肝炎传染给宝宝的方法

①在各种传播途径中，以妊娠期传染为主。因为妊娠时间长，而且胎儿处于无任何免疫能力的状态，所以如果孕妇本身带有乙肝病毒，胎儿极易受到感染。因此女性在怀孕期间，应定期到医院接受检查，密切关注胎儿状况。

②孕妇产前(孕期28周)起肌内注射乙肝免疫球蛋白(HBIG)400国际单位，每4周1次直至临产，至少3次。新生儿出生16小时内肌内注射HBIG100或200国际单位，2周时再肌内注射1次，满月接种酵母重组乙肝基因疫苗5微克，此后2月龄及7月龄重复接种共3次(1、2、7程序)。保护率可高达97.13%，效果较好。

③为谨慎起见，得了乙型肝炎的妈妈应避免母乳喂养。

6. 肝炎妈妈喂养宝宝应注意的细节

由于乙肝病毒的传染途径广泛，我们建议患有乙型肝炎的母亲应该用人工喂养的方式代替母乳喂养。在人工喂养的同时，还应该格外注意卫生消毒。

(1)妈妈每次用奶瓶喂奶前，都要给奶瓶消毒，自己也要仔细清洗双手。

(2)平时不要亲吻孩子，更不要口对口地喂宝宝吃饭。

(3)应尽量减少同宝宝身体上的过多接触，自己用的洗漱用品，餐具要勤消毒，并且保证与宝宝的用品绝对隔离。

不要以为宝宝注射了乙肝疫苗，就万无一失了，其实宝宝刚刚注射疫苗，免疫力还很弱，如果不注意还是有可能受到感染的。

7. 弓形虫会导致胎儿畸形

弓形虫病是人畜共患病，是由于感染了弓形虫病毒而引起。弓形虫是一种很小的寄生虫，只能在显微镜下才能看到，它的形状如新月和弓状。它主要寄生在猫科动物身上，其他小动物，如羊、猪、狗等动物也会寄生。如果猫感染了弓形虫，每天猫粪中就可以排出1 000万个卵，严重污染环境。如果孕妇吃了被污染的水或食物，或者接触到病猫均可染上此病。

妊娠母体的弓形虫感染，可以通过胎盘感染胎儿，也可通过羊水进入胎儿消化道而感染胎儿。孕期感染弓形虫，绝大多数表现为无症状隐性感染。弓形虫病对人类危害最主要是对胎儿的损害。它可引起先天性弓形虫病，可造成流产、死胎、早产、胎儿宫内发育迟缓及新生儿畸形等不良后果。据资料报道：孕妇初次感染弓形虫并引起胎儿生病的发病率是：妊娠早期的为17%，妊娠中期的为21%，妊娠后期为62%，可见半数以上的发病均在妊娠后期。

由于猫是传染弓形虫病的重要环节，所以，孕妇家里最好不要养猫、狗等小动物，避免接触性感染。同时，孕妇还要注意饮食卫生，吃东西前要彻底洗手，肉、奶、蛋等食物要煮熟、不吃生冷食物，以免感染弓形虫病。

8. 火锅涮肉易感染弓形虫

很多人喜爱吃火锅，尤其是朋友聚会火锅更是大多人的首选。然而，现代科学研究发现，孕妇吃火锅容易感染弓形虫病。

火锅的原料是羊肉、牛肉、猪肉等，这些生肉片都可能含有弓形虫及其幼虫。有关部门检查测定，羊群中弓形虫的感染率为61.4%，猪为20.6%，牛为13.2%，鹅为35%，而狗尤为惊人，其弓形虫感染率达70%以上。弓形虫的幼虫往往藏匿在这类受感染的动物肌肉细胞中，肉眼是无法看到的。人们吃火锅时，习惯把鲜嫩的肉片放到煮开的汤料中稍稍一烫即进食，这种短暂的加热并不能杀死寄生在肉片细胞内的弓形虫幼虫，进食后幼虫可在肠道中穿过肠壁随血液扩散至全身。孕妇受感染时多无明显不适，或仅有类似感冒的症状，但幼虫可通过胎盘传染给胎儿，严重者可发生流产、死胎或影响胎儿脑的发育而发生小头、大头（脑积水）或无脑儿等畸形。

9. 预防弓形虫感染的具体方法

孕妇感染弓形虫可传染给胎儿，发生先天性感染，由于先天性感染胎儿有可能产生严重后果，所以预防感染就显得很重要。

（1）注意饮食卫生，肉类要充分煮熟，避开生肉污染熟食。

（2）猫要养在家里，喂熟食或猫粮，不让它们在外捕食。因为猫的传染是吃了感染的老鼠或鸟类，或者吃了污染猫粪的食物。

（3）要注意日常卫生，每天清除猫的粪便，接触动物排泄物后要认真洗手。孕妇怀孕期间要避免接触猫及其粪便。

弓形虫感染有多种简便有效的药物治疗，如磺胺类加乙胺嘧啶和螺旋霉素等，治疗须按医嘱进行，孕妇感染及时的治疗可使胎儿感染机会减少。

10. 弓形虫病对胚胎损害严重

弓性虫病通过孕妇的血液、胎盘、子宫、羊水、阴道等途径使胚胎受到感染。特别早孕时期，孕妇感染弓形虫对胚胎影响尤其严重，可引起死胎、流产、死产或畸形儿等不良结果。怀孕晚期感染弓形虫大多为隐性感染，并没有明显的症状，但胎儿在出生后可表现出以侵害中枢神经和双眼为主的多种发育异常，如脑积水、无脑儿、小头、小眼或无眼，或逐渐出现不同程度的智力损害及精神发育异常的表现。

(1)如果在孕前经过检查确诊体内存在着弓形虫感染,应该立即采取治疗,待血清抗体转阴性后再考虑怀孕。

(2)在孕前血清抗体为阴性的女性,表明体内未曾受过感染,但要特别防止孕期发生急性感染。

(3)一旦在怀孕早期感染弓形虫,孕妇应该马上就医,采取人工流产术终止妊娠,以防止先天感染弓形虫的婴儿出生。

(4)在怀孕中、晚期感染弓形虫的孕妇,应该给予治疗,但要注意药物的抗叶酸作用,治疗期间适当补充叶酸,防止体内缺乏叶酸。

(5)先天感染弓形虫的婴儿,出生后无论有无症状都应该立即治疗,防止出现严重的症状。

11. 风疹对胎儿的损害

风疹是一种临床症状轻、预后良好的病毒性传染病,容易被人们甚至临床医生所忽视。然而,风疹是造成胎儿先天缺陷的主要原因之一。

风疹病毒感染的潜伏期为 10～20 日,常出现低热、头痛、咽痛、咳嗽、全身皮疹等症状。风疹本身是一种预后良好的病毒传染病,但孕妇感染此病毒可造成胚胎死亡、流产、死胎、早产、先天性多发性畸形。风疹病毒在人体的某些组织细胞中可以繁殖,但并不杀死细胞,而是使受感染细胞分裂的速度减慢。当器官发育阶段,这种损害影响细胞的繁殖,因而阻碍了组织器官的正常分化。感染孕周越早,畸胎率越高,畸形也越严重。孕妇在妊娠前 3 个月内感染风疹后,风疹病毒可以通过胎盘感染胎儿,使胎儿发生先天性风疹综合征。病毒引起各脏器动脉的弥漫性内膜改变,其特征为:胎儿先天性白内障、耳聋、先天性心脏病、视网膜病、脑膜脑炎、智力迟钝等。

据观察,孕妇妊娠第 1 个月时感染风疹,胎儿先天性风疹综合征的发生率可高达 50%,第 2 个月为 30%,第 3 个月为 20%,第 4 个月为 5%,妊娠 4 个月后感染风疹对胎儿也有影响。有的新生儿不一定在出生后立即出现症状,而是在出生后数周、数月或数年才逐渐出现症状。风疹病毒引发胎儿畸形有两种:一种是病毒所致炎性病变,一种是对胚胎细胞生长发育的影响,使发育缓慢,分化受到抑制,故使某些器官发育不全或生长落后。风疹脑炎会造成智力、行为和运动方面的发育障碍,这是永久性智力迟钝的一个原因。根据胎儿发育的特点,一般说来,如果怀孕前 2～3 月感染风疹病毒,常会引起先天性心脏畸形、白内障及青光眼,失聪或中枢神经的病变多由妊娠晚期风疹病毒感染所致。

因此,为了下一代的健康,孕妇要预防风疹。

12. 孕妇应积极预防风疹病毒感染

风疹是由风疹病毒感染引起的呼吸道传染病。风疹的典型症状是经过 10～20 日潜伏期后出现轻度发热,卡他症状、皮疹、耳后及颈部淋巴结肿大。

儿童发病时往往首先发现皮疹,成年人则先有低热、畏寒、头痛等类似感冒的症状。风疹的皮疹第一天即可布满全身，第二天先出现于面部的皮疹已开始消退，3日内基本消失。故有3日麻疹之称。这与典型麻疹的3-3-3现象（发热3天后出疹，3天疹出齐后才开始消退，再3日疹基本退尽），有明显区别。但是，上述的风疹症状往往不明显，有人统计约50%的风疹患儿不出现皮疹，成年人患风疹时不出现明显皮疹者更多。至于淋巴结肿大并非风疹所特有，很多其他传染病亦有此症状。而且有的风疹患者淋巴结肿大并不明显。

目前，对风疹病毒主要以预防为主。

（1）接种疫苗：由于患过风疹的人可获得持久性免疫力，不再被风疹病毒感染，所以育龄女性可在孕前接种疫苗。抗风疹病毒抗体检查为阴性结果的育龄女性，更应该考虑接种风疹疫苗以获得终身免疫力。

在接种疫苗前，一定要确定育龄女性并未怀孕，并在3个月以内不准备怀孕，避免疫苗中的减活病毒对胚胎造成感染。

（2）避免接触风疹病毒：将怀孕的育龄女性尽量少去人多繁杂的公共场合，避免与风疹患者接触。如果怀孕后不慎与风疹患者接触，应在接触后5日内注射丙种球蛋白，可有一定的保护作用。

（3）一旦感染风疹病毒要终止妊娠：怀孕早期怀疑被风疹病毒感染的孕妇，应去医院做免疫性抗体IgM测定。一旦确定是急性风疹，要考虑终止怀孕。

13. 孕妇春季易得风疹病

随着春天的来临，风疹病毒也在蠢蠢欲动，它会伴随人的咳嗽和喷嚏而飘浮在空气中。抵抗力弱的人吸入风疹病毒后，经过2～3周的潜伏期，便开始出现症状。先是全身不适，继而出现发热，耳后及枕部淋巴结肿大，并有淡红色细点状丘疹，短期内扩展到全身，奇痒难忍，多在2～3日内消退，不留痕迹。

每逢春季，妇女和儿童常常容易患风疹，一旦孕妇发生风疹就应特别重视，因它可能导致胎儿先天性畸形。风疹对胎儿的影响主要是在孕妇怀孕的前3个月内，由于妊娠前3个月正是胎儿各种器官形成时期，孕妇此时一旦感染风疹病毒，可致胎儿宫内感染，阻滞胎儿细胞分裂，妨碍组织分化过程。且此时胎儿尚不具备合成干扰素的能力，无法抑制病毒的进一步侵害，因而会引起先天性心脏病、白内障、耳聋、小头畸形、智力和骨骼发育障碍等先天性畸形。

以前，由于没有风疹疫苗，孕妇要预防风疹病毒，总是采用尽量避免去公共场所，不与风疹病人接触，更不能与风疹病人面对面地谈话，但这样也很难避免感染上风疹病毒。而随着医学的发展，目前最可靠的预防风疹手段是接种风疹疫苗。

风疹病毒的最大受害者是胎儿。表面看来，预防对象是孕妇，但如果孕妇接种疫苗病毒就会直接毒害胎儿，所以孕妇不能接种。由于风疹疫苗注射一次，便可获得终身免疫，因此，提倡对儿童期的小孩及怀孕前的妇女注射风疹疫苗。应提醒的是，孕妇注射风疹疫苗后3个月内不宜怀孕，否则疫苗中的风疹病毒可能毒害胎儿。

14. 先天性风疹综合征危害更大

风疹感染分为先天与后天两种。一般所说的风疹是指后天感染。先天感染则称为先天风疹综合征。

先天性风疹综合征是风疹病毒通过抑制细胞有丝分裂、细胞溶解、胎盘绒毛炎等引起胎儿损伤的，为孕妇在妊娠早期感染风疹后病毒通过胎盘引起胎儿感染，而造成的各种先天性畸形。常见的有失明，如白内障、视网膜病；先天性心脏缺损；小头畸形及智力发育障碍等。较少见的有小眼、青光眼、不语症、大脑瘫痪、腭裂等。可伴有拒食、软弱、呼吸不规律。出生后6个月内可出现紫癜、贫血、骨炎、肝炎、胰腺炎、肺炎、脑炎、心力衰竭等症。轻症者可仅有暂时性皮疹。

先天性风疹患儿可长期带病毒，影响其生长发育，应早期检测视、听力损害，给予特殊教育与治疗，以提高其生活质量。

本病目前暂无特殊治疗，以对症治疗为主。注意防止细菌的继发感染。高危人群可进行预防接种。妊娠期如有疑似风疹感染者，必须立即到医院就诊，并监察追踪，以防胎儿先天性风疹综合征的发生。

15. 孕妇感染巨细胞病毒对胎儿的危害

巨细胞病毒是妊娠期宫内感染的主要病原体之一，呈全球性分布。在我国，巨细胞病毒感染相当普遍，很多人在儿时就已经被感染过。妇女中巨细胞病毒特异性抗体IgG的检出率达80%～99%。通常，巨细胞病毒感染人体后大多侵入唾液腺、乳腺、肾脏、白细胞或淋巴细胞中，并不断地向外排出病毒。然后，通过口腔、生殖道、胎盘、输血等途径传染他人。

孕妇感染巨细胞病毒对胎儿、新生儿可有严重的危害。孕妇患病一般常见低热、头痛、咽痛、关节肌肉酸痛、宫颈炎及阴道分泌物增多，颈淋巴结中度肿大等症状，也可毫无症状。感染后病毒可通过胎盘侵入胎儿，或经胎膜污染羊水，被胎儿吞咽。分娩时也可行产道感染，感染率达40%。在孕早期感染可导致多种先天畸形及流产。如智力低下、小头、小耳、脉络膜视网膜炎、视神经萎缩，严重时导致流产、早产、死胎等，或婴儿出生后体重过轻。受感染的胎儿及新生儿，主要显性症状有肝脾大、黄疸、血小板减少、小头畸形、紫癜、脉络膜视网膜炎、脑炎体钙化。隐性症状一般于出生后1至数日内出现，如耳聋、智力低下、精神性和身体性发育迟缓。

怀孕期间，如果孕妇确定为巨细胞病毒原发性感染，应当考虑终止怀孕，避免生出先天畸形儿。

16. 孕妇患梅毒的危害

梅毒民间称为“杨梅大疮”，是由梅毒螺旋体引起的性传播疾病。在性病中，它对人体的危害仅次于艾滋病。梅毒是一种影响全身脏器和组织的疾病。

孕妇患梅毒后，梅毒螺旋体可以通过胎盘感染胎儿，但一般在妊娠早期不会出现流产，可能是由于病原体对胎儿的毒性还很弱。如果孕前6～12个月内感染梅毒，又未经治疗，多会导致孕妇的晚期流产或死胎。患晚期梅毒的孕妇如果未得到治疗，新生儿有50%会有先天性梅毒的体征。如果在梅毒潜伏早期受孕并从未治疗过，那么可以引起胎死不下，或生下有梅毒体征的新生儿。晚期隐性梅毒一般不再传染，对孕妇却例外，其胎儿仍有被感染的可能。分娩时，新生儿即使外表正常，血清学反应呈阴性，但也有可能是先天潜伏梅毒，到儿童后期或成人期早期时，出现梅毒症状和血清学试验阳性。

妊娠期患梅毒不仅对胎儿有危害，也给孕妇带来许多不良影响。由于妊娠期间生殖器官充血，组织松软，因此下疳的损害较非孕期更加明显。患早期梅毒，孕妇发生的皮肤、黏膜损害可以泛发并可能反复发作。另外，还容易出现骨关节病、骨膜炎、缺钙抽搐。由于患梅毒使孕妇体内营养物质的消耗明显增加，导致孕妇体质下降，抵抗力减弱，消瘦，经常出现咽喉感染。这些都会给妊娠带来痛苦。分娩后，由于梅毒导致的子宫壁病变，会使产妇出血增加，甚至大出血，引起贫血，影响产后恢复。

17. 孕妇做梅毒血清学筛查很必要

孕妇应进行产前梅毒血清学筛查，以便对感染梅毒的孕妇进行治疗，从而减少梅毒对胎儿的不良影响。

实验室检查梅毒有在暗视野显微镜下查找梅毒螺旋体方法、梅毒血清学检查法和病理切片银染色法。

暗视野显微镜检查是自皮肤病灶处或肿大的淋巴结取标本后进行检查，适宜于一期梅毒和二期梅毒。二期梅毒可取扁平湿疣或阴部湿丘疹处的分泌物作为标本，以提高阳性率。如果在暗视野显微镜下发现梅毒螺旋体，即可以确诊。暗视野检查法不适于从口腔取标本，因为口腔中正常存在的致密螺旋体容易混淆诊断。

梅毒血清学阳性的出现迟于硬下疳的发生，一般在硬下疳出现1～4周后才出现阳性。因此早期检查如果为阴性，应在1周后复查。二期梅毒时，血清学的阳性率可达95%以上。至晚期梅毒，非梅毒螺旋体抗原试验多为阳性，也可能为阴性，梅毒螺旋体抗原试验为阳性。晚期梅毒还可以做脑脊液检查。

病理切片银染色法可以显示内脏器官和皮肤损害中的梅毒螺旋体。

梅毒血清学检查对于诊断二期、三期梅毒，以及判定梅毒的发展和痊愈，判断药物的疗效都有十分重要的意义。梅毒血清学检查包括非梅毒螺旋体血清学试验和梅毒螺旋体血清学试验。前者常用于临床筛选及判定治疗的效果，抽血后1小时即可出结果，费用也低廉。后者主要是用于判定试验，但是它不能判定治疗效果，一旦患有梅毒，这一试验将终身阳性。

18. 阻断梅毒传播的方法

梅毒是由苍白密螺旋体引起的慢性传染病，通过性交传染。目前，我国有流行趋势，不容忽视。梅毒螺旋体自表皮或黏膜破损处进入体内，需3～4周的潜伏期开始发病，早期外阴部、宫颈及阴道黏膜发红、溃疡，如果没有得到及时治疗约有1/3发展为晚期梅毒，传染力虽弱，但可引起神经梅毒及心血管梅毒等，后果严重。孕妇患梅毒还会危害胎儿，一定要重视。

梅毒螺旋体是厌氧菌，在体内可长期生存繁殖，只要条件适宜，便以横断裂方式一分为二的进行繁殖。梅毒螺旋体对外界的抵抗力很弱，对化学药品也很敏感，在体外不易生存，煮沸、干燥、肥皂水和一般的消毒剂（如升汞、苯酚、来苏水、酒精、1∶1 000的高锰酸钾液等)很容易将它杀死,阳光照射和干燥环境都能很快使它死亡。梅毒螺旋体在人体外生存一般超不过1~2个小时。在缺氧的环境下它能生存数天,在潮湿的衣服上也能存活数小时,在血库中一般能存活24小时。梅毒螺旋体不耐高温,40℃~60℃时2~3分钟就能死亡,100℃时则即刻死亡。可以针对其弱点将梅毒螺旋体消灭。如将衣物放于阳光下暴晒,放在干燥的环境中储存;将用具煮沸消毒或用化学用品消毒,都能杀灭梅毒螺旋体,阻止它的传播。

19. 孕妇患梅毒的治疗方法

患梅毒的孕妇可以使用青霉素进行治疗:水剂普鲁卡因青霉素G每日肌内注射80万单位,连续10日。在妊娠初期的3个月内注射1个疗程,在妊娠末期的3个月再注射1个疗程。对青霉素过敏的孕妇,可以选用红霉素口服,用药方法及剂量与非妊娠期的病人相同。以前患过梅毒,但经过充分治疗,无复发,也没有再感染证据者,可以不必治疗。运用青霉素治疗梅毒孕妇,对98%的胎儿的先天梅毒都会有效。如果患者在孕期未接受治疗,一旦生出有先天梅毒体征的新生儿,虽然此时用青霉素也能将患儿治愈,却改变不了患儿形体上的异常。而在妊娠16周以前得到充分治疗的孕妇,其胎儿先天性梅毒的发生可以完全被预防。

一经确诊应早期、足量、规则用药治疗,疗后定期随访。治疗期间不应有性生活。性伴侣同时接受治疗。

20. 孕妇感染淋病殃及胎儿

淋病是由淋病双球菌引起的。是目前世界上发病率最高的性传播疾病。它大多数由性交接触而直接感染,少数患者可通过接触带菌物而间接感染。孕期感染淋球菌对母婴危害较大,淋球菌可通过胎盘感染胎儿,出现胎儿宫内发育迟缓,胎膜早破、流产、早产、产等。妊娠分娩时,淋球菌可以通过产道致新生儿眼、耳、鼻、咽、胃、肛门黏膜多部位受感染,出生后出现可致盲的淋菌性眼结膜炎、淋病性关节炎、脑膜炎等。可见淋病对胎儿的影响是极其严重的。

在临床上很多孕妇虽然感染了淋病,但没有自觉症状,这样就有可能在分娩时,通过产道传染给孩子。所以专家提醒:一旦出现尿频、尿急、尿痛、脓性白带等症状,或有疑虑的时候,应该及时去正规医院接受检查,并彻底治疗。即使在孕期,医生也会选择一些对胎儿无影响的药物,随时掌握病情和胎儿的情况,对一些无法在孕期彻底治愈的孕妇,可在产前做好准备,以便新生儿出生后能及时有效地处理,最大限度地降低疾病对孩子造成的伤害。

另外,妊娠早期发现淋病时,一般并不主张实行人工流产。这是为了避免通过人工流产手术将病原菌种植进子宫腔。这样是非常容易造成子宫腔、盆腔、输卵管的感染,从而引起继发性不孕,后果比较严重。所以,这类患者需要先将淋病治愈才能做手术。

21. 孕妇感染单纯疱疹的表现及危害

单纯疱疹病毒(HSV)为RNA病毒,属疱疹病毒科,分HSV-1和HSV-2二型。单纯性疱疹病毒在人群中广泛存在,患者和病毒携带者是传染源。

(1)单纯疱疹感染常见的临床表现

①急性疱疹性口龈炎。有发热、口腔和舌黏膜及牙龈出现成群疱疹及溃疡,可延及咽喉、腭等处。

②皮肤疱疹。常见于口唇部。

③急性疱疹性角膜结膜炎。

④急性疱疹性神经系统感染。较少见,表现为脑炎、脑膜炎、脊髓炎、神经根炎等。疱疹性脑炎病情凶险,病死率高。

⑤全身性播散性感染。多见于新生儿及免疫功能缺陷的病人,表现为脑、肝、肺、眼、肾上腺及全身皮肤黏膜等疱疹性病变,病死率极高。

⑥先天性感染。患生殖器疱疹的孕妇,其胎儿可感染 HSV,引起流产、早产、死胎及先天性畸形。

⑦生殖器疱疹。多由 HSV-2 引起,是一种性病。患病部位先有烧灼感,很快在红斑基础上发展,原发损害为 1 个或多个小而瘙痒的红丘疹,伴有瘙痒,迅速变成小水疱,3~5 日后可形成脓疱,破溃后形成糜烂、溃疡、结痂,伴有疼痛,最后结痂愈合。皮损单发或融合。由于人体对它还没有任何免疫力,初次发生疱疹一般较大,疼痛也明显。整个病程可持续 20 日左右。生殖器疱疹在男性好发于龟头、冠状沟、阴茎体、尿道口、阴囊、大腿和臂部等处。女性多在阴唇、阴阜、阴蒂、肛门周围及阴道发生,约 90%同时侵犯子宫颈,出现阴道分泌物增多或下腹痛,并可并发宫颈炎和子宫炎。也可累及直肠黏膜。常伴有淋巴结肿大、压痛。大多数男女病人双侧腹股沟淋巴结肿大。后期炎症波及尿道、膀胱时,可出现排尿困难、尿痛、尿频,严重者可发生尿潴留等现象。此外,还可能有其他症状同时出现,如发热、全身不适、头痛、颈项强直、脑膜炎和骶部神经系统功能不全。此病女性多于男性,症状也较男性严重。在发病人中约 10%有咽炎,10%男性与 26%女性的原发性生殖器疱疹病人同时伴有生殖器以外的损害,主要在臂部与手指,常见生殖器出现疱疹后的第 2 周,大多是受感染的生殖器部位的病毒自身接种而致。

(2)孕妇感染单纯疱疹病毒的危害:孕妇生殖器疱疹病毒感染率比一般人高 2~3 倍,而且病情较严重,可发生胎儿异常、早产、流产或死胎。新生儿对生殖器疱疹病毒异常敏感,据统计孕妇生殖器疱疹病毒感染后新生儿通过产道时,可有 40%~60%的机会被感染,出现高热、带状分布的疱疹、肝脾肿大、脑炎或败血症,60%受染新生儿因此而死亡,痊愈且无后遗症者仅为 15%,这就提醒我们应注意对母婴的保护。

四、高危孕妇

本次妊娠对孕产妇及胎婴儿有较高危险性,可能导致难产或危及母婴者称高危妊娠。具有高危妊娠因素的孕妇称为高危孕妇。

1. 确认为高危孕妇的条件

具有下列情况之一者,属高危妊娠。

(1)年龄<18 岁或>35 岁。

(2)有异常孕产史,如流产、早产、死胎、死产、各种难产及手术产、新生儿死亡、新生儿溶血性黄疸、先天缺陷或遗传性疾病。

(3)孕期出血,如前置胎盘、胎盘早剥。

(4)妊娠高血压综合征。

(5)妊娠合并内科疾病,如心脏病、肾炎、病毒性肝炎、重度贫血、病毒感染(巨细胞病毒、疱疹病毒、风疹病毒)等。

(6)妊娠期接触有害物质,如放射线、同位素、农药、化学毒物、CO 中毒及服用对胎儿有害药物。

(7)母儿血型不合。

(8)早产或过期妊娠。

(9)胎盘及脐带异常。

(10)胎位异常。

(11)产道异常(包括骨产道及软产道)。

(12)多胎妊娠。

(13)羊水过多、过少。

(14)多年不育经治疗受孕者。

(15)曾患或现有生殖器官肿瘤者等。

由于高危妊娠对孕妇及胎儿都有较高的危险性,因此系统地监护尤为重要。目的是在分娩前预先估计胎儿的情况,尽量使孕妇在受损伤最小的情况下,获得能存活而且健康的新生儿。

对高危妊娠的孕妇应做针对性检查,孕妇年龄在 35 岁以上,以往曾有先天愚型儿或有家族史者,孕妇有先天性代谢障碍(如酶系统缺陷)或染色体异常的家族史者,孕妇曾分娩过无脑儿、脊柱裂者,均应去遗传咨询门诊做有关检查(如绒毛活检、羊水穿刺等)。对妊娠并发症(如妊高征)、妊娠并发症(如心脏病、肾脏病等)应针对各种特点进行特殊处理。

2. 高危孕妇必须终止妊娠时的注意事项

高危妊娠如果必须选择终止妊娠,要注意时间和方式的选择。终止妊娠时间的选择取决于疾病威胁母体的严重程度、胎盘功能和胎儿成熟度。如疾病严重威胁孕妇的生命,则不能考虑胎儿的成活,而必须立即终止妊娠;如果孕妇经过一段时间的治疗,病情稳定或有好转,则可在严密观察下等待胎儿进一步生长发育,直至生后可以存活时再终止妊娠。终止妊娠的方法有引产和剖宫产两种,需根据病情及孕妇的产科情况、宫颈成熟度,特别是胎盘功能,综合做出选择。孕妇病情不重,无明显产科异常情况,宫颈成熟度评分较高,胎盘功能尚好,胎儿已成熟,则可行引产;反之孕妇病情较重,宫颈成熟度差,胎盘功能不好或胎儿宫内窘迫,则宜行剖宫产。若引产后产程进展缓慢,亦应及时改用剖宫产终止妊娠。

3. 高危孕妇维持妊娠的注意事项

(1)增加营养:孕妇的营养状态对胎儿的生长发育极为重要,孕妇不要挑食、偏食,要注意各种营养的合理搭配。

(2)注意休息:卧床休息可改善子宫胎盘的血液循环,取左侧卧位较好。孕期要保证有午休。

(3)间歇吸氧:对于胎盘功能减退的孕妇定时吸氧很重要,可每日2次,每次30分钟。

(4)提高胎儿对缺氧的耐受力:注射葡萄糖、维生素C可提高胎儿对缺氧的耐受力,尤其是对于有胎儿宫内发育迟缓的孕妇更有利。具体用法:10%葡萄糖注射液500毫升加维生素C 2克,静脉缓慢滴注,每日1次,5～7日为1个疗程。这有助于增加胎儿肝糖原储备或补偿其消耗,增强对缺氧的代偿能力。

(5)预防早产:一旦出现早产先兆,如下腹阵痛、阴道少量出血,应立即卧床休息,并给予抑制宫缩的药物。

4. 警惕危险的宫外孕

宫外孕也称异位妊娠,是指发生在子宫腔外的妊娠,其中约有98%发生在输卵管。

输卵管妊娠的临床表现与孕卵在输卵管的着床部位、有无流产或破裂、腹腔内血量多少及发病时间有关。

输卵管妊娠流产或破裂前,症状和体征均不明显,除短期停经及妊娠表现外,有时仅出现一侧下腹胀痛。检查时输卵管正常或有肿大。

输卵管妊娠流产或破裂后,根据病情急缓,一般分为急性和陈旧性两种类型。急性宫外孕比较危急,处理不及时可能危害到孕妇生命。

(1)急性宫外孕临床表现:急性宫外孕发作比较急。一般都有停经、腹痛、不规则阴道出血等症状,严重的会有晕厥与休克。

①停经。大都停经6～8周,一般在停经后发生腹痛、阴道出血等症状。但20%左右患者主诉并无停经史。

②腹痛。由于输卵管膨大、破裂及血液刺激腹膜等多种因素引起。破裂时患者突感一侧下腹撕裂样疼痛,常伴恶心呕吐。若血液局限于病变区,表现为下腹局部疼痛;血液积聚在子宫直肠陷凹时,肛门有坠胀感;出血量过多,血液由盆腔流至腹腔,疼痛即由下腹向全腹扩散;血液刺激膈肌时可引起肩胛放射性疼痛。

③常有不规则阴道出血,色深褐,量少,一般不超过月经量,但淋漓不净。

④晕厥与休克。由于腹腔内急性出血,可引起血容量减少及剧烈腹痛,轻者常有晕厥,重者出现休克,其严重程度与腹腔内出血速度和出血量成正比,但与阴道出血量不成正比。

(2)陈旧性宫外孕临床表现:一般来讲,陈旧性宫外孕会有一定阶段性。经过输卵管妊娠流产或破裂后,会有阴道反复内出血。当病情渐趋稳定时,胚胎会死亡,绒毛退化,内出血停止。此时腹痛有所减轻,但所形成的血肿逐渐机化变硬,且与周围组织及器官粘连。

陈旧性宫外孕患者有停经后反复内出血的情况,一般会是为阴道不规则出血、阵发性腹痛、附件肿块及低热。低热是由于腹腔内血液吸收过产生的热能。如果有感染,就会表现出高热。

(3)容易发生宫外孕的诱因:如今宫外孕发生率比以前有所升高,应该引起广大女性朋友重视。那么，为什么会发生宫外孕呢？主要是各种原因导致的输卵管不通，或者通而不畅，妨碍了受精卵顺利到达宫腔。以下几种女性就比较容易发生宫外孕：

①患慢性输卵管炎的妇女。正常情况下，输卵管通过纤毛的摆动及输卵管平滑肌的蠕动，能够把受精卵输送到宫腔。患有慢性输卵管炎的妇女，由于炎症及病变，使得孕卵到达宫腔发生困难。

②输卵管发育不良或畸形的妇女。输卵管肌层发育不良、内膜缺乏纤毛等病变，使输卵管输送孕卵的功能减退。输卵管畸形病变，也不易使受精卵顺利到达宫腔。

③输卵管结扎后再通的妇女。不论是自然再通还是施行手术再通，输卵管均不像以前那样畅通，再通处比较狭窄，孕卵容易被阻留在狭窄处安家落户。

④患子宫内膜异位症的妇女。这是因为异位在输卵管间质部的内膜，致使管腔狭窄或阻塞，孕卵难以通过。另外，当孕卵与异位的内膜接触时，合体细胞从细胞滋养层细胞分化出来，并分泌一种溶解黏膜的蛋白分解酶侵蚀异位膜，使其形成一个缺口，让孕卵植入其中发育，从而导致在输卵管间质部发生宫外孕。

⑤盆腔内有肿物的妇女。由于肿物的挤压和牵引，使子宫或输卵管位置移动，结构异常，这就会阻碍孕卵达到宫腔。

⑥有过宫外孕病史的妇女。如果准备再次怀孕，但却没有查出和消除引起前次宫外孕的原因，则此次怀孕后发生宫外孕的风险要比一般妇女高。

5. 心脏病孕妇必须遵守的细节

患有心脏病的女性在准备怀孕之前，就应与妇产科医生咨询是否可以怀孕；如果医生确定患者能够承受妊娠和分娩，那么整个妊娠期孕妇都要及时和医生沟通。此外，心脏病孕妇还应注意以下几点：

(1)怀孕一开始就应该进行产前检查：并且在整个怀孕和分娩过程中，孕产妇都要严格按时进行产前检查，及早发现心力衰竭等症状，以防止发生妊娠高血压综合征。要相信医生，积极配合医生，决不能自作主张。

(2)怀孕期间要保证充分的休息：每天至少休息 10 小时，中午最少也要休息 30 分钟以上。心脏功能欠佳者，避免过度劳动，一般日常工作后会引起不适时，应酌量延长休息时间。

(3)严格限制食盐摄入量：每天不超过 4～5 克。饮食过咸，摄入钠盐过多会加重血压升高，出现水肿、蛋白尿，甚至发生子痫而危及母、胎的安全。

(4)要及时治疗贫血：如果心脏病孕妇患了贫血会大大加重心脏的负担，造成恶性循环，易发生心力衰竭。

(5)防止感染：任何感染，包括牙龈化脓、上呼吸道感染，都应尽早治疗，以减少细菌性心内膜炎的发生概率。

(6)小心使用洋地黄制剂：一般不使用，除非是孕妇发生了充血性心力衰竭，尤其有心房颤动时。

(7)小心使用抗凝药：孕妇曾做过人工瓣膜移植手术者，须使用抗凝药时，要多加注意。

(8)清楚早期心力衰竭的症状:在怀孕过程中出现面色发青,呼吸困难,夜间不能平卧或痰中带有血丝等,这是早期心力衰竭的表现。应马上到医院治疗。

(9)必须做瓣膜切开术时:最好在怀孕前做,若已怀孕则应先人工终止妊娠再做瓣膜切开手术。

6. 肾脏病对孕妇及胎儿的影响

肾脏在人体中担负着排泄废物及清洗体内有毒物的作用。肾脏有病会使肾功能受损,大量的有毒物质积聚体内,严重时会发生危及生命的尿毒症。由于怀孕加重了肾脏的负担,因此会加重肾脏的病变。随着怀孕月份的增加,肾脏负担会更大,严重时肾衰竭会危及生命。

肾脏病对妊娠影响很大,肾脏病患者能否怀孕,取决于所患肾病的种类和程度,必须经医生检查确诊才能决定。即使患者肾功能一时没有严重问题,也要在内科、妇产科医生严密监护下度过妊娠分娩及产后各期,切不可自认为"感觉良好",就自作主张贸然怀孕。

众所周知,怀孕后由于胎儿生长发育的需要,孕妇的各器官和系统均会发生一系列相应的生理变化。由于孕妇及胎儿的代谢产物增多,血容量也增加,肾脏的负担加重。肾脏的血流量及肾小球的滤过液在孕早期即增加,并且在以后的孕期均保持在高水平。此外,由于受到激素的作用,输尿管增粗、蠕动减弱、尿流缓慢等因素的作用,孕妇也易发生肾盂肾炎。急性肾盂肾炎有发热、腰痛、尿频、尿急等症状,可导致流产、早产、胎儿发育不良;肾炎会使孕妇血压升高、心脏受损、胎盘血管梗死,诱发妊娠高血压综合征、胎盘早剥等,直接影响胎儿发育所需的氧气和养料供给,甚至危及母子生命。肾脏疾患伴有血压增高者常发生胎儿宫沟发育迟缓,围生死亡率很高。

7. 孕妇应警惕妊娠期糖尿病

孕妇除了要预防感冒、加强营养、注意休息、定期检查,还要警惕妊娠糖尿病。也许你会说,我不胖,吃得也不多,也没有家族史,怎么会有妊娠糖尿病?其实,临床上发现许多妊娠糖尿病患者并无自觉症状,但实验室检查却发现血糖值很高。在我国现有的4 000多万糖尿病患者中有一大部分是孕妇。通过孕期检查,其健康状况被刻上了妊娠糖尿病的印记,并有可能在分娩后的若干年或十几年后发展成为糖尿病患者。

世界卫生组织推荐的糖尿病诊断标准:①有多尿多饮酮症及体重迅速下降者的糖尿病典型症状,一天中任意时间的静脉血糖大于11.1毫摩/升,经复查一次证实无误者,可诊断糖尿病。②无论有无糖尿病症状,只要空腹血糖大于7.8毫摩/升,经复查无误后,可诊断糖尿病。③任何时候血糖小于7.8毫摩/升及空腹血糖小于5.6毫摩/升可排除糖尿病。④若血糖结果可疑,空腹血糖在5.6～7.8毫摩/升应做口服75克葡萄糖耐量试验,若2小时静脉血糖大于或等于11.1毫摩/升可诊断为糖尿病;小于7.8毫摩/升则排除糖尿病;在7.8～11.1毫摩/升,诊断为糖耐量降低。

妊娠糖尿病大多数发生在妊娠晚期,大多数患者无任何临床症状,而且空腹血糖多为正常,因此,容易被漏诊。有下列情况被认为糖尿病的高危人群,应进行筛查:①有糖尿病家族史,不良的妊娠史(包括多产史、巨大儿史、死产史、不孕史、婴儿先天畸形、羊水过多史)、异常分娩史,不明原因的流产、早产、死胎、死产、畸胎或巨大儿分娩史等。②孕妇年龄超过30岁,肥胖(孕前体重指数大于25)。③本次妊娠期间尿糖阳性或有糖尿病症状。④本次妊娠合并羊水过多、巨大儿、胎儿畸形或其他产科并发症。研究发现,孕妇年龄大于30岁、有糖尿病家族史、肥胖和巨大儿分娩史是最常见的高危因素。

另外,有不少妊娠糖尿病患者并不存在高危因素,近来有研究发现吸烟、月经不规则是妊娠糖尿病的独立危险因素。妊娠早期体重不增者,孕期有明显口干、多饮、多尿症状、孕期体重增加过多者或尿糖强阳性者,均须警惕妊娠糖尿病。

8. 糖尿病对胎儿的影响

孕妇患糖尿病对胎儿会造成很大危害,使围生期并发症大大增加。主要有以下几种影响。

(1)巨大儿:发生率为非糖尿病孕妇的10倍,占妊娠期糖尿病的1/4,1型糖尿病母亲更高,达35%~40%。体重大于4 000克。产生巨大儿的直接原因是高胰岛素血症,由于母体胰岛素不能透过胎盘,母体高血糖常刺激胎儿胰岛B细胞增生肥大,增生的B细胞,释放较多胰岛素,促进脂肪、蛋白质的合成,引起巨大胎儿。

(2)先天性畸形:糖尿病孕妇胎儿畸形发生率比非糖尿病孕妇高2~3倍,可达10%~25%。常见的畸形有:无脑儿、脑积水、脊柱裂、大血管错位、肛门和直肠闭锁等,其中心血管及神经系统畸形对胎儿的影响最为严重,是围生儿死亡的主要原因。

(3)新生儿呼吸窘迫症(RDS):发生率占糖尿病孕妇新生儿的23%~27%,为非糖尿病孕妇新生儿的5~6倍。多在24小时内表现为呼吸急促,X线表现双弥漫网状颗粒形阴影。认为是减少肺泡表面活性物质引起的肺透明膜病变。

(4)新生儿低血糖症:发生率可达30%~60%。胎儿出生2小时后血胰岛素显著高于正常孕妇的婴儿,可持续48~96小时,血糖可降到1.2毫摩/升以下,出现发绀、气急、抽搐、嗜睡等,应及早检测血糖,积极抢救。

(5)高胆红素血症:发生率较高。间接胆红素高达25.65微摩/升,可能是肝中胆红素酶系未成熟所致。

(6)低钙血症:占10%左右。可能与出生时甲状旁腺受抑制有关。

(7)智力障碍:妊娠期酮体可透过胎盘而为胎儿利用,酮体会影响胎儿神经系统发育。

9. 糖尿病孕妇的自我管理

女性糖尿病患者妊娠期是一个颇为特殊的时期,处理合理与否直接关系到母子安全和健康。妊娠糖尿病患者一定要进行妥善的自我管理,要注意生活的各个方面。

(1)合理饮食:热能控制不宜过低,总热能约每天每千克标准体重30~35千卡,为避免餐后血糖过高,可采用少量多餐的方式摄取热能,每天可为5~6餐。早餐量不宜过多,占全天总热能的2/18,午餐和晚餐各占全天总热能的5/18,其他为上、下午及睡前加餐。同时要对孕妇的体重进行连续动态性监测,孕期总体重增长不宜超过9千克,每月不超过1.5千克为宜。要多吃蔬菜等富含纤维素食品,注意维生素、铁、钙的补充。水果的补充最好在两餐之间,每日最多不能超过200克,并且应尽量选择含糖量低的水果,或以蔬菜代替，如番茄、黄瓜等，不可多吃西瓜等高糖分水果。

(2)适当运动，控制强度：在早孕3个月和晚期2个月期间，禁止跳跃、旋转和突然转动等大运动量锻炼。宜选择散步、慢跑、打太极拳、做操等活动。锻炼时间每次不宜超过半小时。运动后心跳次数若每分钟超过130次，就应停止活动，调整锻炼次数。

(3)糖尿病孕妇测尿糖要有规律：控制的总目标为：空腹血糖不大于5.8毫摩/升；无低血糖及酮症酸中毒；尿糖不超过一个“+”、24小时尿糖定量低于15克；糖化血红蛋白小于7.5%。

(4)多学习、了解糖尿病基本知识，要学会自行检验：患者出现头晕、恶心及心慌时，要区别是低血糖还是高血糖，是吃糖还是不吃糖，此时用尿糖试纸检查尿液，便可对症治疗。还可用酮体粉检查尿酮体。学会自己调整胰岛素及饮食数量。在应急时增加胰岛素剂量，在病情好转时又要及时减少胰岛素剂量。

10. 甲亢妇女不要急于怀孕

甲亢患者究竟能不能怀孕生孩子，这是许多患者及其亲属关心的问题。在医学界看来，甲亢患者是否可以怀孕，并获得良好的怀孕结果，必须了解甲亢对怀孕的影响、甲亢病情轻重及怀孕、分娩对病情的影响才能做出判断。

甲亢即甲状腺功能亢进，是一种自身免疫性疾病。重症和不易控制病情的甲亢患者怀孕后，母体和胎儿的并发症较多。甲亢患者的血液中存在着一种长效甲状腺刺激素，有促进甲状腺功能的作用。此物质可通过胎盘进入胎儿血液循环，引起胎儿暂时性甲状腺功能亢进。胎儿在孕15周时即可吸收碘，合成甲状腺素。但母体怀孕后，肾对碘的回吸收减少，易致碘缺乏使胎儿吸收碘少，可致甲状腺功能改变。在孕妇治疗过程中，碘过多可通过胎盘被胎儿吸收，因此孩子生下来后可发生甲状腺功能低下或亢进等。总而言之，母体服用的药物及病理变化可能会影响胎儿，严重者可引起流产、早产、宫内发育迟缓，甚至新生儿窒息。

孕妇心脏负荷加重可促使重症甲亢患者发生心力衰竭。甲亢患者合并妊娠高血压综合征比没有患甲亢者多数倍。由于能量储存减少，易发生子宫收缩无力，使产程延长和产后出血增加。同时，产褥感染的机会也会增加。特别值得一提的是，必须接受手术分娩的重症甲亢患者，麻醉和手术都有诱发甲亢危象的可能。

因此，甲亢妇女不要急于怀孕。首先应积极治疗甲亢，等甲亢治愈后再考虑怀孕。一般甲亢采用抗甲状腺药物治疗2年左右可以治愈。停药后观察半年，如无复发可考虑怀孕。如果采用手术治疗甲亢，术后3个月病情无复发可以考虑怀孕。若甲亢妇女在甲亢治愈前已怀孕，考虑到甲亢对孕妇和胎儿都不利，一般主张甲亢孕妇进行人工流产。人工流产一般在怀孕头3个月内进行。

11. 甲亢孕妇的孕期管理

一般来说，甲状腺功能亢进(甲亢)妇女尽量不要怀孕，等甲亢治愈后再怀孕为好。有的甲亢妇女意外怀孕，如果不急于要小孩，最好做人工流产；如果已经怀孕，因某些原因不想终止妊娠，则必须定期就诊，在内分泌专科医生和妇产科医生的指导下做好甲亢的治疗和孕期的保健工作。以保证甲亢病情不出现加重，并保证顺利度过怀孕期和分娩。

一般采用抗甲状腺药物治疗甲亢，首选丙硫氧嘧啶(PTU)，但是最大剂量不应超过每日200毫克，以每日100～150毫克为宜。因为过大剂量用药可能会破坏胎儿的甲状腺发育。若症状难以控制，可适当加用普萘洛尔等药物。症状控制较好后及时减量至维持剂量。可配合使用甲状腺片进行治疗。甲状腺片每日可用40～90毫克。甲亢孕妇不能用同位素治疗甲亢，因同位素可能损伤胎儿的甲状腺。在怀孕4～6个月期间也可以考虑甲状腺手术治疗。但在怀孕后3个月则不宜手术治疗。另外，甲亢孕妇的病情控制应适度，以免引起母子甲状腺功能低下。要把甲状腺功能控制在正常稍高一些的水平，最好每月测定一次FT_3和FT_4水平，了解甲状腺功能。

由于甲亢可导致机体高代谢，故甲亢孕妇需补充足够热能和营养物质，如糖、蛋白质和各种维生素等，以纠正本病引起的消耗。除尽量不食用含碘食物(如海带、海蜇、紫菜等)外，一般没有特殊的食物禁忌。

甲亢孕妇需增加孕期检查的次数，了解胎儿的发育情况，平时如果觉得情况异常应及时就医。特别注意不能使用甲状腺摄^{131}I检查。妊娠中必须定期测定甲状腺受体抗体(TRAb)浓度，如果高于正常值数倍，提示胎儿可能将罹患甲亢，以便医生及时采取措施。产前必须进行子宫B超检查，了解胎儿是否有甲状腺肿大或其他畸形，预防难产。产后用抗甲状腺药物治疗者一般不可哺乳，因为抗甲状腺药可以进入乳汁，婴儿吃后可能发生甲状腺肿大或甲状腺功能减退。产后至少停药3周以上才能哺乳。

12. 孕妇感染结核病的治疗方法

80%的妊娠期结核患者由于发热、盗汗、咳嗽、咳痰及咯血就诊。结核菌素皮肤试验应作为常规试验以筛检是否有结核感染。结核菌检查是诊断活动性结核病最可靠的方法。X线检查有助于判断有无活动性肺结核并明确病灶的范围。但因胎儿对X线照射非常敏感，尤其在早孕4～12周内的照射会致畸胎、死胎。因此，检查时须对腰部、腹部进行防护，以避免放射线对胎儿的损伤；在早孕未满12周及24周以后因胎儿进入照射野，除非病情有重大影响，一般不宜做胸部X线检查。一旦确诊为结核菌感染，就要妥善处理。

妊娠期结核病治疗以化疗为主，应遵循早期、联合、规律、适量及全程的原则。但在组成化疗方案时既要有效又要注意孕妇和胎儿的安全，避免损伤胎儿发育。治疗初始方案包括应用异烟肼(INH)、乙胺丁醇(EMB)、对氨水杨酸(PAS)，若妊娠已满3个月者，可选择利福平(RFP)。疗程与一般结核病的治疗相同。一般病情轻微并能得到很好的控制，可以继续妊娠。

13. 孕妇感染结核病需终止妊娠的情况

(1)各型肺结核进展期病变广泛及有空洞形成者。

(2)肺结核合并有肺外结核特别是肾、肝、骨结核，结核性心包炎，结核性脑膜炎，需长期治疗者。

(3)耐多药结核菌感染者。

(4)结核病伴心、肝、肾功能不全，不能耐受妊娠、自然分娩及剖宫产术。

(5)严重妊娠反应经治疗无效者。

(6)HIV 感染或 AIDS 孕妇合并结核病者。

(7)肺结核合并反复咯血者。

(8)糖尿病孕妇合并结核病者。终止的时间为妊娠 3 个月内,若妊娠时间已超出 3 个月者,应选择适当的抗结核药物治疗,并维持妊娠。

糖尿病孕妇合并结核处于以下几种情况的应给予预防性治疗:

①妊娠妇女结核菌素试验由阴性转为阳性。

②结核菌素试验阳性,且有与活动性肺结核患者密切的接触史。

③糖尿病孕妇结核菌素试验≥5 毫米者。

④免疫抑制宿主如艾滋病病毒感染等,结核菌素试验阳性甚至阴性者。

目前推荐用于预防性治疗的药物为异烟肼(INH),剂量为每日每千克体重 5 毫克,通常为每日 0.3 克,顿服,疗程为 6～12 个月,须密切观察肝功能影响及其他不良反应。

14. 多数哮喘妇女可以怀孕

资料表明,多数哮喘妇女都能比较顺利地度过怀孕及分娩期。患哮喘的孕妇哮喘发作的次数与严重程度大致与怀孕前相似。

一般孕期哮喘发作并不影响妊娠的进展,轻度或中度的哮喘发作对胎儿影响不大。新生儿出生的体重与正常妇女分娩的新生儿也没有明显差别。但是,对于妊娠期出现哮喘持续状态的孕妇,则可因机体重度缺氧及全身功能紊乱,危及母体及胎儿的健康。

15. 哮喘妇女妊娠期预防哮喘发作的方法

(1)调制可口饮食,提高机体免疫力。

(2)要注意劳逸结合,避免过于剧烈的活动导致身体过度疲劳。

(3)保持室内适宜温度和湿度,良好通风,预防呼吸道感染。

(4)保持平和心情,消除紧张情绪,不必过于担心胎儿的畸形与其他意外。

(5)要避免接触已知的过敏原。防止接触真菌孢子、粉尘、烟雾及冷空气。

(6)应用于预防性的首选药物是尼多酸钠和色甘酸钠,二者均为吸入给药,具有较强的抗炎活性,且对胎儿无明显影响,可广泛应用于妊娠期不同程度哮喘的预防。

(7)轻度哮喘可使用沙丁胺醇(舒喘灵)气雾剂,该药对全身作用较平稳,不会影响胎儿。单用舒端灵不能满意控制症状,可以口服或静脉缓注氨茶碱。

(8)糖皮质激素口服或吸入对于妊娠期哮喘发作可以应用,主张以吸入激素的途径控制哮喘发作,效果显著,并可避免全身性的不良反应。激素的应用不宜过早,以防引起胎儿兔唇、腭裂等畸形危险性。

综上所述,哮喘病人是可以怀孕的,大部分孕妇可以顺利分娩,但在怀孕过程中,应注意尽可能预防其发作。一旦妊娠期哮喘发作,应及早去医院求得医生的指导与治疗。

第六章 胎教与优生

一、了解胎教

胎教是指胎儿在母体内接受的一种特殊的教育，是优生的保证。胎教在我国由来已久，据汉朝韩婴记载，孟子的母亲曾说："吾怀妊是子，席不正不坐，割不正不食，胎教之也。"司马迁的《史记》中记载："太伍有娠，目不视恶色，耳不听淫声，口不出傲言。"这些都是有关胎教的最早记录。古人强调妇女妊娠时应平静形体和心态，不出恶言、不听淫声、不视邪色，听诵诗书之声，避免七情等刺激，以保胎儿先天禀赋之充实，以利胎儿身心健康之发展。现代医学进一步把胎教的内涵，扩展为通过优化父母的自身条件，调节孕期母体的内外环境，不断向胎儿传递各种优良信息，免除不良因素和刺激对胚胎和胎儿的影响，从而达到优生的目的。

胎教又可分为广义胎教和狭义胎教。广义胎教指为了促进胎儿生理上和心理上的健康成长，同时确保孕产妇能够顺利度过孕产期所采取的精神、饮食、环境、劳逸等各方面的保健措施。因为没有健康的母亲，将不会生下强壮的胎儿。有人也把广义胎教称为"间接胎教"。狭义胎教是根据胎儿各感觉器官发育成长的实际情况，有针对性地、积极主动地给予适当合理的信息刺激，使胎儿建立起条件反射，进而促进其大脑功能、躯体运动功能、感觉功能及神经系统功能的成熟。换言之，狭义胎教就是在胎儿发育成长的各个时间，有意识、有规律的对胎儿的视觉、听觉、触觉等方面进行适宜的刺激，如光照、音乐、对话、拍打、抚摸等，使胎儿大脑神经细胞不断增殖，神经系统和各个器官的功能得到合理的开发和训练，以最大限度地发掘胎儿的智力潜能，达到提高人类素质的目的。

1. 胎教不是灌输知识

胎教并不是通过向胎儿灌输什么知识来培养天才儿童。而是对胎儿进行良性刺激。

胎教是有科学基础的，包括生理依据，还有实验研究的数据。首先，能够接受胎教的胎儿必须是健康的。在母体的子宫内，自生命萌芽开始，胎儿便具有了很多的能力。3个月的胎儿皮肤已经有压觉和触觉了；4个月的胎儿有冷觉；5个月的胎儿有温热觉；7个月的胎儿对痛觉已十分敏感。4个月的胎儿就有了听觉，6个月时的听力几乎与成人相等。

5个月的胎儿有味觉;7个月的胎儿有嗅觉;胎儿的视觉发育较晚,8个月的胎儿才能够凝视光源。胎儿的能力是惊人的,从2个月起胎儿就可以在子宫里运动了,胎儿有习惯也有情绪,更惊人的是胎儿还有记忆,他会对反复的信息刺激产生固定的条件反射。这说明胎儿具备了接受教育的生理条件。

20世纪60年代以后,随着现代医学的发展,不少学者经过大量实验,研究了生命在母体内的状态。例如,让受孕的鼠受到惊吓,结果生下的小鼠十分胆小,有严重心理障碍。还有研究证明,噪声会改变胎儿脑细胞的超微结构,造成死胎。另外,发现胎儿不仅每时每刻依靠胎盘从母体的血液中获得营养和氧气,而且其感觉器官和神经系统能对来自母体内外的触、声、光等刺激做出反应,同时能感知母亲的思考、情绪等精神活动,母亲和胎儿之间存在着密切的心理联系和感情互通。

这表明,如果能够科学地调节、改善孕期母体的内外环境,并施以抚摸、音乐、语言等良性刺激,是完全可以在胎儿期给胎儿有益的影响和教育,为其将来在体力、智力、性格等方面的健康发育成长打下良好基础的。

2. 胎教与优生密切相关

所有的父母都希望自己的宝宝聪明健康,尤其是竞争激烈的现代社会,更希望自己的孩子智力、才能卓越,以更好地生存。然而,这些都不是短时间内所能实现的,而从胎儿时期抓起就很有必要。

教育要从零岁开始,也就是说,从受孕的第一天到宝宝出生的这一段时期,对胎儿的教育,即称为胎教。胎儿在5个月大时,已有听觉的反应了,胎儿的内耳、中耳、外耳等听觉系统建立在怀孕约6个月的时候,胎儿在母亲的子宫内,对外界的声音刺激会有反应,这些反应包括感受到母亲的心跳速度、血液流动的节奏、胃肠蠕动的韵律等;所以当母亲沉浸在轻柔曼妙的乐声中,胎儿不仅感受到音乐的节奏,在环绕着羊水、温柔的摇篮里,也随着母亲的心跳、呼吸一起成长;简单地说,你希望你的宝宝将来成为什么样的人、过什么样的日子,在怀孕期间就预先过这样的日子吧!所以,怀孕期间良好的胎教,对新生儿确实有许多好处,如出生后宝宝不易哭闹、提升情绪智商指数。而近来流行的音乐疗法更印证了常听优美和谐的乐音,可刺激脑部分泌激素,增进身体抵抗力,而所释放出的脑吗啡会使身心感到舒畅。因此,胎教的确有其必要性。

3. 正确认识胎教

现代人已经越来越重视胎教,但是关于如何正确看待胎教却有很大的误区。

有的人怀疑胎教是否有必要,根本不相信胎教,认为胎儿根本就不可能接受“教育”。这是因为,这些人还不了解胎儿的发育情况,不了解胎儿的能力。我们说5个月的胎儿就已经有能力接受教育了。但这里所说的“教育”不同于出生后的教育,主要是指六感的训练,即:皮肤的感觉、鼻子的嗅觉、耳的听觉、眼的视觉、舌的味觉和躯体的运动觉。胎教的目的,不是教胎儿唱歌、说话、算算术,而是通过各种适当的、合理的信息刺激,促进胎儿的各种感觉功能的发育成熟,为出生后的早期教育打下一个良好基础。这样来理解胎教,您是否认为胎儿有能力接受呢?

有的人认为胎教就可以造就神童。其实，我们提倡胎教，并不是因为胎教可以培养神童，而是胎教可以尽可能早地发掘个体素质的潜能，让每一个胎儿的先天遗传素质获得最优秀的发挥。如果把胎教和出生后的早期教育很好地结合起来，我们相信，人类的智能会更加优秀，会有更多的孩子达到目前人们所认为的神童程度。也许还有人会说：以前并没有搞胎教，不也照样有科学家和伟人吗？科学不是也在不断进步吗？是的，许多事实证明，在科学家和伟人的成长过程中都包含着许多当时没有被人们所意识到的胎教与早教。如果人类能更早一些地认识胎教的重要性，世界的科学水平会比现在更先进。

尽管现代医学为胎教提供了可行的依据，也有诸多实验、实例证明了胎教的存在，但是对胎教仍然要用辩证的态度审视。只有正确认识胎教理论并科学实施各项胎教内容，才是正确的胎教之道。

4. 流行的胎教方法

国内外广泛采用的胎教方法主要有以下几种。

(1)音乐胎教法：音乐胎教是对胎儿智力开发具有特殊功能的一种方法。其包括：①选择孕妇喜爱的音乐，以动听悦耳的轻音乐为主。②父母唱歌给胎儿听。③利用胎教传声器。

(2)对话胎教法：怀孕 20 周，胎儿的听觉功能已经完全建立。父母通过与胎儿的对话，使胎儿接受到语言波的信息，刺激胎儿大脑的生长和发育。

(3)抚摩胎教法：婴幼儿的天性是需要爱抚。胎儿受到母亲双手轻轻地抚摩之后，亦会引起一定的条件反射，从而激发胎儿活动的积极性，形成良好的触觉刺激，通过反射性躯体蠕动，以促进大脑功能的协调发育。

(4)触压、拍打胎教法：怀孕 24 周以后，可以在孕妇腹部明显地触摸到胎儿的头、背和肢体。自此时开始，每晚可让孕妇平卧床上，放松腹部，使胎儿在“子宫内散步”、做“宫内体操”。这样反复地锻炼，可以使胎儿建立起有效的条件反射，并增强肢体肌肉的力量。经过锻炼的胎儿出生后肢体的肌肉强健，抬头、翻身、坐、爬、行走等动作都比较早。但要记住，一旦胎儿出现踢蹬不安时，便应立即停止刺激，并轻轻抚摩之，以免发生意外。

(5)光照胎教法：光照胎教是在胎儿期适时地给予光刺激，促进胎儿视网膜光感受细胞的功能尽早完善。胎儿的视觉较其他感觉功能发育缓慢。怀孕 27 周以后胎儿的大脑才能感知外界的视觉刺激；怀孕 30 周以前，胎儿还不能凝视光源，直到怀孕 36 周，胎儿对光照刺激才能产生应答反应。

(6)艺术胎教：通过进行一些艺术类练习，如书法、绘画等，孕妇本身会提高自己的文化素养，并给胎儿造成更为安宁与舒服的生活环境。

5. 胎教可以提升准妈妈的母爱

众所周知，胎儿是由母亲孕育的，母体既是胎儿赖以生存的物质基础，又是胎教的主体。一方面，母体为胎儿的生长发育提供了必要的条件，母亲的身体素质和营养状况直接关系到胎儿的体质健康；另一方面，母亲的方化修养、心理卫生情况又不可避免地在胎儿幼小的心灵中打下深深的烙印，对孩子的精神世界产生不可低估的影响。因此，孩子生命中第一任重要角色责无旁贷地落在了母亲的身上。

一般情况下，从发现自己的腹内已萌发出一个小生命时起，多数未来的母亲便意识到要保护和培养这一幼小生命，自然而然地开始了和小生命的“对话”，进行着亲切而又温暖的交流。当然，由于每一位母亲的家庭环境、文化素养、道德修养、对胎教的认识与付出的时间和精力，以及投注的爱心等方面的差异，造成了胎教的不同结局。因此，每一位即将做母亲的人都应充分认识自己所肩负的责任，增强体质，加强修养，很好地进入“主角”的角色，为孩子的超早期教育做出贡献。

说到这里，也许有些孕妇会因为自己的文化水平不高等因素而感到气馁，对胎教缺乏信心。其实，在胎教过程中最为关键的莫过于母亲的爱心。只要付出精力和时间，倾注全部的爱心，那么你就是对胎教负责的好妈妈了。

6. 准爸爸与胎教

俗语说“养不教，父之过”。胎教是教育胎儿的系列行为，这不仅是母亲的责任，也是为人父的责任。开始，他和母亲一道精心选定了受孕的最佳时机，并以最佳状态参与了造就新生命的全部过程，奠定了胎教的先天生理基础；之后，他又在创造有益的胎教氛围和良好的胎教环境，以及调节孕妇的胎教情绪等方面发挥着重要的作用。希望每一个未来的爸爸都应充分意识到自己的责任，及时准确地进入角色，用博大深厚的父爱滋润、培育母腹中那个幼小的新生命。如果您这样做了，那么您将无愧于父亲的称号。

丈夫是妻子接触最多而又最亲密的人，丈夫的一举一动、情感态度，不仅影响到妻子，更影响到妻子腹中的胎儿。作为未来的父亲，不要等孩子出生以后再教育。应该趁胎儿在母亲怀中孕育着的时候，就应担负起实施胎教的重任，真正担当起“好爸爸”的重任，建立父子间的亲密感情。

7. 家人也应参与胎教

不要以为胎教只是未来父母的责任，实际上，家庭的其他成员，尤其是孩子未来的爷爷、奶奶、外婆、外公等人也在胎教中占据一席地位。

现在，一对夫妇只生一个孩子。因此，一些老年人，尤其是爷爷、奶奶还有重男轻女的老观念，往往希望生孙子而不想要孙女。这样，就给孕妇带来了精神压力，甚至造成心理障碍，以致影响母腹中胎儿的发育。

还有一些老年人，往往是孕妇的母亲或婆婆，总是滔滔不绝地介绍自己当年的亲身感受和经验。当然，这样做不无效益，但是其中也有不少负面的夸大之词，如把一切说得艰难而又痛苦。这对于孕妇来说无疑是一种不良刺激，甚至使她产生条件反射，从而导致一场痛苦而又沉闷的妊娠和分娩。这同样会给胎儿造成极为不利的影响。

此外，还有一些老年人，对怀孕的媳妇不以为然，动不动就说“我们那时候如何容易”，言下之意就是眼下的媳妇太娇气。这对于孕妇来说也是一种不良刺激，往往是给孕妇原本就烦躁不安的情绪上增加困扰，甚至发生口角进而殃及胎儿。

因此，在孕妇怀孕期间，家庭所有成员都应给予热情的帮助和充分的体谅，不要给孕妇造成压力，也不要给她“瞎参谋”，更不要随意指责，而应共同努力在孕妇周围造成一个宽松的生活环境，使胎儿在祥和的气氛中健康地成长。

8. 父母常给胎儿抚摸和聊天

父母可以通过抚摸和对话与胎儿进行沟通。

抚摸是一种触觉方面的沟通。胎儿在3个月的时候就有了触觉，也就是在它身体表面已经分布着神经末梢，无意中碰到时，它会做出反应，同时在这个时期，它的大脑也在快速发育，细胞的数量决定大脑的容量。科学家们认为，可以利用胎儿的触觉，对它进行良性的刺激，使它通过建立触觉神经通路，把信息传到大脑皮质，使神经元有更多的分支来传递信息。实践证明，凡是接受抚摸刺激的胎儿，它的灵敏度高，而且肌肉力量强壮，出生后抬头、爬行、行走动作都要比没有接受抚摸刺激的孩子要早。

孕妇还要学会与腹中胎儿通过语言沟通进行感情交流。怀孕13～16周时胎儿已产生最初的意识。母亲可以给胎儿朗读一些笔调清新优美的散文、诗歌，也可以和胎儿聊天。语调要轻柔，充满感情，让胎儿感受到浓浓的母爱。

9. 母子"连心"胎儿强健

一位教授调查了141位孕妇及她们后来的新生儿，认为母亲对胎儿的态度在孩子出生后的心理上有很大影响。如果母亲无条件喜欢自己怀上的孩子，她们的子女在感情和体质上都很健康；如果母亲对怀孕抱一种消极态度，则生下的孩子性情忧郁，体质瘦弱；如果母亲对怀孕抱有矛盾心理，孩子也会自然而然承袭这种心理；如果母亲对怀上的孩子态度冷淡，这类孩子一般也显得冷漠。因此，母亲是否喜欢胎儿，对婴儿的心理也有影响。

大量的研究结果表明，胎儿还在那黑暗的母腹之中，母子之间不但血脉相连，休戚相关，而且还可以情感相通，心灵互应，母亲与胎儿在彼此传递着情感信息。至于母亲与胎儿之间的这条情感渠道是如何建立的，母亲对胎儿的心灵影响又是怎样发生的，至今还没有一个科学的定论。但是充分的事实证明，胎儿与母亲的感情交流是客观存在的，特别是在妊娠后期更为明显。胎儿也有喜怒，也会"记忆"，同时也向母亲发出各种信息。因此在胎教过程中，最为关键的莫过于母亲的爱心。

愿每位怀孕者能做这样的"理想型孕妇"：相信科学，能掌握较多的生理卫生知识。正确对待怀孕，懂得怀孕是女人特殊的生理现象，不是什么"灾难"，情绪安稳、自然，不急躁、不惧怕，没有心理包袱和思想负担。

10. 胎儿也需母爱

据报道，1972年在德国某医院出生了一个名叫克里斯蒂娜的健康婴儿。从出生开始，这个婴儿就一直拒不吮吸母亲的乳汁，医生让另外一位乳母去喂她，却见她迫不及待地大口吃起来。这种罕见的有悖于常情的举动，不禁使人愕然。经过调查分析，才发现这位母亲在怀孕时特别不想要这个孩子，只是在丈夫的恳求下才勉强把孩子生下来。可见，这个可怜的小女孩在胎儿时期就已感觉到了母亲的想法，所以出生后仍对母亲"心怀怨恨"。

中医学中也有"孕借母气以生，呼吸相通，喜怒相应，一有偏奇，即致子疾"的相似理论。因此，母亲是否喜欢胎儿，对婴儿的心理也有影响。孕妇是胎儿未见面的教师。胎儿具有的能力远远超出人们的想象，母亲的情感和态度与胎儿都有难以分割的联系，亲子间在情感上的协调早在母体中就进行了。科学家曾把微型录音话筒放入子宫内测试，发现6个月的胎儿不仅可听到体内血液流声，对母亲的心音、胃肠蠕动、语声及外界音乐、噪声等都可“窃听”感知，而且还能对此做出情感反应。这些说明了胎儿是有意识能力的小生命，从6个月开始就已经过着有情感反应的生活，也能与母体进行情感的交流，像已经出世的孩子一样，十分需要母爱。

请您不要小看了您腹中的那个小生命，不要忽视了他(她)也懂得您的感情。请多给他(她)一些母爱和温暖吧。

11. 胎教不宜用“高频”音乐

随着“胎教”这一观念渐渐被国人接受，胎教磁带更加受人欢迎。不少年轻夫妇，刚得知怀孕的消息，便会买来胎教音乐磁带，在怀孕初期就让孕妇通过特制的小传声器，把音乐放给腹中的胎儿听。殊不知如果胎教不当，可能适得其反。

胎儿在母亲肚子里长到4个月大时就有了听力，长到6个月时，胎儿的听力就发育得接近成人了。此时进行胎教确实能刺激胎儿的听觉器官成长，促进孩子大脑发育。但许多孕妇进行胎教时，却是直接把录音机、收音机等放在肚皮上，让胎儿自己听音乐。这是不正确的。因为此时胎儿的耳蜗虽说发育趋于成熟，但还是很稚嫩内耳的基底膜是由一条纤维组成的膜，这个膜越靠近耳蜗的底部越短，是和传到耳朵里的高频声音——2 000赫兹以上的高频声音共振的。共振使它的毛细胞产生振动，毛细胞和顶盖膜的摩擦静电，通过听神经传到大脑听觉中枢。基底膜靠近蜗底的这一部分短纤维极易破坏。如果孕妇把传声器直接放在腹部，声波直接进入体内，由于距离太近，高频音没有损耗会对胎儿的听觉器官产生强烈的刺激乃至产生严重后果，很容易遭到不可逆性损伤。

12. 孕妇精神压力大对胎儿成长不利

与足月儿相比，早产儿由于身体各器官、组织发育不成熟，特别是肺部发育不良，很容易出现各种危及生命的症状和体征，且这些高危因素还极易导致脑损伤。

医学专家们认为，现代社会竞争日益激烈，女性在怀孕期间工作压力大是早产儿增多的主要原因之一。企划人员、研究员、管理者……其工作形态是耗脑力而且工作压力大；而股票族则因情绪不时随指数起落，都是属于精神压力大的人群。

难道准妈妈们不知道这样的情况吗？其实，绝大多数人是很清楚压力过大有可能导致早产的。可是面对竞争日益激烈的现代社会，她们也只是无奈。很多妈妈感叹：“谁不愿意一怀孕就在家歇着呀。可是现在岗位竞争激烈，等生完孩子回单位就会发现自己的位置没了。而如果你要在单位坚持工作，就不可避免地要面对竞争，就不可避免地要紧张和焦虑。”

面对这些矛盾的情形，孕妇一定要学会自我调节，采取积极的方式去避免让自己精神压力过大。要用豁达的心态看待工作中的不愉快，首先自己不要给自己太大压力。尽量和同事和平相处，要多为肚子里的宝宝着想。下班后就不要再去想工作的事情，让身心在家里得到休养，这就需要家人给予足够的关心和理解。孕妇只要意识到“怎样对宝宝才是最好的”，就可以逐渐放下压力，坦然面对工作了。

二、胎教方法

1. 营养胎教

营养胎教是根据妊娠各个时间胎儿发育的特点，合理指导孕妇摄取营养，以保证胎儿发育良好。这要从吃什么和如何吃两方面来进行。

首先，孕妇需要适宜而平衡的营养来供给自身及腹内胎儿的需要。为了适应母子的需求，合理而全面的营养应当包括：糖、蛋白质、脂肪、维生素、微量元素等。糖是大脑惟一可以利用的能源；蛋白质是智力发育的必需物质，能维持和发展大脑功能，增强大脑的分析理解和思维能力；磷脂增强大脑的记忆能力，是脑神经元之间传递信息的桥梁；维生素能增强脑细胞蛋白质的功能；碘是智力元素等。可见，吃什么很重要。

吃什么只能保障营养的充足供给，而了解如何吃可以指导良好的饮食习惯。孕妇科学进食可以保证营养的顺利获取，而且对宝宝出生后的饮食习惯也有一定影响。专家建议孕妇饮食要做到：

(1)三餐定时：最理想的吃饭时间为早餐 7～8 时，午餐 12 时，晚餐 6～7 时；吃饭时间最好在 30～60 分钟，进食的过程要从容，心情要愉快。

(2)三餐定量：三餐都不宜被忽略或合并，且分量要足够，每餐各占一天所需热能的 1/3，或呈倒金字塔形——早餐丰富、午餐适中、晚餐量少。

(3)三餐定点：吃饭的时候应固定在一个气氛和乐温馨的地点，且尽量不被外界的干扰而影响或打断用餐。

(4)营养均衡而多变化：身体所需的营养尽量由食物中获得，而非一味靠所谓的保健品补充。

(5)以未加工的食物为主：孕妇要尽量多吃原始食物，如五谷、青菜、新鲜水果等，烹调的方式以保留食物原味为主，少用调味料，少吃垃圾食品。

2. 运动胎教

运动胎教是指导孕妇进行适宜的体育锻炼，促进胎儿大脑及肌肉的健康发育，有利于正常妊娠及顺利分娩。

(1)早晨散步是最适宜孕妇的运动：早晨在林间散步，林间空气清新，可改善和调节大脑皮质及中枢神经系统的功能，又增加抵抗力，有防病保健之功效，更有利于胎儿的发育。

(2)提肛运动：坐在靠背椅子上，轻吸气，以中断排尿那样的方法用力收缩肛门、会阴部肌肉，并尽可能维持一段时间，然后呼气放松，每次做 10～15 次。这个动作可增强肛门、会阴部肌肉的弹性，利于分娩。

(3)足部运动：坐在靠背椅子上保持背部挺直，腿与地面呈垂直状态，脚心着地面；然后脚背绷直、脚趾向下，使膝盖、踝部和脚背成一直线。双脚交替做这个动作，方便时可随时做。通过脚尖和踝关节的柔软运动，促进血液循环，增强脚部肌肉以承受日渐沉重的身体，避免脚踝损伤。

(4)盘腿运动:盘腿坐下,背部挺直,双手轻放在两膝上,每呼吸一次就用手按压一下,反复进行。注意要用手腕向下按压膝盖,并一点点加力,尽量让膝盖接近床面,每天早晚各做3分钟。这个动作可增强背部肌肉,松弛腰部关节,伸展骨盆肌肉,帮助孕妇分娩时双腿能够很好地分开,使胎儿顺利通过产道。

(5)腰部运动:坐在床上左腿伸直,右腿朝外弯曲一些,左手放在左膝盖上,右手撑一侧,左手上举弯腰,重复数次。两侧交替进行,每次3分钟。

(6)振动骨盆运动:趴在床上,双手与肩同宽,深深低着头,腰背部向上拱成圆形;然后抬头挺腰,腰背部伸直。做时可配合呼吸,每天早晚做5~10次为宜。这个动作可帮助孕妇不费劲地活动骨盆,有利于日后分娩,还可使产道出口的肌肉柔软。

(7)扭动骨盆运动:卧在床上,双手伸直放在身体两旁,右腿屈膝,右脚心平放在床上,膝盖慢慢向右侧倾倒;待膝盖从右侧恢复原位后,左腿屈膝做同样动作;然后双腿屈膝,双腿并拢,慢而有节奏地用膝盖画半圆形,由此带动大腿、小腿左右摆动,注意双肩要紧靠在床上。每天早晚各做2次,每次3分钟。这个动作能够增强骨盆关节和腰部发柔软和力量。

3. 对胎儿进行运动胎教的方法

通过指导孕妇及胎儿进行适宜的体育锻炼,促进胎儿的大脑及肌肉的健康发育,有利于母亲正常妊娠及顺利分娩,称为运动胎教。运动胎教在漫长的孕期当中必不可少。“生命在于运动”,这对胎儿来说同样适用,胎教理论主张适当对胎儿进行运动,以激发胎儿运动积极性,促进胎儿身心发育。研究结果表明,凡是在子宫内受过运动训练的胎儿,出生后翻身、爬行、坐立、走路、跳跃等动作明显早于一般孩子。

妊娠5个月孕妇会感觉胎动,准父母可以通过抚摩和拍打帮助胎儿进行体操运动,促进胎儿动作能力的发展。

具体方法是:孕妇仰卧在床上,全身放松。用双手捧着胎儿,从上到下,从左到右,反复轻轻抚摩。然后再用一个手指反复轻压胎儿,在抚摩时注意胎儿的反应,如果胎儿对抚摩刺激不高兴,就会出现躁动或用力蹬踢,则应停止抚摩。如果受到抚摩后,出现平和的蠕动,则表示胎儿感到很舒服,很满意。抚摩胎教每次5~10分钟。抚摩胎教后可改为对话或音乐刺激,每日1~2次,每次5~10分钟。

还有一种方法,用手轻轻推动胎体,胎儿出现踢腹壁的动作,这时用手轻轻拍打胎儿踢的部位,胎儿第二次踢腹壁,然后再用手轻轻拍打胎儿踢的部位,出现第三次踢腹壁,渐渐形成条件反射,当你用手轻轻拍胎儿时,胎儿会向着你拍的部位踢去,注意轻拍的位置不要距刚才的位置太远。每天1~2次,每次5~10分钟。经过抚摩、拍打体操锻炼的胎儿出生后,动作发展敏捷灵活,如翻身、坐、爬、站、走及动手能力都比未经过锻炼小孩发展得早一些,而且体格健壮,手脚灵敏,动作协调,肌力较强。

需要注意的是,有流产、早产迹象者,不宜进行抚摩、拍打胎教;训练的手法宜轻柔,循序渐进,不可急于求成,每次仰卧的时间不能超过10分钟。另外,妊娠早期及分娩前期不宜进行。

4. 帮助胎儿做操

从怀孕第7周起,小家伙就开始活动了,小到吞咽、眯眼、咂拇指、握拳头,大至伸展四肢、转身、翻筋斗，都可以做到。准妈妈和准爸爸可以通过动作和声音，与宝宝沟通信息，这样做他会有一种安全感，感到舒服和愉快。出生后也愿意同周围的人交流。在母腹中进行体操锻炼，小宝宝的肌肉活动力增强，出生后翻身、抓、握、爬、坐等各种动作的发展都比没有进行过体操锻炼的要早一些。

你可以每天在固定的时间给小宝宝一个信号：孩子，快来和妈妈做操。并躺在床上，全身尽量放松。在腹部松弛的情况下用双手捧住胎儿，轻轻抚摸，然后用一个手指轻轻一压再放松。这时胎儿便会做出一些反应。如果此时胎儿不高兴就会用力挣脱，或者蹬腿反对，你就要停止。在刚开始的时候胎儿只做出响应，过几周后胎儿对母亲的手法熟悉了，一接触妈妈的手就会主动要求"玩耍"。

胎儿六七个月时，母亲可以感觉出他的形体，这时就可以轻轻地推着胎儿在腹中"散步"了。8个月时，母亲可以分辨出胎儿的头和背了。胎儿如果"发脾气"用力顿足，或者"撒娇"身体来回扭动时，母亲可以用爱抚的动作来安慰胎儿，而胎儿过一会儿也会以轻轻地蠕动来感谢母亲的关心的。如果能够和着轻快的乐曲同胎儿交谈，与胎儿"玩耍"，效果会更好。

宝宝做操比较理想的时间是在傍晚胎动频繁时，也可以在夜晚10时左右。但不要太晚，要是他兴奋起来，手舞足蹈，你还怎么睡。你也不希望小宝宝一生下来就黑白颠倒吧。

5. 环境胎教

优良的环境是胎儿健康生长的土壤，环境胎教就是通过指导年轻夫妇在准备受孕前6个月就开始学习环境卫生知识，以利于优化环境。人类从受精卵→胚胎→胎儿直到出生瞬间成为新生儿，大约经历了280日。妊娠过程中胎儿能否正常生长发育，除了与父母的遗传基因、孕育准备、营养因素有关外，还与孕妇在妊娠期间的内外环境有着密切的联系。

首先，受精卵形成前夫妻双方的健康状况是第一道影响因素。只有男女双方都健康，保证提供健康的精子和卵细胞结合，才能生成正常的受精卵。

其次，高质量的受精卵还要求良好的宫内环境。母体身体、营养等生活环境，孕妇精神、情绪等心理环境，孕妇体内激素改变造成的生物、化学环境，孕妇心跳、胃肠蠕动等物理环境，无一不影响胎儿的正常发育。

最后，孕妇所居住的工作和生活环境也对胎儿的成长极为重要，对胎儿有着阶段性的影响。

以上三方面缺一不可，只有全部满足才能保证孕育健康的宝宝。

环境胎教的方法：

(1)避免不良情绪：孕妇不良的精神状态给婴儿所造成的刺激常引起婴儿行为性格异常。因此，胎教的重要目的是必须使孕妇精神始终处于放松、愉快的状态之中。

(2)合理营养：重要的是孕妇必须保持营养平衡，这是胎儿健康的生长发育的物质基础。

(3)改善外环境：戒烟禁酒，注意用药，改善居住环境，避免有害的工作环境(如放射线、噪声、烟尘、铅污染等)。

(4)预防感染:孕妇要特别重视预防感冒和各种感染,病毒感染可引起胎儿畸形,危害极大。

(5)保好心情:尽量创造一个舒适的环境,室内颜色调和,四周保持整洁。放置一些花卉、盆景,墙上挂几张活泼可爱的小宝宝照片,可使孕妇保持情绪愉快。

(6)避免收看刺激性强的节目:避免收看情节紧张的电视节目或收听令人情绪紧张的广播。因孕期情绪受到惊吓可使肾上腺素分泌增加,子宫的血流量将会减少,从而影响胎儿发育。

(7)放松情绪:长期的情绪压抑或愤怒使孕妇肾上腺皮质激素增多,胎儿体内的蛋白质合成就会减少,还会导致胎儿有兔唇、腭裂等畸形。

(8)其他方面:避免多次人工流产或自然流产后受精,避免夫妻体弱患病受精,避免不洁的性生活(包括性病)引起的胎儿宫内感染,避免放射线伤害,避免职业与嗜好的不良刺激,避免污染源及噪声。

6. 音乐胎教

胎儿在子宫内与外界的联系,主要是由听觉器官和听神经,来接受外界传入宫内的声波刺激。声波有乐音和噪声之分,当然对胎儿的刺激也就有有益与有害之分,对胎儿不时地发出乐性声波,可以使胎儿的大脑接受到不是语言爱抚而胜似语言爱护作用的良性刺激。

音乐胎教就是以音乐声波刺激胎儿听觉器官的神经功能,从而对其听力、感知、记忆等进行训练的方法。

音乐胎教可以使胎儿脑神经元增多,树突稠密,突触数目增加,甚至使原本无关的脑神经元相互连通。而神经元是神经系统的基本结构和功能单位,一个人智力的优劣和脑神经元的发育关系十分密切。脑神经元表面有一大的分支——轴突和许多小的分支——树突,两个脑神经元之间依靠轴突和树突相接触而传递冲动——沟通信息,其接触的部位称为突触。突触越多,人越聪明。音乐胎教就是通过对胎儿不断地进行良性声波刺激,促使其脑神经元的轴突、树突及突触的发育,为优化后天智力奠定基础。

孕妇在妊娠期经常听清新而愉快的有节奏的乐曲,除了对胎儿大脑边缘系统和脑干网状结构有直接影响,从而促进大脑和感觉的发育外。优美的音乐还能促使孕妇分泌出一些有益于健康的物质,有调节血液流量和使神经细胞兴奋的作用,进而改善胎盘供血状况,使血液的有益成分增多,对促进胎儿发育成长也有利。

经常有音乐陪伴也是对胎儿的乐感训练。实验表明,受过音乐胎教的孩子有良好的音乐感,学习成绩也比没有受过音乐胎教的孩子好。进行音乐胎教,要选择明朗轻快柔和的乐曲,还可以选择穿插有自然界的鸟啼虫鸣和潺潺的流水声的乐曲,这些乐曲能给人以丰富的联想,使人心旷神怡,有利于胎儿身心的健康发展。

从以上几个方面综合考虑,根据胎儿脑发育特点,进行"音乐信号刺激"帮助脑细胞结构的正常分化,是有一定的科学依据的。

进行音乐胎教操作方法:

(1)开始实施音乐胎教的时间:孕 16 周起就可以有计划地实施音乐胎教了。音乐胎教的方法是关系到音乐胎教成败的关键，一定要科学谨慎地实施。

(2)内容

①选择合适的音乐教材。胎教音乐有孕妇音乐和胎儿音乐两大类。孕妇音乐是供孕妇欣赏的，可调节情绪。要求音乐本身悦耳动听，在音乐进展中没有突然出现刺耳的声音，避免产生紧张不安、压抑、恐怖情绪。还要保证给人一种自由、舒展、协调的感觉。最好结合乐曲所表达的感情特征或描绘的意境，配上心理诱导词。孕妇在诱导词的启发下，可以更敏感地接受乐曲的旋律感应，对乐曲抒发的感情产生共鸣，通过词、曲的紧密结合，使孕妇听了能得到心理上的调节和精神上的享受。可以选择中西方古典乐，如二胡《二泉映月》、德国名曲《仲夏夜之梦》等。胎儿音乐是给胎儿听的，可以激发胎儿对声波的良好反应。要求频响范围对胎儿大脑有益而无害，因为胎儿脑发育尚幼稚，极易受到损害。音乐的节奏平和，力度不大，速度稍缓，没有切分音，没有不谐和的音程和不谐和的和弦，以保证不会使胎儿产生紧张不安的感觉。从盒式录音带的时间控制上，每面的乐曲所占时间约在12分钟以内，因为胎儿的听觉神经和大脑较成年人容易疲劳。可选择正规的胎教磁带。要注意乐曲不宜太多、太杂。

②把握音乐胎教的时间。一般每日3次(早、中、晚各1次)，每次5～10分钟，如果因工作关系中午不能欣赏，可早、晚各1次，每次10～15分钟，或根据具体情况调整时间。最好做到规律进行，如规定每天何时听、听几次、听多久，这样对胎儿比较好。特别要注意的是，音乐胎教的时间不是严格界定的，如果发现胎儿累了，可以随时停下来。

③采取合适的体位。欣赏音乐时不要长时间躺着，以免增大的子宫压迫下腔静脉，导致胎儿缺氧。可以边走动边听音乐，也可以在做家务时听。

7. 语言胎教

除了音乐胎教之外，语言胎教对胎儿也是很好的声音刺激。从理论上讲，它的传播途径与音乐胎教是一致的。语言胎教这项工作主要由爸爸进行。父亲的讲话大多偏于低沉，声波以中低频为主，这种声音恰恰很容易透入宫内。爸爸经常和胎儿对话，对母亲是一种安慰，对胎儿的情感发育也有莫大好处。

语言胎教的方法包括：

(1)日常生活语言诱导：如可给小宝宝起好名字，每天反复对胎儿讲在他出生后要对他讲的日常生活语言。

(2)系统性语言诱导：如儿歌、童谣，分阶段，由浅入深的进行。

(3)与胎儿对话：怀孕4个月的时候，可以开始试着和胎儿说话。对话可随时随地进行，每次3～5分钟为宜。准爸爸可以对着孕妇的腹部，讲些诸如"宝宝"、"乖乖"、"爸和你说话"、"你和爸爸妈妈在一起"之类的语言；也可以给孩子取一个乳名(如小明)，每天在一定时间轻轻地呼唤胎儿的名字，用亲切和蔼的声音对胎儿讲话，并轻轻地抚摸；进而可以在上班前可对着腹中的胎儿说："小明，爸爸要上班去了，再见！"；下班回家后又可对着孕妇的腹部说："小明，你好吗？爸爸下班回来了。"当胎动较强时可对着胎儿说，"小明，要听话，不要使劲踢妈妈"等。不要讲述胎儿根本无法听懂的话。在"对话"时环境一定要保持安静，避免给胎儿带来噪声，就是拿放物品都不要出声太大，不要用力摔门或摔物品，以免产生突发性的噪声刺激胎儿，引起胎儿的惊吓反应。

给胎儿起个乳名并经常亲切地呼唤，胎儿出生后会对父母亲切的呼唤做出反应，也容易与父亲建立起亲密的关系。

父母用相同的声音与胎儿进行语言交流，能促进胎儿大脑中的粗浅记忆，促进宝宝语言及智力的发展。同时将父母的爱传给胎儿，这对胎儿的感情发育有很大好处。

8. 胎儿爱听妈妈唱歌

很多的准妈妈都知道给胎儿播放胎教音乐，和胎儿说话，其实还有一种很好的胎教方法，那就是唱歌给他(她)听。实验证明，如果母亲能亲自给胎儿唱歌，将会收到比单纯听音乐更为令人满意的胎教效果。一方面，母亲在自己的歌声中陶冶了性情，获得了良好的胎教心境；另一方面，母体在唱歌时产生和谐又愉快的物理振动，会使胎儿从中得到感情上和感觉上的双重满足。这一点，是任何形式的音乐都无法取代的。

有的孕妇认为，自己五音不全，没有音乐细胞，哪能给胎儿唱歌呢。其实，完全没有必要把唱歌这件事看得过于专业。要知道，给胎儿唱歌并不是登台表演，不需要什么技巧和天赋，要的只是母亲对胎儿的一片深情。只要带着对胎儿深深的母爱去唱，你的歌声对于胎儿来说就一定是悦耳动听的。因此，准妈妈在工作之余，不妨经常哼唱一些自己喜爱的歌曲，把自己愉快的信息通过歌声传送给胎儿，使胎儿分享自己喜悦的心情。唱的时候尽量使声音往上腭部集中，把字咬清楚，唱得甜甜的，这样会十分受胎儿欢迎。

平时，胎儿在子宫内只能听到低沉而单调的心跳声和沙沙的血液流动声。孕妇的歌唱声会引起胎儿的特别注意和精神兴奋。久而久之，胎儿不仅记住了母亲的声音，而且音乐对胎儿的智力发育与心理健康发展有良好的启迪作用。

9. 准爸爸在胎教过程应负的责任

准爸爸知道了参与胎教的必要还不够，还要懂得如何去实施。下面的几点可以给准爸爸参考：

(1)做好后勤工作：做丈夫的要自觉地多分担家务事，妥善安排好妻子的饮食，保证营养物质的摄入。

(2)保护好妻子：要让她有充分的睡眠和休息。在乘汽车、逛商店时，要保护妻子，避免腹部直接受到冲撞和挤压。

(3)善于调节妻子的情绪：孕妇的不良情绪能影响胎儿的身心发育，丈夫要关心、体贴怀孕的妻子，挤出时间多陪陪妻子，从感情上满足妻子需要关爱、体贴的需求，让妻子保持良好的乐观开朗的情绪。

(4)提供良好的生活环境：因为强烈的噪声或振动会引起胎儿心跳加快和痉挛性胎动。若家居周围属于工业污染区，则污浊的空气中有害物质较多，应毫不犹豫地迁居他处，哪怕临时租房也值得。

(5)顾全大局：在疾病流行季节都要少去公共场所。丈夫一旦得了传染病，如甲型肝炎、乙型肝炎、肺结核等，要与妻子隔离。

(6)激发妻子的爱子之情：多看一些激发母子情感的书籍或影视片外，多与妻子谈谈胎儿的情况，一起和胎儿对话；关心妻子的妊娠反应，它对增加母子生理、心理上的联系，增进母子感情都是非常重要的。

(7)培养妻子的审美情趣：除了听音乐外，丈夫还可以陪妻子作画，看画，观看摄影、画展，养花，养金鱼，观看艺术表演，以提高艺术修养。

(8)时常跟胎儿搭话：未来的父亲在与胎儿对话，给胎儿唱歌，训练胎儿运动等实施胎教手段的过程中，将发挥无可比拟的作用。

(9)做新一代的育婴父亲：传统观念认为，生儿育女似乎是女人的"专利"，男人应该到社会的大舞台上去闯，女人世袭的领地是家庭。但是，观念和现实都在变化，现在国外就有父亲请假育婴的新趋向。

10. 抚摸胎教

胎儿不仅需要父母的声音，还需要父母的肢体接触。父母用手轻轻抚摸胎儿或轻轻拍打胎儿，通过孕妇腹壁传达给胎儿，胎儿受到抚摸后，也会有一定的条件反射，从而激发胎儿活动的积极性，形成良好的触觉刺激，促进胎儿感觉神经和大脑的发育。久而久之能使胎儿产生记忆，有助于开发智力。

事实证明经过抚摸训练出生的婴儿，肌肉活动力较强，对外界环境的反应较灵敏，在出生后翻身、爬行、站立、行走等动作的发展上都能提早些。

知道了抚摸胎教的这么多好处，相信很多准爸妈是乐于给自己的胎宝宝做抚摸的。可以按如下的步骤实施：

(1)孕妇仰卧放松，双手放在腹壁上捧住胎儿从上而下，从左至右顺序地抚摸胎儿，反复 10 次后，用食指或中指轻轻抚压胎儿，然后放松。

(2)到妊娠 6～7 个月时，孕妇能摸清胎儿体形，可进行推晃锻炼，即轻轻推动胎儿，使他在腹中游走。

(3)抚摸胎教要求定时进行，开始每周 3 次，以后根据具体情况逐渐增多，每次时间 5～10 分钟。

(4)抚摸胎教最好配以轻松愉快的音乐，效果更佳。

(5)在抚摸时应注意胎儿的反应，如胎儿用力踢腿，应停止抚摸，宫缩出现过早的孕妇不宜使用抚摸胎教法。

11. 利用视觉色彩胎教

人的第一感觉就是视觉，而对视觉影响最大的则是色彩。色觉在胎教中的作用不可忽视。现在人们已认识到色彩能影响人的精神和情绪。它作为一种外界的刺激，通过人的视觉带来不同的感受，使人产生某种精神作用。精神上感到舒畅还是沉闷，都与色彩的视力感觉有着直接的关系。

乍一看，色彩似乎稀松平常，不就是那几种颜色吗？可仔细一琢磨，其中却大有学问。使人不舒服的色彩如同噪声一样，令人烦躁不安；而协调的色彩则是一种美的享受，能使胎儿安静舒适。一般说来，红色使人激动、兴奋，能鼓舞人们的斗志；黄色明快、灿烂，使人感到温暖；绿色清新、宁静，给人以希望；蓝色给人的印象是宁静、凉爽；白色使人感到干净、明快；粉红色和绿色象征着春天，使人充满活力。正由于这些，人类利用不同的色彩服务于人的不同精神要求已经有很长的历史，如中世纪哥特式的教堂，室内丰富的色彩变化，使人感到神圣和神秘；医院病房多选用浅绿色和淡蓝色，显得很安静、淡雅，使人有一种宁静柔和的感觉；现代餐厅则多选橘黄色，使人一进去就感到胃口大开。由此胎教学说也引进了色彩理论。

相对地说，孕妇因体内激素的变化，往往性情急躁，情绪波动较大。所以要有意识地使孕妇多接触一些偏冷的色彩，如绿色、蓝色、白色等，以利于情绪稳定，使孕妇保持淡泊宁静的胎教心境，使腹内的小宝宝安然平和地健康成长。而孕期不宜多接触红、黑等色彩，以免产生烦躁、恐惧及悲伤等不良心理，影响胎儿的生长发育。

因此，在布置孕期居室，选购日常生活用品，以及居家施行时，为了胎儿的健康，要有意识地注意色彩问题。

12. 教胎儿学习

胎儿在腹中是可以学习的，听起来好像不可思议，实践证明，胎儿也有学习能力，如何教胎儿学习呢，有以下几种方法，以供参考。

(1)学习语言和文字：把语言文字制作成彩色卡片。首先从汉语拼音 a、o、e、i、u、ü 开始，每天教 4～5 个，如果父母想从小发掘胎儿的外语天赋，也可教胎儿 26 个英语字母，先教大写，然后是简单的单词。怎么教呢？如教 a 这个汉语拼音时，一边反复地发好这个音，一边用手指在腹部写它的笔画。这时最重要通过视觉将“a”的形状和颜色深深地印在脑海里。因为这样一来你发出的“a”这一字母信息，就会以最佳状态传递给胎儿，从而有利于胎儿用脑去理解并记住它。汉语拼音韵母教完后，可以接着教声母和简单的汉字，如“大”“小”“天”“儿”等，在教胎儿学习时，母亲要用真挚的感情和耐心，切忌急躁，敷衍了事。

(2)使用彩色卡片学习数字：通过深刻的视觉印象将卡片上描绘的数字、图形的形状和颜色，以及你的声音一起传递给胎儿。使胎教成功的诀窍是以立体形象传递。例如，光是“1”这个数字，即使视觉化了，窍门在于加上由“1”联想起来的各种事物。如“竖起来的铅笔”、“一根电线杆”等让“1”这个数字具体又形象。在教“2”这个数字时，你可以想象“浮在水面上的天鹅的倩影”和“发条的一端加上一根横棍儿”的样子，尽可能从身旁的材料中找出适当的例子来。当然，这时不要忘记清楚地发好“1”、“2”的读音。

(3)学做算术：做算术也是一样，如教 1 加 1 等于 2 的时候，可以说“这里有 1 个苹果，又拿来了 1 个苹果，现在一共有 2 个苹果了。”将具体的、有立体感的形象，也就是将三维要素导入胎教中去。

(4)生活常识和自然知识的学习：让胎儿预先掌握生活中的智慧和一般常识，以便出生后对日常生活的事物更加感兴趣。如做菜时，可以讲述有关炊具和烹调的方法，通过视觉将菜的颜色“告诉”给胎儿，通过嗅觉将菜的气味转达给胎儿。

胎儿的大脑犹如一张白纸，对外界的信息是没有什么难易之分的，好奇就接收，厌烦就一概拒绝。这样就不妨有选择些有趣的话题通过感官和语言传递给胎儿以刺激胎儿的思维和好奇心。

第七章 分娩前期保健与物品准备

一、分娩倒计时前的各项准备

1. 为宝宝出生做准备

许多年轻夫妇在将为人父母时，不太清楚应为即将出世的“小宝贝”做好哪些“物质准备”。给新生儿准备用物很有学问。准备得好，方便实用，还有利于孩子的健康；如果准备不好，不但花费大，用不上，还会碰到一些麻烦而叫苦不迭。那么，怎样为新出生的婴儿做“物质准备”呢？大体上可以从衣、食、住、用、行这几个方面进行“筹划”。

(1)衣：依季节的不同，准备夏季或冬季衣服，每一种至少 2～3 套，衣料应选择柔软易吸水的纯棉布或纯棉织品。新生儿脖子短，上衣要做成“和尚领”，不要钉扣子，防止破坏小儿的皮肤。裤子可做成开裆连脚裤，便于更换尿布，利于小儿脚部保暖。小帽、鞋、袜也要备齐，每种够用就行，不必一次买得太多。尿布和尿垫要准备充分，尿布要用白色或浅色旧棉布，用前先用开水煮或烫，然后在阳光下晒干，达到消毒的目的。有条件的家庭可用一次性纸尿布和“尿不湿”尿垫。如果是纸尿裤先准备一包小号的，千万不要买大包的，孩子长得很快，没等你用完，他就可能换号了。

(2)食：新生儿以食母乳最佳，但也要准备奶瓶、奶嘴、奶锅，奶瓶消毒锅、奶瓶奶嘴专用刷等。有条件的还要购鲜牛奶，以备母乳不足或者乳母有病时小儿食用。奶瓶保温桶/温奶器：保温 4 小时以上，适用外出时哺乳。另外，还要买点浓缩鱼肝油（维生素 AD 滴液）和钙粉，遵医嘱添加。

(3)住：新生儿最好住在向阳、保暖、噪声小、通气好的房间内。室内灯泡光线不宜太强，以免刺激孩子。婴儿床选木质或布包围栏；床套被套（棉毛毯），不易被踢开的童被可选购睡袋，根据季节选用材质，以纯棉制品最好；床围要防止宝宝翻身碰到头。

(4)用：婴儿浴盆、婴儿沐浴露、婴儿润肤霜、婴儿护臀霜、婴儿专用洗衣液、尿布洗涤剂、婴儿指甲剪刀、清洁鼻孔和耳垢的棉签、医用纱布等。

(5)行：手推车、背婴带、学步车等。

2. 产妇自身的准备

产妇自身的衣、食、用也很重要，具体可参考以下建议。

(1)衣：如果有前开门的睡衣最好准备两件，方便哺乳，你会发现它比圆领衫更方便也更挡风，产后妈妈防风最重要。哺乳文胸两个，选纯棉肩开扣型，便于哺乳。产后康复裤在产后 1 个月后穿，效果不错。防溢乳垫防止母乳渗漏的必需品，根据个人需求数量购买。

(2)食：饮食宜清淡，尤其在产后 5～7 日，应以软饭、蛋汤等为主，不要吃过于油腻之物，此外，还应忌食生冷、辛辣刺激、坚硬食品，以保护脾胃和防止牙齿松动。

(3)用：婴儿小号纸尿片一包，记住是纸尿片而不是尿裤，因为产后两三天恶露较多，卫生巾太小，卫生纸不方便，而尿片最方便，而且为了伤口愈合，不推荐穿内裤，穿睡裤，把尿片粘在睡裤上最合适，3 日后可以使用卫生巾，使用卫生巾选择透气效果好的。卫生纸若干。如果你是母乳喂养，最好准备一个吸奶器，适量护肤用品，干净毛巾两条。

3. 当好准爸爸

越接近预产期，准妈妈越容易因为不知何时会发生阵痛而感到焦虑。就算心理上已经有所准备，但是大多数的准妈妈还是希望丈夫在身旁时才开始阵痛。准爸爸应该了解妻子这种不安的心理，不要以为只要去医院就会有医生照顾。丈夫一句体贴的话往往能给妻子生小宝宝增加力量。请为妻子和宝宝做好下列几点：

(1)早一点回家：让待产的女性最不安的就是夜晚独自在家。所以请准爸爸尽可能早点回家。

(2)随时保持联络：晚回家时一定要告诉妻子自己身在何处。不管是加班或和朋友一起喝酒，妻子知道丈夫在哪里会比较安心。准备回家时最好先打个电话："我要回家了。"在自己随身携带的笔记本上记下预定生产的医院、妻子娘家和邻居的电话号码。

(3)减少应酬：预产期越来越近，假日最好尽可能陪在妻子身旁。可以向周围的人说明原因，请对方理解。妻子为了准备生产会有许多事需要外出办理，丈夫不妨陪妻子去买东西、帮忙开车或提东西。

(4)不要在意妻子的任性：当产期越来越接近，不安、担心和害怕往往会使准妈妈焦虑不安，或许会变得有点任性，这时不妨睁只眼闭只眼。相信不久后，妻子就会抱着宝宝展露美好笑容。

(5)调整工作日程：预产期临近了，准爸爸也该有生产前的准备动作。先将工作安排好，以利于自己照顾妻子时，同事的帮助可以使工作顺利进行。

(6)尽早交接家事：尽早询问家事的处理方法。如果已经有第一个孩子，不妨和孩子一起等待妈妈出院。不要忘了洗碗盘、清扫、洗衣服等工作，不要以充满垃圾的房子迎接新生的宝宝。

4. 待产妈妈的物品详单

分娩前后需要准备的物品很多，以下是物品清单。

(1)旅行袋:将所备物品储存在旅行袋里,便入院时携带方便、快捷。

(2)寝具:有些孕妇习惯使用自己的寝具,所以干脆自己带比较有安全感。

(3)拖鞋:虽然有些医院提供,不过穿自己的还是比较舒适、习惯。

(4)睡衣:前扣式上衣、棉袜,前扣上衣及长裤是较简便的睡衣搭配。主要是哺乳时开扣方便,不须整件拉起,也方便换洗。

(5)换洗衣物:除了睡衣以外,别忘了带些别的衣物换穿方便。当然,也必须准备一套产后出院穿的衣服。

(6)卫生纸:有经验的妈妈告诉我们,卫生纸要多带几包才够用。

(7)润肤乳液:可避免皮肤干燥、发痒使用的。

(8)吸奶器:电动、手动两种。

(9)弹性袜:适量,腿部保健。

(10)产褥垫:坐月子可用。

(11)妊娠膏:保养温润产妇的皮肤。

(12)喂奶胸罩:喂母乳用。

(13)弹性内裤:帮助产后腹部恢复。

(14)束腹带:可以塑身,也可以帮助子宫缩收。

(15)防溢奶垫:多准备一些,可以选用一次性的。

(16)头发干洗剂:生产期间可用来干洗头发。

(17)孕妇内裤:产前穿。

(18)乳头保护器:喂母乳保护乳头。

(19)孕妇用免洗裤:产前产后都可使用。

(20)产妇专用卫生棉:产后使用。

5. 树立信心待分娩

为了能够顺利分娩,准妈妈在分娩前要有信心、有心理上的适应。

(1)分娩是人类繁衍的自然现象,绝大多数的妈妈都是可以平安度过分娩期的。准妈妈要有良好的心态,认识到自然分娩对宝宝将来生长发育的好处,树立信心。

(2)要认识到分娩是一个时间较长的过程,只有经过充分有力的阵痛,使产道充分扩展,胎儿才能顺利娩出,所以疼痛是必要的。当逼着胎儿离开母体的宫缩到来时,不要感到恐慌,害怕,学会忍受。

(3)做好产前检查,及早发现不利于分娩的因素,及时纠正治疗。注意调整饮食结构,避免因营养过剩而造成胎儿过大,影响产程进展。

(4)在分娩期间多听医生建议,选择合适分娩方式。在分娩中不要自作主张,应听从医务人员的指导。

6. 预防早产

预防早产关键是加强孕期保健,从妊娠早期开始,定期做好产前检查,以便尽早发现问题,进行恰当的处理。

(1)要积极预防和治疗妊娠高血压综合征及各种异常妊娠。注意改善生活环境,减轻劳动强度,增加休息时间。

(2)保持心境平和,消除紧张情绪,避免不良刺激。

(3)要摄取合理的、充分的营养,多吃含蛋白质丰富的鱼、肉、蛋及豆类食品,多吃些新鲜蔬菜及水果。怀孕后期应多卧床休息,并采取左侧卧位,以改善子宫、胎盘的血液循环,减少宫腔内向宫口的压力。

(4)妊娠期间要节制性生活,妊娠7个月后应避免性生活。发现产前出血(主要是前置胎盘和胎盘早剥)和先兆早产征象应及时请医生诊治。

如能做到以上几条,就可如愿以偿"瓜熟蒂落",避免早产儿出世。

7. 月子不止30日

传统上人们将产后1个月称为"坐月子",但实际上,虽然经过1个月的休息和调养,身体许多器官并未得到完全的复原。比如,子宫体的回缩需要6周时间才能恢复到接近非孕期子宫的大小,胎盘附着处子宫内膜的全部再生修复也需6周;产后腹壁紧张度的恢复也需要6～8周的时间。如在此期间产妇干重活,就容易患上子宫下垂等疾病。

产后除了产妇自身系统需要恢复外,还有一个重要任务就是哺乳。乳母由于要分泌乳汁,消耗热能及各种营养素较多,必须给予及时的补充才能保证婴儿及产妇足够的营养。

8. 心情愉快坐月子

产妇分娩后,全身的器官(乳房除外),恢复到非妊娠状态时,需要6～8周,这一阶段医学上称为"产褥期",也就是人们通常所说的"坐月子"。

怎样才能过好月子里的生活呢?

(1)要精神愉快,心情舒畅,有一个安静、舒适、阳光充足的休养环境。

(2)产后应逐渐增加活动量,下床活动能促进子宫,全身器官及腹肌恢复,可以选做一些简单的床上体操,活动量以不感觉疲劳为限度。这样对机体的新陈代谢,形体恢复都大有益处。

(3)产后要注意观察子宫恢复情况,也就是要注意观察恶露的色、味及量。恶露是由子宫在复原过程中排出体外的,由血液、坏死的脱膜组织及黏液混合而成的。正常情况下,恶露随着子宫的逐渐缩小,色由红变白,数量由多渐少,由血腥味到无味,3～4周后干净,所以保持外阴清洁很重要,每日应及时更换内衣裤,禁止洗盆浴,月子里应停止性生活,以免引起盆腔炎等妇科疾病。

(4)乳房的护理也很重要。每次哺乳前应清洗乳房及双手,定时哺乳,时间一般不超过30分钟。如果婴儿吃不完,应将乳汁排空。如遇到有乳头皲裂,乳腺发炎时,应停止哺乳,及时治疗。

(5)合理安排产妇的饮食,以高蛋白,高热能,高维生素,易消化的食物为宜。每日应有荤有素,切忌偏食及过量。不食油腻过多及辛辣有刺激性的食物,保持大便通畅。

(6)注意保暖及防止中暑。当室内温度过高时,如果不注意通风降温,产妇极易虚脱,婴儿也会出现脱水热,如出汗较多时,应及时擦干并更换衣物,每日用温水擦浴或淋浴,以保持皮肤清洁,冬天要注意防寒保暖工作。

最后,提醒产妇注意的是,产后42日要到医院去做检查,以便了解全身及生殖系统恢复的情况。

9. 分娩前要和医生及单位沟通好

对多数孕妇来讲,准备越充分、越周密,越有利于分娩和母婴生活。但除了已经成为经验之谈的"硬件"准备工作外,还应做好如下"软件"准备工作。

(1)应该什么时候给医生打电话。

(2)医生和护士下班后如何能找到他们。

(3)是先给医生打电话还是直接去医院。

(4)家离医院有多远。

(5)乘什么交通工具去医院。

(6)是否有人时刻守护在孕妇身边。

(7)在上下班时间交通拥挤时,从家到达医院大约需多长时间。

(8)最好预先演练一下去医院的路程和时间。

(9)寻找一条备用的路,以便当第一条路堵塞时有另外一条路尽快到达医院。

(10)是否将家里的事情安排好,请人帮助照顾宠物和料理家务。

(11)工作的事情是否安排好了,应该让上司和同事知道预产期。

10. 选好分娩医院

生孩子可是大事,所以要慎重选择医院。选择医院应从以下方面考虑。

(1)看医院的口碑如何:医生的水平如何,这一点对于外行人来说是很难判断的。可以先收集一下有关信息,再做选择。比如,可以听听已经作了妈妈的人或护士的介绍。

除了对医生的评价外,还要认真地了解一下是否有单人的产房,配餐,以及费用等详细情况。

(2)看能否选择分娩方法:正常的分娩方法中有不用任何药物的自然分娩和进行麻醉的无痛分娩。一般来说,选择生产医院的时候,也会同时选择分娩方法。尽可能在决定分娩方法以后再选择医院。

(3)看是母子分室还是母子同室:如果是母子分室,孩子会被放在卫生的新生儿室,妈妈产后能得到较好的休息。但缺点是,妈妈还没来得及知道孩子的状况及带孩子的方法,就出院了。如果是母子同室,虽然妈妈有时休息不好,但是妈妈可以和宝宝保持亲密接触,让自己的爱心陪伴着小宝宝。

(4)看是否倡导母乳喂养:倡导母乳喂养的医院会指导新妈妈哺乳的方法和乳房按摩法等。

(5)看离家的远近:即使是口碑再好的医院,如果太远,也很困难。妊娠中如何抵达医院,以及住院的有关事宜,也是要考虑的问题,所以最好能选附近的医院。

11. 入院倒计时的细节

临产的妈妈马上要入院待产了，要从精神和物质两方面做准备。

(1)精神饱满，情绪稳定地去迎接分娩挑战，不害怕、不紧张、不听不看刺激性强的新闻和影片。

(2)每天洗澡，清洁身体，修剪指甲，但要注意安全，不宜长时间地进行热水浴。

(3)严禁性生活，防止胎膜早破和早产。

(4)禁止做大动作，如追赶、拥挤、登高。

(5)禁止独自长时间外出。外出要有人陪伴。万不得已独自外出需要先告知家人或留纸条通知家人，以防突然临产。

(6)饮食要高营养、低盐分，多食牛奶、鸡蛋、鸡汤。要保持充足睡眠，积累体力，尤其午餐营养、定时对分娩有益。

(7)入院所需用具放在专用包内，置于显眼位置。妥善安排分娩回家后所需用具。

(8)熟练分娩的辅助动作，练习呼吸技巧。

12. 入院待产的时机

临近预产期，对孕妇来讲，已到了负担最重的时期，但总要再努力坚持一段时间，很快就会度过难关。此时孕妇应当具有信心，心情愉快，丈夫应给妻子充分的关心和爱护，周围的人和医务人员也必须给予一定的帮助和指导，使之顺利分娩。有如下症状就应准备去医院待产。

(1)宫缩腹痛：如果子宫一阵阵发硬，并感到疼痛或腰酸，表示分娩快要开始了。这种宫缩腹痛开始时往往不规律，持续时间很短，10 分钟甚至半小时 1 次。此时不要紧张，不必马上到医院，因为这种宫缩有的人持续 1～2 小时，有的人也可能要 2～3 日，有的人夜里腹痛，天一亮又不痛了。在此期间要吃好、休息好，保存体力。宫缩一旦频繁、剧烈而有规律，大约每 10 分钟一阵，子宫又发硬，估计是要临产了，应到医院待产。

(2)见红：阴道流出少量血性分泌物，初产妇可能在 24 小时要正式临产。阴道出血量多，鲜红，比月经还多，应马上去医院。

(3)破水：突然阴道流出像尿一样多的水，带点腥味，不能自己控制，这是破水。此时无论是否有宫缩都要及时去医院，在路上应平卧，因羊水流出时可能脐带会随之脱出，脐带绕颈可导致胎儿死亡。

从临产到分娩，初产妇要经历几个小时到十几个小时，经产妇要短一些，因此初产妇夜间临产不必像经产妇那样急于去医院，但也不要刻意延误。

13. 宝宝需要的必备物品

宝宝在出世之前，父母就要准备他们必要的生活用品了。也许一些新手妈妈正为此事伤透了脑筋，其实一点也不难，下面的用品清单就为你提供了帮助。

(1)衣服和被褥：这些东西可以根据宝宝的出生季节来准备。如果是在冬季，就要准备贴身穿的小棉衣裤和小棉外衣。衣服尽量穿脱方便、质地柔软和吸水性强。准备的小棉被褥最好用新棉花制作，这样的被褥保暖性好。在夏季出生，有单薄的内衣裤、小毛巾被或单包被就可以了。若在春秋两季，要选择棉绒的内衣裤、夹被或毛毯。一般衣服和被褥要多准备几套，以便换洗，并且不要放在有樟脑球的衣柜中。在宝宝出生前几天，要把内衣裤清洗一遍，把衣服被褥晒一晒。

(2)尿布和尿垫：尿布可用柔软、吸水性强的旧棉制品裁剪而成，如旧被单、旧衣裤等，颜色宜淡，以便观察宝宝大小便的颜色。尿布要准备20块以上，以备勤换。另外，还可以准备点一次性的纸尿裤。为了防止大小便浸湿被褥，可准备10个左右的尿垫，垫在尿布下面。尿垫最好也是用棉布做的，因为透气性好。

(3)清洗用品：宝宝的清洗用品要个人专用，以防交叉感染。首先要多准备几条毛巾，洗脸、洗澡、洗屁股时分开使用。此外，还要准备好洗澡的用具，如洗澡盆、浴巾、婴儿皂、爽身粉等。

(4)喂哺用具：奶瓶是必须要准备的，无论父母打算用什么方式喂养。最好准备个大奶瓶，同时小奶瓶也要准备2～3个。另外，还要准备吸奶器。

(5)其他用品：体温表、热水袋、消毒棉花棒及酒精也是要准备的物品。

14. 按新生儿生理特点准备衣服和被褥

新生儿皮肤娇嫩，毛细血管丰富，对冷热的调节功能差，抵抗力弱。所以，为宝宝准备的衣服以冬天保暖、夏天散热、穿着舒适、不影响生理功能(皮肤出汗、手脚的运动等)为原则。

(1)衣服：最好用纯棉布、薄棉布、薄绒布自制，也可以选用其他新生儿穿过的衣服。衣服要质地柔软、装饰物少、色彩浅淡、洗涤方便。衣服要洁净，存放时不要放樟脑丸。

衣服的胸围和袖口要宽松，以便穿脱。不要用扣子，可以系带子。扣子会擦伤新生儿娇嫩的皮肤。衣服的接缝要少，接缝处及衣下摆毛边朝外，以免衣缝太厚磨伤孩子的皮肤。新生儿颈短，不适合穿带领子的衣服，所以，上衣的式样以斜襟为宜。新生儿不宜穿毛衣，天冷时可穿无领斜襟棉袄。前身要盖过肚脐，后身可以稍微短一些，以防尿湿。也可以穿后开口的小棉袄，不必穿裤子。夏装可为睡裙式单衣，高温天气可用肚兜。所以，还要准备几个肚兜。

(2)新生儿应有专用被褥，不可与成人共用：被子最好是用棉花。棉花透气性好，容易吸汗，太阳晒后比较柔软和蓬松。被子要易于拆洗。可以装在被套内。褥子不一定要新买。太松软的褥子会使新生儿身体下陷，导致脊柱弯曲，不利于睡眠。可将成年人的褥子折叠给婴儿使用。褥垫应该舒适整洁，边角完好。褥垫边与床边距离不得超过两指宽。如果家中有人有过敏症史，在选择褥垫、被子时要格外注意其质地、性质，以防引起各种过敏症。

(3)新生儿的枕头：约36厘米宽，可用荞麦皮做枕心，不宜装得太高，否则会使头颈弯曲，影响新生儿的呼吸和吞咽。

其实，新生儿也不一定要用枕头，吐奶和打嗝会不断弄湿枕头，可用折叠的毛巾代替枕头。若新生儿枕毛巾不舒服再换枕头。

另外，还要有蓬式拉链袋和婴儿帽，以备外出时用。

二、分娩知识

1. 计算预产期

计算预产期的方法有3种。

(1)按最后月经期计算：月份+9(或+3)，最后月经日期+7。

例如：最后月经日期：2008年5月13日，所以预产期应是：2009年2月20日

(2)按引起妊娠的性交日期计算：从性交日期算起第266天，即分娩之预定日期。

(3)按初觉胎动日期计算：由于最后一次月经来潮时间记不清楚或月经周期不定的人，不能按上述方法计算时，就以母体第一次感到胎动的日子加22周(第一次分娩的产妇)，或加24周(已有分娩经历的产妇)计算预产期。第一次分娩的产妇一般在18周后会感到胎动，已有分娩经历的产妇一般在16周后会感胎动，但此法较不可靠。

推算预产期的目的，并不能确定真正的分娩日期，其实在预产期的前后2周分娩都算正常，及时、有计划地做准备对您和胎儿都会有帮助。

2. 了解产程的3个阶段

从规律性子宫收缩开始到胎儿胎盘娩出为止的全过程称为总产程。总产程在临床上分为3个阶段，即3个产程。

第一产程，又称宫口开全期，从产妇出现间隔5～6分钟的规律性宫缩开始，到子宫颈口开全结束。初产妇的子宫颈较紧，扩张较慢，需10～12个小时，经产妇的子宫颈较松，需4～10个小时。

第二产程，又称胎儿娩出期，从子宫颈口开全到胎儿娩出。初产妇需1～2个小时，经产妇在1个小时以内，有的仅数分钟。

第三产程，又称胎盘娩出期，从胎儿娩出到胎盘娩出。需5～15分钟，一般不超过30分钟。

现在，有人主张把产后2小时称为“第四产程”。因产后出血大多发生在这2小时内，在这段时间里产妇仍需留在产房观察。如一切正常，2小时后产妇被送到休息室，分娩过程真正结束。

3. 怀孕后期胎儿臀位的纠正方法

胎位，通俗地说，就是指胎儿在子宫内的位置。正常的胎位应该是胎头俯屈，枕骨在前，分娩时头部最先伸入骨盆，医学上称之为“头先露”。这种胎位在分娩时一般比较顺利。而身体其他部位(如臀、脚、腿部甚至手臂)朝下，这种状况就属于胎位不正。这些不正常的胎位，等于在孕妇的分娩通道中设置了障碍，因而容易导致产妇难产。在异常胎位中，臀位的比例最高。

张太太怀孕30周。最近一次做B超，医生告知她胎位不正，胎儿呈臀位，也就是通常

所说的“坐胎”，这使原本打算自然分娩的张太太不免紧张起来，心中充满了不少疑惑：胎儿臀位能变成头位吗？一定需要剖宫产吗？怀孕30周以后，如果胎儿还是臀位，要设法纠正，不必过于担心。可以通过胸膝卧式的方法来纠正。

胸膝卧式是使身体呈胸膝卧位，通过改变胎儿的重心来增加胎儿转为头位的机会。具体做法：要领是放松裤带使腹部不受束缚，同时排空小便，跪在铺着棉絮的硬板床上，双手前臂伸直，胸部尽量与床贴紧，臀部上翘，两腿分开，大腿与小腿成直角。如此每日两次，开始时每次3～5分钟，以后逐步增至每次10～15分钟。胸膝卧位可使胎臀退出盆腔，增加胎头转为头位机会。

如果在孕32～34周时，胎儿仍未转向，医生就要考虑为孕妇实行外转胎位术，让胎儿翻转，使孕妇能顺利分娩。羊水量适中、胎儿的背部在两侧、产妇体重适中，而且胎儿臀部并未进入骨盆深部等条件下，才适宜施行外转术。进行人工外转胎位时，医生通常会给予孕妇以子宫放松的药物，然后由医生在B超监测下行外转胎位术。

值得注意的是，外转胎位术有一定的风险性。操作时，会导致脐带缠绕或胎盘早剥。因此，在科学技术发达、有条件做剖宫产的地区，这个方法并不流行。

4. 脐带异常对胎儿的危害

脐带是一种胶样结缔组织，一端连于胎儿腹部之脐轮，另一端附着于胎盘，正常长度为50～60厘米，胎儿脐带是连接胎儿与母体的桥梁，胎儿通过脐带不断地进行营养物质、气体及代谢产物的交换。如果脐带因某种原因发生异常，使其血流阻断，可危及胎儿，致胎儿窘迫、缺血缺氧性脑病的发生，进而影响智力发育，严重者可造成胎儿死亡。脐带异常一般有以下几种情况：

(1)脐带过长：脐带长度超过70厘米称为“脐带过长”。脐带过长容易发生脐绕颈，缠绕肢体；脐带打结、扭曲、栓塞等情况，引起胎儿宫内缺氧，发育迟缓；分娩时减慢产程的进展，出现脐带脱落，导致死胎、死产。

(2)脐带过短：脐带的长度短于30厘米，称“脐带过短”。脐带过短可因受牵拉引起脐带血管受压、痉挛、缺氧，胎儿营养与排泄均受到了影响，引起发育不良，甚至出现脐带梗死、断裂而危及胎儿生命。因脐带过短造成难产的孕妇大有人在，临床多见于有妇科炎症疾病史的孕妇。

(3)脐带过粗：脐带过粗又名“脐带肿胀”。脐带过粗的孕妇，临床上常会出现胎盘早期剥离、胎膜早破、胎儿畸形、死胎、死产等意外情况。其原因是孕妇多患有糖尿病，或有生殖器官感染(子宫内膜炎)史。

(4)脐带过细：正常脐带的直径为1～1.5厘米，常有螺旋状扭转。若脐带明显细于正常直径的一半以上时，会有碍于胎儿的营养和排泄运转，导致低体重儿出生，甚至出现胎儿宫内窒息与死亡。

(5)单脐动脉：这样的胎儿约1/4有心血管畸形，或其他部位畸形；而流产、早产、死亡率也明显升高。

(6)脐带缺少：胎儿脐轮与胎盘紧紧相连，或脐带呈帆状附着于胎膜处，弯弯曲曲如蜘蛛网状，无明显脐带轮廓呈现。无脐带的胎儿常伴有多种畸形，如无脑畸胎、内脏脱出、脐症等。

若孕期妇女定时产前检查可早期发现脐带异常，分娩期适时采取对策，选择合适的分娩方式，大都可使胎儿转危为安。

5. 胎膜早破的病因及防治

在临产前胎膜破裂称为胎膜早破，是常见的分娩期并发症。以孕妇突感较多液体自阴道流出，继而少量间断性排出为主要临床表现。其发生率各家报道不一，占分娩总数的2.7%～17%。发生在早产者为足月产的2.5～3倍。其对妊娠、分娩不利的影响是早产率升高，围生儿死亡率增加，宫内感染率及产褥感染率皆升高。

(1)病因：引起胎膜早破的原因包括：创伤；宫颈内口松弛；妊娠后期性交产生机械性刺激或引起胎膜炎；下生殖道感染，可由细菌、病毒或弓形虫等引起；羊膜腔内压力升高(如多胎妊娠、羊水过多)；胎儿先露部与骨盆入口未能很好衔接(如头盆不称，胎位异常等)；胎膜发育不良至菲薄脆弱等。

(2)危害：胎膜早破可给产妇带来精神负担，可诱发早产及增加宫内感染和产褥感染。破膜48小时后分娩者，产妇感染率为5%～20%，败血症率为1∶145，产妇死亡率约为1∶5500。胎儿吸入感染的羊水可发生胎儿性肺炎、胎儿宫内窘迫；无症状者，分娩后也可发生先天性新生儿肺炎；脐带脱垂发生机会增加。有报道早期破膜矫正的新生儿死亡率为1.7%。越临近妊娠足月，破膜后产兆发动率越高。破膜一般不影响产程进展。

(3)对策：发生胎膜早破以后孕妇不要站立行动，应立即卧床，以防脐带脱垂。脐带脱垂后被挤在产道与胎儿先露部之间，使脐带血流受阻造成胎儿窘迫或死亡。如胎头未入盆或胎位不正者，应取头低足高位，抬高臀部，并立刻去医院就诊，观察羊水的量和颜色，听取心音。破膜后要保持外阴清洁。使用消毒会阴垫，必要时应用抗生素预防感染。医生根据孕周做出是否引产及分娩的选择。

(4)预防：对于胎膜早破要积极预防，要做到预防和治疗下生殖道感染，重视孕期卫生指导；妊娠后期禁止性交；避免负重及腹部受撞击；宫颈内口松弛者应卧床休息等。

6. 产妇配合分娩的方法

医生与产妇及家属的心情是一样的，希望产妇平安分娩，母婴健康。为了使胎儿顺利分娩，减少产时产妇的痛苦及损伤，产妇与医生间一定要协调配合。孕妇该如何配合，使分娩过程顺利进行呢？

(1)孕妇要思想放松，精神愉快：紧张情绪可以直接影响子宫收缩，而且会使食欲减退，引起疲劳、乏力，影响产程进展。

(2)孕妇要增加营养，补充水分：在待产过程中要尽量吃些易消化、易吸收的食物，以补充体力，同时还要多饮汤水以保证有足够的精力来承担分娩重任。

(3)孕妇要注意休息，适当活动：利用宫缩间隙休息，节省体力，切忌烦躁不安，消耗精力。如果胎膜未破，可以下床活动，适当的活动能促进宫缩，有利于胎头下降。

(4)按医生嘱咐适时用力：这是最后也是最重要的，采取一定的方法，根据分娩的不同阶段配合分娩：第一阶段要保持安静，不要吵闹及过早屏气用力，以便保存体力。宫缩时做深呼吸，宫缩间隙抓紧时间休息、放松。医生会时常给产妇量血压、听胎心音、了解宫缩情况，并定时做肛门或阴道检查，了解宫口扩张和胎头高低等；产妇均应主动配合，如实回答问题。第二阶段，宫口开全后，要注意掌握每次宫缩，做到有劲用在宫缩时，先吸一口气憋住，接着向下用力。宫缩间隙，要休息、放松、喝点水，准备下次用力。当胎儿即将娩出阴道口时，医生嘱咐产妇哈气，以免产妇用力过猛使会阴撕裂而引起更大的痛苦。第三阶段，胎盘娩出时，只需要轻轻用力就可顺利地在助产士和医生的帮助下娩出胎盘。

生产要消耗大量的体力，所以产后不久产妇应睡眠，不要因兴奋不眠或被家人的谈话打扰，经过 6～8 个小时的睡眠之后，乳房会胀痛，乳汁开始分泌，此时就可以给宝宝哺乳了。

7. 缓解分娩疼痛的方法

说到缓解疼痛，你可能首先想到的是用止痛药。然而药物不可避免地会有些不良反应，你又要担心是否会带给孩子不良影响。那么到底如何缓解分娩疼痛呢？

有很多非药物性的方法能帮你减轻疼痛。首先是变换体位。你不妨靠在丈夫身上或扶着墙壁来回走动，并且摇动你的骨盆，这可能会使你感到比仰卧在床上舒服；在改变体位时，还可能发现某些姿势特别舒适，能减轻腰背的压力。如果改变体位也不能缓解疼痛，那么丈夫的按摩，比如适度地反复摩擦你的骶骨，也许能有奇妙的效果，据一些资料介绍，它可以缓解产妇分娩时的腰背痛。另外，你可以试试通过意念控制，来帮助分散对疼痛的注意力。近年来，还有一种新的止痛方法得到较广泛应用，即经皮电神经刺激(TENS)法。产妇临产时，在其背部放置两副电极，然后连接到带电的刺激器上，通过控制器调节刺激强度来控制产妇接收的缓解疼痛脉冲量。

如果非药物方法收效甚微，再来使用药物缓解疼痛。其中，硬膜外阻滞麻醉是使用最广泛的麻醉类型，它对脊柱进行“神经阻滞”预防疼痛从子宫扩散，处理得当，能使腰部到双膝之间所有感觉消失，但产妇仍保持清醒。如果有难产，先兆子痫或严重哮喘，或分娩时要使用产钳，这种麻醉可能特别有效；而且在这种麻醉下，如果产妇临时需做剖宫产，不需其他麻醉就可以完成。在国外，大多数剖宫产用硬膜外阻滞麻醉来取代全身麻醉。如果你希望接受硬膜外阻滞麻醉，必须由一位有经验的麻醉师来施行，其过程通常需要10～20 分钟。麻醉剂将在几分钟内生效，并可以间歇加药维持麻醉效果。

总之，非药物性止痛法能减轻分娩时的疼痛，但你仍然会感到疼痛的存在；药物性镇痛法立竿见影，但不良反应较多，需要密切监护。因此，分娩止痛要根据每个产妇的情况，选择一种最适合个人的方法。

8. 了解产钳和胎儿吸引器适用情况

产钳利用两个钳叶夹持胎头的两侧颧骨部分，牵引出胎儿，偶然也可旋转胎头，以纠正胎头位置不正。

胎儿吸引器是利用负压吸住胎头进行牵引和旋转，以扩张产道加速分娩。

产钳的力量比吸引器大。这两种器械用于下列情况：

(1)第二产程延长。

(2)妊娠高血压综合征或心脏病等患者需缩短第二产程。

(3)胎儿宫内窘迫需迅速娩出胎儿时。

(4)瘢痕子宫,预防子宫破裂。

(5)前置胎盘或胎盘早剥,可用吸引器牵引压迫止血。

9. 分娩时新生儿可能出现的产伤

产伤是由于分娩时使用钳产、吸引产等牵拉头部或助产时用力过猛引起的,其种类颇多,损伤程度不一,现简述几种常见产伤。

(1)产瘤:是头部先露部位头皮下的局限性水肿,又称为头颅水肿或先锋头。由于产程过长,先露部位软组织受压迫所致。主要表现为水肿,水肿的部位根据先露部位不同而异。头先露者,最常见的部位为顶部,形成一个质软的隆起,可超过骨缝,边界不清,压之有柔软凹陷感。

(2)头颅血肿:是头颅骨膜下出血形成的血肿。由于分娩时胎头与骨盆摩擦,或负压吸引时颅骨骨膜下血管破裂,血液积留在骨膜下所致。出生后数小时到数天颅骨出现肿物,迅速增大,数日内达极点,以后逐渐缩小。血肿以一侧多见,偶发生于双侧。因骨膜紧贴骨边缘,故血肿不越过骨缝线。血肿开始时饱满,在吸收过程中渐变软而有波动感。由于骨膜边缘的钙质沉着,血肿基底周围形成硬环。血肿下之颅骨一般无骨折,但可能有线形骨折。

(3)锁骨骨折:为产伤骨折中最常见者。因分娩过程中肩部娩出困难或臀位产时用力过猛所致。骨折多发生在锁骨中部,可为完全性或不完全性(青枝骨折)。其症状表现为:移动患侧上肢时小儿哭闹,患侧拥抱反射消失,锁骨局部肿胀和畸形并有压痛。X线检查可明确诊断。

(4)臂丛神经麻痹:新生儿出生时,因臂神经丛受伤引起的部分性或完全性麻痹称臂丛神经麻痹。多见于头位产时,肩部不易产出而用力拉头部所致,或在臀位产时拉手臂或躯干时发生。以第五、六颈神经或其根部受损较常见,表现为患侧上肢下垂、上臂内旋、肘部伸直、前臂前旋。麻痹时间较久者肩部肌肉易发生挛缩。如第8颈神经或第1神经受损,则手的小肌肉和腕部肌肉麻痹,手呈屈曲状,腕部不能动。

(5)颅内出血:新生儿颅内出血系由缺氧或分娩时产伤引起,可致新生儿窒息与死亡。由于分娩过程中的机械性损伤所致,如产钳术、胎头吸引、臀位后出胎头困难等,头颅被挤压,导致颅内血管破裂。此外,如分娩过速,由于外界压力的迅速变化亦可引起新生儿颅内出血。临床表现按损伤部位及出血的多少而不同。临床症状以窒息、兴奋及抑制状态相继出现为特征。

新生儿产伤通常由困难的产科手术、产程延长或分娩处理不当所引起,因此积极提高助产技术对防止新生儿产伤非常重要。

10. 分娩前的征兆

(1)子宫底降低:在正式分娩前2周左右,孕妇会出现子宫底下降、腹部向前下部凸出现象,此时胎动较前减少,孕妇感觉上腹部较为舒适,呼吸较前畅快,胃口增加,但有尿频及下腹坠感或腰酸腿痛，行动不便，阴道分泌物增加。这对初产妇来讲，预示胎头已入盆固定；也预示经产妇胎头入盆或接近入盆。

(2)见红：这是由于子宫颈口扩张，使宫颈内口附近的胎膜与子宫壁分离，致毛细管破裂，俗称“见红”。一般见红的血量少于平时月经量，若超过月经量为异常。见红常在分娩开始前24小时内出现。

(3)破水：当胎儿头向下压迫羊水膜时，就会造成破水(通常是在分娩时破膜。胎儿娩出后，胎膜仍然完整未破的情况罕见)。羊水会突然涌出来，但通常是慢慢地流出来。羊水无味透明，或呈乳白色，有些产妇误以为是小便失禁。如果你收缩肌肉仍无法控制液体的流出，那么这很可能就是破水了。无论有多少液体流出来，身体在几小时之内都能补充，不会出现“干性分娩”的情况。有些孕妇羊水可以流几天甚至几周，但孕妇通常是在破水后12～24小时分娩。

(4)宫缩：从孕8个月末开始，孕妇无论在站立还是坐或行走时都会感到腹部一阵一阵地发紧变硬，此为子宫开始收缩。每次宫缩的间隔时间长短不一，短者十数分钟，长至2小时，宫缩持续时间较短每次最长不超过半分钟，宫缩多次最长不超过半分钟，宫缩多在夜间出现，且不能使子宫口开大，称之为假性阵痛。在孕38～40周即进入分娩活动期，在这段时间里，若每隔2～3分钟宫缩1次，持续30～40秒，伴宫口进行性开大，这才是临产前的宫缩。起初你会觉得像充满气体，或痛经、背痛，并且牵拉至会阴。

11. 产时监护胎儿的方法

在分娩过程中胎儿要承受一定负荷，监护的主要目的就是要区分胎儿是正常的生理应激反应还是异常的胎儿窘迫。胎儿不能耐受分娩负荷时出现胎儿窘迫，进而可导致胎儿窒息，危及生命。胎儿受损后还可导致神经系统的后遗症。对于分娩因素所致的胎儿损害，完全可以通过适时干预加以避免。所有临产产妇入院或入产房后立即进行胎心监护，目的是及早发现胎儿缺氧，及早治疗，降低死产率。所以，医生要对分娩期胎儿进行监护。

(1)胎心听诊：在宫缩间歇时医生用听诊器或多普勒胎心听诊仪检查胎心率。正常胎心率应在每分钟120～160次，通过对胎心率的监测可了解胎儿是否存在缺氧。

(2)胎心电子监护：胎心电子监护是反映胎儿健康的一项指标，但在一些情况下也会出现假阳性，所以医护人员在观察时会结合临床表现，结合分析。胎心电子监护方法有：内监护和外监护。一般而言，在胎膜自然或人工破裂以前使用外监测，如胎膜已破则可使用内监测。若孕妇感染了单纯疱疹病毒、乙肝病毒、丙肝病毒及人类免疫缺陷病毒，则禁忌用头皮电极行内监测。

(3)胎儿酸碱平衡监测：酸碱平衡监测主要为了解胎儿的酸碱状态。胎儿血标本的采集方法，除头皮血采集外，还可经羊膜腔直接穿刺胎儿脐血管或生后立即脐动脉穿刺取血。而胎儿头皮血样检查，一次只能代表那一个时点胎儿的状况，要跟踪监测就需要测定一次以上，来确定发展的趋势。这是评估分娩期胎儿酸碱平衡的最好办法，但这是一种对产妇和胎儿有创伤的检查，做检查时应征得产妇的同意。

三、自然分娩与剖宫产

1. 回归自然谈分娩

近年来，国内外剖宫产手术率不断上升，根据某市的专项调查结果表明，剖宫产率竟然达到了32%以上。其中除了绝大部分是产科医生根据病情的需要而决定做的之外，剩余部分是由于社会、心理因素造成的。有的孕妇及其家人认为剖宫产生安全，可保证顺利得到孩子；也有的孕妇惧怕临产时"撕心裂肺"的痛苦，以为剖宫产可以免受痛苦；也有的人认为剖宫产生的孩子聪明，因而要求做剖宫产手术。

其实，女性妊娠和分娩都是极其自然的生理现象，是人类繁衍后代所必经之路。怀孕280日左右，正如瓜熟蒂落，必然要分娩。在妊娠期间为了适应胎儿不断生长发育的需要，以及迎接分娩的到来，母亲体内的各个系统和器官，尤其是生殖器官都发生了很大的变化，这些变化都是生理性的。妊娠足月后，子宫肌肉出现有规律的收缩，随之子宫颈口开大，胎儿通过产道从子宫里娩出，来到人间。产后母亲身体各个系统和生殖器官又相继恢复到原来的状况，这个复杂的过程，也是一个自然规律。

胎儿经阴道分娩，分娩过程中有规律的子宫收缩，能使胎儿肺脏得到锻炼，为出生后自主呼吸创造了有利条件。另外，经阴道分娩时，胎头的娩出可像游泳时抬头换气一样，可将胎内积储在肺、鼻和口腔中的羊水和黏液挤出，这样胎儿落地后，呼吸道通畅，新鲜空气进入肺部，可以立即进行氧交换，所以胎儿易成活。还有阴道自然分娩时，最低处的胎头因受子宫收缩的挤压，头部血液充沛，可为脑部的呼吸中枢提供较多物质供给。值得注意的是胎头在通过产道时被拉长变形则是一种自然情况，一般不会影响智力。

现在，人们都提倡回归自然，分娩也如此。自然分娩能使孩子在分娩过程中通过产道的挤压作用进一步刺激他们的脑和肺的发育，比剖宫产的孩子更健康聪明。但事情总是两个方面的，这种自然分娩需要痛十几个小时，尽管不会像有的产妇所说的那样会痛得死去活来，但也需要妈妈们去忍受。因此，她们迫切想知道如何才能让自己少受痛苦，顺利地度过分娩期。

2. 自然分娩好处多

在盛行剖宫产的今天，人们又将目光转向自然分娩。分娩是人类繁衍过程中的一个正常生理过程，是人类的一种本能行为。产妇和婴儿都具有潜力主动参与并完成分娩过程。自然分娩有什么优势呢？

(1)减少肺透明膜病的发生：我们知道，分娩的过程中子宫有规律地收缩能使胎儿肺脏得到锻炼，肺泡扩张促进胎儿肺成熟，小儿出生后很少发生肺透明膜病。有统计资料表明，剖宫产儿肺透明膜病率是阴道分娩儿的20倍。而严重的肺透明膜病会导致小儿呼吸困难，甚至死亡。

(2)避免发生吸入性肺炎：胎儿生活在羊水内，呼吸道内存在一定

量的羊水和黏液。阴道分娩的胎儿经过子宫收缩和产道的挤压，使胎儿肺里和呼吸道内的羊水和黏液得以流出，减少了新生儿羊水、胎粪吸入性肺炎的发生。

(3)有利于迅速建立正常呼吸：胎儿胸廓受到有节律的压缩和扩张，促使胎儿肺部产生一种叫做肺泡表面活性物质的东西，使胎儿出生后肺泡富有弹性，容易扩张。阴道分娩时，胎儿头部不断受子宫收缩和产道挤压，刺激胎儿呼吸中枢，有利于新生儿出生后迅速建立正常呼吸。

(4)抗病能力强：在阴道自然分娩过程中，胎儿有一种类似于"获能"的过程。自然分娩的婴儿能从母体获得一种免疫球蛋白(GIgG)，出生后机体抵抗力增强，不易患传染性疾病。

(5)增进母爱和泌乳：分娩时腹部的阵痛使孕妇大脑中产生内啡肽，这是一种比吗啡作用更强的化学物质，可给产妇带来强烈的欣快感。另外，产妇的垂体还会分泌一种叫催产素的激素，这种激素不但能促进产程的进展，还能促进母亲产后乳汁的分泌，甚至在促进母子感情中也起到一定的作用。

(6)产后恢复快：阴道自然分娩的产妇，产后感染、大出血等并发症较少，产后身体恢复快，能有较多精力照料婴儿。

(7)利于母乳喂养：阴道自然分娩的产妇母乳喂养的成功率高。

鉴于自然分娩有这么多的好处，如果没有异常的情况，当你具备自然分娩的条件时，为了母婴的安康，应听从医生的指导，选用阴道分娩这种自然、安全、对母婴都有利的分娩方式。

3. 高龄初产妇不一定必须剖宫产

女性35岁以后初次分娩，医学上称之为高龄初产妇。由于高龄初产妇的某些生理变化，选择剖宫产分娩的人数较多，剖宫产率也有随年龄增长而增高的趋势。

高龄初产剖宫产率高有主客观两方面因素。从客观讲，女性随年龄增长，子宫肌层退化，肌层中的裂隙接连减少，这种生理改变使得分娩过程中神经冲动传递减少，肌肉收缩减弱，可能难以产生有效宫缩而造成宫缩无力。此外，在医疗条件差的地区，由于孕期医疗保险防护差，高龄初产妇并发症如妊娠高血压综合征发病率增高，使得阴道分娩安全系数下降；从主观上讲，不少高龄初产妇对阴道分娩缺乏信心，害怕经阴道分娩失败后再行剖宫产。同时，对于临床产科医师来说，高龄初产妇对经阴道助产分娩的技术水平要求极高，难免要承担风险，因而也宁愿选择对产妇实施剖宫产分娩。

其实剖宫产也存在不安全问题，突出的是剖宫产手术麻醉时可能导致产妇低血压而致胎儿缺氧；术中有造成胎儿损伤的危险性；由于缺少阴道挤压，胎儿气道内液体未被挤压排出，易致胎儿出生后产生肺透明膜病等。这些都是不利因素。

对于高龄初产妇选择何种分娩方式，应根据产妇自身情况来定，如果产妇处于无妊娠高血压征等并发症，分娩发生后宫缩良好，胎儿位置正常情况时，最好是以阴道助产分娩为主。如果产妇状况差，就应该选择好时机采用剖宫产术终止妊娠，以提高母体的生命安全性。

4. 越来越多的人选择剖宫产的原因

剖宫产并不是最理想的分娩方式，它只是一种万不得已的分娩方式，用来解决难产、保全胎儿和孕妇生命的一种应急措施，孕妇不能盲目选择剖宫产。

我国剖宫产率逐年增高两大主要原因：

(1)社会因素：对剖宫产缺乏正确认识，认为剖宫产儿比正常产儿聪明、母亲体形恢复好，产妇及家属不愿让胎儿有任何围生期缺氧及产伤的风险，忽略剖宫产的弊端。产科医师由于工作缺乏有力的法律保护，因此对于可能对母婴不利的某些异常情况，产科医生就会动员产妇做剖宫产手术，避免承担风险。这种情况下，产妇为了胎儿的安危也愿意选择手术；还有些产妇对自然分娩有恐惧心理，无法忍受分娩过程中的疼痛，从心里拒绝自然分娩；另有些产妇及家属对分娩时辰有要求，想选择吉时让宝宝出生。

(2)医源因素：臀位分娩几乎已经被剖宫产替代；人群中，高龄产妇比例增加；胎心监护仪的普及应用，假阳性率较高增加了剖宫产概率；年轻医生处理难产的经验不足、怕承担风险，剖宫产相对容易解决问题。这些都是造成剖宫产率升高的原因。

5. 剖宫产对妈妈的不良影响

从近期看，剖宫产手术后妈妈的身体恢复比自然分娩慢。从远期看，剖宫妈妈发生子宫粘连、慢性腹痛、贫血、劳动力减退等情况都比自然分娩的妈妈严重。剖宫产后，宫外孕的发生与手术造成的子宫周围粘连或感染有关。

与正常分娩相比，剖宫产并发症较多。对产妇来讲，手术过程中除麻醉风险，术中出血量多于自然分娩；手术后易发生感染；手术后活动受限制，不能很快恢复饮食，这些因素会引起乳汁减少，使哺乳时间推迟；腹部手术伤口愈合比阴道自然分娩慢得多。

6. 剖宫产对宝宝的不良影响

剖宫产不但对妈妈有影响，对宝宝也会有一些影响。经剖宫产出生的胎儿是受益者还是受害者呢？

正常分娩胎儿经过产道，经历子宫收缩和产道的压迫，胎儿发生了一系列的变化，特别是适应能力的变化，在踏入复杂的外界环境之前已做好了充分的准备，出生后会很快适应周围环境；而剖宫产儿适应较慢，尤其是未开始宫缩前的剖宫产儿(称为选择性剖宫产)。

正常分娩过程中，胎头受压，头部出现充血，有利于建立正常呼吸，出生后短时间性呼吸量高达每分钟 1 530 毫升，胸廓扩展程度较高；而剖宫产儿的呼吸中枢处于胎儿期的低功能状态，出生后每分钟的呼吸量仅为 1 080 毫升。

肾上腺皮质激素有利于表面活化剂(卵磷脂)合成，促进肺成熟；而剖宫产儿由于纤维溶解作用低，肺泡表面沉积纤维素、形成透明膜症，发生呼吸困难、缺氧症等。

近年来，儿科医生已发现剖宫产儿在幼儿时期有“认知”方面的障碍，朗读及计算能力较差，估计与出生时未经挤压有关。孕妇一定要知道剖宫产的利弊，正确对待才能兴利除弊，促进母婴健康。

剖宫产的婴儿肠道中双歧杆菌样细菌和乳酸杆菌样细菌定植的速度延迟，发生腹泻和对食物过敏的危险性大于阴道分娩婴儿。剖宫产可能是2岁以前发生喘鸣和至少对食物过敏原发生过敏的另外一个危险因素。剖宫产的婴儿形成多样化菌群的速度比较缓慢，与顺产的婴儿有差别，甚至在出生6个月之后，也可能到7岁的时候仍与顺产的婴儿有差别。

研究提示，剖宫产的婴儿肠道菌群的形成延迟可导致婴儿在相当长一段时间内可能存在免疫系统相对不足，从而易发生过敏性疾病。如果剖宫产的婴儿不能母乳喂养，那么只能为这些宝宝选择合适的奶粉来代替母乳。

7. 必须剖宫产的情况

剖宫产是一种经腹部切开子宫取出胎儿的手术，应用及时得当可起到挽救母子生命的作用。一般用于解决各种难产及妊娠分娩过程中的并发症。不过，若不能正确掌握此种手术的使用标准，不仅达不到预期目的，还可能造成不良后果。不管怎样，医生在决定是否采用剖宫产时是有具体标准的，大致有以下几种情况：

(1)产妇方面：产道异常，如骨盆狭小、畸形、骨盆与胎儿头围大小不符；先兆子宫破裂；重度妊娠合并症，如合并心脏病、糖尿病、慢性肾炎等；重度妊娠高血压综合征；临产前子宫收缩无力，经用缩宫素无效者；产前发生严重大出血，如前置胎盘，胎盘早期剥离等；产程过长(超过30小时)；高龄初产妇(大于35岁)；产妇患有急性疱疹或阴道性病者。

对于有剖宫产适应证的孕妇，剖宫产不但能使其少受痛苦，而且还能避免其生命受到威胁。但是，剖宫产带来的负面作用也很多。首先，剖宫产比正常分娩的孕妇出血较多，术后恢复也较慢，产后乳汁分泌也会减少。其次，术后可能引发泌尿、心血管和呼吸系统的综合征，也可能引发子宫等生殖器官的多种病变，如子宫切口愈合不良、子宫内膜异位等。再次，对于再次分娩也会有不利的影响。

(2)胎儿方面：在危急情况下，剖宫产确实是挽救胎儿生命的有效手段。在当代，由于手术及麻醉技术的进展，输血安全性的提高，抗生素的发展和应用大大提高了剖宫产手术的安全系数，确实是帮助胎儿安全降生的好方法。遇有胎位异常，如横位、臀位，尤其是胎足先入盆，持续性枕后位等；产程停止，胎儿从阴道娩出困难；胎儿尚未分娩，而胎盘提早剥离，或脐带先行由阴道脱出者；胎儿宫内窘迫、缺氧，经治疗无效者；其他不宜自然生产者。

四、分娩征兆及护理

1. 产力与产道

(1)产力与宫缩：当准妈妈的预产期到了，这就提示胎儿已经成熟，需要来到人间，否则胎盘的供应营养系统就会慢慢退化直到停止。可是宝宝哪知道问题的严重性，他们只知道在妈妈的子宫里吃得好、睡得好，不愿意经过艰难的路程来到人间。所以，准妈妈需要一种把胎儿逼出来的力量，这就是医学上所说的“产力”。这种把胎儿逼出来的力量有它的特点：产力有节率性，对称性，极性和缩复作用。这些特点既能保证把宝宝"逼骗"出来，又不会造成宝宝的损害，还能让子宫下段、子宫口和阴道慢慢地、被动地扩张开大，让宝宝平安娩出。

一般来说，产力在怀孕晚期就已经出现了，临近预产期出现的频率就更多了。它表现在孕妇身上，就是子宫突然像球样隆起变硬，不过很快就消失了，而且没有规律。真正的临产标志是在 10 分钟内有 2 次的宫缩，而且有规律，同时有宫颈口的扩张和胎头的下降。从这时算起宫口扩张完全(10 厘米)到宝宝娩出需要 12～14 小时。对产妇来说，她感到的只是一阵一阵有规律的腹痛(宫缩)，并且不断加重。在这个时候，有的准妈妈坚持不住了或信心不足了，就叫喊着医生："快给我打催生针吧！我要止痛针！"在这里我们要告诉准妈妈的是：只有经过充分时间的宫缩，才能使宫口扩张开全，以利于胎儿的下降。这个过程过急、过慢、过强、过弱，都会造成妈妈和宝宝身体的严重损害。医生们都懂得这个道理，没有特殊情况是不会干涉的。准妈妈也应该知道这个道理，对初产妇来说，短时间的疼痛是很难完成上述过程的。

(2)产道：胎儿从体内娩出的通道，就是医学上所说的产道，它包括骨通道和软产道。

①软产道。是由子宫下段、子宫颈、阴道及盆底软组织构成的弯曲管道。软产道通常是紧闭的，当分娩时，由于强有力的宫缩及胎头下降的挤压，软产道被动地慢慢扩张，当扩张达到直径 10 厘米时，宝宝就可以顺利通过。

②骨产道。通常我们所说的产道，是指骨产道(骨盆)，它不是一个四壁光滑的垂直通道，而是一个仅 8～9 厘米深，形态不规则的椭圆形弯曲管道，宝宝要想通过它可不是那么容易。而且在这个不规则弯曲管道中间还设立两个路障(坐骨棘)，宝宝只能从二者中间通过。这个间径的距离平均为 10 厘米，所以，大脑袋的宝宝就容易被卡住。

通过以上叙述，就可以知道，宝宝要想垂直下降通过产道来到人间是不可能的，他必须在通过每一个关卡时发生转动，用自己头部来适应妈妈固定产道的最大径线。很多宝宝就是因为各种原因被阻挡在产道的某一部位而造成难产的。如果妈妈的骨盆有异常(发育过小或受过外伤)，那么这个管道中的某些径线就会缩短，宝宝通过时就会受阻。有时妈妈的骨盆径线是正常的，但宝宝在妈妈肚子里贪吃贪睡变成个小胖子(巨大儿)，最终宝宝在分娩通过产道时，就可能会因为头太大，身体太胖而不能通过妈妈固定的径线而被拦住。

2. 胎儿太胖影响顺产

胎儿的大小及胎儿在妈妈子宫里所躺的位置很关键，这在自然分娩中是相当重要的因素。

一个足月胎儿的头径(双顶径)平均为 91～93 毫米，而妈妈骨盆中最窄的一条径线宽度约为 100 毫米。如果宝宝的脑袋很大，双顶径近于 100 毫米时，通过产道时就会比较困难。一般的宝宝重 3 000～3 500 克，通过妈妈的骨盆没有什么问题。但是，当宝宝的体重大于 4 000 克(通称巨大儿)时，通过妈妈的产道就会有一定难度。所以，提醒准妈妈们要注意营养均衡，不要让胎儿长成小胖子。巨大儿不仅可能造成分娩困难，还会导致肥胖儿的发生，影响孩子将来的发育。

有些宝宝虽然很小，当在妈妈子宫里躺的位置不对（正常位置的宝宝应该是头向下，双手紧紧抱在胸前，两腿紧紧贴于胸部），如为仰面朝天、屁股或腿朝下、或头部不紧贴胸部等，就不能在产道里及时转动来适应产道的形态，可能会被卡住而影响娩出。当发生这种情况时，妈妈也是没有办法的，只好求救于医生。

3. 临产紧张会使产程缓慢

焦虑紧张不但会影响产妇情绪，同时会消耗她们的体力，使她们对疼痛的敏感性增加，使大脑皮质神经中枢指令的发放紊乱。

宝宝要来到人间，妈妈的身体会"发动"宫缩，让宝宝快出来。这些动作需要听从人的大脑皮质神经中枢司令部的命令，而精神因素的好坏可以直接影响大脑皮质神经中枢命令的传送，产力过强或过弱，都会影响宝宝的下降及转动，使产程进展缓慢。

胎儿在子宫内待的时间过长，容易造成宝宝缺氧、窒息，甚至死亡。即使存活下来，宝宝也有可能出现智力障碍。同时精神紧张还会使产后大出血的发生率升高。

4. 产后的正常现象

十月怀胎，一朝分娩。虽然怀孕生孩子是一个很自然的过程，但是有不少准妈妈还是心中有些畏惧。我们来了解一下产后有哪些现象属于正常现象，心中的恐惧自然会减轻一些。

（1）分娩后发抖或寒战：胎儿一娩出，产妇全身感到轻松，有时会出现全身不可控制地抖动，有的出现寒战。这些都是正常现象，喝点红糖水就会好的。

（2）体温升高：在分娩时，由于肌肉的疲劳，有的人体温一时上升到38℃左右。这是正常的生理反应，一般在数小时后就会退下去。由于乳汁分泌旺盛，在产后3～4日，乳房胀痛的同时，身体也会发热，但不超过38℃，24小时内自然下降也属正常。如果38℃以上的高热持续不退，就可能是其他异常情况，需要请医生治疗。

（3）出汗：产后数日内，由于皮肤排泄功能旺盛，出汗特别多，尤其是在睡眠和刚醒时更多，有时可浸湿内衣，常在数日内自行好转，这是正常生理现象。但出汗过多，身体虚弱，要注意预防感冒。

（4）子宫收缩痛：分娩之后的1～2日，子宫一阵阵收缩引起腹痛，称为宫缩痛。多见于第二胎以上的产妇，常在喂奶时加剧，3～4日后自然消失。

（5）会阴部疼痛：分娩时由于胎头的压迫，使会阴部水肿疼痛。会阴部在分娩后1～2日内排尿时会感到疼痛，1周后恢复。如果分娩时施行了会阴切开术，分娩后1～2日内伤口有时会发生痉挛性疼痛，但不必担心，大约在5日内拆线后，症状会减轻。

（6）分泌乳汁：乳房在妊娠期受到激素的影响而开始变大，分娩后发育得更大。分娩后2～3日感到乳房疼痛，并开始流出乳汁，分娩后4～5日乳汁逐渐增多。乳汁分泌因人而异，从正常到能充分满足婴儿的必需量，大部分人需要2周左右的时间。开始流出的乳汁叫做初乳，呈黄色，内含丰富的抗体，能增加新生儿免疫功能，千万不要倒掉。1周后初乳过渡成白色的不黏的成熟乳。

5. 真假分娩的辨别

有的产妇会时而出现分娩的假象或子宫无规律的收缩。一般来讲，真假分娩是难以辨别的。通常假分娩宫缩无规律，且宫缩程度不如真分娩剧烈。辨别的办法是检查阴道，看子宫颈的变化。还有，进行宫缩计时，计算连续两次开始宫缩的时间间隔，持续记录1小时。下表列出真假分娩之间的差别。

(1)宫缩时间不同：①假分娩无规律，时间间隔不会越来越小。②真分娩有固定的时间间隔，随着时间的推移，间隔越来越小，每次宫缩持续30～70秒。

(2)宫缩强度不同：①假分娩通常比较弱，不会越来越强。有时会增强，但然后又会转弱。②真分娩宫缩强度稳定增加。

(3)宫缩疼痛部位不同：①假分娩通常只在前方疼痛。②真分娩先从后背开始疼痛，尔后转移至前方。

(4)运动后的反应：①假分娩产妇行走或休息片刻后，有时甚至换一下体位后都会停止宫缩。②真分娩不管如何运动，宫缩照常进行。

6. 急产及急产的处理方法

经常在一些电视电影情节里看到，孕妇一大叫肚子痛，接着宝宝就要生了；事实上，如果出现产痛就立即分娩不是常态，而是急产。急产会对妈妈及胎儿造成伤害。

什么是急产？急产是指出现产痛后3小时内即完成分娩，子宫颈的扩张速度初产妇每小时5厘米以上、经产妇(生二胎或以上的女性)每小时10厘米以上；通常会有异常强烈的子宫收缩、很低的产道阻力，或者产妇对产痛没有知觉。

假如急产发生了，来不及到医院去怎么办呢？发现小宝宝的头已经降到阴道时，不要惊慌，以下步骤可让胎儿安全娩出：

(1)先找到一个安全平坦的地方，准备干净的毛巾，以蹲坐或者半坐卧的姿势，打开手掌轻轻压住阴道与肛门间，让小宝宝的头以缓慢的速度慢慢娩出。

(2)头娩出之后再用一点点力，胎儿应该就可以娩出了。

(3)胎儿娩出的速度通常在头娩出之后变快，而且因为有羊水和胎脂所以很滑，应小心用干净毛巾包裹并擦拭。

(4)脐带用橡皮筋或绳子在中间绑紧，再用干净的剪刀剪掉，注意要留至少距离胎儿腹部5厘米以上。

(5)通常在胎儿娩出后15分钟内，胎盘会伴随一阵子宫收缩娩出，假如没有，不用急着拉出来，待到医院再处理。

(6)胎儿体温调节能力差，娩出后要注意保暖。

假如急产已经发生，依上述步骤一步一步慢慢来，再与小宝宝一道到医院检查会比慌慌张张又手忙脚乱来得好。

结语：

● 生产其实是很自然的事情，通常都能在自然的状态下顺利完成，只是医护人员的协助可以避免一些可能的危险，或者使整个产程安全顺利，而医院的种种设施可以使胎儿在出生后立即得到卫生与安全的照护。

● 假如是已知可能发生急产的孕妇，最好在事前与医师做好充分准备，并准备好生产包，事先将入院所需证件及物品放入其中，再安排好交通工具、路线及可陪同生产的人，以避免措手不及的生产。

● 假如分娩已经不可避免地发生了，就不要慌张，按照上述步骤一步一步完成，再尽早到医院进行产后的照顾就可以了。

7. 分娩前容易忽视的征兆

多数产妇能预测预产期是哪一天，但却无法预测是什么时刻。一般说，即将分娩时子宫会以固定的时间周期收缩。收缩时腹部变硬，停止收缩时子宫放松，腹部转软。另外，还有一些变化也许不为人们所重视，举例如下：

(1)产妇感觉胎儿要掉下来：这是胎儿头部已经沉入产妇骨盆。这种情况多发生在分娩前的一周或数小时。

(2)阴道流出物增加：这是由于孕期黏稠的分泌物累积在子宫颈口，由于黏稠的原因，平时像塞子一样将分泌物堵住。当临产时，子宫颈胀大，这个塞子就不起作用了，所以分泌物就会流出来。这种现象多在分娩前数日或在即将分娩前发生。

(3)水样液体的涓涓细流或呈喷射状自阴道流出：这叫做羊膜破裂或破水。这种现象多发生在分娩前数小时或临近分娩时。

(4)有规律的痉挛或后背痛：这是子宫交替收缩和松弛所致。随着分娩的临近，这种收缩会加剧。由于子宫颈的胀大和胎儿自生殖道产出，疼痛是必然的。这种现象只是发生在分娩开始时。

8. 分娩前的紧急情况

若出现下列情况，请马上去医院或请医生处理。

(1)即便在没有发生宫缩的情况下，羊膜破裂，羊水流出。

(2)阴道流出的是血，而非血样黏液。

(3)宫缩稳定而持续加剧。

(4)产妇感觉胎儿活动减少。

第八章 分娩保健

一、自然分娩的保健与护理

分娩能否顺利完成，取决于产力、产道、胎儿这3个基本要素。如果其中一个因素发生异常，其结果往往以剖宫产作为最终的解决办法。另外，国际上的研究认为：产妇的精神心理因素对分娩过程影响也很大，被认为是第四要素。这四个要素中任何一个不正常，都会影响产程顺利进行。只有四个要素相互协调配合，才能顺利完成分娩过程。

初产妇和经产妇的生产过程存在一些差别，初产妇因为是第一次生产，所以产道的扩张过程相对要慢，而经产妇则相对要顺利得多。

初产妇的子宫颈外口扩张极慢。已经有过一次或一次以上生育经历的经产妇，当子宫开始收缩时，子宫颈外口随之扩张，阻力比初产妇要小；子宫颈口充分开全至胎儿能够通过的程度所需的时间，也要比初产妇短得多，这便是经产妇产程时间短的一个原因。

1. 恰当姿势缓解产痛

开始宫缩后，一阵阵腹痛袭来使产妇心理恐惧，身心备受煎熬。这时采取恰当的姿势可以帮助产妇缓解产痛，有助于顺利度过分娩。

(1)子宫收缩间歇时产妇分开脚站立，双臂环抱住陪护者或丈夫的颈部，头部靠在其肩头，身体斜靠在其身上；陪护者或丈夫支撑产妇的身体，双手环绕住产妇的腰部，给产妇的背部下方进行轻柔地按摩。

(2)子宫收缩时产妇分开脚站立，产妇将自己的身体背靠在丈夫或陪护者的怀里，头部靠在其肩上，双手托住下腹部；陪护者或丈夫的双手环绕住产妇的腹部，在鼓励产妇的同时，不断地与其身体一起晃动或一起走动。

(3)在床上或地板上放几个松软的垫子，产妇跪趴在垫子上。陪护者或丈夫在床的一边，用双手不断地抚摩产妇的后背，可以减轻产痛引起的腰背疼痛，使产妇感到舒适一些，特别是胎儿的面部朝向产妇腹部时。

(4)找一把舒适柔软的椅子，产妇面向椅背而坐，胸腹部靠在有柔软靠垫的椅背上，头部放松地搭在上面；陪护者或丈夫在妻子身后，一条腿跪蹲下去，不断地用手按压产妇的腰部，这样可以使产妇缓解腰部的疼痛。

(5)产妇趴伏在床上，双手放于垫子上，使自己的臀部低于肩膀，并且将双腿分开一些，左右晃动臀部，有助于减轻产妇的腰背部疼痛。

(6)丈夫或陪护者坐在床上或椅子上，产妇趴伏在其大腿上，双手环绕着抱着丈夫或陪护者的腰臀部，托着自己的身体；丈夫或陪护者轻柔地上下抚摩产妇的腰背部。

(7)在从第一产程向第二产程进入时，产妇可以在床上采取蹲坐的姿势，丈夫及其他陪护者分别站在床的两旁，产妇把自己的双臂搭靠在丈夫及其他陪护者的颈肩上，这种由别人支撑的趴跪姿势，可以使产妇感到舒服一些，而且胎儿的重力还可以促进骨盆扩张。

(8)如果需要的话，在子宫收缩间歇，产妇可以采取直坐的姿势坐在床上，后背贴在有靠垫或枕头的床背上，双腿屈起，双手放松地放在膝头上。这样可以使产妇的腹部及腰部得到放松，还可以将胎儿的头向子宫颈推进，让宫缩更为有效。

2. 化解产痛的三项措施

新生命的降生总是伴随着母体的痛苦。我们可以从感情交流、运动护理、情绪调整这3个方面最大限度地来减轻产妇的分娩痛。

(1)情感交流：丈夫或陪护者对产妇说话时态度应亲切，对她的话表现出感兴趣并及时回答。丈夫或陪护者要不断地给予产妇表扬和鼓励，增强她的自信心。尽量运用非语言交流技巧帮助产妇树立自然分娩的信心。

在分娩过程中经常询问产妇的感觉，并对她的失态行为表示理解。对产妇说话时使用简单、易懂的语言，尽量使产妇的心理放松。丈夫及陪护者应在医生指导下，经常帮助产妇抚摩、按摩、握手、擦汗，使产妇感到温暖。

(2)运动护理：在子宫收缩间歇下床走动一下可以帮助产妇减轻产痛，但要尽量放松。在子宫收缩间歇，产妇要多注意喝一些饮料并吃一点食物，以补充能量，注意及时排尿。随着疼痛加重，产妇的恐惧不断增加，依赖性更强，丈夫和陪护者要给予她更多的关心和支持。丈夫或陪护者要根据产妇的需要，经常握着她的手，或做腰背部按摩。

(3)情绪调整：指导产妇使用在产前辅导课上学习的呼吸技巧，帮助她镇定精神，缓解产痛。让产妇变换各种体位，如站、蹲、走等，避免平卧位，以促进分娩进程。产妇不要担心自己发出声音，需要时可以适当地叫喊一下，但不宜过度，以免造成不必要的体力消耗。随时满足产妇的生理需要，如饮水、擦汗等。将灯光调暗、关灯或欣赏音乐都有助于减轻产妇的烦躁情绪。指导产妇配合宫缩屏气用力，对她的进步及时给予肯定和鼓励。

3. 调整呼吸缓解分娩阵痛

分娩阵痛即为产妇在产程中出现的规律性宫缩，它是胎儿得以顺利娩出的原动力。但是有许多产妇存在着恐惧的心理，甚至把与分娩无关，且出现时间短、间歇期长而不规则、强度不大的假阵痛误认作是分娩的发动，白白浪费了气力，到了真正需要用力娩出胎儿时反而会感到精力不济，同时喊叫又会使肠管胀气，不利于宫口扩张和胎儿下降。

正确的做法应该是：产妇要对分娩有正确认识，消除精神紧张，抓紧宫缩间歇休息，也可看书或听音乐使自己放松下来。规律进食、喝水，使身体有足够的能力和体力。这些不但能促进分娩，也大大增强了对疼痛的耐受力。如果确实疼痛难忍，也可以通过调整呼吸和按摩来减轻疼痛。

(1)调整呼吸缓解阵痛方法：阵痛末期，阵痛程度会加剧和增长，次数会增多。每次阵痛开始和结束都用全胸式呼吸，中间部分用上胸式呼吸，以便尽量放松下腹减低痛楚。上胸呼吸：口微微张开，用口轻吸气，然后轻吹气。只用肺上半部像吹熄小蜡烛，不需太用力。全胸式呼吸即用力深呼吸，先用鼻子深深地吸一口气，然后慢慢用口呼出。

(2)按摩止痛：在调整呼吸的同时辅以合理的按摩能更好地放松肌肉，减轻痛楚。具体做法为：吸气时，两手从两侧下腹部向腹中央轻轻按摩，呼气时，从腹中央向两侧按摩。每分钟按摩次数与呼吸相同，也可用手轻轻按摩不舒服处，如腰部、耻骨联合处，这些部位是经络要地，合理按摩可以起到通经活络、舒缓疼痛的作用。

(3)压迫止痛：在深呼吸的同时用拳头压迫腰部或耻骨联合处。

(4)适当走动：产妇如果一切正常，经医生同意后，可适当走动一下，可以缓解疼痛。

4. 进入产房需要注意的细节

(1)不说泄气话：临产前，孕妇的情绪很容易受周围环境的影响，家属的喜怒和言谈直接影响产妇的情绪，甚至加重产妇心理负担，所以家属一定要克服急躁情绪。沉稳而耐心的家属、能和医护人员友好沟通的家属才能真正对产妇的自信心起到积极的推动作用。

(2)尊重产妇：待产室内要求环境安静、整洁，过多的陪护人会影响产妇的休息，过高的期望也给产妇造成心理压力，而紧张的情绪是不利于生产的。所以，如果有机会陪伴亲人分娩，一定要注意遵守待产室的规定，家属要与医护人员密切合作，努力为产妇创造一个温馨的待产环境。

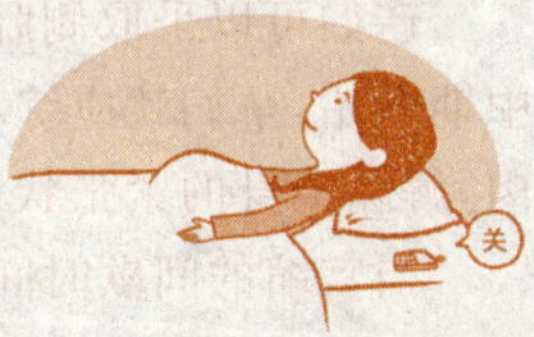

(3)关闭手机：临产前，朋友、同事送来鼓励是礼貌和关怀，但不合时宜的电话会在关键时刻分散产妇注意力，同时也干扰其他产妇。所以，在进产房时请关掉手机或转到“震动”上，如需接听也要请家属帮忙，并尽量保持产房的肃静。需要与外界联系时可以利用产房的固定电话。一定要排除干扰，专注地配合产程进行。

(4)信任医生：临产的恐惧使产妇对周围事物产生强烈的抵触情绪，疼痛也使之情绪波动较大，会烦躁易怒，甚至不合作，所以产妇在学会自我控制的同时，要对医护人员和医院环境充分信任，只有这样才能调动情绪积极配合。否则有可能增加难产的概率。

(5)尊重隐私：初为人父的快乐往往让家属忘记周围，忽视了对他人隐私的尊重。其实，家属应该意识到病房里还有其他产妇需要回避。

(6)保持安静：产妇分娩后需要良好的休息环境，所以家属应遵守病房秩序保持安静，避免过多人员来探视，更不能大声喧哗，否则影响产妇和婴儿的休息和睡眠，甚至会影响到母亲的泌乳和身体的复原。

其实，产房的礼节是非常容易做到的，只要稍微留心就能成为一位受欢迎的准妈妈，或者是令人尊敬的家属。请和周围同时接受生命洗礼的人一起，带着轻松的心情来迎接挑战。

5. 第一产程中产妇配合的方法

在整个产程中第一产程所需的时间最长。从子宫开始规律宫缩到子宫颈口完全开全为止，初产妇平均需花费10～12小时，但也有更长或较短时间的。经产妇仅用4～10小时。

但第一产程需要的时间会因人而异，假如产妇过于紧张，会延长分娩的时间。因此，产妇的精神状态对正常分娩的进程极为重要。

在分娩的过程中，第一产程不但时间长，而且极为关键，随着宫缩的越来越频繁和加强，产妇会本能地非常想用力将胎儿娩出。但由于宫口尚未开全，盲目地用力只会消耗体力，同时使胎儿受到更大的压力。因此，在第一产程的前几个小时，产妇不要急躁，不要过于紧张，要顺应自然，能吃就吃，如可以准备一些巧克力、香蕉等食物；能喝就喝，如可以适当喝些水和果汁，补充水分；能睡就睡，趁宫缩间歇小睡是养精蓄锐的最佳方法。

为了便于子宫颈口扩张，产妇可在医生的指导下做各种辅助动作，以便解除子宫颈口的紧张，使子宫颈口的肌肉充分放松。如果进展缓慢，千万不要气馁，不要失去信心，每位产妇都还有很大的潜力，应满怀信心地等待子宫颈口开大。

产妇可以采取侧卧位，当子宫开始收缩时，产妇尽量放松手、脚及全身肌肉。从妊娠中期开始，孕妇就应练习这个动作，先握拳，勾脚尖，全身用力，然后松手，放松全身的肌肉，解除全身的紧张状态。预先掌握了这些动作，分娩过程中产妇就能很好地配合医生。

当宫缩的间歇时间越来越短，腹痛难以忍耐时，产妇可保持侧卧位，也可取仰卧的姿势，或取坐位或蹲位，均匀地做腹式深呼吸。腹式深呼吸的要领是当子宫开始收缩时，慢慢地用鼻子深深吸气，使腹部膨胀到最大，然后再慢慢地用嘴呼出气体。注意在缓慢吐气的过程中，不要在呼吸到一半时停止呼吸。做不好时，可用手抱住下腹，拇指与其他四指分开，协助腹部做深呼吸，这样会好一些。尽量地全身放松和缓慢地深呼吸是顺利度过第一产程的关键。有时也可做短而浅的呼吸，由于不影响子宫收缩和下腹部的肌肉运动，会感觉比较舒服。还可以配合腹式呼吸，在每次宫缩开始时，用手掌轻轻地按摩下腹部。

上面所说的动作在宫缩间歇时不要做。做上述动作时，产妇应冷静、精神集中，不要在不该用力时乱用力，否则，因子宫颈口尚未开全，会早早消耗掉体力，而在真正需要用力时反而感到疲乏无力。当宫口将要开全并需要用力时，医生和护士会告诉产妇。因此，这些动作都应与医生、助产士密切配合，按他们的指导去做。

正常情况下，当每次宫缩持续60～90秒，间隔只有30～90秒时就到了第一阶段的后期了，再坚持一下就要进入第二产程。

6. 第一产程需要吃东西补充能量

第一产程是宫颈扩张期，从规律性的宫缩开始到宫口开全为止。这一时期的时间最长，宫缩逐渐频繁且增强。初产妇第一产程一般需要12～16小时，体力和精力的消耗都相当大，因此应在第一产程时鼓励产妇尽量吃点东西。

吃什么好呢？此时首选巧克力，因为它富含大量优质糖类，营养丰富，而且能够在短时间内被人体吸收，产生大量热能以供人体消耗。还可以吃一些细软食物和流质食物，以淀粉类食品为主，照顾产妇的口味，食用面包、稀饭、蛋糕、面条等。也可喝糖开水，保证体力和精力。蛋白质、脂肪类食物在胃里停留时间长，在分娩时容易导致胃不适，甚至呕吐，所以不宜进食。

第二产程是胎儿娩出期，从宫口开全至胎儿娩出为止。一般初产妇需要1～2小时左右。第三产程是胎盘娩出期，从胎儿娩出至胎盘娩出为止，一般不超过30分钟。这两个阶段一般不吃东西。

7. 分娩时产妇与医生配合的方法

产妇分娩时要与医生配合，这样有助于宝宝顺利出生。

(1)思想放松，精神愉快：紧张情绪可以直接影响子宫收缩，而且会使食欲减退，引起疲劳、乏力，影响产程进展。

(2)注意休息，适当活动：利用宫缩间隙休息、节省体力，切忌因烦躁不安而消耗精力。如果胎膜未破，可以下床活动，适当的活动能促进宫缩，有利于胎头下降。

(3)增强营养，补充水分：在待产过程中要尽量吃些易消化、易吸收的食物，以补充体力，同时还要多饮汤水以保证有足够的精力来承担分娩重任。

8. 助产呼吸法

调整呼吸可以让小宝宝顺利地出生。我们现在来看一看如何调整呼吸。

(1)深呼吸：每次宫缩时，均匀地深吸气，做腹式深呼吸动作，吸气要深而慢，呼气时也要慢慢吐出，宫缩停止时闭眼休息。

(2)按摩法：以两手指轻轻按摩腹壁皮肤，深吸气时将两手按摩至腹中线，呼气时再从腹中线移向两侧。也可按摩腹部最痛的地方。

(3)压迫法：在深吸气同时，用拳头压迫腰部肌肉或髂前上棘，髂嵴及耻骨联合部位。此方法与按摩法交替使用，可以减轻子宫收缩对大脑的刺激，减轻腹部酸胀疼痛的感觉。

(4)屏气法：宫口开全后，当宫缩开始时，在医生的指导下，双腿屈起分开，两手抓住把手，像排大便一样用力向下屏气，时间越长越好。待宫缩过后立即放松，争取时间休息。当胎头即将娩出时，产妇要密切配合接生人员，不要再用力屏气，避免造成会阴严重裂伤。

9. 脐带缠绕的危害及处理方法

在孕期，有些胎儿会发生脐带缠绕现象。脐带缠绕是一种常见的脐带异常。在分娩中，其发生率高达20%～25%。

脐带缠绕究竟是怎么回事？脐带缠绕是指脐带环绕胎儿身体，通常以绕颈最为常见，分娩时，看到脐绕颈一、二圈的宝宝并不稀奇。另外，躯干及肢体被脐带缠绕也有可能发生。发生脐带缠绕的胎儿，缠绕多为1～2圈，3圈以上较为少见。有一种不完全绕颈，称为脐带搭颈。

脐带是胎儿生命的桥梁。它一端连接胎儿脐轮，另一端连接胎盘。脐带中有两条脐动脉和一条脐静脉,以及包裹于它们表面的胶胨状组织。通过脐带,胎儿从母亲身体获得氧气及所需的各种营养物质,排出胎儿体内的废物。正常情况下,脐带的长度约为 50 厘米,长于 70 厘米为脐带过长,短于 30 厘米为脐带过短。

胎儿在母体内并不老实,它在空间并不很大的子宫内翻滚打转,脐带缠绕住颈部、躯干或手脚是有可能发生的。有时候,缠绕住的脐带可能会在临产前松解开;有时候,明明没有被脐带缠绕的胎儿也有可能在最后几周发生缠绕现象。

(1)脐带缠绕有危险:脐带缠绕,其结果类似于“上吊”,对胎儿的影响与缠绕的周数及松紧度、脐带的长短、羊水量有关。同时还与是否临产有关。临产后,胎头往下分娩,会造成原先缠绕较松的脐带逐渐拉紧。

一般来说,被脐带缠绕一周或脐带搭颈的胎儿,因脐带缠绕及压迫程度较轻,是不会发生临床症状的,这种缠绕对母儿危险不大,母亲仍可经阴道将其顺利分娩。即使是脐带绕颈,由于胎头的活动性较小,只要脐带没有被勒紧,通常就不会危害胎儿健康。在孕期,如果发现有脐带缠绕现象,只要胎儿继续在活动,孕妇就不需要太担心。

然而,缠绕周数多及压迫程度重的胎儿,因脐带缠绕可导致相对性脐带过短,缠绕过紧,会影响脐带血流,首先就会影响到胎儿氧和二氧化碳的代谢,使胎儿出现胎心减慢;严重者,可能出现胎儿缺氧,甚至胎儿死亡,处理较为被动和棘手。

(2)脐带缠绕的诱因:一般认为,脐带缠绕与脐带过长、胎动过频有关。在妊娠中期,子宫腔体积较大,而胎儿相对较小,它们有很大的活动范围,如果是脐带过长或胎儿在做由头位变为臀位或臀位变成头位的大幅度活动时,就有可能发生脐带缠绕。

民间有传言,说孕妇在妊娠期摔一跤脐带绕一周,摔两跤脐带绕两周。其实,这两者之间并没有明显的因果关系。孕妇摔跤时,由于有子宫韧带的支撑和宫腔内羊水缓冲作用,对胎儿不会造成太大的冲击,因此对胎位的影响不会太大,通常不会造成脐带缠绕。

(3)产前可以查出脐带缠绕:随着医学技术的发展,脐带缠绕在胎儿娩出前完全有可能诊断,严重脐带缠绕可以引起胎心率改变,因此在胎位大幅度改变时,利用胎心监护仪可以帮助医生早期发现脐带缠绕现象。

B 超检查,特别是彩超多普勒检查对于脐带缠绕诊断是对胎儿有帮助的,医生可以清楚看到胎儿的颈部有脐带的血流。然而,目前的检查还没有办法测量宫内脐带长度及判断脐带缠绕的松紧。另外,即使超声波发现胎儿有脐带缠绕现象,医生并不能做任何处理,而只能做进一步监视。

在预产期临近时,如果出现胎头还不入盆,或孕期检查发现胎位经常发生头位或臀位转换,就应警惕脐带缠绕。脐带绕颈属高危妊娠,随时可引起胎儿宫内窘迫,孕妇应提前住院待产,让医生通过胎心监护仪和超声检查等间接方法判断脐带情况,确保母子平安。

(4)分娩中遇到脐带缠绕的处理方法:当发现脐带缠绕时,如果胎儿没有其他异常,孕妇就不必惊慌,也不必立即进行手术分娩。

当脐带缠绕引起胎儿宫内缺氧时,表现出胎动减少,医生会通过电子胎心仪监护胎儿情况,观察是否有异常的图形出现,并根据当时孕妇的情况做相应处理。如孕妇还未临产,医生通常建议孕妇进行手术分娩,以规避风险。

如果医生在产妇临产时发现脐带缠绕，通常会选择手术或选用产钳助产。当然，也有相当一部分孕妇即使有脐带缠绕，也未有胎儿缺氧情况发生，她们和正常孕妇一样能自然分娩。胎儿娩出时发现脐带缠绕，医生会立即经头部或肩部将其解脱；若缠绕脐带牵拉过紧，就立即以钳夹剪断脐带。

10. 产后阴道出血的观察与护理

产后大约1小时后，产妇会出很多血，这是子宫里未排净的余血、黏液和其他组织。正常情况下血量会逐渐减少，刚开始是暗红色的，然后会变成粉红色，最后会变成褐色。产后出血会持续6周左右。如果出血量过多、且为鲜红色应及时通知医生查明原因。

对策：准备一些一次性短裤(可用男用式)和产妇用卫生巾，每天定时更换、保持洁净。

11. 产妇自我养护须知

产妇在产后可以通过自我护理使自己的身体快些恢复。

(1)按摩子宫：目的是帮助子宫的复原及恶露排出，亦可预防因收缩不良而引起产后出血。先找出子宫的应置。正常分娩的产妇可以轻易在肚脐下触摸到一个硬块，即子宫。当子宫变软时，用手掌稍施力量于子宫位置环行按摩，使子宫硬起，表示收缩良好；当子宫收缩疼痛厉害时则暂时停止按摩，可采取俯卧姿势以减轻疼痛，若仍疼痛不舒服，影响休息及睡眠，可通知护理人员。

(2)观察恶露：恶露是指由子宫排出的分泌物，产后1～3日，量多、颜色较红，以后颜色变淡，量少。10日后呈淡黄色，一般在4～6周会完全消失；若恶露有大血块、恶臭或鲜血流出等异常现象，应立即通知医护人员。

(3)小便：由于会阴伤口疼痛及生产时膀胱和尿道受损及压迫，可能在产后有排尿或排不干净的感觉。产妇应于产后2小时开始排尿，若排尿不通畅，请通知护理人员协助。

(4)大便：产后由于腹压消失、饮食中缺少纤维素、卧床等原因可使肠蠕动减弱，排空时间延长，会阴切口的疼痛使得产妇不愿意做排便的动作，产褥期出汗多等原因均易导致便秘。故产妇在产褥期应以易消化的半流质食物为主，特别注意多吃含纤维素多的新鲜水果和蔬菜，适当下床活动，并养成每日按时排便的良好习惯。必要时可以进食蜂蜜、香蕉等，以促进肠蠕动；开塞露也可以缓解大便秘结。每天便后应用温热水做局部冲洗。

(5)母乳喂养：母乳是婴儿的理想食品，其所含的各种营养物质最适合婴儿消化吸收，因此世界卫生组织建议产后6个月内应实施纯母乳喂养。来奶需要几天时间，母亲一定要耐心等待；护理人员应富有高度责任性和爱心，多给她们鼓励和支持，并尽早地向产妇讲解早期母乳喂养的一些常见问题，消除她们的紧张心理，使母乳喂养有一个良好开端。

(6)活动：早期下床活动对产妇非常有利，正常分娩的产妇一般卧床休息6～8小时后即可坐起。起床动作不要过猛，分娩第二天就可以下床活动。如果产妇有并发症或是剖宫产，可推迟几天下床。早期活动有利于恶露的排出及子宫的恢复，减少产褥病；长期卧床可使子宫体积较大而易发生子宫后移位。另外，由于产褥期间盆底组织尚未完全恢复，因此应避免从事重体力劳动，以防止子宫脱垂。

产妇第一次下床可能因姿势性低血压、贫血或空腹造成血糖下降而头晕，最好家属或护理人员协助及陪伴。下床动作要慢，先坐于床边，无头晕再下床。剖宫产手术后24小时宜下床活动，这样可以帮助肠蠕动，减轻腹胀及预防血管栓塞，下床时可以使用腹带或用手支托伤口，以减轻伤口疼痛。

（7）情绪调整：由于产妇对于宝宝不了解，因此会产生自觉没用的感觉，如果喂奶、换尿片等缺少了家人和医护人员的安慰、帮助，产妇易极度紧张，感到孤立无援，再加上严重睡眠不足，这些都会影响产妇产后的情绪，情况严重的会在产褥期内出现抑郁症状。

12. 产后早下床活动的益处

生产时，产妇付出很多体力劳动，会感到十分疲劳，的确需要很好休息，但长期卧床休息不活动也有许多坏处，因此一般情况下，产妇如果没有特殊情况，阴道分娩或剖宫产后24小时就可起床下地活动了。开始可下地如厕，在床旁轻微活动，如感觉体力较差，可在护士或家属协助下活动，以后可逐渐增加活动量，甚至可做产后运动来促进恢复。及早下床活动有以下好处：

（1）促进宫内积血排出，减少感染的发生；产后血流缓慢容易发生血栓形成，早下地活动可以促进血液循环，组织代谢，防止血栓形成，这对有心脏病及剖宫产的产妇尤为重要。

（2）早下地活动，可促进肠蠕动，排气早，防止肠粘连，这对剖宫产的产妇是很重要的。

（3）早下地活动有利防止便秘，尿潴留的发生；有利于体力恢复，增加食欲，促进母乳产生及产后的营养吸收。产后"坐月子"并不是指要卧床休息1个月，而是适当休息和活动，这样产妇才能更好地恢复。

13. 适宜产后康复的简单运动

（1）呼吸运动：仰卧，两臂放在后脑，深呼吸，使腹壁下陷，而将内脏牵向上方，然后将气呼出。

（2）举腿运动：仰卧，两臂伸直，平放在身边，左右腿轮流举高，与身体成一直角。这可加强腹直肌的力量。

（3）缩肛运动：两膝分开，再用力合拢，同时用力收缩及放松肛门。这方法可锻炼骨盆底肌肉，预防肌肉松弛和尿失禁。

（4）胸膝运动：跪姿，两膝分开，胸与肩部放在床面，头侧向一边。可在产后10～14日开始做。目的是防止子宫后位。

14. 体温、脉搏、呼吸、血压的检查

（1）体温：产妇产后的体温多数在正常范围内，若产程延长致过度疲劳者，体温可在产后最初24小时内略升高，一般不超过38℃。不哺乳者于产后3～4日因乳房血管、淋巴管极度充盈也可发热，体温达38.5℃～39℃，一般仅持续数小时，最多不超过12小时，体温即下降，这种情况不属病态。

（2）脉搏：产妇产后脉搏略缓慢，每分钟为60～70次，与子宫胎盘循环停止及卧床休

息等因素有关，产后1周基本可以恢复正常，不属病态。

(3)呼吸：由于产后腹压降低，膈肌下降，产妇由妊娠期胸式呼吸变为胸腹式呼吸，可使呼吸频率减慢，每分钟14～16次。

(4)血压：一般产妇的血压在产褥期平稳，变化不大。患妊娠高血压综合征的产妇在产后，血压多有较明显降低。

15. 产后24小时护理要点

宝宝顺利从肚子里出来了，并非就万事大吉。产后第一天通常是较为凶险的一天，很多问题都会在这24小时找上门来。因此，要想平安度过产后的日子，有些事情是要提前了解，并且在产后第一天必须要认认真真做的。

(1)观察出血量：产后出血是产妇第一天最需要注意的问题，因此，不管多么疲乏、多么虚弱，观察自己的出血量都是新妈妈最重要的功课。产妇在上厕所时应注意把卫生护垫等收集起来，不要丢弃，出血量较多或阴道排出组织都应及时告知大夫。

(2)多多喝水：顺产产妇下了产床后要多多喝水。因为在生产过程中，胎头下降会压迫膀胱、尿道，使得膀胱麻痹，以及产后腹壁肌肉松弛，因而排不出尿。而膀胱过度充盈会影响子宫的收缩，也会导致产后出血。此外，由于产程中失血及进食过少也会导致体液丢失，因此要注意多喝水补液。

(3)定时测体温：产后发热是大事，不要以为只是头痛脑热而等闲视之。新妈妈在产后一定要养成定时量体温的好习惯，如果发现体温超过38℃就要当心。

产妇在刚生过孩子的24小时内，由于过度疲劳，可能会发热到38℃，但这以后，体温都应该恢复正常。如有发热，必须查清原因，适当处置。个别妈妈乳胀时发热，但随奶汁排出，体温将会下降。如果奶汁排出后仍不退热就可能是疾病原因。

(4)多吃蔬菜水果：产后第一天应该吃些稀软但有丰富营养的食物，如肉、蛋、鱼和豆腐之类。有汤水的东西，像鸡汤、排骨汤，对下奶是有效的。而富含膳食纤维的新鲜蔬菜和水果，不仅增加维生素的摄入，而且对防止便秘也有帮助。总之，要荤素搭配，开胃口，多样化。贫血的产妇要多吃些猪肝、鸭血和菠菜。抽筋和关节痛的产妇更要继续服用钙片。为了保证泌乳的需要，晚上也可以再加一次半流质或点心一类的夜宵。

(5)坐一坐，走一走：很多妈妈在产后第一天基本上是躺着度过的。这样可不好。其实，顺产产妇可以在产后6～8小时坐起来；剖宫产的产妇在术后24小时可以坐起。要多坐少睡，不能总躺在床上。

因此，如分娩顺利，产后可根据体力恢复情况下床，适当活动。产后24小时可以随意活动，但要避免长时间站立、久蹲或做重活，以防子宫脱垂。产后8周可逐渐恢复正常工作。并且产后尝试做做轻缓的体操，这有助于形体恢复。

(6)关注初乳：初乳不可浪费。一般来说，当宝宝脐带处理好后，妈妈就可以尝试给孩子喂奶了。母亲第一天有少量黏稠、略带黄色的乳汁，这就是初乳。初乳含有大量的抗体，从而保护婴儿免受细菌的侵害，所以这个时候应尽可能地给婴儿喂初乳，减少新生儿疾病的发生。

其次，哺乳可刺激大脑形成神经反射，大脑发出信号以增加乳汁的分泌。

16. 会阴部容易受伤的原因及护理

会阴部是指女性外阴部而言，尤其指阴道与肛门之间的区域，它是胎宝宝从妈妈腹中娩出的下出口部。

(1)容易受伤的原因

①产妇在分娩中，在宫口开全、胎头拨露时，产力过猛、产道紧小、胎儿太大、胎儿娩出过快或助产技术不良等因素都可造成会阴撕裂伤，严重时还可造成子宫颈、阴道撕裂。轻度仅为皮肤、黏膜擦伤或撕裂伤，中度伤及肛门括约肌，但没有断裂，重度会使肛门括约肌断裂。损伤较轻时，产妇虽然感觉到会阴部有烧灼痛，但一般出血很少，较重的撕伤则可能伴有明显的出血，医生必须进行缝合修补才能保证愈合。否则就会引起大便失禁，给生活带来很大的麻烦。

②施行会阴切开术造成的伤口。这种伤口很整齐，胎宝宝和胎盘娩出后，医生也方便缝合，一般4～5日即可拆线。对产妇来讲，这样做比勉强保护而又难以保证会阴完好更为有利，现已是产科非常普通的一个助产小手术了。

(2)补充营养促进伤口愈合

①术后1周内，最好进食少渣饮食，如牛奶、蛋藕粉、藕粉、蛋汤、米汤、稀粥等半流质食物，以防形成硬便而难以排出，影响会阴伤口。便秘时，多吃些香蕉有利于通便。

②饮食上注意补充蛋、瘦肉，促进伤口修复；多吃新鲜青菜和水果，多喝猪蹄汤等汤饮，除细粮外应吃些粗粮，不吃辛辣及刺激性食物。

③在伤口未愈合前要少吃鱼类，鱼中含有的有机酸物质，具有抑制血小板凝集的作用，因此不利于伤口愈合。

(3)产后会阴伤口自我呵护

①保持会阴部清洁。不论是自然撕裂，还是切开的伤口，一般都可在3～5日愈合，每天要用温开水冲洗2次；为防止伤口污染，每次便后用新洁尔灭消毒棉擦拭冲洗外阴，大便后切忌由后向前擦，应该由前向后，还需再次冲洗；注意勤换卫生护垫，避免湿透，浸湿伤口。

②防止会阴切口裂开。发生便秘时，不可迸气用力扩张会阴部，可用开塞露或液状石蜡润滑，尤其是拆线后头2～3日，避免做下蹲或用力动作；解便时宜先收敛会阴部和臀部，然后坐在马桶上，可以有效地避免会阴伤口裂开。

坐立时身体重心偏向右侧，既可减轻伤口受压而引起的疼痛，也可防止表皮错开；避免摔倒或大腿过度外展而使伤口裂开；不宜在拆线当日出院，伤口裂开多发生在伤口拆线的当天，回家后伤口裂开会给处理带来麻烦。

③避免伤口发生血肿。产后最初几天，产妇宜采取右侧卧位，促使伤口内的积血流出，不致内积而形成血肿，影响愈合，也可防止恶露中的子宫内膜碎片流入伤口，日后形成子宫内膜异位症；待4～5日后伤口长得较为牢固，并恶露难以流入时，便可采取左右轮换卧位；注意会阴切口的情况，术后1～2小时内伤口出现疼痛，且越来越剧，应马上与医生联系，及时进行处理。

④避免会阴切口感染。当伤口出现肿胀、疼痛、硬结，并在挤压时有脓性分泌物时，应

在医生的指导下服用抗生素，拆除缝线，以利脓液流出；局部采用 1∶5 000 高锰酸钾温水坐浴，每日 2 次，每次 10～15 分钟，或用清热、解毒、散结中药液清洗伤口；使用台灯进行局部理疗也可促进伤口愈合。

⑤小心护理水肿伤口。伤口水肿时，在拆线前缝合线勒得很紧，疼痛持续不减。可用 95％的酒精纱布或 50％硫酸镁溶液进行局部热敷、湿敷，每日 2 次；卧位时，尽量将臀部抬高一些，以利于体液回流，减轻伤口水肿和疼痛。

17. 产后腰酸背痛的护理

产后常见的腰酸背痛是在生产过程当中，韧带拉伤所造成的。通常需要以热敷处理，多卧床休息，约 1 周之后应该会改善。

18. 促进生殖器官的健康

(1)观察恶露分泌：恶露在产后 10 日应该就变得清淡，如果量一直很多，要请医师确定原因。基本上剖宫产的产妇恶露的量会比较少、比较清淡。

(2)子宫复旧：产后居家护理的重点之一是观察子宫恢复的情况。一般而言，生产之后子宫约在肚脐的位置，产妇要观察子宫下降的程度是否正常，自然分娩的产妇可以按摩子宫，但剖宫产的则不宜。

(3)预防尿失禁、子宫脱垂：因为怀孕和生产的过程造成韧带松弛，会导致生殖器官的松弛，包括尿失禁、子宫脱垂等现象，最好的改善之道就是产后运动。

(4)产后要预防排尿困难：如果第二产程的时间过长，产妇常会出现排尿困难的情形。正常的情况下，自然产后 4 小时应该排尿，如果有困难，医院会放置导尿管帮助排尿，通常休息 1 日之后情况会有所改善。

怀孕末期孕妇常会有静脉曲张、痔疮的形状，专家建议，产后不要马上急着手术，可以在尝试排便后用温水清洗及热水坐浴的方式来改善。

二、剖宫产的保健与护理

1. 剖宫产的“急诊手术”

关于剖宫生产的时间：一般剖宫产会因时间的决定与危急状况分为“事先安排”与“临时安排”两种，前者习惯上称之为“择期手术”，后者称之为“急诊手术”。择期手术的孕妇能够有较充裕的时间做准备，包括心理、生理及家人的支持等；而急诊手术因为情况危急，为了挽救孕妇和胎儿而紧急安排，这时孕妇及家人往往处于被动状态，多数家庭没有做好应对准备。

剖宫产手术前需要留置导尿管。一般手术前 30 分钟，护士会为孕妇经尿道口插入一根导尿管，并接好引流袋。这是为了不使胀大的膀胱在手术中妨碍医生的视野，又可以避免误伤膀胱的现象。

2. 剖宫产后第一天的护理

简单谈过手术前的事宜后，我们要关注剖宫产后的护理了，这是比较关键的时段，不可大意。我们看看手术后第一天如何护理产妇。

术后回到病房的产妇需去枕平卧，护士将尿管引流袋及输液管妥善固定放置在合适的位置，在臀下垫好卫生巾，并会定时为产妇按摩子宫，观察子宫收缩和阴道出血情况，还会在腹部放置一个沙袋，这样做是为了减少腹部伤口的渗血。护士们会按规定，每隔一段时间为产妇测量血压，查看面色，测量脉搏、体温，小便的颜色、量的多少及尿管是不是通畅，并将这些情况记录下来。

这时，宝宝已经饿了，护士会把宝宝抱给妈妈，妈妈一定要将这最珍贵的初乳喂给宝宝。这是值得回味的经历，留给宝宝，也留给自己。殊不知，宝宝的吸吮还可以促进子宫收缩，减少子宫出血的发生呢。

产妇平卧 6 小时以后就可以枕枕头了，这时会觉得舒服很多。去枕平卧的原因：大多数剖宫产选用硬脊膜外腔麻醉方式，术后去枕平卧可以预防头痛；同时，平卧位时头偏向一侧还可以预防呕吐物的误吸。

手术后当天晚上，大多数产妇会感觉腹部伤口疼痛，医生会使用止痛药来缓解产妇痛苦，可以使产妇度过无痛的夜晚。

特别提示：此时特别需要注意保暖，以及各种管道的畅通情况；禁食禁水 12 小时，当然包括牛奶；勤换卫生巾，保持清洁；腹部的沙袋需放置 8 小时；12 小时后，产妇在家人或护士的帮助下可以改变体位，翻翻身、动动腿。

3. 剖宫产后第二天的护理

帮助产妇坐起来——术后第二天，产妇可以在丈夫的帮助下靠坐起来。具体方法是：丈夫坐床头，与孕妇背靠背并承受着她的重量。产妇也可以先把身体侧过来，由家人扶持坐起来。有条件的医院也可以把床头摇起来，使产妇呈半坐卧位。

(1)饮食：多数产妇现在已经感觉饿了，可以喝一些米汤、细软的面条汤了。但在未排气之前还不能喝牛奶、吃含糖的食物，这是因为牛奶、鸡蛋、糖类食物易在未恢复肠蠕动的产妇体内产生较多的气体，腹部的膨胀会影响伤口愈合，也会影响肠功能的恢复。

(2)身体状况：尿管今天拔除，可以穿好内裤，以利于清理恶露，并能保持外阴的清洁。尿管拔除后 2～4 小时应自排尿。今天的恶露是红色的，有时伴有一些小血块、黏膜状的东西。

(3)活动：今天可以在床上慢慢地活动下肢，试着把腿抬起来，再轻轻放下，只做2～3下就可以了。

无论如何，剖宫产与自然分娩相比，还是危险性相对较高的分娩方式。

4. 剖宫产后第三天的护理

(1)清洁：刷牙、洗脸、梳理头发，使自己精神起来，并保持一份好心情。乳房也需要认真清洁。看着宝宝吃饱后酣睡的模样，新妈妈一定很欣慰。

(2)恶露:依然是红色,量较前一天减少一点。

(3)喂养宝宝的体位:坐位时可以在后背放一个大枕头支撑,以减少疼痛;也可以在腹部放一个枕头将宝宝放在枕头上,以减少双臂的酸痛,以及对腹部伤口的压迫。

(4)饮食:此时新妈妈尽管吃喝,保证汤水足够,这样奶量才足。记住肉、蛋、果、蔬要均衡,奶水的质量才高。

(5)活动:试着在床上活动下肢每次5~6下,每日2次,这样可以防止下肢静脉血栓的形成;开始进行下地前的准备,并让自己坐起来,把双腿垂于床边,适应一会儿再站立,防止头晕。并且用双手按压腹部伤口,减轻由于震动引起的疼痛。每次下地活动的时间由1分钟开始,逐渐增加,家人可以在旁协助。

特别提示:勤喂宝宝不用限制次数;喂奶前要洗手;学习自己护理自己,如更换卫生巾,翻身做床上运动,尽量下地活动;清洁自己,保持一份好心情;鼓励新爸爸多抚摸宝宝。

5. 剖宫产后第四天的护理

今天新妈妈已经能够做更多的事情了,除了清洁自己外,还可以为宝宝换换尿片、衣服等;同家人一起把宝宝从头到脚看一遍,在评点宝宝的过程中,使自己完成由产妇到母亲的角色转变。

(1)活动:下地活动渐渐不再需要过多的扶持,也可以做做胳膊和腿以外的运动,如收缩肛门等。

(2)出汗、尿液增多:这是由于怀孕时体内堆积的过量水分要通过汗液和尿液的形式排出。

(3)恶露:已经变成了粉红色,有血腥味。

(4)饮食:可以多吃些蔬菜、水果,以利于大便的排出。

特别提示:产后第四天,由于产妇在后期必须面对来自育儿的多种压力:情绪需要重整,自身形象的改变,对家人的照顾感到不满意,家庭经济需求增加,以及对自己的母亲角色没有信心等,一些产妇可能情绪比较低落,甚至罹患产后抑郁症,临床表现为哭泣、伤心疲倦、健忘、注意力无法集中、焦虑、易怒、暴躁、负向思考等。这时,她们需要亲朋好友,特别是"过来人"的宽慰与帮助,帮她们找出应对的办法。

6. 剖宫产后第五天的护理

此时新妈妈的体温正常,子宫收缩良好,腹部伤口没有渗出物。她已经从疲倦中走出,作为母亲,大多数都已开始树立信心,喂哺宝宝的手法正确,动作熟练起来。宝宝的一声呻吟都可以把她从沉睡中唤醒,会经常凝视着宝宝。宝宝此时哭声响亮,反应机敏、皮肤有一点点淡淡的黄色。

特别提示:她们需要提供情绪支持,鼓励丈夫听产妇表达对"分娩"的感想。

7. 剖宫产后第六天的护理

腹部伤口使用无损伤线缝合的产妇今天可以出院回家了。出院前要牢记医生护士的嘱咐,需要了解如何避孕、如何运动,以及如何均衡营养等知识,还要记住何时复诊。要为宝宝完成第一次接种，并保存好注射卡。

8. 减轻产后伤口疼痛的方法

术后第二天，许多产妇仍然感到伤口十分疼痛，丈夫可以在妻子翻身改变体位或咳嗽时，用双手紧按伤口，这样通过减少震动而减轻疼痛；在侧位时，可以在产妇腰部放一个枕头，也可以在腹部放一块毛毯支撑一下，以减轻疼痛；为产妇播放一段轻柔的音乐，丈夫穿一件色彩鲜艳的服装以及做做腰腹部按摩都是很不错的“止痛剂”，相信细心的丈夫会用心去做的。

特别提示：新手妈妈需要旁人帮助，以更好地喂哺宝宝；多进食一些流质食物，如稀饭、热汤等；拔除尿管后尽早小便；试着坐一坐，活动活动下肢；按摩腿部肌肉。

9. 剖宫产术后护理细则

剖宫产不同于阴道分娩，它是要在小腹部做一条长 10 厘米的切口，剖开肚子，切开子宫，取出胎儿，然后缝合。手术伤口很大，创面广，又和藏细菌的阴道相通，所以剖宫产是产科最大的手术，有很多并发症和后遗症，其常见的并发症有发热、子宫出血、尿潴留、肠粘连；最严重的并发症有肺栓塞、羊水栓塞，可导致猝死；后遗症有慢性输卵管炎及由此导致的宫外孕，另有子宫内膜异位等。所以，术后加强自我保健对于顺利康复是很重要的。

(1)坚持补液，防止血液浓缩和血栓形成：孕妇在试产期内消耗多、进食少、血液浓缩，加之孕期血液呈高凝状，故易形成血栓，诱发肺栓塞，导致猝死。故术后 3 日内应常输液，补足水分，以纠正脱水状态。此外，术后 6 小时可进食炖蛋、蛋花汤、藕粉等流质食物。术后第二天正常饮食，可吃粥、鲫鱼汤等半流质食物。

(2)及早活动：这是防止肠粘连、防止血栓形成、防止猝死的重要措施。麻醉消失后，上下肢肌肉可做些收放动作，术后 6 小时就可起床活动。这样可促进血液流动和肠段活动，可防止血栓形成，还可预防肠粘连。

(3)注意阴道出血：剖宫产子宫出血较多，家属应注意观察阴道出血量，如远超过月经量，应通知医生，及时采取止血措施。

(4)防腹部伤口裂开：咳嗽、恶心呕吐时应压住伤口两侧，防止缝线断裂。

(5)及时排尿：导尿管一般在手术第 2 天补液结束后拔除(保留导尿管易引起尿路感染)，拔除后 3～4 小时应及时排尿。卧床排不出时，应起床去厕所，如果还排不出应及时告诉医生，直至能畅通排尿为止。

另外，只要体力允许，在导尿管拔除后尽早下床活动，并逐渐增加活动量，这样不仅可促进肠蠕动和子宫复原，还可避免术后肠粘连及血栓性静脉炎形成。

(6)注意体温：停用抗生素后可能出现低热，这常是生殖道炎症的早期表现。如超过 37.4℃，则不宜强行出院；回家 1 周内，最好每天自行测体温 1 次，以便及早发现低热，及时处理。不宜等到高热再去急诊就医，因为这时治疗较麻烦，且易转为慢性输卵管炎，造成继发不孕症或宫外孕。

(7)当心晚期产后出血：剖宫产子宫有伤口，较易形成致死性大出血，产后晚期出血较多见，回家后如恶露明显增多，如月经样，应及时就医，特别是家住农村交通不便者更宜早就医。最好直接去分娩医院诊治，因其对产妇情况了解，处理方便。

(8)及时采取避孕措施：房事一般于产后42日、恶露完全干净后开始。初期宜用避孕套，产后3个月应去原手术医院放环。因为如果一旦受孕，做人工流产会特别危险。

(9)注意经期伤口疼痛：伤口部位的子宫内膜异位症时有所见，表现为经期伤口处持续胀痛，且一个月比一个月严重，后期可出现硬块。一旦出现此类症状，应及早去医院就诊。

当前剖宫产率如此之高是极不正常的，很多剖宫产是孕妇自己要求的，而由此造成的并发症很多，防不胜防，故孕妇不应要求做此种手术。自然分娩是顺产，产后并发症极少，是有理智、有毅力的孕妇应极力争取的，如果不能自然分娩，何时进行剖宫产应该尊重产科医生的意见。

(10)剖宫产后宜少用止痛药物：剖宫产术后，麻醉药作用逐渐消退。一般在术后数小时，产妇的伤口开始出现疼痛。此时为了让产妇很好地休息，医生在手术当天或当天夜里会用一些止痛药物。在此之后最好不要再用止痛药物，因为它会影响产妇的身体健康，尤其是影响胃肠蠕动功能的恢复。所以，产妇要做好一定的思想准备，对疼痛多些忍耐。

(11)剖宫产后宜多翻身：剖宫产手术对肠道的刺激加上麻醉药的影响，产妇会有不同程度的肠胀气。多做翻身动作会使麻痹的肠肌蠕动功能恢复得更快，肠道内的气体就会尽早排出，可以解除腹胀。

(12)剖宫产后宜半卧位：正常分娩的产妇在产后24小时就起床活动。剖宫产的产妇却不能，因此恶露相对不易排出。采取半卧的同时配合多翻身就可以促使恶露排出，促进子宫复原。

第九章 坐月子指导

一、月子中的生活指导

1. 产后要有良好的休养环境

（1）要清洁卫生：在产妇出院之前，室内最好用3%的来苏水（200～300毫升/平方米）湿擦或喷洒地板、家具和2米以下的墙壁，2小时后通风。卧具、家具亦要消毒，在阳光下直射5小时可以达到消毒的目的。除此以外，保持卫生间的清洁卫生不可忽视，要随时清洗大小便池，以免产生臭气，污染室内空气。在产妇室内燃烧卫生香，可调节室内空气，消毒抑菌。当卫生香点燃后，紫烟缭绕，芬芳飘逸，清洁空气，香雅提神，非常有益于室内的环境卫生。一般一间屋内每次点燃一支卫生香即可，以防化学香精的烟雾引起中毒。

（2）要温度适宜：以“寒无凄怆，热无出汗”为原则。即冬天温度18℃～25℃，湿度30%～50%；夏天温度23℃～28℃，湿度40%～60%。产妇不宜住在敞、漏、湿的寝室里，因为产妇的体质和抗病力都较低下，居室更需要保温、舒适，否则容易生病。卧室通风要根据四时气候和产妇的体质而定。产妇居室采光要明暗适中，随时调节。要选择阳光辐射和座向好的房间做寝室，这样，夏季可以避免过热，冬天又能得到最大限度的阳光照射，使居室温暖。

（3）要保持室内空气清新：空气清新有益于产妇精神与情绪愉快，有利于休息。不可为了庆贺，宾朋满座，设宴摆酒，室内烟雾弥漫，酒气熏人，污染空气。亦要注意避风寒湿邪，因为产妇的身体比较虚弱，抗风寒能力较差。如果室内空气不流通，室内卫生环境差，空气混浊，易使产妇和婴儿患呼吸道感染疾病。

2. 捂月子害处多

有的产妇在坐月子时，把屋子封得很严实。窗子不但关得很严，而且连窗缝也糊好，门上加布帘子，俗称“捂月子”。其实这样对产妇和婴儿都是极其不利的。

首先，屋子封得很严，空气不流通，室内空气污浊，这对产妇和婴儿都不利。产妇分娩后身体虚弱，需要有新鲜空气，以尽快改变身体虚弱状况，恢复健康。新生儿出生后，生长发育很快，不仅需要充分的营养，也需要空气新鲜、通风良好和清洁卫生的环境。否则，容易得感冒、患肺炎等病，有碍健康成长。

其次，屋子捂得过严，室内通风不好必然造成室内潮湿，产生细菌，侵害人体。产妇和婴儿都处于身体虚弱时期，抵抗力差，经不起细菌的侵蚀，极易得病。更重要的是，产妇和婴儿都需要阳光的照射，只有在阳光照射下身体才会正常发育。如果把屋子捂得过严，整月不见阳光会使产妇和婴儿的身体健康受损。

产妇和婴儿在室内都是暂时的，过一段时间就要到室外活动。如果室内封得过严使他们不能接触外界环境，以后到室外活动时就形成环境变化过大，必然造成不适。这种不适就会导致一些病症，影响身体健康。如果屋内通风好，有阳光照射，这就为以后到室外活动创造了条件。

3. 产后掉头发的处理方法

很多年轻的妈妈在刚生完宝宝时都会出现脱发的现象，这是为什么呢？

产后身体内分泌水平骤然降低是产后脱发的主要原因。妇女怀孕之后，体内激素的分泌量大大增加。除雌激素、孕激素外，还产生一定量的催产素和生乳素。它们的作用共同维持着母体的各种生理平衡。对处于发育旺盛阶段的子宫组织起着促进作用，并促进乳腺发育。在这些激素共同作用下，头发会加速生长，故孕期头发数量可增多，且富有光泽。然而，随着一朝分娩，这些激素便会相应地大量减少，头发营养供应自然减少了，于是就发生了头发脱落的现象。同时，如果分娩时有精神恐惧、情绪波动，以及产后劳累等，亦会使脱发加重。产后脱发一般不会形成弥漫性脱发，脱发的部位大多在头部前 1/3 处。随着分娩后机体内分泌水平的逐渐恢复，脱发现象会自行停止，一般在 6 个月左右即可恢复。

因此，产后脱发是正常的生理现象，产妇不必为此而过度担忧或恐惧。孕期及产后讲究心理调适，注意合理营养及个人卫生，可以有效地减轻脱发。故产妇应保持心情愉快，饮食起居要有规律，少吃过于油腻及刺激性食物，并注意产后头发的卫生保养，每周用中性洗发液洗头 1 次，自然晾干，半年内不要烫发。如果产后脱发严重，或 6 个月左右脱发现象仍未停止，则需要请医生检查治疗。

4. 产后汗多不是体虚

不管天热还是天冷，产妇分娩后总是比正常人汗多。有的产妇会大汗淋漓，如果稍微活动或进食时，更是汗流满面，全身汗出，黏湿难受。为什么会出现这种现象呢？

一般情况下产后出汗是一种生理调解现象，并非体虚，不必担忧。产妇在妊娠期间，体内水分积蓄，仅是血液就比孕前增加 30% 左右。一个正常人的血液量约占体重的 10%，为 4 000～5 000 毫升，而妊娠期孕妇则要增加 1 000 毫升左右。分娩之后，这些体液就成为多余的东西，不排出体外会增加心脏负担。所以，身体会从多种途径将多余的液体排出体外。

体内的水分排泄有 3 个主要途径：一是通过肾脏由尿液排出；二是通过肺的呼吸排出；三是通过汗腺由皮肤表面的毛孔蒸发。所以产后会汗多。还有，产妇甲状腺功能亢进，产后尚未恢复，脂肪、糖、蛋白质代谢旺盛也会造成出汗过多。另外，产后进食较多的高能量食物又多喝汤水，这也是产后多出汗的原因。

但是，产妇也必须注意病理性出汗，表现为汗湿衣，持续不断，常伴气短懒言，倦怠嗜睡，或见睡中多汗，醒来即止，五心烦热，口干咽燥，头晕耳鸣等症状。这种情况要请医生诊治。

因此，在产褥期，产妇不仅尿多，而且管理汗腺的交感神经兴奋占据优势，汗腺的分泌活动也增强，从而使产妇在产后出汗较多。由此可见，产后汗多是机体在产后进行自我调整的表现，所以不需要任何特殊治疗，只是产妇应注意避免出汗后伤风受凉。

5. 产后2周尽量不要看书写字

分娩后大约需要2周时间，妈妈便可逐渐习惯3口之家的生活。虽然忙于给宝宝喂奶和洗尿布，有时感到睡眠不足，但只要丈夫勤于帮助，妈妈仍然可以好好休息，缓解疲劳。在宝宝睡觉时，母亲有时感到无事可做，想看看育儿知识、看看电视，写写育儿日志，但又碍于一些老的说法：产后要在床上休息1个月。其实，产后也不是绝对地不能看书写字，只是要注意劳逸结合。

我们知道，分娩不仅影响性器官，还影响到母亲全身。产后身体各个系统，包括皮肤、眼睛都需要一定的时间慢慢恢复，所以消耗精力的事情应等到产褥期结束后再去做。在产褥期一定要休息好，不要过于疲劳。

母亲在产后2周后，只要不感到疲劳，就可以适当地看电视、报纸、书籍。育儿日志也可以记，但应避免写一些很长的费神的东西。当然，想把宝宝成长过程记录下来的心情是可以理解的，此事可请丈夫参与，两人记录既可以增强夫妻间的感情交流，又给做了父亲的丈夫提供了照料宝宝的方便。在选择育儿日志本时尽量选择宽格子的，铅笔也宜用深颜色的。尽管叫日志，并不一定每天都要记，可根据具体情况而定。

6. 月子里眼睛的护理

妈妈坐月子时，眼睛的护理非常重要。如果眼睛失去养分，不仅影响眼的生理功能，还会失去眼睛昔日的美丽。

(1)要经常闭目养神：月子里，妈妈需要更好地休息，白天在照料婴儿之余，要经常闭目养神。这样视力才不会感到疲劳。

(2)不要长时间看物：长时间看东西，会损伤眼睛，一般目视1小时左右，就应该闭目休息一会儿，或远眺一下，以缓解眼睛的疲劳，使眼睛的血气通畅。

(3)补充合理营养：多吃富含维生素A的食品，如一些胡萝卜、瘦肉、扁豆、绿叶蔬菜。可防止角膜干燥、退化和增强眼睛在无光亮中看物体的能力。另外，还要少吃一些对眼睛不利的食物，如辛热食物，葱、蒜、韭菜、胡椒、辣椒等要尽量少吃。

(4)注意用眼卫生：看书时眼睛与书的距离保持33.3厘米，不要在光线暗弱及阳光直射下看书、写字。平时不用脏手揉眼，不要与家人合用洗漱用品。

7. 劳逸结合才能早日康复

合理安排产后的休息与活动，对避免留下疾病、促进产妇身体的康复有着十分重要的意义。

在妇女地位低下的年代，许多妇女产后没几天就照常操持家务，下地干活或去工厂做工。产后过早、过重的劳动，有引起产后大出血的危险，还可影响子宫、阴道及盆底组织的恢复。日后易造成子宫脱垂、阴道壁膨出和尿失禁等后遗症。现在，随着妇女社会地位的提高及生活条件的改善，产妇对围产期保健越来越重视，这是应肯定的。但不少产妇即便是顺产，也绝对静卧，产后1月内吃、喝、拉、撒均不出居室，甚至在床上。产后过于劳累，当然影响身体的康复，但是将产妇禁锢在床上，一切由别人包办、伺候，对产后并非有利。产妇若持久仰卧，可引起子宫后位，出现经常腰骶酸痛的症状。适当地活动，有利于子宫的复原和排出恶露；促进血液循环，减少盆腔及下肢血管血栓形成；有利于促进肠蠕动，调整排便功能，防止便秘，还可促进胃肠道的消化功能，改善食欲。因此，在顺产后，6～8小时即可坐起来，12小时后可自己下地大小便，48小时后可下地轻微活动。不过，如果产妇有异常情况，如体温升高，心脏病，高血压，严重贫血，难产手术等，应适当延迟下地活动的时间。

总之，每个产妇应根据自己的具体情况，注意劳逸结合，争取早日康复。

8. 月子里不可完全卧床休息

有人认为，坐月子就要完全卧床1个月，以休息来恢复怀孕期和分娩时的劳累，其实这完全是不必要的。我们知道，人的生命在于运动，人的健康也来自运动，如果卧床休息1个月，结果将是怎样呢？也许1个月后，产妇根本就不能起床走路了。

生命在于运动，可是如何让月子里的产妇合理运动呢？一般产后第1天，产妇疲劳，应当在24小时内充分睡眠或休息，使精神和体力得以恢复。为此，周围环境应保持安静，家人从各方面给予护理和照顾。正常产妇，如果没有手术助产、出血过多、阴道撕裂、恶露不净、腹痛等特殊情况，24小时以后即可起床做轻微活动，这有利于加速血液循环、组织代谢和体力的恢复；也可增进食欲，并促进胃肠道蠕动，使大小便通畅。有人主张还应适当做一些产后体操，使肌肉、腹壁和体形尽量恢复到孕前状况。

第1～3天做抬头、伸臂、屈腿等活动，每天4～5次，每次5～6下；1周后可在床上做仰卧位的腹肌运动和俯卧位的腰肌运动。将双腿伸直上举，做仰卧起坐，头、肩、腿后抬等运动项目；半月后，可做些扫地、做饭等家务和一般体操，以利肌肉收缩，减少腰部、腹部、臀部等处的脂肪堆积，避免产后肥胖症，保持体态美。

早期适量活动，还可增强消化功能，以利恶露排出，避免压疮、皮肤汗斑、便秘等产后疾病的发生，并能防止子宫后倾等。单纯卧床休息对产妇来讲是有害无益的。

9. 产后注意皮肤保养和防脱发

十月怀胎往往会造成产妇头发营养供给不足，使毛囊细胞功能受到影响而造成脱发。因此，产后妈妈们还应注意饮食的多样化，及时补充维生素、蛋白质和无机盐，这将有助于头发的恢复和生长。

另外，产后为了喂养宝宝，本来就处于身体恢复阶段的母亲会变得更加疲劳，长期劳累会使面部的皮肤变得松弛。所以，产妇应保证每天睡眠时间不少于 8 个小时。分娩后，产妇的牙齿往往容易松动，这是产后正常的现象。所以，产后应勤刷牙并适当补充钙剂，消除牙齿松动情况。

10. 月子里家居生活中的正误

坐月子期间，对于子宫的保护非常重要。稍有疏忽就会给年轻的妈妈带来长久的痛苦，有些病很难治愈。然而宝宝一出生，家务骤增，刚刚生产后的妈妈不得不插手。因此，正确的家务安排会有助于妈妈保持正确姿势，避免造成对子宫的损伤。

产妇应避免久蹲、久站及频繁或幅度较大的弯腰活动。因此，在家居生活中应注意以下事项。

错误 1　把热水瓶放在地上。

正确做法：应该放在茶几或矮柜上。因为热水瓶是妈妈在月子里经常要用的物品，频繁下蹲取热水瓶易使子宫下垂或不易复位。

错误 2　把宝宝的奶具放置在柜橱底层。

正确做法：应该把奶锅、奶瓶、刷子及常用厨具放置在柜橱的中上层，但也不能太高，以妈妈伸手可及为佳。还应该在厨房内放置一把椅子，这样，妈妈在厨房内做家务事时就不会久站，能很方便地经常坐下，有利于子宫的复位。

错误 3　把宝宝换洗衣物、尿布、湿纸巾及纸尿裤放在卧室橱柜的底层。

正确做法：最好放在专用于给宝宝换尿布的台子上，这样的台子通常有放置以上用品的抽屉，并且与婴儿床或摇篮相连，还有与之匹配的椅子，妈妈站着或坐下便可取得到用品，在产妇给宝宝换尿布、衣服和洗澡时就不用总是频繁地弯腰，可避免引起腰痛，而且台子的抽屉及侧柜里可放置宝宝换洗衣服和尿布，使产妇伸手即取到，无须经常下蹲或弯腰去做事情，有利于子宫尽快复位。

但需注意的是：妈妈不可以在把宝宝放在台子上时离开，即使几秒钟也不可以。

错误 4　经常弯腰从睡床、童车中抱起和放下宝宝。

正确做法：最好购买可以升降的童床和较高的童车，这样，每次从睡床或童车里往外抱宝宝和放宝宝时就不用弯腰幅度太大。

错误 5　把宝宝的洗浴用品放在浴室低处。

正确做法：因为宝宝要经常洗澡，如果位置过低，妈妈要不停地下蹲去取，而且，浴室往往较滑，容易使产后体质虚弱的妈妈滑倒。应该放在浴室台架上，伸手及可，或放在换尿布台的抽屉里。

错误 6　给宝宝洗澡时浴盆放在地上。

正确做法：如果把浴盆放在地上，妈妈给宝宝洗澡时会久蹲。应该把宝宝洗澡的浴盆放在换尿布的台子上或茶几上，并在旁边放一把小凳子，妈妈应该坐在小凳子上给宝宝洗澡。

11. 产后康复细则

许多妈妈以为，给宝宝哺乳过程中，最容易出现问题的是宝宝，殊不知，在这期间，由于种种不正确的做法，妈妈自身的健康也很容易受到影响。

(1)腰酸腿痛时——要保证摄入充足的钙。哺乳妈妈应保证摄入充足的钙，以满足母婴二人的生理需要，否则，可能造成腰酸腿痛，还可能因为奶水中的钙不足影响婴儿的生长发育；在自身钙不足的情况下哺乳还可能使妈妈体内的钙消耗过多，造成骨质疏松等问题。

(2)大量掉头发时——不要过度用脑。产后是精力和体力都需要好好休养的时期，过度用脑也会影响血液循环，从而造成脱发。在产后这个特殊的时期，恢复身体和照顾好宝宝还是第一位的。

(3)两个乳房大小不一致时——正确哺乳。哺乳时，左右两侧交替喂奶，避免因宝宝单吸一侧而引起乳房不对称。

(4)身体僵硬、不灵活时——多喝水，多运动。产后，由于整个生活都要围绕着宝宝，再加上家务突然增加，每天一定会感觉疲惫、睡不够。缺少运动是这个时期妈妈们生活中普遍存在的问题。多运动，早晨早点起来，做做操，可以让身体更加灵活，缓解僵硬感。

(5)乳房松弛下垂时——坚持戴乳罩、坚持运动。哺乳过程中应佩戴柔软的棉布乳罩，因哺乳期乳房肥大，受重力的作用容易下垂，用乳罩能起到一定的固定、托起的作用，从而防止乳房发生下垂。每天用温水洗乳房1～2次；每天坚持做胸前肌肉的运动，如俯卧撑、扩胸等，加强前胸部肌肉的力量，从而增强对乳房的支撑，防止乳房松弛下垂。

(6)感觉心情烦躁，易发脾气时——少吃酸性食物。哺乳期，很多人认为要给孩子喂奶，需要自己先大补，因而每天吃很多大鱼大肉。酸性食物吃得过多会大大影响身体的消化功能，也容易上火。火气旺，加上有了宝宝也添了很多家务，难免就会心情烦躁，容易发脾气。多吃清淡食物，多喝水，练练瑜伽都可以调节心情。

(7)明显消瘦时——注意产后休养。生孩子是一项相当艰苦的体力劳动。哺乳期的妈妈在身体和精神上都应该尽快找回最佳状态。新妈妈千万不要使自己虚弱的身体过度紧张劳累或着风受凉。家中之事，尽可以少操心。

(8)经常困倦时——保证睡眠质量。宝宝刚刚出生，与外界沟通的能力弱，哭是他(她)向外界表达信息的最常用、最有效的途径，有的宝宝甚至整夜不睡，妈妈的睡眠质量大受影响。每当孩子睡着了或者有人照看时，妈妈不妨也睡上一觉，睡觉是最好的休养。睡眠不足的时候，身体很容易变成亚健康状态。

(9)皮肤松弛，皱纹明显增多时——多吃含胶质的食物。生育加上自然的衰老，皮肤松弛是很自然的生理现象。在哺乳期间，体内营养消耗较大，有的妈妈不注意营养补充，脸色也会变得很难看。这时要多吃含胶质的食物，比如猪蹄、骨头汤等，以补充肌肤所需要的胶原蛋白。

二、月子里的居室环境与着装

1. 冬季坐月子须知

(1)做好保暖：进入冬季以来，气温一直保持在零上几度到零下七八度，但近日气温急转，温度达到－20℃左右，这对产妇和婴儿的健康很不利，因此，做好保暖十分重要。要完善取暖设施，如果用煤火炉取暖，一定要保持烟道通畅，预防煤气中毒；注意室内空气新鲜流通；室内温度以21℃～24℃为宜，并力求恒定；每天收听天气预报，根据气温变化，适时增减衣服，要穿得暖和一些；天气晴好时可到室外散步。大风、降雪、寒潮天气则尽量减少出门机会。

(2)天气好时常晒太阳：产妇对钙质的需求量比一般人要多，以保障婴儿骨骼的成长。钙在体内吸收与利用离不开维生素D，而维生素D需要在阳光的紫外线参与下在体内进行合成。产妇常晒太阳有益于钙的吸收和利用。天气晴好时，穿好保暖衣到室外晒太阳，天太冷或大风天时可在室内有阳光的地方接受日光照射，每天至少晒半小时。

(3)冷天要吃得更好：产后补充营养对产妇的快速恢复至关重要。在冬季，产妇应比其他季节吃得更好些，适当多吃含蛋白质、糖类、维生素和微量元素多的食物，如瘦肉、鸡、牛奶、豆制品、绿叶蔬菜和水果等。

2. 夏季坐月子须知

(1)防中暑：暑夏季节，不少产妇为避免受凉，常紧闭门窗，身着厚衣，包头盖被等，严重妨碍了体温的散发而发生中暑。因此，暑夏坐月子应保持室内空气流通，室温以26℃左右为宜。可常用干毛巾或温热水擦身，勤换内衣、床垫。同时，常饮绿豆汤等非冰镇饮料对预防中暑也有好处。

(2)室温不可太低：由于夏日炎炎，酷暑难熬，现代的很多产妇睡觉时大开门窗形成穿堂风，或开风扇，对着直吹，或将空调开得太大，室内温度太低，或睡觉时赤身露体，不盖被子，这些都是产妇伤风感冒的原因。

(3)饮食应清淡：月子里的饮食很重要。暑天人们的食物以清淡为主，但这对产妇不利。由于消化能力减弱，产妇应该吃容易消化、富有营养和不油腻的食物，如鸡蛋、面条、牛奶等。起初两天最好不要吃鲫鱼、鸡蛋等发奶的食物，因为刚生下来的婴儿食量不大，奶量过多容易淤积而引起乳腺炎。待孩子食量逐渐增加时，母亲可多吃鸡、鸡蛋，鲜鱼、排骨等营养食物。

(4)保持外阴清洁：胎儿出生后，母亲子宫里胎盘剥离的地方留下了创面，这时子宫口还没有完全关闭，加上会阴和阴道有不同程度的损伤，所以要特别注意外阴的清洁卫生，以免细菌侵入而发生感染，这一点在夏季显得格外重要。每天可用温开水慢慢冲洗外阴及尿道口周围。洗澡时，最好用淋浴。没有淋浴条件的，可用脸盆装水往身上边浇边洗，这样可以防止脏水流进阴道。

(5)做好乳房保健：母乳是婴儿最理想的食品，故应好好保护乳腺。一般在产后12小时左右开始喂奶。喂奶时先让一侧乳房吃空，然后再吃另一侧，吃不完的奶要挤出来，不要让乳汁淤积。如果产妇乳汁没有及时排空，夏季一旦乳头破裂，细菌侵入会引起乳腺发炎。病人有发热，患侧乳房胀痛，局部红肿、压痛等症状。倘若没有及时治疗而发生脓肿，需手术排脓，不但痛苦，而且影响哺乳。

(6)保证有充足的睡眠时间：夏季炎热，产妇更要有充分的休息时间，否则会出现焦虑、疲倦和精神抑郁，还会影响乳汁的分泌。此外，每天争取能有10小时的睡眠，睡时采取侧卧位，以利于子宫的复原。

3. 产妇衣着须知

(1)内衣要方便哺乳：婴儿出生后，母亲的乳房会有所变化。这时的母亲如果仍用普通款式的胸罩，一定会给每天哺乳带来麻烦。所以，建议哺乳的母亲要选择适合自己的内衣。那么该如何选择呢？

①选用设计简单的活动纽扣的胸罩，只需解开乳杯的纽扣即可喂哺母乳。

②内衣选用富弹性棉质布料制作，确保清爽舒适。

③内衣选用有活动扣的，可以随体形的变化调整大小。

(2)新妈妈要勤换衣服：产后"不能洗头、洗澡"的时代已经过去。一个产后不清洁的妈妈也得不到宝宝的喜爱。产后要勤洗澡、勤换衣。洗时用温水，洗后完全擦干；刚刚洗浴完毕不宜进入通风的环境；不要用吹风机吹干头发；剖宫产的产妇可在2周后洗澡。

4. 产妇不宜穿羊毛内衣

据研究证实，数百名产后少奶或缺奶的妇女中有80%的人有异物进入了乳房和乳腺管内的情况。对他们的乳腺分析发现，乳汁中混有一种茧状微粒，经过进一步分析，发现这些茧状微粒是细微的羊毛、化纤织品的纤维。这是由于不少人穿用的乳罩和内衣是羊毛或化纤制品，其纤维堵塞了乳腺管。

为了防止乳腺管被堵塞导致的少奶和缺奶，年轻的妇女在孕期、产期和整个哺乳期不要贴身或在乳罩外面直接穿化纤织物或羊毛类制品的内衣。乳罩要采用柔软透气的全棉织品，内侧最好能垫上几层纱布，以便于防尘。另外，乳罩应勤洗勤换，注意不要和其他衣服混在一起洗涤。

三、注意个人卫生

1. 产妇不刷牙危害大

妇女在怀孕后，由于内分泌的变化，或维生素C的摄入不足，可以有牙龈充血、水肿，容易出血，特别是刷牙时出血。另外，怀孕后牙齿的无机盐往往补充不足，牙齿的坚固性差。这些情况已对牙齿不利，再不注意口腔卫生，使口腔内的细菌增多，在大量细菌作用下，食物残渣中的糖类得以发酵、产酸，导致牙齿脱钙，形成龋齿。因此，妊娠期间比平时更要注意口腔卫生，至少早晚刷牙各1次，饭后漱口。晚上刷牙后不要再吃东西，特别是不要吃甜食。若有吃夜宵的习惯，睡前应再刷牙1次。

产妇在月子里不刷牙危害更大。产后的头几天，为了补充营养，促进体力恢复，常给产妇以高糖、高蛋白、高脂肪饮食，每天多达6～7餐，大量的食物残渣留在口腔内、牙缝里，在细菌的作用下，发酵变成酸性物质，腐蚀牙齿，使龋齿、牙周炎、口腔炎等发病率大大增加，甚至因链球菌感染诱发风湿热、肾炎、心脏病等。

产妇应与平时一样，养成天天刷牙的习惯，但要注意方法：刷牙时要将牙刷用温水泡软;刷牙的手法不能“横冲直撞”,忌横刷,要用竖刷法,即上牙从上往下刷,下牙从下往上刷,咬合面上下来回刷,并且里里外外都要刷到,这样才能保持牙齿彻底清洁;牙刷应选用小头、软毛、刷柄长短适宜的保健牙刷;早上起床后和晚上入睡前都要认真刷一次牙,平时吃完食物后要用温水或漱口液漱口。

2. 中医的产后刷牙漱口保健方法

中医主张产后 3 日内宜用指刷,方法是:将右手食指洗净或用干净纱布裹缠食指,再将牙膏挤于指上,犹如使用牙刷样来回上下揩拭,然后用食指按摩牙龈数遍。指刷有活血通络、牢固牙齿的作用,长期使用指刷能治疗牙龈炎、牙龈出血、牙齿松动等。产妇素有牙疾者,应当以指刷为主。

漱口有盐漱、含漱、药液漱。盐漱是指每天早晨把约 3 克食盐放进 500 毫升温水中,待溶化后漱口。这样做,可以使牙齿牢固,避免松动。含漱是指每次饭后用温水漱口几遍,清除食物残渣。药液漱是指将中草药水煎或水浸泡后,用药液水漱口。用药液漱口要根据产妇的不同需求,进行选择使用。比如产妇患风火牙痛、舌苔白腻不思饮食者,宜选用白芷 6 克,甘草 3 克,以沸水浸泡或微煎,待温,去渣含漱。此药液有祛风止痛、健胃、防风寒的功效。又如,陈皮 6 克(鲜者倍量),细辛 1 克,用沸水浸泡,待温,去渣含漱,能治口臭、牙龈肿痛。

产妇应做到早晚刷牙,饭后漱口,养成良好的卫生习惯,这样才能保护好自己的牙齿。

3. 产妇能洗头

有的老年人说坐月子的妈妈不能洗头,这是没有科学依据的。以往诸多的坐月子禁忌随着现在生活条件的改善,也应该重新修订了。例如,以前认为“坐月子不能洗头”是因为怕产妇受凉感冒。在炎热的夏天,1 个月不洗头不但不卫生,还可能造成头皮发炎。

因此,产后更应注意保持头发的清洁,不过在坐月子期间洗完头发最好赶快在房间内擦干、吹干,以免着凉。

有的产妇在产后一段时间内不梳头,怕出现头痛、脱发等。梳头不仅是美容的需要,而且通过木梳刺激头皮,还可促进局部皮肤血液循环,以满足头发生长所需的营养物质,防止脱发、早白、发丝断裂、分叉等。所以,产后梳头有益无害。

4. 产妇要洗澡

随着生活条件的改变,产妇的护理也要跟着改变。过去生活条件差,即使是生孩子时,也没有像样的消毒措施。消毒不到位,导致很多妈妈出现产褥热。

为什么会有这么多的妈妈出现产褥热呢?产前及产时消毒不到位、产后妈妈身体清洁不及时,使得细菌进入生殖道引起了感染,这就产生了产褥热。

另外,产后汗腺很活跃,容易大量出汗,乳房胀还要淌奶水,下身又有恶露,全身发黏,几种气味混在一起,因此,产妇应比平时更讲究卫生。

按科学规律，产后完全可以照常洗澡、洗脚。及时地洗澡可使全身血液循环增加，加快新陈代谢，保持汗腺孔通畅，有利于体内代谢产物通过汗液排出。还可调节自主神经，恢复体力，解除肌肉和神经疲劳。一般产后 1 周可以擦浴，1 个月后可淋浴，不宜洗盆浴，以免洗澡用过的脏水灌入生殖道而引起感染。洗澡时室温要保持在 34℃～36℃，水温在 45℃左右。浴后要迅速擦干，衣服要穿好，防止受凉。

四、呵护妈妈的乳房

1. 产后乳房不松弛的养护方法

有些女性在生完孩子后，为了使乳房不松弛，保持身材不走样，放弃给孩子哺乳。给孩子喂奶后，乳房就真的无法保持原状了吗？其实并非如此，产后采用一些正确的保养方法，就能让乳房保持健美。

(1)健胸操：这是最有效、最经济的方法。产后及时进行胸部肌肉锻炼能使乳房看上去坚挺、结实、丰满。但健胸运动需要长期坚持效果才明显。

(2)戴合适的胸罩：从哺乳期开始就要坚持戴胸罩。如果不戴胸罩，重量增加后的乳房会明显下垂。胸罩要选择大小合适、有钢托的款式。

(3)喂奶姿势正确：哺乳时应两个乳房交替喂奶，每次时间不超过 20 分钟。

(4)经常按摩：将一只手的食指、中指、无名指并拢放在对侧乳房上，以乳头为中心，顺时针由乳房外缘向内侧画圈。两侧乳房各做 10 次，可以促进局部的血液循环，增加乳房的营养供给，并有利于雌激素分泌。

(5)沐浴乳房：在沐浴时，使用花洒冷热交替喷洒乳房，有助于提高胸部皮肤张力，促进乳房血液循环。

此外，多吃富含维生素 E 和 B 族维生素的食物，如瘦肉、蛋、奶、豆类、芝麻等也有利于保持乳房的健美。

2. 哺乳母亲清洗乳房不宜用香皂

香皂类的清洁物质会通过机械与化学作用洗去皮肤表面的角化层细胞，促使细胞分裂增生。如果经常不去除这些角化层就会损坏皮肤表面的保护层，使表皮层细胞肿胀，这种肿胀就是由于乳房局部过分干燥及细胞脱落引起的。若过多使用香皂等清洁物质可碱化乳房局部皮肤，而乳房局部皮肤要重新覆盖上保护层并恢复酸性环境需要花费一定的时间。香皂在不断地使皮肤表面碱化的同时，还促进皮肤上碱性菌群增长，使得乳房局部的酸化变得困难。此外，用香皂清洗还不能保护乳房局部皮肤润滑的物质——油脂。

所以，哺乳期妇女经常使用香皂擦洗乳房不仅对乳房保健无益处，相反还会因乳房局部防御能力下降，乳头容易干裂而招致细菌感染。因此，要想充分保持哺乳期乳房局部的卫生，让小宝宝有足够的母乳，最好还是用温开水清洗，尽量不用香皂，更不要用酒精之类的化学性刺激物质。如果迫不得已需要用香皂清洗、酒精消毒，则必须尽快用清水冲洗。

3. 乳头皲裂的预防和护理

婴儿吸吮方法不正确或产妇过度在乳头上使用肥皂等刺激物，可造成乳头皲裂。它常发生在哺乳的第一周，亦称乳头溃疡，民间俗称“奶头风”。乳头裂伤后，母亲常因心乱疼痛而无法授乳，使乳汁迅速减少成乳汁淤积。细菌由裂口进入可导致乳房感染，甚至形成腺肿。

(1)乳头皲裂的预防：乳头皲裂主要是由于婴儿含乳头姿势不正确，未将乳头及大部分乳晕充分含入所致。因此，采用正确的授乳方法及正确的喂养姿势是非常重要的。

正确的哺乳方法：①产妇体位舒适，身体放松，侧卧位或坐位时，在产妇背部及抱婴儿的手臂下垫适当高度的软垫或布类，以减少产妇的支撑力，减轻疲劳、紧张感。②哺乳前，应湿热敷乳房和乳头3～5分钟，同时按摩乳房以刺激排乳反射，挤出少量乳汁使乳晕变软易被婴儿吸吮时再喂哺，此时婴儿易充分含到整个乳头和大部分乳晕。③哺乳时先吸吮损伤轻的一侧乳房，以减轻对另一侧的吸吮力。④在哺乳结束时，用示指轻压婴儿下颌，等婴儿放下乳头后再把婴儿抱离乳房，切忌强行拉出乳头，以防乳头受到强力吸吮发生皲裂。

(2)乳头皲裂的治疗与护理：如果乳头已经发生皲裂，除在哺乳时应注意母婴的姿势外，可以利用乳汁治疗。哺乳后将少许乳汁涂在乳头及乳晕，短时间内暴露和干燥乳头，并在乳罩下垫上干净手巾。因乳汁具有抗菌作用，且含有丰富的蛋白质，可起到修复表皮的作用。哺乳后穿戴宽松内衣和胸章，并放正乳头罩，有利于空气流通和皮损的愈合。乳头皲裂比较重，乳头疼痛剧烈，可暂时停母乳喂养24小时，将产妇乳汁挤出用小杯或小匙喂养。另外，注意保持局部清洁，增加创面修复，涂以适当的滋润、消炎类药物，对促进乳头皲裂的好转大有帮助。

4. 产后淤乳的防治

有些产妇往往在哺乳时不能让婴儿将乳汁吸尽，致使乳汁淤积在乳腺小叶中，长久下去会造成乳腺管堵塞不通，引起淤乳。

(1)淤乳的症状：乳胀严重，乳房变硬，表皮绷紧，局部红热，触痛明显，由于乳汁淤积及淋巴静脉回流不畅而形成乳房硬结。如果治疗不及时，患者会极度不适、畏寒、发抖、高热、体温达38℃左右，患乳侧的腋下淋巴结会肿大，有触痛，引起乳腺炎。严重者乳房内的硬结逐渐增大，变软，以致形成有波动的乳腺脓肿。

(2)防治方法

①早期时可用冷水袋或湿冷毛巾冷敷乳房，以减轻乳房充血。

②乳房胀大、下垂明显者，可用洁净布托带上托乳房，以改善乳房内血液、淋巴循环及减轻乳汁的淤积。

③用吸奶器轻轻吸净乳房内残余的乳汁，若用吸奶器抽吸不佳时，可选用按摩的方法并在医护人员的指导下挤乳。上面的方法排乳效果仍不佳时，不妨请丈夫吸吮患乳。

④经积极处理后，乳胀硬结仍不能缓解，产妇甚感疼痛时，可慎服维生素B_6 200毫克，

每日 2 次。一次服药在 12 小时左右可减轻乳胀。症状缓解后应立即开始喂哺。

⑤乳房肿胀未破溃者，可用仙人掌捣成泥状外敷，或用梅花点舌丹、如意金黄散加浓茶调成糊状外敷患处，或采用中医的推拿法。

⑥乳腺形成脓肿未破溃者，可采用中医火针，或穿刺排脓法，但不要损伤乳腺管。

五、远离产后抑郁症

1. 打造产后好心情能远离抑郁症

如果只是产后忧郁，让自己心绪放松，等待着身体对激素水平变化的重新适应，产后抑郁能逐渐改善而自愈。

(1)创造健康的产后恢复环境：当从医院回家时，要限制人来看你。关掉电话，为自己创造一个安静、闲适、健康的休养环境。

(2)清淡而营养的产后饮食：吃营养丰富而又清淡的食物，享受被亲人照顾的亲情，感谢一餐一饭的营养和爱心。

(3)适度运动，快乐心情：做适量的家务劳动和体育锻炼。这不仅能够转移注意力，不再将注意力集中在宝贝或者烦心的事情上，而且可以使体内自动产生快乐元素，使产妇的心情从内而外地快乐起来。

不要用传统的方式对待产妇，如不能下地、不能出门、不能干活，连电视也不能看等，这些都会使产妇越发地感觉到生活乏味单调，加剧抑郁情绪。

(4)珍惜每一个睡眠机会：产妇要学会创造各种条件让自己睡好觉。有时候，即便只有 30 分钟的睡眠也能带来好心情。当宝贝安然入睡时，产妇不要去洗洗涮涮，而要抓紧时间睡觉，哪怕是闭目养神。这时候千万要记住关掉电话，不要让它惊扰了产妇和宝贝的好觉。

(5)帮助与寻求帮助：一方面，新产妇的家人不要只顾沉浸在增添新宝贝的快乐中而忽略了产妇的心理变化。要多陪新产妇说说话，并告诉她育儿的经验，避免手足无措，紧张慌张。另一方面，产妇自己要学会寻求丈夫、家人和朋友的帮助。要知道，在这个时候，大家都愿意帮助你，只要你说出来。

(6)自我心理调适：有了宝贝后，产妇的价值观会有所改变，对自己、对丈夫、对宝贝的期望值也会更接近实际，甚至对生活的看法也会变得更加实际，坦然接受这一切有益于帮助产妇摆脱消极情绪。做一些自己喜欢做的事情，如看杂志、听音乐等，在自己的爱好中忘记烦恼。

(7)换位思考，彼此理解：因为新添了小宝贝，新爸爸会感到压力很大，他们会更勤奋地工作，新产妇要理解丈夫的辛苦和对家庭的奉献，不要认为只有自己"劳苦功高"。而丈夫也应该理解妻子产后身体的变化与照顾宝贝的辛苦，要主动分担家务。夫妻之间要相互理解和交流，不要把对彼此的不满放在心里。

(8)勇敢面对，科学治疗：如果产妇出现产后抑郁症的症状，要及时在医生的指导下服用抗抑郁类药物，不要轻视抑郁症的危害性。

(9)生活有好时光也有坏日子:人生不仅有乐观、欢乐、成功、幸福等美好的时光和心境,也有悲哀、沮丧、痛苦、茫然、失败和不幸,关键是我们能否以乐观、健康的心态去对待我们所处的境遇。新生命的到来不仅给新产妇带来了欢乐,更带来了繁重的劳动、重大的责任和永无止境的劳碌和操心。小宝贝是产妇的希望之源,他的健康幸福与产妇今天的表现息息相关。

2. 产后抑郁症临床表现

产后抑郁症是妇女在分娩早期出现的以哭泣、忧郁、烦闷为主的情绪障碍。抑郁症多在产后 3 日内出现,持续 7 日左右,以后多数产妇的症状可减轻或消失。

典型的产后抑郁症的症状类似于重型抑郁症,主要表现为焦虑和抑郁心境,疲劳、睡眠障碍、食欲异常、记忆力下降、注意力不集中,感到内疚、羞愧、愤怒、没有能力或无望感,存在自杀想法或自杀行为,有时出现强迫观念或行为,怕出门,对自己、小孩及伴侣过分关心,害怕发生不幸事件等。

产后抑郁症在初产、高龄、患妊娠并发症的女性中比较常见,另外,在分娩时有异常、缺少丈夫的支持或有精神压力的孕妇中,也比较常见。产后抑郁症多在产后 2 周发生,产后 4～6 周症状明显,病因主要有生物学因素、心理因素和社会因素,其中社会因素常被人们忽视。

生孩子是人的社会生活中可能引起较强烈精神反应的刺激之一,面对刺激,机体会出现一系列生理、神经生理、生化、内分泌、代谢、免疫性过程等变化,这些变化与反应者的个性、躯体素质、以往生活经验、当时功能状态、社会支持等各种因素相关。由于每个人的情况不同,其严重程度与持续时间也不尽相同。

3. 预防产后抑郁症的方法

最近几年,产后抑郁症的发病率正在逐年提高,严重威胁着女性的健康。生儿育女虽然是育龄妇女一种正常、自然的生理现象,但对孕产妇来说,她们在经历怀孕、分娩、产后恢复及哺乳婴儿等一系列生理过程中,难免会产生各种心理、生理的改变。只要积极疏导,产妇都会拥有一片蓝天。

要想消除产后抑郁症,产妇及家人对于产后抑郁症要有所了解,这是大多数产妇都会经历的一个时期,是体内激素变化导致的一种正常反应,低落的情绪不会维持很长时间,因此不用害怕。而产妇的丈夫,有责任、有义务帮助产妇顺利度过这一特殊时期。

产前做好充分的准备,其中包括身体、心理、物质三方面的准备。

(1)身体上:准妈妈要注意孕期的体育锻炼,以提高身体素质,特别是常坐办公室的女性,要每天参加一些适宜的有氧运动,使心肺功能得到锻炼,使机体能够在产后尽早恢复健康。

(2)心理上:生产前对育儿知识要有一定的了解,在孩子出生后不至于手忙脚乱。如可以在产前通过读书、听讲座、观摩等学习喂奶的方法、为婴儿洗澡的方法、正确抱孩子的姿势等。同时还要了解一些儿童常见病的防治方法，对一些意外情况要有思想准备。

(3)物质上：要为小宝宝的降生准备好所需的费用和衣服、被褥、尿裤等用品，并为母子准备好房间。

4. 家庭帮助产妇摆脱产后抑郁症的方法

产后的房间条件、家庭气氛，丈夫的配合，孕妇的自我调节是减轻抑郁症的关键。

(1)房间条件：房间要有充足的阳光，但不宜直射婴儿及产妇，可用窗纱遮挡。每天要开窗通风，换走室内污浊空气，保持室内空气新鲜，即使冬天也应如此，如果怕孕妇受风着凉，可在通风时让母婴俩在其他房间待一会儿。

(2)家庭气氛：家人不能对生儿生女抱怨、指责，男孩女孩都是自己的骨肉，要愉快地接受孩子和产妇，给产妇创造一个良好和谐的家庭环境。

(3)丈夫的配合：生后1个月内，丈夫最好能陪伴在产妇身边，协助产妇护理婴儿，如帮助产妇给婴儿洗澡、换尿布等。有些丈夫怕孩子哭闹影响自己的睡眠，夜里就独自到其他房间睡，这样会使产妇觉得委屈，抑郁症状加重。丈夫要多陪伴产妇并谅解妻子产褥期的情绪异常，避免争吵。

六、产后常见问题及对策

1. 预防会阴切口感染的方法

分娩的过程中为了让分娩过程顺利，医生往往会在会阴部分切开一个小口，如不注意护理可能会造成伤口充血，引发感染。

(1)保持会阴部清洁：不论是自然撕裂还是切开的伤口，一般都可在3～5日愈合，每天要用温开水冲洗2次；为防止伤口污染，每次便后用消毒棉擦拭冲洗外阴，大便后切忌由后向前擦，应该由前向后，还需再次冲洗；注意勤换卫生护垫，避免湿透，浸湿伤口。

(2)防止会阴切口裂开：产妇发生便秘时不可迸气用力扩张会阴部，可用开塞露或液状石蜡润滑，尤其是拆线后头2～3日，避免做下蹲、用力动作；排大便时，宜先收敛会阴部和臀部，然后坐在马桶上，这样可有效地避免会阴伤口裂开。

坐立时身体重心偏向右侧，既可减轻伤口受压而引起的疼痛，也可防止表皮错开；避免摔倒或大腿过度外展而使伤口裂开；不宜在拆线当日出院，伤口裂开多发生在伤口拆线的当天，回家后伤口裂开会给处理带来麻烦。

(3)避免伤口发生血肿：产后最初几天，产妇宜采取右侧卧位，促使伤口内的积血流出，不致内积而形成血肿，影响愈合，也可防止恶露中的子宫内膜碎片流入伤口，日后形成子宫内膜异位症；待4～5日后伤口长得较为牢固并且恶露难以流入时，便可采取左右轮换卧位；注意会阴切口的情况，术后1～2小时内伤口出现疼痛且越来越剧烈，应马上与医生联系，及时进行处理。

(4)避免会阴切口感染：当伤口出现肿胀、疼痛、硬结并在挤压时有脓性分泌物时，应在医生的指导下服用抗生素，拆除缝线，以利脓液流出；局部采用1∶5 000高锰酸钾温水坐浴，每日2次，每次10～15分钟，或用清热、解毒、散结中药煎液清洗伤口；使用台灯进行局部理疗也可促进伤口愈合。

(5)小心护理水肿伤口：伤口水肿时，在拆线前缝合线勒得很紧，疼痛持续不减。可用95%的酒精纱布或50%硫酸镁溶液进行局部热敷、湿敷，每日2次；卧位时尽量将臀部抬高一些，利于体液回流，减轻伤口水肿和疼痛。

2. 防治产褥热

产褥热泛指产后的发热症状，主要由生产伤口、泌尿道、产道、子宫、乳腺遭受感染引起。而产褥热一般多高热38℃以上。除了体温变化外，还可从以下几点来观察。

(1)会阴伤口是否有红肿、热痛、化脓的情形。

(2)乳腺炎多发生于单侧，合并有高热、红肿、热痛、化脓等症状。而胀奶所引起的大多为低热，只要能将乳汁挤出，配合乳房按摩，症状就能获得改善。

(3)子宫发炎者可能还有恶露颜色改变或带有异味的情形。

(4)若发热至38℃以上并出现频尿、尿痛及灼热感，则可能为泌尿道感染。

产褥热若不及早治疗将影响后续治疗及复原。如乳腺炎初期施以抗生素即可有效治疗，若已有脓疡，则需采取引流手术。而临床上为了确切诊断，产后发热就医时需先接受尿液检查，视情况进行乳房检查及内诊。

3. 产后易患尿失禁的原因及预防措施

简单地说，尿失禁就是不由自主地漏尿。正常的排尿分为两个时期：膀胱充盈期——尿液自然的充盈过程；排尿期——在大脑的控制下完成排尿。尿失禁是膀胱充盈期的异常现象，是一种疾病。尿失禁的类型有很多，对于生育过的女性而言，最常见的情形是：只要有腹部用力的动作(如咳嗽、大笑、跳跃、弯腰等)使腹压增加，压迫到膀胱就会漏尿，医学称之为压力性尿失禁。

(1)病因：造成压力性尿失禁的因素有生育、年龄、肥胖、妇科手术、便秘或慢性咳嗽等。对于年轻妈妈而言，导致压力性尿失禁的诱因包括：

①女性先天尿路较短，容易尿路感染。

②怀孕期间很容易造成尿道及膀胱颈的肌肉韧带松弛，从而改变了膀胱与尿道的正常位置。

③生产后骨盆肌肉韧带松弛，产后休息不好，过早负重促使膀胱下垂，尿道不正常移位。

④膀胱不稳定或收缩无力。

⑤生育子女较多或产伤修复不好，导致盆底肌肉筋膜缺陷。

简言之，由于怀孕、生产的过程损伤了周围的支撑组织，使各器官相对松弛，膀胱和尿道的位置相对下降，这为尿失禁的出现提供了可能。面对这种状况，如果产妇在孕中和产后并没有特别的调养和有针对性地锻炼，尿失禁就很容易找上门来了。

(2)预防尿失禁的措施:只要产后调养得当,锻炼及时,由孕产引起的压力性尿失禁是完全可以治愈的。科学的运动、治疗及避免过早负重。而盆底肌体操可以加强盆底肌张力的锻炼,使漏尿症状得到缓解或获得治愈。

①提肛训练。每日进行50~100次紧缩肛门及阴道运动,每次3~5秒。具体方法为:臀部肌肉用力,收缩肛门,坚持数到10后,由口缓缓吐气,放松。呼吸一下后,重复同样的动作,10次为一组。

②平躺在床上进行仰卧起坐运动10分钟,每日2次。

③平卧在床上进行快捷而有规律的伸缩双腿运动10分钟,每日3次。

④提倡蹲式排便。蹲式排便有益于盆底肌张力的维持或提高。

⑤生产后要注意休息,不要过早负重,避免劳累。

⑥用正确姿势提重物,避免腹部用力不当而导致膀胱与尿道正常位置的改变。

尿失禁这个难言之隐并不可怕,只要勇于面对、积极地进行治疗,漏尿将不再是个挥之不去的困扰。

4. 预防产后贫血的方法

大多数正常分娩的产妇,在产后由于体内多余水分的排除,体内血红蛋白浓度有所上升,可以达到正常水平。而有少数产后妇女由于产时出血较多,如剖宫产、产后出血等可引起失血性贫血。那些既往就有慢性贫血疾病的妇女可加重产后贫血。

(1)预防产后贫血应从产前开始:首先保证孕期不发生贫血,对产前已有贫血的孕妇应及时给予纠正。产后妇女可适当服用红糖,因红糖内含有较多的铁质、胡萝卜素、维生素 B_2 及锌、锰、钙、铜等多种微量元素,有助于产后能量的摄取和铁的补充。也可吃点生血药,可以迅速补血生血。产后营养仍以高蛋白为主,适当搭配些新鲜蔬菜及水果可预防和治疗产后贫血。严重产后贫血者应及时就诊,防治并发症发生和促进产后迅速康复。

(2)纠正产后贫血应以食疗为主:产后贫血应视生产情形而多加调理,若有贫血症状应到医院确认,平时舒解精神压力,并使生活环境舒适;其中饮食疗法最为重要,有贫血特效药之称的动物肝脏值得利用。由于动物肝脏具有独特的腥味,必须特别注意新鲜度,并在烹调上多下工夫才能增进食欲;如猪血、鱼贝、肉类、菠菜等,在烹调上多下工夫也会有补充功效。

5. 初产妇易患急性乳腺炎的原因及预防措施

(1)病因:初产妇最易患急性乳腺炎,其发病率比经产妇要高,约为2.4∶1。如治疗不当,病程可绵延很久,甚至可并发全身化脓性感染。初产妇易患本病的主要原因为:

①初产妇第一次哺乳时,乳头皮肤抵抗力较弱,容易因婴儿的吸吮造成组织损伤,给细菌的侵入打开了通道。在乳头损伤的基础上,因哺乳疼痛而影响产妇正常哺乳,使乳汁更易于淤积,乳汁的分解产物是细菌的良好培养基,细菌容易在此处繁殖而生病。

②初产妇的乳腺管容易被乳汁淤积,影响分泌,故通畅程度比经产妇差,因此易引起

急性乳腺炎。

③初产妇的情绪不稳定，易波动，生理上的变化及生活上的不适应也会影响乳汁的分泌与排出。

(2)预防方法：预防急性乳腺炎关键在于防止乳头损伤，避免乳汁淤积，保持乳房清洁。

①妊娠后期要经常用温开水或者75%的酒精擦洗乳头、乳晕区，以增强乳房皮肤的抗感染能力。

②产后用橘核30克水煎服，一般2～3剂，预防乳汁淤积。

③养成定时哺乳的习惯，注意乳头清洁，哺乳后应用温开水清洗乳头。

④防止乳汁淤积，每次哺乳尽量将乳汁排空，如果产妇乳汁过多，哺乳不能排尽时，可用吸奶器吸出或用手轻轻挤压按摩，使乳汁排空。

⑤如果发现乳头破损或皲裂，可用香油、蛋黄油外擦，及时处理。

⑥断奶前要逐步减少哺乳次数，并用麦芽、山楂各60克，或生枇杷叶15克煎汤，代茶饮用；如果乳房结块胀痛，可用芒硝外敷，以促其消散。

6. 产后疼痛的处理

(1)产后阴部疼痛的处理：因为宝宝在娩出时阴道要扩张，然后再逐渐恢复到原状。由此，这些部位的肌肉会肿胀，产妇会感到疼痛。另外，如果在分娩时进行了侧切缝合，在产后更会感到疼痛，在最初几天甚至行动都很不方便。如果使用了真空吸引术和产钳，那么肌肉肯定会受到更多的伤害，也就会更痛了。

应对方案：在产后立即冷敷对会阴处的恢复很有帮助。另外，坐浴对缓解这类疼痛也很有效，在家里就可进行坐浴治疗。现在市面上有些产品含有植物成分，专门用于坐浴，治疗和缓解这类疼痛的功效都很不错。还可使用一种专门可冷却的卫生护垫，这也会让疼痛部位觉得舒服。如果疼痛真的难忍，必须用药止痛时，一定要先问问医生。

(2)产后头痛的处理：产后头痛的原因很可能是因激素分泌水平的改变而引起的。还有一种可能是，如果在分娩时采用的硬膜外腔分娩止痛或脊椎穿刺，也会引起剧烈头痛。不过，这种情况并不多见。

应对方案：对于第一种头痛，放松是最好的方法，头痛症状会随着激素分泌逐渐恢复正常而消失，如果需要也可以适当地吃些止痛药。如果是后一种原因引起的头痛，应平卧几天，必要时可使用咖啡因止痛。当疼痛特别严重时，可使用一种称为“血块补丁”的治疗方法，即先抽取一些产妇的血液，然后再把它注入脊髓液流出的部位，这种方法对治疗因脊髓液漏引起的难以忍受的疼痛很有效。

(3)产后乳房疼痛的处理：产后乳汁充满乳房，如果乳腺管还没完全畅通，乳汁不能顺利排出，使产妇感到乳房发胀、发热和刺痛，不过这些症状都是正常的。

应对方案：如果真觉得很痛，哺乳是最好的解决办法。只要宝宝饿了就让他吸吮乳房，而不要考虑定时定量的问题，这样能够帮助乳腺尽快畅通。另外，还可试试热敷或向乳头方向按摩乳房，这些方法都可帮助乳腺通畅。除非宝宝真的不肯吃奶，一般不要使用吸奶器，那样会使身体分泌更多的乳汁，加剧疼痛。要尽量让宝宝根据需要吃奶，这样乳房很快就只分泌宝宝需要的乳量。

(4)产后剧烈腹痛的处理：腹痛是产后相当常见的现象，成因不易区分。医师除问诊外，会配合内诊，以求妥善治疗。产后腹痛成因包括：

①分娩后两三天，身体会因子宫收缩而产生疼痛感，而且胎次越多，疼痛感越明显。特别是喂母乳时，子宫跟着收缩而一阵阵的腹痛，此为正常现象，不会有发热的情形。

②产后忙着进补，蔬果及水分摄取不足容易导致消化不良及肠胃不适，而出现阵发性腹痛。通常改善饮食、顺利排便后就能缓解。

③如果出现剧烈、持续地腹痛且合并发热、有异常分泌物时，则可能是身体受感染引起，应立即就医处理。

(5)产后腰部酸痛的处理

分娩后，身体的内分泌系统还没有调整好，盆骨的韧带还处于松弛状态，腹部肌肉也因为分娩显得松弛。加上产后照料宝宝需要经常弯腰，以及恶露排除不畅引起淤血，很多妈妈都容易在产后出现腰部酸痛感。应该怎么护理呢？

①注意腰部保暖。

②产后避免长时间站立，不要经常做提或举重物的动作。

③照料小宝宝的时候尽量避免弯腰。

④产后不要过早穿高跟鞋。

⑤产后2～3周在保健医生指导下，做加强腰背肌和腹肌的运动，增加腰部的稳定性。

⑥不要坐的时间太长，要多做腰部放松运动。

⑦酸痛的时候可以热敷疼痛处，促进血液循环。

⑧酸痛时也可以用一个手掌从上向下推搓腰部3～4遍，或双手交替在腰骶部从上向下推摩，以皮肤有温热感为宜。

7. 产后便秘的原因及处理

产褥初期出现腹胀与便秘是较常见的现象，有的产妇3～5日或更长时间不排大便。结果造成排便更加困难，导致肛裂、痔、腹胀等多种不良后果。

(1)形成便秘的原因

①产后最初几天，由于产妇比较疲劳，身体虚弱，大多卧床休息，活动量很小，致使肠蠕动减慢，肠张力降低，肠内容物在肠内停留过久，水分被过度吸收而形成便秘。

②由于妊娠和分娩的过度伸展，使腹肌及盆底组织松弛，导致排便力量减弱。

③由于分娩时引起的会阴裂伤或因会阴部伤口的肿胀疼痛，产妇不敢用力排便，使大便在肠内停留时间延长。

④饮食搭配不当。食物中的纤维素可刺激胃肠蠕动，因此饮食中纤维素含量过少(如单调的鸡蛋、米饭饮食)可使胃肠蠕动减慢，造成便秘与腹胀。

(2)预防：要想预防产后便秘，就要从平时做起。

①产后多喝水，早下地活动和锻炼，不要绝对卧床，这样既可增加肠道水分，也可以促进肠蠕动，预防便秘。

②改善饮食习惯，多吃新鲜蔬菜和水果，少吃辛辣食物，多吃含纤维素的食物，以促进胃肠蠕动，预防便秘。

③保持肛门周围卫生清洁，便后或睡前用温水熏浴，可促进肛门局部血液循环，使痔疮好转。

④如产妇便秘和痔疮严重，可在医生的指导下服用缓泻药。

⑤保持精神愉快、心情舒畅，避免不良的精神刺激，因为不良情绪可使胃酸分泌量下降，胃肠蠕动减慢。

(3)治疗产后便秘

①液状石蜡 30 毫升，一次服，早晨服后，下午可排便。

②酚酞 100 毫克，服后 6～8 小时可排便。

③开塞露 1 支，插入肛门将药物挤入直肠，10～20 分钟即可排便。

总之，防止产后便秘是预防产后肛裂的关键所在。一旦发生便秘，应及时治疗，切忌强行排便。

8. 产妇肛裂的预防

有的产妇喜欢吃羊肉、狗肉、姜汤等热性和辛辣食物，不吃或很少吃蔬菜、水果。加上产妇卧床休息，活动量减少，胃肠蠕动减慢，以致大便在肠道内停留时间过久，水分被吸收而过于干燥、硬结，排便就困难。再者，产后腹肌松弛，盆腔压力突然降低，直肠弛缓也易使大便滞留，从而发生便秘。一旦出现便秘，强行排便容易造成肛裂。

预防肛裂的方法是：产后尽早起床活动。自然分娩者产后 1～2 日可起床活动，初起床时可先抬腿、仰卧起坐、缩肛等。这对增强腹直肌能力、锻炼骨盆肌肉、帮助排便、恢复健康很有益处。产妇食谱中除营养丰富的荤食外，应适当多吃些新鲜蔬菜、水果，以增加大便容量；少吃或不吃热性、辛辣食物，多喝鱼汤、猪蹄汤，帮助滋润肠道和补充足够的水分，以防便秘。

9. 产后痔疮的家庭护理

许多人羞于谈论痔疮，其实痔疮是最常见的毛病，所谓"十人九痔"即指此病之广泛。这些肛门静脉肿大部分是遗传因素引起的，但更多的可能是由饮食及排便不良习惯所致。通常便秘、怀孕、饮食不当、缺乏运动、久坐、提重物、肥胖、肝受损、过敏症等都可引起痔疮。痔疮患部通常会发痒、裂开、流血，引起疼痛及不适。严重的痔疮会让人坐卧不宁，甚至可能需要手术。所以，产妇无须为自己的病感到难堪，现在来听听专家的建议。

(1)多摄取水分及纤维：便秘是造成痔疮的最大诱因，因此，防治便秘需多喝水，多吃富含纤维的食物。苹果、甜菜、巴西核果、绿花椰菜、甘蓝科蔬菜、胡萝卜、绿豆、麦麸、皇帝豆、梨子、豌豆、洋车前子及全麦等谷类都是好的选择。

(2)润滑肛门：一旦增加纤维及水分的摄取量后，粪便将变得较软，利于排出。还可在肛门内涂凡士林，进一步促进排便顺利和减少疼痛。用棉花棒或手指蘸凡士林涂在肛门内半寸处。

(3)不宜长时间坐马桶：每次坐在马桶上的时间最好不要超过 5 分钟，尤其不要一边上厕所一边看书，这是极不卫生的习惯。

(4)清洗干净：当排便完毕，应轻轻地将肛门清洗干净，这相当重要。有些卫生纸很粗糙，有些则含刺激性的化学成分。应选用无色(白色)、无味的卫生纸。

(5)勿长时间端坐不动：不要连续几个小时坐在椅子上不动，即使必须如此，也应每小时至少起身活动5分钟。

(6)勿提重物：提重物或费力的运动就好像排便时用力过猛一样，容易发生痔疮，应避免过度地出力。

(7)勿抓挠患部：痔疮患部可能会发痒，但不要用抓痒来缓解不适，那样会损害直肠脆弱的静脉管壁，使情况更糟糕。

(8)坐温水浴：将臀部泡在温水中也许是一种治疗的最佳方式。温水促进患部的血液循环，有助于收缩此处肿大的静脉，并且能止痛。

(9)使用药物：市面上有各种专治痔疮的乳霜和塞剂。虽然这些药物通常不会使问题消除，但可以缓解部分不适。不要使用布洛芬和阿司匹林来止痛，它们会加重出血。

(10)控制体重：体重过重的人较易出现痔疮，因为他们的下肢承受较大的压力。因此，也较容易发生静脉曲张。

(11)用手推入：有时候，痔疮指的是肛门内膜向外突出，而非静脉肿大。假使出现这种外突性痔疮，不妨试着将它推回肛门内。垂在外面的痔疮容易演变成血块。

(12)坐在圈形的坐垫上：这种中空式的坐垫颇适合需经常久坐的人，尤其是当痔疮发作时。

10. 产后子宫脱垂的原因及处理

子宫脱垂是指子宫从正常位置沿阴道下降到坐骨棘水平下，甚至脱出于阴道口外。民间俗称“吊茄袋”。

(1)产生子宫脱垂的主要原因

①急产即产程从子宫规律收缩到胎儿娩出少于3小时。由于盆底组织和阴道肌肉没有经过渐进的扩张过程，而被突然的强大的胎头的力量压迫而撕裂，如不及时修补就会造成子宫脱垂。

②滞产也容易发生上述情况，造成子宫脱垂。

③还有因为产后盆底部比较薄弱，过早参加较重的体力劳动就可能发生阴道壁膨出，甚至发生子宫脱垂。

(2)子宫脱垂的治疗：子宫脱垂因程度不同，有轻、中、重度之分。轻度子宫脱垂：此类病人大多数没有什么感觉，有的可在长期站立或重体力劳动后感到腰酸下坠。中度子宫脱垂：部分子宫颈或子宫体脱出在阴道口外，特别在用力屏气后明显。重度子宫脱垂：即整个子宫颈与子宫体全部暴露于阴道口之外。此种情形，最容易发生感染、子宫充血、水肿，严重者甚至发热、口渴、便结等。

子宫脱垂与分娩、孕期和产后调养有密切关系，首先应当做好孕期保健，分娩时与医生密切配合。

产后防治子宫脱垂应注意：产后下床劳动不可过早、避免过度体力劳动，尤其不可做上举劳作；保持大便通畅，如有便秘，可服麻仁丸每次 5 克，每日 2 次，或早晚服蜂蜜，以润肠通便，绝对禁止排便困难时过分用力；注意保暖防寒、防止感冒咳嗽，患有慢性咳嗽者，应积极治疗；加强盆底肌和肛提肌的收缩运动，如抬臀运动。若已发生子宫脱垂，应绝对卧床休息，可多食补气、升阳、益血的药。

治疗子宫脱垂包括非手术疗法和手术疗法两种。非手术疗法有子宫托、针灸、水针注射和中药治疗。子宫托治疗子宫脱垂，既简单又方便，又经济有效。应得到医生的指导，而不能擅自行事。对于子宫重度脱垂、身体健康情况较好及产妇初患此病者，应采用手术治疗。

七、产后检查

产妇从医院的产房回到家中，伴随着新生命带给家庭的欢乐，初为人母，新妈妈心思全放在孩子上。可是，新妈妈可别忘记了医生的叮嘱，应该再去医院做一次细致的产后检查，以便了解自己身体的恢复情况。专家建议，产后检查最好是在产后 42～56 日完成。

现在很多女性对自己的产前检查、孕前检查十分重视，而新妈妈的产后检查往往被忽视。不少新妈妈认为，只要孩子顺利生下来就没事了，其实不然，产后检查也十分重要。产后检查能及时发现产妇的多种疾病，还能避免患病的产妇对婴儿健康造成的影响，同时还能帮助产妇及时采取合适的避孕措施，这对妊娠期间有严重并发症的新妈妈更为重要。

1. 妈妈产后检查的内容

产后检查的具体项目有很多，除了全身一般情况检查外，还有专业的妇产科检查。

首先是量体重。如果发现体重增加过快，就应适当调整饮食，减少主食和糖类，增加含蛋白质和维生素较丰富的食物。同时体重增加过快的产妇应该坚持锻炼，体重较产前偏低的则应加强营养。其次是测血压。如果血压尚未恢复正常，应该及时查明原因，对症治疗。有产后并发症的产妇，如患有肝病、心脏病、肾炎等，应该到内科检查；怀孕期间有妊娠高血压综合征的产妇，则需要检查血和尿是否异常，检查血压是否仍在继续升高；如有异常应积极治疗，以防转为慢性高血压。另外，产后无奶或少奶的产妇应请医生进行饮食指导，或食物、药物治疗。

而在妇产科检查方面，则需要检查盆腔器官，看子宫是否恢复正常、阴道分泌物的量和颜色是否正常、子宫颈有无糜烂、会阴和阴道的裂伤或缝合口是否愈合等。

2. 新生儿检查的内容

婴儿的情况是否正常都必须经过产后检查才能够明确知道。所以，婴儿的产后检查更不是可有可无的，更不能用自我感觉是否良好来代替。

为了宝宝的正常生长和体格健壮，在满月后就要给婴儿进行保健检查。检查项目包括测量身长和体重在内的全身体格检查、脐部的愈合情况、婴儿的营养状况和智力发育等方面。同时，根据是采用母乳喂养、人工喂养还是混合喂养等具体情况，请医生确定是否需要补充维生素或其他营养成分。

八、帮妈妈恢复窈窕身材

1. 预防产后肥胖

许多产妇生产后常有“瘦不了”的困扰。主要原因是妊娠引起的内分泌改变使身体的脂肪代谢失去了平衡，医学上称之为生育性肥胖，预防方法如下。

(1)营养摄取要合理：产妇不要迷信传统鸡、鸭、肉、蛋等动物性蛋白质的单一摄取，而应注意营养的均衡。鱼、肉、青菜、水果的营养既可满足身体对蛋白质、无机盐、维生素等的需要，又可防止肥胖的发生。另外，甜食和糖的摄取也应控制。哺乳可加速乳汁的分泌，能促进母体的新陈代谢和血液循环，还可将母体体内过多的营养物质透过乳汁适当排出，防止脂肪在体内堆积。

(2)适当运动：运动可增加神经及内分泌系统的功能，促进身体新陈代谢，还能消耗体内过多的脂肪和糖分，从而有效地防止肥胖。正常分娩的产妇 24 小时后即可下床活动，并可做轻松的体操或仰卧起坐。但应避免蹲位动作或手提重物，以防子宫下垂等疾病发生。

2. 不可生完孩子就减肥

生完宝宝后，相信所有的新妈妈都希望急速恢复到从前的曼妙身姿。可如果一味“求瘦心切”就容易陷入一些错误的产后减肥的概念中。

宝宝出生后不久，新妈妈就着手开始产后减肥计划。听有经验的人说，那些高脂肪、高热能的食物是产后减肥大忌，月子里吃得越多、补得越多，身材就越难恢复。

事实上，产后 42 日内，新妈妈不能盲目节食减肥。刚生产完，身体还未完全恢复到孕前的程度，加之有些新妈妈还担负繁重的哺乳任务，此时正是需要补充营养的时候。产后强制节食不仅会导致新妈妈身体恢复慢，严重的还有可能引发产后各种并发症。

温馨提示：无论孕期还是产后，平衡膳食、制定合理的饮食结构是日常饮食的关键。既要保证小宝宝和新妈妈营养摄入充分，又要避免营养过剩。蛋白质、糖类及脂肪类食物要搭配好，只偏好鸡、鸭、鱼、肉、蛋等荤菜当然容易导致产后发胖。甜食、油炸食品、动物油、动物内脏等都属于高脂类食物，爱美的新妈妈要少吃。

3. 产后不可服用减肥药

有的新妈妈产假一完立即上班。一切都很顺利，惟一让新妈妈感到烦恼的就是生完宝宝“富足”的 30 斤肥肉怎么办？如果就这个样子回到公司，很难想象一向注重员工形象的老板会重新安排什么工作。于是，新妈妈一咬牙开始服用减肥药，喝减肥茶。

事实上，减肥药主要通过人体少吸收营养，增加排泄量，达到减肥目的，减肥药同时还会影响人体正常代谢。哺乳期的新妈妈服用减肥药，大部分药物会从乳汁里排出，这样就等于宝宝也跟着吃了大量药物。新生婴儿的肝脏解毒功能差，大剂量药物易引起宝宝肝功能降低，造成肝功能异常。

4. 产后不宜立即健身

生下宝宝没两天，爱好运动的新妈妈就迫不及待地回到健身房开始锻炼。激烈运动后没有了以前那种挥汗如雨的快感，只感觉下身疼痛难忍，不多久会阴部伤口重新受损，便有出血。

事实上，产后立即剧烈运动很可能导致身体、子宫康复放慢并引起出血。严重的还会引起生产时手术断面或外阴切口再次遭受损伤。

一般来说，顺产4～6周后的妈妈才可以开始做产后瘦身操，剖宫产则需要6～8周或更长的恢复期。

5. 贫血产妇不能坚持减肥

有位新妈妈在宝宝出生后，一直感觉浑身乏力、不舒服。到医院一查，医生说是因为生产时失血多，产后没有好好补充营养，导致严重贫血。原来，这位新妈妈一直抱怨怀孕时自己太胖，不能见人，产后没多久就忙着减肥，没想到才开始问题就来了。

事实上，生育时失血过多容易造成产后贫血。产后贫血的新妈妈身体恢复比较慢。如果此时又着急瘦身，没有很好解决身体贫血的问题，更容易加重贫血的情况。

再次提醒新妈妈们，产后不宜立即减肥，有贫血的新妈妈更要注重补充含铁丰富的食物，多吃菠菜、红糖、鱼、肉类、动物肝脏等。

6. 母乳喂养不会减肥

一向很关注自己体重的小兰之所以心甘情愿选择做“奶牛妈妈”，除了出于对宝宝的健康考虑，还有一个重要原因，是因为她听说哺乳可以减肥。

月子期间，小兰对任何食物都来者不拒。除正常三餐外，疼爱孙子的婆婆还给她额外加了各种高热能小餐、小点。虽然小兰心里有点担心，但朋友告诉她“哺乳可以减肥”的话让她放松了“警戒”。

3个月后，哺乳并没有帮助小兰减掉怀孕时多长的肉，反而又多出了十几斤。这让小兰好不后悔。

事实上，提倡母乳喂养首先因为母乳是小宝宝最好的天然食物，其次喂奶还可以促进子宫收缩，有利于新妈妈产后恢复。尽管哺乳时会消耗母亲体内的脂肪，但哺乳期间，宝宝需要的营养量大，新妈妈本来就会吃得比较多，如果再进食多于身体需求的高热能食品，不但不能达到瘦身的目的，反而会使脂肪更多地堆积。

7. 坐月子时也要注重纤维素的摄取

为了达到产后补身的目的，传统坐月子的方式就是大量地吃麻油鸡、花生炖猪脚、高热能内脏类食物。

现代人必须修正坐月子时吃大油的观念。过去，人们生活比较贫困，普遍有营养不良的现象；再加上医疗科技不发达，产妇在生产时大量出血造成身体虚弱，因而采用多油、多糖、高蛋白质等食物进补，但它主要为提供热能，并不能提供足够的营养素。

现代人的通病是热能过剩，但缺乏营养，因此在产后坐月子时，反而要注重纤维素的摄取，以帮助排便、解除便秘和恢复窈窕的身材。

8. 把握产后瘦身黄金期

产后 6 个月是瘦身的黄金期，超过这个时期，将来减肥的困难更大，而附在身上的肥肉也会在未来的 10 年间跟随着产妇，难以分离。

这主要是因为，多吃少动的生活方式已经固定下来，难以调整；想改变目前造成"肥胖"的生活方式至少需要 3 个月的时间，因此，不妨把产后 6 个月的瘦身黄金期当作自己的转折点，好好地规划减肥大计，"狠"下心来执行，直到脱胎换骨，任何衣服都穿得下。

9. 产后减肥计划应合理

正确的减肥是减去身体过多的脂肪。如果想减去 1 千克的脂肪，就必须减少 7 700 卡的热能，经由营养师的计算，每天少 1 100 卡，乘以 7 天就等于 7 700 卡，也就是要费时 1 周，才能使 1 千克的脂肪完全消失；但是，为了让产后的妈妈免遭挨饿之苦，营养师建议，最理想的状态是 1 周减重 0.5 千克，减肥者 1 天只要减少 500 卡的热能就可以达成目标了。

产妇可以将它分配为饮食摄取减少 250 卡，运动量消耗 250 卡，渐进式进行，3 个月后就能减去 6～7 千克，而且不易反弹。这个方式对于力求速成减肥的现代人来说或许太慢了，但是不用饿肚子，又能兼顾健康和营养，真可谓更优雅而从容的减肥方式。

(1)吃八分饱：怀孕期间的惊人食量如果没有自我警觉并加以控制的话，真的会瘦不下来。因此，先认清自己食量很大之后，再慢慢地建立新的饮食习惯。

必须倾听身体发出的饥饿和饱足的信号，吃得饱才有力气照顾孩子，但绝不要吃得很撑，八分饱就能让人很舒服，尽量选择营养密度高的食物，如全麦面包而非白面包，并摄取多样化的新鲜食物，营养才能均衡。

(2)养成运动习惯：产妇想要恢复身材一定要做运动。体重减轻可能有 3 个来源：身体的水分、无脂的肌肉组织和脂肪；缺乏运动而使肌肉减少，燃脂能力就会降低，运动能够燃烧脂肪，每天适度运动会比偶一为之的激烈运动更有益。

(3)不可以劳累：产妇在运动前应当排空膀胱。而且不要在饭前或饭后 1 小时内运动。如果运动后出汗，要及时补充水分。建议每天早晚各运动 15 分钟，至少持续两个月，次数由少渐多，不要太勉强或过于劳累。如果恶露增多或疼痛加重，一定要暂停运动，等恢复正常后再开始。

10. 适合产妇健身的运动

(1)头颈部运动

目的：收缩腹肌，使颈部和背部肌肉得到舒展。

时间：自产后第三天开始。

方法：平躺，头抬起，试着用下巴靠近胸部，保持身体其他各部位不动，再慢慢回原位。重复 10 次。

(2)会阴收缩运动

目的:收缩会阴部肌肉,促进血液循环及伤口愈合,减轻疼痛、肿胀,改善尿失禁状况,并帮助缩小痔疮。

时间:自产后第八天开始。

方法:仰卧或侧卧吸气,紧缩阴道周围及肛门肌肉,屏住气,持续1~3秒再慢慢放松吐气,重复5次。

(3)胸部运动

目的:使乳房恢复弹性,预防松弛下垂。

时间:产后第六天可开始。

方法:平躺,手平放两侧,将双手向前直举,双臂向左右伸直平放,然后上举至双掌相遇,再将双臂向下伸直平放,最后回前胸复原,重复5~10次。

(4)腿部运动

目的:促进子宫及腹肌收缩,并使腿部恢复较好曲线。

时间:产后第八天开始。

方法:平躺,举右腿使腿与身体呈直角,然后慢慢将腿放下,双腿交替做同样动作,重复5~10次。

(5)阴道肌肉收缩运动

目的:使阴道肌肉收缩,预防子宫、膀胱、阴道下垂。

时间:产后第14天开始。

方法:平躺,双膝弯曲与小腿呈直角,两脚打开与肩同宽,利用肩部及足部力量将臀部抬高成一个斜度,并将两膝并拢数3秒后再将腿打开,然后放下臀部,重复做10次。

(6)腹部肌肉收缩运动

目的:增强腹肌力量,减少腹部赘肉。

时间:产后第14天起开始。

方法:平躺,两手掌交叉托住脑后,用腰及腹部力量坐起,用手掌碰脚面两下后再慢慢躺下,重复做5~10次,待体力增强可增至20次。

九、产后性生活与避孕

1. 慎对产后第一次性生活

不少产妇在产后经过一段时间的调养,会阴伤口早已愈合,但在首次夫妻生活时,还会出现伤口裂开、出血。本来欢快之事,一下变成了无言的痛楚。分析其原因,大致有三种情况:

(1)与恢复夫妻生活的时间有关:会阴切口的伤口一般需7天才能愈合,并将缝线拆除。此时,会阴表面组织早已愈合,但是深部肌层、筋膜需6~8周才能得以修复。如果过早恢复性生活,可导致伤口裂开、出血。

(2)与产妇全身情况有关:当产妇患有贫血、营养不良或阴道会阴部发生炎症时,均会延迟会阴伤口的愈合。

(3)与伤口缝合情况有关:除了会阴部表皮层用丝线缝合外,内层肌肉、皮下脂肪层均用羊肠线缝合。由于人体组织对羊肠线的吸收有明显的个体差异,加上羊肠线的质量、会阴部是否严格消毒等问题也会影响人体组织的吸收。

(4)动作过于激烈:由于男方在妻子妊娠晚期、产褥期禁欲时间较长,一旦恢复夫妻生活,往往动作激烈,这样也很容易引起会阴组织损伤、出血、裂开。

因此,产后一定要等会阴伤口完全愈合后再恢复夫妻生活。首次夫妻生活时,丈夫动作要轻柔,一旦发现阴道出血,妻子应立即就诊,莫因"难为情"而自己草草止血了事,以免延误病情。

2. 产后恢复性生活的时间

正常情况下,女性的子宫、宫颈、阴道在产后需经过6~8周的时间才能逐渐恢复。在此之前,性生活是绝对要禁止的。此时,子宫内膜上还留有胎盘剥离后形成的创面,子宫颈口是开着的,会阴和阴道的伤口尚未愈合,性生活可能会将细菌带入产道,引起感染,甚至败血症。所以,只有在产后6~8周以后,经过产后健康检查,医生确定妇女生殖系统完全恢复正常后,才能恢复夫妻性生活。

剖宫产的产妇则需要更长的时间来进行恢复。一般需在产后3个月再开始性生活。

当然,在生殖系统及伤口完全恢复后,是否马上恢复性生活,也需要根据自己的体力情况而定。如果产妇因阴道干燥而疼痛,或因有过伤口缝合而不舒服,阴道润滑剂可以提供帮助。

3. 产后不来月经也会怀孕

哺乳期妇女由于受到神经、内分泌物等多种因素的影响,产后卵巢暂时不排卵,这种可排卵、停经的时间很不固定,因足月分娩后妇女卵巢功能恢复时间因人而异,短者产后1个月即来月经,长者直至停止哺乳才来月经。因此,哺乳期(产后)妇女随时都有可能怀孕,故女性只要恢复性生活就应注意避孕。

4. 产后避孕措施的选择

产后妈妈应有一段时间来恢复身体,并照顾宝宝,因此必须采取一些有效的避孕措施。有人认为产后不来月经,不会怀孕,因此无须避孕。这种认识不完全正确。产后不可忽视避孕。

一般来说,产后不哺乳,月经常在产后28~42日来潮,即使哺乳也不一定闭经,有的产妇月经仍然按期来潮,有的约3个月恢复月经。值得注意的是,哺乳期虽然不来月经,但仍然会排卵,故有的产妇在哺乳期同样会怀孕。哺乳期受孕对产妇健康十分不利。下面介绍一些可于产后使用的避孕方法。

(1)宫内节育器:产后3个月以后,在来月经之后,可放置宫内节育器,即俗称的"放环"。放置宫内节育器,是一种安全、有效、简便、经济的节育措施,一次放置能持续多年发挥避孕作用，且取环后照样有生育能力，是我国育龄妇女应用最多的避孕工具。使用宫内节育器时，要经过妇科医生的检查，由专科医生放入。一般是在产后第一次月经再次来潮后4～5日放入。多数人使用效果良好，也有人会有腰痛、经血增多、阴道分泌物增多等不适，可根据自身情况和医生讨论是否需要取出。

(2)避孕套：避孕套是一种屏障避孕工具，它不带任何药物，可于任何时期使用，尤适用于产后哺乳期避孕。产后3个月内宜用避孕套，以避免和阻止精子进入阴道，达到避孕目的，是适应性最广的一种避孕工具。它适用于任何人，但它要在性生活中使用，可能会干扰一些人的性生活质量，在避孕套外涂上避孕药膏会减轻一些不适感。

(3)外用避孕药：外用避孕药是于性生活前使用的一种不干扰生理功能的避孕药，它作用部位局限，无全身反应，因此可在产后使用。

(4)口服、注射避孕药：避孕药有口服和注射的不同，但由于这些药物会通过哺乳传给宝宝，因此在哺乳期的妈妈最好不要使用这类避孕药。

5. 产后放节育环的时间

产后避孕一般常采用的是放节育环。那么，到底什么时候放节育环比较好呢？

(1)剖宫产时立刻放：剖宫产时取出胎儿和胎盘后，便将环放入子宫的最佳位置。此时放环，命中率达100%。不增加患者额外痛苦，避免下次放环时的思想负担。

(2)月经干净后3～7日放环：此时放环不良反应较少。也有人主张月经来潮后3～5日放。因为此时排除了怀孕的可能性，同时子宫口松，环易放入。

(3)产后42日产后检查时放：此时，子宫已恢复正常大小，宫口松，环易放入。

(4)人工流产时放：人工流产手术和放环术一次进行，减少痛苦。

(5)大月份流产后放：在怀孕3～6个月做人工流产或引产手术的同时放环。

6. 产后卵巢恢复排卵的时间

产后排卵的恢复与产妇是否哺乳和哺乳时间的长短有关，产后未哺乳产妇，4周内很少排卵，产后6周内排卵的占10%～15%，产后3个月内排卵的有30%。哺乳妇女排卵恢复更晚，多于产后4～6个月恢复，但也有在产后6周发生排卵者。

此外，产妇的年龄、肥胖对排卵也可能有一定的影响。日本有资料表明，34岁以上和肥胖的产妇，产褥期第一次排卵的时间有延迟的倾向。产后月经的来潮时间也是与产妇是否哺乳有关。产后不哺乳者，一般于产后6～8周月经可以恢复，第1～2次多为无排卵性月经，3个月后恢复为排卵性月经。哺乳妇女月经恢复的百分比随时间延长而逐渐增高，至产后9个月可达到70%。一般较晚恢复月经者，首次月经多有排卵，故哺乳妇女在月经恢复前有受孕的可能。而采用延长哺乳期以节制生育并非可靠的节育方法，反而可能影响母婴的营养和健康。

第十章 新生儿生理特点

一、健康新生儿

1. 健康新生儿的标准

新生儿是否健康参照以下标准判定。

(1)出生时先啼哭几声，后开始用肺呼吸。在开始的2周内每分钟呼吸40～50次。

(2)正常脉搏是每分钟120～140次；正常体重为3 000～4 000克；正常的身长在50厘米左右。

(3)刚出生2日时的大便称为胎粪，颜色黑绿、黏稠、发亮，无味，以后颜色逐渐变淡。喂奶后逐渐转为黄色(金黄色或浅黄色)。

(4)出生后24小时内排尿，小便颜色较黄，是由于含有较多的尿酸盐所致。

(5)出生后由于大小便的排泄，母乳量的不足，体重会有所下降，5～6日后逐渐上升，到10日左右，即可恢复到出生时的体重。

(6)正常体温在37℃～37.5℃。要注意保暖，否则体温会降低到36℃以下。

(7)多数新生儿出生后2～3日皮肤轻微发黄，若7～10日后黄疸不退或加深为病态。

(8)出生后有觅食、吸吮、伸舌、吞咽、拥抱等先天性反射。

(9)对新生儿的眼睛做射光试验，可引起新生儿眼睛的反射，如闭眼或眨眼。

(10)出生3～7日后，新生儿的听觉逐渐增强，听见响声可引起睁眼或眨眼等动作。

2. 新生儿第1周生理特点

刚刚出生的新生儿皮肤红红的、凉凉的，头发湿润地贴在头皮上，四肢好像害怕一样蜷曲着，小手握得紧紧的，哭声响亮。正常新生儿的体重一般在2 500～4 000克，身长为46～52厘米，头围约34厘米，胸围比头围略小1～2厘米。

新生儿头部相对较大，由于受产道挤压可能会有些变形。头顶囟门呈菱形，大小约2厘米×2厘米，可以看到皮下软组织明显的跳动，是头骨尚未完全封闭形成的。

新生儿的小脸看上去有些肿，眼皮厚厚的，鼻梁扁扁的。这时的新生儿哭声不算大，呼吸每分钟40～50次，出生后8小时内体温为36.8℃～37.2℃。

大部分的新生儿出生后2～3日会出黄疸，大多在第七天消退。脐带一般在4～7日脱落，要特别注意脐带护理，以免感染。如果出生48小时还未排出胎粪，要请医生检查。

此时新生儿的视力范围很有限，只能看到15厘米左右的物体，所以要想让新生儿看到你，就必须把脸凑近些。

新生儿第一次吃奶叫"开奶"，医生会在母亲产后半小时到1小时就让母亲给新生儿喂奶，一般最晚不超过6小时，这样对刺激乳房尽早分泌乳汁，加速子宫收缩复原，帮助新生儿尽快排胎便等，都是非常有好处的。

新生儿出生2～3天后，体重大多数会暂时性下降，一般下降不超过300克。随着吃奶量的增加，体重会逐渐回升，第2周即可恢复到出生时的体重。

新生儿所面临的第一个任务就是适应外界全新的生活环境，与宫内环境相比，外面的世界陌生、寒冷，光线明亮，声音嘈杂，而且四周一下子变得那么开阔。这时的新生儿更喜欢自己被毯子包裹起来，这样会让他们感到温暖、安全，像在妈妈子宫中一样。

3. 新生儿第2周生理特点

第2周，新生儿正在继续努力适应这个新的环境，你会发现他们的适应能力相当强，每天都在进步。这时的父母会发现新生儿的四肢运动是不自主的、无意识的条件反射。如受到较大声音的惊吓时，四肢会下意识地向胸前抱拢，这就是新生儿特有的拥抱反射。

有的新生儿呼吸时会发出呼哧呼哧的声音，父母不用担心，因为这个时候的新生儿伤风感冒的可能性还不大，他们只是在努力地呼吸。

这一周，母亲可能还没有真正下奶，这很正常，耐心坚持下去，很快乳汁就会多起来。此时的新生儿基本上是吃饱就睡，睡醒就吃，吃奶及大小便次数多且尚无规律。

4. 新生儿第3周生理特点

第3周，新生儿各种条件反射都已建立，如吸吮反射、觅食反射、握持反射等。同时，新生儿已经能够和你对视，但持续的时间还不长。当新生儿注视你时，你也要很专注地看着他们，给他们一个充满爱意的笑脸，冲他们点点头，轻轻叫他们的乳名，这些都会让新生儿感到快乐。

此时的新生儿还不会有意识地去触摸物体，但是他们喜欢做按摩操，喜欢妈妈温柔的触摸、亲切的声音、和蔼的笑脸。注意：新生儿的身体还很柔软，抱他们的时候一定要注意托住颈部和腰臀部。

另外，这时的新生儿已经初步出现不同的性格特点，有的好哭好动，不易照料，把妈妈累得筋疲力尽；有的文静乖巧，较少哭闹，特别省心省事，这主要是由不同的神经类型和气质类型所决定的。父母要去适应新生儿，不要轻易改变他们。因为任何一个新生儿都是独特的个体，要尊重他们的个性，让他们快乐健康地成长。

5. 新生儿第4周生理特点

第4周，新生儿的颈部力量已有所加强，可以趴在床上或大人的胸前，以腹部为支撑，把头稍稍抬起一会儿，而且还能左右转动他们的小脑袋。如果把新生儿抱起来，或靠坐在大人的身上，他们的头可以直立片刻，但时间不要长，以免疲劳。新生儿胳膊和腿的动作也协调了一些，说明他们控制肌肉的能力有所加强。

此时的新生儿已初步形成了自己的睡眠、吃奶和排便规律及习惯。有的新生儿夜里已能睡4～6小时的长觉，但也有的新生儿夜里还需要喂2～3次奶。同时，新生儿已经能辨别妈妈的声音和气味，即使妈妈不在眼前，只要听到妈妈的声音，他们就会表现出兴奋的样子。如果妈妈妊娠时做过胎教，现在试着给新生儿播放胎儿时期常听的音乐或故事，他们很可能会有明显反应。

新生儿现在已经能判断声音的来源，听到不同方向传来的声音，他们的头就会转向这个方向，但声音的距离不能太远，应在50厘米以内。新生儿的眼睛现在已能看清近距离的人和物，目光也会跟随眼前的物体水平移动，特别喜欢看线条较粗，图案简单，颜色鲜明的图画，尤其是人脸的图案。

与前几周相比，新生儿已经有了明显的进步，看起来更加招人喜爱了。满月时，男孩平均体重为4.9千克，女孩平均体重为4.6千克；男孩平均身长为56.6厘米，女孩平均身长为55.6厘米。

6. 新生儿分类

新生儿的分类方法有许多种，最常用的是胎龄分类和体重分类。

(1)根据胎龄分类

①足月儿：指胎龄37～42周的新生儿。特点是各器官、系统发育基本成熟，对外界环境适应能力较强。

②早产儿：指胎龄满28周至不满37周的新生儿。特点是尚能存活，但由于各器官系统未完全发育成熟，对外界环境适应能力差，各种并发症多，因此要给予特别的护理。

③过期产儿：指胎龄满42周以上的新生儿。过期产儿并不意味着他们比足月儿发育的更成熟，相反一部分过期产儿是由于母亲或胎儿患某种疾病造成的，出生后危险性更大，父母决不能掉以轻心。

(2)根据体重分类

①低出生体重儿：指出生时体重不足2 500克的新生儿，其中大多数为早产儿。另外，凡体重不足1 500克的新生儿又称极低体重儿；不足1 000克的新生儿称超低出生体重儿或微小儿。

②正常体重儿：指体重为2 500～4 000克的新生儿。

③巨大儿：指出生时体重超过4 000克的新生儿。随着人民生活水平的提高，孕妇更加注意加强营养，胎儿在母体内获得了良好的营养，体重越来越重，巨大儿增多。但要提醒父母，部分巨大儿是由于母亲或胎儿患了某些疾病所致，如母亲患糖尿病，胎儿有Rh溶血病等，所以不能盲目认为新生儿越胖越好。

另外，还有几种分类方法，但是不经常使用，如根据体重和胎龄的关系分类、根据生后周龄分类等。

7. 出生时宝宝的评分

新生儿评分就是对新生儿从母体内生活到外环境中生活的生存能力和适应程度进行判断，也为小儿今后神经系统的发育提供了一定的预测性。目前，在我国绝大部分医院均采用了新生儿阿普伽评分，阿普伽评分是根据新生儿出生时的心率、呼吸、皮肤颜色、四肢活动情况（肌张力）、反射（包括手弹足底或吸痰管刺激喉部反射情况），按这五项指标分别用 0、1、2 分表示，然后按总分多少来判断新生儿良好程度或窒息程度（表 3）。

表 3　新生儿阿普加评分

	0 分	1 分	2 分
皮肤颜色	青紫或苍白	身体红，四肢青紫	全身红
心率（次/分）	无	＜100	＞100
对刺激的反应	无	有些动作，如皱眉	哭，喷嚏
肌肉张力	松弛	四肢略屈曲	四肢能活动
呼吸情况	无	慢，不规则	正常，哭声响

正常满分为 10 分，如评分为 0～3 分，为重度窒息，必须立即复苏抢救。4～7 分为轻度窒息，羊水如有胎粪污染仍需气管插管吸净气道分泌物及胎粪，才能保证正常的呼吸道的通畅。8～10 分为无窒息，不需特殊处理。出生 5 分钟评分仍低者预后差，需 10 分钟继续评分，10 分钟评分仍低者即使幸存下来，由于长时间缺氧，大脑细胞会受到不可逆的损伤，日后会出现智力低下及运动障碍等后遗症。所以对出生后评分是很重要的，它决定孩子是否需要复苏抢救乃至日后的生长发育。

8. 为新生儿做全身体格检查

初为父母的爸爸妈妈们应该学会一些简单的新生儿体格检查，这样可以及早发现问题。

（1）查头颅：眼、唇的畸形较易发现，而头顶正中的包块应警惕脑膜膨出的可能。

（2）查颈部：正常颈部应端正，无包块。若在一侧胸锁乳突肌发现包块，常为血肿，今后有发生斜颈的可能。

（3）查胸部：胸廓有无畸形、呼吸是否对称。心前区的异常搏动伴隆起常是先天性心脏病的征兆。

（4）查腹部：正常新生儿的腹部略膨隆，柔软。父母可以先看看有无腹胀，再用手轻轻抚摸，感知有无包块。腹胀、便秘的新生儿应到医院检查，排除先天性巨结肠的可能。腹部包块可能是肿瘤或肠道的畸形。

（5）查骶尾部：骶尾部包块常常是畸胎瘤或脂肪瘤，均需及时手术治疗。若在骶尾部发现一个很深的皮肤凹陷，或者有小包块，称为潜毛窦，有的可引起脊髓感染和大小便障碍，需尽早就医。骶尾部囊肿或是红斑中央有小洞，为脊膜膨出或外翻，也需尽早手术。

（6）查生殖器：男孩应检查包皮是否完整，若包皮呈帽状并伴阴茎弯曲，则常有尿道下裂，需仔细检查尿道开口。双侧阴囊内是否有睾丸，如没有则可能为隐睾。

(7)查肛门：肛门直肠畸形在各种先天性畸形中较为常见，表现为正常位置上无肛门。

(8)查四肢：四肢的畸形较易发现，常见有多指(趾)等。应注意新生儿的臀纹，若一侧臀部、大腿内侧的皮肤褶皱增多、加深，与对侧不对称，则有先天性髋关节脱位的可能。

9. 为新生儿测量身高

新生儿的身高，也就是我们说的身长，出生时平均为50厘米，其中头长占1/4。男婴为50.2±1.7厘米，女婴为49.6±1.6厘米。

测量新生儿身长的方法一：首先选择一个两边有刻度的量床，把新生儿头部紧贴量床顶板，身体平直，膝关节不弯，两足平齐，足底与下肢呈直角，量床底板紧贴双足，两侧刻度读数一致。读数精确到0.1厘米。

测量新生儿身长的方法二：这种方法分为上部量与下部量，最后加在一起即是新生儿的身长。自头顶至耻骨联合的上缘为上部量，表示躯干的长度与脊柱的发育有关；自耻骨联合至足底为下部量，表示下肢的长度，与下肢长骨的发育有关。新生儿下部量比上部量要短，随着月龄的增长比例逐渐变小。

一般的新生儿期身长增加5厘米，可达55.6～56.5厘米。身高是反映骨骼发育的一个重要指标，与遗传因素、内分泌因素关系密切，短期的营养不足对它影响不大。

10. 为新生儿测量体重

新生儿出生时体重的正常范围为2 500～4 000克，低于2 500克为低体重儿，大于4 000克为巨大儿。

新生儿出生3～5日内，体重会暂时性的下降，但一般不超过300克。出现这种现象的原因是：新生儿要排泄粪便和小便，还会呕出一些出生过程中吸入的羊水，经肺呼吸和皮肤也会散发一些水分，食量又小，母乳量往往也不足，因此就造成了体重下降。一般的只要哺乳得当，4日左右体重就开始回升，7～10日后即可恢复到出生时的体重。

测量新生儿的体重最好选用杠杆式秤，如钩秤、磅秤等。新生儿体重的测量方法可有：

(1)用婴儿磅秤测量：这种婴儿磅秤最大称量一般不超过15千克，测量时将新生儿放于秤盘中央即可读取毛体重。

(2)用婴儿布兜加钩秤测量：这种方法所用的秤一般最大称重不超过10千克；婴儿布兜可用一块较结实的边长50～60厘米的布制成，在其四角缝上较牢固的带子。测量时将新生儿放在布兜中央，拎起带子将布兜挂在秤钩上即可测量毛体重。

当然，不管是用上述哪种方法称体重，均要将所称得的毛体重减去新生儿身上的衣服、鞋帽、尿布等的重量，这样得出的才是新生儿的净体重。

体重是反映生长发育的重要指标，是判断新生儿营养状况、计算药量、补充液体的重要依据。

11. 测新生儿的头围

新生儿的头围平均是34厘米，男婴平均是33.9厘米，女婴平均是33.5厘米。

测量时采用坐位或仰卧位；父母应立在新生儿前面或右侧，左手拇指将软尺零点固定于前额眉弓上方，从头右侧经过脑后最突出点（枕骨粗隆最高处）而绕至左侧，然后回到起点，即可读数。测量时要求软尺应紧贴头皮，刻度向外，左右对称。新生儿头发长时应先将头发在软尺经过处向上下分开。

新生儿的头部发育迅速，在最初半年内头围增加8～10厘米，第二个半年内增加2～4厘米。1周岁时比出生时增加约12厘米，大概是48厘米。

头围的大小与大脑重量呈正比关系，头围大，大脑重量也较大。头围大小与遗传有一定关系，父母头大，孩子的头也可能大。另外，头围过大还可能与佝偻病、脑积水等疾病有关，而有些疾病，如先天性脑发育不良、脑内弓形虫感染、出生时严重窒息脑缺氧等，影响脑的正常发育，造成头小畸形。所以测量宝宝的头围，有助于我们知道宝宝的大脑是否发育正常。

12. 新生儿头颅的形状

新生儿的头颅无论是大小，还是结构，都与成年人有极大的不同。一般来说，新生儿的头颅形态大多数是近似圆形的，但也有特殊情况，如头颅形态似椭圆形（称为"先锋头"），是由于在分娩过程中，胎儿的头部经过子宫口和产道时，受到压迫，血流不畅而引起头皮局部水肿，可在2～4日内逐渐消退。

在新生儿期，父母要特别注意新生儿的头部发育，而囟门就更要多加留意。新生儿由于颅骨尚未发育完全，骨与骨之间存在缝隙，并在头的顶部和枕后部形成两个没有骨头覆盖的区域，分别称为前囟门和后囟门。前囟门呈菱形，是头颅上最大的骨缝交点，此处无骨块存在，较其他部分略凹陷、柔软，摸上去有轻微的搏动。后囟门是枕骨与两块顶骨之间的骨缝交点，尺寸较小，有时甚至摸不到。知道了新生儿这个特点，就要求父母或亲人不能随意抚摸、按压新生儿的头，否则有可能会对大脑造成损伤。

另外，父母可以用以下方法帮助新生儿塑造完美的头型：

(1)不要使用材质太硬的枕头，否则头部容易变形。

(2)不要固定一个睡姿，要经常为他翻翻身，改变一下睡姿。

(3)当新生儿左右侧躺时，避免他的耳轮被挤压变形。

(4)新生儿喜欢光线，如果他习惯侧向某一边睡，可以在另一边用光吸引他。

13. 新生儿体温调节特点

新生儿的体温调节能力差，主要是因为他们的中枢神经系统发育尚未完善。医学研究表明：胎儿在母体内的体温比妈妈高0.5℃，出生后进入外环境，即使分娩室的温度高达 24℃,还是比新生儿体温低 13℃,这么大的温度差,再加上新生儿体表面积大、皮肤薄、皮下脂肪少、血管多等原因,新生儿散热更加快,出生 1 小时内体温可降低 2.5℃。

适中温度又称中性温度,指最适宜的环境温度,能保持人体的正常体温,且人体耗氧量最少,新陈代谢率最低。新生儿的适中温度与其成熟度和日龄有关,正常新生儿第一天的适中温度为 30℃~32℃,第二天以后逐渐降至 22℃~26℃。刚出生的新生儿在中性温度下 6~8 小时体温才能恢复到正常水平,之后的 1~2 日内体温仍不稳定,所以出生后前 2 日不主张洗澡。

另外,新生儿的体温易受外界环境的影响。室温过高,新生儿通过皮肤蒸发和出汗散热,若同时体内水分不足,血液浓缩,新生儿就会发生"脱水热",所以夏季要注意通风,给新生儿足够的水分。冬季天气寒冷,新生儿体表面积大,散热快,能量储备不足,容易发生硬肿症和肺炎,所以冬天要保暖。观察新生儿保暖合适的标志:脸色红润、手足温暖,不出汗,吃睡正常,腋下体温 36.5℃~37.3℃。

14. 新生儿呼吸

胎儿在子宫里是通过胎盘获得氧气,他们的肺并没有起到作用。当出生时,新生儿呼吸第一口气肺部就会膨胀,肺中增加的压力会使心脏外的瓣膜关闭,这就标志着新生儿跨出了重要的第一步,确定了他们离开母体后就能独立生存,成为一个独立的生命体。

由于新生儿呼吸中枢功能发育不全,调节功能不完善,胸腔较小,呼吸肌薄弱,呼吸运动主要靠膈肌的升降进行,所以新生儿的呼吸为腹式呼吸,特点是呼气与吸气的间歇不均匀,深浅呼吸相互交替,甚至呼吸暂停(呼吸暂停 20 秒以内,不伴发绀及心率减慢,可自然恢复),呼吸频率为每分钟 35~45 次。

新生儿日龄越小,呼吸越浅表。虽然新生儿每次呼吸的绝对量很小,但他们代谢旺盛,对氧的需要量大。新生儿啼哭后,呼吸频率增加约 4 次/分,5 分钟后恢复正常;哺乳后,约增加 6 次/分,10 分钟后恢复正常;洗澡后,约增加 5 次/分,5 分钟后恢复正常。因难产而造成颅内出血或患肺炎的新生儿,可以出现呼吸异常,如急促,鼻翼翕动,频繁呼吸暂停,此时应立即去医院治疗。

15. 新生儿口唇容易发紫的原因

新生儿口唇处出现青紫,可能与新生儿血红蛋白高有关。这是正常的生理现象,1 周后消退。如果没有消退,提醒父母要注意病理性的青紫。

新生儿病理性口唇发紫最主要的原因是缺氧,如新生儿肺炎、先天性心脏病、伤寒、高热惊厥、癫痫等都能引起缺氧,具体的病因要结合临床症状及实验室检查来确诊。如先天性心脏病常见的表现主要有呼吸困难、心率加快、心跳加快,极个别的会出现口唇发紫,临床上称为发绀;先天性食管闭锁的新生儿除了有吃多少吐多少,一吃就吐的临床表现,还会出现气喘、呼吸困难、口唇发紫等类似肺炎的症状;新生儿高热惊厥常表现为无定型多变的各种各样的异常动作,如呼吸暂停、不规则,两眼凝视、阵发性苍白或发绀。

16. 健康新生儿也可以有心脏杂音

新生儿心脏杂音可分为生理性和病理性两种。

新生儿出生后 1～2 日，可在心前区闻及心脏杂音，这就是生理性的心脏杂音，与动脉导管未闭合有关。随着新生儿循环系统的不断发育完善，生理性的心脏杂音就会消失。

病理性的心脏杂音大多数由先天性心脏病引起。如果心脏杂音未消失，并且伴有其他一些临床表现，如出现青紫、气促，甚至有晕厥发作等，这就要求父母高度重视，立即去医院检查治疗。

17. 新生儿正常心率

新生儿的心率较快，一般情况下为 120～140 次/分，熟睡时可减到 70 次/分，哭闹时可达 180 次/分，均属正常范围。

这主要是因为新生儿新陈代谢旺盛，身体组织需要更多的血液供给，而心脏的每次搏出量有限，只有通过增加搏动的次数来补偿不足。同时新生儿的迷走神经兴奋性低，交感神经占优势，所以容易心搏加速。

新生儿的心率会随着不断地成长发育而逐渐减慢。新生儿心率平均 120～140 次/分，1 岁以内平均 110～130 次/分，2～3 岁平均 110～120 次/分，4～7 岁平均 80～100 次/分。

18. 新生儿消化功能比较弱

我们在日常生活中常看到出生不久的新生儿吃奶时，一旦过急、过快或吃得过多就很容易发生吐奶现象，这主要是由于新生儿的消化功能弱导致的。

新生儿的胃呈水平状，肌层发育差，贲门较松弛，而幽门括约肌相对较发达，容易发生痉挛，同时新生儿的胃容量小(初生时 30～35 毫升，2 周时 60～70 毫升，1 个月时90～105 毫升)，所以易发生溢乳或呕吐。

新生儿的胃解脂酶含量较低，胃酸酸度较低，这也使他们的消化功能比较弱，并且只能消化乳类，尤其是人乳，因为人乳中含有解脂酶。由于牛乳中缺乏解脂酶，所以用牛奶喂养的新生儿易引起脂肪泻。

另外，新生儿的肠道蠕动较快，下部尤甚。出生时咽下的空气 2 小时内就能在回肠见到，3～4 小时到达直肠。其肠道相对较长，与身长之比约为 1∶6(成年人约为 1∶4)，肠系膜相对也较长，肠壁肌层薄，所以容易蠕动功能紊乱而引起呕吐、腹胀，甚或发生肠扭转、肠套叠。

当然，整个消化吸收的过程必须由中枢神经系统参与，新生儿的神经中枢发育不完善，也使得消化功能比较弱。

19. 新生儿口腔的特点

新生儿的口腔内没有牙齿，舌头短而宽，面颊有厚的脂肪垫，该脂肪垫使口腔前部的上下牙床不能接触，俗称“螳螂嘴”，并且面部肌肉发育良好，颌骨缘处的黏膜层增厚凸起，这些特点都有利于新生儿吃奶时吮住奶头，进行协调的吸吮动作。

新生儿的口腔黏膜细嫩，供血丰富，但唾液腺发育不全，分泌唾液较少，常呈中性，唾液中分泌型免疫球蛋白 A 含量甚微，因此新生儿的口腔黏膜相当干燥，容易发生口腔炎与鹅口疮。唾液内含有 10% 的黏液素，有胶体保护作用，能防止乳汁凝固，有利于消化。在齿龈切缘的黏膜上，有时可见到米粒样黄白色突起，这是上皮细胞堆积或黏液腺潴留肿胀所致，俗称“马牙”，可自行消失，切忌擦拭、挑割，防止糜烂、感染，甚至引起败血症。

父母在清洁新生儿口腔时，可以喂给他们适量的清水，不必擦洗以免损伤。

20. 新生儿皮肤防御能力差

新生儿刚出生时，皮肤上有一层灰白色的胎脂覆盖，是由皮脂腺的分泌物和脱落的表皮所组成，有保护皮肤、防止感染的作用，出生后会逐渐自行吸收，不应强行擦洗。

出生后 3～4 日，新生儿的全身皮肤可变得干燥，由于在此以前他们一直生活在羊水里，出生后皮肤就开始干燥，表皮逐渐脱落，1 周后就可以自然落净。最后，新生儿皮肤会呈玫瑰红，且柔软光滑。这是因为他们的皮肤角质层薄，黏膜柔嫩，血管丰富。

新生儿的皮肤很娇嫩，局部防御功能差，很容易受到损伤，并且受伤处也容易成为细菌入侵的门户，轻则引起局部感染发炎，重则可能扩散至全身（如引起败血症）。因此，新生儿皮肤的清洁卫生很重要，尤其是头部、颈部、腋窝部、会阴部及其他皮肤皱褶处应勤洗并保持干燥，以免糜烂。父母在每次换尿布后，特别是在大便后最好是用婴儿护肤柔湿巾清洁臀部，再用护臀霜涂抹，以防发生尿布疹（红臀）。

21. 新生儿胎脂消失的时间

健康足月新生儿的皮肤红润，皮肤表面胎脂少，除肩背部胎毛稍多外，其他部位胎毛较少，皮下脂肪丰满。而早产儿刚出生时皮肤看起来很薄嫩、颜色粉红，生后不久颜色变为绛红色；皮肤发亮，可出现水肿；皮肤表面胎脂多，胎毛多；皮下脂肪薄。

新生儿皮肤表面的胎脂是由皮脂腺分泌的皮脂和脱落的表皮细胞形成的，具有保护皮肤、防止感染和保暖的作用，生后逐渐被皮肤吸收。一般不要人为地用水洗去或用纱布等东西将它擦去，否则既削弱了胎脂对皮肤的保护和保暖功能，又很容易损伤皮肤甚至诱发感染。但如果耳朵后、腋下或其他皱褶处胎脂较厚，可在出生后 6 小时后用熬熟冷却的香油、豆油等植物油轻轻擦去一些；如果头顶部胎脂较厚直接搽一点植物油即可而不必将胎脂擦去。

新生儿皮肤很娇嫩、很容易受损伤，穿衣和做其他护理时动作一定要轻柔、一定要很小心。

22. 新生儿出生时生殖器特点

足月儿：男婴的阴茎大小可不一样，龟头和包皮可有较松弛的粘连；阴囊皱襞较多，睾丸多已降入阴囊。部分男婴因局部发育不完善可有轻度睾丸鞘膜积液而致阴囊两侧大小稍有不等，多能在一年内自行逐步消失，但长期不消或阴囊两侧明显大小不等则应到医院检查。女婴的大阴唇已经发育，大阴唇能盖住小阴唇及阴蒂。

早产儿：男婴的阴囊皱襞少，睾丸往往未降入阴囊；女婴则大阴唇不能盖住小阴唇。

23. 新生儿排尿时间

正常足月的新生儿在出生时膀胱中已经有少量尿液，所以绝大多数新生儿在出生后6小时内排尿，少数延迟到第二天才排尿，但如果出生后24小时不排尿，应引起注意；如出生后48小时仍不排尿，要进行检查寻找原因。

新生儿在出生后头几天，因为液体摄入量比较少，本身所需水分较多，所以每日排尿仅4～5次，并且尿量液少。大约1周以后，随着进水量的增多，加之膀胱容量又小，每日排尿可达20次左右，尿量为250～450毫升。

新生儿的尿呈淡黄色且透明，但有时排出的尿会呈红褐色，略微浑浊，这是由于尿中的尿酸盐结晶所致，2～3日后会消失。

新生儿无尿的原因有：先天性肾缺如、尿路畸形，以及肾脏泌尿较晚。若新生儿超过36小时尚未排尿，给予口服糖水或静脉注射5%葡萄糖液，如经过上述处理后有尿排出，则是肾脏泌尿较晚。如仍无尿，则可能是肾缺如或尿路畸形，须进一步检查。

24. 新生儿大便的特点

绝大多数的新生儿在出生后12小时内开始排出黏稠、黑色或墨绿色、无臭味的胎粪，这是胎儿肠黏液腺的分泌物、脱落的上皮细胞、胆汁、吞入的羊水或产道的血液等的混合物。在出生后3～4日转为黄色粪便。若新生儿出生后24小时未排便，应检查有无消化道的先天畸形。

新生儿的大便性状和喂养方式有密切关系。母乳喂养的新生儿大便呈金黄色，偶尔会微带绿色且比较稀；或呈糊状，均匀一致，带有酸味但没有泡沫，没有奶瓣。通常在新生儿期大便次数较多，一般为一天2～5次，也有的一天7～8次。吃母乳的新生儿如果出现大便较稀、次数较多等情况，但是只要新生儿精神良好，吃奶正常，体重增加，父母就没有必要担忧。

人工喂养的新生儿吃的是配方奶，他们的大便通常呈淡黄色或土黄色，比较干燥、粗糙，有便秘倾向，带有难闻的粪臭味，为中性或碱性反应。如果配方奶中含糖量较多，大便可能变软，并略带腐败样臭味，而且每次排便量也较多，有时还混有灰白色的“奶瓣”。

25. 新生儿睡眠的特点

由于新生儿的神经系统发育不完善，大脑皮质的兴奋性较低，神经系统功能活动较弱，外界不很大的声音对他们来说都是过强的刺激，所以新生儿非常容易疲劳，致使大脑皮质兴奋性更加低下从而进入睡眠状态。在新生儿期，他们几乎一直在睡，年龄越小睡眠时间就越长。

一般来说，新生儿一天之中大约20小时在睡觉，清醒的时间很短。清醒后很快会感到疲倦，这时他们常以“哭”表示累了，只要环境安静、舒适，自然很快就入睡了。其实这种抑制性的睡眠对新生儿来说是非常必需的，是有利于他们生长发育的。

睡眠按照其过程可分为“快速动眼睡眠”和“非快速动眼睡眠”两种，并且在一昼夜中，上述两种睡眠交替出现。出生后头2周的新生儿，有一半的睡眠时间是处于“快速动眼睡眠”阶段。由于新生儿眼皮非常薄，可以看到眼球在运动，呼吸比较快，还有时会皱眼，四肢也可以有微小的动作，但并不是抽搐。在“非快速动眼睡眠”阶段，呼吸比较慢且有规律，稍有刺激就可以发生惊吓。

随着新生儿不断地适应外界环境，白天清醒时间逐渐延长，夜间睡眠时间也相应延长，逐渐建立起白天少睡，夜间长眠的条件反射。所以父母在夜间，除了喂奶、换尿布以外，不要过多打扰他们的睡眠。

26. 新生儿免疫力

新生儿阶段是胎儿从母体内环境进入大自然外环境的第一个阶段，他们要不断提高抵御外来病菌侵袭的能力，这个抵御的能力就称为人体的自御能力，也就是抵抗力、免疫力。对于新生儿来说，他们的自御能力是相对比较弱的。

机体抵抗外来侵袭的第一道防线是皮肤和黏膜。由于新生儿的皮肤比较娇嫩、皮质层薄、皮下血管丰富，细菌等有害物质容易经过皮肤进入血液；新生儿的皮肤也容易破损，特别是使用硬尿布，或尿布没有即时更换，过分潮湿等，这都会引起新生儿皮肤的糜烂。另外，新生儿出生时脐带的创面仍然存在，残端未脱落，也会使第一道防线出现缺口，细菌侵入机体而造成感染。

对于成年人，当细菌侵入人体后，机体本身会调动血液中的白细胞及免疫球蛋白、补体等来抵抗外来入侵者。但是，新生儿的白细胞吞噬功能不如成年人的，其他免疫球蛋白的含量也很低，而且自身制造的能力又很差，这些都使得新生儿的抵抗力很低，细菌入侵后不能控制在小范围内，而是出现全身的严重感染。如正常成年人肠道内大肠埃希菌并不是致病菌，因为成年人体内产生的IgM抗体能抵抗大肠埃希菌等革兰阴性杆菌，并且成年人肠壁屏障好，能抵御细菌进入血液。血中的IgM分子量较大，不能通过胎盘而到达胎儿体内，新生儿自身又不能合成，所以血液中IgM含量低，加上肠壁薄、屏障差，所以新生儿易患大肠埃希菌等革兰阴性菌的感染。

对于早产儿、双胞胎、低体重等宝宝来说，他们体内的免疫球蛋白更低于正常足月新生儿，免疫力更弱，所以更要注意不要与患有感染性疾病者接触，要经常保持脐部及皮肤的干燥、清洁。

27. 新生儿并非越胖越好

新生儿体重超过4 500克，临床上称为巨大儿。医学专家指出，巨大儿、肥胖儿除了给产妇分娩时带来麻烦外，还可能引发妊娠期高血压、难产等一系列问题，并且新生儿出生后往往体质是“外强中干”，身体抗病能力弱，如一些并发症增多，发育异常等。巨大儿常提示母亲有糖尿病，孩子出生后，易发生低血糖，严重者可导致精神、神经方面后遗症。巨大儿最好采用人工喂养，以防母亲服降糖药通过乳汁影

响孩子，并且为了防止低血糖发生，必要时可静脉滴注葡萄糖注射液。此外，还要注意预防各种感染。

孕妇营养过剩是巨大儿的主要原因。一些孕妇错误地认为食物越有营养、吃得越多，下一代越健康，因此不加限制地“进补”。营养专家指出，孕妇饮食不应过于单调，而应多样化，粗细搭配，脂肪、糖、蛋白质要均衡；孕妇要适当多吃点富含维生素和叶酸的新鲜果蔬，不仅是自身和胎儿营养所需，而且可以防止新生儿神经管畸形。并且营养专家不主张孕妇过多摄入鸡、鸭、猪肉等高蛋白、高脂肪食物。

28. 新生儿体重过低的原因

低体重儿是指出生 1 小时内体重不足 2 500 克者，不论是否足月或过期，其中大多数为早产儿和小胎龄儿。凡体重不足 1 500 克的又称极低体重儿，不足 1 000 克的称超低出生体重儿或微小儿。

胎盘是联结母亲和胎儿的纽带，负责输送各种营养物质。较大的胎盘能输送更多的营养物质，因此新生儿的体重也就较重，身体也就更健康。相反，胎盘较小的，胎儿获得的营养就少，影响生长发育，导致低体重儿的出生。如果新生儿出生体重过低，就可能导致冠心病、2 型糖尿病、中风或者呼吸系统疾病，严重的可能在出生后的数周内死亡。

据英国《自然》杂志报道，两个独立的研究小组对新生儿出生体重与胎儿早期发育之间的联系进行了研究。英国剑桥大学的研究小组发现，在妊娠的前 12 周，血浆蛋白 A 的水平低与新生儿体重过低有关。血浆蛋白 A 仅仅在妊娠的早期起作用，它能够促使胎盘接受一种叫做胰岛素样生长因子的激素，这种激素能够促进胎盘的生长。另一个研究小组发现了一个能影响新生儿体重的基因。这种名为 Igf2 的基因在胎儿体内和胎盘中表达，产生 IGF-Ⅱ 蛋白质。研究者发现，胎盘中缺乏 IGF-Ⅱ 蛋白质的小鼠在出生时的体重平均比正常小鼠轻 30%。

在这之前，医学界没有有效的手段在妊娠的早期检测未来的新生儿是否体重过低。科学家认为，通过检验相关的分子，有可能准确预测新生儿的体重。

29. 新生儿脐带

脐带是胎儿的生命线，是母亲与胎儿联系的惟一通道，母亲通过脐静脉供给胎儿营养物质，又通过脐动脉将胎儿体内的废物运送给母亲，由母亲代替排泄。胎儿脱离母体后，脐带就完成了历史使命，会自然脱落。

新生儿脐带的直径约 1 厘米，剪断后脐带内血管没有完全闭死，对新生儿来说是一个很大的创面，如护理不当，将成为病菌侵入机体的重要途径，引起新生儿破伤风、败血症、脐炎等疾病，危及新生儿的生命，因此必须做好新生儿脐部的护理。

为了保护脐部，医护人员往往将脐部敷上纱布。纱布应该在出生后 12～24 小时去除，如包扎的时间过长，纱布容易被新生儿的大小便污染，给细菌在脐部生长繁殖创造条件。在脐带未脱落前要注意保持脐部的清洁与干燥，避免弄湿脐部。若脐部潮湿或有分泌物时，每天可用75％酒精消毒，擦时从脐根部中心呈螺旋形向四周擦拭，不可来回乱擦，以免把周围皮肤上的细菌带入脐根部。在脐带脱落后，局部会有潮湿或米汤样液体渗出，可用75％酒精擦净或先用2％碘酒擦，再用75％酒精涂净，不要用甲紫涂擦脐部，以免影响观察脐部感染情况。若发现脐根有肉芽、脓性分泌物、红肿及有臭味，需及时到医院诊治，以防病情恶化。

30. 双胞胎新生儿的特点

在妊娠期间，由于母亲的营养要同时供应两个胎儿生长，所以双胞胎儿大多数没有单胎儿长得好，并且大多数双胞胎儿都提前来到人世间，出生时的体重往往不足2 500克，对环境的适应能力和抗病能力均较一般新生儿差，在出生后的最初几个月里他们的生长发育比一般新生儿要稍慢些，也容易生病。

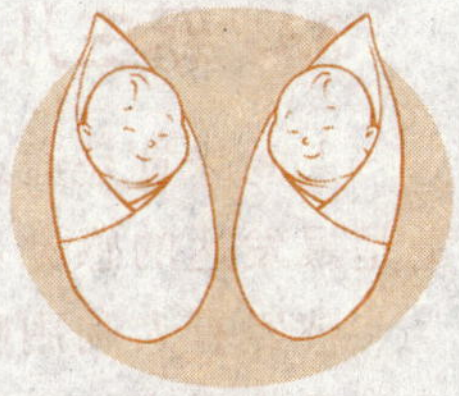

双胞胎儿体内储糖量不足，产后应尽早开奶，否则可能发生低血糖，重者可影响他们的大脑发育，甚至危及生命。双胞胎儿以母乳喂养为佳，因为只有母乳才能适应早产儿消化功能不全的状况。早产双胞胎儿吸吮能力差、吞咽功能不全，易呛奶，可用吸奶器将母乳吸出，再借助滴管或婴儿胃管采用少食多餐的喂养方法。若母乳不足，可用鲜牛奶与水配成1∶1或2∶1的稀释奶再加3％～5％的糖喂养。

双胞胎儿体内各种营养储备也较少，因此，要尽早给双胞胎儿添加营养素。双胞胎儿出生第2周开始增加含维生素C丰富的鲜橘汁、菜汤。为预防双胞胎宝宝患佝偻病，从出生第2周起，可以补给浓鱼肝油。出生1个月后，可让双胞胎儿晒太阳，以增加其自身维生素D的合成。为了预防双胞胎宝宝患缺铁性贫血，从出生第6周时，可增加富含铁的食物，如蛋黄泥、猪肝泥等，但一次喂入量不宜多，以免引起消化不良，导致腹泻。

另外，双胞胎儿抵抗力差，奶瓶、汤匙等应注意消毒，以防胃肠道疾病发生。

31. 新生儿的触觉、痛觉和温度觉

(1)触觉：新生儿的触觉很敏感，尤其是口周、眼、前额、手掌和脚底对触觉刺激最敏感，而前臂、躯干、大腿等部位的触觉则比较迟钝。当母亲用乳头或手等轻触新生儿口唇或口周皮肤时，他马上就会出现吸奶动作并将脸转向被触的一侧寻找乳头或手等接触他(她)的东西。当你试图想用手扒开新生儿眼皮时，他(她)就会把眼闭得紧紧的。当你用手刺激新生儿手掌时，他会出现握持反射，不由自主地把你的手握得紧紧的。

(2)痛觉：新生儿一出生时就已经有痛觉了，但是和其他皮肤感觉比较是相当迟钝的，尤其躯干、腋下等部位更不敏感。这是因为新生儿的神经传导不够准确，痛刺激后会出现泛化现象，也就是说，新生儿不能够准确感觉到疼痛的部位，所以表现出反应迟钝。

(3)温度觉：温度觉在妊娠5～6个月的胎儿身上就存在了，所以新生儿出生时，温度觉发育良好。新生儿能区分出物品温度的高低，对冷的刺激要比热的刺激反应明显，如出生时离开母体环境，温度骤降就啼哭，甚至战栗，皮肤微紫，可见新生儿受环境的温度影响很大，需要给予适当的保暖。

32. 新生儿嗅觉

新生儿的嗅觉系统已经发育得基本成熟。科学家们做过这样的试验：把新生儿放在一个记录活动水平稳定性的测量器上，腹部围有测量呼吸的呼吸描记器，然后用棉签蘸上有气味的物质，放在新生儿鼻孔旁边，他闻到这种气味，呼吸会加快，动作也会增多。

还有研究发现，新生儿已能区别几种不同的味道，并且对气味的空间定位也相当敏感。新生儿会闻到乳香并积极寻找奶头，而且能辨别出自己母亲的气味和其他人的气味。实验者把两个喂奶母亲用过的胸垫分开放在新生儿头的上方，结果发现小儿转过头来注视自己母亲用过的胸垫的次数，多于陌生母亲用过的胸垫。

在新生儿期积极地训练他的嗅觉，可以帮助新生儿避免有毒物质的吸入，并且还能帮助他利用不同的气味区分人和事物。

33. 新生儿味觉

人的味觉是通过舌头上的味蕾来感觉的，通常分成四种：酸、甜、苦、咸。新生儿的味觉是最发达的感觉，在他出生后仅 2 小时就能分辨出许多味道。

曾经有人利用吸吮反应的变化研究新生儿的味觉，发现他们对水、葡萄糖和各种盐溶液的吸吮反应与对牛奶的反应不相同，而且他们的吸吮还会随着盐溶液浓度的变化而变化。如果用甜糖水喂新生儿，他就会有愉快表情，而对柠檬汁等酸涩苦的味道会表现出痛苦的表情。所以说新生儿喜欢奶味、甜味，不喜欢过咸、酸或苦的味道。因此，有些家长认为新生儿小，不懂好坏，不知味道，给他什么就吃什么的想法是没有科学道理的，也不利于增强小儿食欲和促进小儿各方面生长发育。

研究还发现，新生儿在出生最初几天就存在着味觉的性别差异，女婴比男婴更喜欢甜味。

34. 新生儿听觉

新生儿能听见声音吗？可以肯定地告诉你：能听见，而且在胎儿期时就能听到声音了。只是由于新生儿中耳鼓室尚未充气，并有一部分羊水潴留，以致听觉传导较差，因此听觉不是很灵敏。

有人曾做过试验：给出生 24 小时内的新生儿听一种类似蟋蟀叫的声音，有的新生儿只需听二、三次便会出现眨眼、动嘴、扭头、睁眼、哭闹等反应。出生 6 日的新生儿就能听到 30 分贝的低声。当有人说话时，新生儿会向说话声音的方向转动身体，尤其是妇女的声音更吸引他。如果仔细观察，还会发现新生儿在倾听成年人讲话时，他的身体会以一种模式开始运动，一旦停止声音，他的运动也中止。

新生儿不仅能够听到声响，而且对柔软、缓慢、淳厚的声音比较偏爱，表现为安静、微笑，对于尖利的响声则反应急躁、激烈。研究还证明：新生儿对有节律的声音特别敏感，并且喜欢听母亲的声音。这大概与他在子宫内熟悉了母亲的说话声、有节律的心跳等有关，重温这些声音，对新生儿是莫大的抚慰，给他一种安全的感觉。

35. 新生儿视觉

有的人认为:新生儿是个"睁眼瞎",其实这种想法是不正确的。因为新生儿的眼球小,眼球前后径短,视焦距调节能力较差,即我们平常所说的远视眼,观察事物的敏感性低于成年人。如果这时选用的刺激物太近、太远、太小、移动太快都会使新生儿不能很好地捕捉到物体,动力检影镜显示,新生儿的最佳视焦距为 19 厘米。

父母不了解新生儿的视力特点,一味地按照成年人看东西的样子和距离,把物体放在新生儿眼前晃晃,新生儿没有反应就误以为他看不见。其实新生儿看东西的最佳距离相当于妈妈喂奶时母亲的脸和宝宝的脸之间的距离,所以,新生儿是能看见妈妈的,而且最喜欢看见妈妈的脸。这种视觉状态一直要持续到出生后 3～4 个月时,小儿才会有良好的视焦距调节能力。

另外,新生儿还具备辨别颜色的能力,喜欢看明亮鲜艳的颜色,尤其是红色。因而在新生儿期可以给他们看一些颜色鲜艳的玩具,玩具的放置距离要适中,不宜过近也不能太远,这样有利于刺激新生儿的视觉发育。

36. 新生儿声音

新生儿不会说话,只会哭,哭是新生儿来到人世间首先发出的一种声音,是一种纯生理现象。在这以后,新生儿的哭声不断增加新的内容,成为他(她)表达自己需求的一种手段。如饿了哭、痛了哭、尿布湿了哭、受到惊吓更是哭,反正哭是他不满的信号。

但是,新生儿除了哭声还能够发出几种声音,可以认为是他学习语言的前奏。如有一种声音是很平静的、近似轻微的呼哧声,这是一种"联络呼号",新生儿睡醒后借助这种声音立即与母亲联系,并想证实一下,母亲是否在身边。如果对这种声音没有任何反应,如抚摸或熟悉的话语,小家伙就会表现出不安。还有种声音是表示不如意、不舒服的,和哭是不同的,当母亲给他擦洗时,如果某个动作不够小心,就会出现这种声音。假如这种不舒服的表示没有被人理解,而不舒服的感觉继续存在时,这种表示不满的声音就会转变成哭声。

37. 能给新生儿安全感的声音

过去人们认为新生儿因为耳朵里有羊水听不见声音,现在科学表明,新生儿出生后只需几个小时,就能听见声音了。所以,父母为了让新生儿有个安静的睡眠环境,总是把房间搞得静静的,生怕弄出什么声音吓着新生儿。其实这种做法是不必要的。因为一些声音是会让新生儿产生安全感的,并且能使新生儿的感官得到丰富的刺激,对语言的发育尤为重要。

首先就是父母的声音,尤其是母亲的。因为新生儿在子宫内听惯了母亲的声音,熟悉母亲的声音。家人要经常用温馨的话语和新生儿交流,这样能加强新生儿的安全感,让他对周围的亲人产生亲切感。其次,可以让新生儿听些有节奏的、柔软的、缓慢的、淳厚的乐曲,时间不宜过长。另外,还可以给新生儿一个有声响的环境。家人的日常生活会产生各种声音,如走路声,开门声,关门声,水流声,炒菜声,说话声等,这样的声音可以帮助新生儿真实的感受周围，并且适应环境。

38. 新生儿的表情和模仿能力

研究表明，新生儿有模仿成年人面部表情的能力。当新生儿处在安静觉醒状态时，距离新生儿面部20～25厘米，让他注视你的脸。首先，伸出你的舌头，每隔几秒钟1次，慢慢地重复这个动作，然后停止。如果他一直看着你的脸，这说明他可能在嘴里移动自己的舌头，一会儿，他(她)就会将舌头伸向嘴外。如果你对着新生儿做张嘴动作，重复几次，他也会学着张开小嘴。另外，新生儿还会模仿撅嘴、微笑和悲伤的表情。

新生儿能够模仿面部动作，这是一件了不起的事。因为他需要知道自己舌头的定位和使用，要在看到你的面孔时马上联想到自己身体的具体部位，这是一个复杂的过程。研究还证明，世界上的不同民族的新生儿都能显示出几乎和成年人一样的面部表情，而且出生半个多小时的新生儿就有这种模仿能力了，不仅仅是足月儿，就是36周的早产儿也有这种神奇的模仿面部表情的能力。

父母要和新生儿积极交流，经常对着新生儿做些动作，由简单到复杂，提高他的模仿能力，利于新生儿的智力开发。

39. 新生儿的先天性反射活动

正常的新生儿主要以一些先天性反射活动来适应周围环境，这些反射是早期新生儿特有的，可以反映他机体是否健全、神经系统是否正常。随着新生儿不断成长，神经系统也会逐步发展，先天的神经反射就会在一定的时间内渐渐消失，被更成熟的神经活动代替。

新生儿主要的先天反射有下列几种：

(1)吸吮反射：在新生儿安静觉醒状态下，母亲将新生儿抱在怀里，使新生儿左颊触碰其母乳头，此反射会引起他将头转向左侧，并张开嘴，寻找并咬住乳头开始吸吮。这就是吸吮反射(又称新生儿期暂时性反射)。此反射在4～7个月时消失。

(2)觅食反射：当你用手指或乳头触摸新生儿的面颊，他就会将头转向被触摸的这一侧并张嘴表现吸吮动作。此反射在生后4～7个月时消失。

(3)握持反射：安静觉醒的新生儿很容易引起握持反射，可将你的食指或小指分别自新生儿两手的尺侧缘伸进手心，轻压其手掌，他就会紧紧抓住你的手指引起抓握反射。到了3～4个月时此反射消失，他的手开始松开，出现了不随意的抓握。

(4)拥抱反射：突然改变新生儿的姿势时，或者新生儿听见响亮的声音时，他就会出现两上肢外展、伸直，手指张开，然后上肢屈曲回缩呈拥抱状态，这就是拥抱反射。此反射的消失时间是3～6个月。

(5)不对称颈紧张反射：新生儿仰卧时，头会转向一侧，与脸面同侧的上下肢体伸直，对侧肢体屈曲。新生儿的睡姿经常是这种状态。此反射大约在6个月时消失。

(6)踏步反射：当你双手托起新生儿腋下，竖直把他抱起时，使他的足背触及桌边下缘，新生儿就会先迈出左足，然后右足跟上，踏步良好时就像散步一样。此反射大约在6周消失。

另外，新生儿还有一些成年人的反射，当情感改变时会出现恐惧、心跳增快等；当你用羽毛去刺激他的鼻子时就会打喷嚏；当食物误入气管时就会咳嗽等。

40. 新生儿的大运动和精细动作

新生儿的活动可以分为大运动（又称粗大动作）和精细动作两种，其中大运动可以概括为以下几类情况：

（1）大运动

①竖抱。父母或亲人抱起新生儿时应当竖着抱，让新生儿的身体与大人平行，左手托着他的臀部，右手托着他的头部，因为新生儿的颈部无力支持头的重量会向后仰。大概在满月前后，在竖抱时，新生儿就能自己伸直头，不必用手托了。

②俯卧抬头。在出生 7～10 日时新生儿就能听声转头，父母可以让新生儿自己俯卧在大床上练习了。父母不必担心他会憋着，因为他已经能转头露出鼻子呼吸了。刚开始练习俯卧抬头时，父母一定要松开新生儿的衣服，还可以用右手扶起新生儿的额部，用左手摇动一个声音玩具，吸引他抬头观看，每天重复练习几次。

③抚摸。适当地抚摸是有利于新生儿发育成长的，尤其是洗澡时。抚摸时可以播放一些轻柔的音乐，按着节拍为新生儿做各部位抚摸。在天气凉的时候做抚摸要注意新生儿的保暖，父母也要先暖手才可做抚摸。

（2）新生儿的精细动作：新生儿的精细动作主要是手的动作。刚出生的新生儿，小手总是习惯性地缩着，类似握拳的动作，却又不像握拳那样有力，他们的小肌肉是较晚才发达起来的。新生儿手指功能的发育有一定的规律：首先是尺侧的动作发育，然后是桡侧，最后是手指功能的发育。也就是说，在新生儿拿物体时，先是四指与掌心的对捏，然后再发育到用拇指与食指拈物。

前苏联著名教育家苏霍姆林斯基说："儿童的智力发展表现在手指尖上。"所以父母应该及早训练新生儿手部的动作，如在婴儿床的上方吊一些音乐钟或是会转动的玩具，那些玩具通常会吸引他伸手去抓或拍打，这是对新生儿一个初步的上臂力量和小肌肉的练习。

由于新生儿小手多数情况下是半握拳状态，父母可以选择带有细棒的小铃铛、拨浪鼓等玩具，放入新生儿的小手中，过一会儿再将玩具拿出来，每天反复多练习几次，让新生儿体会到手心的触觉刺激，利于练习抓握和松手动作。

有些父母担心新生儿的指甲长会抓破皮肤，就用小手套把他的小手包裹起来，这样很不利于新生儿的小手与外界的接触，感受冷热、软硬、粗细等，影响了精细动作的发育甚至是智力的发育。

41. 新生儿也能用手抓东西

新生儿小手掌总是习惯性地缩着，呈半握拳的状态，刺激后握得更紧。所以，过去许多学者认为新生儿小肌肉的精细动作是较晚才发达起来的，伸手抓东西的能力大约在 4 个月时开始具备。但法国儿科医生阿米尔梯桑和格里纳用大量的研究实践表明：一些新生儿能够用手抓东西。法国儿科专家认为：在新生儿安静觉醒状态，当你集中注意力，平静地与新生儿面对面看，同时你轻轻地摩擦他们的颈部3～4分钟，经过颈部放松，新生儿可无约束地去抓东西。

因此，正常新生儿在出生时有抓东西的内在能力，但由于颈肌紧张，妨碍了新生儿的伸手运动。当颈肌放松了，新生儿就能伸出手抓东西。专家同时还告诫年轻的父母，这种伸手的运动仅在极少数新生儿中能见到，父母如不能看到自己的孩子有这种本领，也不要感到失望。另外，父母可以积极地为新生儿做一些手部运动帮助新生儿手部小肌肉的发育，并且也有利于早期智力的开发。

二、新生儿特殊表现

1. 新生儿红斑

新生儿红斑又称新生儿过敏性红斑，发生率为30%～70%，一般足月新生儿多见，早产儿则比较少见。新生儿在出生时或2～3日后在臀、背、肩等受压部位的皮肤处出现散发的红斑样皮疹，或多或少，直径约1厘米或更小些，或融合成大片。红斑中央有一小的白色或淡黄色的风团，高出表面，有时散布一些疱疹，疱液无菌，但有嗜酸性粒细胞。皮疹可在数小时后消退，而一批新的皮疹又出现，7～10日后消退自愈。

目前对新生儿红斑的发生有两种解释：一是认为新生儿经乳汁并通过胃肠道吸收了某些致敏源，或是来自母体的内分泌激素而致新生儿过敏反应；二是新生儿皮肤娇嫩，皮下血管丰富，角质层薄，当胎儿从母体娩出时，从羊水浸泡中来到干燥的环境，同时受到空气、衣服和洗澡用品的刺激，皮肤就有可能出现红斑。临床观察证实，大多数新生儿红斑具有自限性，无须特殊治疗。

总之，新生儿红斑是一种良性的生理现象，父母和家人无须过分为此担忧，通过加强观察，重视护理，数日后红斑大多可自行消退。如果需要用药，最好是在医生指导下使用，不要自行用药，以防止药物不良反应发生。

2. 新生儿眉宇间发红

新生儿眉宇间发红，在医学上称为橙红斑或项部红斑。

这是由于新生儿皮肤血管先天性发育不全，表现为淡红色或粉红色斑疹，在眉间、上眼睑、前额正中线处，口唇及枕项部也可见，在新生儿哭闹、用力、发热时斑疹的颜色会加深。

大多数会在1周岁内自行消退，所以一般不急于治疗。如果在5岁后仍不消退，同时伴有增生、病变时应送医院治疗。

3. 青灰色“胎记”

我们常常在新生儿的骶部和臀部看到表面平展、呈青灰色或灰蓝色的色素斑，医学上称为“痣”，俗称为“记”、“胎记”。这种胎记的形状多为椭圆形，还有些不规则的形状；大小不一，小的为绿豆状，大的为圆盘状，一般男孩的胎记大于女孩。

那么，胎记是如何形成的呢？人类皮肤的真皮层中，一般是没有黑色素的，但当局部真皮层里堆积了较多的纺锤状或星状色素细胞时，黑色素透过皮肤而呈现青灰色，从而使这一小块皮肤表面显示出这种青灰色的斑。

据有关研究显示，胚胎4～5个月时，这种斑的色素细胞就开始出现，新生儿出生后1～2年内逐渐消失，但也有极少数人到成年时仍然存有色素斑。所以，胎记并不是什么疾病，而是人体一种残遗的特征。它与人的眼色、发色及肤色的深浅程度有着相当关系。一般地，黄种人的婴儿出现这种斑的概率比较高；白种人出现这种斑的婴儿亲属及他们本身的眼色、发色及肤色常常也较暗；而金发碧眼的婴儿却很少见到这种青灰色斑。

4. 新生儿粟粒疹

粟粒疹是新生儿常见的皮疹之一，多发生在新生儿的鼻尖、鼻翼及面颊部等处。粟粒疹直径1～2毫米，为针尖大小，呈黄白色颗粒状。它是由于皮脂腺堆积阻塞而引起的，并非脓疱，一般在出生后几周内可自行消失，不需要治疗。

5. 斑状血管瘤

斑状血管瘤又称橙红色斑，多发生在新生儿的前额、上眼睑、鼻周、后颈部，颜色鲜红或淡红色，直径约几毫米，轻压即退，出生时即有，1岁左右自然消失，一般女孩多于男孩。

斑状血管瘤是由胚胎时期残留的血管细胞生长而来的，是软组织肿瘤中最常见的一种，也是新生儿最常见的先天性血管畸形，多属良性。在婴儿期增长迅速，以后可逐渐停止生长，有时可自行消退。尽管血管瘤是良性的，但它能破坏周围组织，有些血管瘤呈浸润性生长，从而造成婴儿的美容缺陷，另外也可导致功能障碍。在很少情况下，血管瘤有恶性进程的特点，可出现诸多的并发症，如溃烂、出血、感染等，甚至危及婴儿的生命。

血管瘤的诊断一般并不困难，及时的发现并开始治疗对预后有决定性的意义。约2/3的血管瘤出生后就可发现，所以正确的诊治时间应该从新生儿期开始。

6. 新生儿皮肤青紫

正常新生儿刚出生时，他们的口周、手掌、足趾及甲床等处易见青紫，这是由于动脉导管与卵圆孔尚未关闭，仍保持着右至左分流，肺尚未完全扩张，肺换气功能不完善，以及周围皮肤血流灌注不良所致。几分钟后，循环系统的改变完成，动静脉血流完全分开，口唇和甲床变成粉红色。但有时新生儿的皮肤仍呈轻度青紫，尤其出生时暴露在寒冷环境中，肢体远端局部血流变慢，还原血红蛋白增多，虽氧分压（PaO_2）不低，肢端仍呈明显青紫，称为周围性青紫，经保温后青紫可减轻或消失。另外，正常新生儿在用力啼哭时也可出现青紫，是因为啼哭时胸腔内压增加，使右房压力升高，超过了左房压力，形成经卵圆孔的右至左分流，这种暂时性青紫在啼哭停止后立即消失。这些皮肤青紫都是一过性的生理现象。

但是，我们也不能忽略病理性的皮肤青紫。一般地，病理性皮肤青紫既可由肺部疾病换气不足引起，也可因先天性心脏病导致，并且还可见于中枢神经系统损伤及某些血液病。在检查新生儿有无皮肤青紫时，应在日光下进行，仔细观察口腔黏膜、甲床和眼结合膜。通常肉眼看到青紫时，动脉血还原血红蛋白已达 5 克/分升以上，口腔黏膜青紫出现最早，当还原血红蛋白达 3 克/分升时，便已呈青紫色。

新生儿病理性皮肤青紫可分周围性青紫和中心性青紫两种。周围性青紫是由于血液通过周围循环毛细血管时，血流速度缓慢组织耗氧量增加，而致局部还原血红蛋白量增多，但动脉二氧化硫(SO_2)和 PaO_2 正常。而中心性青紫是由于心肺疾病使动脉 SO_2 和 PaO_2 降低所致。还有就是中枢神经系统疾患所致呼吸中枢衰竭、低血糖、低血钙引起的继发性呼吸暂停，异常血红蛋白增多，均可引起青紫。

7. 新生儿脱皮

父母在给新生儿洗澡或换衣服时，常会发现有白色小片皮屑脱落，这种现象全身部位都有可能会出现，但以四肢、耳后较为明显。

新生儿皮肤最外面的一层叫表皮角化层，由于发育不完善，角化层很薄，容易脱落。皮肤内面的一层叫真皮，表皮和真皮之间有基底膜相联系。新生儿的基底膜也不够发达，细嫩松软，使表皮和真皮联结不够紧密，表皮脱落机会就更多。并且，新生儿出生前是处在温暖的羊水中，出生后受寒冷和干燥空气的刺激，皮肤收缩，也更容易脱皮。父母只要注意新生儿皮肤的清洁卫生，避免外来的感染和损伤就可以了，不必为此而感到惊慌。

但是，如果新生儿脱皮合并红肿或水疱等其他症状，则可能为病症，需要就诊。

8. 新生儿头皮水肿

一些新生儿出生时很顺利，但是可发现头顶部有局限性水肿，有时可慢慢地蔓延至全头，少数亦可以出现头皮红肿，比较柔软，无弹性，用手指压水肿部位可见有凹陷，可以移动，形状多为棱形和椭圆形，水肿边界不清楚。其原因是由于新生儿出生时头部在产道受到了压迫，使头皮软组织内的淋巴及静脉循环受到障碍，液体渗到头皮组织中去形成局部水肿。因为是在分娩时引起的，故称为产瘤，又因为发生在头顶部先露部位，又称为先锋头。出现这种情况时，不用特殊治疗，局部热敷，抬高新生儿的头部，经常转换头位，一般 2～7 日水肿可自行消退。父母切勿按摩、穿刺抽吸，以免发生感染。

9. 新生儿产瘤

新生儿出生时，头顶左侧或右侧，或后方有瘤样隆起，这称为产瘤。由于在分娩过程中，胎儿抵达母体骨盆底时，头部受压，颅骨互相重叠逐渐变形，其中胎头最前面的部分受压最大，局部的血液循环受影响，发生水肿，形成产瘤。在胎膜早破，产程延长的情况下，产瘤更为明显，一般在出生后 1～2 日可自行消失，不需特殊处理。

10. 新生儿胎垢

新生儿出生后，在头顶前囟门部位会渐渐出现一层厚薄不均、油腻、棕黄或灰黄色的痂，融合在一起，不易去掉，称为“胎垢”。它是由皮脂腺的分泌物和头皮脱屑、灰尘等污垢堆积而成。由于母亲看到新生儿头顶的波动，不敢清洗该处，其实这是不对的，因为胎垢长期不去除既不卫生又影响新生儿头发的生长。

那么，父母怎样才能安全地清除这些头垢呢？在新生儿晚上睡着后，用婴儿润肤油或植物油轻轻地擦在有头垢的皮肤上，或用0.5%的金霉素软膏涂敷于痂上，经过一夜的滋润，可使头垢软化，第二天可用洗发精或肥皂和温水将头垢洗掉一部分，或用纱布轻轻擦掉即可，这样反复几次就可逐渐将全部头垢清洗干净。注意千万不可将头垢硬撕或挖下来，以免损伤头皮引起感染。

11. 新生儿奶秃

新生儿出生的时候头发很好、很黑，过些日子有的地方会脱发，这不是病态，属于正常现象，俗称“奶秃”。因为刚出生的新生儿的头发是胎毛，是在母体内生长的，出生后完全靠他们自己摄取营养促进头发生长。因此，新生儿会有自然脱发的过程。随着他们逐渐长大，头发也会越长越好的。新生儿的头发只要不是特别枯黄、毛刺的，一般3个月以后就会长好。但如果有明显的枕秃、斑块状脱发，应去医院检查。

12. 新生儿暂时性斜颈

有些新生儿在出生时好端端的，但在出生后10～20日常常出现脖子歪向一侧，有时病侧颈部还会发现圆形或椭圆形的肿块，直径2～3厘米，质地较硬，可以移动，触之不痛，表面皮肤正常，扰之不热。新生儿的头向有肿块的一侧倾斜，病侧的耳朵接近锁骨，脸面不正，下颌及面部转向无肿块的一侧，这就是斜颈。

引起新生儿斜颈的病因是多方面的，如先天遗传因素、接生手法不当等，大多数是肌肉病变的结果。分娩过程中由于胎儿的位置不正常，如一侧颈肌特别是胸锁乳突肌在出生时可因胎儿的位置不正常，导致肌组织呈结缔组织化，缩短而不能伸展，或由于胸锁乳突肌在分娩时受强烈牵引损伤而发生血肿，多见于臀位分娩或分娩时肩娩出困难者。斜颈的病理变化为病侧胸锁乳突肌挛缩所致。

治疗上最主要的还是物理治疗，如发现较早，可用温热治疗和手法按摩；若发现较晚，肿块已经消失，就应采取被动式牵拉了。治疗的时机是越早越好，因为新生儿本身的颈部控制和力量会随着成长逐渐变强，对于牵拉治疗的抗拒会越来越厉害，同时脸部的变形也会因治疗延误而加重。

13. 新生儿螳螂嘴

新生儿口腔两侧颊黏膜会隆起，形成两个较厚的脂肪垫，人们常称为“螳螂嘴”，因个体差异，有的新生儿更为明显。这是什么原因引起的呢？会影响新生儿的食欲吗？不要担心，这是新生儿正常的生理现象。因为在新生儿吮吸奶水时，口腔黏膜下脂肪组织的隆起会使口腔内的负压增大，帮助他们有力地吮吸。随着吮吸期的结束，“螳螂嘴”也会慢慢地消退，无须特殊处理。

如果父母采用一些无知的手段，如用针挑、用刀割或用粗布擦拭，因为新生儿的口腔黏膜极为柔嫩，比较干燥，易受破损，加之口腔黏膜血管丰富，所以细菌极易由损伤的黏膜处侵入，发生感染。轻者局部出血或发生口腔炎，影响正常喂养；重者可引起败血症，危及新生儿的生命。

14. 新生儿马牙

在新生儿的齿龈边缘或上腭中线附近，常会有一些乳白色颗粒，表面光滑，大小不一，数量不等。这是由于在胚胎发育6周时，口腔黏膜上皮细胞开始增厚形成牙板，是牙齿发育最原始的组织。在牙板上细胞继续增生，每隔一段距离形成一个牙蕾并发育成牙胚，以便将来能够形成牙齿。当牙胚发育到一定阶段就会破碎断裂并被推到牙床的表面，即我们俗称的“马牙”或“板牙”。所以说这属于正常生理现象，一般几周后就会自行消失。

15. 新生儿乳房肿大

新生儿在出生后3～5日会出现双侧或单侧乳房一时性肿胀，无论是男孩或女孩，有的女孩还会从乳头渗出黄白色的乳汁，奶量数滴或数毫升不等，医学上称为“新生儿乳腺肿胀”。这主要是因为胎儿在子宫内受到母亲雌激素、孕激素、催乳素等持续影响，而这些激素能促进乳腺的发育和乳汁的分泌。胎儿出生后，残留的激素要经过1～2周的时间才能全部代谢排出体外，乳房肿胀自然会消失的。

乳房肿大是新生儿特有的生理现象，一般不需治疗。父母要注意观察，不要用手去按摩或挤压乳房，以免发生细菌感染。如果乳房在出生后逐渐肿大，如蚕豆大小，10日后逐渐减小，3～4周恢复正常，即为生理现象。如果发现新生儿的乳房肿大不是对称的，即一大一小，抚摸时有波动感，甚至伴有发红或局部发热等其他感染征象，应及时诊治。

16. 新生儿泌乳

新生儿乳房胀大为常见的生理现象，医学上称为“新生儿乳腺肿胀”。如果挤压，有的还可挤出黄白色奶水，奶量数滴甚至数毫升不等。这是由于胎儿在子宫内从胎盘接受母体的雌激素、孕激素的原因。而卵巢内分泌激素可使乳房胀大，垂体内分泌激素可促使分泌奶水。新生儿出生后，泌乳现象会随着体内激素的排出而自行消失，一般大约需要2周，因此不需给予任何处理。

17. 新生儿乳房莫乱挤

新生儿在出生后3～5日会出现双侧或单侧乳房一时性肿胀，无论是男孩或女孩。这是正常的生理现象，父母千万不要乱摸乱挤。还有人认为，初生女婴一定要挤出奶水，这样，将来做妈妈时，才有足够的奶水喂养子女。这种说法是错误的。因为新生儿皮肤柔嫩，免疫力低，抗菌力弱，挤压时一旦皮肤受损，病菌就会乘虚而入，从破损处进入乳腺管，尤其是金黄色葡萄球菌的感染，会造成新生儿急性乳腺炎，严重的还可导致败血症。还有的用力过度而引起乳房结构破坏，造成以后乳房发育异常。所以，父母千百不要用手去挤压新生儿的乳房。

18. 新生儿脐带脱落时间

脐带是胎儿与母亲相互“沟通”的要道，母亲通过脐静脉将营养物质传递给胎儿，胎儿又通过脐动脉将废物带给母亲，由母亲代替排泄出去。

在胎儿出生后，脐带就失去了意义，医护人员会将这条脐带结扎。但是，残留在新生儿身体上的脐带残端，在脱落前，对新生儿来说十分重要。因为脐带残端是一个开放的伤口，有丰富的血液，是病原菌生长的好地方，如处理不当，病菌就会趁机而入，引起全身感染，导致发生新生儿败血症。因此，护理好脐带非常重要，要注意检查包扎脐带的纱布是否有血渗出。如果有血，应及时请医生重新包扎止血；如果无血，则应保持干燥，以免引起感染。

在正常情况下，新生儿的残留脐带逐渐干枯、僵化，在1周左右就会脱落，伤口在10～14日完全愈合。有的可能略迟些，这时父母不要用手去剥离脐带，更要注意卫生和护理。如果时间太长脐带不脱落，应请医护人员诊治。

19. 新生儿包茎

包茎指包皮口狭小，包皮不能翻转，不能暴露阴茎头，包皮与阴茎头之间有生理性粘连，这在新生儿期属正常现象，医学上称为“先天性包茎”。

随着年龄的增长，尤其在3～4岁时，由于阴茎及龟头生长，阴茎勃起，大部分儿童的包皮可自行向上退缩，外翻包皮可显露龟头。但也有少部分儿童的包皮口非常细小，使包皮不能退缩，妨碍龟头甚至整个阴茎发育。其包皮口如针孔大小，以致发生排尿困难。有包茎的儿童，由于尿液积留于包皮与龟头之间，产生分泌物及表皮脱落，形成过多的包皮垢，经常刺激包皮内板及龟头，可造成包皮炎及尿道口炎，严重者可引起包皮和龟头溃疡或形成结石，有的患儿排尿时可见豆渣样物排出或排尿困。所以，患有先天性包茎的儿童3～4岁无明显改变，尤其经常红肿发炎者，必须行包皮环切术，以免由于包皮反复感染、红肿，造成逆行感染，引起尿道炎或膀胱炎。另外，包皮长期的发炎，是诱发包皮癌的重要因素。

治疗：婴幼儿期的先天性包茎，可将包皮反复上翻，以便扩大包皮口。此过程手法应轻柔，且每次应适可而止，以免引起患儿疼痛。当阴茎头露出后先清洁包皮垢，再将包皮复原，否则会造成嵌顿包茎。

20. 新生儿阴囊积水

当体液聚集在睾丸周围的空间时，会造成无痛的阴囊肿胀。新生儿经常会发生鞘膜积液，然而这种症状通常会在6个月后就自然痊愈。而年龄较大的宝宝突然出现水囊肿，则可能是因为外伤造成的。

鞘膜积液可能与腹股沟疝气有关，而且可能需要进行手术。年龄较大的宝宝突然出现鞘膜积液也应由该医生进行诊断。它可能是因为外伤所致，或许可以在不用治疗的情况下就自然好转。不过，还是要接受包括超声波扫描在内的检查，以排除睾丸受伤的可能性。

21. 新生儿“月经”

一些刚出生的女婴阴道会流出少量的血性分泌物，或是像白带一样的白色分泌物，很多缺乏育儿经验的父母就会惊慌失措：新生儿是不是病了呀？其实这是一种生理现象。一般情况下，新生女婴在出生5～7日后，阴道会有乳白色浆液性分泌物或出血，一般会持续1～2日，最长可持续6～7日，之后会自然消失。

那么，这是什么原因呢？在妊娠的最后2个月，因受母体雌激素的影响，胎儿子宫的重量会增加，子宫内膜发生充血性增生，阴道上皮也增生肥大，其细胞与成年人相似，能产生阴道分泌物。而宫颈腺体也可分泌黏液，所以女婴出生后前几天会有白色分泌物从阴道流出，这便是新生儿“假白带”。新生儿出生后，雌激素影响中断，子宫内膜脱落，血性分泌物从阴道流出，被称为“假月经”。无论是“假月经”还是“假白带”，都属于正常生理现象，父母不必惊慌失措，也不需要做任何的治疗，注意保持新生儿外阴清洁。

三、新生儿特殊生理现象

1. 生理性黄疸

新生儿时期出现的黄疸有生理性和病理性两种。生理性黄疸是新生儿出生24小时后血清胆红素由出生时的17～51微摩/升逐步上升到86微摩/升或更高，临床上出现黄疸而无其他症状，1～2周内可消退。多喂糖水可使黄疸加快消退，不必治疗。

在妊娠12周时，子宫内的羊水已经含有胆红素。这是由胎儿气管和支气管树分泌到羊水中的未结合胆红素。胎儿红细胞破坏后产生的未结合胆红素，极大部分通过胎盘经母体循环清除掉，所以新生儿刚出生时都无黄疸。出生后，新生儿必须自己处理血红蛋白的代谢产物，即未结合胆红素，但由于自身的功能发育不完善，不能及时地排泄代谢产物，于是就发生了新生儿生理性黄疸。

生理性黄疸轻者呈浅黄色，局限于面颈部，或波及躯干，巩膜亦可黄染，2～3日后消退，到第5～6日皮色恢复正常；重者黄疸同样先头后足，可遍及全身，颜色较深，呕吐物及脑脊液等也能黄染，时间长达1周以上，特别是早产儿可持续4周，其粪便也是黄色，尿中无胆红素。

生理性黄疸的新生儿除黄疸外，无贫血，肝脾不肿大，肝功能正常，不发生核黄疸。新生儿的吃奶、睡眠、哭声、大小便、体温等基本情况也正常。

最新研究显示，新生儿出生后的皮肤和眼睛轻度黄疸对机体有保护作用，可使其免受自由基的损害。

新生儿轻度黄疸属生理性，但出生后体内胆红素水平较高应予以重视，注意是否有病理情况发生。

2. 新生儿体重下降

刚出生的新生儿在1周内往往有体重减轻的现象，主要是由于新生儿出生后要排出胎粪和尿液，吐出一些吸入的羊水，并且通过皮肤、肺部呼吸等途径丢失了一些水分，加之出生后前几天吃奶较少等原因造成的。这种体重的减轻是暂时性的，医学上称为“生理性体重下降”。

一般新生儿在出生3～4日时可减轻出生时体重的6%～9%，但最多不会超过10%，并且通常在出生10日后即可恢复到出生时的体重。随着新生儿吃奶量逐渐增多，以及对外界环境的不断适应，体重会逐渐增加，所以父母不必担心。

如果新生儿在10日后仍未恢复到出生时体重，要寻找原因。首先应该想到可能是母乳不足，要想办法帮助母亲坚持母乳喂养，如增加新生儿的吸吮次数，以刺激母乳的分泌，同时母亲要保持良好的饮食休息习惯等。另外，如果新生儿是混合喂养或人工喂养，要注意配方奶的方法及喂养时间。若是新生儿体重迟迟不增加，父母就应该及时去医院检查，以免耽误新生儿的生长发育。

3. 新生儿手脚抖动

我们会看到一些出生不久的新生儿手或脚常常发生不自主的抖动，尤其是在换衣服或洗澡时多见，这算不算抽搐呢？将来会不会影响智力发育呢？

其实父母不用担心，因为新生儿的大脑发育还很不完善，但是大脑皮质以下负责动作的神经中枢和脊髓在功能上却已经相对比较完善。新生儿有一些动作是受大脑皮质下中枢支配，而不是受大脑皮质控制，所以常常会出现不自主的、无目的性的抖动。这是正常的现象，不会影响智力的发育。以后随着年龄的增长，大脑发育的不断完善，这种现象会减少，并逐渐消失，而被有意识的、自主的动作代替。

4. 新生儿突然憋气

新生儿在出生后2～20日内常出现突然憋气现象，特别是早产儿或足月小样儿多见。主要表现为突然呼吸停止，面部发紫，四肢软弱无力。如果憋气时间超过15～30秒钟，医学上称之为“呼吸暂停”。

这主要是由于新生儿大脑发育不完善，当遇到寒冷刺激或患肺炎等疾病时，就可发生憋气现象。由于憋气时肺内血氧交换停止，导致体内缺氧，如缺氧时间过长，就可能有生命危险。所以，一旦发现这种现象，若无医务人员在场，父母应立即采取人工辅助呼吸，将手放于新生儿背部，然后以每分钟40次左右的频率轻托、轻放新生儿或拍打他的足底，以刺激呼吸，并注意保持室温在26℃～28℃。如经过上述处理，新生儿仍无好转或频繁出现憋气现象，应立即送医院治疗。

5. 新生儿无尿

一般情况下，正常新生儿在出生后36小时内排尿。但超过36小时尚未排尿，若口服糖水或静脉注射5%葡萄糖液，经处理后有尿排出，可能是肾脏泌尿较晚；如仍无尿即为新生儿无尿症。常见的原因有先天性尿路畸形及先天性肾缺如。当新生儿无尿时应引起注意，找出原因并及时处理，以免导致急性肾衰竭等严重后果。

6. 新生儿红色尿

有些新生儿在出生后 2～5 日排尿时啼哭，可见尿液染红尿布，持续几天后消失。这就是新生儿红尿，主要是因为新生儿小便较少，加之白细胞分解较多，使尿酸盐排泄增加，尿液呈红色。新生儿红尿一般是正常的。若父母不放心，可留新生儿尿液送医院化验，排除“血尿”。

7. 新生儿脱水热

如果新生儿在出生后 2～4 日时，出现发热，体温 38.5℃～39.8℃或更高，且合并烦躁不安、啼哭不已、皮肤潮红、口唇黏膜干燥、体重减轻、尿量减少等情况，但其他情况还好，无感染中毒症状，医学上称之为“新生儿脱水热”。新生儿脱水热在天气干燥与炎热季节发病率较高，若人为地给孩子创造高温环境同样可引起脱水热。

新生儿脱水热主要是由于新生儿体内水分不足而引起发热，原因主要有：一是进入水分不足：新生儿出生后，经呼吸、皮肤蒸发、排出大小便等失去相当量水分，而出生后 3～4 日内母乳分泌量较少，如果不注意补充会造成体内水分不足；二是环境温度过高：父母害怕新生儿着凉，包裹过严，保暖过度，使其体温升高，呼吸增快，皮肤蒸发的水分增多，也可脱水。在以上情况下，新生儿蒸发损失的水分比钠盐的损失多，血清钠增高，血清蛋白也可增高。

新生儿脱水热一般无须特殊治疗，只要多喂白糖水或白开水即可。如先喂 5%的白糖水，每 2 小时一次，每次 15～30 毫升。若新生儿服液困难可采取静脉输液。只要补充足够的水分，体温会降至正常，脱水症状自然消失。另外，还可以用 75%酒精对等量水，用纱布蘸擦额头、手脚心、颈部、腋下、大腿等处，进行物理降温。个别超热（腋温≥40.5℃）或高热、抽搐者需急送医院进行治疗。

第十一章

新生儿喂养

一、母乳喂养

1. 新生儿营养的需要量

新生儿在出生后的第 2～4 周生长最快，按新生儿中等增长速度计算，每日增长体重在 30 克以上。所以，新生儿期对营养素需要相当高。为了保证新生儿营养素的供给，减少或避免新生儿生理性体重减轻，应特别注意新生儿的营养供给量。

(1)热能：新生儿每日每千克体重需要热能 100～120 千卡。

(2)蛋白质：新生儿时期处于正氮平衡状态，不但要求大量的蛋白质，而且需要优质的蛋白质。母乳可以为新生儿提供高质量的蛋白质，如果按母乳喂养，每日每千克体重需要蛋白质 2 克；若牛乳为蛋白质的来源则需 3～5 克；若大豆及谷类为蛋白质的来源则需 4 克。

(3)脂肪：新生儿需要各种脂肪酸和脂类，其中必需脂肪酸的摄入量应占总热能的 1%～3%，即新生儿每日摄入的脂肪应为 15～18 克。

(4)糖类：母乳喂养时，糖类的摄入量应占热能的 50%。如 3 千克的新生儿每日应摄入糖类 45 克。

(5)其他各种营养素：每日需摄入钙 400～600 毫克，铁 10 毫克，维生素A 200 微克，维生素D 10 微克，水按每日每千克体重 80～150 毫升。母乳喂养的新生儿也应补充水分。

2. 母乳中的微量元素和维生素

母乳中含有适合宝宝需要的各种元素。

(1)钙：母乳中钙含量虽然不如牛奶多，但母乳中钙和磷的比例十分恰当。母乳中的钙可以被宝宝很好地吸收利用，牛奶中的钙就不可能很好地吸收与利用。由于这个原因，母乳喂养的孩子很少患佝偻病。

另外，母乳中钙、磷含量相对少一些，新生儿的肾脏功能在吃母乳时几乎没有负担；喝牛奶的新生儿的肾脏对牛奶中含量过多的钙、磷就显得力不从心了。

(2)铁:母乳中的铁质约70%可以为宝宝所吸收,牛奶的铁吸收仅有10%~30%,故人工喂养的宝宝在6个月后容易患贫血。

(3)锌:初乳中的锌元素是正常母亲血清的24倍,成熟乳的锌含量也非常高,母乳中的其他微量元素,都很适合宝宝的消化吸收和生长发育。除早产儿之外,在宝宝4~6月以内,均不必另外增加。

(4)维生素:母乳中含有丰富的维生素A、维生素E,足够满足4~6个月的宝宝需要。除了维生素K,几乎不要考虑维生素的缺乏问题。专家提醒:如果要为宝宝补充维生素K,应在医生指导下进行。

3. 母乳喂养的优越性

母乳是新生儿最理想、最适宜的天然营养品。医学研究证明母乳含有丰富的营养,包括蛋白质、脂肪、无机盐、维生素、乳糖及大量天然抗体,这些都对新生儿的生长发育有极大的益处。

我们可以把母乳喂养的几点优越性归纳如下:

(1)营养丰富:适合新生儿的需要及消化吸收能力,可以降低营养不良和消化功能紊乱的危险。

(2)含有大量优质蛋白、必需氨基酸及乳糖:有利于新生儿大脑的发育。

(3)母乳中含有丰富的抗体:可以增强新生儿的免疫力,还能减少肠胃不适及过敏。因此母乳喂养的新生儿较少发生腹泻,并且患呼吸道感染和皮肤感染的也很少。

(4)增加母子感情:母乳喂养时,新生儿与母亲直接接触,通过逗引、拥抱、照顾和对视,增进母子感情,并使新生儿获得安全、舒适和愉快感,有利于建立母子间的信任感,也有利于新生儿心理和智力的发育。

(5)无污染:母亲喂养,乳汁温度及吸乳速度适宜,并且经济方便,无污染。

既然了解到母乳喂养有这么多好处,所以我们一定要提倡母乳喂养,鼓励母乳喂养,并为此创造良好的条件。

4. 母乳的四个阶段性分类

(1)初乳:一般来说,产后1周内母亲乳房分泌的乳汁称为初乳,呈蛋黄色、质稠、量少,含有丰富的蛋白质,脂肪较少,有大量的分泌型IgA和吞噬细胞、粒细胞、淋巴细胞,这些有助于增进新生儿呼吸道及消化道防御病菌入侵的能力,提高新生儿的抵抗力。因此,不管今后采用母乳喂养还是人工喂养都一定要将母亲在产后数天内分泌的初乳喂给新生儿,保证初到人世的新生儿健康。

(2)过渡乳:产后7日至满月内母亲分泌的乳汁称为过渡乳,脂肪含量高,蛋白质与无机盐有所减少。

(3)成熟乳:产后2~9个月内母亲分泌的乳汁称为成熟乳,脂肪比较多,蛋白质、无机盐进一步减少。

(4)晚乳:产后10个月后母亲分泌的乳汁称为晚乳,其量及各种营养成分较前更减少。

5. 初乳是质量高的母乳

一般而言，将母亲分娩后7日之内的乳汁叫做初乳。初乳是质量高的母乳，因为：

（1）初乳的颜色为黄白色，这是由于初乳富含β胡萝卜素之故。

（2）初乳较稠，因为初乳含有较多的蛋白质和有形物质。

（3）初乳中含有较多的免疫球蛋白，尤其是分泌型IgA含量很多。分泌型IgA可以分布在孩子的消化道黏膜、呼吸道黏膜和泌尿道黏膜表面上，从而有效地保护机体免受病原微生物的侵袭。许多研究证明：母亲的乳腺泡上皮细胞能合成分泌型IgA，这种分泌型IgA可以通过孩子的肠黏膜吸收进入血液，血液中的分泌型IgA可以从孩子的消化道、呼吸道和泌尿道上皮分泌而来，发挥其防御作用。

（4）初乳中的脂肪、乳糖含量较少，更有利于新生儿消化吸收。

（5）初乳中含有较多的牛磺酸，新生儿早期缺乏合成这种氨基酸的能力，初乳中的牛磺酸正好弥补了这种不足。牛磺酸对孩子大脑及神经系统功能、智能发育，对视力的发育都要重要的意义。

6. 初乳对于宝宝很重要

初乳是指产后7日内产妇乳房分泌的乳汁，每天最多能出10～40毫升。虽然初乳量少，但对新生儿的健康是十分珍贵的。

初乳与正常的母乳相比，蛋白质更多，但是脂肪和糖较少，而这非常适合于新生儿生长快、需要蛋白质多和消化脂肪能力弱的特点。初乳含有更多的维生素和无机盐。由于含有大量的β-胡萝卜素而呈黄色，看上去不像奶，却绝对干净卫生。有的人误以为产后头几天分泌的奶脏而丢弃掉，这是十分可惜的。

初乳还含有大量的免疫球蛋白，被称为是人生第一次获得的“免疫物质”。其中免疫球蛋白A能提高新生儿咽喉和肠的防御能力。因此，新生儿在出生30分钟后最好就哺初乳，这样可以刺激乳汁的分泌同时也可以促进子宫收缩，对母子双方都是有利的。

此外，初乳中含有一种低聚糖物质即双歧因子，双歧因子促进双歧杆菌生长。初乳中含有较多的乳铁蛋白，这是一种能和铁离子结合的蛋白质，对大肠埃希菌有抑制作用。由此可见，初乳中既含有促进双歧杆菌生长的物质，又含有抑制大肠埃希菌生长的物质，对早期新生儿肠道菌群的建立发挥着关键性的作用。

所以，我们在提倡母乳喂养的同时，更不要忽视初乳喂养的作用。

7. 过渡乳和成熟乳

母亲产后7～14日的乳汁为过渡乳，14日后的乳汁就叫成熟乳。成熟乳的成分逐渐稳定，尤其是蛋白质维持在一个相当恒定的水平，成熟乳中的蛋白质含量虽较初乳少，但因各种蛋白质成分比例适当，脂肪和糖类，以及维生素，微量元素丰富，并含有帮助消化的酶类和免疫物质，所以优于其他乳类。

另外，成熟乳中含有适合宝宝消化的各种元素，如钙、磷比例合适易于吸收，母乳铁易于吸收等，都是各种动物乳所不能比拟的，所以说：母乳是宝宝最好的天然食物。

8. 新生儿喂奶时间

新生儿出生多长时间才开始喂奶呢？人们过去一直认为出生 12 小时后可以给新生儿喂奶，这之前可以给他们喂少量糖水。但是，最近有些专家指出新生儿出生后半小时内即可喂奶，通过新生儿自己吸吮奶头来刺激乳汁的分泌；并提出喂奶前不喂任何食品或饮料，除非有医学指征。

新生儿出生后就成为独立的个体，一切的营养都要自己摄取。同时，由于刚出生的新生儿易受外界环境、温度的影响，因此有必要尽快获取营养，以维持生长和发育的需要。

9. 宝宝早吸吮妈妈早开奶

有些妈妈生下小宝宝后没有马上开奶或者奶水很少，这个时候如果宝宝饿了该怎么办呢？在很多医院里不允许喂宝宝除母乳外的任何东西，甚至连水也不允许喂，这是为什么呢？

一般情况下，在新生儿出生后 1～2 周产妇才会真正下奶。但在第 1 周必须让他们多吸吮、多刺激妈妈的乳房，使之产生"泌乳反射"，才能使妈妈尽快下奶，直至足够宝宝享用。如果此时用奶瓶喂宝宝吃其他乳类或水，一方面容易使宝宝产生"乳头错觉"，不愿再费力去吸妈妈的奶，另一方面因为奶粉冲制的奶比妈妈的奶甜，会使宝宝不再爱吃妈妈的奶。这样本来完全可以母乳喂养的妈妈会因宝宝吸吮不足，造成奶水分泌不足甚至停止泌乳。

那么，宝宝一时吃不饱，会不会饿坏呢？不会的。因为宝宝在出生前，体内已储存了足够的营养和水分，可以维持到妈妈开奶，只要尽早让宝宝坚持不懈地吸吮母乳，就少量的初乳也能满足新生宝宝的需要。而且反复吸吮会促使泌乳，增加母乳量。新妈妈记住千万不能因奶水暂时不多就丧失母乳喂养的信心。

10. 母乳喂养前的准备

成功的母乳喂养包括产前准备、产后早吸吮和正确的哺乳方法。

(1)产前准备

①心理准备：通过产前检查、孕妇学校等形式，向孕妇及其家属宣传母乳喂养的知识，使其对母乳喂养产生兴趣和信心。

②乳头和乳房准备

● 乳头伸展练习：为纠正平坦、内陷乳头，将两拇指平行放于乳头左右两侧，慢慢地由乳头向两侧外方拉开，重复多次；随后将两拇指放在乳头上、下侧，由乳头向上下纵行拉开，此练习每日 2 次，每次 5 分钟。

● 乳头牵拉练习：用一手托住乳房，另一手的拇指和中、食指抓住乳头向外牵拉，重复 10～20 次，每日 2 次。

● 擦洗乳头：妊娠 6 个月后的孕妇应用毛巾和清水反复擦洗乳头，每日 1 次，每次 30～40 回，目的是使乳头、乳晕皮肤坚韧，防止哺乳时乳头疼痛和皲裂。

● 乳房按摩：妊娠 7 个月后的孕妇用手掌侧面轻按乳房壁，露出乳头，并围绕乳房均匀按摩，每日 1 次，目的是增加乳房血液循环，促进乳腺发育。

(2)产后早吸吮：新生儿出生后应尽早吸吮乳房，最好分娩后立即吸吮，此时虽然没有乳汁，但是通过吸吮可以促进乳汁的分泌，还能促进子宫收缩，减少出血。并且新生儿可以吸吮到营养与免疫功能极高的初乳，利于胎粪排出。

(3)正确的哺乳方法：新生儿应按需哺乳，每天至少 8 次，可以让他们吸吮到自发放弃乳头。另外，母亲哺乳时要有正确的姿势，即使新生儿舒适地吸吮到乳汁，又使自己感到很舒适。

11. 哺乳前要挤掉几滴乳汁

在宝宝饥饿急需哺乳时，恰逢母亲刚下班回来或是劳动过后刚出完汗，一些母亲总是习惯把乳汁先挤掉几滴，认为“热乳”弃了才让宝宝直接吸吮。

这是比较符合科学的。因为乳腺管开口常与外界相通，容易被细菌侵入而成为微生物繁殖场所。挤掉几滴乳汁对乳腺管能起到清洗作用，从而可避免不清洁的乳汁使宝宝患肠道感染性疾病。

12. 母乳喂养的正确姿势

母亲哺乳时采取的何种体位很重要。每位母亲应该找到合适的体位，既有利于全身肌肉放松，也有利于乳汁排出。

(1)卧位哺乳：又分侧卧和仰卧。大部分母亲采取侧卧位，这时可在头下、胸下各垫一枕头以放松身体，同时可用下面的手臂托着宝宝，上面的手托着乳房来喂奶，这种方式使宝宝的头应向前弯，容易够着乳头，吸吮良好。

(2)坐位哺乳：母亲应紧靠椅背，使背部和双肩处于放松姿势，用枕头支托宝宝。如果是坐着哺乳，抱宝宝时要注意：宝宝的头、身体呈一条直线，母亲要用一只手托着宝宝的头、肩及臀部，另一只手要托着乳房，把手指靠在乳房下的胸壁上，并以食指支撑着乳房的基底部，而大拇指轻压乳房的上部。这种托着乳房的姿势可改善乳房的形态，使宝宝吃奶时容易含住。采用坐位哺乳，尤其适用于剖宫产及双胞胎儿，因为这种方式可避免伤口受压，也可使双胞胎宝宝同时吸乳。

另外，在奶量太多时母亲用中指和食指适当夹紧奶头，使乳汁不致过快流出引起宝宝呛奶或吐奶；在奶量不足时母亲可轻轻挤压乳房，以增加奶量。方法是：大拇指放在乳晕上，其他手指在对侧向内挤压，手指固定不要在皮肤上移动，挤压、松弛反复数分钟，沿乳头依次挤压乳窦。

13. 宝宝吃奶时的正确姿势

无论宝宝被抱在哪边，宝宝的身体与母亲身体要相贴，头与双肩朝向妈妈的乳房，嘴与妈妈的乳头在同一水平位置。必须保持宝宝的头和颈略微伸展，以免鼻部压入弹性乳房而影响呼吸，但也要防止头部与颈部过度伸展造成吞咽困难。

每次喂完奶后，要把宝宝轻轻竖起，伏在母亲肩上轻轻拍其背部，使吞入胃内空气排出。当把宝宝放在床上时，要右侧卧位，以防溢乳。

14. 母亲仰卧喂奶不可取

母亲在躺着喂奶时，因为宝宝的咽鼓管短，位置平而低，将有一部分奶或宝宝呕吐物带细菌流到孩子的耳朵里去，加之宝宝的免疫功能尚不健全，细菌侵入耳的鼓室的中耳，宝宝极易得急性化脓性中耳炎，如治疗不及时就可导致耳聋。所以母亲不要躺在床上给宝宝喂奶，同样宝宝也不要躺在床上吮吸奶瓶，因为这样也可使乳汁顺着宝宝短且低平的咽鼓管流入耳内污染中耳，也可引起化脓性中耳炎。

正确的哺乳姿势应该是母亲坐在椅子上或床上，将宝宝抱起，左肘部抬高 45°将宝宝头部放在左肋部，再让宝宝吮吸乳汁。人工喂养也要让宝宝头部抬高 45°，这样可以防止乳汁流入耳内引起污染。

15. 喂奶间隔的时间

新生儿每天的喂奶次数要根据他们的具体情况来决定，如消化快慢、食欲状态等。但是原则上要以新生儿的需要为准，即按需哺乳。

按需哺乳就是新生儿喂奶无须规定次数和每次间隔时间，而是什么时候需要吃奶就什么时间喂。其好处在于能促进乳汁分泌，增强母子感情，尤其在产后头几个小时和最初几天需要经常吸吮。刚开始给新生儿喂奶时以少食多餐为原则。每次喂奶时间以 20 分钟左右为宜，两乳均要喂，这样有利于乳房排空。

当新生儿醒来哭着要吃奶时，不能让他们等待。因为新生儿的消化系统尚未发育成熟，肠胃功能还不健全，醒来哭闹就说明他们胃已经空了，需要进食了。新生儿刚开始吃奶时需要的次数比较频繁，每隔 2～3 小时吃 1 次奶，白天大约需要吃 8 次，夜间需要吃 2～3 次。随着新生儿逐渐长大、各种功能不断地完善、进食量的增加，喂奶的间隔时间也会逐渐延长。

16. 夜间喂奶须注意

新生儿还没有形成一定的生活规律，在夜间还需要母亲喂奶，这样会影响父母的正常休息。夜晚是睡觉的时间，母亲在半梦半醒之间给宝宝喂奶很容易发生意外。

母亲夜间喂奶须注意：

(1)不要让新生儿含着奶头睡觉：因为这样不仅会影响他们的睡眠，还会养成不良的吃奶习惯。另外，当母亲睡熟后，如果乳房压住新生儿的鼻孔，甚至可能造成窒息死亡的意外。

(2)保持坐姿喂奶：为了培养新生儿良好的吃奶习惯，避免发生意外，在夜间喂奶时，也应像白天那样坐起来抱着他们喂奶。

(3)延长喂奶间隔时间：如果新生儿在夜间熟睡不醒，就要尽量少惊动他们，延长喂奶的间隔时间。一般给新生儿一夜喂两次奶就可以了。

17. 按时哺乳好还是按需哺乳好

长期以来，人们都强调婴儿要按时哺乳，即新生儿 2～3 小时喂哺 1 次，较大的 3～4

小时喂一次。由于过分强调按时，母亲常常看着时间喂奶，即使宝宝饿得直哭，不到时间就是不喂。其实这样做是不科学的，尤其新生儿期是要按需哺乳的，即新生儿随时随地都可以喂。当他们饥饿性啼哭时，可予哺乳；当睡眠超过3小时，可唤醒哺乳。

现代科学研究表明，乳汁的分泌是通过婴儿的吸吮刺激而诱发的泌乳反射和排乳反射的建立，以及母体体内脑下垂体分泌的泌乳素和催乳素共同作用的结果，而且吸吮刺激越频繁、吸吮力越强，泌乳量越多。所以当今最新观念是提倡按需哺乳，即不加时间限制，完全根据婴儿生理需要想吃就喂，母亲感到奶胀就给婴儿哺乳，这样有利于母亲早下奶和乳汁源源不断地分泌，以充分的满足婴儿的营养需要。

18. 不宜母乳喂养的情况

母乳喂养不仅经济方便，而且营养价值高，我们在生活中大力提倡母乳喂养，但是也要注意不宜母乳喂养的几种特殊情况。

(1)有先天性半乳糖症缺陷的婴儿：在进食含有乳糖的母乳、牛乳后，可引起半乳糖代谢异常，致使1-磷酸半乳糖及半乳糖蓄积，引起婴儿神经系统疾病和智力低下，并伴有白内障，肝、肾功能损害等。所以，在新生儿期凡是喂奶后出现严重呕吐、腹泻、黄疸、神色委靡、肝脾大等，宝宝就极有可能得了本病。经检查后明确诊断者，应立即停止母乳及奶制品喂养，给予特殊不含乳糖的代乳品喂养。

(2)患有糖尿病的婴儿：是先天性缺乏分支酮酸脱羧酶，从而引起氨基酸代谢异常，临床表现有喂养困难、呕吐及神经系统症状，多数患儿伴有惊厥、低血糖、血和尿中分支氨基酸及相应酮酸增加，有特殊的尿味及汗味。患有本症的婴儿应给予低分支氨基酸膳食，还要注意少量喂食母乳。

(3)母亲有慢性病需要长期用药时：如癫痫需用药物控制者，甲状腺功能亢进用药物治疗者，肿瘤患者正在抗癌治疗期间，这些药物均可进入乳汁，对婴儿不利。

(4)母亲处于细菌或病毒急性感染期时：乳汁内含致病的细菌或病毒，可通过乳汁传给婴儿。而治疗感染的大多数药物都可从乳汁排出，如红霉素、链霉素等均对婴儿有不良后果。所以要暂时中断哺乳，以配方奶代替，定时用吸奶器吸出母乳以防回乳，母亲停药后可继续哺乳。

(5)母亲进行放射性碘治疗时：碘能进入乳汁，有损婴儿甲状腺的功能，应该暂时停止哺乳。待疗程结束后，检验乳汁中放射性物质的水平，达到正常后可以继续喂奶。

(6)母亲接触有毒化学物质或农药时：有害物质可通过乳汁使婴儿中毒，故哺乳期应避免接触有害物质及远离有害环境。如已接触者，必须停止哺乳。

(7)患严重心脏病的母亲要停止哺乳：因为哺乳会使母亲的心脏功能进一步恶化。

(8)患严重肾脏疾病的母亲要停止哺乳：因为哺乳能加重脏器的负担和损害。

(9)精神不正常时：患严重精神病及产后抑郁症的母亲要停止哺乳。

(10)处于传染病急性期的母亲也要停止哺乳：如母亲患开放性结核病，各型肝炎的传染期，此时哺乳将增加婴儿感染的机会。

19. 警惕母乳喂养的误区

通常母乳喂养也存在一些误区。

误区一：生气时喂奶。美国生理学家的试验表明，人在生气时体内可产生毒素，此种毒素可使水变成紫色，且有沉淀。由此提示，妈妈切勿在生气时或刚生完气就喂奶，以免宝宝吸入带有“毒素”的奶汁而中毒，轻者生疮，重者生病。

误区二：运动后喂奶。人在运动中体内会产生乳酸，乳酸潴留于血液中使乳汁变味，宝宝不爱吃。据测试，一般中等强度以上的运动即可产生此状，故肩负喂奶重任的妈妈，只宜从事一些温和运动，运动结束后先休息一会儿再喂奶。

误区三：喂奶时逗笑。宝宝吃奶时若因逗引而发笑，可使喉部的声门打开，吸入的奶汁可能误入气管，轻者发生呛奶，重者可诱发吸入性肺炎。

误区四：香皂洗乳房。有些妈妈为了保持乳房清洁，经常清洗，这是正确的，但不可用香皂来清洗。因为香皂类清洁物质可通过机械与化学作用除去皮肤表面的角化层，损害其保护作用，促使皮肤表面“碱化”，从而助于细菌生长。时间一长，可能引起乳房炎症。所以，哺乳妈妈最好用温开水清洗乳房。

误区五：哺乳期减肥。因为产后大多肥胖，许多妈妈急着减肥而不吃脂肪，但脂肪是乳汁中的重要组成成分，一旦来自食物中的脂肪减少了，母体就会动用储存脂肪来产奶，而储存脂肪多含有对宝宝健康不利的物质。所以，为了宝宝的安全，妈妈最好等断奶以后再减肥。

20. 母乳喂养过程中出现的异常表现

母乳喂养是我们首推的喂养方式，因为母乳是最佳的天然食物，但有研究发现，少数母亲乳汁中某些成分的变化会导致新生儿出现异常表现或疾病。

(1)母乳性酒精中毒：当哺乳母亲喝了较多含酒精饮料后，酒精吸收后通过乳汁排出，新生儿吃了含酒精的母乳引起中毒。表现为皮肤潮红，烦躁不安，心率、脉搏加快，嗜睡等。这时应立即停喂母乳，给予大量水分，加速酒精排出。

(2)母乳性青紫：哺乳母亲吃了大量不新鲜、煮后隔几天的蔬菜或未腌透的泡菜，此类食物中含有高浓度的亚硝酸盐。亚硝酸盐进入乳汁中可使新生儿皮肤、口唇青紫，头晕、心慌、恶心呕吐，一旦发现应送医院治疗。

(3)母乳性腹泻：发生腹泻的原因多与母乳中含有较多的前列腺素 E_2 有关，一般新生儿大便每天 2～3 次到 8～9 次。虽然有腹泻，但不会影响生长发育。此种腹泻往往随着新生儿的成长和添加辅食会渐渐消失，不必停止喂奶。

(4)母乳性黄疸：有的新生儿吃母乳后出现皮肤、眼巩膜发黄，但是不发热，食欲好，生长发育正常。若停止吃母乳，黄疸在 6～9 日消失。这是由于母乳中含有一种名叫 3α～20β 孕二醇的激素引起的，这种激素在新生儿出生 3～10 周后会逐渐消失，因此不必停止母乳喂养，或临时用牛奶喂养。

21. 判断乳汁是否充足的方法

许多母亲对自己的乳汁是否足够，缺乏判断力，现在就介绍一些判断的方法。

(1)看宝宝的小便：如果纯母乳喂养的宝宝每天小便在 6 次或 6 次以上，尿色无色或淡黄色，尿量能将尿布浸透，说明奶足够。

(2)看宝宝的体重:每日或间隔几日为宝宝称一下体重,如果宝宝的体重每周增加在150克以上,说明奶足够。还可以将所称的体重标在宝宝生长发育图上,如果体重的曲线在正常范围,说明奶足够。

(3)看宝宝的精神状态:宝宝吃奶后神情安定、表情愉快、睡眠良好,往往说明奶足够。

值得提醒的是:乳房的大小与乳汁分泌多少没有多大的关系;存于乳房中的乳汁的多少,和真正的乳汁是否足够,也没有多大的关系。

22. 母乳不足的原因

我们经常听到一些准妈妈说自己得奶水不够宝宝吃,那么怎样判断自己母乳不足呢?这里有些标准可供参考:感觉乳房空,不胀;宝宝吃奶时间长,用力吸吮却听不到连续吞咽声,有时突然放开奶头啼哭不止;宝宝睡不香甜,常吃完奶不久就哭闹,来回转头寻找奶头;宝宝大小便次数少,量少;宝宝体重不增或增长缓慢等。当出现这种情况时,母亲要积极地寻找原因,用最恰当的方式解决问题。

母乳不足最常见的原因有:

(1)喂养不当:新生儿出生后没有及早地吸吮乳房,也没有按需哺乳,每天哺乳的次数及吸吮的时间不够;母婴分离,使用奶瓶喂奶而造成"乳头错觉",导致新生儿不愿吸吮母乳;母亲乳头疼痛而不愿让新生儿吸吮;过早地增加辅食等,这些均可导致乳汁不足。

(2)指导不当:医务工作者没有正确地指导哺乳,或由于一些客观原因而使得母亲产生自己乳汁不足的错觉,导致新生儿对乳房吸吮刺激的减少,最终导致乳汁不足。

(3)暂时性母乳供应减少:由于母亲疲劳,精神抑郁,对母乳喂养缺乏信心;母亲或新生儿患病;母亲月经恢复等因素均可使乳汁暂时性分泌不足。

(4)其他原因:如乳房发育不良、乳房手术、乳头凹陷、再次妊娠、母亲甲状腺功能低下或使用了某些影响乳汁分泌的药物,均可使乳汁分泌减少。

23. 母乳不足的应对方法

母乳不足的情况在日常生活中经常遇到,下面就提供一些应对措施,既有利于母乳的增多,也利于宝宝的健康发育。

(1)多让宝宝吸吮:即使母乳不足,也要每天让宝宝吸吮,并用吸奶器抽空,以刺激乳腺增加乳汁的分泌量。

(2)母亲可以吃些发奶的食物:如鱼汤、猪蹄汤、骨头汤等,以增加奶量。家人在做汤时若加入少量的醋,骨中的无机盐将溶于汤内,使营养更为全面。另外,母亲还应多吃营养丰富的食物,如鸡蛋、瘦肉、牛奶、鱼、鸡、动物内脏、各种蔬菜、水果和豆制品。由于乳汁中含水量大,母亲要多喝水。

(3)保证乳母休息好:母亲应该生活有规律、劳逸安排好,睡眠充足、心情舒畅,这样会使乳汁分泌得较多。

(4)可以采用既吃母乳又用人工喂养的混合喂养方法:即用牛奶或代乳粉补充一部分

营养。补充奶类或代乳粉的用量，要根据母乳缺少的情况来定，可以先采取一定量试喂，如果宝宝能全吃掉，可以再试加一些，只要吃后有饱的表现，而消化也正常就可以了，根据月龄的增长再适当调整用量。对小月龄的婴儿，可以先喂约 10 分钟的母乳，然后补授一定量的鲜牛奶，这样既先吃完高营养价值的母乳，又补充了优质蛋白的不足。若母亲上班了，可以早晚吃母乳，中间人工喂养。

24. 母乳不足时添加奶粉的方法

当母乳不够时，要考虑使用代乳品，代乳品中奶粉优于鲜牛奶等奶类制品，当然在使用代乳品时还要根据具体情况而定。具体添加方法有以下几种：

(1)先喂母乳，吃完以后再吃其他代乳品。

(2)隔养法，即母乳与其他代乳品交替地喂，即一次全喂母乳，下一次全喂代乳品。

(3)一般母乳早晨分泌较多，晚上分泌较少。因此可以在晚上喂一次其他代乳品，但每日母乳喂给的次数不能少于 3 次，否则母乳的分泌量将会愈来愈少。

对补充代乳品的评价，要根据宝宝的适应情况来确定。若宝宝大便正常，且生长发育情况良好，说明代乳品的质和量均合格。否则，需要请医生指导。

25. 使母乳增多的办法

一些准妈妈经常为自己的乳汁不多而犯愁。其实，健康的母亲要想使乳汁多起来并不难，可以从以下几方面做起。

(1)产后尽早让新生儿吸吮乳头：一般认为最好在产后 1 小时。实验表明，新生儿吃奶后，母亲血液中催乳素的浓度可比喂奶前增加 10～30 倍。对乳头的刺激和吸吮能反射性地使脑下垂体分泌大量的催乳激素，进一步促使乳汁产生。因此，一定要让新生儿反复多次吸奶，即使少也要坚持，而且每次要尽量把乳汁吸完，这样奶汁便会源源不断、越吸越多。

(2)乳母营养要充足：乳汁中各种营养素都是来自于母体，所以哺乳的母亲要保证充足而丰富的营养，要尽量多吃各种营养丰富的食物如蛋、虾、鸡、鸭、蔬菜、水果等，还要多喝汤水(如酒酿煮蛋、猪蹄黄豆汤，鲫鱼汤等)。另外，在食品的烹调上应少用煎炸，多用炖品，口味以清淡为宜。

(3)哺乳期应尽量避免服用一些影响乳汁分泌的药物或食物：如抗甲状腺药物、阿托品，以及山楂、麦芽。麦乳精亦应少吃为宜。

(4)催乳：在采用了上述各项措施的基础上，可采用食物和药物相结合的方法，促进乳汁分泌。如常用的催乳汤：炒川芎、当归、木通、王不留行各 9 克，猪蹄 2 只，煮汤代水煎药服用。此外，也有其他简易的吃法：如猪爪 2 只，加通草 2 克，充分煮烂后吃肉喝汤；或王不留行和穿山甲各 6 克，用猪爪 2 只烧汤等。

(5)保持好心情：母亲心情舒畅、精神愉快，处于轻松的状态，也是乳汁充足的一个必不可少的条件。如果母亲经常处于紧张、忧虑、焦急、烦躁、气恼的状态下，会使乳量减少，有时甚至出现回奶的现象。

(6)母亲的内衣不宜过紧：以免压迫乳房，影响乳汁分泌。

26. 母乳喂养有个"磨合期"

母乳喂养是人人都支持的，但是，母乳喂养并不是一开始就能心想事成，有一段母子磨合期。

刚开始，吃母乳对新生儿而言是件费力的工作，俗语不是说"使出吃奶的劲来"吗，确实是这样。这时的妈妈刚刚在产后恢复期，较平时虚弱，又没有喂哺技巧，有一个学习与适应的自然过程。一顿奶喂下来，妈妈与宝宝都累得够戗。新妈妈不必着急，或轻易给自己下结论不进行哺乳了。有的妈妈的乳头条件不太好，如短小、凹陷、或皲裂、受损，也应该坚持哺乳，过一段时间有可能改善，也可使用一种硅胶乳头护罩来保护双乳。等最初的一些困难被克服后，妈妈和宝宝就能一起享受难得的美妙时光了。哺乳时放点美妙的轻音乐，有利于妈妈分泌乳汁，也令宝宝胃口更好。

27. 母乳的"情感"作用

我们都知道，母乳有许多优点，如经济、方便、省时，营养丰富等，还有最重要的一点就是能增进母婴之间的感情，有利于新生儿的身心发育。

喂奶时，新生儿躺在母亲的怀抱里，能接触到母亲温暖的肌肤，闻到母亲身上亲切的气味，能够再次听到早在宫内已熟悉的母亲心跳的节律，再加上母亲爱抚的动作和温柔的言语，这一切都能使他们感受到母爱，产生愉快的情绪，这对新生儿的身心健康发育是很有好处的。可见母乳喂养不仅供给了新生儿必需的营养素，而且还给予他们感情与温暖，促进他们的身心发育。因此，为了孩子，母亲要坚定母乳喂养的信心，排除一切干扰因素，进行母乳喂养。

如果母亲确实无法给新生儿喂奶，就要注意在保证营养的同时，给孩子母爱，以弥补人工喂养的缺陷。喂牛奶时也要像喂母乳一样怀抱新生儿，尽量缩小人工喂养与母乳喂养的差别。不能图省事，把奶瓶往孩子嘴里一放就完事，这样会使新生儿亲近奶瓶，而生疏母亲，影响母婴感情的发展。母亲平时要多抱抱孩子，亲亲孩子，这样能使孩子也像母乳喂养儿一样身心愉快，健康成长。

28. 母婴要做到早接触

一个小生命来到了，母亲顿时忘却一切痛苦，她很想见见自己孕育了10个月的宝宝。此刻助产士及时将新生儿放在母亲的怀里，这就叫早接触。

早接触要在母亲和新生儿都得到保暖的情况下进行。当母亲的皮肤和新生儿的皮肤靠在一起时，母亲哺育孩子的欲望油然而生，不少母亲会有乳房隐隐作胀的感觉；新生儿在妈妈怀中，感受着那种熟悉的气味，聆听着那种令其倍感安全的心跳声，会很自然地寻觅妈妈的乳头——这时候是新生儿学习吸吮的良好时机。

别以为刚出生的新生儿柔弱无能，正常新生儿往往非常灵活自如，当助产士帮助新生儿含吮着妈妈的乳头时，新生儿可以很有力地吸吮起来。这种吸吮很可能只是很短暂的一会儿工夫，但在这种吸吮中，他们得到了价值很高的初乳；由于吸吮

的刺激，母亲体内催产素分泌增多了，这有利于妈妈胎盘娩出并减少产后出血；更有意义的是：母子间的感情得到升华。

有不少科学家研究了早接触对母子情感的意义，他们认为：在出生后1小时左右的时间内，是建立母子感情纽带的重要时机。所以产后第一次哺喂，是母子间重要的情感交流与体验。

29. 母亲给宝宝喂奶时要专心

美国生物学专家通过一项试验发现，人在不同情绪下呼出的气体，其中所含的物质完全不同。心平气和时，呼出的气体在为成液体时，是无色、无杂质、清澈、透明的；发怒时呼出的气体在变成液体时，里面含有白色的沉淀。

由此，专家们认定，人处在不良情绪中时，血液中的一些物质成分会发生改变，很可能生成了某种对人体健康有危害的毒素，包括乳汁中也含有。如果母亲在给宝宝喂奶时，仍然在做一些使情绪波动较大的事情或谈话，那么身体内由于不良情绪而产生的毒素，就会进入宝宝的体内，对他们的健康产生危害。

因此，母亲给宝宝喂奶时，心情一定要恬静，这是与母亲与宝宝进行交流的最佳机会，而千万不可在生气或盛怒之下给宝宝喂奶。

30. 母亲需要挤奶的情况及正确挤奶方法

(1)需要挤奶的时间

①当乳房太胀影响宝宝吸吮时，为了帮助宝宝吸吮，一定要挤掉一些奶。

②乳头疼痛暂时不能哺乳时，要将奶挤出来，这样既可用挤出的奶喂养宝宝，缓解了乳头疼痛，还防止了由于宝宝未吸吮而乳汁分泌的减少。

③宝宝刚出生不久，吸吮能力不是太强，如果母亲的乳头内陷，宝宝一时还没有学会吸吮这种乳头，这时候要挤奶喂宝宝和挤奶保持乳汁的分泌。

④宝宝出生体重过轻或宝宝生病吸吮力降低时，应挤奶喂养宝宝。

⑤母亲与宝宝暂时分开时，要挤奶喂养宝宝。

(2)正确的挤奶方法：挤奶的事情应该由母亲自己做，因为让别人挤有可能引起疼痛，反而抑制了喷乳反射，如果用力过猛还会造成乳房损伤。

①挤奶前要洗干净双手。母亲找一个舒适的位置坐下，把盛奶的容器放在靠近乳房的地方。挤奶时，妈妈把拇指放在乳头、乳晕的上方，食指放在乳头、乳晕的下方，其他手指托住乳房。拇指、食指向胸壁方向挤压，挤压时手指一定要固定，不能在皮肤上滑来滑去。最初挤几下子可能奶不下来，多重复几次奶就会下来的。

②要注意的是必须挤压乳头后方，这样就能挤在乳晕下方的乳窦上。然后在各个方向上，按照同样方法压乳晕，有节奏地挤压及放松，并在乳晕周围反复转动手指位置以便挤空每根乳腺管内的乳汁。一般情况下，一侧乳房至少挤压3～5分钟，待乳汁少了，就可挤另一侧乳房，双手可交换使用，以免疲劳。

③每次挤奶的时间以20分钟为宜，双侧乳房轮流进行。一天应挤奶6～8次，这样才能保证乳汁分泌量。

每个母亲都应学会用手挤奶的方法，以便在需要时能够很好地应用。在母乳喂养过程中，当遇到母亲乳房发胀需要缓解、乳汁淤积需要去除、母婴暂时分离（如母亲外出工作），或者低体重儿不能吸吮，需要挤奶喂他等情况时，用手挤奶是行之有效的方法，也是首选的、便捷的、污染程度最低的方法。它不需要设备，随时随地皆可进行。

31. 哺乳期感冒能吃的药物

哺乳期的母亲容易出汗，再加上抵抗力低及产后的忙碌，患上感冒很常见。应该怎么办呢？能吃药吗？能吃哪些药呀？许多母亲不敢吃药，怕影响乳汁的成分对宝宝不利，又怕把感冒传给宝宝。

如果感冒了，不伴有高热时，母亲需多喝水，吃清淡易消化的饮食，服用感冒冲剂、板蓝根冲剂等药物，同时最好有人帮助照看宝宝，自己能有多点时间休息。

另外，还可以像以往一样哺乳宝宝。由于接触宝宝太近，母亲可以戴上口罩来喂奶。刚出生不久的宝宝自身带有一定的免疫力，不用过分担心传给宝宝而不敢喂奶。

如果感冒后伴有高热，母亲不能很好地进食，十分不适，应到医院看病，医生常常会给输液，必要时给予对乳汁影响不大的抗生素，同时仍可服用板蓝根、感冒冲剂等药物。高热期间可暂停母乳喂养 1～2 日，停止喂养期间，还要常把乳房乳汁吸出，以保持以后的继续母乳喂养。母亲本人要多饮水、新鲜果汁和进食清淡易消化的饮食，好好休息，这样，常常会很快好转的。

32. 乙型肝炎母亲可以母乳喂养的条件

乙型肝炎非常容易引起垂直传播，HBsAg 及 HBeAg 阳性的孕妇分娩时，应严格执行消毒隔离制度，特别注意防止产道损伤及新生儿产伤、窒息、羊水吸入等，以减少母源传染。

（1）产妇 HBsAg 阴性时，新生儿出生 24 小时内常规注射乙肝灭活疫苗第一针，1 个月和 6 个月后分别注射另外两针。这种情况下可以母乳喂养，虽然母乳中能分离出乙肝病毒，但是新生儿及时接受了免疫接种，所以不会发生母婴的垂直传播。

（2）产妇 HBsAg 阳性时，新生儿除注射乙肝疫苗外，尚需注射高效免疫球蛋白，使新生儿获得主动免疫和被动免疫，以切断乙型肝炎的母婴垂直传播，其有效保护率达 94%。由于 HBsAg 阳性者传染性很强，故不宜母乳喂养。

33. 隆胸后不影响喂奶

一般的隆胸手术是将仿生材料注射在乳腺和胸大肌之间的腔隙，而假体隆胸是将乳房假体放在胸大肌下方，这两种方法都与乳腺有明确的间隔。所以，对于将来的哺乳喂奶是没有影响的。

但是，隆胸的女性在妊娠之后乳房会胀大些，形状会较现在做的隆乳术后的形状有所改变，需要在妊娠期间加强乳房的护理，包括佩戴合适的胸罩，外涂增加皮肤弹性的护肤品等。

二、人工喂养

1. 人工喂养应注意的细节

人工喂养是指由于某些原因造成的不能进行母乳喂养，而采取其他代乳品进行喂养婴儿的方法。人工喂养相对于母乳喂养和混合喂养来说，要复杂一些，更需要细心认真。

人工喂养时大部分是用牛奶代替母乳的，因为牛奶容易消化。新鲜牛奶加适量水，一般出生 0～7 日新生儿按 2∶1，即 2 份牛奶加 1 份水。新生儿期的牛奶量要按每千克体重需要 100 毫升计算，一般每天要喂 6～8 次，每次间隔 3 小时左右。如 3 千克的新生儿需要牛奶 300 毫升，再加 150 毫升水，总量为 450 毫升，分 6～8 次吃，每次为 70 毫升左右。如果新生儿消化功能好，大便正常，出生 15 日后便可用纯奶。

人工喂养应注意以下细节。

(1)吃牛、羊奶时，一定要加糖：因为牛、羊奶中含糖量少，不能供给足够的热能，一般是 500 克奶中加 25 克糖。

(2)鲜奶要煮开了吃：这样既有利于奶中的蛋白质吸收，还可以将奶中的病菌杀死。

(3)每次喂奶前，都要试一试温度，不宜过凉或过热：试奶时可将奶汁滴几滴在手背上，以不烫手为宜。

(4)奶瓶上的奶头开口不宜太大或太小：太大了则奶汁流出太急，可引起新生儿呛奶，而太小则不易吸出。一般用烧红的大头针在奶头顶上刺 1～2 个孔，将奶瓶倒竖时，奶汁可快速滴出即可。喂奶时奶瓶应斜竖，使奶汁充满奶头，以免吞入空气而引起吐奶。

(5)注意奶具的卫生：奶瓶、奶头、汤匙等要每天洗干净，然后煮沸消毒一次。每次喂奶前都应该清洗奶瓶，或用开水泡几分钟。

2. 新生儿不宜喂鲜牛奶

人工喂养时被广泛使用代替母乳的是牛乳，其化学成分平均含蛋白质 3.3%、脂肪 3.7%、糖 4.8%、无机盐 0.7%。与人乳相比，无论是质还是量，都相差甚多，特别是蛋白质和脂肪。所以牛乳喂养是有一定缺点的。不宜喂鲜牛奶的理由有以下几种：

(1)牛乳中的蛋白质以酪蛋白为主，酪蛋白在胃中遇到胃酸容易形成较大的凝块，不易消化；牛乳的脂肪颗粒大，而且缺乏脂肪酶，较难消化；牛乳含磷高，且易与酪蛋白结合，影响钙的吸收。牛乳的氨基酸比例不当；牛乳不饱和脂肪酸含量低。

(2)牛乳中的乳糖含量低于人乳，主要为甲型乳糖，有利于大肠埃希菌的生长。

(3)牛乳中含的无机盐是人乳的 3～3.5 倍，从而增加了肾脏的溶质负荷，对肾脏有潜在性的损害。

(4)牛乳与人乳的最大区别就是缺乏各种免疫因子，所以牛乳喂养的新生儿患感染性疾病的机会较多。

(5)牛乳经胃液消化后的酸碱度(pH 值)为 5.3,而人乳为 3.6,这对新生儿来说是难以适应的。

(6)牛乳易受细菌污染,如结核杆菌、链球菌、伤寒杆菌及布氏杆菌等,都可以经牲畜或人手的媒介侵入乳中。

3. 新生儿不能喂酸奶

酸奶是在牛奶中加入乳酸杆菌和糖,在一定温度下发酵后制成的。乳酸杆菌在人体的肠道内繁殖时,能分泌对人体有益的物质,并且酸奶中的蛋白质、脂肪等营养成分更容易被人体消化和吸收,尤其是对于那些乳糖不耐受的人,食用酸奶后,不会发生腹胀、腹泻等不适。所以有些人就提倡给新生儿吃酸奶。其实这是不对的。

这是因为酸奶中含有的乳酸会由于新生儿肝脏发育不成熟而不能将其处理,结果乳酸堆积在新生儿体内,而乳酸过多是有害的。虽然酸奶中的乳酸菌及其代谢产物对肠道里的病原体有抑制和杀灭的作用,但同时也为新生儿消化道内的有害菌的生长创造了一定的条件。另外,等量的酸奶与牛奶或配方奶相比,其营养成分远远低于牛奶或配方奶,是不能够满足新生儿的生长发育需要的。所以父母不能用酸奶喂哺新生儿。

4. 为新生儿选择奶粉的细节

在为宝宝选择奶粉时,有的父母认为贵的就是好的,也有父母认为进口的比国内的好,还有些父母盲目追求过高的营养含量等,这些都是不科学的。专家们认为,父母要尽量选用专为新生儿设计配制的配方奶粉,其营养成分接近母乳,没有细菌污染,容易消化吸收,没有色素等有害物质。

当今的奶粉市场可谓是丰富多彩,有新生儿奶粉、婴儿奶粉、幼儿奶粉等;有国产奶粉、进口奶粉、中外合资生产的奶粉;还有罐装奶粉和袋装奶粉。那么,如何选到自己称心如意的奶粉呢?

(1)要看说明:无论是罐装奶粉或袋装奶粉,其包装上都会对其配方、性能、适用对象、食用方法做必要的文字说明。

(2)查生产日期和保质期限:通过查对生产日期和保存期限可以判断该产品是否在安全食用期内,从而避免购进过期变质产品。

(3)检查包装,看是否漏气:无论是罐装奶粉或袋装奶粉,厂家为了延长奶粉保质期,通常都会在包装物内充填一定量的氮气。罐装奶粉密封性能较好,氮气不易外泄,能有效遏制各种细菌生长。最后,检查是否有块状物。袋装奶粉的鉴别方法可以用手去触捏,如手感到有不规则大小块状物,可能该产品为变质产品。

父母可以按照以上建议给宝宝挑选合适的奶粉,使他们健康茁壮地成长。

5. 优质奶粉具有 5 个条件

最近社会上的劣质奶粉事件弄得许多父母惊恐万分。那么,一款优质奶粉必须具备哪些条件呢?

(1)成分:除营养均衡外,应针对宝宝需求做功能性选择,对于奶粉中所添加的特殊配方,也应有临床试验证明或报告。

(2)品牌:挑选奶粉时应首先考虑较大的生产厂家生产的,尤其是选择从研发、生产、销售(长期的)、制造皆由同一家公司完成的奶粉品牌。进口奶粉除在欧美各国有销售品牌,还应具备第三国销售证明。

(3)包装:包装外明确标有营养成分、营养分析、制造日期、保存期限、使用方法。

(4)服务:一般正规的奶粉公司会对消费者提供售后服务及长期专业咨询。

(5)售价:其实,各种奶粉的成分基本上大同小异,父母不要被那些打着具有“特殊成分”或“功效”的奶粉所迷惑,更不要以为贵的就是好的,以免受骗。

6. 选购配方奶粉的注意事项

配方奶最好选用妈妈信赖的品牌,不要随便更换。因为有些新生儿食用不同的奶粉后,粪便的颗粒大小也都不同。新生儿适应一种牌子后最好坚持下去,不要让小肠胃不断做试验。

在使用之前,要阅读食用说明,不同牌子的奶粉会有不同的冲泡剂量与方法,不要混用量勺。最好用常温冲开后再用一茶缸热水烫热到合适的温度再给宝宝饮用。配方奶中添加了许多营养成分,遇一定的高温便都泡汤了。用热水烫热要比微波炉来得安全,因为微波炉加热会造成局部高温,不摇匀容易烫伤宝宝。

建议每次不要冲泡太多奶,宁可不够再泡,这样宝宝总能吃个新鲜,也减少冷藏与污染的概率。奶瓶的彻底清洗较其他器皿要困难,重点在奶嘴与瓶盖的接合部,一定要用刷子刷到,这个部位最容易藏污纳垢。还有就是及时洗刷,不要等奶变质后才洗。

7. 喂早产儿的奶粉要添加脂肪酸

美国儿科专家最近发现,奶粉中如果含有脂肪酸,尤其是二十二碳六烯酸(DHA)和花生四烯酸(ARA),有助于早产儿的发育。

美国《儿科学杂志》发表过一项研究,比较了361名奶粉喂养的早产儿和105名母乳喂养的足月婴儿的生长情况。研究发现,凡是吃添加脂肪酸奶粉的早产儿,发育都比不吃脂肪酸的早产儿好。由于早产时间不同,研究人员采取了以母亲末次月经时间比较婴儿年龄的办法。末次月经后118周时,喂海藻油来源的DHA配方奶粉的早产婴儿,比吃普通奶粉或鱼油来源的DHA配方奶粉的早产婴儿的体重长得快,甚至很快追上了足月婴儿。研究人员对婴儿的动作协调及神经功能打分时,发现吃任何一种添加脂肪酸(包括DHA和ARA)奶粉的婴儿都比吃普通奶粉的孩子分数高。

主持研究的医生在报告中写道:“临床试验证实,奶粉中添加DHA和ARA能促进早产儿生长发育。”

8. 为宝宝选择奶嘴

专家提醒,父母在选择奶嘴时,除了要注意材质和软硬度外,奶嘴的孔形也不能忽视。奶嘴的孔形应该和宝宝的月龄相称。奶嘴孔形分很多种,不同的孔形与乳汁流量的大小有关。小圆孔是慢流量的,中圆孔是中流量的,大圆孔是大流量,还有一种是十字孔,流量是最大的。圆孔的奶嘴适合 1～3 个月的宝宝，奶水能够自动流出，且流量较少；十字孔奶嘴适合 3 个月以上的宝宝，能够根据宝宝的吸吮力量调节奶量。可见，新生儿应该选择小一点孔的奶嘴，否则可能造成宝宝呛奶。

父母如果想要知道奶孔的大小是否适中，可以在奶瓶里加水，然后把奶瓶倒过来，观察水的流量。一般情况下，大小适中的奶孔，水成点滴状；如果奶孔过大，则水成线柱状。吸奶时奶汁流出速度过快，新生儿会来不及吞咽，引起呛咳，严重的甚至会导致吸入性肺炎、窒息。还有，奶嘴的吸头最好选择那种形状近似母亲乳头的，中间弧度与乳房相似。

取大头针一枚，用钳子或剪刀把它夹住，将针的前 1/3 放在火上烧红后，即刻刺入奶头顶端成一小孔，然后用同样方法再戳 3～4 个孔，也可以用剪刀在奶头上剪个“十”字形的孔，孔的大小应根据新生儿吸吮的能力而定。孔开好后，将装满水的奶瓶倒置，以连续一滴一滴滴出水最为宜。

此外，奶嘴的软硬度要适中，材质最好是硅胶的，因为硅胶的性能比较稳定，耐热强、弹性好、不易老化，并且硅胶奶嘴更接近母亲的乳头，宝宝比较容易接受。

9. 不容忽视奶瓶的刻度

有关专家指出，奶瓶属于一般的容器，虽然它有刻度，但并不属于计量器具。一般地，市场上的奶瓶有 80 毫升、120 毫升、160 毫升、200 毫升等几种容量，奶瓶上标注容积刻度，方便母亲掌握宝宝的进食量，有利于科学育儿。

但是细心的母亲也许发现了宝宝的奶瓶刻度存在差异，即奶瓶刻度不准确，从而难以掌握宝宝的吃奶量，对宝宝的生长发育不利。一旦刻度“缩水”，奶粉中的蛋白质、脂肪、热能等，就会相应地减少，宝宝得到的营养就会减少。

一般来说，奶瓶刻度有误差在所难免，但是误差允许在一定的范围内。因此，生产厂家要重视此类问题，严格计量，确保奶瓶尺寸精密、测量精密。另外，塑料奶瓶还有个热胀冷缩的问题，受温度的影响比较大，其伸缩系数、容量系数、化学成分引起的误差等，厂家都应该充分考虑进去。

专家提醒：父母在用奶瓶给宝宝喂药时，一定要确定喂药剂量，不可依赖奶瓶上的刻度。

10. 新生儿用奶瓶喂养不安全

新生儿能否用奶瓶喂养的问题，国内外学者一致持反对意见，他们认为用奶瓶喂养有两方面害处：

(1)用奶瓶可造成“乳头错觉”：所谓“乳头错觉”，即新生儿吸过了橡皮嘴后，不愿意再吸吮母亲的乳头了。因为橡皮奶嘴软，孔大，不需要花很大力气就可以吸到乳汁，而吸吮母亲的乳头要费较大的力气才能吸出乳汁。不吸吮乳母的乳头，会减少对乳头周围神经的刺激，影响泌乳反射、喷乳反射，使乳汁分泌量减少，造成母乳不足。

(2)易被细菌污染：奶瓶、橡皮奶嘴不易洗干净，易被细菌污染，使用后易引起肠道感染。

如果实在必须要喂时，也都主张用小匙、小杯喂，因为小杯、小匙容易洗干净。

11. 出生1周内新生儿喂养的细节

在给宝宝进行人工喂养时，尤其是刚出生的宝宝，一定要计算他们的进食量，并参照下面的方法来喂养。

足月的新生儿，出生后4～6小时开始试喂一些糖水，到8～12小时开始喂牛奶。喂奶前要计算一下牛奶量，我们按照热能的需要计算，以每天每千克体重供给热能50～100千卡计算。

举个例子，一个体重3千克的新生儿，每日应提供热能150～300千卡，计算成牛奶为：鲜牛奶150～300毫升，这些牛奶中共加入食糖12～24克。7天以内的新生儿只能喂2∶1的奶，即2份鲜牛奶加1份开水。

我们将上述计算出的一天牛奶量，分成7～8次，每次约30毫升，每次加开水15毫升，就相当于每顿给宝宝喂2∶1的牛奶50毫升左右。每次喂奶的间隔时间为3～4小时，两次牛奶之间要喂一些开水。夜间可以停喂一次，以免影响妈妈和宝宝的休息。

宝宝的食量不尽相同，喂养的奶量也要根据具体情况而定，父母应该在学习喂养的过程中，摸索出他们吃奶的规律。

12. 人工喂养的缺陷

凡能母乳喂养的就不选人工喂养，因人工喂养与母乳喂养比较有诸多缺陷。

(1)牛奶中维生素的含量不够，尤其是维生素C。

(2)牛奶中的铁不容易吸收，长期单一食用会导致宝宝缺铁性贫血。虽然配方奶中添加了铁，但这会增加新生儿收到感染的危险性。

(3)太多钙和磷会造成新生儿抽搐及僵直。

(4)新生儿的健康生长需要较多不饱和脂肪酸，而牛奶中含较多饱和脂肪酸，牛奶也缺乏足够的必需脂肪酸，没有足够的胆固醇供应正在成长的脑部使用，配方奶中虽然添加某些不饱和脂肪酸，但是其长链不饱和脂肪酸的分布比例不均，且不含胆固醇。

(5)牛奶中所含的氨基酸组成不适合新生儿，并且不易被新生儿不成熟的肾脏排出，而且胱氨酸及氨基乙黄酸含量较少。

(6)牛奶不易消化，不含分解脂肪酵素，同时大量的酪蛋白会形成乳凝块，由于不易消化，在胃部停留时间较久，所以新生儿在间隔较长的时间后才会有饥饿感。

(7)喝牛奶的新生儿的大便较稠而硬，会造成便秘。

(8)早期喝牛奶的新生儿会有过敏问题，如气喘、湿疹及牛奶不耐症。

(9)以奶瓶喂食配方奶的新生儿容易因为吸吮未满足而过度喂食，增加胃负荷及肥胖机会。

(10)用过奶瓶的新生儿会产生拒绝乳房的情况，在儿餐奶瓶的喂养后，就有可能造成母乳喂养失败。

13. 为人工喂养的宝宝选用食品

人工喂养宝宝的食品可以分为两大类，一类是动物乳及其乳制品；第二类是以黄豆为主要原料的代乳品。一般说来，应优先选择动物乳及乳制品。

(1)牛奶及制品。

①鲜牛奶：鲜牛奶是人工喂养的首选食品，这是由于牛奶是动物奶中营养素含量比较丰富的奶类，而且牛奶比较容易获得。与人乳相比，牛奶中蛋白质含量较高，但以酪蛋白为主，较难消化；牛奶中的无机盐较人奶多 2～3 倍，对肾脏尚未发育完善的婴儿来讲，过多的无机盐是一种负担；牛奶中的各种微量元素及维生素比例也不如人乳合理等。但将牛奶加工以后，可以克服难以消化和一些物质的比例不合理的缺点，对于人工喂养的婴儿来讲仍然是较好的食品。

②牛奶粉：是将鲜牛奶浓缩、喷雾、干燥制作而成，具有便于保存运输、使用方便等优点。现在有不少生产厂家对牛奶粉进行改造，力图使各种营养成分更接近于人奶，从这点上讲，配方奶粉优于一般奶粉或牛奶。

③蒸发乳：是将鲜牛奶蒸发浓缩为原乳汁容量的一半而成，经高温消毒、装罐密封、便于保存。食用时加水一半即又成为鲜奶。

(2)鲜羊奶：有的山区或牧区可以得到鲜羊奶，用鲜羊奶喂养婴儿也是可行的。羊奶中的蛋白质和脂肪均较牛奶为多，而且脂肪球小易于消化。但羊奶中维生素 B_{12} 和叶酸较少，如不合理补充容易发生巨幼红细胞性贫血。

(3)马奶：马奶中的蛋白质、脂肪含量均较少，如用其喂养婴儿，应当加一些别的代乳品为好。

(4)米粉：将米粉冲成糊来喂养婴儿，是不适宜的。因米粉中多是淀粉，蛋白质及脂肪含量极少，不能满足婴儿生长发育的需要。这样喂养的婴儿看上去可能很“胖”，但肌肉松弛，面色苍白，抵抗力差，容易感染。因此，米糊不能作为代乳品来喂养婴儿。

14. 别让宝宝成为喝牛奶的贫血族

牛奶贫血症是指宝宝因过量饮用牛奶，忽视添加辅食，而引起的缺铁性贫血。

很多父母都觉得难以理解。其实这里有多方面原因。其中最主要的原因是牛奶中含铁很少，吸收也比较差：一般来说，1 000 毫升牛奶中仅含有 0.5～2.0 毫克铁，而宝宝每天需要摄取大约 6 毫克铁。牛奶不仅含铁量少，且铁的吸收率很低。如维生素 C、铜含量少，而钙、磷、钾含量较高，这些都影响铁的吸收利用率。

15. 牛奶喂养的几个误区

(1)喂牛奶过浓：据测定，牛奶中的钠含量是人体的两倍，牛奶浓度越高含钠越多，易使宝宝血钠浓度升高，引起诸如便秘、血压上升甚至抽搐、昏迷等症状，时间久了还会影响智力，所以宝宝喝牛奶需要稀释。

(2)加糖分过多：牛奶加糖，既能改善口感，又能纠正牛奶含糖低的缺陷，但不能加得过多。因为过甜会降低宝宝对奶中钙质的吸收，削弱牛奶的营养价值，一般按每 100 毫升鲜奶加糖5～8克即可。另外，千万不要加红糖，因为红糖中含有较多的草酸，草酸可干扰机体对蛋白质的吸收。

(3)喂养过量：合理掌握喂养量也很重要，一般按每千克体重100～110毫升供给，一天的总量最好不要超过600毫升，超过部分可用豆浆、蔬菜或水果代替。如果超量饮用牛奶，可能招致以下不良后果：一是引起宝宝抽搐，因为牛奶中钙、磷两种无机盐的比例不合理，磷元素过多会“排挤”体内的钙元素，可发生低钙血症而致惊厥发作；二是宝宝肠内乳糖酶活性较低，牛奶中乳糖较多，常常因为无法消化而导致腹泻。

(4)加入米汤：有些母亲误认为米汤营养丰富，加入牛奶喂养会“锦上添花”，却不知两者的成分“相克”，米汤中的脂肪氧化酶可破坏牛奶中的维生素A，所以不要同时喂宝宝。

三、混合喂养

由于母乳不足或其他各种原因，采取既喂母乳又加喂牛、羊乳或其他代乳品的喂养方式，称为混合喂养。

混合喂养又分为两种，一种是先喂母乳，接着补喂一定数量的牛奶或代乳品，这叫补授法，适用于母乳量不足时的喂养和6个月以前的婴儿。其特点是，婴儿先吸吮母乳，使母亲乳房按时受到刺激，保持乳汁的分泌。另一种是一次喂母乳，一次喂牛奶或代乳品，轮换间隔喂食，这种叫代授法，适用于母乳量充足而因某些原因不能哺乳的喂养和6个月以后的婴儿。母亲在不能哺乳时，也要保持每天喂奶3次，不哺乳的时候，要按时将奶汁挤出或用吸奶器吸空，以保持正常分泌。

1. 混合喂养的要点

混合喂养是一种既喂母乳又加喂牛、羊乳或其他代乳品的喂养方式，如何处理好它们之间的关系，做到科学的混合喂养十分重要。

混合喂养可分为补授法和代授法两种，其中补授法适合母乳量不足时，即在每次喂哺母乳后，用其他代乳品补充母乳不足的部分；代授法适合母乳充足而因某些原因不能哺乳时，即在喂哺母乳之间，一天加喂数次代乳品。专家提醒：母亲在不能哺乳时，也要保持每天喂奶3次，尤其是在不哺乳的时候，要按时将奶汁挤出或用吸奶器吸空，以保持正常分泌。

在混合喂养中采用最多的就是牛奶，在使用牛奶喂养时最重要的是不要使宝宝吃过量，以免加重水化器官的负担。一般地，出生时体重为3～3.5千克的宝宝，在开始两个月时，每天吃600～800毫升的牛奶为宜，每天可分7次吃，每次100毫升左右。对食量过大的宝宝，每次最好不要超过150毫升，否则会加重肾脏、消化器官的负担。

混合喂养会失去部分母乳的营养，有的成分是牛奶或其他代乳品所缺乏的，因此要提早增加一些辅食。添加辅助食品应从少量到足量，从稀到稠，由细到粗。

另外，辅助食品应在宝宝身体健康时根据不同年龄段适当添加。一般出生后2周起即应加服维生素A、维生素D制剂，多晒太阳，以防发生维生素D缺乏性佝偻病；1～4个月内可添加适量鲜果汁、青菜汁之类，以补充维生素A、维生素D和无机盐；5～6个月应添加富铁食物及动、植物蛋白质，如蛋黄、鱼泥、菜泥、水果泥等，补充维生素和无机盐；7～9个月训练宝宝咀嚼能力，促进出牙，添加饼干、鱼、蛋、猪肝泥、肉末等；10个月起添加软饭、挂面、馒头、面包、碎菜、碎肉、豆制品等，训练咀嚼。

2. 新生儿饮食中不能加盐

新生儿在出生后肾脏成为维持内环境稳定的主要器官，但其生理功能还不成熟，储备功能尚差。其不能加盐有以下因素：

(1)新生儿肾小球滤过率为成年人的1/4，过量的水分和溶质不能迅速有效地排出。

(2)新生儿肾小管再吸收功能差，与肾小球相比更不成熟。肾小管短，容量少，只能维持正常情况下的需要。

(3)肾浓缩功能差，潜力很低，在处理水和电解质时容易发生紊乱，尤其是排泄钠盐的功能不足。另外，尿素生成少、排泄率低，故新生儿尿溶质少，尿比重低。

因此，新生儿饮食中不能加盐。牛奶喂养的新生儿，其大便多数比较干燥，可以多喂些温开水，但水里不可加盐，可加些蜂蜜。

3. 给新生儿配制奶粉不宜太浓

新生儿的喂养十分重要，尤其是母乳不足而要用全脂奶粉喂哺时，这时候就要注意：奶粉不要配制太浓。

目前，全脂奶粉或强化奶粉均含有较多钠离子，若稀释不适当，则使新生儿钠的摄入量增高，增加其血管负担，血压上升，可引起毛细血管破裂出血、抽搐、昏迷等危险。另外，强化奶粉还补充了加工制作中损失的维生素与牛奶中容易缺少的元素，这些更应该加以稀释，才能适用于新生儿。

虽然奶粉中的蛋白质经高温凝固，比牛奶蛋白质容易消化，但是新生儿的消化能力差，奶粉冲得过浓，仍不好消化。

那么如何正确地配制奶粉呢？将奶粉按重量以1∶8，按容量以1∶4的比例稀释，得到的则是全奶成分。一般按重量较为精确，按容量“虚”与“实”差别悬殊，不好掌握。调制的具体方法是先将奶粉放入锅内，把计划好所需水的一小部分先到入，调成糊状，再倒入全部的水，搅匀即可。然后根据新生儿的周龄，适当加水稀释，一般出生后1周加水1/2，2周加水1/3，3周加水1/4。煮沸消毒后，加入5%～8%的糖，待温度降到适宜即可喂哺了。

4. 牛奶加糖的意义和用量

父母在给宝宝配制奶粉时一定要加少许糖，这是为什么呢？

牛奶中所含的糖类比母乳少，若使牛奶提高热能，则必须用加糖的方法来弥补。一般每100毫升牛奶加糖5～8克。父母要注意，加糖不是因为增加甜味，决不可随便乱加。随着宝宝的逐渐长大，淀粉类食品如奶糕、粥、面条等逐渐补充在每日膳食中，加在牛奶中的糖就可适当减少。因为淀粉是糖类，可以弥补牛奶中糖类的不足。

5. 给宝宝温牛奶的方法

宝宝比较喜欢喝温热的牛奶。所以，在喂宝宝之前，母亲可以把奶瓶放进一锅热水里，但千万不要放进开水里面。当然，如果有条件可以买一个专用的奶瓶温热器。

专家提醒：不要用微波炉给牛奶加热，因为微波炉加热并不均匀，会破坏牛奶中的营养成分。

如果宝宝已经习惯了喝平常温度或冷一点的牛奶，这种情况下就可以节省许多时间了。父母也不要强迫宝宝喝温热的牛奶。

6. 防治牛奶过敏的方法

牛奶是一种营养丰富、被广泛用于喂养婴幼儿的食品，可是，有的婴幼儿喝了牛奶后，会引起过敏反应，医学上称为“牛奶蛋白过敏症”。

牛奶过敏的原因是由于婴幼儿肠壁的“屏障”功能不够完善，黏膜通透性较强，牛奶中的蛋白质未经分解就透进了肠黏膜内，作为抗原刺激机体产生抗体，抗原抗体相互作用而引起过敏反应。

其临床表现主要是突然腹痛、呕吐、腹泻，排出泡沫样、黏液样稀便或血性便，甚至伴有夜寐不安、湿疹、荨麻疹和哮喘。停用牛奶后，过敏症状消失。若继续喝牛奶后，48 小时内又会出现上述症状。如果时间持续较久，会出现贫血和脱水，甚至营养不良。

如果遇到宝宝牛奶过敏了，千万不要慌。首先要暂停使用牛奶，改用其他代乳品，如羊奶、豆浆及其他人工合成蛋白等。若其他代乳品不能满足哺乳需要，可以使用牛奶脱敏法进行脱敏，然后再对用牛奶喂养。

牛奶脱敏的方法：先停用牛奶 2 周；2 周过后，先用 10 毫升牛奶喂 1 次，观察反应，即使有些过敏反应，只要不会影响宝宝的健康，再隔 3 日后继续喂牛奶 15 毫升，然后每隔 3 日喂 20～30 毫升。如随着喂奶量的增加，临床症状也减轻，这说明脱敏有效，可以逐渐增加喂奶量，同时缩短进食时间，直至完全恢复正常的喂奶量。

当然，也有少数婴幼儿在脱敏过程中症状越来越严重，这时就不要强行脱敏了，可以改用其他代乳品。

7. 奶具消毒的方法

奶瓶和宝宝的生活息息相关，奶瓶的消毒却常常让父母发愁，如何消毒奶瓶才最安全可靠，可以放心给宝宝使用呢？

(1)煮沸法：为了防止奶汁在奶瓶中发酵、发霉，每次喂奶完毕，要立即倒掉余下的奶汁，用奶刷清洗奶瓶、奶嘴。将开水煮沸后把奶瓶拆开，放入沸水中，煮沸 15～30 分钟，捞出晾干即可。

(2)微波炉消毒法：将清洗后的奶瓶盛上清水放入微波炉，打开高火 10 分钟即可。切记不可将奶头及连接盖放入微波炉，以免变形、损坏。

以上两种方法均可达到杀灭细菌及繁殖体的作用。如果家里有条件，可以多备些奶瓶，及时更换。

另外，还有一种淘米水冲洗法，即将淘米水放入奶瓶中用力摇动或冲刷，能有效去除残留的奶汁，这种方法比较简单易行。

四、新生儿喂养中的特殊问题

1. 宝宝生三种病不能喝奶

(1)苯丙酮尿症：这是由于婴儿体内缺少苯丙氨酸羟化酶，不能使苯丙氨酸转化为酪氨酸，而造成苯丙氨酸在体内的堆积，严重的可干扰脑组织代谢，造成功能障碍，以致这类患儿生后常表现为智能障碍，毛发和皮肤色素的减退，临床出现头发发黄，尿及汗液有霉臭或鼠尿味。该病患儿只能进食含量很低的苯丙酸代乳品。

(2)半乳糖血症：这是因为婴儿体内缺少半乳糖-磷酸尿苷转化酶，进食含有乳糖的母乳，可引起半乳糖代谢异常。乳糖代谢不完全的产物是一些有毒的物质，这些物质聚集在体内，引起婴儿神经系统病变而发生智力低下、白内障、黄疸、低血糖等病。此种情况，应以不含乳糖的代乳品喂养，母乳、牛乳均不可，大豆制品是最佳选择。

(3)砚糖浆脲症：这是因为婴儿缺乏支酮酸脱羧酶，进食母乳易引起氨基酸代谢异常，导致严重的神经系统损害。该病婴儿只能选用分支氨基酸含量最低的合成氨基酸食物，进食母乳也只能是少量。

2. 开奶前不要喂糖水

有许多母亲在开奶之前给新生儿用奶瓶喂些糖水，用来防止新生儿饥饿和脱水。其实，专家认为这是不必要的。因为新生儿出生前体内已储存了足够的营养和水分，可以维持到母亲来奶，而且只要尽早让新生儿吸吮乳房，少量的初乳就能满足刚出生的正常新生儿的需要。

如果开奶前就用奶瓶给新生儿喂糖水，新生儿用过橡皮奶头后，就不愿再吸吮母亲的乳头了。而且，由于糖水比母乳甜，也会影响新生儿吃母乳的兴趣。新生儿不吸吮母亲的乳汁就得不到初乳内丰富的免疫物质，易发生感染或疾病，母亲也容易发生奶胀或乳腺炎。如果确定需要喂水，用小勺喂少量的白开水即可。

3. 母乳喂养的新生儿不宜喂水

单纯母乳喂养的新生儿，只要母乳充足，一般情况下是不必要另外喂水的。因为母乳里的水分很多，营养成分也很均衡，所以不必另外加水。当然，如果气候炎热、干燥，纯母乳喂养的婴儿可以少量的喂一些温开水，喂水的时间建议选择在两次喂奶之间。注意：新生儿的饮水量一天不超过50毫升。

其实不给母乳喂养的新生儿喂水是有原因的，如果过早、过多的喂水，可抑制新生儿的吸吮能力，使他们从母亲乳房吸取乳汁量减少，致使母乳分泌越来越少。偶尔给他们喂水时，切忌使用奶瓶和橡胶奶头，应用小勺或滴管喂，以免新生儿对乳头产生错觉，以致拒绝吸吮妈妈的乳头，导致母乳喂养困难。

4. 防止宝宝溢奶的方法

溢奶是宝宝最常发生的一种现象，这是因为他们的贲门比较松弛，关闭不紧，易被食物冲开；同时，他们的胃呈水平位，容量小，存放食物少，容易返回到贲门处而导致溢奶。父母第一次看到宝宝吐奶时可能会很担心，不知所措。其实只要注意以下几方面的问题，就可以防止宝宝溢奶。

(1)选合适的喂奶姿势：有的妈妈喜欢面对面侧卧哺乳的姿态喂奶，其实这增大了宝宝溢奶的可能性。我们提倡抱起宝宝喂奶，让他们的身体处于45°左右的倾斜状态，胃里的奶液自然流入小肠，这样会比躺着喂奶减少发生溢奶的机会。

(2)喂奶完毕一定要让宝宝打个嗝：每次喂完奶以后，要把宝宝竖直抱起靠在肩上，同时用手轻轻拍其背部，这样，可将吃奶时吞下去的空气赶出来，不致引起溢奶。

(3)喂奶不宜立即平卧：喂完奶以后，不要逗引宝宝嬉笑或运动过甚，并且不宜马上让宝宝仰卧，而是用右侧卧位，以避免压迫胃部而引起溢奶，无溢奶现象后再仰卧。

(4)喂奶量不宜过多，间隔不宜过密：一般说来，乳汁在胃内排空时间为2～3小时，所以每隔3小时左右喂1次奶比较合理。如果喂的量过多或两次喂奶时间太近，胃因过度膨胀而容易将奶溢出。

宝宝溢奶之后，如果没有其他异常，一般不必太在意，以后慢慢会好，不会影响到生长发育。若溢出的奶呈豆腐渣状，那是胃酸作用的结果，也是正常的，不必担心。但如果呕吐频繁，且吐出黄绿色、咖啡色液体，或伴有发热、腹泻等症状，就应该及时去医院检查了。

5. 注意喂奶后的三步曲

(1)抱：哺乳后，新生儿得到了满足与母爱，吸吮时又费了气力，喂奶后常常想入睡。这时父母不要急于让他们卧倒睡觉，应该将头部略抬高，抱3～5分钟。因为新生儿未发育完善的胃与食管极易将刚吃过的奶溢出，不但有造成窒息的危险，还可因溢奶被压至短而宽的耳咽管内，而造成中耳炎。

(2)拍：每次喂完奶后，母亲都要抱起新生儿，母子面部相对，新生儿头部靠在母亲肩上。母亲前臂托住新生儿臀部，手托背部，另一手轻拍他们的背部，使新生儿将哺乳时吞入的空气排出，一般打嗝后，再放倒安睡。这样可防止胃中的空气将奶"推"出而溢奶，还可以防止气在腹中造成的腹胀与不适。

(3)右侧卧位：母亲在放下新生儿时，最好使其右侧卧位，这样被胃酸消化了的奶可顺利地流向十二指肠，较少吐奶、溢奶。

6. 注意区别新生儿溢奶与呕吐

溢奶是新生儿比较常见的一种正常生理现象，每天可溢奶一次或多次，一般不影响生长，也无其他不适或异常情况。新生儿溢奶一般不需要治疗，随着不断成长，溢奶逐渐减少，6～8个月时可完全消失。

病理性呕吐与生理性溢奶则不一样，它是新生儿疾病的一种临床表现。因此，要正确区别新生儿生理性溢奶和病理性呕吐。

(1)先天性消化道畸形：一般来说，先天性消化道畸形所致的病理性呕吐情况较严重，次数频繁，呕吐量大，常呈喷射状，呕吐物中除进食的奶汁外，还会含有胆汁，或呕吐物为粪样液。如果新生儿唾液较多，初次进食，吞 1～2 口奶后即有呕吐、呛咳、青紫，甚至窒息，多为食管闭锁所致；出生后不排胎粪或量少，12 日后会出现肠梗阻症状：频繁呕吐，呕吐物中含有胆汁或呕吐物为粪样液，腹胀明显，腹壁发亮，有扩张静脉，经直肠指检或灌肠后排出大量大便，多为先天性巨结肠；出生后无症状，吃奶及大小便均正常，23 周后出现呕吐，逐渐加重，直至每次喂奶后立即呕吐或不久即呕吐、常呈喷射状，则多为先天性幽门肥厚狭窄。

(2)内科病：小儿内科性疾病所致的呕吐常常发病症状明显，呕吐一般不甚严重或间歇性发作，如新生儿窒息所致的脑水肿和颅内出血除呕吐症状外，常有呻吟、发绀、抽搐等症状；新生儿上呼吸道感染常有发热、流涕、鼻塞、咳嗽等症状；败血症和脑膜炎常有反应差、精神委靡、拒食、不动、黄疸等症状；肺炎常有发热、呼吸急促、口吐泡沫、发绀等症状。

总之，新生儿出现了吐奶症状，如果呕吐严重或除了呕吐症状外还有上述的其他症状，则要考虑并非正常的生理性溢奶，而是病理性呕吐，要及时去看医生，以免耽误治疗或错过手术机会。

7. 宝宝不能含着乳头睡觉

许多宝宝睡觉都有一个习惯，就是需要一个固定的安慰物，只有在这个安慰物的陪伴下才能安然入睡，如小奶嘴、手绢、枕巾、玩具等都可以让宝宝入睡。但是，还有一些宝宝只有含着妈妈的乳头才能睡觉。

其实，宝宝含着乳头睡觉是十分不好的。首先，这会对宝宝牙齿的正常发育有不良影响，会使上下颌骨变形，导致上下牙不能正常咬合；其次妈妈的乳房容易堵住宝宝的口鼻，容易使宝宝发生窒息，这些都对宝宝的生长发育不利。因此，妈妈们要注意，不能让宝宝养成含着乳头睡觉的习惯，如果已经形成习惯，也应该改正。

妈妈们在哺乳结束后，不要强行用力拉出乳头，因为在口腔负压下拉出乳头，可引起局部疼痛或皮损，也容易造成宝宝的牙齿向外突出。应让宝宝自己张开口，乳头自然地从口中脱出。当宝宝仍含住乳头不松时，可用手指头从他们的口角伸入口腔内，或用食指轻轻按压宝宝的下颌，温柔地中断吸吮。

8. 防止宝宝吃奶时睡着的方法

新生儿由于大脑发育尚不完善，大脑皮质和神经细胞兴奋性低，耐劳力差，容易疲劳，所以决定了新生儿总的睡眠时间较长，而睡眠时间和次数又与宝宝的年龄呈正比，年龄越小睡眠的时间和次数就越多，这也就是我们经常看到新生儿一天中除了喂奶、换尿布、洗澡时间外，基本上有 20～22 个小时都在睡眠中。

吃奶对宝宝来说是一项劳动，加上喂奶时宝宝都依偎在妈妈的怀中，既温暖又舒适还安全，宝宝确实会享受良好的睡眠环境，但这时的睡眠通常不是完全的安静睡眠，当你把乳头或奶嘴拔出，宝宝就醒了。

一个有经验的妈妈在喂奶时会不断刺激宝宝的吸吮，当感觉到宝宝停止吸吮了，就轻轻动一下乳头或转动一下奶嘴，宝宝又会继续吸吮了，必要时还可以把他们扶起，坐在你的大腿上，用一手撑住他们的下巴，另一只手扶着他们的背，让宝宝自腰部慢慢往前倾斜。一旦他们醒来，就可以恢复喂奶姿势。你也可以试着捏捏他们的耳垂，轻搔他们下巴周围，弹弹足底，给他们一些觉醒刺激，延长兴奋时间，使宝宝吃够奶，只在宝宝吃饱后才让他们好好睡一觉，培养宝宝养成良好的喂养习惯。如果各种办法都不奏效，就让他们多睡一会儿，等他们真的饿了，会专心吃的。

总之，喂奶对妈妈和宝宝来说都有个学习到熟悉和默契的过程，这个过程因人而异，相信每位妈妈都能通过学习和摸索找到喂养自己宝宝最适宜的方法。

9. 别在宝宝睡觉时喂奶

为了让宝宝睡得更好些，有些妈妈在临睡时给宝宝吃奶、让他们边吃边睡。这种做法是错误的，对宝宝的健康也有很大影响。宝宝睡觉时喂奶的坏处有以下几种：

(1)容易造成乳牙龋齿：睡眠时唾液的分泌量对口腔清洗的功能原本就会减少，加上奶水长时间在口腔内发酵，会破坏乳齿的结构。要避免此后遗症可在吸完奶水后再塞一瓶温开水给宝宝吸两口，清洗口腔内剩余的奶。

(2)容易引起吸呛：宝宝意识不清时，口咽肌肉的协助性不足，不能有效保护气管口，容易因奶水渗入而造成宝宝吸呛。

(3)降低食欲：这时宝宝胃内的奶都是在昏昏沉沉的时候被灌进去的，宝宝清醒时脑海里没有饥饿的感觉，逐渐会造成宝宝看到食物就降低食欲。

(4)养成被动的心理行为：人类有需求才会去谋取，因为饿所以要吃，因为冷所以要穿衣，心理行为模式就是这样逐步发展而成的。如果从小一切都是被动地由大人准备妥当，那对将来的发展是不利的。

10. 早产儿的母乳喂养方法

早产儿是指胎龄未满 37 周的婴儿，由于消化和吸收能力不如足月新生儿，并且吸吮和吞咽能力也差，常常无力吃奶或不会吃奶，所以早产儿的正常喂养是十分重要的。

早产儿的母乳喂养：初乳中的抗体含量高，是增加早产儿免疫力的最好食物，一定要让早产儿将初乳全部吃进去。一般在生后 6～12 小时开始喂糖水，24 小时开始喂奶，根据早产儿的具体情况确定喂奶的次数。对于吸吮能力差的早产儿，可把母乳挤到奶瓶里，蒸煮后用奶瓶、小勺或滴管喂奶。而吸吮和吞咽能力差的早产儿，可使用套有橡胶管的滴管喂奶。早产儿吃完奶后不宜平躺，而应采取侧卧位，左右两侧交替侧卧，这样可以使两侧肺部都能很好地扩张，还可以通过变换体位改善血液循环。更重要的是，侧卧吐奶时不容易呛咳，能避免呕吐物吸入气管，引起吸入性肺炎或窒息。

11. 早产儿的人工喂养方法

一般要根据早产儿的出生体重及吸吮、吞咽能力来确定，合理选择喂养方式也是保证营养的重要环节。

(1)经口喂养:体重2 000～2 500克,吸吮、吞咽不协调的早产儿,应尽量选择经口喂养,如用小勺、量杯、奶瓶或滴管进行喂养。

(2)间歇胃管喂养:体重少于1 500～2 000克,吸吮、吞咽功能尚不成熟,不协调的早产儿,可以经口腔或鼻腔插入胃管。但经过鼻子喂养,常会影响新生儿通气,增加其气道阻力,易导致周期性呼吸和呼吸暂停的发生,因而通常选择经口胃管喂养。当吸吮和吞咽能力成熟后,应尽早改为经口喂养,拔管前可先经口试喂1～2次。

(3)持续胃管喂养:这种喂养方式适用于1 500克以下,反应能力较差,无吞咽、吸吮能力,胃中容易有奶残留的早产儿,或间歇喂养易出现呼吸困难或有缺氧表现的早产儿。

(4)肠内微量喂养:这种喂养方法有助于促进新生儿肠动力成熟,并能改善对喂养的耐受。

(5)胃肠道外营养:也称静脉高营养,这种方法主要针对体重在1 000克以下的极低体重儿。

12. 足月小样儿的喂养方法

胎龄在38～42周,出生时体重在2 500克以下的新生儿,称为足月小样儿。通常是由于母亲怀孕期间营养不良、贫血或患有各种感染性疾病等,造成胎儿营养不良,使其发育受阻。主要表现为营养不良、消瘦。因此,足月小样儿应按照营养不良儿的原则喂养。

小样儿在初生3～6小时即可喂乳,乳液的配制与新生儿相同。一般在出生的头几天不宜过量喂哺,以后可渐渐增加。如果母乳不足,要正确计算添加牛乳或豆浆,每日每千克体重可以供给蛋白质3～4克,热能100～120千卡。在没有胃纳差和腹泻等情况下,热能可以逐渐加到每日每千克体重140千卡。至于维生素和铁、钙等的补充,与正常婴儿相同。

由于小样儿消化功能比早产儿成熟,消化不良现象很少发生,只要喂养得当,并保证供给各种足够的营养,体重增长很快。但若喂养不足,婴儿会发生低血糖和组织损坏,所以千万不可掉以轻心。

13. 巨大儿的喂养方法

出生时体重在4.5千克以上的新生儿在医学上称为巨大儿,巨大儿并不一定都是病态。

这种新生儿的喂养应该以体重与正常儿体重的折中数计算。如正常新生儿平均出生体重为3千克,该新生儿的体重为5千克,则按4千克体重的喂养量给予喂养。当然这也不是绝对标准,应该根据实际情况,参考医生的意见确定喂养方案。

如果新生儿吃得多,身体长得也结实均称,身高与体重同步增长,那么就应该给予足够的喂养量,充分满足生长发育的需要。如果只长体重不长个,肌肉松弛不结实,那就要考虑是否喂养不当。因为不合理的喂养可以引起新生儿虚胖,一般肌肉不结实,有贫血症状。并且,这种虚胖的新生儿消化功能不正常,抵抗各种疾病的能力也不强,易患疾病,时间长了有可能发展成营养不良性水肿。对虚胖的新生儿应多喂蛋白质、维生素、无机盐丰富的食品，同时适当减少淀粉类、鱼类和肉类食品的喂养量。

14. 不要把新生儿喂的太胖

俗话说："身体胖，长得壮"，父母都想把自己的孩子喂得胖乎乎的，人见人爱。还有的父母认为孩子小时候胖一点没有关系，长大了就不胖了，这种想法往往使孩子在婴幼儿时期的肥胖或轻度肥胖得不到控制，而一旦发展成青春期肥胖或重度肥胖时再想减就很困难了。所以，我们在希望宝宝白白胖胖的同时，更要健康。

新生儿体重超过 4 千克的为巨大儿，比起正常体重的新生儿来说，他们更加脆弱。体重明显超标后，还可能出现一些问题。如体态臃肿、行动迟缓、不爱运动，长大以后，容易患上高血脂、高血压、冠心病、糖尿病等病症。

那么，怎样才能使新生儿健康地来到人世间呢？首先，母亲怀孕的最后 3 个月不要超量进食，否则可能会使新生儿出生时体重过高，容易发展为肥胖。出生后，提倡母乳喂养，不要过早添加固体食物。即使需要人工喂养，在添加辅食时，避免加入高热能、高脂肪的食物。1 岁以内的孩子如果体重已经偏胖，要适当减少奶和主、副食的摄入量，用蔬菜、水果代替，这样可以补充维生素、无机盐，还能减少饥饿感。孩子的身高每增长 1 厘米，体重大约增加 0.3 千克，均衡生长是健康的象征，不要认为孩子越胖越好。

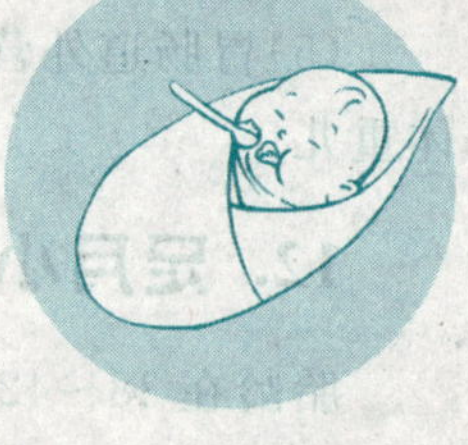

15. 判断新生儿已吃饱的方法

(1)听新生儿吃奶时下咽的声音：新生儿平均每吸吮 2～3 次就可以听到咽下一大口，如此连续大约 15 分钟就可以说是他们吃饱了。如果光吸不咽或咽得少，说明母亲奶量不足。

(2)观察新生儿吃奶后是否有满足感：如果吃奶后还哭，或者咬着奶头不放，或者睡不到 2 小时就醒，都说明他们没有吃饱。

(3)注意大小便的次数：正常母乳喂养的新生儿每天尿 8～9 次，大便 4～5 次，呈金黄色稠便；喂牛奶的新生儿其大便是淡黄色稠便，干燥，3～4 次。这些都可以说明他们平时吃得很饱。如果吃不饱的时候，尿量不多，大便少，呈绿稀便。

(4)看体重的增减：足月新生儿在第 1 个月时体重大约每天增长 25 克，即第 1 个月体重增加 720～750 克，第 2 个月大约增加 600 克。如果新生儿的体重增加正常，则说明他们喂养得当。如果体重增加不明显甚至减轻了，那就要找原因了，要么喂养不当，要么生病了。

16. 新生儿不吃奶的原因

母亲看到自己的宝宝不吃奶时，总是很着急，找不到对策。其实，只要找到宝宝拒哺的原因，情况就会有所转机了。

新生儿不吃奶的原因很多，大概可以归纳为以下几方面：

第一，母亲乳房胀奶后，比较硬，新生儿不会吸，这时可以用热毛巾敷一敷，把奶挤出

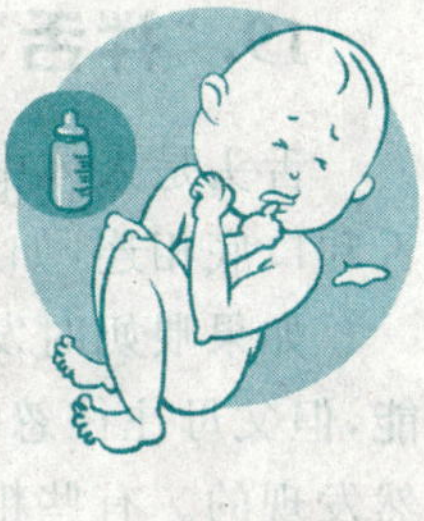

来一些，使乳房变软，这样就会吸了；若是人工喂养，奶瓶上的奶嘴太硬，或上面的吸孔太小，吮吸费力，都会使他们厌吮。

第二，新生儿患一些疾病时，如消化道疾病，就会出现不同程度的厌吮。

第三，新生儿鼻塞后，就得用嘴呼吸，如果吮乳，必然妨碍呼吸，往往刚含住奶头就放弃了。

第四，一些生理缺陷也会影响新生儿吃奶，如唇裂、腭裂等，其吮吸困难，亦会出现拒吮现象。

第五，当新生儿口腔感染了，他们会因疼痛而害怕吮乳。新生儿口腔黏膜柔嫩，分泌液少，口腔比较干燥，再加上不适当的擦拭口腔，常常引起感染。

第六，若是早产儿，则因为身体功能尚未发育完善，吸吮能力低下，甚至吞咽困难，常常是口含奶头而不吸吮或者稍吮即止。

17. 新生儿需要加辅食的情况

一些母亲为了让自己的宝宝更加健康地成长，在新生儿期早早地就给他们添加各种辅食了。这种做法表面上看是给足新生儿营养了，但是真正被新生儿吸收利用的微乎其微。这主要是因为新生儿的消化吸收功能还很弱。

专家认为母乳充足的情况下，不要过早添加辅食。尤其是过早添加淀粉类食物，会影响新生儿肠胃功能的发育。专家还指出，最先添加的辅食应该是蛋黄，并且在宝宝 3 个月才宜添加，早产儿可以略早添加。

如果母亲奶水实在不足，那也不要彻底放弃母乳喂养，可以采取母乳和奶粉是混合喂养。母乳是最天然的营养品，与任何一种配方奶粉都不起冲突，甚至可以把配方奶粉冲在挤出的母乳里。

当然，也有些情况不宜母乳单独喂养，需要添加辅食。

(1)极低体重儿或早产儿。

(2)严重未成熟、有潜在性低血糖或低血糖的新生儿。

(3)患先天性代谢性疾病的新生儿，如苯丙酮尿症、枫糖尿病、半乳糖血症。

(4)当新生儿脱水而母乳不能满足需要时。

18. 不要用高浓度糖水喂新生儿

许多父母都觉得给宝宝的水越甜，宝宝喝的就会越多。这种高浓度的糖水是吸引了宝宝，但是也给他们自身带来了伤害。

研究发现，经常服用高浓度糖水的婴儿容易腹泻、消化不良、食欲缺乏，以致发生营养不良。而新生儿吃高糖的乳类和水，还会增加坏死性小肠炎的发病率。因为高浓度的糖会损伤肠黏膜，糖发酵后产生大量气体造成肠腔充气，肠壁不同程度积气，产生肠黏膜与肌肉层出血坏死，重者还会引起肠穿孔，临床可见腹胀、呕吐，大便先为水样便，后出现血便。

19."袢舌"的原因是舌系带过短

舌头是人体中最灵活的肌肉组织，可完成任何方向的运动，在舌下正中有条系带，使舌和口底相连，如果舌系带过短，俗称"袢舌"，就会发生吸吮困难、语言障碍等。

如果喂奶时发现宝宝吃奶裹不住奶头而出现漏奶现象就应考虑有舌系带过短的可能，但父母往往忽略了这种情况。多数舌系带过短的宝宝是在接受体格检查时被医生偶然发现的。有些粗心的父母直到宝宝学讲话时，看到他们发音不准，特别是说不准翘舌音如"十"、"是"等，才去医院检查而被发现。

专家提醒：当发现有以下情况应及时到医院做进一步检查，是否有舌系带过短：

(1)宝宝吃奶裹不住奶头而出现漏奶现象。

(2)宝宝伸舌时，舌头像被什么东西牵住似的。

(3)宝宝舌头伸出时舌尖呈"V"形凹入。

(4)宝宝舌系带短而厚。

若宝宝在 6 个月以前就发现舌系带过短，可立即进行手术。舌系带过短的手术时间最好是在 6 岁以前完成，这样既不影响宝宝身心健康，又不影响学习。

20. 白天吃奶频繁的宝宝夜间更容易醒

白天频繁给宝宝喂奶的妈妈可能会在夜里为此付出"代价"。研究发现，宝宝白天喂得太勤会影响其夜间的睡眠质量，宝宝更容易"醒夜"。

有研究表明，出生头 1 周里"24 小时内喂食多于 11 次"的宝宝，3 个月后夜间睡眠出现紊乱的可能性要比喂食次数少的宝宝增加 3 倍。对此，专家提出了一套简单的"三步睡眠法则"，可帮助父母使宝宝享受到优质的夜间睡眠。

首先，必须使宝宝白天和夜间所处的环境有"显著区别"，到了晚上房间光线要暗下来，尽量少吵闹，营造一个安静的氛围，这样宝宝就会把这种环境和"睡觉"联系起来，"到时就睡"。

其次，晚上宝宝有困意的时候，应直接把他们放到床上或摇篮里，让其自然入睡。而不要把宝宝抱在怀里轻轻拍打或让其叼着奶头。

最后，当宝宝夜里醒来时，妈妈不要马上喂奶，而是要"有意"地用换尿布或其他事情分散宝宝进食注意力，这样宝宝就不会认为"醒了马上就能吃奶"，慢慢地即使夜里醒了，也能比较容易地重新回到睡眠状态。

第十二章　新生儿的日常照料

一、新生儿的住所

1. 为宝宝营造舒适的"家"

新生儿初来乍到，就像刚出土的幼苗，需要精心细致的照料，所以为他们营造一个舒适的"家"是十分重要的。

（1）房间最好是朝南向阳、光线充足：因为这样可以在天气好的情况下打开窗户晒到太阳，吸收到紫外线，可以预防维生素D缺乏性佝偻病。注意：夏季的时候，新生儿不要受阳光直射，以免刺激眼睛。另外，光线明亮，方便观察新生儿的变化，如黄疸是否出现、皮肤有无感染等情况。而且，还能促使新生儿很快地分辨白天与夜晚，利于新生儿养成有规律的睡眠。

（2）房间一定要空气新鲜：每天要定时开窗1～2次，以保持室内空气新鲜无异味，注意避免风直接吹到新生儿。另外，由于新生儿体温调节能力较差，必须使房间保持适宜的温度和湿度，才能保证新生儿的正常体温。一般室温在18℃～22℃为宜，湿度在50%为宜。为保持一定的湿度，夏季可以在地上洒些水；冬季的时候可在火炉上烧上一壶水，让散发的蒸气来保持室内的湿度；春秋就更要注意防止室内干燥。

（3）房间要特别注意卫生，要经常整理打扫：在打扫时可用湿润的扫帚、拖布清扫地面，用干净的湿布擦拭桌椅，以减少室内的尘土；在整理床铺时最好是将床单拿出去抖抖，清除干净。新生儿的房间不能吸烟，尽量避免人来人往，造成空气污染，发生交叉感染。

（4）房间的墙壁上可以张贴一些色彩鲜艳的图画：如活泼可爱的卡通画、动物画等，这样能给新生儿一个良好的视觉刺激。还可以在房间内放置一台录音机，经常播放一些柔和、委婉的音乐，促进新生儿的听觉发育。另外，在新生儿床的上方15～20厘米的高度，父母可以悬挂一些色彩鲜艳并且能发出声响的玩具，新生儿清醒状态时，可轻轻摇动玩具，这样既训练了视觉，又训练了听觉，利于新生儿大脑的生长发育。

2. 新生儿的房间不要静悄悄

在日常生活中，人们总是把坐月子的母亲和新生儿的房间搞得静静的，生怕有点声音吓着新生儿。其实这是没有必要的。

新生儿由于中耳鼓室尚未充气，并有一部分羊水潴留，以致听觉传导较差，听觉不是很灵敏，但是他们还是能听见声音的。新生儿听到声音后会突然惊哭，这是正常的听觉反射。因为他们刚出生乍一听到声音，不知道声音从何而来，不能很快地适应，通常就会出现"惊吓反射"。所以，父母完全不必紧张，这并不是什么异常行为。

研究证实，新生儿在听到柔和、缓慢、淳厚的声音时，会表现为安静和微笑；而在听到尖锐的声音时会表现为烦躁和不安。并且，新生儿对有节奏的声音更为敏感，可能与胎儿期天天听到母亲有节律的心跳有关，它给予新生儿一种安全感。

尽早的训练新生儿的听力有利于将来的智力发育，那么如何训练新生儿的听力呢？最重要的就是给新生儿一个有声音的环境。我们在日常生活中会产生各种声音，如走路声、说话声、笑声、开门声等，让新生儿听到这些声音，可以促使他们逐渐区分不同的声音。另外，让新生儿听有节奏的音乐，但时间不宜过长，要有节制，选择的音乐也要是舒缓的，不要选过于吵闹的音乐。

3. 室内温度应适宜新生儿

新生儿从恒温的子宫里一下子来到外界环境，由于自身体温调节中枢的功能发育不完善，不能随环境温度的变化而进行调节，因此，出生后体温会明显下降。

如果新生儿出生时，所在的环境温度适中，体温可逐渐回升，达到36℃～37℃，这种最适宜的环境温度，称为"适中温度"或"中性温度"。在这种环境温度下，新生儿可以保持正常体温，消耗的氧气最少，新陈代谢率最低，热能消耗也少，使营养素和热能均以最大限度地用于身体的生长发育。

那么，怎样的室内温度才算适宜呢？一般正常新生儿房间的温度要保持在18℃～22℃，早产儿则要求高一些。若室温过高，新生儿皮肤蒸发大量汗液，呼吸增快，带走水分，使体内水分不足，血液浓缩，引起发热，即"脱水热"。如果室温过低，新生儿体温不升，皮肤及皮下脂肪变硬，发生硬肿症。因此，适宜的室内温度对新生儿的保暖十分重要。

保持室内温度的方法各种各样。在夏季，可用空调、电风扇等方法，但要避免将风直吹新生儿；在冬季，可用暖气、火炉、取暖器来保持室内一定的温度。无论在什么季节，都要避免空气干燥，使室内保持一定的湿度。同时，还要每天定时开窗换气，保证室内空气新鲜，有利于新生儿呼吸系统的功能发育，保证身体健康。

4. 为新生儿选择床

新生儿的主要活动场所就是一张床，所以给他们选择一张舒适的床是非常重要的。

(1)长度要适合，高度要与成人床相同或稍低一点，这样方便母亲看到自己的宝宝，也便于随时随地进行目光交流。

(2)床的周围要有围栏，栏杆最好是圆柱形的，不要选择突出的栏杆或交叉栏杆。栏杆的高度至少60厘米，两根栏杆之间的宽窄要适当，以防新生儿的头、手、脚夹在栏杆中间发生意外。床的各个角也应是圆钝形的，以免碰伤新生儿。

(3)在夏季，可在床上用固定的架子挂上蚊帐，以避免蚊虫的叮咬。注意不可直接将蚊帐搭在床上，避免蚊帐坠落后搭在新生儿的面部，发生意外窒息。

(4)床的两边或两头有专门挂玩具的装置，并且在悬挂玩具时，高度要适宜。

(5)床要放在朝阳的一面，但不能靠近火炉或暖气片，以免烫伤。

(6)要经常更换方向位置，避免新生儿眼睛固定向一个方向看，发生斜视。

5. 新生儿母子同室的优缺点

按照我们中国的传统，新生儿从一出生就和母亲睡在一起，当然这样做是有很多优点的。首先，母亲可以及时了解新生儿的情况，给予及时的处理；其次，母亲可以及时的进行哺乳，满足新生儿的需要，又可以刺激正常的排乳；另外，给新生儿换尿布、换衣服也方便；这样做还利于母子之间的感情交流，让新生儿对周围环境产生安全感。

但是，母子同室也有其不足之处，如新生儿与母亲在一起，有时会妨碍睡眠；有时会因母亲的疏忽而引起窒息；并且母亲感冒或患其他疾病很容易传给他们。

所以，专家提倡，新生儿出生头6个月和母亲同睡，之后就宜分开。当母子分睡时，母亲也要陪他们入睡后才能离开，以保证他们安心睡眠。

6. 给新生儿保暖的原因

新生儿刚出生时，由于外界环境的温度和子宫内的温度有一定差异，加之自身的体温调节中枢发育不完善，所以体温极其不稳定，随着外界环境温度的变化而变化。若温度过高，新生儿体温也升高，易发生脱水热；若温度过低，新生儿体温也会降低，易引起感冒或其他疾病。所以，给予新生儿恰当的保暖是十分重要的。

新生儿的体温调节中枢发育不完善，体温容易受外界环境的影响。无论温度过高还是过低，都不利于新生儿的生长发育，尤其是在寒冷的环境下，新生儿体表面积相对大，皮下脂肪薄，易于散热，导致体温下降，同时还能引起许多不利影响。

(1)降低自身抵抗力：新生儿的自身免疫力本来就差，而寒冷又会降低抵抗力，所以更容易引起伤风、感冒，甚或引起呕吐、肺炎、硬肿症等。

(2)增加氧耗量：如果体温在36℃以下，每降低0.6℃，就会增加10%的耗氧量，这样容易使机体氧气供给不足，无氧酵解代谢增加，其代谢产物乳酸蓄积，从而造成代谢性酸中毒。

(3)引起低血糖：新生儿体内糖的储备不多，寒冷时为了保持体温，往往使糖消耗增加，容易引起低血糖，而低血糖又将影响脑的功能。

(4)加重黄疸：新生儿若有黄疸，体温过低容易引起核黄疸。

可见，寒冷的环境会影响新生儿的正常发育，体重增加缓慢。所以，新生儿要特别注意保暖。

7. 给新生儿保暖的方法

首先，调节好室内温度，一般以 18℃～22℃为宜，相对湿度 50%为宜，并保持恒定，这样可以维持新生儿体温在 36℃～37℃。当然，室内要保持空气新鲜、清洁，经常要开窗换气。如果在炎热的夏季，要特别注意室内通风，可以在地上洒些冷水或放置冷水盆帮助降温；在寒冷的冬季，可以用暖气、火炉等提高室温。

另外，在使用热水袋时，不能直接接触新生儿的皮肤，要放置于包被外，防止烫伤。热水袋的温度不得超过 60℃，也就是将热水滴在大人手背上不感到太烫就行了。冬季的空气干燥，不能让新生儿靠近煤炉或暖气，最好在火炉上烧水蒸发水汽，或在暖气上放湿毛巾，使室内空气湿润，以防新生儿呼吸道黏膜干燥而引起呼吸道疾病。

最后，要适当调节衣服和被褥的穿盖。如吃奶或哭闹时都容易出汗，这种情况下应适当减少被褥。

8. 给新生儿选择合适的被褥

在给新生儿准备被褥时，不仅要美观，更重要的是实用和安全，这样才不会对新生儿娇嫩的身体造成伤害。

新生儿的被褥应单独准备，要选用质地柔软、保暖性好、颜色浅淡的棉布或软布制成，不宜用合成纤维或尼龙织品，因其吸水性、透气性差，易致汗疱疹或皮炎。棉被不宜过厚过大，最好选方形被，用棉花和软布制成。早产儿的被子选用羽毛或鸵毛等保暖好的材料缝制。被子需要准备两条，也可用小被套，最好也用全棉布制作，便于换洗。另外，可以准备小毛毯，因为毛毯比较透气轻薄，保暖性又好，比较适合包裹新生儿。

新生儿的床单最好采用全棉制品，要比小床大一些，四周可以压在床垫下面，这样可以防止宝宝活动时将床单弄成一团。床单可以多备几条，方便换洗。

新生儿的枕头是可以不用准备的。因为新生儿的脊柱是直的，尚未形成生理弯曲。在平躺时，背和头部在一个平面上，而且新生儿的头几乎与肩宽相等，平躺、侧躺都很自然和舒服。并且新生儿的颈部很短，如头抬高后，会影响呼吸。还有当新生儿猛翻身时，容易将脸埋在枕头上，有窒息的危险。若新生儿有溢奶或吐奶的现象，可将上半身略垫高一些，如用洗脸手巾折叠 2～3 层，1～3 厘米高，当做枕头用，以防吐奶。

新生儿的垫被也非常重要。因为新生儿骨骼比较柔软，正处于发育生长阶段，所以垫被不能太软。若用过软的弹簧床垫或海绵垫，可使他们的脊柱经常处于弯曲状态，引起脊柱变形，甚至发生驼背。最好用旧棉胎折叠起来做成床垫，上面再铺一层薄的棉胎就行了。同时，可以再套上一层厚的塑料套，有防水作用。

9. 包裹新生儿的方法

新生儿一出生，家人就把他们包裹得严严实实。殊不知，包裹新生儿也是有学问的。

首先，最好还是给新生儿穿上纯棉的、小和尚领的内衣；然后垫上尿布，注意不要遮盖脐部，以免弄湿污染；再就是外面裹上棉毯，上边再盖一层被。

这一系列的动作中关键是裹棉毯。这时要将新生儿放在毯子对角线上，先将一侧毯子角提起向对侧包住，折转放在新生儿身下，再将另一侧按相反方向折转后放于身下，足部多余的毯子角折回放于臀下。包裹时要松一些，以不散开为原则，尤其是夏天，更不能包得太紧，以免影响新生儿的活动，也避免生痱子。

在包裹时还要注意，不要把新生儿的双手绑在两肋旁，这样会使呼吸受压抑，甚至影响肺部的发育。并且包好后要使新生儿的双腿能在包裹内自由活动，似蛙腿。有的父母担心双腿没有被绑直会不会长成八字脚或罗圈腿，其实这种担心是不必要的。因为腿的变形是佝偻病的后遗症，和新生儿时期的捆绑是没有关系的。恰恰相反，如果绑得太紧，新生儿活动受限，容易疲劳，而且绑的时间长了会影响血液循环，阻碍他们的生长发育。

总之，育儿专家指出，在包裹新生儿时，要注意维持其自然体位。即新生儿的上肢是“W”字形，腹部如鼓形，下肢是“M”字形，其活动度为120°～140°。这种自然体位适合新生儿的活动和正常发育。

10.“蜡烛包”的害处

父母和老人总是习惯性地把刚出生的新生儿用毯子或小棉被包裹起来，除了脑袋以外，手、脚、躯干都被严严实实地包了起来，并且还要用带子或绳子捆绑起来，把新生儿裹成一个长长的小包裹，就像“蜡烛包”。育儿专家指出，“蜡烛包”将新生儿上肢的“W”字形和下肢的“M”字形通通拉直，呈强迫状态的“1”字形，这种做法是不科学的。

第一，因为胎儿在子宫内四肢呈屈曲状态，出生后这种姿势还需要维持一段时间，如果突然用捆绑的方法去改变这种姿势，会给新生儿带来很大的不适，影响他们的自由活动，从而妨碍四肢骨骼、肌肉的生长发育。

第二，紧紧地包裹限制了胸廓的运动，影响肺的功能发育。

第三，还会妨碍大脑的发育。因为感知觉是刺激大脑神经细胞发育必不可少的条件，包裹过严使新生儿减少了获得刺激的可能性。

第四，如果不经常打开包裹，新生儿容易形成尿布疹、脐炎、皮肤感染、褶皱处糜烂等。这与通气不良，清洗少，皮肤表面不干净，细菌容易孳生有关。另外，包裹太紧容易出汗，严重的可能导致脱水热。

二、新生儿的衣着

1. 为宝宝选择合适的衣服

宝宝穿什么样的衣服最舒服？许多父母都有这个疑问，其实很简单，他们和大人一样，喜欢纯棉衣服。

纯棉衣服容易吸水、保暖性强、质地柔软、通透性好，并且容易洗涤。而新生儿的皮肤柔软、娇嫩，汗腺分泌旺盛，穿纯棉的衣服最适合不过了。父母不要给新生儿穿合成纤维或尼龙布料的衣服，因为这些衣服容易产生静电，使宝宝不舒服。注意，有奶癣的新生儿就更不能穿纤维或羊毛类的衣服，而应选择纯棉衣服。

另外，新生儿衣服的样式以结带斜襟式为最好。这种衣服前襟要做得长些，后背可稍短些，以避免或减少大便的污染。衣服最好做宽大一些的，既方便脱穿，又不妨碍新生儿四肢的活动。为避免划伤新生儿娇嫩的皮肤，衣服上不要钉纽扣，更不能使用别针，可以用带子系在身侧。冬天的衣服可采用上述样式做成双层，中间垫以薄棉胎。夏季可以给新生儿穿长单衣，背后系带，便于换尿布。

最后，新生儿衣服的颜色以浅淡为宜。深色颜料染成的布料对娇嫩的皮肤有一定刺激，容易引起皮炎。

2. 为新生儿穿衣服的方法

在给新生儿穿衣服时要先穿上衣。首先，看看尿布是否需要更换，若不干净就换条新的。然后，把上衣沿着领口折叠成圆圈状，两拇指伸进去把领口撑开，从新生儿的头部套过，同时要把新生儿的头稍微抬起；接着把右衣袖沿着袖口折叠成圆圈形，母亲的手从中间穿过去后抓住新生儿的手腕从袖圈中轻轻拉过，这样衣袖就套在新生儿的胳膊上了，再以同样的方式穿上另一条衣袖；最后，轻轻抬起新生儿的上身，把上衣拉下去。

上衣穿好后，再穿裤子。穿裤子时也要先把裤腿折叠成圆圈形，母亲的手从中穿过去抓住新生儿的足踝，将脚轻轻地拉过来，并把裤子拉直；另一条裤腿也要这样穿。最后把裤腰提上去包住上衣，并把衣服整理平整。

当然，这些动作一定要轻柔，要顺着新生儿肢体弯曲和活动的方向进行，不能生拉硬拽。母亲在给新生儿穿衣服时要注意观察新生儿的表现，这样可以及时发现他们身体是否有异常症状。

3. 为新生儿脱衣服的方法

给新生儿脱衣服的动作是和穿衣服相反的，即要先脱裤子再脱上衣。

首先，把新生儿放在床上，一只手轻轻抬起新生儿的臀部，另一只手将裤腰脱至膝盖处；然后用一只手抓住裤口，另一只手轻握新生儿的膝盖，将腿顺势拉出来，另一条腿采用相同的做法。

在脱上衣时，把衣服从腰部上卷到胸前，然后握着新生儿的肘部，把袖口卷成圆圈形，轻轻地把胳膊从中拉出来。最后，把领口张开，小心地从头上取下。

如果新生儿穿的是连衣裤，要先解开扣子，把袖卷成圈形，然后轻轻地把手臂从中拉出，然后按脱裤子的方法将其脱下。

4. 新生儿应该穿裤子

许多父母只给新生儿穿上衣，而不穿裤子。因为新生儿大小便比较多，尿布更换频繁，父母就用尿布代替了裤子，同时又用小棉被把他们包裹得严严实实，也就是“蜡烛包”。我们知道这种包裹方式有许多弊端的，如限制新生儿四肢的正常发育；影响肺和大脑的发育；还容易导致尿布疹、脐炎等，所以新生儿穿裤子是有必要的。

父母在给新生儿选择裤子时，最好不要选择松紧带裤子。因为新生儿正处在快速生长发育阶段，而松紧带会影响胸腹部的发育。父母可以给新生儿选择连体裤，最好是宽松一点的，这样既利于身体发育，又方便更换尿布。

5. 新生儿戴手套害处多

许多父母总是给新生儿戴上小手套，一是不敢为新生儿修剪指甲，再就是怕新生儿在抓摸时指甲划伤小脸蛋。

这样做表面上看是保护了新生儿娇嫩的皮肤，但从新生儿发育的角度看，则直接束缚了他们的双手，使手指关节的活动受到一定的限制，同时也不能直接触摸周围的物体，不利于新生儿触觉的发育。

另外，用毛巾或其他棉织品做的手套比较粗糙，新生儿手部活动时容易摩擦皮肤。并且里面的线头若是脱落了，很容易缠绕住新生儿的手指，影响手指局部血液循环。因此，我们不提倡给新生儿戴手套。

如果新生儿的指甲长了，父母可以在他们熟睡时小心地修剪。给新生儿剪指甲时一定要抓住他们的小手，避免因晃动手指而被剪刀碰伤，但指甲不要剪得过短，以免损伤甲床。最好修剪得适中，光滑，这样既清洁卫生，又不用担心会抓伤皮肤，同时也保证了新生儿小手的正常发育。

6. 新生儿需要穿袜子

新生儿是需要穿袜子的，因为新生儿的体温调节中枢发育还不够成熟，尤其在寒冷的冬季，更应该给新生儿保暖。新生儿穿上袜子是有一定保暖作用的。

另外，给新生儿穿上袜子不仅有保暖作用，而且还有保护作用。若是让新生儿光着脚，接触外界环境就比较多，一些脏东西容易通过娇嫩的皮肤侵袭新生儿，从而增加了感染的机会。但是穿上袜子就会减少这种接触，起到保护作用。同时，随着新生儿的发育，他们的活动能力越来越强，活动范围也增大，穿上袜子可以减少或避免损伤足部的皮肤和脚趾。

那么，新生儿穿什么样的袜子呢？父母在为新生儿准备袜子时，一定要选择宽松柔软的袜子，以免影响新生儿足部的正常发育。

7. 新生儿的衣服不要放樟脑丸

新生儿的衣服在存放时千万不要搁樟脑丸，因为樟脑丸是防止蛀虫的，其主要成分是萘酚，有强烈的挥发性。如果新生儿穿上放置过樟脑丸的衣服，萘酚会通过皮肤进入血液，使红细胞膜的完整性发生改变，而红细胞的破坏会导致新生儿急性溶血，临床表现为进行性贫血，严重的黄疸，尿呈浓茶样。严重者可发展为心力衰竭，有生命危险。

如果父母已经在新生儿的衣服里放了樟脑丸，那就要及时取出樟脑丸，并要把衣服放在煮沸的水中消毒，再通风晾干。因为萘酚受热后很快就会变成气体挥发掉。专家建议，新生儿的衣服要放在干燥的衣柜中，并且在给新生儿穿之前最好在阳光下晒一晒。

三、新生儿的睡眠

1. 新生儿需要足够的睡眠时间

新生儿除了吃奶外，几乎全天都在睡觉。这一方面是因为他们的神经系统尚未发育健全，大脑皮质兴奋低，外界的刺激过强，使之非常容易疲劳，而进入睡眠状态；另一方面也是他们生长发育的需要。所以新生儿睡眠多是一种生理现象。

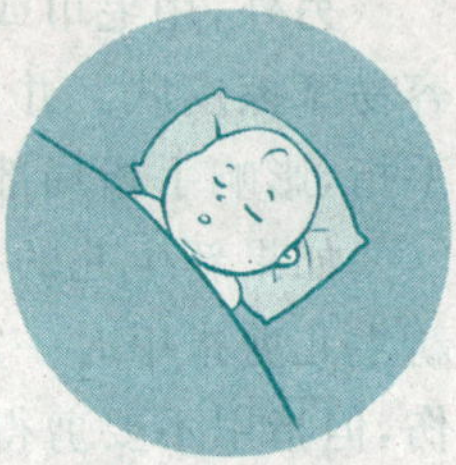

那么，新生儿每天需要睡多少小时呢？据统计，正常新生儿每天睡 17～20 小时，是成年人的 2 倍多；清醒安静的时间为2～3 小时，清醒伴有活动的时间为 1～2 小时，还有 1 小时左右是哭的时间。

所以，父母要给新生儿创造一个良好的睡眠环境。新生儿的房间要空气新鲜、湿度适宜，床上的被褥柔软，厚薄适当。同时要培养新生儿自然睡眠和定时睡眠的习惯。白天准时喂奶，夜间不要因喂奶将他们弄醒；睡觉时不含假乳头，也不要拍打、摇动或抱着。总之，父母要尽可能地保证新生儿高质量的睡眠，从而利于他们的生长发育。

2. 新生儿睡眠的最佳姿势

新生儿大部分时间都在睡觉，但是他们自己不能控制和调整睡眠的姿势，这就需要母亲为他们调整成最佳的睡眠姿势。

一般睡眠姿势分为仰卧、俯卧和侧卧三种。大部分母亲都让新生儿仰卧睡觉，因为这种睡觉姿势能使全身肌肉放松，对新生儿的内脏，如心脏、胃肠道和膀胱的压迫最少。但是，仰卧睡觉也是有缺点的，一是呕吐时容易被呕吐物塞噎喉咙引起窒息；二是仰卧时总是一个方向，就会引起头颅变形，形成扁头，影响头形美观。

新生儿期最好不要俯卧位睡觉，因为新生儿还不能抬头、转头和翻身，俯卧时容易发生意外窒息。另外，俯卧也会压迫内脏，不利于新生儿的生长发育。新生儿刚出生时最好让其保持着他们在子宫内的姿势，四肢屈曲，右侧卧位，在颈下垫块小毛巾，使经过产道时咽进的羊水和黏液流出，并定时改换另一侧卧位，因为新生儿的头颅骨骨缝没有完全闭合，长期睡向一边，头颅可能变形。

如果新生儿刚喂完奶后，最好让其右侧卧位，以减少溢奶，约 1 小时后即可平卧。一般 4 小时左右给新生儿调换一次姿势，同时注意不要把耳轮压向前方。

3. 新生儿闻嗅姿位呼吸道最通畅

父母将视线放低，与新生儿脸部在同一高度，由侧面观看他们的脸部，可以发现其鼻尖及下巴均在最高点，这就是新生儿最理想的仰躺头部姿态，称之为“闻嗅姿位”。因为此时鼻尖部位在身体的最前突位，可使上呼吸道，包括鼻、口及咽喉处的呼吸道处在最顺畅的状态。

专家提醒：父母千万别过度矫正，因为过度伸张或抬高颈部呈反弓状，反而会使此处的呼吸道变扁。

现在商场里有新生儿专用枕头，枕头中间根据头形而设计成了凹陷，这主要是因为新生儿头后部比较突出，用意不错，但不十分理想，该枕头垫于颈部的厚度不够高，父母最好还要在新生儿的上肩处，用卷成筒状的毛巾稍垫高一些才合适。

4. 宝宝白天睡在婴儿车上、晚上睡床上好

专家建议，宝宝白天最好睡在婴儿车上，这样有利于晒太阳或方便大人照顾。如果中间间隔很短地醒来时，摇几下或推几圈很方便，宝宝又能接着睡。晚上最好睡在大床上，这样不仅宝宝有安全感，还方便妈妈照料。

据研究表明，妈妈的呼吸有助于带动宝宝均匀呼吸。宝宝和爸爸妈妈一起睡，睡眠间隔要比独睡长。宝宝离妈妈这么近，妈妈能听到他们的呼吸是否正常，使没有经验的新妈妈安心。

5. 新生儿不能睡电褥子

适宜的保暖对新生儿是很重要的，尤其是早产儿。但是，有的父母给新生儿铺上电褥子来保暖，这种做法是十分危险的。

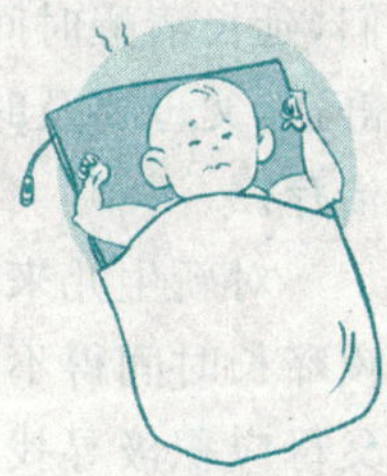

电褥子的温度一般难以自动控制，父母一旦忘记关掉电源，新生儿又无法及时反映自己的感受，导致温度过高、保暖过度，这对新生儿的健康和生命安全都会带来不利影响。因为新生儿体温调节能力差，高温情况下身体内的水分丢失增多，若不及时补充液体，会造成新生儿脱水热、高钠血症、血液浓缩，出现高胆红素血症。甚至还会引起呼吸暂停，严重时可导致死亡。

在家里，父母给新生儿保暖的正确方法是调节室温，也可以在床上多铺些被褥，或用热水袋放在包被外面保温，整个空间提高温度要比局部高温安全得多，而且新生儿也会很舒服。

6. 避免新生儿睡偏头的方法

由于新生儿的头颅骨尚未完全骨化，各个骨片之间仍有成长空隙，有相当的可塑性，再加上新生儿的颈部肌肉不发达而无力转动头部，所以当某一侧的骨片长期承受整个头部重量的压力时，其形状就会受影响。也就是说，新生儿不注意睡眠姿势，头部长期偏向一侧，时间长了，就会左右不对称，俗称“睡偏头”。

那么，怎样才能使新生儿的头部长得左右对称而不会睡偏头呢？

(1)让新生儿有良好的睡眠姿势：一般不要给新生儿用枕头，头部不宜长期处于一种姿势，每天隔 4 小时左右调换一下。父母也可以在一侧放上较软的枕头，使头部不能随意偏向该侧，如此交替进行，久后即能起到防治作用。

(2)经常换位置：新生儿吃奶时头转向母亲一侧，并且睡觉时也习惯于面向母亲，所以，母亲要经常和新生儿调换位置睡觉，这样新生儿就不会把头转向固定的一侧了。

(3)防治佝偻病：新生儿的头骨左右两侧生长不均匀，除了不良的睡眠姿势所致，还可

能因为身体内缺钙，即患有佝偻病，这时更容易发生偏头。

如果父母已经发现新生儿睡偏了头，应该及时进行纠正。若超过了1岁半，宝宝骨骼发育的自我调整能力就会下降，偏头不易纠正，虽然不会影响大脑发育，但影响宝宝的外观美。

7. 新生儿“夜啼”的处理办法

有些新生儿白天熟睡不醒，而晚上精神饱满，甚至哭闹不休，这种日夜颠倒的新生儿我们称为“夜啼郎”。遇上这种情况时，许多父母是大伤脑筋，为什么会有这种现象呢？怎样才能使宝宝停止“夜啼”呢？

因为胎儿在母体内是不分昼夜的，新生儿出生后不能立即适应外界环境，黑夜白天分不清，睡眠规律尚未形成。除了生物钟尚未转向成人化之外，还有其他一些因素，如环境的温度与湿度，或太冷，或太热，都会使新生儿不舒服而哭闹；有的新生儿半夜一定要喂奶，如果不喂就哭闹不止；患有某些疾病（佝偻病、尿布疹等）也可引起新生儿夜间啼哭。

要使新生儿“夜啼”现象消失，首先要针对原因找办法。若只是单纯的生物钟日夜颠倒，父母可以设法让新生儿白天睡眠次数少些，如白天少喂一些，让他吃个半饱，睡不踏实，一会儿一醒；或给他们些刺激（轻轻弹脚心，捏耳垂等），或利用声、光、语言等逗引他们，延长清醒时间，不让他们多睡，使他们疲劳，夜晚自然能睡熟了。若是由于外界环境不舒适，父母要及时改善，给新生儿一个良好的睡眠环境。如果新生儿患有疾病就应及时治疗。

对新生儿来说，他们的生长激素在晚上熟睡时分泌量较多，从而促使身长增加。若是夜啼长时间得不到纠正，新生儿身长增加的速度就会显得缓慢。所以新生儿一旦“夜啼”，父母应积极寻找原因并及时解决，以免影响新生儿正常的生长发育。

育儿专家指出，宝宝从出生到1周岁，白天清醒，晚上睡眠的规律是逐渐形成的；到6～7个月，宝宝的生物钟基本上与成年人接近，但个别的到了12个月时生物钟还是日夜不分。

8. 新生儿睡不安稳有原因

首先，新生儿的神经系统尚未发育完善，会出现睡眠不安。父母可以给他们一个良好的睡眠环境，如室温以18℃～22℃为宜，湿度为50%，空气要新鲜；灯光要柔和，不能太亮，以免刺激新生儿的眼睛引起不适；睡觉时衣服不要穿得太多，被子也不要盖得过厚，因为新生儿新陈代谢旺盛，产生的热能多，容易出汗；在新生儿睡觉时千万不要大声讲话，更不能有嘈杂的声音；父母还可以给新生儿做睡前按摩，改善他们的睡眠质量。

其次，新生儿饿了也会睡眠不安。新生儿的胃容量很小，母乳喂养的新生儿胃排空时间为2.5～3小时，人工喂养的为3～4小时，一般每隔3小时左右就要喂一次奶，所以新生儿在睡觉前父母千万别忘了让他们吃饱。

另外，还有一些情况影响新生儿的睡眠，如尿布湿了，新生儿不舒服也会睡不安稳，父母应及时换尿布；夏天蚊虫叮咬也会影响新生儿睡觉，父母要做好防范措施；有些父母常常将新生儿抱在怀里哄着睡觉，这样就养成了一个坏习惯，即必须要躺在怀里才能睡得安稳。父母应该尽早帮助他们改掉这个坏习惯。

若以上这些因素都排除了，新生儿仍然睡不安稳，父母就要考虑他们是不是生病了。如发热、感冒、腹痛等会使新生儿感到不适而影响睡眠；佝偻病也会使新生儿变得烦躁、易醒。这时父母要马上带他们去医院就诊，及时治疗。

9. 新生儿睡觉不用枕头

育儿专家指出，新生儿睡觉是不需要枕头的。因为新生儿的脊柱是直的，平躺时，背和后脑勺在同一平面上，不会造成肌肉紧绷状态。并且新生儿的头大，几乎与肩同宽，平躺、侧卧都很自然，因此新生儿不需要枕头。

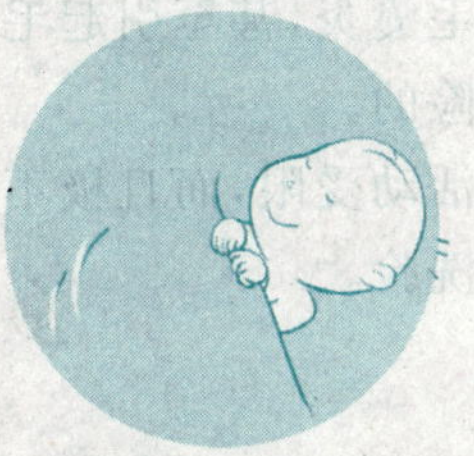

如果头部用枕头垫高了，反而容易造成新生儿头颈弯曲，有的还会引起吞咽和呼吸困难，影响新生儿正常的生长发育。但是父母为了防止新生儿吐奶，可以把新生儿上半身适当垫高。

当婴儿长到三四个月时，其颈椎开始向前弯曲，这时可以用1厘米高的枕头；七八个月学坐时，胸椎开始向后弯曲，肩部也会发育增宽，这时可以用3厘米高的枕头。过高或过低都不利于宝宝的睡眠和身体发育。

10. 新生儿睡枕头呼吸不顺畅

大人用枕头垫在头部睡觉很舒服，但对新生儿来说感觉就大大不同了。新生儿的头部较往后突，当仰卧平躺时，由于后头部突出及两肩平坦，将使得前颈部的脖子处弯曲打折，而呼吸道的咽喉及气管正好位于前颈部，过度的弯曲如橡皮水管一样，会使此处的呼吸道内径变狭窄，增加呼吸时气流阻力，使得呼吸较费力。

如果此时将枕头垫在新生儿的头部，将会使得前颈部弯曲度加大，感觉呼吸不舒畅。父母不妨自己试着把下巴内缩、头颈低弯，此时就感觉呼吸较不顺畅。而这正是新生儿头部垫在枕头时睡觉的感觉。

温馨提示：新生儿不用枕头为好，若用枕头，应把新生儿的双肩睡在枕头上，呼吸最舒畅。还有，最好不要选择中间带凹陷的枕头，可以将毛巾卷成约5厘米高的圆筒状，横垫于新生儿下颈上肩部，以利呼吸道通畅。

四、新生儿的洗浴

1. 新生儿洗脸

首先，父母要做一些洗脸前的准备，如自己的手要洗干净；准备好新生儿专用的小脸盆和毛巾；准备好温水，或等开水降到适宜温度后再用；然后，把毛巾浸湿再拧成半干，摊开卷在2～3个手指上，轻轻给新生儿擦洗。先从眼睛开始，要从眼角内侧向外侧轻轻擦洗，如眼屎较多时要擦干净；接着擦洗鼻子，同时清理鼻子里的分泌物，可以用消毒棉签轻轻卷出分泌物；再就是擦洗口周、面颊、前额和耳朵，

注意擦洗耳朵时不能将水弄进而耳道中。最后，清洗毛巾后再擦洗颈部，尤其是颌下的颈部。

2. 不能用母乳给新生儿洗脸

有些母亲在给新生儿喂完奶后，喜欢用自己的乳汁给新生儿洗脸，认为经常用乳汁洗脸可使新生儿的皮肤变的又白又嫩，其实这种做法对新生儿是有害无益的。

母乳中含有丰富的蛋白质、脂肪和糖，这些营养物质是细菌生长繁殖的良好培养基，为细菌生长提供了条件。而且新生儿的皮肤娇嫩、血管丰富、皮肤角质层薄、通透性强，又为细菌通过毛孔进入体内创造了有利条件，因此用奶洗脸易引起宝宝毛囊炎，甚至引起毛囊周围皮肤化脓感染。不及时治疗可发生败血症等全身感染，是很危险的。

另外，用乳汁洗脸后，在皮肤上可形成一层紧张的膜，使面部肌肉活动受限，而且极不舒服。再说用母乳洗脸也不能使皮肤变的白嫩，记住千万不可用母乳洗脸。

3. 新生儿也要勤洗手

因为新生儿的小手在一般情况下呈握拳状态，手指夹缝和手掌常常藏有污垢，所以母亲要经常给新生儿洗手。在清洗时，母亲要握着新生儿的小手，把手放进水盆，一面拨动水，一面轻轻扒开手指，可以抹上婴儿香皂搓洗，然后用清水洗干净，再用毛巾擦干。然后用同样的方法洗另一只手。

注意：母亲的动作一定要轻柔，使新生儿产生舒适感，不要在他们哭闹时强迫清洗，以免新生儿对洗手产生恐惧和厌烦心理。

4. 为新生儿洗澡前要做的准备

(1)洗澡时所需的清洁用品要准备好，如浴盆、小毛巾、无泪洗发精、沐浴液或婴儿皂、棉花球、橄榄油等。

(2)洗澡后所需的用品和衣物，如润肤露或爽身粉；大浴巾、包被、干净的尿布和衣裤等。

(3)洗澡前要把门窗关好，不要有穿堂风。若是在冬季，室内温度以23℃～26℃比较合适。另外，中午1～2时气温较高，适宜洗澡。

(4)洗澡时最好把浴盆放在合适高度的台上，不仅方便给宝宝换衣服、换尿片，还能让父母身体轻松。

(5)洗澡水要先放凉水再放热水，浴盆约放1/3的水。水温在38℃～40℃，在放新生儿进浴盆前，父母可以用肘部放入水中试试水温，温热即可。

(6)洗澡要在新生儿吃奶前1～2小时，以免吐奶。

5. 给新生儿洗澡有要领

洗澡可以促进全身血液循环，利于新生儿健康成长，但是给新生儿洗澡时一定要小心，应该做到以下几点：

(1)脐带脱落前不要把新生儿放在水中洗，要上下身分开洗，或进行擦洗，以免脐部感染。新生儿脐带脱落后就可以在浴盆里洗澡了。

(2)根据季节及气温变化做安排。如冬天可以隔几天 1 次,一般在中午温度较高时洗澡;夏季出汗多,可以每天洗 1 次。另外在洗澡时室温以 23℃～26℃为宜,水温以 38℃～40℃为宜。

(3)洗澡的清洁用品最好选用新生儿专用的,如无泪洗发精、沐浴液、香皂等。

(4)洗澡的顺序一般是脸、头、身体、背、屁股、脐部。在洗澡的时候要防止水和泡沫进入耳朵、鼻子和眼睛。

(5)洗澡时父母的动作既要快,又要轻柔。每次洗澡不能超过 10 分钟。

(6)洗完后用柔软的毛巾擦干,而后用干棉球擦净脐部。注意新生儿的皮肤皱褶处,如耳后、颈部、腋下、大腿根等部位要擦干,防止发生褶烂面、湿疹等。

(7)新生儿吃完奶后 1～1.5 小时或是吃奶前 1～2 小时洗澡可以防止宝宝吐奶。

6. 新生儿不宜天天洗澡

不宜天天给新生儿洗澡,因为在洗澡过程中,给新生儿擦抹香皂会除掉他们皮肤表面的油脂,而这层油脂具有保暖、防止感染和外部刺激的重要作用,是任何其他精制油脂所不能代替的。另外,新生儿天天洗澡容易疲劳,影响正常的生长发育。

育儿专家建议:新生儿洗澡,冬季隔 3 天洗 1 次,夏季 1 天 1 次。不要让新生儿在水中时间太长,最好不超过 10 分钟。

7. 新生儿不宜使用浴罩洗澡

一些父母给新生儿洗澡时,在小浴盆的外面罩上浴罩,怕把新生儿冻着。这样做虽然保证了一定的温度,但是却增加了另一种危险。因为浴罩一般都是由塑料薄膜制成的,通过隔绝外界空气而达到保暖的目的。但是在浴罩内时间越长,二氧化碳的浓度越高,氧气的浓度越低。在成年人还能忍受的情况下,新生儿会出现暂时的缺氧,时间长了,便会影响新生儿的健康,尤其是体弱多病的新生儿,更不宜使用浴罩洗澡。

8. 不宜给新生儿洗澡的情况

新生儿患某些疾病时不宜洗澡。

(1)发热、咳嗽、流涕、腹泻等疾病时最好不要洗澡。

(2)皮肤烫伤,水疱破溃、皮肤脓疱疮及全身湿疹等有皮肤损害时,应避免洗澡。

(3)肺炎、缺氧、呼吸衰竭、心力衰竭等严重疾病时更不能洗澡,以防洗澡过程中发生缺氧,导致生命危险。

父母为了让新生儿身体干净舒适,可以用柔软的温湿毛巾或海绵擦身。由于新生儿生病期间需要更多的休息,所以擦身时动作一定要轻,从上到下,从前到后逐渐地擦干净。若某处皮肤较脏不易擦干净,可以用婴儿专用的肥皂水或婴儿油擦净皮肤,然后再用湿毛巾擦干净,以防皮肤受到刺激而发红、糜烂。

9. 给宝宝洗干浴的方法

每一次洗澡对爸爸妈妈和宝宝来说都是一次愉快和充满爱的体验。可是，在宝宝的脐带掉落之前或者碰到宝宝状态不好的时候，如有点着凉、肠胃不太好等，你不敢大意地给宝宝洗澡怎么办？育儿专家向你推荐一个好办法：用海绵给宝宝洗个干浴。

给宝宝脱去衣服，用大毛巾裹住宝宝的全身，让宝宝躺在一个安全、温暖、柔软而且方便你操作的地方，譬如床上、垫有大毛巾的大餐桌上。

第一步：从清洗宝宝的脸部开始，用海绵蘸清水轻轻擦洗，特别注意宝宝的耳朵后部和下巴。

第二步：打开部分毛巾，清洗宝宝的胸部、手臂和掌心部，手指间一定要特别注意洗干净。如果你用了肥皂或者沐浴液，请马上用海绵蘸清水洗干净，以防止皮肤干燥，以及肥皂对皮肤的刺激。

第三步：给宝宝清洗背部。请注意：所有擦洗过的部位都马上用毛巾轻柔地吸干，裹好。

第四步：由前往后清洗宝宝的生殖器和小屁股，然后是腿和脚。最后，仔细地用毛巾把宝宝全身彻底擦干，换上干净的尿布和清洁的衣服。

10. 新生儿五官的清洁护理

新生儿的五官经常会出现一些问题，如眼角发红；睡醒后眼内有很多眼屎；鼻腔内分泌物塞住鼻孔而影响呼吸等。那么，父母该如何给新生儿清洗呢？

(1)面部清洁护理：每天早晨用温水洗脸，然后用柔软的毛巾擦干。

(2)眼睛清洁护理：新生儿刚出生时，眼睛可能会被产道里的细菌污染，引起眼炎。所以要注意新生儿眼睛周围皮肤的清洁，每天可用药棉蘸生理盐水擦拭眼角，由内向外，切不可用手擦抹。若新生儿眼屎多或眼睛发红，擦拭干净后用0.25%氯霉素眼药水点眼，每次1滴。

(3)鼻腔清洁护理：一般不宜洗涤，因为弄不好，反而引起炎症。当新生儿鼻腔内分泌物较多时，千万不能用发夹、火柴抠挖，以免触伤鼻黏膜，应用棉签轻轻卷出。如果鼻腔内的黏性分泌物结成硬痂，致使呼吸不畅，影响吃奶、睡眠时，可用药棉浸一些清洁的植物油滴入鼻腔，待硬痂软化后再用棉签轻轻卷出。

(4)耳朵清洁护理：一般耳朵内的分泌物是不需要清理的。同时要注意防止耳朵内进水，若有泪水或洗脸水流入耳朵时，要及时擦干，以免引起外耳道炎症。

(5)口腔清洁护理：新生儿口腔黏膜十分娇嫩，父母不要随便擦洗，否则引起破损，造成感染。正确的做法是在两次喂奶之间喂宝宝儿口温开水。

五、新生儿大小便的料理

新生儿在出生时膀胱中已经有少量尿液，所以在出生后6小时内排尿，开始尿少，以后逐渐增多。一般出生后的前4日，一天只排尿3～4次，大约1周以后，随着进水量的增多，每日排尿可达20次左右，尿量也会增加。新生儿的尿呈淡黄色且透明，但有时排出的尿会呈红褐色，略微浑浊，这是由于尿中的尿酸盐结晶所致，2～3日后会消失。尿液的颜色因母乳喂养还是牛奶喂养的不同而有差异。

新生儿在出生后12小时内开始排出黏稠、黑色或墨绿色、无臭味的胎粪，这是胎儿肠黏液腺的分泌物、脱落的上皮细胞、胆汁、吞入的羊水或产道的血液等的混合物。一般每日2～3次，2～4日后胎粪排尽，转为黄色糊状便，每日3～5次，通常是在喂奶时排便。在喂奶时排便是胃肠反射引起的，属正常生理现象。

母乳喂养的新生儿大便呈金黄色，偶尔会微带绿色且比较稀；或呈糊状，均匀一致，带有酸味但没有泡沫，没有奶瓣。人工喂养的新生儿吃的是配方奶，大便呈淡黄色或土黄色，比较干燥、粗糙，有便秘倾向，带有难闻的粪臭味，有时还混有灰白色的“奶瓣”。

新生儿大便时很用力，有时因屏气用力而脸面涨得发红，伸臂、仰头、皱眉，甚至发出特殊的声响，有些母亲误认为新生儿便秘，其实不是的。这是因为新生儿的神经系统发育还不健全，对各种肌肉群的调节和控制还不准确，往往是一处用力而引起全身用力。随着新生儿的生长发育，这种状况会消失的。

1. 女婴外阴的护理方法

新生儿期女孩的处女膜肿胀、呈紫红色，微突出于外阴裂隙；阴唇软、形圆、丰满，外阴可有白色凝乳状或黏液状分泌物覆盖，有时还有少量的分泌物，这种颜色透明、没有难闻气味的白带，对阴部的皮肤黏膜无刺激性。此时女孩的生殖器官发育尚未成熟，阴道黏膜薄，阴道内酸度低，如果有病原体或异物侵入，容易感染发病。并且女孩的尿道短而宽，尿道口与阴道、肛门比较接近，细菌容易侵入，发生尿路感染的机会也比较多。

在日常生活中，母亲要做好女孩的外阴护理。首先，尿布最好用棉制品，尽量避免纤维类，防止局部潮湿或湿疹。其次，每天晚上睡觉前和每次便后要清洗外阴。清洗时，毛巾从阴道口向肛门的方向（大便后用手纸擦时也是这个方向），如果方向相反，肛门周围的细菌就会传到阴道或尿道。另外，父母应该给她们准备专门洗外阴的小盆和毛巾。

2. 给新生儿擦屁股的方法

父母千万不要小看给孩子擦屁股这件事，这里面有一定学问呢！近年来，患肛瘘的孩子越来越多，其原因就与没有正确给孩子擦屁股有关。

父母为新生儿准备的尿布一般都是用旧床单、旧衣裳做的，虽然这些旧布柔软且吸水，但是由于它们经过多次的反复搓洗，布上的绒毛早已变成了一层毛刺，这些毛刺在旧布干燥状态时很坚硬，对皮肤娇嫩的新生儿来说是十分有害的。

新生儿在大小便后，父母常常在换尿布时顺手用干尿布给他们擦屁股，再加上新生儿的大便比较黏，需要反复擦几次才能干净，从而增加了损伤新生儿皮肤的机会。还有的父母用废纸给新生儿擦屁股，这更容易使新生儿的肛门黏膜受到损伤，并且一旦感染后易致肛门炎，引起肛门脓肿，破溃后形成肛瘘。

男孩肛门发炎时红肿、疼痛，形成脓肿后肛周皮肤肿胀光亮，中心软化，破溃后流出脓液而形成肛瘘，大便则从瘘管口流出。女孩一般是外阴红肿，破溃后大便从阴道口处女膜外部位的瘘口排出，开始3天大便几乎全从阴道口排出来，肛门不排便。大约过10日，肛门才逐渐恢复排便，随着阴道排便的减少，肛瘘周围炎症也会消退。但是女孩的肛瘘不会自动愈合，如果腹泻时仍会从瘘口漏出粪便。要想彻底治愈肛瘘，父母应带孩子及时到医院治疗。

可见，父母掌握科学育儿知识是多么重要。为了孩子将来的健康，父母可以选择质地柔软、吸水性强的新棉布做尿布，或选用一次性的“尿不湿”，并且给孩子擦屁股时不要太用力。新生儿在大小便后，父母可以先用温水给他们清洗外阴肛门，然后用消毒的软卫生纸轻轻地擦干，这样能有效地预防肛瘘。

3. 预防新生儿红臀的方法

新生儿红臀又称尿布疹，是指新生儿臀部、会阴部等处的皮肤发红，有散在的斑丘疹或疱疹，然后渐渐糜烂、破损，是新生儿常见的皮肤病。因为新生儿消化功能差，大小便次数多，若尿布更换不及时，臀部皮肤经常处在潮闷的环境中，又由于粪便中含脂肪酸，尿中含尿酸，这些化学物质经常刺激臀部皮肤就会发生红臀。

由此看来，预防红臀的最好办法就是勤换尿布。新生儿大小便次数比较多，只有及时更换尿布，才能保持臀部皮肤的清洁干燥。同时父母最好选用柔软、吸水性强、透气好的纯棉布做尿布，用过的尿布应先浸在水中半小时后再洗，肥皂水一定要漂清，然后在太阳下晒干。阴干的尿布常留有一定水分，最好放在热水袋或熨斗上烘一下，使尿布干燥。并且还要避免使用橡胶或塑料的防水布，免得积尿、积汗。另外，父母可以在新生儿大便后用温水给他们洗屁股，然后要用毛巾吸干，不能在潮湿的时候扑粉。

如果新生儿已经有了红臀，父母要根据不同的创面采用不同的方法，切忌乱涂爽身粉或油膏。如果臀部只有红斑，父母在给新生儿清洗时可以少用些肥皂，然后用柔软且吸水的棉布或卫生纸吸干，再涂上5%～10%的鞣酸软膏；如果宝宝有皮肤破损，父母可以给宝宝涂紫药水；如果情况很严重，就要及时去医院诊治。

育儿专家指出，女婴小便更容易浸湿臀下的尿布，发生红臀的概率较男婴高。所以父母在照料女婴时，可以使其臀部的尿布稍厚些，而且更要勤换、勤洗，保持臀部干燥。

4. 新生儿尿布的选择和使用

父母在给新生儿选择和使用尿布时要注意以下几个方面。

（1）新生儿的皮肤娇嫩，并且大小便次数比较多，选用尿布时要讲究柔软、吸水性强、透气性好和方便洗晒。所以父母可以用棉布制作尿布，以浅颜色为宜。另外，纸尿布的透气性不如棉布好，只能做临时性使用。

（2）尿布可以做成正方形，也可以做成长方形，大小要适宜。正方形尿布可对角折叠两次成三角形，或折叠三层成长方形使用；长方形的尿布一般折叠四五层，注意折叠后不宜过宽，以免新生儿不舒服。系尿布的带子最好用布条，不要使用松紧带。尿布的数量要充足，一般新生儿一昼夜需要20～30块。

(3)父母可以先用长方形尿布兜住肛门及外生殖器。男婴尿流方向向上,腹部宜叠厚一些,但不要包过肚脐,防止尿液浸渍脐部;女婴尿往下流,尿布可在腰部垫厚一些。

(4)在给新生儿垫尿布时,不仅要保证大小便不泄漏出来,不弄脏衣裤和被褥,还要使他们的膝、髋关节处于自然的状态,切忌拉直新生儿的双腿而造成髋关节脱位。

(5)换尿布时,首先要轻轻提起新生儿的腿及臀部,把污染的尿布处折叠覆盖,然后用温水棉球轻轻擦净臀部及周围的部分,再用纸巾擦干,最后拿走脏尿布换上干净尿布。

(6)在清洗尿布时不宜用洗衣粉、药皂和碱性太大的肥皂液,可以先用热水烫一下,除去尿碱,使尿布柔软;尿布上的粪便应先用清水洗净,然后用肥皂搓洗。日晒是利用阳光中紫外线的照射来消毒,它比晾干、烘干等方法要好得多。

5. 给新生儿换尿布的细节

母亲在给新生儿换尿布时要掌握以下 4 个细节。

(1)时机:给宝宝喂奶前、后都应检查尿布湿了没有,母亲可以用手指从宝宝大腿根部伸入摸摸就知道了。

(2)预防:在给宝宝换尿布前,先要在宝宝下身铺一块大的换尿布垫,防止在换尿布期间宝宝突然撒尿或拉屎,把床单弄脏,并一手将宝宝屁股轻轻托起,一手撤出尿湿的尿布。

(3)差异:男婴可以把尿布多叠几层放在会阴前面,女婴可以在屁股下面多叠几层尿布,这样能增加特殊部位的吸湿性。男婴小阴茎的后面、阴囊的皱褶和大腿根部不好擦;女婴要注意擦净大腿根部,并且在擦外阴时轻轻把大阴唇分开,手指包上湿毛巾轻轻擦里边的污物。

(4)适合:把尿布前片折到新生儿肚子上,长度不要超过肚脐,再折上尿布兜用布条绑好,或用粘扣粘住。

最后,检查和调整腰部的固定是否合适,松紧以母亲的两个手指能放进去为宜;检查大腿根部尿布是否露出,松紧是否合适,太松会造成尿液侧漏。

6. 清洗新生儿尿布的方法

首先要选用中性洗涤剂清洗,不要用柔软剂、漂白剂或碱性太大的肥皂液。要冲洗干净,不要残留洗涤剂,否则会降低尿布的吸水性,还会使新生儿容易患尿布疹。然后在清洗的时候,若尿布上仅有尿液,可用热水浸泡后再用清水漂洗干净;若有大便,可将尿布上的粪便清除后放入清水中,用中性洗涤剂揉搓,洗净后一定要用清水多冲洗几遍。所有尿布洗净后,最后均要用开水烫一烫,拧干后在阳光下晾晒,以达到杀菌消毒的目的。

注意:不管尿布上尿多尿少,都不能不洗就放在煤炉、暖气上烤或在太阳下晒后再用。因为沾有尿便的尿布对新生儿臀部皮肤有一定的刺激作用。如母乳喂养的新生儿,大便中乳酸杆菌较多,呈酸性;而喂牛奶的新生儿大便多呈碱性,无论酸性还是碱性,对新生儿柔嫩的皮肤都有一定的伤害。因此,一定要将尿布上的尿液、粪便,以及肥皂或洗衣粉中的酸碱成分彻底清除掉,才能达到真正清洗尿布的目的。

父母千万不能忽视新生儿尿布的清洗,如果不按照正确的方法去做,不仅尿布脏,有气味,同时也会损害新生儿的皮肤并引起感染,从而影响新生儿的健康。

7. 不可用卫生纸给新生儿当尿布

一些母亲用卫生纸代替尿布给新生儿垫屁股，认为这样既可免除反复洗刷尿布的麻烦，又能防止病菌的感染。其实，这是很不妥的。

到目前为止，人们所用的以各种保健、治疗为目的卫生纸，不管制作工艺多么精细，都不能完全清除纸中残存的烧碱等碱性物质，也不能完全除去纸中的漂白剂等氧化程度不同的化学物质。这些物质虽然浓度不高，对成年人一般不会产生明显的不良反应，但对皮薄肉嫩的新生儿来说，腐蚀或刺激作用就不可忽视了。

8. 一次性尿片的使用方法

在给新生儿使用一次性尿片时，先将尿片打开，黏性搭扣在上，将新生儿的双腿抬起，移动尿片，使其上部与新生儿的腰部平齐；将尿片的前部经新生儿的双腿间折起，抚平新生儿肚子上的尿片边缘，把它整齐地折好，然后揭开黏性搭扣，将其紧紧地按在前面以粘牢尿片。

如果尿片脏了，用洗液或油脂及棉花擦洗，从双腿和臀部向里擦，每次都要用新的棉花。然后用一块湿布或棉花擦拭尿液，清洗生殖器和周围部位。

9. 为新生儿选购纸尿裤的方法

为宝宝选用可抛弃的纸尿裤时，首先会注意到尺寸的问题，目前市面上有各种尺寸，可以说相当完备。其次还有注意男婴、女婴的区别。除了尺寸及款式上的挑选，还必须注意一些贴身、贴心的小细节。

(1)吸收多，吸收快：吸收多，可以减少更换频率；吸收快，可以减少尿液与皮肤接触的时间。另外，尿裤表层的材质也要挑选干爽而不回渗的，这样可让睡觉中的宝宝不被湿尿布弄得无法睡安稳。

(2)透气、不闷热：如果不透气，尤其一到夏天会让人万分不适、坐立难安。

(3)触感舒服：触觉，对宝宝来说是他们认识世界的首要环节；宝宝的肌肤非常敏锐，只要有一点点刺激，就会让他们感到非常不舒服。

(4)干爽不外漏：一般的纸尿裤都达到了不外漏的标准，但在宝宝腿部及腰部的缩口设计是否因防漏而太紧、材质的使用是否令宝宝舒服，是我们必须注意的。

10. 新生儿不宜常用纸尿裤

许多年轻父母给自己的宝宝使用纸尿裤，虽然方便、省心，但是却给宝宝带来不少疾病隐患，对宝宝的发育极为不利，其中最有可能造成长大后不育症。

泌尿专家指出，不少纸尿裤并非完全是纸，其内层还有海绵、纤维等，这些虽然有一定的吸附作用，但长期使用会对新生儿的肌肤造成伤害。更严重的是，纸尿裤有可能引起日后的不育症。因为纸尿裤不透气，紧贴新生儿皮肤，容易使局部温度升高，而男婴睾丸最适宜的温度是在36℃左右，一旦温度上升到37℃，时间长了能导致睾丸将来产不出精子而影响生育。

所以，父母在给新生儿使用纸尿裤时，注意不要包得太紧和频繁使用。倘若让宝宝的小屁股一直处于纸尿裤的包围中或选用劣质的纸尿裤，无疑会影响他们正常的生长发育，更易患上肛周炎、肛瘘等疾病。

专家建议：新生儿最好使用天然棉质的尿布，不光吸水和透气性能好，还不会刺激新生儿的皮肤。

六、新生儿的日常生活护理

1. 新生儿出生 48 小时内护理

新生儿刚出生的第一个 48 小时里会发生哪些事？作为父母都需要做什么呢？

(1)产房里：从产房里传出啼哭声，这就代表新生儿开始以个体独立生存了。此时，医生会用器械吸新生儿的口腔和鼻腔，清除残留在里面的黏液和羊水，从而确保鼻孔完全打开畅通地呼吸。然后会用毯子把宝宝抱起来放在母亲身上，让母子俩亲近一会儿。

(2)剪脐带：脐带通常在新生儿出生后几分钟内就会被剪掉。医生用钳子钳住脐带，如果父亲被允许进产房，那么这一光荣的使命就交给父亲来完成。医生有可能从脐带里抽取血样以供稍后检验。

(3)检查：新生儿出生后 1 分钟内及 5 分钟之后分别要接受一次阿普伽新生儿评分，即对新生儿的肤色、心率、反射应激性、肌张力及呼吸力等 5 项进行评估，以此来检查新生儿是否适应了环境变化。然后再会给新生儿称体重、量身长，并检查有无疾病症状。

(4)保护性措施：新生儿出生后都要注射维生素 K，它是用来帮助血液凝结的，因为新生儿的肝脏分泌维生素 K 的功能还未发育成熟。另外，护士还会在新生儿的眼睛里涂抹含有抗生素的药膏或药水。如果母亲愿意，这时候就可以给新生儿喂奶了，或者抱抱新生儿，因为他刚来到这个世界，对周围环境都很警觉，需要妈妈的呵护。

2. 抱新生儿有讲究

新生儿的四肢较软，头也抬不起来，颈部、腰部也无力，可以使躺在床上的新生儿面向你，先将你的左手轻轻插到新生儿的下背部和臀部，再用右手轻轻地插入新生儿的头部下方，慢慢将新生儿抱起来，这样新生儿的腰部和颈部就在一个平面上，由于有手支撑着头部，头也不会向后耷拉下来，再慢慢地将新生儿的头转向你的左臂弯中，使头固定依靠在你的左臂弯中。

你也可以将新生儿竖抱，用上述方法将新生儿抱起离床后，右手将新生儿的头慢慢靠向你的左肩部，左手仍托住他的臀部和腰部，以支持其体重，右手则托住新生儿的头颈部，这样新生儿就可俯在你的肩膀上了。但要注意竖抱的时间不能太长，以免使新生儿感到疲劳。将新生儿放下时更应小心谨慎，先用一只手托住新生儿的头部，另一只手托住他们的臀部，轻轻地、慢慢地放下，这时应当注意的是你的手要一直扶住他们的身体，直到将新生儿的身体完全放到床上，才可拿开双手。并且要先轻轻抽出新生儿臀部下面的手，并去抬高新生儿的头部，以便将放在新生儿头颈部的那只手抽出来，再轻轻地将新生儿的头放下。

不管用何种姿势抱新生儿，均应保护好头颈部和腰部，以免造成意外伤害。父母还要注意，将新生儿抱起来的时间不宜过长，以免宝宝疲劳；也不可将新生儿抱在手上来回摇晃，以免损伤宝宝脑部。

3. 使新生儿安全温暖的抱姿

从母亲子宫内既宁静又暖和、安全的环境突然来到充满空气光亮的世界，新生儿十分不习惯，尤其被人抱起时会受惊吓。因此，作为妈妈爸爸应该知道什么样的抱姿使新生儿感到安全温暖，同时这也是亲子建立感情的第一步，对新生儿身心发育十分重要。

父母在抱起新生儿前可先用眼神或说话声音逗引，使他们注意，一边逗引一边伸手将他们慢慢抱起。抱新生儿可采用下列不同姿势和位置：

(1)横抱：让宝宝横躺在你前臂上，用手掌托宝宝背部，手指捏住外侧臀部及大腿根，头和颈搁在臂弯处，胸腹近侧靠近胸及上腹部，母亲另一只手还可用玩具逗引他们。

(2)坐式抱：逐渐提高宝宝的头颈、上身，使其慢慢习惯上身直立，待头部能够竖直时，可采用坐姿怀抱，即宝宝背靠母胸，脸向前，母亲一手从腋下经前胸环抱他们，另一手从同侧宝宝大腿下伸向另一侧抱住另侧臀部和大腿。

(3)竖抱：宝宝伏于母亲肩膀，将宝宝抱直，胸腹紧贴母亲前胸，一手臂绕过背，抓住侧宝宝上肢。由于宝宝的头不能竖稳，母亲可将手掌托住头和颈，另一手从背后托住臀部和双腿，撑住全身重量。这样宝宝不仅可以看见四周的事物，还锻炼了头颈部肌肉，训练竖头、抬头动作。

4. 新生儿过早竖抱、抬头有细节

有些父母常常会问到"在月子里就竖起来抱，会不会让宝宝的腰受损"？

育儿专家指出，宝宝的运动发育遵循从上到下、从中心到四周、从大肌群到小肌群的规律。他们最早的协调动作是头部的动作，如吸吮反射，眼及头部追随物体的转动，以后是四肢的活动、颈及躯干的运动到双下肢运动；从四肢的大动作到双手的抓握、双脚的迈步。

宝宝躯干的动作顺序首先是抬头，细心的父母可能发现了新生儿俯卧时也能将头抬起数秒，以后随着神经系统的发育，颈躯干肌肉的发育，到了2个月左右，他们就可以在俯卧位时抬头数分钟以上，到了3个月的时候，俯卧时不仅能抬头，其胸部也可离开床面。

科学试验证明，科学地训练宝宝运动，可促进脑发育。宝宝学会一个动作的意义，在于它促进了神经系统的发育。所以说，宝宝在月子里就要竖抱，满月后俯卧时要抬头。只要细心保护、方法正确将使宝宝更聪明。

5. 新生儿一哭就抱对宝宝不好

新生儿一哭，父母就急忙把他们抱起来，一般情况下，新生儿就会停止啼哭。许多父母就会问这是不是具有反射性？是的，但是父母要适可而止，不要一哭就抱，否则会使新生儿产生依赖性从而更容易啼哭。

新生儿的哭有两种，一种是反应性的，一种是生理性的。若无异常现象，新生儿的啼哭是对身体有益的。另外，父母应注意观察新生儿的啼哭规律，正确判断他们啼哭的原因，予以对症处理。如果新生儿因身体不适而哭泣，父母就应抱抱他们，还要了解他们的不适；如果他们想要父母的关爱，父母可以拍拍他们，当然也不排斥抱他们。但是，如果完全用抱来应对哭泣则容易构成新生儿反射性的哭泣。

为了让孩子养成正常的生活规律，父母应从新生儿阶段就开始培养他们良好的生活习惯。如让新生儿顺其自然地入睡、啼哭、运动、醒来，不要一听到哭声就抱起来，或让新生儿在怀里入睡，或用摇篮，或是哼着曲子催他们入睡，以免形成不良的习惯。

6. 新生儿满月剃头害处多

我国的一些地方流传着“满月剃胎发”的风俗，认为宝宝满月时剃光胎发后，将来长得头发会又黑又密，其实这不仅没有科学依据，甚至还有可能危及宝宝的安全。

胎发和胎毛是在胎儿时期形成的，出生以后，这些体表的毛发对新生儿有保护作用。新生儿的头皮非常娇嫩，而且抵抗力差，剃头时难免刮破造成感染，而且新生儿头上有一层起保护作用的“胎皮”，剃头时也会把这层剃掉，很容易使细菌有机可乘。如果是在冬天，天气寒冷，新生儿的头骨还没长硬，头发有保暖作用。

新生儿出生时头发少，将来未必头发就少，这主要受母亲孕期的营养及遗传的影响。如果希望宝宝的头发长得更好，可以在宝宝稍大时多给他们吃些核桃、黑芝麻等，以改善毛发质量。宝宝一般在 1 岁左右头发就会逐渐长出，到 2 岁时已长得相当多，父母们不必为此而担忧。

7. 不要随意拔新生儿的毳毛

胎儿在母亲的子宫里发育到五六个月时，全身就有了浓密的胎毛，以后会逐渐脱落。早产儿及一些足月新生儿有时全身覆有纤细的胎毛，胎毛柔软，缺少色素，无髓质，生长潜力有限。而足月新生儿胎毛通常脱落，代之以毳毛，在头皮则由粗的、色素较深的终毛取而代之。头发的生长在出生前通常是同步的，但受性别、胎龄和胎儿营养状况等的调节。大部分毛发处于生长期，数月以后许多毛发变成有髓质，且毛皮的生长变成不同步。

父母千万不要拔新生儿身上的毳毛，因为新生儿皮肤很娇嫩，拔除胎毛会伤害毛囊，轻则造成皮肤发炎，重则造成感染。新生儿身上的胎毛大都会自动蜕掉，父母不用担心。

8. 新生儿头发稀少的原因

新生儿头发的多少、色泽、曲直与父母遗传有一定关系。如果父母头发好，则宝宝的头发也较好；如果父母头发差，宝宝的头发也差。一般新生儿出生时头发的多少和今后头发的多少无关，大部分宝宝随着身体发育的过程，头发会渐渐由稀到密，由黄到黑。

当然，一些疾病会影响到宝宝头发的生长，如佝偻病、某些稀有元素的缺乏和过剩、有遗传代谢疾病等的患儿都会表现为头发稀疏。如果到了 1 岁左右宝宝头发仍无明显改善，可去医院做微量元素和其他相关检查，并注意调节饮食结构和加强对身体的锻炼。

专家提醒：父母要勤给宝宝洗头，否则长期不洗，油脂及汗液的刺激会引起继发感染，反而影响新头发的生长；父母千万不要在宝宝的头皮上擦生姜，更不要用剃刀刮宝宝的头发，因为这样会伤害到宝宝头皮上的毛孔，细菌会趁机而入，容易导致局部小脓疮或皮肤化脓感染。

9. 新生儿头发的护理

多数新生儿出生时，都长着一头浓密的胎毛，需要好好护养。要保护好他们的头发，就要从以下三方面做起。

(1)洗发：新生儿头皮上有一种淡黄的薄膜，这叫“乳痂”，是皮肤油脂分泌过多的结果，为了去掉这种“痂”，可涂上一层薄薄的凡士林，使之变软，再用棉球或软毛刷将“痂”慢慢擦掉。另外，平时父母也可以用少量婴儿洗发剂给新生儿洗头发，不必揉搓他们的头发，只要使洗发剂形成泡沫，然后将其冲掉，再用干毛巾擦净。

(2)梳发：给新生儿梳头时最好用橡胶梳，既有弹性又柔软，不要用硬齿梳，否则会损伤头皮。让新生儿的头发顺其自然地梳到一个方向。父母不要给新生儿用发夹或扎辫子。

(3)理发：在给新生儿理发时，要避免在理发过程中宝宝乱动或突然转身时碰伤头皮。不要用剃刀或推子剃去后脑勺和耳边周围的胎毛，因为这会刺激胎毛的生长。

专家指出，父母在给新生儿护理头发时，要注意保护新生儿的囟门，虽然囟门上面是一层结实的膜，但也要轻轻地，绝不能碰伤它。

10. 新生儿皮肤的护理

(1)新生儿的皮肤非常娇嫩，并且代谢快，易受汗水、大小便和空气中灰尘的刺激而发生糜烂，尤其是皮肤的皱褶处，如颈部、腋窝、腹股沟等处更容易发生，甚至发生感染，成为病菌进入体内的门户。因此，要经常给新生儿洗澡，保持皮肤干净，减少感染的机会。

(2)新生儿皮肤角化层较薄，缺乏弹性，防御外力的能力较差，当受到轻微的外力就会发生损伤，损伤后又容易感染，因此，新生儿的衣着、鞋袜等要得当，避免一切有可能损伤皮肤的因素。浴后涂上宝宝润肤露，减低表面摩擦。

(3)新生儿的皮肤薄、血管丰富、有较强的吸收和通透能力，因此，不可随意给新生儿使用药膏，尤其是含有激素类的药膏。给新生儿洗澡时，要使用刺激性小的婴儿皂、中性皂，不可使用成人用的香皂或药皂等。

(4)新生儿的皮肤汗腺、皮脂腺的分泌功能较强，皮脂易溢出，如不经常清洗，就会与空气中的灰尘、皮肤上的碎屑而形成厚厚的一层痂皮。因此清洗时应当先用植物油涂擦在痂皮上面，浸泡变软后，再用水清晰干净，决不可用手将痂皮撕下来，否则会损伤宝宝的皮肤。

11. 给宝宝建立生活日程

无论是哪一年龄段的人都有一个生物钟，只有在一种有规律的模式中，他们才能运转得最好。当然，新生儿也不例外。育儿专家建议，父母要从一开始就建立 E. A. S. Y. 循环，即在给新生儿建立一个安全、持久的环境时，使他们有规律的作息。这是一个反复发

生的过程,大约需 3 小时,其中每部分是以下面的顺序发生的:

E:吃奶。无论你的宝宝是母乳喂养,还是人工喂养,或二者兼有,都需要每隔 25 分钟到 40 分钟喂养一次。宝宝是个小饭桶,与他们的体重相比,自身摄取的能量是一个肥胖者的 2~3 倍。

A:活动。新生儿每天大约有 80%的时间来睡觉,其余的时间除了吃饭,就是在小床上咿咿呀呀。

S:睡觉。即使新生儿的身体有不适,或是因为刚开始还不适应,都需要逐渐学会在自己的小床上入睡。

Y:在宝宝睡觉的时候,就该是你自己的时间了。如果能够按照 E. A. S. Y 循环去做,在事情料理妥当后,每隔几小时便是你自己的休息时间了,可以进行精神和身体上的恢复。随着新生儿的长大,哺乳时间变短,能够自己玩,睡觉的时间变长。

与其他宝宝护理的方法相比,E. A. S. Y 循环更加合理和实用。因为这一简单安排的美妙之处就在于,每走一步时,新生儿和父母都知道下面将如何安排。这就意味着父母可自行安排生活,每个家庭成员的需要都能得到满足。

12. 照料男婴的细节

许多父母在护理男宝宝时会出现很多困惑,如包尿布时不小心宝宝的屁股就会红肿发炎;染上腮腺炎又担心影响将来的生育能力;出生时肾积水今后要随访;包皮要不要割及什么时候割好等,这些都令父母手忙脚乱、无所适从。下面就讲一些照料男婴的细节。

(1)包尿布要格外小心:有报道指出,方便、省心的纸尿裤如使用方法不当,将来可能影响男婴生殖器的发育,严重的还可能导致长大后不育。所以,父母在给宝宝包尿布时不宜太紧,尤其特别是男宝宝。

(2)常常哭闹可能尿路感染了:专家提醒,尿布使用不当,容易引发宝宝尿路逆行感染,再加上男婴经常使用尿布或穿开裆裤,尿道口更容易受粪便或其他不洁物的污染。父母一旦发现宝宝哭闹不休,且每次排尿量不多,尿布有臭味等,可能是发生了尿路感染。

(3)腮腺炎可能影响男婴将来生育:专家指出,男婴患腮腺炎并不意味着一定就会丧失生殖能力,只有当腮腺炎引发睾丸炎时,才会影响生育能力。所以,父母一旦发现宝宝患了腮腺炎,就需及时治疗。同时,父母可通过触摸男婴的生殖器,观察是否有肿胀、疼痛感,及时发现睾丸炎。

(4)男婴肾积水要定期随访:专家指出,胎儿期出现的肾积水存在明显的自己缓解倾向,但是宝宝出生后,如果出现腰部、腹部肿块,尿路感染,或肾积水进行性发展,则需手术治疗。若没有以上症状,应在 2 岁内每隔 3 个月随访一次,一般 2 岁内可自行缓解。

(5)包茎手术并非越早越好:专家认为,男婴包茎手术并不是越早进行越好,最好是在学龄前比较懂事时,动手术才较合适。手术一定要选择正规、有资质的专科医院进行,切莫贪图便宜,造成终身伤害。

13. 给女婴用爽身粉的细节

宝宝洗完澡后,妈妈总爱给他们涂上一些爽身粉,特别是在炎热的夏季。但是有专家指出，女婴最好不要将爽身粉扑在大腿内侧、外阴、下腹等部位。因为一些调查表明，女性长期使用爽身粉，卵巢癌的发病危险增加 3.88 倍。

这与女性的身体结构有关。因为女性的盆腔与外界是相通的，尤其是妇女的内生殖器官与外界直接相通，而爽身粉的主要成分是滑石粉，颗粒很小，容易通过外阴、阴道、宫颈、宫腔、开放的输卵管进入到腹腔，并且附着在卵巢的表面，这样就会刺激卵巢上皮细胞增生，进而诱发卵巢癌。国外一些统计资料说明，每 70 个新生女婴就有 1 名可能会在未来的一生中患卵巢恶性肿瘤。卵巢癌很难早期发现，它在妇女肿瘤中的死亡率仅次于宫颈癌。

虽然目前还不能完全得出爽身粉一定会诱发卵巢癌，但是，为慎重起见，年轻的妈妈应避免用爽身粉为女婴扑下身。

14. 给新生儿剪指甲的细节

新生儿的小手经常呈握拳状，一旦指甲过长可能会抓破皮肤。所以，父母给新生儿修剪指甲是必要的，但是切勿剪得过短而伤及甲床软组织。

育儿专家建议，父母在给新生儿修剪指甲时可以按照以下几方面进行。

(1)选用合适的指甲剪：给新生儿修剪指甲时最好是用钝头的、前部呈弧形的小剪刀或指甲刀。

(2)修剪指甲的方法：母亲要用一手的拇指和食指牢固地握住新生儿的手指，另一只手拿着小剪刀从指甲边缘的一端沿着指甲的自然弯曲轻轻地转动剪刀，将指甲剪下，切不可使指剪刀紧贴到指尖处，以防损伤新生儿指甲下的嫩肉。

剪好后要检查一下指甲边缘处有无方角或尖刺，如果有应及时修整。如果指甲下方有污垢，不可用锉刀尖或其他锐利的东西轻轻地清理，应在剪完指甲后用水清洗干净，以防引起感染。

(3)修剪指甲的时间：母亲最好选择在喂奶过程中或熟睡时给他们修剪指甲。

(4)误伤后处理：如果不小心误伤了新生儿的手指，要尽快用消毒纱布或棉球压迫伤口，直到流血停止，然后再涂一些抗生素软膏。

15. 新生儿鼻子不通气的处理方法

新生儿的鼻腔发育尚未成熟，鼻腔短而小，鼻道窄，鼻黏膜内血管丰富，所以当受到外界环境的刺激或病原体侵犯时，很容易发生炎症。新生儿鼻腔一旦发生炎症，就会引起鼻子不通气。因为此时鼻腔内分泌物会增多，鼻黏膜充血肿胀，致使原来狭窄的鼻腔更为狭窄而出现鼻子不通气。

新生儿鼻子不通气时常常表现为不能很好地吃奶，哭闹，情绪烦躁不安，呼吸不畅，甚至有时张口呼吸。父母看到新生儿这种难受的样子，往往非常着急，不知怎么办才好。

小儿科专家针对这种情况提出了一些方法：如母亲可以在新生儿的鼻腔内滴一滴母乳，使鼻内的分泌物软化，然后用棉丝等物刺激鼻腔使新生儿打喷嚏，分泌物可随之喷出；或用干净的消毒棉签蘸少量的水，轻轻插入鼻腔，先使分泌物软化，然后再将分泌物沾出。注意动作一定要轻柔，切勿用力过猛损伤新生儿柔嫩的鼻黏膜，造成鼻出血，带来不必要的伤害。如果新生儿鼻腔内没有分泌物，但鼻子仍不通气，这可能是由于炎症使鼻黏膜充血肿胀造成的。遇到这种情况，母亲可以在新生儿的鼻根部敷上温热毛巾敷，也能起到一定的通气作用。

16. 新生儿鼻子不通气时不要随意滴药水

对于新生儿来说，靠药物来帮助鼻子通气是不可取的。因为能使鼻子通气的药物通常含有麻黄碱，点药时由于鼻咽相通，药物常会经鼻至咽喉而咽下。如果一日数次点药，过量的麻黄碱会被新生儿吸收，对新生儿有一定的毒性作用。并且长时间用药，新生儿会产生依赖，造成药物性鼻炎。因此，父母最好不要给新生儿使用滴鼻药。如果情况非常的特殊必须使用药物时，父母要注意严格掌握滴量，一天最多只能滴1～2次，或在医生指导下进行。

17. 保护新生儿的眼睛

眼睛是最重要的器官之一，父母要细心保护新生儿的眼睛。一般情况下，新生儿总是喜欢闭着眼睛，一些父母担心新生儿眼睛有病，经常用手指强行扒开他们的眼皮。其实这样做是不对的，因为新生儿刚从黑暗的子宫内出来还不适应外界的光线，非常惧怕强烈光线的刺激。如果在光线稍暗一些的屋内，同时父母背着光线把新生儿抱起来，并轻轻拍打背部，约十余秒钟或更长的时间，新生儿就会逐渐睁开双眼。

新生儿有时候一只眼睛张着，一只眼睛闭着，如果眼睛没有红肿，或没有较多的脓性分泌物，父母对此也不要有所顾虑。因为可能是在喂奶或侧睡时，一侧的眼睛被挤压而暂时性闭起来。这时候父母只要给新生儿松松眼皮，将屋中光线弄得稍暗一些，然后再把新生儿背着光线抱起来轻轻拍打背部，闭着的那只眼睛就会逐渐睁开。

另外，为了防止新生儿的眼睛被产道细菌污染而发生眼部炎症时，父母可以给新生儿滴用0.5%氯霉素眼药水，同时还要做好新生儿眼睛的保健和卫生。如新生儿的毛巾要专用，脸盆也要和成年人分开，并经常洗晒，防止与成年人交叉感染而患沙眼及结膜炎；保持新生儿眼部的清洁，可用清水冲洗眼部，不要用刺激性强的香皂洗脸，新生儿的手要常洗。

如果新生儿的眼睛有分泌物增多的现象，甚至还会出现红肿、发热，这时不仅需要外用药物治疗，还要根据感染程度使用抗生素，父母要及时带新生儿去医院诊治。

18. 保护新生儿的囟门

新生儿的颅缝尚未长满，且没有头骨和脑膜，这就是我们所说的囟门。一般情况下，新生儿头顶有两个囟门，位于头前部的叫前囟门，呈菱形，出生时大约为成年人拇指头大小。由于刚出生的头几个月，新生儿大脑的生长速度比颅骨的生长速度要稍快些，所以在这段时间，前囟门会随着头围的增加而略变大，但一般不超过3厘米，也不向外突出。前囟门通常要在出生后6～7个月才开始逐渐变小，在1～1.5岁时闭合。位于头后部的叫后囟门，呈三角形，一般在出生后2～4个月时闭合。

囟门是新生儿头颅的开放空隙，容易受到外界不利因素的侵入而伤害到脑部组织，所以父母一定要保护好新生儿的囟门，从而利于他们大脑的正常发育。

许多父母认为囟门不能摸，也不能碰，因此连清洗都不敢洗了，其实这会对新生儿的健康不利。因为头部皮脂腺的分泌物加上脱落的头皮屑，常常在前、后囟门部位形成结痂（因为这里软、脏物易于存留），不及时清洗会使其越积越厚，影响皮肤的新陈代谢，还会引发脂溢性皮炎。如果等结痂后再用手抠就更糟了，很容易损伤皮肤而发生感染，继而病原菌穿透没有骨结构的囟门而发生脑膜炎、脑炎。

那么，怎样才能正确保护新生儿的囟门呢？父母要经常为新生儿清洗囟门，清洗的动作要轻柔、敏捷，不应强力按压或搔抓，更不能用利器在囟门处刮；清洗的工具要清洁卫生，室温和水温要适宜，可结合洗澡进行。如果囟门处已经结痂，可用消毒过的植物油或5%金霉素软膏涂敷在痂上，24 小时后即这些污垢变软了，可以用无菌棉球按照头发的生长方向擦掉，除去后再用温水、婴儿香皂洗净。

父母在平时也应避免尖锐的东西刺伤新生儿囟门，最好给他们戴个帽子。如果抱宝宝出去晒太阳，最好在晨起后，或黄昏前，不可在烈日下直射囟门，以免发生中暑。

19. 新生儿脐带的护理

脐带是连接胎儿与胎盘的纽带，是胎儿从母亲那里获取营养和排泄废物的必经之路。胎儿从子宫内娩出后，脐带就完成了它的使命，医生会结扎剪断。新生儿肚脐上的脐带残端一般在出生后 3～7 日自然脱落，但体内的脐血管要经过 3～4 周才能完全闭合。所以，对新生儿脐带的护理是很重要的。

首先要密切观察宝宝脐带颜色的变化。正常情况下，新生儿出生后 24 小时脐带残端会有点潮湿，呈蓝白色，随着血管内血液的凝固和空气的风干，脐带会变成实硬的黑色条索。

接下来父母就应注意脐带脱落前的一些护理。新生儿出生后 24 小时即可打开敷在脐部的消毒纱布，检查脐带断端是否正常，看看有没有红肿和感染，如果一切正常，可以用75%的酒精棉球在脐部周围皮肤进行消毒；如果脐窝部发红，可以用 2%碘酒消毒，然后用 75%的酒精脱碘，保持脐部的干燥。在脐带脱落之前不要沾湿和污染脐部。洗澡后，用 75%酒精擦洗消毒。与脐带接触的衣物、尿布等都必须保持洁净、干燥，发现潮湿要及时更换。要注意尿布不要盖在脐部，以防止粪尿感染，发生脐炎。

新生儿脐带脱落后，创面稍有湿红属正常现象，可涂 1%甲紫（紫药水）帮助伤口愈合。脐窝结痂后，务必等它自行脱落。痂皮脱落后，如果脐窝处有少量浆液状分泌物，可以每天用 75%酒精擦洗，然后涂 1%甲紫，再用消毒纱布覆盖；如果发现脐根部长出肉芽组织，可以先用 75%酒精擦洗，再拿 10%硝酸银水点灼一下，最后用消毒生理盐水洗掉硝酸银，有助于促进愈合。

另外，有些新生儿脐带脱落后会出现一些特殊情况，如脐带脱落后脐部鼓出一个大包，里面充满了气体，每当新生儿哭闹时，这个包就会鼓起来，胀得很大，这种现象医学上叫“脐疝”，这是因为新生儿腹部脐周肌肉发育不完善，比较薄弱，当腹压增高时就会有肠管暂时从脐部膨出，压力减小时就能自己回去。新生儿出现这种情况时父母不要着急，只要好好护理，一段时间内会自愈的。最重要的就是保持脐部的清洁和干燥；其次要使新生儿情绪稳定，尽量不让他们哭闹；还有就是使新生儿的贴身衣物柔软，可以避免衣服与肚脐的摩擦。

20. 新生儿室外空气浴细则

室外空气浴指的是让新生儿接触室外的新鲜空气。这样做不仅能促进新生儿的新陈代谢，增进食欲，晚上睡眠好；还能增强他们皮肤黏膜的功能，使身体结实，不易感冒，因此室外空气浴对新生儿的健康是有好处的。另外，父母如果将一直哭闹得宝宝抱到外面走走、散散步，他们马上就会安静下来。

当然，刚出生 2 周左右的新生儿应该先从习惯室内空气开始。父母可以打开窗户，让新生儿尽量呼吸 5 分钟左右的新鲜空气，尤其是在冬天，只要阳光明媚，也可以打开窗户换换空气。这样持续 1 周左右，父母就可以带他们到外边去呼吸 5 分钟左右的空气。随着新生儿逐渐的习惯，除天气寒冷外，只要没有风雨，都可以将新生儿抱到室外，并且时间可以逐渐延长，但最好不要超过 20 分钟。

室外空气浴最重要的就是时间选择。夏天最好在上午 10 时左右或下午 3 时以后；冬天最好在正午前后；春秋最好在 10～14 时。注意在炎热的夏天，要选择凉爽的树荫下，避免强烈的阳光直射新生儿的头部；寒冷的冬天要选择无风的时间，日光好的地方；同时父母也不要选择到人多的地方，避免传染上疾病。

21. 新生儿要晒太阳

一是因为太阳光中的红外线温度较高，对人体主要起温热作用，可使身体发热，促进血液循环和新陈代谢，增强人体活动功能。二是因为太阳光中的紫外线能使皮肤中的麦角胆固醇转变成维生素 D，维生素 D 进入血液后能帮助吸收食物中的钙和磷，可以预防和治疗佝偻病；紫外线还可以刺激骨髓制造红细胞，防止贫血，并且可以杀除皮肤上的细菌，增强皮肤的抵抗力。所以，为了新生儿的身体健康成长，有必要晒晒太阳。

22. 新生儿晒太阳的技巧

新生儿太小时不能直接到室外暴晒。一般出生 2～3 周后才能到户外晒太阳，而且刚开始的时间要短，晒的部位要少，然后再慢慢地增加时间和扩大范围。

一般来说，新生儿晒太阳可按下面的顺序进行：最初的 2～3 日，可以从脚尖晒到膝盖，晒 5～10 分钟即可；然后可将范围从膝盖扩至大腿根部；接着可以除去尿布，可连续 2～3 日晒到肚脐，时间 15～20 分钟；最后可以晒晒背部，约 30 分钟。新生儿如果有汗，要用干净、柔软的毛巾擦拭，然后喂点白开水，以补充水分。

晒太阳的时间要随季节的变化而变化，夏天最好在上午 10 时以前或下午 4 时以后，其他季节可以在中午前后。如果不方便抱到室外，可以在室内将新生儿的小床放在太阳能照到的地方，打开窗户，让阳光照到新生儿身上，同时室内的空气流通了、新鲜了，这样做也非常有益于新生儿的健康。

新生儿晒太阳时，要注意以下几点：

(1)选择风小的地方晒太阳，否则容易感冒；新生儿的头和脸部不要直接照射，尤其是在夏季时，可以选择阴凉处或戴帽子。

(2)宝宝空腹或早上吃奶后1小时内不宜晒太阳。并且日光浴要持之以恒才能收到良好的效果。

(3)有佝偻病或平时没有服用鱼肝油和钙片的新生儿，特别是营养不良或人工喂养的新生儿，应先服一段时间的维生素D制剂，避免在晒太阳时发生抽搐。

(4)在室内晒太阳，最好是把窗户打开。因为隔着玻璃晒太阳是没有效果的，隔着一层玻璃接受紫外线照射时，效果就会减少30%，隔着两层玻璃就会减少80%。

(5)在晒太阳时，父母要密切关注新生儿的变化，若发现皮肤变红、出汗多、脉搏加快，或晒太阳后出现虚弱、暴躁、不眠、渐瘦等症状，则应停止晒太阳。

23. 新生儿平安过夏的策略

(1)保持适当室温：夏天气温高，湿度大，如果新生儿盖得过厚、包裹过严，加之新生儿体温调节能力差，体温易升高，容易导致脱水热，所以防止室温过高是十分重要的。在保持适当室温时，可以使用空调、电扇等方法，但是不要让空调、电扇直接对着新生儿。开窗通气时不要形成对流风，即开窗不开门或开门不开窗。

(2)可以用凉席：新生儿新陈代谢快，一般的比大人还要怕热，所以完全可以和大人一样使用凉席。父母在给新生儿铺凉席前，最好先用开水烫烫，或用湿布擦洗凉席，也可用杀虫药物喷洒，这样可以防止由螨虫等引起的凉席性皮炎；还可以在凉席上面铺一层薄被、毛巾被，使皮肤不接触凉席。

(3)勤洗澡：洗澡可清洁皮肤，促进血液循环，也可降低体温。夏天，父母可以每天给新生儿洗2～3次，水温以摸着不烫手为宜。脐带未脱落的新生儿不用盆浴，以免脐部感染；脐带脱落后可在澡盆中洗澡，同时父母可以在洗澡水中适当加入一点花露水，既清凉干爽，又可以祛痱止痒。洗完后，用干浴巾包裹，轻拍吸干皮肤，可用少许爽身粉涂搽皱褶处，然后换上柔软宽松的衣服。

(4)避免蚊虫叮咬：新生儿娇嫩的皮肤很容易被蚊虫叮咬，一旦蚊虫有毒，皮肤还会出现严重的红肿，甚至发热。因此可以适当用驱蚊液，但最好用婴儿专用品，对皮肤刺激较小。

(5)新生儿房间最好不要使用杀虫剂或蚊香：虽然这些东西能驱走蚊虫，但是会对新生儿造成伤害。因为新生儿的机体解毒功能较差，对一些化学物质很敏感，可能出现过敏或中毒。如果实在要用，也最好先将新生儿放在另一个屋里，等药味散尽再回来。父母尽量给新生儿使用蚊帐防蚊，同时注意通风。

(6)母亲要注意饮食卫生：夏季是肠道传染病多发季节，如果母亲吃了不洁食物，患了肠道传染病，传给新生儿的可能性非常大，所以母亲应特别注意自己的饮食卫生。另外，母亲要勤洗澡，勤换内衣，保持乳房清洁；在喂奶前，要洗净双手，用干净的温手巾擦净乳头和乳晕。如果采用人工喂养更要注意卫生，奶瓶要消毒，要现吃现配，不吃剩奶。注意：在夏天要保证充足的水分，母亲要多饮水，新生儿也要适当饮水，人工喂养的新生儿更要补充水分。

24. 新生儿平安过冬的策略

(1)注意保温：新生儿的体温调节功能尚未发育完全，加之体表面积相对较大，皮肤薄且血管分布较多，易于散热，尤其是皮下脂肪组织中饱和脂肪酸容易因低温发生凝固，易导致新生儿硬肿症。所以父母要有正确的保暖观念。

(2)有保温舒适的内衣：内衣对新生儿而言是十分重要的，它起着最基础、最重要的保暖作用，所以内衣一定要柔软、舒适。

(3)不要把新生儿裹得太紧：既影响活动，也不暖和。可以给他们准备厚度合适、轻软、暖和的小棉服和棉裤，既轻便又保温。

(4)头戴保温帽：新生儿头上血管比较丰富，位置比较浅，因此散发的热能也较多，所以最好戴上一顶温暖、舒适的帽子，这样可以减少全身热能的散发。

(5)保暖不可过度：父母在给新生儿采取保暖措施时一定要适度，如果保暖过度，新生儿会高热、大汗淋漓，严重者还会出现惊厥症状，即捂热综合征。

(6)保持皮肤清洁：父母要定时给新生儿洗澡、洗头、换衣服，使它们的皮肤保持干净和健康。

(7)定时开窗通风，保持空气新鲜：在冬季，父母不要整日将室内门窗紧闭，最好每天定时开窗，使空气流通，这样利于新生儿呼吸道抵抗力的提高。

25. 新生儿要减少同外人接触

新生儿从医院回家后，许多亲朋好友会来探望祝贺，这是难免的。但是，来来往往的人群对新生儿来说是不利的。

新生儿身体的各部分都还很娇嫩，对外界环境的适应能力较差，抵抗力弱，特别是呼吸道的发育还不成熟，气管短而狭长，容易感染。由于来探望的人群中难免带有各种病菌，虽然这些病菌在成年人身上不致病，但对新生儿来说却是祸害。如果有伤风感冒的人亲近新生儿，很容易把感冒传给新生儿。因此，为了新生儿的健康要尽量减少与外人的接触。

如果亲朋好友来了，要缩短探望时间。同时室内要经常开窗，禁止吸烟，保持空气新鲜。

26. 防止新生儿意外事故

有时候由于父母一时的粗心大意，往往会给新生儿带来意外的伤害。那么，如何做才能避免发生意外呢？

(1)新生儿睡着时，母亲要停止喂奶。因为母亲卧床喂奶时，乳房会压住新生儿的鼻子，从而阻碍了呼吸，甚至会导致缺氧。

(2)如果新生儿吃奶过急，急促地吞咽，则容易出现吐奶，呕吐物可从鼻中喷出，严重时可被吸入气管，造成窒息。所以，母亲在喂奶时可等新生儿吃了几口后，将奶头拔出，稍停片刻再喂。并且在每次喂奶后应该直抱起新生儿，轻轻拍背，最好打个嗝后再放下侧卧,这样既减少吐奶的机会,又能避免呕吐物吸入气管而发生窒息。

(3)新生儿睡觉时,不要将新生儿面部捂严,口鼻要充分暴露。有的母亲爱搂着新生儿睡觉,熟睡翻身时很容易压着新生儿而发生窒息,这时要格外当心。

(4)在给新生儿穿衣服前要仔细检查衣服,看看有无异物,有无脱落的线头。因为异物可能会伤害到新生儿,而线头就有可能缠绕新生儿的手指、脚趾,影响局部血液循环,造成组织坏死。

(5)给新生儿使用热水袋保暖时也要加倍小心,检查瓶盖是否拧紧,若有热水流出则会烫伤皮肤。父母最好让暖水袋中的水温低于60℃,可以用布包裹后再给新生儿使用。

(6)给新生儿洗澡时,洗前父母一定要先用手背试一下水温,再将新生儿放入盆中,同时注意托住头,防止滑坠水中。

(7)新生儿的身旁应尽量不放或少放物品,以免砸伤、碰伤。

(8)给新生儿用药时,不论是口服药物还是外用药物,用前一定要先仔细查看核对,以免发生误服误用,造成不必要的伤害。

27. 不提倡为新生儿大办"满月酒"

新生儿出生后30日即我们所说的"满月"。在我国,有一个传统的习惯就是给新生儿办"满月酒"。在这一天,亲朋好友会前来道喜祝贺,主人也会对他们热情招待,甚至大摆宴席以表感谢,场面可谓非常热闹。大家都高兴了,但是小宝宝会生气的,为什么呢?

因为新生儿免疫功能差,抵抗力弱,家中来了这么多人,尤其是新生儿的房间里人来人往,加上吸烟,室内空气污浊,本来新生儿的呼吸道就娇嫩,这样一来更容易染上疾病了。如果客人中还有患者,或是处于潜伏期的患者,都会增加交叉感染的机会,对新生儿的健康极为不利。

所以,为了新生儿的健康,我们应该改变这一传统习惯,不要给新生儿办"满月酒"了。

28. 忌用闪光灯给新生儿拍照

许多父母都想给刚出生的新生儿拍些照片作为纪念,这种想法虽然不错,但是利用电子闪光灯来拍照就不对了。

新生儿在出生前一直处于子宫这个"暗室"里,出生后不能很快地适应光的刺激,对其非常敏感。出生以后,小儿以睡眠的方式来逐渐适应外界的突然变化。一般新生儿白天睡眠比夜间多,也就是说,他们通过睡眠的方式来逐渐适应亮光环境的。

有关学者做过调查表明,被灯光直接照射的新生儿眼部损伤的发生率比放在保暖箱中的新生儿高36%;早产儿暴露于一般的照明灯光之下后有86%患眼病,并有2名患儿失明。同时还有研究表明,新生儿室内的光线越强,越容易导致失明或其他视觉障碍。

新生儿的视网膜发育还不完善,眼睛受到较强光线照射时,会使视网膜神经细胞发生化学变化,瞬目及瞳孔对光反射均不灵敏,泪腺尚未发育,角膜干燥,缺乏一系列阻挡强光和保护视网膜的功能。所以,当新生儿遇到电子闪光灯光等强光直射时,可能会引起眼底视网膜和角膜的灼伤，甚至有导致失明的危险。因此，为新生儿拍照时最好利用自然光源，或采用侧光、逆光，切莫用电子闪光灯及其他强光直接照射新生儿的面部。

29. 新生儿坐车要防呼吸困难

新生儿，尤其是早产儿对缺氧的耐受能力都较差，坐车时很容易发生呼吸困难，所以父母最好不要让他们坐车。有关专家曾做过研究，即对50名足月新生儿和50名早产儿进行抬头呼吸的测试，发现他们的抬头呼吸的能力均很弱，如果坐车，则很容易发生呼吸困难，甚至窒息。

30. 过分逗笑不利于新生儿健康

新生儿适当地笑可增进健康，但过分大笑则不利于新生儿的健康，可以产生以下伤害。

(1)大笑时会使胸腹腔内压增高，妨碍胸腹内器官活动。

(2)长时间的笑容易造成暂时性缺氧。

(3)在进食、吸吮、洗浴时逗笑，容易将食物、水汁吸入气管。

(4)逗笑过度，会引起痴笑、口吃等不良习惯。

(5)大笑会引起大脑长时间兴奋，有碍大脑正常发育。

(6)过分大笑还会引起下颌关节脱臼。

所以，新生儿笑逗时，一定要把握分寸和尺度。

31. 让新生儿也喜欢爸爸的做法

许多年轻的爸爸可能遇到过这样的情况：宝宝在妈妈的怀里笑得很美，可是谁料当你抱过来后，宝宝的脸立刻晴转雷阵雨，一下子就哭起来了，但一回到妈妈怀里就又阳光灿烂了。这是为什么呀？宝宝不喜欢爸爸吗？

在宝宝的成长发展中，妈妈往往起着非常重要的作用，这是因为妈妈是宝宝一切生理需要的满足者，通常也是他们与客观世界接触的中间人。而与妈妈相比，爸爸的粗心使他们主动减少了与宝宝亲近的次数。要改变这种情形，爸爸可以按照以下方面做：

首先你要经常与妈妈一起出现在宝宝的视野中。在宝宝的印象中，妈妈总是脸带温柔的微笑，总会适时地满足他们各种各样的需要。久而久之，宝宝就会对妈妈产生依赖，并给予全部的信任。爸爸也应从此入手，尽量多和妈妈一起逗宝宝玩；也可以尝试着在妈妈的指导下去满足一下宝宝的需要，时间长了，宝宝就会增加对爸爸的信任。

另外，爸爸要尽可能多地抱宝宝。当宝宝被大人抱着的时候，他们才会感觉自己是安全的。所以不论工作有多忙，下班后有多累，爸爸都应该一回到家就抱抱宝宝，用手拍拍他们，轻轻抚摸他们，和他们说会儿话等，这样既能使宝宝高兴，也能使宝宝增加对爸爸的信任。

32. 新生儿的哭声有含义

新生儿来到人世间的第一声啼哭是安全的标志，有利于肺的发育。这时候新生儿的哭声流畅、洪亮，则代表平安。但若在出生后1分钟无哭声，说明新生儿有窒息存在，需要进行抢救，如清理口腔和咽部的废物，拍打足心或臀部，使新生儿哭出声来。

新生儿不具备语言表达能力，啼哭是他们表达感情、对外界刺激反应的重要方式，是一种本能反应。父母要注意观察新生儿的哭声，因为不同的哭声表示他们不同的需求和反应。

(1)生理本能哭声

①运动的哭声。新生儿睡醒时常伴有节奏性的哭声，声音响亮，音调柔和，不嘶哑，脸色红润，呼吸正常。这对肺的舒张和呼吸肌的锻炼均有益。

②觅食的哭声。当新生儿饿了，啼哭的声调与运动时的接近，但比较急，节奏紧密。这时候如果母亲用奶头或手指触及新生儿的口角，他们就会立即转向奶头或手指侧，口唇做吮吸动作，哭声停止。

③反抗性的哭声。新生儿感到不舒服时，如尿布浸湿、衣着过紧、感觉冷热、锐物刺痛，以及昆虫叮咬，也会发出哭声。开始时是间歇性的"咿咿呀呀"，一般不剧烈，哭哭停停来表示"抗议"。如果没有人注意，帮助解决"问题"，那么哭声会逐渐变大，变为连续性。

以上新生儿的几种哭声都不是病态的，一般哭声响亮而柔和，有节奏，时哭时停，只要父母及时满足他们的"需要"，哭声即可停止，并安静入睡。

(2)疾病性哭声：新生儿还会因为身体某处疼痛或不舒服而啼哭，这种哭声突然开始，哭声大、节奏快，难以用吃奶、换尿布等方式使他们停止哭闹。这时候，父母就要注意观察新生儿是否生病了，下面就介绍几种新生儿的疾病性哭声。

①肠套叠性哭声。新生儿突然大哭，节奏紧迫，音调亢进，同时脸色苍白，大汗淋漓，表情痛苦，烦躁不安，手足舞动。一会儿，哭闹停止，趋于平静，如此反复发生。临床上患儿常伴有呕吐、腹部肿块和便血等。

②腹泻前的哭声。腹泻患儿在排便前因肠蠕动增加，感觉不适，常会哭闹，排便后，哭声停止。

③肠痉挛性哭声。新生儿突然的阵发性啼哭，音调高亢，两腿蜷曲，一阵哭闹后转而安静，反复发生。

④中耳炎性哭声。新生儿哭闹时用手抓耳，摇头。若牵拉他们的耳郭，哭闹加剧。

⑤吃奶时鼻塞的哭声。新生儿感冒鼻塞，或口腔有炎症、溃疡，咽后壁有脓肿时，多在哺乳或进食时哭闹，甚至拒绝饮食。

⑥其他疾病的哭声。新生儿的哭声嘶哑，要想到喉炎、喉头水肿；新生儿出现尖叫样哭声要警惕是否为颅内出血；哭闹时伴有点头样抽搐，可能是婴儿痉挛症；啼哭却无泪时，则是脱水的表现；而持续性哭闹、呻吟、烦躁不安，可能是心力衰竭所致。

33. 新生儿打嗝的处理方法

打嗝是由于受到某种刺激而使气逆上冲，喉间呃呃作声为特征的一种症状。新生儿的脏腑娇嫩，形气未充，胸部的膈肌发育尚不完善，一旦受到刺激，容易导致难以自控的打嗝现象。

(1)新生儿打嗝的原因：一是由于护理不当，外感风寒，寒热之气逆而不顺，也就是我们俗话说的“进了凉气”，从而诱发打嗝；二是由于喂养不当，若吃奶不节制，停积不化，或过食生冷奶水，则气滞不行，脾胃功能减弱，气机升降失常而使胃气上逆动膈，从而诱发打嗝；三是由于进食过急或惊哭之后进食，一时哽噎也可以诱发打嗝。

(2)新生儿打嗝时的处理方法：若是由于受凉所致，一般嗝声高亢有力而连续，这时可给新生儿喝点热水，同时胸腹部盖上点衣被，即可不治而愈。若发作时间较长，或发作频繁，可以在开水中泡少量橘皮，因为橘皮有舒畅气机，化胃浊理脾气的作用，待水温适宜时喂新生儿，几次过后则嗝自止。若是由于乳食停滞不化，打嗝时可闻到酸腐异味，这时候可以用消食导滞的方法，如父母可以在新生儿的胸腹部轻柔按摩以引气下行，或饮服山楂水通气通便，食消气顺则嗝自止。

新生儿打嗝多为良性自限性打嗝。所以，父母对新生儿打嗝应该以预防为主。如新生儿在啼哭后不宜立即进食；吃奶时要有正确的姿势体位；吃奶时避免急，快，凉，烫；吸吮时要少吞慢咽。另外，新生儿在打嗝时，父母可以用玩具引逗或放些轻柔的音乐来转移其注意力，以减少打嗝的频率。

34. 为新生儿选玩具有技巧

玩具是孩子生活中不可缺少的东西，对孩子的身心发展起着非常重要的作用，它能促进孩子感知觉、语言、动作技能和技巧的发展，培养观察力、注意力、想象力和思维能力，开阔视野，激发欢乐情绪，培养良好品德。

选择玩具并不是越高档越精致越好，而要根据孩子的年龄特点选择玩具。孩子各个年龄有其不同的生理心理特点，对玩具需要也不同，给新生儿准备的玩具主要是为了促进视听觉的发育，因此可选择一些外形优美、色彩鲜艳的玩具，以便能引起他们的兴趣和注意。

新生儿喜欢看红颜色，喜欢看人的脸，容易注视图形复杂的区域、曲线和同心圆式的图案。新生儿不仅能听到声音，而且对声音频率很敏感，喜欢听和谐的音乐，并表示愉快。可给新生儿准备一个直径为15厘米的红色绒线球、印有黑白脸谱、黑白的条纹及同心圆图形的硬纸卡片，彩色气球、小摇铃、能发出悦耳声音的音乐盒、彩色旋转玩具等。

35. 警惕餐具带来的铅中毒

印有各式鲜艳图案的奶瓶能使宝宝染病，这可能是许多父母始料未及的。铅溶出量主要是来自陶瓷颜料贴花等，如装饰材料面积过大、烤花温度不够或工艺处理不当，都会引起铅溶出量超标。国外引进的彩瓷用品，也不能盲目地掉以轻心。不久前，中国消费者协会宣布，通过调查发现几个品牌奶瓶表面的彩色图案重金属释出量状况令人吃惊，其铅释放量超出欧洲安全标准2～20倍，铬量超出1～5倍。

铅污染对宝宝的危害往往是潜在的，在损害中枢神经系统之前，往往缺乏明显和典型的临床表现而容易被忽视。更为严重的是，铅对中枢神经系统的毒性作用是不可逆的。当宝宝体内血铅水平超过1毫克/升时，即会对智能发育产生不可逆转的损害。

因此，日常生活中对餐具除了注意卫生消毒外，宝宝的餐具、奶瓶应避免使用过于靓丽的彩釉陶瓷和水晶制品，以免“铅毒”暗藏杀机，损伤身体。

第十三章 新生儿常见疾病及预防

一、一般病症防治知识

1. 新生儿"回家"前须做好检查

新生儿要回家了，父母应该从头到脚为他们做一个全身检查：如头部有没有肿包，全身是否有畸形，四肢是否均能活动。

新生儿的皮肤娇嫩，容易出现感染，最常见的就是脓疱病，即小米粒至绿豆大小的疱疹，中间有透明液体或脓液。如果面颊、四肢或躯干皮肤发硬，伴有全身发凉、体温不升，须及时报告医生。

新生儿出生后 2～3 日出现黄疸，约 1 周可退净，这是正常情况。如果出生后 24 小时内出现黄疸，或者黄疸持续 2 周还未消退均属不正常情况，应当找医生诊治。观察黄疸时应用手将皮肤轻轻按压，看皮肤是否发黄。另外，还应观察尿和眼泪是否发黄或染尿布、毛巾，注意大便是否发白（呈白墙土色），有上述情况均提示新生儿已出现黄疸。

新生儿呼吸较表浅，快而微不规则，每分钟 40～44 次，如果呼吸明显不规则，次数明显加快或伴有口周、鼻根部发青，鼻翼翕动等均提示有重要疾病。

新生儿出生后 10～12 小时开始排黑绿色胎粪，3～4 日后慢慢排正常粪便，如果出生后 24 小时不排便或者 3～4 日后突然排泄膏药样黑便、鲜血便或稀水样便提示可能有消化道畸形、出血或肠道感染，应及时就医。

新生儿出生后约 6 小时排尿，也有迟到第二天排尿的，但若 24 小时内未排尿应引起注意。如果尿次数增多，每次尿量较多，伴有吃奶不好或有水肿应及时就医。

新生儿虽然睡眠时间多于清醒时间，但喂奶前一般清醒哭闹，吃奶较好。如果整日昏睡不醒，吃奶减少或拒食均为不正常表现。

2. 新生儿保健的要点

新生儿由环境恒定的子宫来到外界，可谓是发生了翻天覆地的变化。因此，做好新生儿的保健工作是十分重要的，不仅有利于新生儿适应新的环境，还利于新生儿的正常生长发育。父母可以按照以下几个要点进行新生儿保健。

(1)保暖:新生儿的皮下脂肪薄,体表面积大,容易散热,并且他们的体温调节中枢发育不成熟。如果太热,水分蒸发过度,易引起"脱水热";如果过冷,可引起"硬肿症"。因此,父母要经常摸摸新生儿手脚温度,及时增减衣被,使新生儿体温处于正常范围内。

(2)喂养:新生儿消化功能差,母乳是最理想的食物,最好坚持母乳喂养。

(3)预防感染:新生儿免疫力低,抵抗力差,容易感染,因此,父母在护理新生儿前最好用肥皂洗干净手,还有尽量减少亲戚朋友的探望等。

(4)皮肤护理:新生儿的皮肤娇嫩,要保持皮肤干燥和清洁,特别是皮肤皱褶处,如颈部、腋下、腹股沟等,勤洗澡、勤换衣,尿布湿了要及时更换,每次大小便后要清洗干净。

(5)环境卫生:新生儿所在房间要空气新鲜,温度、湿度适宜,整洁干净。

3. 细心观察新生儿的健康状况

由于新生儿发育尚未成熟,生理功能也不健全,所以应该特别注意观察以下问题:

(1)体温:由于新生儿的中枢神经发育尚未成熟,体温调节能力差,所以要随时注意体温的变化,并随气温的变化来增减衣服。

(2)皮肤:出生3~4日后,新生儿的全身皮肤开始变黄,这是生理性黄疸,一般维持1周左右。如果维持时间过长,应及时处理。另外,如果面部及其他部位的皮肤出现苍白、青紫也属异常现象,也应给予处理。

(3)脐带:新生儿脐带一般5~7日脱落。脐带脱落后伤口要保持干净,包扎不宜太紧,并注意不让大小便污染。如果脐带脱落后,局部出现红肿、渗出,或渗出物有气味,都应及时治疗。

(4)精神:新生儿除吃奶外,一天几乎都在睡眠。如果新生儿出现烦躁、抽搐、瘫痪、呻吟、哭闹不休、双目紧闭等现象,属于一种病理表现,应及时治疗。

(5)啼哭:新生儿哭声洪亮,有节奏感,这是正常的。如果哭声短促无力,或啼哭不停,或根本不啼哭,都是不正常的。

(6)大小便:新生儿出生后开始排出黑色或墨绿色的胎粪,喂奶之后,约3天大便颜色逐渐变成黄色。如果出生后1日内无大小便排出或3日后仍有黑便,说明不正常,需请医生治疗。有时在黄色大便中混有白色的小块,属正常现象。如果大便有性状、颜色、次数等方面的变化,可能是喂养不当造成的,也可能是消化系统或有其他疾病所致,需及时处理。

新生儿出生后约6小时排尿,也有迟到第2天排尿的,但若24小时内未排尿应引起注意。

4. 细辨新生儿的"异常信号"

新生儿身体的变化很多,许多看似异常的现象其实是十分正常的,所以父母要细心分辨新生儿的"异常信号"。

(1)体重下降:出生后新生儿体重可逐渐下降6%~9%。这是由于新生儿进食和喝水少,肺和皮肤不显性失水及大小便排出所引起的,10日之后即可恢复到出生时的体重。

(2)头形异常:自然分娩的新生儿头部一般呈椭圆形,像肿起一个包似的,这是由于分娩过程中胎头在产道内受压引起的。有的新生儿出生后头部出现柔软的肿块,而且逐渐肿大，这是分娩时受压而引起的头皮血肿，只要局部不感染，出生后6～10周可消失。

(3)尿色红：新生儿一般在出生后24小时内排尿。如果看到尿布被染成砖红色时，父母不必担心，这是尿中的尿酸盐引起的，过几天会自然消失。

(4)大便色黑：新生儿的第一次大便叫胎粪，出生后24小时内可排出黏稠的黑绿色的无臭大便。这是由消化道分泌物、咽下的羊水和脱落的上皮细胞组成的，3日之后即可转为正常。

(5)皮肤：有的新生儿皮肤会出现粉红色的斑块，这是由于皮肤柔嫩，受外界刺激而充血引起的，1～2日后可消退；出生2～3日时，新生儿的面部、胸部、背部等处皮肤可出现轻度黄色现象，叫生理性黄疸，一般1～2周消失。

5. 新生儿生病的征兆

新生儿各个系统发育不成熟，免疫力差，容易患病，因此，父母应细心观察新生儿的变化，了解新生儿的生病征兆，从而得到及时的诊治。

(1)精神差，对外界反应差，整天昏睡；或表现为睡眠不安，易惊醒，烦躁。

(2)吃奶差，甚至不吃奶，或出现呕吐。

(3)哭声异常，哭声低弱，有时像小猫叫，病情严重时，甚至不哭。

(4)呼吸急促，咳嗽，鼻翼翕动、口周发绀。

(5)发热。

6. 新生儿容易患的疾病

新生儿各部分的器官功能还比较差，容易患一些疾病。

(1)新生儿窒息：由于分娩过程中产程过长，引起严重缺氧，新生儿出生后仅有心跳而无呼吸，或有不规则、间歇性、表浅的微弱呼吸，若心率每分钟超过160次或低于100次均为缺氧征象。轻者一般经清除呼吸道异物、拍打屁股、弹脚心，呼吸可很快恢复。严重者可致脑细胞坏死或于24小时内死亡。

(2)新生儿败血症：新生儿的皮肤娇嫩，防御功能低下，创伤或感染时细菌容易经血管进入血流，发展成败血症。新生儿血脑屏障机制差，得了败血症后细菌容易进入脑部，发展为脑膜炎、脑脓肿。

(3)新生儿脐炎：新生儿的脐带脱落前，要保持创伤面的清洁，否则细菌入侵，导致脐炎。

(4)新生儿肺炎：新生儿患肺炎时很少咳嗽，仅表现为一般状况差，反应低下，口吐白沫，烦躁，哭声无力，不吃奶，体温下降，呼吸急促，口唇发青等。

(5)新生儿胃肠疾病：新生儿的胃肠道屏障机制差，肠道内的细菌容易通过肠壁进入血液，尤其是牛奶喂养的新生儿。

(6)新生儿溶血症：通常由于母婴血型不合引起，表现为黄疸、贫血、水肿、肝脾大等。血型不合常见于母亲为O型，新生儿为A型或B型。

7. 应送新生儿到医院诊治的情况

父母对新生儿的观察要时时刻刻，仔仔细细，当新生儿出现了下面的某一种情况时，应及时送往医院就诊。

(1)体温超过 38℃或低于 36℃。

(2)不吃奶、不哭或少哭、哭声低弱、哭时面色青紫或苍白。

(3)排便异常,包括腹泻、便秘(3 日不排大便)、排血便、少尿或无尿等。

(4)频繁地溢奶或吐奶。

(5)黄疸出现过早、消退延迟或消退后又重新出现。

(6)呼吸过深、过促、面色发灰、口吐白沫或咳嗽。

(7)口腔中出现白色片状物,伴有吃奶困难。

(8)皮肤出现皮疹或皮肤发硬。

(9)新生儿的一些异常动作非常细微,父母要细心观察,如新生儿出现憋气、四肢抖动、口角抽动或阵发性眨眼、全身强直等现象,应考虑抽搐。

(10)脐部红肿、分泌物过多。

(11)臀部皮肤发红、起疹或出现脱皮现象。

(12)肢体肿胀、活动受限或触到身体某一部位时,新生儿会剧烈哭闹。

8. 新生儿体温低的处理方法

新生儿体温调节功能差,自身体表面积相对较大,皮下脂肪较薄,容易散失热量,如果外界环境温度过低,且持续时间太长,新生儿很容易出现体温不升的情况,从而影响代谢及血液循环,甚至导致新生儿硬肿、出血等一系列病症,危及生命。所以,当新生儿体温不升时,父母要及时给予适当的保暖。

(1)调整室温:注意环境温度。尤其是在寒冷的冬季,新生儿居室温度一般应维持在18℃～22℃。

(2)调整包被:新生儿的衣服、包被最好选用新棉花和柔软舒适的棉布制作,以保证良好的保暖性。父母在为新生儿穿着或包裹前可以先在暖气或炉火上预暖一会儿,可以增强保暖性。注意,包裹得不要太紧,以免影响新生儿的四肢活动,不但不利于产热,反而会加快散热。

(3)包被外热水袋保暖:父母要经常摸一摸新生儿的四肢,如果发现手脚冰凉,表明保暖不够,可以增加棉被或使用热水袋保暖。但应特别注意水袋内水温最好在 40℃～60℃,热水袋的塞子一定要拧紧。同时,最好将热水袋放置在包被之外,不要直接贴于皮肤,防止烫伤。

(4)抱在大人怀里:保暖最简单易行的方法就是将新生儿抱在怀里,以自己的体温为新生儿保暖。

如果在采取了一定措施后,新生儿的体温仍很低,父母应立即送医院诊治,因为新生儿低体温一般提示病情严重。

9. 给新生儿测量体温需注意的问题

(1)尽量让新生儿保持安静,不要在哭闹的时候测量。

(2)新生儿在刚吃完奶后体温较高,所以给新生儿测量体温时应避开这个时段。

(3)不要在刚给新生儿洗完澡后测量体温，因为刚洗完澡后体温较低。

(4)如果新生儿的体温高于37.5℃时，父母应先观察是否给他们穿得过多，一般给新生儿穿衣的原则是：比大人多穿一件衣服就可以了，不必穿得太多。如果新生儿穿得不多，但体温高于38℃则可能是发热了。

10. 新生儿发热不一定是生病

(1)新生儿发热不一定全是生病：如果新生儿的体温偏高一些，在37.5℃～38℃，但是吃奶有力，大、小便正常，这时父母不要担心着急。专家指出，新生儿发热不一定就是生病了。因为新生儿体温调节中枢发育还不成熟，调节体温的功能比较差，汗腺发育不完善，产热和散热易失去平衡，所以体温不恒定，容易随环境温度的变化而改变，也就是我们所说的生理性发热。如环境温度过高，超过体温调节限度，就会出现体温升高；在哭闹、吸吮时体温可略升高；包裹过多时容易体温升高。这时候可以降低环境温度，松解衣被，同时注意补充水分，一般情况下体温即可下降。

(2)新生儿疾病性发热：研究表明，正常人的体温昼夜变化幅度最高可达1.3℃，每天6:00与16:00的体温上限分别为37.3℃与37.5℃。由此可见，并不是体温一超过37℃就是发热，也不能随意诊断高热或发热待查，从而去做一些不必要的检查和治疗。那么，怎样确定新生儿发热了呢？

我们以腋下测温法为例，新生儿的腋下温度超过37℃，且昼夜波动超过1℃时即为发热。体温38℃以下为低度发热，38℃～39℃为中度发热，39℃～41℃为高度发热，超过41℃者为超高热。如果发热症状持续2周以上，并且体温在38.5℃以上，经过比较全面体检和常规实验室检查未能确诊时，称为“原因待查热”或“不明原因热”。

11. 温水擦浴是新生儿最佳降温法

新生儿发热时，医生一般不主张用药物退热，因为退热药有抑制血小板聚集，增加毛细血管脆性，延长出血时间等不良反应，对新生儿血液、消化、泌尿系统都有一定损害。所以，新生儿发热的最好处理方法是物理降温，但是忌用酒精或冷水擦浴，以防体温骤降，发生抽搐。而温水擦浴是一种最佳的降温方法。

首先，解开包被，使新生儿的头颈、四肢暴露，只用小毛巾被包裹躯干就可以了。然后用温水擦浴。因为新生儿头部皮肤占全身皮肤的20.8%，消耗热能为全身总热能的50%，头部散热为全身总散热能的40%。所以温水擦浴部位应以头颈部为主，以腋下、腹股沟及四肢辅助退热最为理想。水温一般为33℃～35℃，与体温大致相当，将两条棉毛巾放在水盆里，然后拧干，擦时不可用力过大，动作要轻柔，以皮肤微红为度。降温时还要注意保暖，因新生儿体温调节中枢发育不完善，切忌过度降温造成体温不升。

12. 新生儿冻伤的防治

新生儿冻伤又称为新生儿寒冷损伤综合征，是指新生儿受冷后导致一系列症状。本病易发生于早产儿或体弱儿，多发生在冬、早春寒冷季节。

(1)原因：新生儿体温调节功能差，且皮下脂肪薄，体表面积大，容易散热；外界环境温度低，保暖不当，更使新生儿的热能流失增加；新生儿严重感染、早产、颅内出血和红细胞增多症等时，也易发生体温调节和能量代谢紊乱，出现低体温。

(2)临床表现：早期表现为嗜睡、皮肤温度较低，一般低于35℃，吮乳差或拒乳、哭声弱；然后开始在足背、大腿、阴阜、上肢、眼睑等处出现水肿，活动受限；脸颊、手足、皮肤潮红，而其他部位皮肤苍白。病区指压凹陷，消退较慢，以四肢较为明显。病情加重时可发生硬肿和多器官损害体征。

(3)治疗：加强保暖，防止受寒。在医院，可将新生儿置于适中温度的暖箱中，一般经6～12小时即可恢复正常体温；如果在家中可用热水袋或抱在大人怀中来保暖。另外，还可用糖皮质激素治疗，同时要防止继发感染。

(4)预防

①加强新生儿的保暖护理，尤其是寒冷季节出生的早产儿和体弱儿。保持产房环境温度不低于24℃，新生儿出生后应立即擦干羊水，用温热包被包裹。

②早产儿或体弱儿可以直接放置保暖箱保暖。

③新生儿的居室保持适宜的温度，并加强母乳喂养，及时补充热能。

13. 新生儿捂热综合征的防治

新生儿捂热综合征又称闷热综合征、捂被综合征、蒙被综合征，一般发生在寒冷季节，由于过度保暖或捂闷过久而引起一系列症状，是儿科的一种急症，必须紧急救治。

(1)捂热综合征的主要表现：捂热较长时间后，患儿体温迅速升高，可达41℃～43℃，全身大汗淋漓，甚至湿透衣被，头部散发大量热蒸气，面色先红后白、哭声低弱，拒绝吃奶等。高热大汗使水分大量丢失会出现脱水状态，患儿烦躁不安、口干、尿少、前囟及眼窝凹陷、皮肤弹性降低。如果中枢神经系统受累，可出现频繁呕吐、尖叫、反应迟钝、眼睛凝视、反复抽搐或昏迷。如果呼吸系统受累，可出现呼吸困难、呼吸节律不规则或呼吸暂停，并可见口周围和四肢发绀。如果心肌受累，有效回心血量减少，引起心肌损害会出现心律失常和心功能不全。

该病起病急、病情重，容易导致多器官、多系统功能衰竭，病死率高，后遗症也较多，其中以继发性癫痫最常见，其次还有脑性瘫痪、失明、失语、智能低下等。

(2)新生儿捂热综合征的原因：新生儿捂热综合征一般发生在寒冷季节。由于天气寒冷，父母怕新生儿睡觉被冻着，衣服、被褥一层又一层地紧裹；或同盖一条被时，母亲熟睡后新生儿的头面部全被置于被子底下，口鼻亦被捂盖；外出时把新生儿包裹起来，且包裹得过紧、过严、过厚。以上各种情况如果持续时间久了，就会导致新生儿捂热综合征。

可见，新生儿捂热综合征是人为因素所造成的，并且其后果严重，父母一定要足够重视，给新生儿保暖时要适度，注意空气流通，千万别把他们“捂”出病来。

(3)新生儿捂热综合征的治疗

①及时去除根源。父母应该首先除去捂热的原因，撤离高温的环境，让新生儿尽快呼吸到新鲜的空气，并尽快送到医院救治。

②及时降温。新生儿体温很高，要迅速降温。最好采用物理降温法，如用温水擦浴等。

③及时给氧。给氧可以提高血氧分压、血氧饱和度以及血氧含量,改善机体缺氧症状和呼吸状态。如有脑水肿出现,应该采取高压氧治疗。

④液体疗法。由于患儿高热大汗后使水液大量丢失,会引起脱水和酸中毒,因此必须积极补充水分,纠正酸中毒。应采用静脉补液,补充葡萄糖、生理盐水和碳酸氢钠。

⑤对抽搐的患儿要应用抗惊厥药。

⑥在综合治疗的基础上,给予能量合剂和维生素 C 等药物,以促进脑功能的恢复。同时要注意加强全身支持疗法并保证营养的供给。

(4)防止新生儿捂热综合征:新生儿捂热综合征是完全可以预防的。

①不要给新生儿盖太多太厚的被子,更不能蒙被睡觉。

②外出时,包裹不要过紧过严,要露出点缝隙,使新生儿有接触新鲜空气的机会。

③母亲不要紧拥新生儿,也不要边喂奶边睡觉。

④新生儿与母亲同睡一床时,应避免与母亲同被。

⑤新生儿伤风感冒千万不要捂汗,尤其不可蒙头捂汗。

总之,该病的关键就是缺氧,所以父母在任何时候都要保证新生儿能呼吸到新鲜空气。

14. 新生儿疾病筛查的病种

新生儿疾病筛查是指医疗保健机构在新生儿群体中,用快速、简便、敏感的检测方法,对一些危及儿童生命、危害儿童生长发育、导致儿童智能障碍的一些先天性疾病、遗传性疾病进行群体筛检,从而使患儿在临床上尚未出现疾病征象时就做出早期诊断,进行有效治疗,避免患儿重要脏器出现不可逆性的损害,保障儿童正常的体格发育和智能发育的系统服务。

新生儿疾病筛查可以检查出多种遗传疾病,我国目前法定的筛查病种有苯丙酮尿症、先天性甲状腺功能低下及听力障碍。新生儿疾病筛查的目的是早期发现、早期确诊、早期治疗,使患儿的生长发育、智力发育达到同龄儿童的水平,成为健康的社会人,这对出生人口素质的提高有着重要意义。

新生儿疾病筛查的病种主要有以下三种。

(1)苯丙酮尿症:苯丙酮尿症是一种常染色体隐性遗传病,如果父母双方均为携带该病致病基因的正常人,那么他们的孩子就有 25%的可能患此病。这种病在我国的发病率为 1∶11 180。

苯丙酮尿症是由于患儿体内缺乏一种酶,代谢不了正常饮食中的苯丙氨酸,并且其异常代谢产物会损害新生儿大脑,从而导致一系列临床症状。这种疾病的早期无特异表现,可有呕吐、喂养困难,湿疹,情绪不安,尿有特殊臭味,渐渐地毛发变黄,3～4 个月后逐渐表现出智力、运动发育落后,还有的患儿会发生癫痫发作,智力低下越来越明显。

如果进行新生儿疾病筛查就可以获得早期诊断,其筛查过程也很简单,即在新生儿足跟处取血,测苯丙氨酸浓度便知是否患有苯丙酮尿症。若结果得到证实要及时采取治疗措施,如给患儿进行长期低苯丙氨酸饮食控制,使体内血苯丙氨酸浓度达到正常范围,这样患儿可以正常发育。治疗时间越早,疗效越好,超过 3 个月后再治疗将会给患儿带来不可逆的大脑损害。

(2)先天性甲状腺功能减低症:先天性甲状腺功能减低症又俗称“呆小病”,是一种先天性内分泌代谢病,或是因为在胎儿时期甲状腺不发育或发育不良,导致新生儿出生后甲状腺缺如、异位,或是因为地方性缺碘等,均能引起新生儿体内甲状腺激素合成和分泌不足,使患儿生长发育迟缓、智力落后。这种疾病在全世界均有发生,许多国家都将该病列为法定筛查病种。我国属于该病的高发地区,发病率1∶3 624。

这种病在新生儿期没有特异性的临床表现,仅表现为吃奶欠佳、腹胀、便秘,有时也会发生脐疝、生理性黄疸时间延长,不易引起父母的注意。但是随着年龄的增长,患儿逐渐出现生长发育迟缓,有舌外伸、目光呆滞、眼距增宽、塌鼻梁等特殊面容,智力发育和体格发育落后于同龄儿,最终成为矮小畸形的痴呆儿。

呆小病的筛查方法也很简单,即在新生儿足跟取血,做甲状腺功能的检查。该病是一种有特效治疗方法的疾病,可以利用外源性甲状腺素替代治疗,补充患儿甲状腺素的不足,以满足其生长发育的需要。治疗效果的关键是治疗开始的时间,治疗时间越早越好,3个月内开始治疗基本不影响患儿体格及智力发育,超过3个月开始治疗就会对智力造成影响。

(3)先天性听力障碍:新生儿的双侧听力障碍发生率约为3∶1 000,其中重度、极重度听力障碍发生率约为1∶1 000。先天性听力障碍的新生儿一般没有明显异常表现,只有通过听力筛查才能早期诊断。如果在语言发育的敏感期,即出生后12个月以内实现早期干预,一般能使先天性听力障碍的儿童聋而不哑,否则将会失去学习语言的最佳时期。

除上述疾病以外,随着医学技术的不断发展,筛查手段的不断提高,医学领域可以通过一滴血或尿快速检测出一百多种代谢性疾病。如果新生儿出现不明原因的发育迟缓、智力低下,父母要警惕代谢性疾病的发生,尽快进行疾病的筛查,免得错过了最佳的治疗时机。

15. 宝宝特乖不一定是好事

一般地说,特别安静、特别“乖”的新生儿可能存在以下几种疾病:

(1)先天性甲状腺功能低下症:又称呆小病,这是由于人体甲状腺功能先天缺陷所引起的。患儿出生后很少啼哭,经常处于反应低下状态,甚至饥饿、排尿前后都不哭闹。患儿的生长发育比正常新生儿要迟缓,尤其是身长比正常新生儿要短得多,动作发育如抬头、坐等都很慢,识人、讲话等也较落后。如果能够在新生儿及时确诊,及时治疗,一般不会影响孩子以后体格及智能的发育。

(2)21-三体综合征:这是由于染色体异常引起的。患儿平时不哭不闹,饥饿、大小便时也不吵闹,各种能力发育迟缓,智能低下。多数患儿在出生时会有特殊面容:眼距宽、眼裂小、两眼外侧上斜、舌头常伸出口外、鼻梁塌、耳朵小、头围也较正常小。

另外,一些中度、重度智能迟缓的孩子,在新生儿期会表现得异常安静。

如果父母发现自己的宝宝特别乖、特别安静,应去医院进行新生儿疾病筛查,以便早期诊断、早期治疗。

16. 早期监测苯丙酮尿症

苯丙酮尿症是先天代谢性疾病的一种,由于染色体基因突变导致肝脏中苯丙氨酸羟化酶缺陷，引起苯丙氨酸代谢障碍，从而导致中枢神经系统的损伤。

该病的临床表现：在新生儿期，一般不易发现。在出生后数月可出现呕吐、烦躁、易激惹及程度不同的发育落后，如出生后4～9个月开始有明显的智力发育迟缓，尤其是语言发育障碍。部分患儿合并有癫痫发作，还有的会表现为婴儿痉挛症。如果做脑电图检查，大部分会有异常表现，如高峰节律紊乱、灶性棘波等。因为该病有中枢神经系统的损伤，所以可见肌张力增高，步态异常，腱反射亢进，手部细微震颤，肢体重复动作等。另外，血液中蓄积的苯丙氨酸经旁路代谢后转化为苯丙酮酸、苯乙酸，自尿中大量排出，因此患儿尿液中常有鼠尿味。同时，患儿易合并湿疹、呕吐、腹泻等。

该病是新生儿疾病筛查的重点病种之一，也是最早提出可治疗的遗传代谢性病之一。其确诊主要是根据血苯丙氨酸的测定，患儿血苯丙氨酸多在20毫克/分升以上。如果早期诊断，早期治疗，可以使患儿免遭智力损伤。

目前，该病的最佳治疗方法是低苯丙氨酸饮食疗法。其原则就是使苯丙氨酸的摄入量能保证生长和代谢的最低需要量。苯丙氨酸是必需氨基酸，供应不足也会导致生长发育迟缓，严重会导致死亡。所以，苯丙氨酸既不能摄入太多，也不能摄入太少。

17. 一看便知的“先天愚型”

“先天愚型”是遗传病中发病率最高的一种，临床上以特殊面容、痴呆、伴有多种功能发育异常为特征。

该病的特殊面容几乎使它成了望而知之的疾病。其面容特征是：口小舌大，舌头常常伸于口外，并伴流涎，所以此病还被称为“伸舌痴呆”；鼻短而塌，面扁而圆，近于“满月脸”；头小而圆、枕部多为扁平。还有一些其他外表特征，如身材矮小，四肢偏短，关节活动增大，手指短。

该病的另一特征是痴呆，患者的智力水平只有同龄正常人的一半或更低，尤其是抽象思维能力极差，即使长大成人后仍不会有些“稚气”。

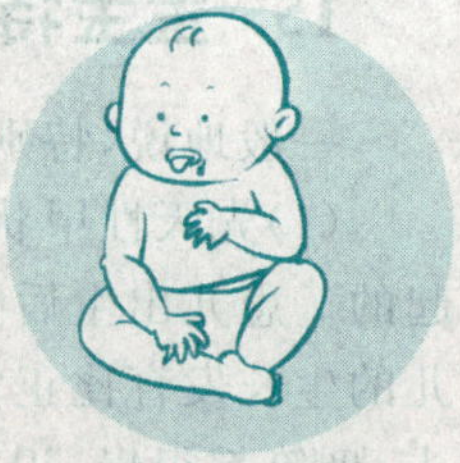

该病常伴的先天性异常是：先天性心脏病，特别是心室间隔缺损；脑垂体、甲状腺、肾上腺、性腺等内分泌功能异常；男性性器官在童年期发育不佳，但到性成熟期一般可达正常大小。另外，据统计，“先天愚型”的患者患白血病的概率较正常人大20倍左右。

专家指出，这种病的患者大多是高龄产妇的后代，母亲生育年龄在35岁，特别是40岁以上，后代中“先天愚型”发病率显著增加。这就提醒我们注意：在提倡和宣传晚婚晚育的同时，应该改变越晚生孩子越好的错误观念。

18. 出生时需要注射的疫苗

新生儿出生时需要注射的疫苗是乙型肝炎疫苗和卡介苗。

(1)乙型肝炎疫苗：乙型肝炎在我国的发病率很高，慢性活动性乙型肝炎还是造成肝癌、肝硬化的主要原因。其传染途径主要是血液传播。而携带乙肝病毒的母亲对新生儿的传染，是乙肝病毒最常见的传播途径，即“母婴传播途径”。主要是由于胎盘剥落时一部分母亲的血液通过破裂的胎盘血管沿脐带血进入胎儿体内所造成的，或者是分娩时在产道中新生儿的皮肤、黏膜受母亲血液的感染所致病，或者是出生后通过乳汁进入新生儿体内，均能导致肝炎发生。如果在围生期以及新生儿时期感染乙肝病毒，90%的人将成为无症状慢性乙肝病毒或表面抗原携带者，转阴的概率非常小。所以，尽早为新生儿注射乙肝疫苗是阻断母婴传播的主要方式。

①注射时间。新生儿出生 24 小时后注射第一针，满月后注射第二针，满 6 个月后注射第三针。注射的部位为大腿前外侧，为肌内注射。

②注射禁忌。新生儿如果有先天畸形或严重内脏功能障碍，出现窒息、呼吸困难、严重黄疸、昏迷等严重病情时，不可注射。早产儿在出生 1 个月后方可注射。

③注射反应及注意事项。注射后局部发生肿块、疼痛，少数伴有轻度发热、不安、食欲减退，一般在 2～3 日内会自动消失。

(2)卡介苗：结核病是由结核杆菌引起的慢性传染病，传播方式很隐蔽，而卡介苗的注射可以增强人体对于结核病的抵抗力，预防肺结核和结核性脑膜炎的发生。新生儿对结核菌缺乏特异性免疫力，一旦感染了结核菌就容易发生严重的急性结核病，如急性粟粒型结核、血行播散型肺结核、结核性脑膜炎，以及多脏器结核等，死亡率极高。所以，给新生儿注射卡介苗是十分重要的。

卡介苗是一种预防结核病的减毒活菌苗。新生儿注射以后可以使身体产生对抗结核病的免疫力，在受到结核菌的侵袭时能将病菌消灭，使其不能在体内繁殖及血行播散，从而有效地预防结核病的发生。

①注射时间。新生儿出生 24 小时以后注射第一针；一般在左上臂三角肌处皮内注射，也有在皮肤上进行划痕接种，做“廾”或“井”字形，长 1 厘米。划痕接种法虽方便，但因接种量不准，有效免疫力不如皮内注射法。

②注射禁忌。早产儿、难产儿、低出生体重儿，以及新生儿患有高热、严重急性症状、免疫功能不全、严重先天性疾病、可疑的结核病或其他皮肤病时，暂时不宜注射。

③注射反应及注意事项。新生儿注射卡介苗后，无特殊情况一般不会引起发热等全身性反应。一般 2～3 周后，注射部位会出现红肿硬结，继而形成小脓疮，破溃后逐渐干燥结痂，痂皮脱落后会留有永久性瘢痕，俗称卡瘢。整个过程一般不需要进行特殊处理。此外，还要注意检查注射是否成功，一般的可以在 3 个月后到医院做结核菌素试验，在试验的 48 小时或 72 小时后查看结果。如果注射局部出现 0.5～1.0 厘米的红肿硬结，说明试验阳性，接种成功；否则为试验阴性，接种没有成功，需要重新接种。

19. 宝宝第一年中要打的预防针

按照卫生部规定的免疫接种程序，宝宝出生至 12 个月以内应该接种下列疫苗。

- 出生时：卡介苗(第一次，初种)，皮下注射或皮上划痕。
- 2 个月时：脊髓灰质炎三型混合疫苗(第一次，初，服)，口服。
- 3 个月时：脊髓灰质炎三型混合疫苗(第二次)，口服；百、白、破类毒素混合制剂(第一次，基础初种)，肌内注射。
- 4 个月时：脊髓灰质炎三型混合疫苗(第三次)，口服；百、白、破类毒素混合制剂(第二次），肌内注射。

● 5个月时：百、白、破类毒素混合制剂（第3次），肌内注射。

● 8个月时：麻疹减毒活疫苗（初种），皮下注射。

此外，还有两种疫苗须在1岁内完成预防接种的。

● 乙型脑炎疫苗：初种年龄为1岁，接种2次，2次间隔为7～10日，以后每年加强1次，于流行季节前1～2个月开始接种。

● 乙型肝炎病毒疫苗：新生儿出生后24小时内打第一针；1个月时打第二针；6个月时打第三针。

打预防针的间隔时间是根据疫苗在体内发挥作用的时间所确定的，因此每次打预防针的时间是具体规定的，不能延误。父母在收到预防接种的通知单后应按要求准时去医院完成预防接种，以确保接种效果。

20. 护理早产儿的细节

早产儿是指胎龄28周以上但不满37周的新生儿，一般体重少于2.5千克，身长在46厘米以下。由于早产儿全身各系统功能发育尚不成熟，对子宫外环境的适应能力和调节能力均较差，因此死亡率较高。为了避免早产儿夭折，护理工作一定要格外谨慎、细心。

（1）保暖：室内温度应保持在25℃～30℃，相对湿度55%～65%。早产儿体重越小，周围环境的温度越应接近其体温。由于一般居室的温湿度很难达到这些要求，因此早产儿可以放在暖箱中。

（2）喂养：主张早喂养，防止发生低血糖。由于早产儿的吸吮能力和吞咽能力还很差，因此可以在出生24小时后喂5%葡萄糖水，或喂牛奶加水50%。对于呕吐的早产儿喂水时间还要往后推迟，一般在出生36小时以后，甚至更长些。如果吸吮能力有所提高，可以进行母乳喂养，但需注意喂养速度要慢，避免呛奶或窒息；如果吸吮能力差但具备了吞咽功能的早产儿，可用滴管将奶液滴入口中；如果仍没有吞咽能力，应留在医院中进行胃管喂养，即用乳胶胃管插入孩子口中，用注射器将奶直接注入胃内。

（3）体位：早产儿的头应偏向一侧，使口中的黏液外流，避免黏液或呕吐物吸入气管引起窒息。

（4）合理用氧：不是每一个早产儿都要吸氧，更不要长期吸氧。当新生儿出现发憋、呼吸急促等呼吸困难表现或发生青紫时才可吸氧，氧浓度为30%～40%，并应监测动脉血氧分压。如果长时间吸氧或吸氧浓度过大，可引起眼睛晶状体后纤维组织增生，导致视力障碍。

（5）维生素及铁剂的补充：早产儿除了母乳或人工喂养外，还要及时给予维生素及铁剂的补充。因为他们提早出生，体内各种维生素及铁剂储存量比较少。一般出生后第3天可以给维生素K_1，每日1～3毫克，维生素C每日50～100毫克；出生后第十日可以给浓缩鱼肝油，每日3～4滴；体重小于1 500克者，出生第十日起给维生素E，每日25毫克，直至体重达到1 800克；出生1个月后给铁剂，可用10%枸橼酸铁胺，每日每千克体重2毫升。

（6）预防感染：早产儿室的地面、工作台等均要湿拖湿擦，暖箱每周消毒1次；护理人员严格按无菌技术操作，护理每个早产儿前后必须用肥皂和流动水洗手；早产儿不能与患有感冒、气管炎、腹泻等疾病的人接触；早产儿的衣服、尿布、奶瓶应定期煮沸消毒。

二、新生儿皮肤病

1. 新生儿皮下坏疽

(1)病因：新生儿皮下坏疽是由于金黄色葡萄球菌或铜绿假单胞菌等细菌感染所致的一种严重的皮下组织急性感染性疾病。该病冬季多见，起病急、发展快，如不及时治疗，预后恶劣。

由于新生儿的皮肤防御能力及对炎症的反应较差，淋巴结的屏障功能也不完善，容易受细菌感染。新生儿长期仰卧位，衣被的摩擦、大小便的浸渍等都可诱发局部皮肤损伤，使细菌得以侵入。常见的细菌为金黄色葡萄球菌，亦可见铜绿假单胞菌、草绿色链球菌等。

(2)临床表现：一般出生后6～10日发病，以身体受压部位常见，如背部、臀部、肩部、腰部及会阴部等。初起有发热、哭吵不安、食欲减退等症状，局部皮肤发白、硬肿，表面热，皮损边界不清，继之迅速向四周扩散。当病变中央区域硬肿处变软，呈暗红色，触之有漂浮感，则表示皮下组织液化积脓，可破溃，流出稀薄脓液。晚期皮肤呈紫黑色坏死而脱落。此时患儿伴有全身感染的中毒症状，甚至可并发败血症。

(3)治疗和护理：首先要加强护理，合理喂养，供给足够的能量及营养。另外，要及时做一些对症治疗，如早期皮肤仅有轻微红肿，可应用抗生素控制感染；若皮肤出现漂浮感，应及早切开引流，于暗红处中央做多处、多方向对口切开，并边切开边填塞凡士林油纱条，以免出血过多。手术后每日换药，换药时可用无菌生理盐水、1%呋喃西林溶液冲洗伤口。患儿体位要避免切口不受压，纱布不要被大小便污染，避免混合感染。

2. 新生儿血管瘤

血管瘤是新生儿最常见的良性肿瘤，多见于皮肤、皮下，一般为血管的汇集与增多，腔内充满血液，与循环系统相通。女婴较男婴多见，一般分为5种，不是每一种均需治疗，有的会自行消退，有的则会生长。父母要密切观察，可以参照下面的介绍，确认自己的宝宝属于哪一种，然后再对症处理。

(1)橙色斑：出生时就有，斑块大小不等，为橙红色或淡红色，不高出皮肤表面，轻压退色，哭闹时颜色加深。多见于前额、上眼睑及枕部，一般都在出生后数月内自行消退，不必处理。

(2)红斑痣：又称为葡萄酒色斑，出生时就有，斑块为淡红色或暗红色，压之不退色，不高出皮肤表面。出生后红斑痣随身体的增长按比例增长，但范围不扩大，一般不能自行消退。红斑痣除影响美观外，一般无其他危害，必要时可采用冷冻治疗。

(3)毛细血管瘤：多见于枕部、头面、四肢和背部，还有的长在口唇和舌部。毛细血管瘤大小不一，大的能占据面部或肢体的大部分，小的只有几毫米，突出于皮肤，色鲜红或紫红，界限明显，形如杨梅，故又称杨梅状血管瘤。一般出生时就存在了，6个月内生长迅速，1～2岁后逐渐停止生长。它影响美观，破损后有大出血的危险，父母应密切留意。如果血管瘤较小，生长速度较慢，不在暴露部位，可待其停止生长后自行消退。如果血管瘤生长速度较快，严重影响了美观，就应立即进行治疗，临床上常用同位素贴敷法治疗。

(4)海绵状血管瘤：多见于皮肤、皮下组织、肌肉，甚至肝、肾等处，呈紫红色，形状多不规则，周围有纡曲、怒张的小静脉，扪之柔软，有弹性，挤压时缩小，撤压后即复原。这种血管瘤随年龄的增长而增大，有时长得很大、很深，严重时破坏正常组织，损害容貌。一旦确诊要立即进行治疗，可采用冷冻疗法、注射硬化剂使其血管栓塞而治愈，或手术切除。

(5)蔓状血管瘤：多见于四肢，表面及周围有许多树枝状扩张的血管，迂回曲折呈蔓状，局部皮肤呈暗红色或蓝紫色，有时可摸到血管搏动或听到血管杂音。这种血管瘤应该尽早手术。

3. 新生儿痱子

炎炎的夏日，人体自身会通过汗液的蒸发来散发热能，从而降低身体的温度。但是，当外界湿度过大而环境又不通风时，汗腺分泌过多，汗液却不能及时蒸发，滞留在皮肤表面，导致汗孔、角质层的浸渍变软，汗孔被堵塞，汗液排泄不出来，留滞于真皮内而引起局部的发炎，这就是痱子。

(1)症状：新生儿长痱子常见于头面部、颈部、背部、胸部及皮肤皱褶等处，其表现就是成批出现红色丘疹、疱疹，并有痒感。如果合并了感染，则在痱子的顶端形成针头大小的黄色小脓疱，即“脓痱子”。

(2)预防

①注意室内通风，保持环境凉爽，可以使用电风扇或空调，不仅能减少出汗，还利于汗液的蒸发。

②夏天可以把头发理短，必要时剃光。衣服要清洁、柔软、宽松，最好用吸水性强的棉料，要勤换。

③勤洗温水澡，不但能清洁皮肤，还有利于汗液的排出。洗完澡后立即擦干，然后再扑爽身粉，爽身粉可以吸去汗液，保持皮肤干燥。注意，千万不要用冷水洗澡，因为突然的冷刺激会使汗腺孔收缩，汗液不能排出，反而更容易发生痱子。

④新生儿注意要勤翻身，不要长时间一个姿势躺着，也不要总抱在怀里，避免皮肤受压过久而影响汗腺分泌，汗液不易蒸发从而长痱子。尤其是肥胖的新生儿在夏天要特别注意。

(3)护理方法

①做好室内通风工作，保持凉快。可以使用电风扇或空调。

②勤换衣服和尿布，衣服宽大，吸水性强，不要捂得过多。

③洗澡时一定要用温水，注意不要搔抓，忌用碱性肥皂，可以在洗澡水中加入花露水，洗完后擦干，然后在身上扑含薄荷、冰片的痱子粉，起到清凉、止痒的作用。

④睡觉时要避免长时间一个姿势，可以定时给新生儿翻翻身。

⑤如果痱子形成小脓疱了，可以用75%酒精棉球擦破，然后涂上1%甲紫，必要时可

在医生指导下给予抗生素。注意。痱子成脓疱后不能随便用手挤,以免感染和扩散。

⑥对于一些肥胖的新生儿,其皱褶对磨部位,如脖子、腋下、大腿内侧等,痱子常常变成"对磨疹",病灶呈潮红一片,脱屑、湿润,甚至糜烂、皲裂,这时更应该特别注意,最好在医生的指导下科学护理。

4. 新生儿皮肤褶烂

新生儿皮肤柔软娇嫩,局部皮肤褶缝处长时间相互摩擦,加之积汗与分泌物过多,热能不能散发,引起充血、糜烂、表皮脱落,甚至渗液或化脓感染,这就是新生儿皮肤褶烂。

(1)表现:常发生于出生后第二周,多见身体皱褶处,如颈部、腋窝、会阴部、腹股沟、臀缝、四肢关节屈面等。当褶缝中的积液发生化学变化,会有臭味,接触褶烂处有痛感,患儿常因疼痛而哭闹不安。外界环境炎热、潮湿,或不注意卫生,或新生儿比较胖等等,这些情况下比较容易发病。

(2)预防:该病预防很简单。父母只要平时多注意新生儿个人卫生、勤换尿布,保持清洁,洗澡后褶缝处的水可以用细软纱布吸干,然后扑上无刺激的爽身粉,防止褶烂发生。

(3)新生儿皮肤褶烂的护理方法

①注意卫生。首先要确保新生儿的衣物、被褥、用具清洁。成年人的手应彻底洗净再护理新生儿。

②保持褶缝处皮肤清洁干燥。洗澡后要用细软纱布将褶缝中水吸干,然后再扑爽身粉。同时还要勤换尿布。

③在医生指导下外用炉甘石洗剂,继发细菌感染时外用1%～2%甲紫或有效抗生素。

④当皮肤破溃时,最好不要用粉剂药物或甲紫,可以将皮肤破溃处用温水洗净、擦干,用适量的鞣酸软膏均匀轻柔地涂抹,起到隔水、干燥及止痛的作用,避免感染加重,每日2次。

5. 新生儿湿疹

湿疹又叫做奶癣,是一种常见的问题,多在出生后1～2月开始,1～2年内消失。表现为皮肤小米粒大小的红色丘疹,表面可有小白点,严重者可出现渗出、结痂,甚至继发感染,宝宝可有烦躁不安,甚至影响到睡眠和进食。

(1)病因:湿疹是一种皮肤过敏现象,确切的发病机制尚不清楚,但是出现这种现象一般提示有以下问题:

①食物中存在过敏原:配方奶以牛奶为原料,所以人工喂养儿更容易发生湿疹。母乳喂养儿在妈妈食用海鲜、牛奶后也可能发生。

②宝宝存在过敏体质:这类宝宝除了会有湿疹外,还容易发生鼻炎、哮喘等。

(2)表现:湿疹最先出现的部位为面颊,然后就是额、颈、胸部等,刚开始先是小红疹,接着会转变为小水疱,破溃后流水,之后可结成黄色痂皮,这一过程可反复出现。

(3)护理:如果宝宝有了湿疹,日常护理是十分重要的。

①用温清水洗脸、洗澡,保持皮肤清洁、干爽。

②选择纯棉布料的内衣，柔软、宽松。

③勤给宝宝修剪指甲，避免宝宝搔抓患处引起感染。

④室内温度不宜过高，否则会使湿疹痒感加重。

⑤避免太阳直晒等刺激。

如果湿疹厉害，就需要在医生指导下适当使用含糖皮质激素的软膏，必要时内服氯苯那敏、葡萄糖酸钙等抗过敏药。

(4)预防

①过敏体质的宝宝尽量少食用含蛋白较丰富的食物，如牛奶、鸡蛋、鱼、肉、虾米、螃蟹等。

②平时注意少到公共场所，因为一些灰尘、羽毛、动物皮屑、植物花粉等，也能引起奶癣。

③哺乳的妈妈也应注意自己的饮食，少喝牛奶、鲫鱼汤、鲜虾、螃蟹等诱发性食物，不吃刺激性食物，如蒜、葱、辣椒等，以免刺激性物质进入乳汁，加剧宝宝的奶癣。妈妈可以多吃一些豆制品，如豆浆等清热食物。

6. 新生儿尿布皮炎

新生儿的皮肤娇嫩，如果尿布更换不及时，局部皮肤长时间的处在潮湿中，大小便内含的尿素经细胞分解产生氨，从而刺激局部皮肤，发生皮炎。本病多见于尿布更换不勤或腹泻的新生儿，尤其是加垫塑料布或橡皮布时更易发生。

(1)新生儿发生尿布皮炎的表现：局部皮肤首先发红、粗糙，有细小鳞屑；继而会出现斑丘疹或疱疹，偶尔可见针尖样小脓疱，严重时有糜烂、渗液，甚至溃疡，此时更利于细菌或念珠菌的感染。病变位于尿布覆盖部位，有时可向外蔓延至腹壁、大腿等处。

(2)新生儿发生尿布皮炎的治疗：首先要做到勤换尿布，清洗臀部时禁用肥皂；另外，在医生指导下可以使用一些外用药。在用药时，要先用小毛巾浸温水后清洗局部皮肤，再轻轻吸干水分，然后用棉签蘸上药物，贴着皮肤轻轻滚动，均匀涂药，最后换上清洁尿布。

(3)预防新生儿尿布皮炎

①勤换尿布，尿布最好选用柔软、无色、吸水性强的棉布。清洗尿布时一定要把肥皂或洗衣粉洗净，最好用开水烫一下，然后在太阳下自然晒干。

②最好不要使用橡胶或塑料垫，因为这既不吸水，也不透气，更容易发生皮炎。如果要使用尿布垫，也应选择棉料的。

③每次大便后用温水清洗臀部，并擦干，避免皮肤潮湿。

④如果天气温和，可适当将新生儿的臀部暴露在空气中，每日 1～2 小时，这样既保持了臀部的干燥，又能防止皮炎的发生。

7. 新生儿先天性鱼鳞病

先天性鱼鳞病是一种遗传性皮肤病，表现为全身或部分表皮过度角化，颗粒层萎缩或消失，皮脂腺萎缩，致使皮肤干燥、粗糙呈鱼鳞状。

(1)症状：患儿在出生时皮肤即有干燥、潮红、发亮的症状，眼睑外翻，由于上皮细胞增生过盛，阻塞鼻孔，影响呼吸。皮肤紧张，口形改变，口周可见皲裂，耳壳增厚；指甲、毛发发育不良，且质地松脆，指、趾拳曲不能动。轻症者角化层较薄，呈棕红色或淡红色，反复剥脱可延至数月，最终局限于四肢。重症多因不能吮奶或继发感染而死亡。

(2)治疗：本症目前尚无特殊疗法。多在局部涂抹一些油膏，改善皮肤的干燥状态，常用的有水杨酸软膏、尿素软膏等。皮肤继发感染时可使用有效抗生素。

8. 新生儿皮下脂肪坏死

(1)症状：皮下脂肪坏死是新生儿期的良性皮肤病，由于难产、外伤、缺氧、用冷水刺激皮肤等原因使脂肪细胞受到了损伤，一般多见于背部、肩部、臀部、大腿等部位。患儿的两颊会出现结节，分布不对称，大小不等，形状不规则，表面皮肤光滑，呈暗蓝红色，硬块界限清楚，不与皮肤组织粘连，指压无凹、无痛。

(2)治疗：该病不必特殊治疗，只要新生儿健康成长，绝大多数硬块会渐渐被吸收消失，无瘢痕。当然，此病的预防也是很重要的，如临产时避免外伤，出生后注意保暖，切勿受凉。

9. 新生儿脂溢性皮炎

(1)症状：新生儿脂溢性皮炎是一种自限性的红斑鳞屑性皮肤疾病，主要由于新生儿皮脂腺功能旺盛，皮肤分泌物堆积所致。本病多见于头皮、额缘、眉间、鼻翼凹、耳后、耻骨和会阴等处，局部皮肤出现淡红色斑疹，表面覆以灰黄色或棕黄色油腻性鳞屑和痂皮。严重者表面糜烂、渗液、结痂或继发感染。一般 3～4 周后消退，不再复发。

(2)治疗：在治疗时可以外用含 2%水杨酸的花生油，每日数次，几日后痂与鳞屑可大部分去除，然后再涂以类固醇激素类冷霜，每日 2 次。另外，还可以在医生指导下服用维生素 B_2、维生素 B_6 等药。

10. 新生儿剥脱性皮炎

(1)症状：新生儿剥脱性皮炎又名金葡萄球菌烫伤样综合征，是一种严重的新生儿皮肤感染性疾病。一般地，发病前多有感染灶存在，起病急，最初是在面部、下颌等处出现红斑样皮疹，然后迅速蔓延全身，1～2 日内表皮皱起，并有大片剥脱，露出湿红的糜烂面，如烫伤样。皮损在几天内达到高峰，以后很快干燥、脱屑，7～14 日痊愈。常常伴有发热、腹泻、腹胀等症状。

(2)治疗：该病的治疗除了在局部涂擦药膏，还可以选用有效的抗生素，控制感染，如青霉素、红霉素等。护理患儿时，要保证足够的营养，必要时可以输血浆，并加强卫生消毒，避免感染。

11. 新生儿脓疱疮

新生儿脓疱疮是新生儿期常见的一种皮肤感染性疾病，由于新生儿皮肤细嫩易破损，免疫功能发育不完善，一旦接触了金黄色葡萄球菌或乙型溶血性链球菌，都能使该病发生，且发病急，传染性强。

(1)症状:新生儿脓疱疮好发于暴露部位,如面部、颈部、四肢等处。初起为红斑、水疱,2~3日后成为脓疱,脓疱壁薄、松弛、透明,易破裂,形成红色糜烂面,干涸后形成薄痂,落后不留瘢痕,有暂时性色素沉着。病情轻时可无全身症状,严重时伴发热,精神委靡、腹泻呕吐,绿色泡沫状粪便,易并发肾炎、肺炎、败血症、脑膜炎等。

(2)治疗:新生儿脓疱疮一经确诊要立即消毒隔离。其治疗原则以抗感染为主,同时,局部治疗也是必需的,用消毒针刺破脓疱,吸干脓液,再涂擦新霉素软膏。

(3)预防:由于该病的传染性十分强,所以做好预防工作是很重要的。平时要避免损伤皮肤,勤洗澡、勤换衣裤。出汗多的要随时用干毛巾吸干,保持皮肤干燥清洁。在感染流行期间,严格的消毒隔离,减少皮肤感染的机会;还可以采用3%六氯酚油膏给新生儿全身涂擦,也能控制流行。

12. 新生儿硬肿症

(1)症状:新生儿硬肿症是以皮肤与皮下脂肪硬变及水肿为主的一组临床症候群。具体表现为:

①体温过低。全身冰冷,体温常在35℃以下,甚至严重时在30℃以下。

②皮肤硬肿。先出现在小腿、大腿外侧,渐渐波及整个下肢、臀部、面颊、上肢也受累,严重者可发展为全身。受累部位的皮肤紧贴皮下组织,不易捏起或移动,按之似硬橡皮样,伴水肿者按压可有凹陷。

③皮肤多为红色。一般发红,伴缺氧时呈紫红色,伴黄疸时呈蜡黄色。

④精神状态差。哭声低弱或不哭,吮奶困难,肢体动作少,胸腹硬肿者可发生呼吸困难。

⑤其他情况。尿少或无尿;伴有心肌损害,酸中毒,败血症,肺炎,低血糖等。重症还会出现弥散性血管内凝血(DIC)和肺出血。

(2)原因:新生儿易得硬肿症的原因是多方面的。

①早产儿和体弱儿最容易患此病。

②寒冷损伤是主要原因。新生儿的体温不稳定,随外界温度的变化而变化,尤其是在寒冷的季节,如保暖不当,加之他们的体温调节中枢发育不完善,体表面积较大,散热比较容易,这样使身体温度低,就会出现寒冷损伤。

③新生儿皮下组织中饱和脂肪酸的含量比较多,当温度低时,皮下脂肪就容易凝固变硬。

④分娩时出现窒息、缺氧现象,或出生后受到感染,都与新生儿硬肿症的形成有一定关系。

⑤新生儿自身的某些疾病也能引起硬肿症,如新生儿红细胞多。

(3)治疗原则

①复温。逐渐复温,切忌过急。轻症患儿可采用棉被或暖水袋复温;重症患儿要放入保暖箱里,先以高于患儿体温1℃~2℃的温度复温,然后每小时提高箱温0.5℃~1℃(>34℃),可在24小时内恢复正常体温。

②喂养。供给足够的热能和液体,这样才能保证复温成功并维持正常体温。能吸吮

者尽量母乳喂养,不能吸吮者可用滴管、鼻饲喂养或静脉补充营养。

③控制感染。由于本病常伴有感染,故可用青霉素、哌拉西林或头孢菌素等药物抗感染,对肾脏有不良反应的药物应慎用。

④器官功能紊乱的治疗。纠正休克,改善微循环;肺出血或DIC时可用肝素;可以输入一定量的新鲜血或血浆,以补充凝血因子;还可用维生素 K_1、止血敏等药。

⑤加强护理。详细记录呼吸、心率、血压、尿量,定时检测肛温、腋温、腹壁皮肤温度及环境温度(室温和暖箱温度),密切观察病情变化。

(4)预防

①做好围生期的保健工作,加强产前检查,防治妊娠高血压综合征,预防出生低体重儿,避免早产和产伤的发生。

②如果在寒冷季节临产,一定要采取有效的保暖措施,事先提高产房室温,可以预热棉包被,待新生儿一出生即包裹御寒。当在居室时,除了保持室内温度外,还可以在包被外面加用暖水袋,也可将新生儿抱入母亲怀里来保暖。

③提倡母乳喂养,注意早开奶,保证足够的营养和热能,有助于提高新生儿的免疫力,防止疾病的发生。父母平时还要注意在给新生儿换衣服、换尿布时,动作要快,以免新生儿受凉。

三、新生儿脐部病症

1. 新生儿脐疝

(1)原因:新生儿脐疝是一种常见病。由于脐带脱落,新生儿的脐部瘢痕非常的薄弱,并且新生儿的两侧腹直肌前后鞘在脐部尚未合拢,留有缺损,这就为脐疝的发生提供了条件。

脐疝实际上是新生儿的肠管从脐部凸出至皮下,形成球形或半球形软囊,易于压回。一般情况下,新生儿安静卧位,突出的肠管返回腹腔,软囊消失。但是,当腹腔内压力增高时,如咳嗽、腹泻、哭闹等,均能促使软囊出现。此时如果用手轻轻一压,软囊就能压回去,同时还可听到声响。

患儿一般没有症状,个别可因局部膨胀而有不适感,很少出现腹痛、呕吐等症状。

(2)处理方法:新生儿脐疝一般不需要做特殊处理,因为随着年龄增长,腹肌不断得发育,疝孔逐渐缩小,最后闭合,脐疝就会消失,所以绝大多数脐疝在2岁内就能自愈。但是,在此期间要特别注意脐部的护理,如讲究卫生,内衣柔软等。

如果超过2岁了,脐疝仍然存在,可以考虑采用保守治疗,如使用束带胶布或硬币压紧疝环的方法,同时注意仔细观察脐部有无皮炎,因为此法容易刺激皮肤。若是年龄在4岁以上应考虑手术切除。

2. 新生儿要警惕病从脐入

刚出生的新生儿脐带还没有脱落,脐带内的血管没有完全闭死,是一个很大的创面,并且给病菌侵入机体提供了重要途径，甚至能通过脐血管的断口处进入血液循环，加之新生儿免疫功能低下，体液免疫和细胞免疫均缺乏，从而引起新生儿破伤风、败血症、脐炎等疾病。更为严重的是，由于新生儿血脑屏障功能差，败血症患儿容易合并化脓性脑膜炎，病势凶险，死亡率高，幸存者也常有后遗症，如失明、失聪、癫痫或痴呆等。所以，父母一定要细心护理新生儿的脐部，警惕病菌的入侵。

在脐带未脱落前要注意保持脐部的清洁与干燥，避免弄湿脐部。若脐部潮湿或有分泌物时，每天可用75%酒精消毒，擦时从脐根部中心呈螺旋形向四周擦拭，不可来回乱擦，以免把周围皮肤上的细菌带入脐根部。在脐带脱落后，如果局部有潮湿或米汤样液体渗出，可用75%酒精擦净或先用2%碘酒擦，再用75%酒精涂净，不要用甲紫涂擦脐部以免影响观察脐部感染情况。若发现脐根有肉芽、脓性分泌物、红肿及有臭味，需及时到医院诊治，以防病情恶化。

3. 细辨新生儿脐部的分泌物

新生儿出生时要剪断脐带，然后结扎，创面血管尚未闭合需要细心护理。如果新生儿肚脐出现分泌物，会给细菌繁殖提供条件而导致疾病的发生。所以，父母应了解导致新生儿肚脐出现分泌物的原因及治疗方法。

(1)脐茸：这是脐部黏膜的残留物，是肚脐流水最常见的原因。脐茸的外观很像一块粉红肉，位于肚脐中央，分泌物较多，甚至还会有少量血性分泌物。这时候，需要去医院治疗，一般用硝酸银烧灼，或搔刮局部，或电灼，但如果灼疗无效则要手术切除。

(2)脐肉芽肿：断脐后的创面受到异物刺激而形成的息肉样小肉芽肿，表现为脐部有樱桃红色肿物，似米粒至黄豆大小的组织，有脓、血性分泌物。父母也要及时带新生儿到医院诊治。

(3)脐湿疹：肚脐内或周围常有小的红丘疹或皮肤糜烂，分泌物时多时少，有瘙痒感。一般可先用呋喃西林溶液清洗，然后用1%～4%硼酸液外洗，擦干后，涂擦氧化锌油，疗效显著。

(4)脐出血：脐带脱落后，新生儿若用力咳嗽、哭闹导致腹内压升高，脐带血管会有少许开放，出现少量渗血。这主要是因为断脐后脐带内的血管仅为功能上的关闭，从解剖上讲仍未关闭，是一个潜在的通道。一旦腹压升高，脐部就会有少量出血。父母可以先用75%酒精轻轻地擦去脐部的血，再用消毒纱布包扎。

(5)脐炎：断脐后的脐带残端一旦被污染了，或长时间的潮湿，细菌就可以在此生长繁殖，从而引起脐炎。表现为创面发红，有白色脓性分泌物，脐周皮肤红肿。由于细菌可能通过解剖上尚未闭合的潜在通道脐血管进入血液循环，导致败血症等严重后果，因此，父母应立即带新生儿去医院进行治疗。

(6)脐尿管瘘：如果脐部长时间有少量液体漏出，脐周伴有湿疹样改变，就要考虑是否存在脐尿管瘘。这条瘘管下接膀胱，上端开口在肚脐，膀胱胀满后，尿就通过此管从脐流出，故流出的液体实际上是尿，有时可嗅到尿味。经过检查一旦确诊，手术切除瘘管是惟一的治疗方法。

四、新生儿消化系统疾病

1. 新生儿呕吐要区分常见病和先天畸形

(1)常见一般性疾病致呕吐

①咽下羊水。分娩时新生儿吞入较多羊水、产道分泌物、血液等，尚未进食就开始呕吐，吐出物为泡沫黏液，有时为棕红血样黏液，将咽下的东西吐净之后，呕吐随之而止。

②生理性呕吐。新生儿食管短，食管较松弛，胃容量小，呈水平位，幽门括约肌发育较好，而贲门括约肌发育差，肠道蠕动的神经调节功能较差，腹腔压力较高，一旦喂养过快、过慢或奶瓶呈水平均可造成吞气过多而引起呕吐。

③喂养不当。新生儿具有一定的吸吮、吞咽能力，但是早产儿比较差一些，喂奶后常发生吐奶，尤其当喂奶的量太多时，或喂养之后立即平卧，或过多翻动新生儿更易发生呕吐。所以，无论采取何种喂养方式，一定以多次、少量为原则。

④感染因素。新生儿发生感染，尤其是肠道感染时，呕吐是首先出现的症状。一些肠道外的感染，如肺炎、脐炎、皮肤感染、脑膜炎、肾盂肾炎、败血症等也可引起反射性消化功能紊乱而发生呕吐。

⑤中枢性呕吐。分娩时头颅产伤、颅内出血、先天性大脑发育不全都可出现呕吐，此类患儿同时可伴有和神经系统有关的症状。

⑥药物反应。新生儿若服用了金霉素、红霉素及苦味强烈的药物等，容易刺激胃肠道而引起呕吐。一般在停用药之后呕吐即停止。

⑦幽门痉挛。其呕吐特点是呕吐时间不规则，呈间歇性，每次呕吐量不多。随着小儿的发育，呕吐可逐渐减轻，孩子发育不受影响。呕吐严重时需去医院就诊。

(2)先天畸形呕吐：新生儿呕吐常常由于喂养不当引起，但是如果反复呕吐或呕吐不止，则应考虑先天性畸形。

①先天性食管闭锁。多见于早产儿，表现为喂乳后呛咳，面色青紫，可有气喘、呼吸困难、口唇发绀等类似肺炎的症状。患儿一般吃多少吐多少，伴有流口水。

②先天性肠闭锁。患儿出生后第一天可正常吃奶，1～2日后反复发生呕吐者多为十二指肠闭锁，出生2～3日后反复呕吐的多是小肠闭锁。表现为上腹膨隆，下腹软扁，在腹部可见到胃肠的形状及蠕动波；不排便，或排少许灰白色黏液，或排饭粒样便；呕吐物中有胆汁，有时还有胎粪。

③先天性肛门直肠闭锁。患儿肛门完全闭锁，有的合并直肠前庭瘘、直肠会阴瘘或直肠阴道瘘，男婴还有直肠膀胱瘘等畸形。如新生儿进奶3～4日后不排便，出现腹胀和呕吐，呕吐物先为奶汁、胆汁，后为粪便。

④先天性肥厚性幽门狭窄。患儿出生后头2周吃奶，2～3周后，吃奶不久便呈喷射性呕吐，呕吐物中可有隔夜的奶，但无胆汁。呕吐症状可随月龄增长而加重，同时患儿体重逐渐下降。

⑤先天性巨结肠。患儿先是腹胀，通常不排便，然后发生呕吐，初期呕吐物是奶汁、胆

汁，之后可有粪便。

总之，新生儿呕吐，尤其是反复频繁的呕吐，父母千万不能小看，以免耽误病情。

2. 新生儿食欲低下的原因

正常新生儿都有良好的食欲，因为他们有觅食反射、吸吮反射及吞咽反射，并且它们的消化道面积相对较大，肠蠕动较快，肠内消化蛋白质、糖类及脂肪的能力已较完善。所以，一旦新生儿食欲明显低下时，常常为疾病所致，应引起父母高度的重视。

引起新生儿食欲低下的原因很多，有以下几种情况：

(1)感染：新生儿期各种感染如败血症、肺炎、脑膜炎、泌尿系感染等，临床常以食欲低下为前驱症状，除此而外，常伴有体温不升和黄疸等现象。

(2)消化系疾病：如新生儿肝炎、肠道感染等，食欲低下也是最常见的表现，同时常伴有呕吐、腹泻。

(3)心肺功能异常：如肺炎、心力衰竭等，除了青紫、气急外，食欲低下也是常见的表现。

(4)全身代谢障碍：如缺氧、酸中毒、高胆红素血症等，多表现为吃奶不好。

(5)药物影响：许多药物，如各种抗生素等，对新生儿的胃肠道有刺激作用，可直接导致食欲低下。

(6)神经系统疾病：如脑缺氧、脑出血、破伤风等，由于神经系统病变使吸吮反射消失，影响吞咽而造成食欲低下。

综上所述，新生儿的食欲低下常常是全身疾病的表现，因此，积极寻找新生儿食欲低下的原因，是非常重要的。只有明确了病因，才能正确的加以处理。

3. 新生儿大便是否正常的识别

新生儿出生 24 小时内会排大便，一般呈棕褐色或墨绿色，黏稠，没有臭味。这种粪便是由胎儿期的肠道分泌物、胆汁及咽下的羊水内所含的胎儿皮脂等组成，所以称为胎粪。新生儿所有的胎粪在 3 日左右排清。有少数新生儿出生后两天两夜尚无胎粪排出，属于异常情况，应去医院检查看有无消化道畸形或其他原因。

随着母乳喂养的开始，新生儿的大便呈金黄色，黏度均匀如膏状，有时略带绿色，呈酸性反应，无明显臭味，每天排便 2～4 次。如果是人工喂养的新生儿，他们的大便色淡黄或土灰色，质较干不匀，常带奶瓣，呈中性或碱性反应，有臭味，每天排便 1～2 次。混合喂养的新生儿大便量多，质柔软，有明显臭味，暗褐色。新生儿大便的次数可达每日 4～5 次，这主要是因为新生儿神经系统发育不完善，对消化道的调节不够准确，还有他们的肛门括约肌发育不够完善，当大便积聚在直肠时即可刺激新生儿产生便意感，随时引起排便。

以上情况是新生儿的正常大便，当然，如果喂养不当，加之新生儿的肠胃功能比较差，新生儿的大便会出现一些异常情况，父母要时刻注意观察，并给予及时处理。

新生儿消化不良时的粪便为黄绿色，稀水状，或含有白色小凝块呈蛋花汤样，质不匀，次数多；肠炎时的粪便稀薄呈绿色，黏液较多，有臭味；腹泻严重时，粪块消失，大便呈水样或蛋花汤样；痢疾杆菌性肠炎可为脓血便；阻塞性黄疸时的粪便呈灰白色；便秘时的大便干结；饥饿时的大便呈暗褐色或暗绿色，次数较多，量少，有黏液。如果大便为绿色，表明糖摄入过多，可适当地减少糖类。如果出现血水样大便，并且伴有发热、腹胀、呕吐，则可能是出血性坏死性小肠结肠炎，需及时到医院。

4. 宝宝溢奶当心胃食管反流

宝宝溢奶的现象十分常见，一些母亲认为是宝宝吃奶多了，消化不良的原因，就不把此当一回事了。其实这是不对的，宝宝经常溢奶要当心胃食管反流。

胃食管反流是由于新生儿的食管下端的括约肌功能不全，无法有效地阻挡胃内容物的反流，尤其是在喂奶后，胃内容量增多，压力增大，则更容易反流。因而，新生儿出现溢奶，应该首先考虑是胃食管反流，其发生率偏高，尤其是早产儿多见。

胃食管反流一般被认为是生理性的，大部分患儿的症状可在12～18个月内消失。但是如果症状比较严重，且没有得到治疗，就可能引起许多并发症，如吸入性肺炎、呼吸暂停、窒息，以及营养不良、体重不增加和贫血等。所以，对于胃食管反流应该早期发现并加以治疗。

在平时护理上也要多加注意。如选择合适的睡眠体位，恰当地抬高头部，并使头部保持侧位；喂奶时要少量多餐，可增加喂奶次数，但每次不可喂得过饱。

5. 新生儿咽下综合征

在正常情况下，胎儿在子宫内会吞入少量羊水，但对胃黏膜无刺激作用。如果在分娩过程中，新生儿吞入的羊水量过多，或吞入被胎粪污染的羊水，或含较多母血的羊水，均可刺激新生儿的胃黏膜，导致胃酸及黏液分泌亢进而引起呕吐。这种情况多见于难产史、窒息史或过期产史的新生儿。

(1)症状：这些新生儿常在出生后尚未开奶就开始呕吐，吐出物呈泡沫黏液样，有时带绿色，为被胎粪污染的羊水，有时含咖啡色血样物。开始喂奶后呕吐加重，吃奶即吐。但一般情况下无呛咳，也无发绀等症状。胎便排出正常，有时可排黑便，一般无其他异常体征。

(2)治疗：新生儿咽下综合征轻者需暂时禁食，同时可给支持治疗，待咽下的羊水、产道内容物及血液吐净，呕吐也就停止了，通常在出生1～2日后自愈，这时再及时进行母乳喂养，对新生儿的健康影响不会很大。

但是重症者频繁呕吐，吐出物中带有胎粪或呈咖啡色时，必须禁食，且及时治疗。可以用1%碳酸氢钠溶液洗胃，洗1～2次后，呕吐即可停止。现在临床常采用吗丁啉和乳酸菌素片配合治疗法。吗丁啉可以增加胃蠕动而有利于胃排空，促进呕吐停止。乳酸菌素片具有促进胃液分泌、增强消化功能、增进肠蠕动，以及能选择性地杀死消化道致病菌，保护有益菌生长和调节胃肠道菌群平衡等功能。两者协同作用，避免洗胃环节，使治疗更为简便。

6. 新生儿腹胀的原因

(1)病因：正常新生儿，尤其是早产儿，在喂奶后可见到轻度或较明显的腹部隆起，有时还有溢乳，但精神状态好，不哭闹，触摸腹部时柔软，无肿块，排便正常，生长发育良好，这是通常所说的"生理性腹胀"。主要是由于新生儿腹壁肌肉薄，张力低下，且消化道产气较多所致。

(2)症状：新生儿腹胀明显，伴有频繁呕吐，精神差，不吃奶，腹壁较硬、发亮、发红，有时还可见到小血管显露，触摸到肿块；有时还伴有黄疸，白色大便或柏油样大便，发热等等，这些都是疾病的表现。父母应尽快带宝宝到医院诊治。

(3)治疗

①新生儿腹胀了，首先要排除"生理性腹胀"，这是不需要特殊治疗的，只要注意护理得当，如不要给新生儿吮空奶头；每次哺乳后，抱起他们并轻轻拍打其背部；乳母在哺乳期间少食产气较多的食物。

②如果腹胀伴有呕吐，呕吐物为食物，甚至胆汁或粪样物，且大便秘结，小便量少，宝宝日渐消瘦，这可能是先天性巨结肠，要尽快到医院进一步检查治疗。

③如果新生儿几天不大便后出现腹胀、哭闹，可能是由于胎粪内积引起，可适当给予润肠通便的药物，一般排出胎粪后腹胀便可消失。因腹胀哭闹不止者，可用手轻轻按摩婴儿腹部，或用少量驱风油涂擦新生儿肚脐周围，均利于症状的缓解。

7. 新生儿便秘

正常新生儿在出生后 24 小时内排墨绿色、黏稠的胎粪，开奶后，母乳喂养的新生儿大便呈金黄色，较干燥，一天大便 1～2 次。若新生儿出生后超过 48 小时未排大便即可视为便秘。

(1)新生儿出现了便秘，首先要想到下列疾病

①新生儿巨结肠：新生儿出生后仅有少量胎粪排出，此后出现便秘并伴呕吐、腹胀。这时候需经灌肠，或手指伸入直肠后才有粪便排出，排便后腹胀减轻。

②先天性甲状腺功能低下：新生儿除了便秘外，还会有严重的腹胀、喂养困难、反应迟钝、少哭，经常处于深睡状态，四肢冷、体温低，黄疸消退延迟。

③胎粪性肠梗阻：新生儿一出生后就出现呕吐，腹胀及便秘。这时要及时做 X 线摄片，明确诊断，积极治疗。

(2)引起新生儿便秘的常见诱因

①新生儿在没有特殊刺激的情况下，肠道蠕动缓慢，水分吸收偏多。

②由于新生儿膳食种类局限，蛋白质较多，也很容易发生便秘。

③新生儿的胃肠道神经调节本身不健全，胃肠功能发育不完善。

④此外，个体解剖特征和功能特点与遗传素质有一定关系。

(3)新生儿便秘的处理方法

①多喝水，尤其是人工喂养的新生儿，可以在两次喂奶间适当加温开水。

②做腹部顺时针按摩，每日 2 次，每次 5～10 分钟。注意：力气要适当，尽量让新生儿感到舒服。

③如果多日未解大便，可用小儿开塞露或是肥皂条。但不要长期使用。

专家提醒：蜂蜜最好在宝宝满 1 岁以后食用，因为其内含肉毒杆菌，易损伤肠胃，所以

1岁内宝宝不建议用。

8. 新生儿胎粪性便秘

胎粪包括的成分非常丰富，有胃肠分泌液、胆汁、胰腺分泌液、各种消化酶、胎脂、角化上皮细胞、无机盐类，以及脂肪、胆红素等，特点为墨绿色、黏稠、不成形、无臭味。正常新生儿一般在24小时内排出胎粪，如果72小时仍无胎粪排出或排出很少，伴有不安、呕吐、拒奶、腹胀等，这就是胎粪性便秘，又称胎粪栓塞。

新生儿胎粪性便秘是由于胎粪稠厚积聚在乙状结肠及直肠内，排出量很少，表现为低位肠梗阻症状。出现这种情况，父母首先要给新生儿禁食，并及时把新生儿送往医院。一般用灌肠法促其排便，也可用开塞露，效果不错，一旦大量胎粪排出，症状即刻缓解，本症不会复发。

9. 新生儿腹泻

一些新生儿刚吃几次母乳就拉稀了，甚至还伴有发热；或是母乳不够添了少量牛乳，就受不了，大便次数增加而且水分多，有臭味。这就是新生儿腹泻，是新生儿时期最常见的肠胃道疾病，又称为新生儿消化不良、新生儿肠炎。主要原因是新生儿免疫功能差，尤其是肠道的免疫能力更低，并且消化功能和各系统功能的调节功能也比较差。

(1)病因：导致新生儿腹泻的原因可以分为肠道内感染、肠道外感染、非感染性因素。

第一种，肠道内感染。肠道内感染主要发生在人工喂养或混合喂养的新生儿，由于奶具不洁导致许多病原菌引起的如细菌、病毒等进入新生儿口内而引起胃肠道感染。轻症的患儿表现为单纯的胃肠道症状，拉稀一日5～8次，同时还出现低烧、食奶差、呕吐、精神弱、轻度腹胀、哭闹、唇干、前囟门凹陷。最严重就是新生儿流行性腹泻，此病潜伏期短，症状重，开始时厌食、吐奶、腹胀，继之腹泻呈黄绿色水样大便，有击拍声，腥气奇臭，一天大便次数可达10次左右，很快出现脱水症状。

第二种，肠道外感染。肠道外感染主要是由于病原体毒素的影响或神经系统发育不健全，致使消化系统功能紊乱、肠蠕动增加而引起腹泻。这种腹泻次数较少，一般无胶冻、脓血和奇臭。在新生儿患肺炎和败血症时，细菌有时也可从肠道外或血液中透过肠壁，渗入肠道内，引起肠炎发生腹泻。

第三种，非感染性因素。非感染性因素主要由于饮食喂养不当或天气变化而引起的腹泻。一般喂养不当时大便次数增加，有不消化奶块或呈蛋花汤样粪便，但也无黏液和奇臭。天气变化如果受凉，可使肠到功能紊乱；如果气候炎热可使胃酸和消化酶分泌减少，消化不良引起腹泻。

(2)症状：因不同原因引起的新生儿腹泻其症状也是不一样的。

①喂养不当导致的腹泻。大便次数增加，有不消化奶块或呈蛋花汤样粪便，一般也无黏液和奇臭。

②大肠杆菌导致的腹泻。大便次数多，黄绿色水样带黏液、伴呕吐及发热、脱水症状明显，面色发灰，哭声低弱，精神委靡，体重锐减，尿少等，很快会出现水与电解质紊乱和酸中毒等严重症状。

③秋冬季节,新生儿容易患"秋季腹泻"。是由一种轮状病毒引起的,表现发热、呕吐、咳嗽、流涕等感冒症状,大便为水样、稀薄、米汤样、黏液少,每次量多、无腥臭味,哭闹、烦躁不安。

④鼠伤寒沙门菌导致的腹泻。多见于早产儿、体重低的新生儿。这种腹泻传染性强,大便表现多样化,如大便呈黑绿色、黏稠,也有白色便、胶胨样便、稀水样便伴有明显腥臭味,一般伴有高热。

总之,新生儿腹泻会直接影响对营养的吸收,不利于生长发育。由于腹泻损失大量水分及电解质,还会引起新生儿脱水、酸中毒、低血钾、低血钙、代谢紊乱,甚至威胁生命。

(3)新生儿腹泻的防治方法:新生儿一旦出现了腹泻,父母往往不知所措,在喂奶时给多了怕加重症状,少了又怕饿着宝宝。所以,新生儿腹泻期间科学的防治是很重要的。

①注意卫生。母乳喂养的新生儿应注意母亲乳头的清洁,吃奶前用干净毛巾仔细擦洗乳头;人工喂养的新生儿应注意奶具消毒,父母在配奶前先将双手洗净,剩奶丢弃,以免变质。

②若母乳喂养的新生儿发生腹泻时,可以缩短每次喂奶的时间。因为母乳的前半部分蛋白质含量较多,容易消化,富于营养;而后半部分脂肪含量较多,不易消化。必要时母亲可以在喂奶前半个小时先饮一大杯淡盐开水,以稀释乳汁,然后再哺乳。

③采取一些饮食和补充营养的原则。如为了减轻胃肠道的负担,帮助恢复消化功能,可以给新生儿适当口服淡盐水、维生素 C 等。

④注意根据季节气候的变化随时增减衣物,避免腹部着凉。

一般来说,只要饮食卫生、有规律,腹泻是可以避免的。另外,对腹泻的患儿还要加强臀部护理,防止臀部皮肤糜烂感染。

10. 新生儿便血

新生儿便血常见的原因有以下几种。

(1)新生儿出血症:新生儿在出生第 2~6 天时,排黑粪,伴有脐部出血或呕血等,经维生素 K 注射治疗,2~3 日痊愈。

(2)吞入血样羊水或产道内的血液:吸奶时吞入母亲乳头破裂渗血,新生儿大便可呈黑粪或血样。

(3)出血性坏死性小肠炎:起病急,以腹痛、呕吐、腹泻、便血及发热为主,重时可出现中毒性休克。甚至出现中毒性肠麻痹,伴有腹胀,肠鸣音减弱。肛门指检多发现血便。

(4)肠套叠:大便呈果酱状,伴有哭吵、呕吐、腹部可摸到痞块。

(5)消化道畸形:新生儿先天性消化道畸形时,也会出现便血的现象。

五、新生儿呼吸道疾病

1. 先天性喉喘鸣

由于新生儿的喉部组织软弱松弛,吸气时候组织塌陷,喉头软骨盖住声门,喉腔变小,发出小鸡一样的叫声，这称为先天性喉喘鸣，也称喉软骨软化。

(1)症状：患儿的临床症状往往在出生后即出现，也可在出生数周后发生。喉鸣发作可表现为持续性的，也可以是间歇性的。小儿在睡眠或安静时常无症状，但啼哭时或受到惊吓时症状则比较明显，多数患儿哭吵和咳嗽时并无嘶哑。有时喉鸣不明显，稍受刺激后立即发生；有时候与体位有关，仰卧时加重，俯卧或侧卧时轻。对症状较轻的患儿来说，先天性喉鸣对其生长发育及营养状况并无明显的影响，但临床表现严重的患儿，可因为呼吸困难及长期缺氧而导致漏斗胸或鸡胸，因为肺功能受到影响，有些患儿可出现心脏扩大。

(2)原因：这是由于妊娠期营养不良，胎儿缺钙，致使喉软骨软弱，吸气时负压增大，使会厌软骨两侧边缘向内卷曲接触，或会厌软骨过大而柔软，两侧杓会厌襞互相接近，喉腔变窄成活瓣状震颤而发生喉鸣。

(3)护理：如果喉喘鸣的患儿症状不重，父母平时可以让他们多晒晒太阳，多做些户外活动，同时还要避免患儿受凉或受惊，以免发生呼吸道感染和喉痉挛，加剧喉阻塞。随着年龄的增长，患儿的喉头间隙会逐渐增大，喉软骨也会发育好，绝大多数孩子在2岁左右，这种声音就会消失。

如果发作较重，吸气困难，可调整患儿体位，取侧卧位可减轻症状；偶有严重喉阻塞者，需行气管切开术；伴急性喉炎易引起呼吸困难，要特别注意，不能掉以轻心。父母要及时到耳鼻喉科医师处就诊，并住院观察。

专家指出，鱼肝油可以消除喉喘鸣。因为母亲怀孕期间晒太阳不足，或没有服鱼肝油、钙片，导致新生儿的喉软骨软化而发生先天性喉喘鸣，所以说这是一种先天性佝偻病。父母可以给这种患儿服维生素D制剂(浓鱼肝油滴剂或胆维丁)和钙剂，有利于喉鸣症状的减轻或消失。

2. 新生儿感冒

感冒又称上呼吸道感染，是指从鼻腔到喉咙部位的感染，可能引起急性鼻咽炎(俗称上感)、急性咽炎、急性扁桃体炎和急性喉炎等。感冒又分为病毒性感冒和细菌或支原体感染性感冒，前者大多可以在不用抗生素的情况下自然痊愈，后者要用抗生素治疗。

新生儿的抵抗力差，一旦感冒了，若不及时处理，轻者可以引起呼吸和哺乳困难，重者并发肺炎，所以对新生儿感冒一定要积极预防。父母可以按照下面几点做，达到防止新生儿感冒的目的。

(1)新生儿感冒的预防

①新生儿的卧室要空气流通，禁止患感冒的人接触新生儿；母亲如果感冒了，也应少接触新生儿，并在喂奶时戴上口罩。

②要注意气候变化，冷热得当，特别是夜晚，要注意为新生儿盖被。

③合理饮食是一个预防新生儿感冒的好办法。专家提倡母乳喂养，因为母乳不仅是孩子体格和智力发育的最佳食品，而且具有防止感冒的功效。研究表明，母乳含有对呼吸道黏膜有保护作用的几种免疫球蛋白。另外，可以适当给新生儿喂富含维生素A、维生素C，以及锌、铁等食物，也有助于机体抵抗感冒

病毒。

(2)新生儿感冒的治疗:如果新生儿表现为高热、鼻塞、流涕、咳嗽,化验血常规时白细胞不高,这种感冒大多由病毒引起,一般不必用抗生素,父母只要注意给足水分,及时降温,细心照料,经过5~7日的时间,症状消失而自愈。但是,一旦新生儿的体温达到39℃以上就必须在医生指导下使用抗生素,而且刻不容缓。若伴有吃奶不好、或吐沫、或精神不振,或口周发青,要及时到医院,以防出现肺炎。

3. 新生儿肺炎

(1)新生儿肺炎病因分类:肺炎是新生儿感染性疾病中最常见的一种,可分为两类,一类是吸入性肺炎,另一类是感染性肺炎。

①吸入性肺炎。又可根据引起原因的不同分为以下三种。

● 羊水吸入性肺炎:常常因为胎儿缺氧而导致。

● 胎粪吸入性肺炎:胎儿窒息缺氧,肛门松弛,排出胎粪污染羊水,胎儿吸入污染的羊水和胎粪而致肺炎。

● 乳汁或黏液吸入性肺炎:新生儿吸入乳汁、黏液等所致的肺炎。

②感染性肺炎

● 宫内肺炎:即先天性肺炎,是指胎儿在子宫内或产道感染病菌所致的肺炎,多见于早产儿或生产过程中有异常的新生儿。

● 出生后感染性肺炎:这是新生儿期主要的呼吸道疾病,也是新生儿重要的死亡原因之一。主要就是由于上呼吸道病原菌向下蔓延到肺,或败血症、脐炎、肠炎等病灶内的细菌入血至肺,或新生儿与呼吸道感染者有密切接触等。

(2)新生儿肺炎的早期症状

①呼吸增快。新生儿肺炎在临床表现上缺乏特异性,但呼吸次数增快是肺炎早期的体征,所以,父母要学会数新生儿的呼吸次数。正常新生儿每分钟呼吸次数为40~45次,如每分钟呼吸次数大于等于60次,即为呼吸增快,这时应再数一次呼吸,如仍大于或等于60次/分,即为呼吸增快。

数呼吸次数正确的做法是要数满1分钟。数呼吸时要注意一吸一呼为一次呼吸,有的父母将一吸一呼数为两次呼吸就数错了。由于新生儿胸廓上下运动幅度小,以腹式呼吸为主,因此观察呼吸运动时观察腹部运动更明显,数出来的呼吸次数更准确。数呼吸时,要在新生儿安静时数,不要在哭闹、吃奶或刚吃奶后数呼吸,这时数出来的呼吸次数不能反映真实情况。父母学会数呼吸次数,就不会在新生儿生病时手足无措,为早期发现肺炎、早期治疗提供了一个简单、方便、可靠的方法。

②胸凹陷。除呼吸增快外,新生儿患肺炎时还会出现一个重要体征——胸凹陷。当吸气时胸壁下部明显内陷即为胸凹陷,是肺炎较重时的一种表现,观察新生儿有无胸凹陷时也要在安静状态下判断才能确定。

③一般症状。新生儿肺炎常见的早期症状有精神委靡、吃奶呛、不吃奶;有时烦躁不安、呕吐、面色青灰或苍白、鼻翼翕动,闭口吹气,点头呼吸或呼吸不规则,甚至暂停;一般不发热,或微热或体温过低;一般常无呼吸道症状,很少咳嗽。可见,新生儿肺炎的早期症

状一般不很典型，不容易被发现。有的患儿出现鼻根及鼻尖部发白、鼻翼翕动、呼吸浅快、不规则，病情变化快，易发生呼吸衰竭、心力衰竭而危及生命。所以，父母要细心观察新生儿的异常情况，及时处理，避免延误病情。

(3)新生儿肺炎的家庭护理：新生儿肺炎的家庭护理十分重要，对宝宝恢复健康有积极的作用。父母千万不能把护理简单地看成只是喂奶、吃药、换尿布，其实护理的内容很多，可以包括以下几方面：

①密切观察患儿的体温变化、精神状态、呼吸情况等。

②室内空气要保持新鲜，太闷太热对肺炎患儿都非常不利，可加重咳嗽，痰液变稠，呼吸更为困难。室内的湿度也要适宜，如冬天火炉上可放个水盆，夏天地上应经常洒水，使室内空气不要太干燥。

③患儿往往不愿吃奶，应注意补充足够的液体和热能，除喂奶外，还可输葡萄糖液。

④患儿因发热、出汗、呼吸快而失去的水分较多，所以要多喂水，这样也可以使咽喉部湿润，使稠痰变稀，呼吸道通畅。

⑤患儿吃奶时能使喘加重，所以父母尽量不要用奶瓶给他们喂奶，可以改用小勺喂。

⑥注意患儿鼻腔内有无干痂，若有可用棉签蘸水后轻轻取出，避免鼻腔阻塞而引起呼吸不畅。

(4)新生儿肺炎的预防方法：新生儿肺炎一年四季均可发生，父母在预防该病时关键要做好以下几点：

①防止感染。如果孕妇患有感染性疾病，要及时治疗，并在临产时严格消毒，避免接生时污染，还可以在出生后考虑选用抗生素预防。

②提倡母乳喂养母乳。尤其是初乳中含有大量的免疫球蛋白 A，这种物质可以起到保护呼吸道黏膜免遭病原体的侵袭，达到预防的目的。

③注意环境卫生。新生儿的房间要经常开窗通风换气，尽量减少亲戚朋友的探视，尤其是患感冒等感染性疾病的人员不宜接触新生儿，产妇患有呼吸道感染时必须戴上口罩接近新生儿。

④观察异常情况。如果发现新生儿有脐炎或皮肤感染等异常情况，父母要立即去医院治疗，防止病菌扩散。

4. 新生儿呼吸窘迫综合征

新生儿呼吸窘迫综合征又称新生儿肺透明膜病，多发生于早产儿，指出生后不久即出现进行性呼吸困难、青紫、呼气性呻吟、吸气性三凹征和呼吸衰竭一系列症状。

患此病的新生儿肺表面活性物质缺乏，要及时采取综合急救措施使患儿度过危险期，治疗重点就是要纠正缺氧，维持酸碱平衡，补充表面活性物质。在护理上除了正确供氧外，还要注意保暖，环境温度最好维持在 22℃～24℃，湿度最好在 55%～65%，以减少水分消耗。另外，父母要保证患儿的营养供给，如果患儿不能吸乳吞咽，可用鼻饲法或补充静脉高营养液等方法。

5. 新生儿湿肺

新生儿湿肺又称新生儿暂时性呼吸困难或第Ⅱ型呼吸窘迫综合征，是一种自限性疾病，在出生后1日内出现呼吸急促（大于60次/分），有时伴青紫、呻吟，一般情况较好，能哭、亦能吮奶，症状持续时间不长，常多见于剖宫产儿和过期产儿，也可见于吸入过多羊水的窒息儿，男婴比女婴多见。

(1)病因：由于患儿的肺泡内液体过多，或血管外渗过多，或转运功能不全都可使间质液增加，同时，也使肺泡内液体不能及时吸收而积留，从而影响呼吸和气体交换，导致呼吸困难。

(2)表现：新生儿湿肺的临床表现多见于以下几点。

①轻者呼吸增快，60次/分以上，或快至80次/分，口唇青紫，但反应正常，哭声响，吃奶不受影响。

②重者呼吸可达100次/分以上，青紫明显，呻吟，反应差，不吃不哭。

③症状不论轻重，体温大多正常，肺部体征不多，呼吸音减低，或有干、湿性啰音，重症患儿可出现呼吸性酸中毒和代谢性酸中毒。

④由于呼吸急促、缺氧、酸中毒，不少患儿的生理性黄疸较深，并且持续时间较长。

(3)护理：除了要密切观察，早期发现外，还要注意供给适量氧气，采用间歇给氧法。不会吮乳者不必勉强，以免发生呕吐后吸入，或到医院静脉补液，对烦躁不安者，可给予一定的镇静药或脱水药，防止因缺氧造成脑水肿。病程超过2日时，可用抗生素防止继发感染。

六、新生儿五官疾病

1. 新生儿视力异常

新生儿时期的视力发育比较缓慢，主要特点是有光感，可注视眼前20厘米左右较明显的目标，直到新生儿末期时，才能够追随一些移动目标。所以，除了明显眼部畸形可以早期发现外，视觉异常一般较难发现，一直要等到半年以后，随着症状明显父母才会察觉，此时对于某些先天性眼病的治疗已显得过晚。专家指出，父母可以根据新生儿视力的特点，参照下面的方法对新生儿的视力做定性检查，及早发现异常情况。

(1)在新生儿睡着时，父母可以用手电筒照他们的眼睛，正常新生儿则会闭眼、皱眉、身体扭动，甚至觉醒；若轻轻拉开眼皮照瞳孔，瞳孔会缩小。

(2)新生儿低头前倾、眼球向上转；头后仰，眼球向下看，此谓“洋娃娃眼”。

(3)新生儿满月时，可以把一个直径约10厘米的红色绒球放在距离新生儿眼睛20厘米处，然后左右移动，控制在60°角的范围，正常新生儿会注视红球，并且头和眼还会追随红球左右移动，此谓头眼协调。

(4)父母还可以在距离新生儿眼睛前20厘米处，放一个画有黑色垂直条纹的纸圆筒或鼓（长约10厘米，直径5～6厘米），由一侧向另一侧旋转，新生儿注视时会出现眼球震颤，即眼球会追随圆筒或鼓的旋转来做水平运动，此谓视觉运动性眼震。

如果以上几个方面均表现正常，说明新生儿视觉发育良好。否则，应立即请医生做进一步检查，尤其是对早产儿。

2. 新生儿“牛眼”

有的新生儿看似是一双水汪汪的大眼睛，实际上却可能是病态。他们的眼球很大，以致眼科医生常用“牛眼”来比喻，这就是先天性青光眼的典型特征。先天性青光眼一般是双眼患病，患儿眼球特别大。正常眼黑直径是10～11毫米，超过12毫米就应引起高度重视。

先天性青光眼的宝宝，眼黑直径甚至可达16～18毫米，并常伴有倒睫。患儿有一个较突出的症状就是怕光。先天性青光眼如不及时治疗，不到几年，双眼将最终失明。

3. 新生儿“猫眼”

细心的父母若观察到新生儿瞳孔内有黄白色反光，就应该提高警惕。这很可能是视网膜母细胞瘤的早期症状。此病为恶性肿瘤，发病率占眼内肿瘤之首。

早期患儿仅有视力减退，以后随着肿瘤增大，引起眼内压力增高，继发青光眼。此时，患儿因疼痛而日夜哭闹不安，食欲锐减，形容消瘦。到了晚期，肿瘤可转移到脑、肺、骨骼、肝等处。视网膜母细胞瘤一经确诊，早期进行眼球摘除，有很高的治愈率；如已发生转移，则后果极坏。

4. 新生儿“望天眼”

有的新生儿出生后会发生上眼睑不能正常抬起而下垂的情况，所以在平视物体时，只能采取仰卧姿势，故称“望天眼”。事实上，这种眼睛在医学上叫做“先天性上睑下垂”。该病多与遗传有关，由动眼神经或提上睑肌发育不良引起。如下垂的眼睑长期遮盖瞳孔会影响视力发育而造成弱视。因此，父母要注意观察，早期发现。治疗上睑下垂的方法很多，除严重的患者外，一般可在10岁后做矫形手术。

5. 新生儿泪道不通

正常人的泪道一端开口在内眼角，另一端开口在鼻腔内，泪腺分泌的眼泪经泪道不断地流入鼻腔。如果母亲在怀孕时，胎儿受到某些因素的影响，就会导致泪道内有膜残留或完全闭锁，从而使出生后的新生儿泪道不通。

新生儿泪道不通的早期表现主要是泪液流通不畅，在出生1～2周后，即使不哭也会眼泪汪汪，不停地流泪，继而出现结膜炎，并可在鼻梁根部的泪囊处出现肿块，压迫时有黏液自内眼角流出。

这种情况是眼部潜在的病灶，容易继发感染，导致严重的后果。所以，遇到此情况时要立即治疗。一旦感染，可先用抗生素眼药水点眼以控制感染，并且到医院做泪道探通术。

6. 新生儿斜视

斜视就是两眼视物不协调，新生儿早期因眼肌调节功能不良，常有一时性斜视过程，即生理性斜视，如果纠正不及时，有可能发展成为斜视症。最近，英国科学家的一项研究证明，低体重儿发生斜视的危险性比较高。

父母可以参照下面的方法来预防和矫正新生儿斜视。

(1)注意新生儿头的位置，适时地更换位置，不要使其长期偏向一侧。

(2)新生儿对红色反应比较敏感，所以父母可在床的正上方挂上一个红色且有响声的玩具，定期摇动，使听、视觉结合起来，有利于新生儿双侧眼肌动作的协调训练，从而起到防治斜视的作用。

专家提示：如果3个月后，新生儿仍有斜视现象，应立即去医院诊治，以免影响新生儿的正常发育。

7. 新生儿眼屎多

有些父母发现刚生下来几天的新生儿眼屎特别多，轻轻擦拭后，没过多久眼睛上又会堆积许多。一旦出现这种情况，父母千万不能忽视，因为眼屎多了容易导致细菌入侵到泪囊，并且繁殖、化脓，脓性物填满整个泪囊，无法往下排泄，只有沿着泪囊、泪小管向上排到眼睛里。若不及早治疗，有可能并发角膜炎，角膜可能由黑变白形成白斑，影响新生儿的视力发育。

针对新生儿眼屎多的原因可以采取相应的处理方法。

(1)新生儿时期，眼睫毛容易向内生长，眼球受到摩擦刺激就会产生眼屎。随着年龄的增长，睫毛自然会向外生长，眼屎渐渐减少。父母可以用温毛巾擦干净，也可以用棉签蘸2%硼酸溶液，从内眼角向外眼角轻轻擦拭干净。

(2)新生儿刚出生时，眼睛上有一层灰白色东西，不是眼屎，而是“胎脂”。胎脂有保护皮肤和防止散热的作用，可以自行吸收，所以不能随便擦除。

(3)如果新生儿内有积热，即通常所说的“上火”，这时除了眼屎多外，还常伴有怕热、易出汗、大便干燥、舌苔厚等症状。

(4)如果新生儿鼻泪管较短，发育不全，开口部的瓣膜发育不全，位于眼的内眦，从而使眼泪无法顺利排出，导致眼屎增多。这种情况下，母亲可以每天用手在新生儿鼻梁处轻轻按摩，有助于鼻泪管畅通。

专家提醒：夏季高温酷暑，是泪囊炎多发的季节，父母应引起重视。

8. 新生儿泪囊炎

有时候，父母会发现新生儿眼睛里总是泪汪汪的，甚至还会有淡黄色脓液流出，此时千万不能掉以轻心，因为宝宝可能患了泪囊炎。许多父母可能就不明白了，刚出生的宝宝怎么就患了眼睛疾病呢?

(1)病因：正常新生儿鼻泪管的出口处都有膜状物封闭，大多数新生儿在产生泪水的同时膜状物就会自动破裂(一般在出生后3～4周)，泪道才开始畅通。但是如果封闭的膜状物较厚，或鼻泪管部先天性狭窄，或鼻中隔畸形，这些都能造成泪道阻塞，从而使泪水潴留在泪囊内。泪囊内的湿度最适宜细菌生长繁殖，容易感染导致炎症。

(2)处理：遇到这种情况时，父母可以用拇指对泪囊肿块由上向下进行适度的按摩，按摩时拇指不要在皮肤上滑动或搓动，而要紧贴皮肤，将力用于皮下的泪囊区，每天可进行

2～4 次。如果囊肿突然消失，表示封闭的膜状物已被挤破，即痊愈。另外，在按摩的同时还可以配合点用抗生素眼药水，每次 1～2 滴，每日用 3～4 次。滴药水前用棉签将腔液擦干净。但是如果按摩无效，应立即进行泪道冲洗或探通，否则有可能引起泪囊炎，或形成泪囊瘘，这是一种极不容易彻底治愈的瘘管，还会影响容貌的美观。

9. 预防新生儿眼结膜炎

(1)常规预防：预防新生儿眼结膜炎的方法是在出生后用 0.25%氯霉素或 0.5%新霉素眼药水点眼。另外，平时要注意清洁卫生，防止交叉感染。

给新生儿滴眼药水比较困难，父母要有耐心，可以趁新生儿睁眼时迅速滴入。寒冷季节滴眼药时应注意药水不可太凉，以免新生儿不适应而哭闹。如果眼睛分泌物多，可以用硼酸水或野菊花、蒲公英煎水取清液洗涤。

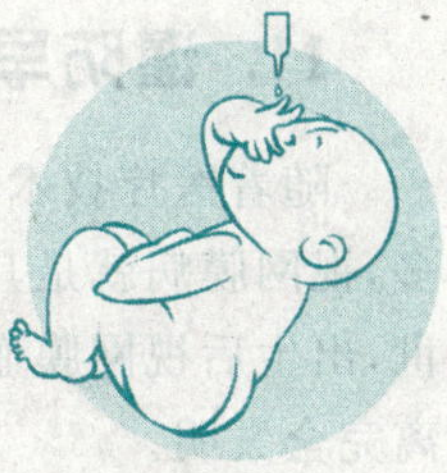

(2)预防衣原体结膜炎：衣原体是新生儿眼结膜炎的重要病因之一，感染多因父亲患有衣原尿道炎而使母亲发生宫颈炎，但父母多无症状。孕妇常有羊膜早破史，羊水可能已被污染，胎儿在宫内也被感染，或胎儿经过阴道时被感染。一般潜伏期 5～13 日，发病比较晚，表现为结膜充血，有脓性黏液分泌物，经数周或数月自行消散，结膜不留瘢痕，也不累及角膜。

预防本病的方法就是定期做产前检查，一旦发现孕妇阴道衣原体阳性，可以在医生的指导下口服红霉素，并且在新生儿出生后要立即滴 1%红霉素眼药水，每日 3 次，共2～3 日。

(3)预防细菌性结膜炎：引起细菌性结膜炎的细菌以金黄色葡萄球菌、表皮葡萄球菌、链球菌和大肠埃希菌较多。细菌的感染大部分是由于新生儿的接触者，如父母和医务人员污染的手所造成。一般潜伏期为 12～48 小时，发病较早，在出生后 2～3 日症状较重，眼睑水肿、结膜充血、分泌物为脓性。炎症可累及角膜，甚至形成溃疡而穿孔。

预防细菌性结膜炎可以在出生后立即用 1%硝酸银滴眼，然后用生理盐水冲洗，以减少药物化学的刺激。同时，接触新生儿的人员必须先洗净手，并且不要用粗糙或污染的布擦洗宝宝的眼睛。

如果新生儿眼内分泌物多了，可以用生理盐水冲洗眼部，每日 3～4 次。治疗时，根据细菌种类和医生的指导，选用抗生素类眼药水。

10. 早期发现新生儿先天性白内障的方法

新生儿在出生后晶状体部分或全部浑浊，称为先天性天性白内障。其原因多属常染色体显性遗传，或是孕妇在妊娠期头 3 个月有病毒感染、风疹、水痘，腮腺炎、营养失调、维生素 A、钙缺乏等病史。

那么，父母该如何早期发现新生儿先天性白内障呢？专家指出，一旦新生儿出现了以下几种症状，父母就应该警惕白内障的发生。

(1)新生儿没有眼神，并且大约在出生 7 日以后，患儿会经常自己用手揉眼睛。

(2)新生儿不能注视，对光线的刺激没有任何反应，眼睛更不能随着光线游走。

(3)新生儿的瞳孔发白,缺乏光亮。

(4)尤其是有家族白内障遗传病史的,更应注意新生儿的早期症状,以做到早期发现,早期治疗,有利于患儿尽快恢复视力。

当然,预防新生儿先天性白内障应从母亲怀孕时做起,怀孕前3个月要杜绝一些不良的生活习惯,保持健康生活方式,避免感冒,减少感染病毒的机会,不用药;有家庭遗传白内障史的,应在孕中期做羊水穿刺检查,发现胎儿可能携带白内障显性基因的,可终止妊娠。总之,在非遗传性的先天性白内障中,环境因素的影响是造成白内障的重要原因。因此要强调围生期保健,以减少先天性白内障的发生。

11. 谨防早产儿视网膜病

随着医疗技术的提高,早产儿的成活率也逐步上升,但是早产造成的后遗症也越来越多,视网膜病就是其中之一。这主要是因为早产儿的眼视网膜血管未发育好就来到了人世,出生后视网膜血管不能正常发育,甚至痉挛出血,造成弱视、近视、斜视,重者视网膜剥离完全失明。

早产儿,尤其是体重在1 500克以下的早产儿,发病率很高。所以做好预防是很重要的,如注意孕期保健,减少早产发生;早产儿出生后合理用氧,尽量不长时间用高浓度氧;同时出生后4周到眼科复查眼底,做到早发现早治疗。

早产儿患此病后,其中有些会逐渐自行消失,有些则会进一步严重。对严重者,必须实施手术治疗,才能挽救视力。

12. 新生儿鹅口疮

新生儿患了鹅口疮,有些父母用民间土方法,即用淘米水洗口,认为淘米水有“清热退火”的作用。殊不知,这一洗就是“火上浇油”了,病情更加严重了。因为白色念珠菌是一种真菌,喜欢在偏酸的环境中生活,且繁殖力很强。淘米水是不干净的水,经过一定时间可以变酸,尤其在口里,变得更快。

预防方法:

(1)注意口腔护理,每次喂奶后再喂几口温开水,可冲去留在口腔内的奶汁,这样真菌就不会生长了,此外,每次喂奶前,先将奶头揩净,双手也要洗干净。如果是人工喂养者,奶具要严格煮沸消毒。

(2)一旦得了鹅口疮,可以用2%碳酸氢钠溶液擦洗口腔,每日3～5次,然后涂1%紫药水,或用棉花蘸些制霉菌素溶液涂在口腔患处,或涂些冰硼散或硼砂甘油。

(3)同时,补充维生素B_2每次5毫克,维生素C每次50毫克溶于温开水中,喂服,每日3次,病好为止。

(4)父母平时不要用毛巾、手帕擦拭病变处,如损伤黏膜引起出血,容易继发细菌感染,甚至引起败血症。

(5)涂药后不要马上吃奶,或进食后,否则会引起恶心、呕吐。注意多给宝宝饮水,这样有利于将病菌排出体外。

(6)如果出现了声音嘶哑、呼吸困难及吞咽困难症状时,应立即去医院就诊。

13. 早期发现新生儿耳聋的方法

目前，我国的新生儿听力筛查还没有普及，又因为发现耳聋的时间关系到耳聋的防治及康复效果，所以如果有下面情况，父母要特别注意：

(1)有先天性耳聋的家族史。

(2)母亲在怀孕时有宫内感染的病史，如风疹、疱疹、梅毒、巨细胞病毒尿症及毒浆体原虫病等。

(3)新生儿的体重小于 1 500 克。

(4)新生儿的头颅面部畸形，如耳郭和外耳道的外形异常；上口唇垂直沟消失或发际低下等。

(5)父母如果在新生儿室内制造一些声音，新生儿不会被吵醒或被惊吓到。

(6)听声回头寻找是很重要的听觉反应。父母可以在新生儿清醒时，做一些试验来检验新生儿的听觉能力。有时候新生儿虽然听力差，但又会用视觉、触觉来弥补。如他们会观察场景，看父母眼睛注视的方向来判断声源在哪一边；甚至根据呼出的气息来判断声源的依据。因此，在观察新生儿听力时，要十分细心，避免造成错误判断。

另外，父母可以直接去医院对新生儿进行听力筛查，这是早期发现耳聋的重要手段。如果父母一时的粗心，没有及时发现，贻误了治疗的良好时机，则会给孩子带来终身的遗憾。

七、新生儿会阴部疾病

1. 新生儿隐睾

胎儿在子宫时，睾丸在两侧腰部腹膜后间隙，随胎龄增长而渐渐下降，在孕期 16～24 周时，接近腹股沟管内环处，在 28～36 周时降入阴囊，但是也有部分新生儿在出生后才降入阴囊。也就是出生时一侧或两侧睾丸停留于腹膜后、腹股沟管或阴囊入口处，这就是隐睾。早产儿隐睾的发生率很高，尤其是出生体重在 1 000 克以下的几乎都为隐睾。

(1)原因：新生儿发生隐睾的原因大致有以下几种。

①睾丸先天性发育不全，导致对促性腺激素促使睾丸下降的动力作用不敏感。

②孕妇妊娠期缺乏足量的促性腺激素。

③睾丸异位、精索过短、提睾肌发育不良、腹股沟环过紧、纤维带阻止睾丸下降等原因。

(2)一般隐睾发生于右侧者约占 50%，双侧者占 10%～20%。一侧无睾丸的阴囊较小，用手摸不到睾丸，许多患儿可在腹股沟摸到未降的睾丸，常常发育不良，但并不影响日后的生育功能；双侧隐睾可影响发育，5 岁以后可发生曲细精管萎缩、生精细胞消失，影响日后精子的生长和生殖功能，也可有男性内分泌不足的现象。另外，睾丸留在腹腔内发生恶性肿瘤的机会较多，而且当长大成人后，会因自己生理上的缺陷而造成心理上的不良影响。

(3)治疗：新生儿期隐睾不必治疗，可暂时观察，绝大多数于 1 岁内自行下降。如果 2

岁以后仍不下降，最好行睾丸松解术。

2. 新生儿包茎

由于新生儿包皮口狭小，或包皮与阴茎头粘连，使包皮不能上翻露出尿道口和阴茎头，这称为包茎，属于正常生理现象，不需治疗。一般在出生后2～3年内，随着阴茎和阴茎头的生长发育，以及阴茎的勃起，使粘连逐渐吸收，包皮就能上翻，从而露出阴茎头和尿道口。

父母一定要细心护理这样的新生儿，注意卫生，经常清洗包皮囊内的包皮垢，如果发生感染则容易导致炎症，会加重粘连，并且在排尿时包皮囊胀大，发生排尿困难或上行性尿路感染。

3. 先天性尿道下裂

正常胚胎的外生殖器和尿道在第8周开始发育，第15周完成，尿道沟沿着阴茎腹侧表面由近端远端逐渐融合，形成尿道，直至阴茎龟头部。一旦胎儿睾酮缺乏或其作用不足，尿道沟未完全闭合到阴茎头的尖部，停顿于不同阶段而发生不同类型的尿道下裂。

尿道下裂是男性婴幼儿中尿道和外生殖器最常见的先天畸形，有遗传性。患儿阴茎短小，向腹侧弯曲，尿道开口不在正常位置，如开口在会阴部，外阴形状如女性，不能站立排尿；龟头背侧包皮如围裙状；阴茎腹侧无包皮系带。尿道下裂常并发睾丸下降不全，应仔细检查阴囊内是否有睾丸。另外，先天性尿道下裂一般认为是女性化的征象，所以一定要仔细检查，并且要与肾上腺性征异常症、真两性畸形相鉴别。

尿道下裂的新生儿一般需要手术整形治疗，否则会影响排尿和以后的性功能。手术最好在学龄前完成，用尿道松解成形术治疗尿道外口畸形和阴茎畸形，同时要细心护理和合理运用抗生素，防止手术后的并发症。

4. 新生儿小阴唇粘连

有的父母发现刚出生的女婴"没有阴道"，即大阴唇正常，两侧小阴唇在中线粘连成膜状皮肤，遮住了正常的阴道前庭，在粘连的上端近阴蒂处见一小孔，尿即由此孔排出，临床上称为小阴唇粘连。如果小阴唇全部粘在一起，就是完全粘连；若是粘着一部分上边或是下边，还有一点裂隙，就叫部分粘连。

遇到这种情况后，父母可以带新生儿去医院进行处理，过程非常简单，用消毒的圆头探针或小弯钳，从上端小孔插入，逐渐沿小阴唇粘连处向下分离，可将粘连完全分开，不会引起出血，新生儿也不会痛苦。然后在分离后的两侧小阴唇的黏合面，涂上少量石蜡或油膏。

为了防止粘连的再次发生，父母必须坚持每天用高锰酸钾或清水给新生儿洗外阴，在洗的时候要分开外阴，擦干后再涂上含有雌激素的软膏，1～2周就能完全恢复。

专家提示：父母要细心观察新生儿，及时发现，及时处理，否则会导致青春期生殖道粘连闭锁，影响正常的生育功能。

八、新生儿脑部疾病

1. 新生儿惊厥

新生儿惊厥是指由于产伤、缺氧、代谢异常、感染及先天畸形等原因引起的中枢神经系统功能暂进性紊乱的一种症状，常常导致全身或局部肌肉不随意的收缩运动。

(1)症状：新生儿惊厥有多种表现形式，可以是面部小肌肉的抽动，表现为眼睛的斜视、眼睑和面部小肌肉的抽动，或表现为嘴部类似吸吮的动作，也可以有一个肢体、一侧肢体或双侧肢体抽动。但是由于新生儿经常被包得严严实实，一旦发生惊厥，加之刚开始时发作持续时间较短，动作较小，因此若不仔细观察很难发现新生儿抽搐的动作。

新生儿惊厥时的异常表现：

①姿势的改变。正常新生儿的肢体常呈屈曲状态，腕、膝、肘、踝等关节的角度一般不小于90°，打开包被时四肢常有不规则的舞动。如果四肢各关节角度小于90°，说明肌张力增高，若四肢松软、伸直，全身成大字形，说明肌张力低下。

②面色的改变。新生儿严重惊厥时，常伴有短时间的面色发白或青紫，有时也伴有口吐白沫。

③眼神的改变。新生儿惊厥时大部分伴有短时间的意识丧失，表现为失神、瞪眼或斜视等。

总之，父母千万不能粗心大意，细心观察新生儿的异常表现，做到及早发现，及早治疗，避免给新生儿带来伤害。

(2)新生儿惊厥的危害性：新生儿惊厥尽量要做到早期发现，早期治疗，否则会给新生儿的成长造成不可挽回的伤害。据统计，新生儿惊厥存活者出现后遗症的占14%～61%。主要表现为脑性瘫痪、智力障碍、癫痫，其他还有共济失调、多动、视听障碍、语言障碍、轻微脑功能障碍综合征等。

(3)新生儿惊厥的原因

①围生期窒息。这种情况下可导致新生儿缺氧缺血性脑损害，表现为意识障碍、四肢活动少，或四肢发软，严重者出现惊厥，惊厥在出生后12小时左右出现，开始为轻微发作，接着惊厥，可引起死亡。

②产伤。一般多见于体重较大的新生儿，因难产或产程延长而致头部物理性损伤，常在出生后12～24小时出现神经系统症状，2～3日时出现局限性或多灶性惊厥。

③感染性疾病。最常见的就是化脓性脑膜炎，一般在出生1周后发病，惊厥开始为轻微型，以后变为强直性或多灶阵挛性。另外，新生儿败血症、破伤风和先天性宫内病毒感染均可致新生儿惊厥。

④代谢异常。低血糖、低血钙、低血镁、高钠和低钠血症、氨基酸代谢紊乱均可引起新生儿惊厥；维生素B_6缺乏可在出生后不久出现惊厥，用镇静药无效，用维生素B_6注射后症状在几分钟内消失；核黄疸也表现为惊厥和角弓反张。

⑤中毒。新生儿误用成年人药物，如鼻眼净、成年人的精神神经药物等，或药物用量

过大时，也能引起惊厥。

⑥药物撤退综合征。如果母亲怀孕期间使用了麻醉药或巴比妥类药物，胎儿通过胎盘也接受此类药物，如果出生后中断药物可发生惊厥，常在出生后24～48小时开始，伴有激惹、抖动、呕吐和腹泻等症状。

⑦先天畸形。当新生儿大脑发育不全，或脑积水，或脑血管畸形，或脑白质营养不良时，均有可能发生惊厥。

2. 惊跳与惊厥有区别

细心的父母有时会发现新生儿的手、脚不自主地抖动，尤其是换衣服或洗澡时更多见，睡眠时也常常会出现惊跳。父母就会担心这是不是抽搐，将来会不会影响智力发育？

其实这是正常现象，主要是由于新生儿神经系统发育不完善，受刺激引起的兴奋容易“泛化”，凡是大声、强光、震动，以及改变其体位都会使新生儿产生惊跳，表现为震颤样自发动作，或缓慢的、不规则的、抽搐样的手足动作，有时甚至可见踝部、膝部和下颏的抖动等这些无意识、不协调的动作。这是一种正常的现象，不会影响智力发育。随着年龄的增长，大脑发育不断完善，这种不自主的抖动会逐渐减少，到3～4个月时慢慢消失，被有意识的、自主的动作代替。

新生儿出现惊跳时，父母可以用手轻轻按住他们身体的任何一个部位，使其安静。没有裹包被的新生儿，只要扶住他们的双肩或将一双小手交叉按在胸前，也可使其安静下来。

但是，如果新生儿对一般触觉或听觉产生过度兴奋、易激惹、尖声啼哭，伴有两眼凝视、震颤，或不断眨眼、反复咀嚼与吸吮动作，呼吸不规则并伴皮肤青紫、面部肌肉抽动，这些都是新生儿惊厥的表现。提示新生儿患有某种疾病，特别是颅内疾病，要及时请医生诊断治疗。因为惊厥对新生儿脑的发育有一定影响，有可能产生神经系统的后遗症。

介绍了以上知识后，父母应该了解新生儿惊跳和惊厥是两回事，惊跳不是病，是一种正常的生理现象，而惊厥是一种病，需要及时处理。

3. 影响新生儿智力的疾病

有不少疾病会影响新生儿的脑部发育，对他们的智力有所损害，父母一定不要掉以轻心。

(1)新生儿核黄疸：即新生儿黄疸脑病。新生儿体内胆红素过高，可能会和脑细胞结合，从而使脑细胞功能出现问题，影响宝宝的智力。

(2)新生儿脑膜炎：这是一种死亡率较高的疾病，由于细菌及毒素直接侵犯到了脑细胞组织，使脑细胞功能受到严重破坏。

(3)颅内出血：由于头颅内受压使血管破裂出血，出血部位的脑细胞血液循环受阻碍，使细胞变性坏死，因而影响智力发展。

(4)轻度窒息：新生儿刚出生时没有呼吸或心跳很慢，若抢救及时，一般不会有太大影响；但抢救延误，会使脑缺氧时间过长而损伤脑细胞，日后智力就会受到影响。

(5)新生儿低血糖：早产儿较多见，由于神经组织在一般情况下几乎完全利用糖类物质作为代谢能源，若反复发生低血糖或低血糖发生时间过长，会产生持久性脑功能障碍，从而影响智力发育。

(6)新生儿营养不良：特别是蛋白质的供应不足而影响脑细胞的生长。大脑发育的关键时期是怀孕后期3个月到出生后6个月，脑细胞有一个特点，其增殖是一次性完成的，错过这个机会就无法补偿了。

4. 避免新生儿智力障碍的措施

据统计，每100个学龄儿童中就有1～3个智力障碍者。智力障碍的孩子无论在学习上还是在生活能力上总是差人一等，这既是孩子的不幸，也是父母的不幸。所以，防止智力障碍的发生是非常重要的。年轻的父母可以从以下几个方面进行预防。

(1)妊娠期间要注意孕期保健：如孕妇要注意调养心神，陶冶和修养性情，避免精神刺激；增加孕妇营养，避免烟、酒刺激，满足胎儿生长发育需要；适应气候环境的变化，避免外界不利因素的侵袭，减少发病；注意劳逸结合，促进气血流通则有利于胎儿的发育与分娩；及时治疗妊娠并发症，避免使用对胎儿有害的药物。

(2)避免高龄妊娠、近亲结婚等：并且孕妇最好不要接触放射线和铅、汞类化学毒物，因为这些情况都可以引起胎儿染色体异常而导致智力障碍。如果有以上情况，孕妇要加强产前遗传病的诊断，可以通过羊水检查发现某些遗传性疾病及畸形，从而及时终止妊娠。

(3)特别注重围生期保健与护理：围生期是至关重要的时期，对新生儿的智力发育影响较大。如产伤可引起新生儿颅内出血；宫内产时产后的重度窒息，可损害脑细胞；早产易出现严重低血糖或反复发作的低血糖可损害脑细胞；黄疸严重或引起新生儿核黄疸而导致脑组织的病理性损害；新生儿感染如脑膜炎也可引起新生儿脑细胞的损害，这些均可导致智力障碍。

(4)做好新生儿疾病筛查：有些疾病如果能早期发现，早期治疗，是可以防止智力障碍的。如新生儿甲状腺功能低下，应在出生3个月内开始给予甲状腺素的长期替代疗法；苯丙酮尿症在出生后2个月内即开始给予低苯丙氨酸饮食，若6个月以上才进行治疗则有1/3患儿发生智力低下；对于半乳糖血症的宝宝家长应该限制他吃乳类食品；对于黄疸应早期控制，完全可以预防核黄疸。

5. 早期发现宝宝智力低下的方法

如果自己的宝宝反应比其他同龄宝宝慢，父母就会忧心忡忡，是不是自己的宝宝智力低下呀？专家指出，同龄宝宝反应是有差异，但差异比较小，反应慢不一定是智力低下的表现。

早期发现宝宝智力低下可以从以下9个方面考虑：

(1)不会笑或很晚才会笑：正常宝宝2个月时就会笑，4个月时能放声大笑。如3个月才会笑，6个月时偶尔一笑，1周岁还不会笑则是智力低下的一种信号。

(2)不关注周围环境：一般来说新生儿会用眼睛注意周围环境，而智力低下的新生儿则对周围的人或事物常常表现为无动于衷。

(3)对周围声音不敏感：正常新生儿对周围的声响常常特别敏感，如果没有反应，似乎特别“老实”，则常常是智力障碍的征兆。

(4)哭声少，太老实：平时哭声少，有时只有尖叫，或是哭声无力，似乎很乖巧，对容易引起哭闹的外界刺激显得很淡漠。

(5)咀嚼晚，喂养困难：吃固体食物不易咽下并且常常出现呕吐。

(6)一直淌口水：小宝宝流涎可以说是正常现象，但随着年龄的增长，还一直淌口水，就要想到智力障碍的可能。

(7)走路不稳，无目的动作较多：与同龄正常宝宝相比，智力低下的宝宝动作幼稚，等到学会走路后两脚还是相互乱踢，平时无目的的活动较多。

(8)注意力不集中，缺乏好奇心：对外界事物漠不关心，或虽有兴趣但很短暂，反应迟钝。

(9)能力较低：反映在语言能力、思维能力、记忆能力、计算能力和分析比较能力方面均明显落后于同龄宝宝。

专家提醒，有以上症状并非就是智力低下，父母需要综合分析，必要时可去医院做智力测定。

6. 新生儿缺氧缺血性脑病

新生儿缺氧缺血性脑病是指新生儿在围生期出现窒息缺氧而导致脑部损伤性疾病。一般常在出生后1周内出现一系列脑功能障碍表现。

(1)表现

①意识障碍，表现为中枢神经系统兴奋或抑制状态，或两者交替出现。前者表现为烦躁不安，易激惹、吐奶、尖叫；后者表现为嗜睡、反应迟钝、昏迷。

②肌张力改变，增高、降低，甚至松软，轻症患儿肌张力正常。

③原始反射异常，如拥抱反射、握持反射过分活跃、减弱或消失，吸吮反射减弱或消失。

④病情较重时可有惊厥，多表现在面部、肢体不规则、不固定的节律性抽动，如反复眨眼、眼球偏斜、震颤、凝视；口舌做吸吮、咀嚼、咂嘴等阵发性活动；上肢或下肢做类似划船或踩自行车样周期性活动，以及阵发性呼吸暂停等。

⑤重症患儿可出现中枢性呼吸衰竭、瞳孔改变、间隙性肌张力增高等脑损伤表现。

⑥部分患儿出现前囟饱满、紧张。

⑦并发症中以吸入性肺炎最多见。

本病早期会导致广泛性脑水肿，后期则为坏死、软化，最终新生儿的脑神经系统会受到损害。严重患儿常有后遗症，如智力低下、癫痫和脑瘫等。部分患儿还会出现不同程度的儿童多动症、学习困难、听力障碍等。

(2)病因：孕妇有妊娠高血压，或伴有心、肺、肾等器官疾病，或胎儿脐带脱垂、打结或绕颈，或分娩时出现难产等，这些情况都容易导致新生儿脑部缺氧缺血，一般发生于足月新生儿。

(3)预防：导致新生儿缺氧缺血性脑病的主要原因是围生期缺氧，因此父母可以从以下几个方面来预防本病。

①孕妇定期到医院进行产前检查。

②孕妇应该及时发现胎儿胎动的异常，如过快或过慢，需要到医院诊治。

③妊娠期间避免做过重的体力劳动，保持愉快情绪，避免早产。

④孕妇应该到医院进行科学分娩，这样可以及早发现异常，及时治疗。

7. 新生儿窒息

(1)病因

①常见的是难产，如臀位产、足先露产使产程过长，或用产钳助产等，导致新生儿缺氧。

②分娩时子宫持续收缩，压迫胎盘和脐带，使胎儿供血不足。

③胎盘功能不足，或胎盘出血，均能影响胎儿供血不足。

④脐带过长(超过50厘米)发生扭转、打结或脱垂，阻断了胎儿的供血。

⑤孕妇如果出现心力衰竭、严重贫血、慢性肾功能不全等情况，也会使胎儿缺氧。

⑥母亲分娩时用麻醉药，抑制了胎儿呼吸中枢。

(2)类型：根据新生儿窒息的表现，可分轻度窒息(青紫窒息)及重度窒息(苍白窒息)两种：

①轻度窒息。又称为青紫窒息，由于新生儿血氧降低，血中二氧化碳浓度升高，周身皮肤呈青紫色，脐血管充盈，有搏动，心率正常或稍慢，每分钟80～100次，皮肤黏膜反射存在，肌肉张力好，呼吸浅表而不规则或无呼吸，哭声轻或经刺激时才有哭声。

②重度窒息。又称为苍白窒息，由于新生儿外周血循环障碍，皮肤苍白，四肢厥冷，昏迷休克，脐带变细，心率慢，心跳弱或不规律，每分钟60次以下，心音甚至听不清，偶尔有呼吸，或无呼吸，头颈、四肢松软无力，皮肤黏膜反射消失，如不及时抢救，可导致死亡。

(3)新生儿窒息的表现：如果胎儿在子宫内缺氧，称为宫内窘迫，或宫内窒息，一般在母亲分娩前数天或数小时出现。早期时，母亲感到胎动增加，胎心加快，大于160次/分；晚期缺氧时胎动减少，胎心跳动减慢。胎儿肛门括约肌松弛，在宫内排出胎粪，使羊水变浑浊，当羊膜破水时可有浑浊的羊水流出，有时甚至可流出胎粪。出生后一般不会啼哭，呼吸微弱，这就是新生儿窒息的表现。

新生儿窒息的程度不同，临床表现也不一样。轻度窒息的患儿全身青紫，呼吸变浅，肌张力增强或正常，又称青紫窒息；重度窒息的患儿皮肤苍白，四肢冷，呼吸微弱或无呼吸，肌张力松弛，又称苍白窒息。由于缺血缺氧，可出现多器官的损害。遇到这种情况，要刻不容缓地积极进行抢救。

(4)抢救新生儿窒息的方法：新生儿窒息是新生儿出生时仅有心跳而无呼吸，或未建立规律呼吸的缺氧状态，是出生后的一种紧急情况，必须积极抢救和正确处理，以降低新生儿死亡率及预防远期后遗症。

①抢救新生儿窒息最关键步骤是清理呼吸道。胎头经阴道娩出后应立即清拭口腔内的羊水和黏液，将新生儿仰卧，肩下垫起，使头后仰，用吸管或吸痰器迅速轻巧地在一分钟内将口、鼻、咽喉部黏液吸出。千万不可强烈刺激咽部，以防引起呼吸暂停。抢救同时应擦干新生儿头面及周身羊水，注意保温。

②轻度窒息的新生儿在呼吸道通畅后，可用手指轻弹其足跟，针刺人中、十宣穴，常可诱发自动呼吸。禁用酒精、冷水浇注，或倒提新生儿双腿拍击臀部、背部等方法，否则会增加颅内出血。重度窒息的新生儿多有酸中毒，要及时纠正酸中毒。另外，新生儿窒息复苏后应继续保温，密切观察患儿病情变化，间断吸气至青紫消失，呼吸平稳为止。母亲要延期哺乳，以免发生误吸。

(5)新生儿窒息会出现的严重后果：新生儿对缺氧的耐受力比成年人强，如果短期内缺氧，对新生儿的生命威胁不是太大，不一定造成智力低下。但是缺氧严重，或缺氧时间较长，可使新生儿的各脏器发生淤血、水肿和出血，尤其是脑组织受缺氧的影响最大，会出现神经系统症状，要仔细观察新生儿的神态及对周围的反应、肢体活动等情况。有的新生儿脑组织甚至可因缺氧发生坏死、纤维增生和萎缩，从而产生不同程度的神经系统后遗症，如智力低下、癫痫、瘫痪和肢体强直等。

(6)预防新生儿窒息的方法

①最好养成新生儿独自睡觉的习惯，不要含着奶头睡觉。如果母亲在一个被窝里给新生儿喂奶，当母亲熟睡后，充盈的乳房会堵住新生儿的口鼻，枕头和棉被也会阻塞新生儿的呼吸，造成窒息事故。

②母亲喂奶的姿势要正确，最好抱起喂，使头部略抬高，这样就不会使奶液反溢入气管。用奶瓶喂奶时，橡皮奶头孔不宜过大，奶瓶的倾斜度以吸不进空气为宜。每次喂完后应把新生儿竖着抱起，轻拍其背部，待打嗝后再放回床上，并要向右侧卧，以免溢奶时奶液吸入气管。

8. 呼吸暂停

细心的父母有时候会发现新生儿突然停止呼吸几秒或更长时间，然后又自行恢复正常呼吸，脸色及心跳没有改变，这属正常现象。

新生儿呼吸暂停是指呼吸停止时间达 20 秒以上，伴有面色发绀，心率减慢至 100 次/分以下，肌张力下降的症状。多见于早产儿，这主要是由于新生儿的呼吸中枢发育不成熟，呼吸系统结构发育尚不完善，生理功能不稳定所造成。此外，窒息、肺炎、心血管先天性畸形、感染、核黄疸、低血糖、低血钙及突然的冷热刺激等也可导致呼吸暂停。

新生儿呼吸暂停的类型有：

(1)中枢性：由于中枢神经系统的原因而无呼吸运动致气流停止。

(2)阻塞性：呼吸运动存在而呼吸道无气流。

(3)混合性：混合有以上这两种情况的呼吸暂停。

九、新生儿黄疸

1. 新生儿病理性黄疸分类

刚出生的足月新生儿几乎有一半以上，早产儿 80%以上，出生 24 小时后皮肤黄染，如果黄疸迅速加重，或 2 周仍未消退，同时伴有发热、拒奶、吐奶、精神不好等情况，就应当考虑为病理性黄疸，应及时送医院诊治。

新生儿病理性黄疸是由许多原因组成的一组疾病，根据不同原因可分为：

(1)溶血性黄疸：最常见的就是ABO溶血，由母亲与胎儿的血型不合而引起，一般黄疸较重。其特点是出生24小时内出现黄疸，并逐渐加重。

(2)感染性黄疸：由于病毒感染或细菌感染导致肝细胞功能受损害而发生黄疸。巨细胞病毒和乙型肝炎病毒感染最常见，细菌感染以败血症黄疸最多见。其特点是生理性黄疸持续不退或生理性黄疸消退后又出现持续性的黄疸。

(3)阻塞性黄疸：由先天性胆道畸形导致，其特点是出生后1～2周或3～4周出现黄疸，逐渐加深，同时大便颜色变为浅黄色，甚至呈白陶土色。

(4)母乳性黄疸：母乳喂养的新生儿发生黄疸，其特点是在生理性黄疸高峰后黄疸继续加重，若继续哺乳，黄疸在高水平状态下继续一段时间后才缓慢下降；若停止哺乳，胆红素明显下降。

病理性黄疸不论何种原因，严重时均可引起“核黄疸”，其预后差，除可造成神经系统损害外，严重的可引起死亡。如果新生儿出生24小时内出现黄疸，并且3周都没消退，或是退后又复发，则统统归到病理性黄疸，家长要及时送往医院诊治。

2. 正确判断新生儿黄疸的程度及减轻黄疸的方法

在自然光线下，观察新生儿皮肤黄染的程度，如果仅仅是面部黄染为轻度黄染；躯干部用手指将皮肤按压后抬起，观察皮肤黄染的情况，躯干部皮肤黄染为中度黄染；用同样的方法观察四肢和手足心，如果也出现黄染，即为重度黄染，应该及时到医院检查和治疗。

专家提醒：在早期时父母要尽早给新生儿喂养，让胎便尽早地排出，因为胎便里含有很多胆黄素，因为如果胎便不排干净，胆黄素就会经过新生儿的特殊的肝肠循环重新到吸收到血液里而使黄疸增多。

那么，怎样看胎便是否排干净呢？主要是看胎便从黑色转变为黄色就是排干净了。另外一点就是要给新生儿充足的水分，判断新生儿液体摄入是否充足的办法是看新生儿的小便，一般正常的新生儿一天6～8次小便，如果次数不足，有可能他们的液体摄入不够，小便过少不利于胆黄素的排泄。我们应当保证新生儿的液体摄入，一般新生儿的胎便应当2～3日就排完了，这样就能减少其黄疸的程度。

3. 新生儿病理性黄疸的危害性

新生儿出现病理性黄疸时，血中胆红素浓度超过340微摩/升，则间接胆红素可通过血脑屏障进入脑组织，影响脑细胞的能量代谢，脑细胞因能量不足有变性坏死而发生核黄疸。核黄疸发生时，新生儿黄疸明显加重，开始表现为精神委靡、嗜睡、吸奶无力或呛奶、肌张力减退等症状。如果治疗不及时，可出现呻吟、尖叫、抽搐、呼吸衰竭等严重症状，甚至部分患儿死于呼吸衰竭。即使经治疗存活了下来，也多留有严重的后遗症，如智力低下，脑性瘫痪，手足不自主乱动或伴有眼球活动障碍、听力减退、牙釉质发育不全等。

4. 新生儿胆红素脑病

新生儿胆红素脑病，又称核黄疸，是指游离胆红素通过血脑屏障，沉积于基底神经核、丘脑、丘脑下核、尾状核、大脑皮质及脊髓等部位，从而抑制脑组织对氧的利用，导致脑损伤。

胆红素脑病的发生与新生儿的生理特点有关，如新生儿的酶系统不成熟，肝细胞不能有效地将游离胆红素结合成结合胆红素；血脑屏障功能较差；血浆白蛋白含量较低，附着游离胆红素的能力有限等，这些都容易导致胆红素脑病的发生。

该病临床分 4 期，第 1～3 期出现在新生儿早期，第 4 期在新生儿期以后出现。

第 1 期为警告期：为 12～24 小时，表现为肌张力减退，嗜睡，吸吮反谢减弱，精神委靡，大多数黄疸突然明显加深。

第 2 期为痉挛期：为 12～24 小时，最长 48 小时，轻者仅两眼凝视，阵发性肌张力增高；重者两手握拳、前臂内旋，角弓反张、有时尖声哭叫。

第 3 期为恢复期：一般在出生后第 1 个周末，表现为吸吮力和对外界反应逐渐恢复，继而呼吸好转，痉挛减少或消失。本期持续 2 周左右。

第 4 期为后遗症期：一般出生后 2 个月左右出现，主要表现为锥体外系神经异常，如手足徐动、眼球运动障碍、听觉障碍，以及牙釉质发育不全，医学上称为“核黄疸四联症”。

新生儿胆红素脑病必须及早处理，以免造成不可逆转的伤害。

5. 新生儿母乳性黄疸

据统计，近些年来新生儿母乳性黄疸的发生率约占新生儿的 1%。有些父母很奇怪，为什么宝宝只吃母乳还能得黄疸？具体原因还不太清楚，但有的专家推测是由于母亲初乳中含有葡萄糖醛酸转移酶活性抑制剂，使葡萄糖醛酸胆红素生成减少而游离胆红素在血中升高，导致出现黄疸。

其主要表现为在生理性黄疸之后持续不退，或减退后又加重，皮肤颜色像橘子皮一样，新生儿能吃能睡，精神很好。如果抽血化验胆红素，胆红素多在每 100 毫升血含 20 毫克以下。并且新生儿的肝脏和脾脏不大，无贫血，白细胞数不高，肝功能正常。如果停止母乳喂养，则 3～6 日血里的胆红素恢复正常，黄疸亦逐渐减轻。

母乳性黄疸一般不需要治疗。轻时可以继续吃母乳，重时应该停用母乳，改用其他配方奶，或采用少量多次哺喂的方法。停喂母乳期间，要用吸奶器将乳房吸空，防止乳房泌乳减少。停用母乳 3～4 日后，黄疸就会明显减轻。如果是这样，应该再恢复母乳喂养，即使黄疸再加重，也不会达到原来的程度。以后随着月龄增长，黄疸会逐渐消失。如果停用母乳后黄疸没减轻，或反而加重，应该去医院做进一步检查。

母乳性黄疸虽然达不到危及神经细胞的程度，但也要注意，及早处理。

十、新生儿血液及心脏疾病

1. 新生儿自然出血症

(1)表现：新生儿在出生后 2～6 日时，早产儿可能延迟到第 2 周，尤其是母亲有病不能喂奶，只好喂牛奶的新生儿，常常发现突然出血的现象。常见的出血部位为脐带端切口出血以及呕吐血、大便带血等胃肠道出血;其次为鼻出血、皮肤出血,特别是在受压地方更为明显,如足跟、头枕部、腰骶部等,严重时还可以变为血肿;注射针刺的地方渗血不止,尿血和阴道出血;早产儿还可能出现颅内出血。

(2)病因:发病的主要原因就是新生儿体内缺乏维生素K,使体内凝血过程受到影响,很容易出血。大多数新生儿体内维生素K总量比较低,再加上刚出生的新生儿还没有吸奶,肠道内细胞少,不能制造较多的维生素K,同时,母乳中维生素K含量较少。另外,如果新生儿患有其他疾病,如肝炎、胆道闭锁等,均影响维生素K的吸收。

父母应该经常观察新生儿是否有出血现象,如果有轻度少量出血,尤其是喂母乳,应给新生儿每日服维生素K 1毫克,早产儿0.5毫克。母亲也最好每次服维生素K 20毫克,每周2次。若出血严重则要及时去医院治疗。

(3)预防和治疗都要及时给新生儿补充维生素K:专家指出,在胎儿期时,孕妇体内的维生素K极难输送给胎儿,所以新生儿出生后维生素K储存量很少;新生儿维生素K的主要来源是奶制品,但母乳中的维生素K含量通常只有牛奶的1/4;同时新生儿出生头几天,其肠道呈无菌状态,这也会阻碍利用维生素K。因此,母乳喂养的新生儿,特别是纯母乳喂养的新生儿容易缺乏维生素K。

维生素K的主要功能就是激活体内凝血因子,发挥凝血作用,防止人体出血现象,一旦新生儿体内可利用的维生素K缺乏,就容易导致新生儿出血性疾病。所以,及时给新生儿补充维生素K是非常重要的。

如果孕妇在分娩前未服用或未注射过维生素K,而新生儿体重又不到2 500克;如果孕妇在分娩前几天曾用抗凝药物或服用水杨酸、阿司匹林,或口服抑制肠道细菌的抗生素,应立即给刚出生的新生儿肌内注射合成维生素K 1～2毫克,以预防新生儿出血。如果新生儿患了先天性消化道梗塞,或阻塞性黄疸,更应肌内注射维生素K。

温馨提示:哺乳期的母亲也应注意补充维生素K,平时可以多吃些富含维生素K的食物,如绿叶蔬菜、豆类、蛋黄等;妊娠期间和哺乳期间,母亲最好不要频繁使用抗生素,因为抗生素能干扰维生素K在人体内的正常代谢。

(4)新生儿出血症的护理

①新生儿出生后立即肌内注射维生素K_1 1～2毫克。

②新生儿出生1～2小时后喂糖水,4～6小时后开始喂母乳;如果是早产儿,可以在出生后4小时喂糖水,若吮吸吞咽能力好,就可直接喂母乳。这样做可促进新生儿肠道内菌群形成,使之有利于维生素K的合成。

③注意观察新生儿的精神、神志、面色、呕吐物和大便情况。平时尽量少惊动他们,保持安静,以减少出血。

④消化道出血明显的患儿应禁食。

⑤患儿若是脐端渗血,可用云南白药敷之,再行加压包扎,然后及时去医院。

2. 新生儿颅内出血

(1)病因:新生儿颅内出血的常见原因就是难产、窒息或产伤,而早产儿多是由于凝血功能差,血管比较脆弱引起的。

(2)表现：颅内出血的症状和体征与出血部位及出血量有关。常见症状包括以下几种：

①意识形态改变。如激惹、过度兴奋、淡漠、嗜睡、昏迷等。

②眼症状。凝视、斜视、眼球上转困难、眼球震颤等。

③颅内压增高表现。脑性尖叫、前囟隆起，角弓反张，惊厥等。

④呼吸改变。增快或缓慢，不规则或呼吸暂停等。

⑤肌张力。早期增高，然后逐渐减低。

⑥瞳孔。不对称，对光反应不良，固定和散大。

⑦其他。黄疸、贫血。

(3)预防：预防新生儿颅内出血应做好围生期保健，防止早产，发现异常胎位应积极采取纠正措施，防止胎儿缺氧及产伤；孕妇尽可能不用或少用麻醉药及镇静药；对早产、难产、手术产及产时曾有窒息的新生儿要特别加强护理，给予维生素 K，并应早期发现，及早治疗。

3. 新生儿脐部出血

新生儿脐部出血是指脐带脱落后，已干燥了的肚脐经过数天之后又时而渗出水分，时而在覆盖肚脐的纱布上渗出血迹。这时，父母不要太紧张，不过也不能大意，主要做好新生儿脐部的消毒处理，用消毒棉签蘸碘酒擦，每日 2 次，同时要保持干燥。一定要注意卫生，保持宝宝衣物等物品的卫生。如果出血量比较多，或发生了感染，要及时到医院处理。

4. 新生儿溶血病

新生儿溶血病是指母婴血型不合，母血中对胎儿红细胞的免疫抗体 IgG 通过胎盘进入胎儿循环，发生同种免疫反应导致胎儿、新生儿红细胞破坏而引起的溶血。

ABO 血型不合是指母亲为 O 型，新生儿 A 型和 B 型；或母亲为 AB 型，新生儿为 O 型则均不会发生溶血。由于自然界中广泛存在 A、B 血型物质，因此，O 型血妇女通常在孕前早已接触过 A、B 血型物质的抗原物质刺激，其血清中产生了相应的抗 A、抗 B 的 IgG 型抗体，妊娠时经胎盘进入胎儿血液循环引起溶血，故 ABO 血型不合者约 50%在第一胎即可发病。

一般 ABO 溶血病多为轻症，Rh 溶血病较重。轻者除黄疸外，可无其他明显异常，1～2 日后逐渐出现黄疸和贫血、程度日益加深，或稍有嗜睡拒食，常常被误诊为生理性黄疸；病情严重者贫血明显，同时有水肿、心力衰竭、肝脾大，甚至死胎。如及早诊断治疗，治愈率较高，很少遗留神经系统后遗症，未及时诊断治疗则可发生严重并发症核黄疸，最后导致智力低下、听觉障碍、抽搐等神经系统后遗症。

(1)新生儿溶血病的症状：新生儿溶血病症状的轻重和母亲产生的 IgG 型抗体量、抗体与胎儿红细胞结合程度及胎儿代偿能力有关。ABO 溶血症临床差异很大，Rh 溶血症常比 ABO 溶血者严重。

①水肿。患儿出生时全身水肿，皮肤苍白，常有胸、腹腔积液，肝脾大及贫血性心力衰竭，如不及时抢救大多死亡。

②黄疸。Rh溶血者大多在24小时内出现黄疸，ABO溶血病大多在出生后2～3日出现，黄疸发展迅速。血清胆红素以游离型为主，但也有因胆汁淤积而在恢复期出现结合胆红素升高者。

③贫血。Rh溶血患儿一般贫血出现早且重，主要由于血型抗体在体内持续存在，继续溶血所致；ABO溶血者贫血少，一般到后期才出现。重症贫血易发生贫血性心力衰竭。

④肝脾大。轻症无明显增大，重症胎儿水肿时有明显肝脾增大，系髓外造血所致，多见于Rh溶血病。

⑤胆红素脑病。即游离胆红素通过血脑屏障引起脑组织的病理性损害，又称核黄疸，一般发生在出生后2～7日，早产儿多见。常会随着黄疸加重而逐渐出现神经系统症状，首先为嗜睡、喂养困难、吮吸无力、拥抱反射减弱、肌张力减低等；半天至一天后很快出现双眼凝视、肌张力增高、角弓反张、前囟隆起、呕吐、哭叫、惊厥，常伴有发热；不及时治疗可能导致死亡，幸存者症状逐渐恢复，肌张力恢复正常，但常遗留有手足徐动症、听力下降、智力低下、眼球运动障碍等后遗症。

(2)ABO溶血：ABO型溶血是指母亲为O型血，父亲血型为A型、B型或AB型，胎儿是A或B型血则形成ABO血型不合，临床上又称ABO溶血。这主要是由于母亲为O型者比A型或B型人更容易产生抗A或抗B的IgG抗体，IgG抗体则能通过胎盘进入胎儿血液循环，当胎儿体内抗体达到一定量时，抗原体发生反应，使红细胞大量破坏，造成新生儿溶血病。

ABO血型不合导致溶血往往在第1胎即可发生，因为O型血孕妇在妊娠前就有机会接触ABO血型抗原。虽然ABO溶血的发病率高，但新生儿溶血病只有10%。ABO溶血病的临床症状较轻，表现为轻、中度贫血及黄疸，极少发生核黄疸和水肿。

(3)Rh溶血：孕妇与胎儿由于Rh血型不合而引起的新生儿溶血病，称为“新生儿Rh溶血病”。

关于Rh血型系统，共有3对6个基本抗原，分别称为C、D、E、c、d、e，其相应的抗体则称为抗C、抗D、抗E、抗c、抗d、抗e抗体。6种抗原的抗原性以D抗原为最强，由抗D抗体引起的Rh溶血病最严重，发病率也最高。因此，临床上通常将含有D抗原的红细胞称为Rh阳性，无D抗原者称为Rh阴性。只有Rh(D)阳性的胎儿能使其母对D抗原致敏，也只有Rh(D)阳性胎儿的红细胞会遭抗D抗体破坏而得Rh(D)溶血病。

虽然Rh溶血病大多由RhD抗原引起，但其他Rh抗原如E、C、e等抗原也可以引起新生儿Rh溶血病。由于其他Rh抗原的抗原性较弱，抗体作用亦较小，因而症状较轻。

凡妇女Rh阴性而其丈夫Rh阳性者，更需加强计划生育。如果已经怀孕，则要加强产前检查。妊娠期间，如有大量胎盘出血或偶然发生了Rh阳性血的输血，可以用免疫球蛋白来防止或减轻孕妇的免疫反应。

(4)预防新生儿溶血的方法：新生儿溶血病预防重于治疗。有关医学专家认为，如果有不明原因的死胎、流产、新生儿重度黄疸史的孕妇及其丈夫均应进行ABO和Rh血型检查，同时检查孕妇血清中有无Rh抗体；必要时检查羊水中的胆红素的浓度，有助于诊断胎儿是否患溶血病及了解病情，若证实有可能引起本病者，应该考虑需要做宫内输血治疗或提前分娩。

如果 Rh 阴性孕妇在分娩出 Rh 阳性新生儿，应该在 72 小时内肌内注射 RhDIgG 300 毫克，此剂量至少可中和 10 毫升胎血，以避免孕妇被致敏。对 Rh 阴性妇女的流产者，产后出血、羊膜穿刺后或宫外孕输过 Rh 阳性血时，也应尽早肌内注射同样的药物及剂量。对 ABO 血型不合溶血病的孕妇可给中药如茵陈等预防。

5. 早产儿需防贫血

新生儿的消化系统对铁的吸收能力差，机体造血必须依靠妊娠最后 3 个月从母体获得的大量的铁来完成。新生儿，尤其是早产儿，从母体里获得的各种营养的绝对量，特别是造血材料——铁质储藏量就很少，存在先天铁储备不足；再加上早产儿往往体重偏低，在生后 1 年内的生长速度比正常新生儿快，从而更容易发生缺铁性贫血。

如果发现宝宝有如下的变化应及时就诊。

(1)看面：贫血宝宝常常精神不振，面色苍白，眼睑结膜颜色发淡，口唇及舌淡红色或苍白。

(2)看行：贫血的宝宝常容易感到疲累，活动也往往较少。

(3)看吃：食欲下降也是贫血宝宝的一个特点。

(4)看病：因为免疫力功能降低，所以更易患各种感染性疾病。可能细心的妈妈会发现，每次流行感冒一来，自己的宝宝准逃不掉。这就说明宝宝的免疫力低下。

6. 确定宝宝贫血的金标准

所谓贫血，就是红细胞数减少，或者血红蛋白量减少。检查是不是贫血，只有通过验血才能反映出宝宝的真实情况。由于宝宝造血系统不完善，会出现短暂的自限性生理性贫血，2～3 个月时血红蛋白含量降至 110 克/升，但 3 个月后会逐渐恢复到正常，宝宝年龄不同诊断的金标准也不同，具体如下：

血红蛋白含量(Hb)

新生儿期 Hb＜145 克/升

2～4 个月时 Hb＜90 克/升

4～6 个月时 Hb＜100 克/升

6 个月～6 岁时 Hb＜110 克/升

符合上述一条金标准的宝宝，再结合容易发生贫血的危险因素，如早产，以及宝宝的日常表现，就可诊断为贫血。

7. 新生儿先天性心脏病

要认识新生儿是否患有先天性心脏病比认识其他年龄段的孩子心脏病困难，要参考多方面的情况。

(1)青紫：青紫是青紫型先天性心脏病的突出表现，一般出生后持续存在，也可于出生后 3～4 个月逐渐明显，在口唇、指(趾)甲床、鼻尖最明显。而潜伏青紫型心脏病平时并无青紫，只是在活动、哭闹、屏气或患肺炎时才出现青紫，晚期发生肺动脉高压和右心衰竭时可出现持续青紫。

(2)心脏杂音:多数先天性心脏病都可听到杂音,这种杂音比较响亮,粗糙,严重者可伴有胸前区震颤。心脏杂音多在就诊时被医生发现。

(3)体力差:由于心功能差、供血不足和缺氧所致,重症患儿在新生儿期喂养困难,吸吮数口就停歇,气促,易呕吐和大量出汗,喜竖抱;年长儿不愿活动,喜蹲踞,活动后易疲劳,阵发性呼吸困难,缺氧严重者常在哺乳、哭闹或大便时突然晕厥,易出现心力衰竭。

(4)易患呼吸道感染:多数先天性心脏病由于肺血增多,平时易反复患呼吸道感染,反复呼吸道感染又进一步导致心功能衰竭,二者常常互为因果,成为先天性心脏病的死亡原因。

(5)发育差:先天性心脏病多有发育迟缓,有青紫者尤其明显,严重者智力发育也可能受影响。

(6)其他症状:先天性心脏病如有左心房扩大或肺动脉压迫喉返神经,则自幼哭声嘶哑、易气促、咳嗽;合并其他畸形,如先天性白内障、唇腭裂和先天愚型等;心室增大可致心前区隆起,胸廓畸形;持续青紫者可伴有杵状指,多在青紫出现后1～2年形成。

家长如果发现自己的宝宝有上述症状,应及早到医院就诊,以确诊是否患有先天性心脏病,并及时处理。

8. 新生儿出现紫绀的情况

(1)正常新生儿高血红蛋白性的轻度紫绀新生儿刚刚出生时由于红细胞计数及血红蛋白较高,有部分血红蛋白仍为还原型血红蛋白,导致正常新生儿的指(趾)甲床及口唇常可呈轻度紫绀,由于携氧血红蛋白也较多,故不伴烦躁、气急等缺氧现象。

(2)局部性紫绀分娩时头面部或臀位等先露部位受压,可产生局部紫绀,并伴水肿。

(3)窒息如羊水或胎粪吸入性湿肺、肺透明膜病、肺膨胀不全、肺炎、肺出血及呼吸暂停等。

(4)心血管疾患新生儿期紫绀明显,应首先考虑大血管错位、主动脉闭锁、肺静脉异位引流等。

(5)头面部畸形,如后鼻孔闭锁和小颌大舌腭裂综合征,其紫绀均在哭吵时消失。

(6)胸腹部畸形,如食管闭锁伴气管瘘、膈疝等。

(7)多血症除紫绀外,还可有烦躁、抽搐、心力衰竭。

(8)遗传性高铁血红蛋白血症、血红蛋白M病都在出生时即发生紫绀,前者用亚甲蓝或维生素C试验治疗可缓解青紫。

(9)颅内出血为中枢性呼吸暂停而引起发绀。

(10)惊厥屏气导致紫绀。

(11)新生儿低血糖症状非特异性,可呈发绀表现。

十一、新生儿感染性疾病

1. 新生儿容易感染的原因

新生儿容易发生感染是其解剖及其生理特点和免疫特点所决定的,大致可以分为以下几个方面：

(1)新生儿皮肤黏膜屏障功能较差，皮肤含水量高、pH 值高有利于细菌的繁殖，完整性易遭破坏，有利于细菌入侵；汗腺发育差，而汗液存在的乳酸不利于细菌生长；呼吸道、消化道黏膜的防御功能不全，黏膜易破损、通透性高，有利于细菌侵入血液循环。

(2)新生儿脐部尚未完全愈合，细菌容易从此处侵入宝宝体内。

(3)新生儿血脑屏障功能差，一旦细菌进入血液循环容易通过血脑屏障导致化脓性脑膜炎。

(4)新生儿淋巴结发育不全，不能将病原菌局限于局部淋巴结。

(5)新生儿胃酸低，杀菌能力弱，细菌可在肠道中繁殖并侵入其他部位。

(6)新生儿的免疫功能低下，一些免疫球蛋白不能通过母亲的胎盘传给新生儿，新生儿自身的免疫球蛋白还没有产生，所以新生儿对多种病原微生物高度易感，尤其是细菌，如某些细菌对成年人无致病性，但在新生儿体内可引起感染，而且胎龄越小、日龄越小，免疫及局限感染的能力越差，常可引起肺炎、败血症、脑膜炎。

由于新生儿易患感染，故在日常生活中应加强对新生儿的护理，如新生儿的用具应清洁，接触护理新生儿前后要用肥皂洗手；尽可能母乳喂养，因为母乳中含有分泌型的 IgA、溶菌酶、巨噬细胞及乳糖等，这些均利于新生儿提高免疫力；同时患有感染性疾病的人群要避免和新生儿接触。

2. 新生儿免疫力提升方案

虽然新生儿一出生就携带了一些抗体，但这些抗体只能够为宝宝筑起第一道防护体系，而且在宝宝体内维持很短的一段时间。能在宝宝体内维持 2～3 个月的抗体有：白喉、破伤风、百日咳、脑灰质炎、脑膜炎；能在宝宝体内维持 1 年的抗体有：麻疹、腮腺炎。

宝宝的免疫系统是不够强壮的，作为父母，要帮助宝宝的免疫系统快快发育起来，能够直接面对更广阔的外部世界。方案如下：

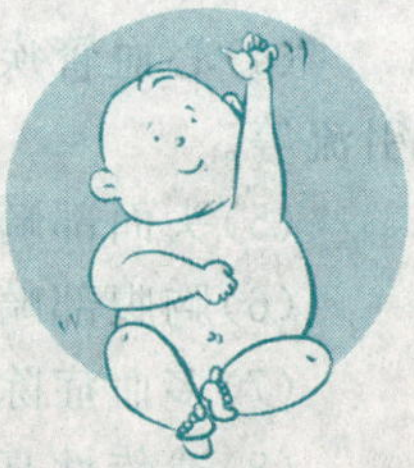

(1)母乳喂养：母乳中富含增强免疫力的物质。母乳喂养的孩子得某些疾病的概率比较低，如脑膜炎、肺炎。仅在母乳喂养的头 4 天内，宝宝就能获取 40 亿个白细胞。此外，还能获得 T 细胞和免疫球蛋白 A，前者能帮助免疫系统工作，后者则附着在喉咙和肠道内，从而构筑起抵御细菌的屏障。

(2)健康食品：宝宝需要摄取维生素和无机盐来构建强壮的免疫系统，而一些营养物质必须从食物中摄取。健康食品包括富含维生素 A、维生素 C 及维生素 E 等食物，所有的谷物，如燕麦、大麦，都含有各种各样的无机盐。

(3)定期锻炼：定期做运动有助于宝宝循环系统的运转，而且能帮助他们消化，改善胃口。一旦宝宝爱动了，要确保他们每天至少花半小时做一些运动。运动的强度不必很大，简单地滚爬就可以。

(4)充分休息：充分休息能使宝宝的身体做好准备应对任何问题，同时身体能够通过休息恢复活力，从而减轻了免疫系统的负担。

(5)运用色彩：宝宝比较喜欢明快的色彩，这会让他们心情愉快，从而对大脑发育起到积极作用，而且还会促进免疫系统的发育。

(6)注射疫苗：疫苗能够刺激宝宝的身体产生抗体，从而保护他们免于感染某些危险的传染病，或者至少降低了感染的可能性。

3. 新生儿也会得肝炎

专家指出，新生儿确实会得肝炎。其中以乙型肝炎病毒最常见，其次还有巨细胞病毒、单纯疱疹病毒、柯萨奇病毒和风疹病毒，还有弓形虫，这些病原体均可通过胎盘感染胎儿，亦可在产程中或产后感染。

专家还指出，新生儿一般不会患甲型肝炎，因为甲型肝炎病毒不能通过胎盘。所以，即使母亲患了甲型肝炎也不能在体内通过胎盘传给胎儿。此外，甲型肝炎潜伏期为40日，故在新生儿期尚不能发病。其他类型的病毒如风疹病毒，单纯疱疹病毒，巨细胞病毒及其他病毒侵入体内时亦可产生肝炎，但是均无传染性。但是如果验血结果为澳抗阳性，则说明这种肝炎是有传染性的，食具、衣物均要隔离。

(1)表现：新生儿肝炎主要表现为黄疸，一般在出生后2～4周皮肤巩膜发黄，持续时间较长，尿为橘黄色，有时染尿布，大便浅白色，吃奶差，呕吐，肝脏肿大，少数脾脏亦大，甚至体重不增加，精神弱，乏力，爱睡觉。另外，中毒性肝炎常有感染病灶和全身中毒症状。风疹病毒、巨细胞病毒引起的肝炎，常伴有先天畸形或宫内生长障碍。

(2)治疗：在治疗上以保肝为主，供给充分的热能及维生素。禁用对肝脏有毒性的药物。黄疸严重者可试用泼尼松抗炎，以减轻胆管梗阻，通常用药4～8周，需注意预防其他感染。一般患儿可用中药清热、利湿、退黄，如茵陈蒿汤等。

(3)护理：在护理上，注意平时多喂一些葡萄糖水、维生素C。尽量母乳喂养，注意维持体温，以免着凉防止上呼吸道感染。

4. 母亲患乙型肝炎时保护新生儿的方法

乙型肝炎是一种全身性病毒感染疾病，怀孕妇女发现被乙型肝炎感染或携带乙型肝炎病毒后，应及早终止妊娠。如果继续妊娠，不仅会加重自身病情，而且还会传染给胎儿，影响胎儿的正常生长发育，造成畸形、死胎。但是如果妊娠已到晚期，孕妇难以引产或特别想要这个宝宝时，那应该怎样做才能使新生儿不被携带乙肝病毒的母亲传染呢？

(1)宫内胎儿的预防：对孕妇必须进行有效的阻断措施。大、小三阳的孕妇，在妊娠晚期，即妊娠后3个月时，每隔3～4周注射乙型肝炎高效的免疫球蛋白，这属于被动免疫，是直接给孕妇注入乙型肝炎抗体，保护作用迅速，持续时间为2～4周，这样胎儿在宫内受染机会大大地减少。

(2)住院分娩：由于乙型肝炎母亲的羊水、阴道分泌物、血液、汗液，以及乳汁、唾液等都带有病毒，这种情况下应该让有经验的医生助产，可以在分娩过程中尽量避免新生儿吸入羊水、血液和其他分泌物，以减少感染。

(3)产后对新生儿的预防：计划免疫普及最有效的措施是给新生儿进行乙肝疫苗免疫预防接种，也就是在新生儿在出生后24小时、1个月、6个月时注射乙肝疫苗，剂量分别是10微克、5微克、5微克。

(4)产后哺乳问题：当单纯 HBsAg 阳性的母亲，可以母乳喂养，因为新生儿一生下来24小时就接受了乙肝疫苗，已阻断了母婴传播。但是正患急性乙肝的母亲，或是大三阳的母亲，产后不宜母乳喂养。

(5)避免接触传染：携带乙肝病毒的母亲最好不要亲吻新生儿，平时要分开用食具、毛巾等物品。接触新生儿前、饭前、便后应严格洗手，喂奶前清洁奶头，切不可口对口喂食。有条件者最好母婴分开，由身体健康的人喂养，这样可避免新生儿传染发病。

5. 新生儿肝炎综合征

新生儿肝炎综合征是指新生儿期由乙型肝炎病毒、巨细胞病毒、风疹病毒、弓形虫原虫等引起的一组临床症候群，主要表现为阻塞性黄疸、肝脏肿大及肝功能损害。

新生儿肝炎综合征除乙型肝炎病毒之外，其他多种病毒均可通过胎盘感染胎儿使肝脏受累，同时也影响其他脏器的功能。此外，一部分先天性代谢缺陷疾病的肝脏病变、肝内外的胆道闭锁及胆汁黏稠综合征所致的肝脏损害、黄疸等，均属于新生儿肝炎综合征范围。

该病起病较缓，黄疸是最突出的表现，常在出生后数天至数周内出现黄疸，并持续不退，常较严重，可伴有食欲下降、恶心、呕吐、消化不良、体重不增等症状；大便颜色变浅，严重时可呈灰白色，但有时浅、时深的动态变化；尿色深黄；肝脏轻度至中度肿大，质稍硬；少数脾脏亦大。另外，中毒性肝炎常有感染病灶和全身中毒症状；风疹病毒、巨细胞病毒引起的肝炎，常伴有先天畸形或宫内生长障碍。

当新生儿出现上述症状时应及早去医院就诊。

6. 新生儿巨细胞包涵体病

巨细胞包涵体病又称巨细胞病毒感染，是巨细胞病毒引起的全身性感染性疾病，其主要特点是在受染的脏器组织内可见到核内、胞质内含有包涵体的巨细胞。病毒可经胎盘从产道传染胎儿，是最常见的病毒感染之一；也可经消化道、呼吸道、输血传染，本病主要见于新生儿、婴儿，也可见于其他年龄期。先天性患儿症状比较严重，能引起全身各器官组织病变，甚至死亡。

(1)原因：初次感染巨细胞病毒后，该病毒将在宿主细胞中无限期存在成潜伏状态，可能累及多种组织器官，如肺、肝、胰、唾液腺、中枢神经系统及肠等。

先天性感染的严重程度，与缺乏产生沉淀抗体的能力和 T 细胞对巨细胞病毒的应答有关。儿童和成年人感染巨细胞病毒后，在外周血中出现具有抑制细胞毒表型的活化 T 淋巴细胞，如果宿主的 T 细胞功能受损，潜伏的病毒就可能复活并引起多种症候群。组织移植后发生的慢性刺激，为巨细胞病毒活化，诱发疾病提供了条件。某些针对 T 细胞的强烈免疫抑制药，如抗胸腺细胞球蛋白，与临床巨细胞病毒症候群高发率有关。此外，巨细胞病毒在功能上可作为辅助因子，使潜伏感染的艾滋病病毒活化。

(2)症状：巨细胞病毒感染的自然史很复杂，在原发性感染以后排毒，往往持续数周、数月甚至数年，然后感染转为潜伏。常有复发感染伴重新排毒。甚至在原发感染后很多年，潜伏病毒再激活，也可能有不同抗原性病毒株的再感染。巨细胞病毒感染的临床表现与个体免疫功能和年龄有关，不论从垂直感染、平行传播或医源性感染所出现的症状与体征都是多种多样的。

关于后天性巨细胞病毒感染症，在临床中常见于输血后的单核细胞增多症，由于免疫功能缺陷而发生血管、网膜炎、肺炎及消化道感染，并且大多数患者合并格-巴综合征。

7. 先天性胆道闭锁

先天性胆道闭锁是肝胆先天性疾病中最常见畸形之一，表现为肝内胆管、肝管或胆总管发生闭锁或不发育，胆囊也可发生闭锁或发育不良。我国比较多见，女多于男，约1.5∶1。临床上分为可矫治型和不可矫治型。前者及时治疗效果好，后者效果较差。

该病的病因不明。一般认为与宫内病毒感染、肝内肝小管炎症继发梗阻及先天性胆道发育畸形有关。一般常在出生后1～3周出现黄疸，持续不退，并进行性加重。胎粪可呈墨绿色，但不久即排灰白色便。严重患儿的肠黏膜上皮细胞可渗出胆红素，而使灰白色粪便外表染成浅黄色。肝脏进行性肿大，逐渐变硬。多数有脾大，晚期发生腹水。早期患儿食欲尚可，营养状况大都良好；晚期由于脂肪及脂溶性维生素吸收障碍，体质逐渐虚弱，发生维生素A、维生素D、维生素K缺乏而引起眼干燥症、佝偻病及出血倾向。

先天性胆道闭锁应争取在出生后3个月内进行手术治疗。目前手术成功率最高的是肝门空肠吻合术。但手术的可能性及效果视畸形类型而异，肝内梗阻者手术困难。

8. 新生儿败血症

新生儿败血症是新生儿时期常见的、严重的细菌感染性疾病，是由于细菌侵入血液循环，并在血液中生长、繁殖，产生毒素而引起的，临床表现为发热、严重的毒血症状、皮疹瘀点、肝脾大和白细胞数增高等。其发生率占活产新生儿的1‰～10‰，早产儿发病率更高。

(1)新生儿败血症的病因

①与新生儿的一些生理特点有关，如新生儿的皮肤、黏膜薄嫩，容易破损；未愈合的脐部是细菌入侵的门户；更主要的是新生儿免疫功能低下，感染不受局限，当细菌从皮肤、黏膜进入血液循环后，极易向全身扩散而致败血症。

②妈妈怀孕期间患感染性疾病时，某些细菌及其毒素，可以通过胎盘传染给胎儿，这种情况下的新生儿多于出生后48小时内发病。

③胎儿娩出时，由于母体羊膜早破、羊水污染、产程延长、助产过程消毒不严等，均可增加感染机会，而致新生儿败血症。

④新生儿反应能力低下，当有某些局部感染时，未被及时发现，如脐炎、口腔炎、皮肤小脓疱、脓头痱子、眼睑炎等，均可成为病灶，如不及时治疗，则可发展为败血症。

(2)新生儿败血症的症状：新生儿败血症的临床表现随致病菌的种类、数量、毒力的强弱不同而异。轻者仅有一般感染症状，重者可发生感染性休克、DIC、多器官功能衰竭等。

①感染中毒症状。大多起病急骤，先有畏寒或寒战，继之高热，热型不定，弛张热或稽留热；体弱、重症营养不良的新生儿可无发热，甚至体温低于正常。精神委靡或烦躁不安，严重者可出现面色苍白或青灰，神志不清。四肢末梢厥冷，呼吸急促，心率加快，血压下降。

②皮肤损伤。部分患儿可见各种皮肤损伤，以瘀点、瘀斑、猩红热样皮疹常见。皮疹

常见于四肢、躯干皮肤或口腔黏膜等处。脑膜炎双球菌败血症可见大小不等的瘀点或瘀斑；猩红热样皮疹常见于链球菌、金黄色葡萄球菌败血症。

③胃肠道症状。常有呕吐、腹泻、腹痛，甚至呕血、便血；严重者可出现中毒性肠麻痹或脱水、酸中毒。

④关节症状。部分患儿可有关节肿痛、活动障碍或关节腔积液，多见于大关节。

⑤肝脾大。以婴、幼儿多见，轻度或中度肿大；部分患儿可并发中毒性肝炎；金葡菌迁徙性损害引起肝脏脓肿时，肝脏压痛明显。

⑥其他症状。重症患儿常伴有心肌炎、心力衰竭、意识模糊、嗜睡、昏迷、少尿或无尿等实质器官受累症状。

新生儿败血症最易并发化脓性脑膜炎，有时神经系统症状并不明显，但已并发此症。因此要提高警惕，及早做脑脊液检查。其次易发生的并发症是肺炎或肺脓肿，出现呼吸系统症状。其他迁移性病灶，如蜂窝织炎、骨髓炎和肾盂肾炎也偶可发生。

(3)预防新生儿败血症的方法：新生儿败血症的后果是很严重的，所以我们要从以下方面来做好预防工作。

①注意围生期保健，积极防治孕妇感染，以防胎儿在宫内感染；最好在医院进行科学分娩；医护人员在分娩过程中严格执行无菌操作，特别注意脐带的消毒和保护。

②对早期破水、产程太长、宫内窒息的新生儿，出生后应进行预防性治疗。

③平时护理新生儿时，应该特别注意保护好新生儿的皮肤、黏膜、脐部免受感染或损伤，并要严格执行消毒隔离制度。

④新生儿脐窝有分泌物，或皮肤有小脓点时，要用紫药水涂抹，脐窝脓多时可涂点酒精或撒些消炎粉。

⑤父母千万不要使用未经消毒的针给新生儿挑刺“马牙”、“螳螂嘴”，也不要随便挤压新生儿的乳房。

⑥母亲有脓疮、肺炎等细菌感染时，要暂时停止喂奶，可将奶液挤出煮沸后再喂，或直接就用牛奶代替。

⑦如无特殊情况，提倡用母乳喂养新生儿，因为母乳中含有生长因子和抗体，利于增强新生儿的抗病能力。

9. 新生儿化脓性脑膜炎

(1)病因：新生儿化脓性脑膜炎是由各种化脓性细菌引起的中枢神经系统急性感染性疾病，常危及新生儿的生命，并且后遗症严重。病原菌多是由于产前母亲患有严重的细菌感染，或新生儿出生时分娩时间长，羊膜早破或助产过程中消毒不严格，出生后细菌通过脐部、皮肤、黏膜、呼吸道及消化道侵入人体而引起的。

(2)表现：当细菌侵犯到大脑表面的一层薄膜时，就发生了化脓性脑膜炎。新生儿脑膜炎的表现是很不典型的。早期症状主要是吮奶无力或不吃奶，呕吐、精神不好、想睡，或不停地吵闹。有时患儿爱躺着，但当换尿布或抱起而触及两下肢时，会突然尖叫、惊跳。细心的父母还会发现患儿双眼呆直，眼珠上翻，前囟比平时略高，抚摸时有紧张的感觉，有时可见面部肌肉小抽动。比较特殊的表现有挤眉弄眼，口唇不断做吮乳动作，或口角向一边歪斜。多数患儿有发热,少数全身发凉,体温不升。病情进一步加重时则出现四肢抽动,面色发青,口吐白沫等危症表现。发现上述任何症状,都要急送医院。

(3)新生儿化脓性脑膜炎的影响和预防:为了预防本病的发生,首先注意孕妇的产前卫生,分娩应严格无菌消毒,遵守无菌规则。护理好新生儿的脐带,保护好新生儿的皮肤、黏膜,防止损伤,一旦发现有感染灶应迅速治疗。其次是进行合理喂养,以增强新生儿抵抗力。

10. 警惕新生儿破伤风

新生儿破伤风俗称"四六风",是因产妇在分娩时,给新生儿断脐时局部未经消毒处理,或消毒不严格,感染了破伤风杆菌,细菌在脐带残根中生长繁殖,产生强烈的破伤风毒素,侵入新生儿体内而发病。破伤风杆菌是土壤中常见的菌群之一,在自然界分布极广,人、家畜和其他动物粪便中都可分离到。因此,只要消毒不严就极有可能感染此病。

患破伤风的新生儿出生时都很正常,通常在出生后7日左右出现发热、烦躁、拒乳、肌肉紧张等症状,最终因呼吸和循环衰竭而死亡。

该病无明显季节性,在家生产的新生儿发生破伤风的机会比在医院生育要高得多。一旦发现破伤风症状,应立即就医,以便采取各种措施进行及时治疗和护理,挽救患儿的生命。

新生儿破伤风虽然十分凶险,病死率高,但同时又是一种可以预防的疾病。预防新生儿破伤风的方法既简单又十分有效。一是孕妇应该到医院采用新法接生;二是对新生儿采取科学的护理方法,防止破伤风杆菌污染新生儿脐部;三是对育龄期妇女包括孕妇进行3针吸附破伤风类毒素免疫,其免疫程序是,凡无破伤风类毒素免疫史的育龄妇女,基础免疫3针,第1针注射后到第4周注射第2针,间隔6个月再注射第3针。只要做好预防,新生儿破伤风的悲剧将不会再重演。

11. 新生儿肛门周围感染

新生儿肛门括约肌松弛,皮肤娇嫩,并且大便经常不成形,加之用不清洁的、粗糙的布或纸擦拭,肛门处容易擦伤而导致感染。新生儿肛门周围感染虽然是一种较常见的疾病,但往往由于临床症状不严重,易被忽视或处理不当形成肛瘘。

(1)症状:发病开始时,患儿表现为大便时哭闹,在肛门处可摸到有花生米大之硬块,红肿、中心发软,数日可破溃并流出少量脓液,只有少数患儿可自愈,而大部分患儿可留有小瘢痕,偶尔流出少量分泌物,炎症经常反复发作,就造成肛瘘。

(2)防治:本病关键在于预防,新生儿大便后,父母可以用温水给他们清洗肛门,在用软布擦干,禁用质地粗糙的尿布擦肛门及周围的皮肤;腹泻或已有臀红时,要于每次排便后用肥皂水和温水冲洗肛门,保持其清洁干燥;如已发展到肛门周围脓肿,应及早到医院进行切开排脓,切开后要定时排便,每次排便后用温水或1∶2 000呋喃西林液清洗。

12. 新生儿常见的几种性传播疾病

(1)淋病:产妇患有淋菌性宫颈炎、阴道炎,在分娩时胎儿经过产道即可感染上淋菌性眼炎。患儿在出生后2～3日表现为双眼红肿，眼角流血性或脓性分泌物；严重时几天以后出现角膜溃疡、穿孔，最后导致双目失明。也有的在出生1周后才出现眼结膜炎，大多是由于母亲或工作人员被淋球菌污染了的手来护理新生儿不慎带入眼睛。新生儿也可能患上淋菌性外阴炎或阴道炎，这主要是间接感染所致，主要是新生儿与母亲同床，同盆洗澡，或共用被褥、毛巾等感染而致。症状表现为外阴红肿、排尿时哭闹，阴道流出白色脓性分泌物，有时伴全身发热，拒奶等全身症状。

(2)非淋菌性尿道炎：其发病经过和症状与淋菌性尿道炎一样，但引起的病原体不一样。它是由一种介乎于细菌与病毒之间的微生物引起，即衣原体。

(3)先天性梅毒：母亲为梅毒患者，梅毒螺旋体经血流通过胎盘可传染给胎儿。梅毒螺旋体常常损害胎儿生长发育，一般在怀孕5～7个月时易发生流产和早产，还可出现死胎，出生时可有各种畸形，甚至全身糜烂。如胎儿仍能发育至足月分娩，已患上先天梅毒的新生儿可表现为全身皮肤苍白，皮肤松弛如老人貌，哭声低弱，嘶哑，体重低；有的患儿有低热、贫血；婴儿手掌、足底、面部、躯干部可有散在红斑、丘疹、糜烂，鼻塞、流黏稠鼻涕，口角有裂纹呈放射状，X线可见四肢有骨膜炎，还有肝脾大，病死率极高。

(4)艾滋病：主要是母婴传播，患艾滋病母亲体内的艾滋病毒通过胎盘使胎儿感染，也有个别患儿是由于输了带艾滋病毒的血制品而被感染。由于该病破坏人体免疫系统，使人变得毫无抵抗力，来势凶猛，且无特效治疗，死亡率极高。

13. 预防新生儿感染性病的方法

预防新生儿感染性病，关键是要防止孕妇感染性病，万一孕妇得了性病就要积极治疗。防止新生儿感染性病的具体预防措施如下：

(1)夫妇双方洁身自爱，夫妻双方不搞婚外性关系，注意个人卫生，防止传染性病。

(2)怀孕前，夫妇双方应该到医院检查身体，包括性病检查，以排除是否潜伏或隐匿性感染。如果患有性病必须治愈后方可怀孕。

(3)孕妇在孕初3个月以及孕末3～10个月到医院检查身体时，增加有关性病的检查项目，以便及时发现。如果患有性病必须及时进行正规治疗，避免并发症、后遗症的发生。

(4)妊娠期要注意个人卫生，勤洗澡，勤换衣裤。因为妊娠晚期宫颈口处于轻度张开状态，为了避免感染，不要进行盆浴和性交。

(5)临产破水后，要及时到医院待产，卧床休息。如有性病要及时采取措施，使胎儿尽快娩出，减少感染机会。因为新生儿感染性病危险性的大小取决于分娩方式和羊膜破裂时间，羊膜破裂时间越短，新生儿发病危险性越小。

(6)有性病病史的孕妇妊娠期更要特别注意检查性病是否彻底治愈，产后要仔细检查新生儿是否染上性病，必要对做预防性治疗。如妊娠期梅毒治疗后，分娩前应每月检查梅毒血清反应，分娩后遵医嘱复查。

(7)对感染性病的新生儿要立即治疗，并注意隔离和对其父母进行检查治疗。

(8)在性病流行区应对所有新生儿采取预防措施，如新生儿出生后立即用1%硝酸银溶液，或1%四环素眼膏，或0.5%红霉素眼膏滴眼预防，并要求医务人员做好消毒隔离工作。

十二、新生儿用药知识

1. 新生儿用药细则

新生儿的各个器官发育还不成熟，抵抗力低，容易生病，并且对药物反应非常敏感，解毒功能也较差，用药稍有不当就会产生严重不良反应。因此，给新生儿用药时要特别小心。

(1)不能随意用药：尤其是解热镇痛药和抗生素千万不能随便使用，一旦使用也必须在医生严格指导下使用，退热药不可过量，用药时间不可过长。因为此类药物在治疗疾病时同时也会引起其他一些症状，如四环素容易引起黄斑牙；氯霉素可抑制骨髓造血机能；卡那霉素，庆大霉素等可引起小儿耳聋，或肾脏损害。

(2)用药时要做到种类少而精：即能用一种药尽量不加另一种药。如果需要同时服用几种药物，要严格遵守医嘱将服药时间错开，以免药物在体内相互作用而产生不良反应或降低药物的效果。

(3)用药剂量要严格听从医生安排：因为小儿用药剂量和大人不同。许多药如抗生素、退热药等都是根据小儿体重计算出来的，父母不能随意加减药物剂量，或者随意停药，这都是不对的。

(4)用药之前要认真看清药物说明，了解其不良反应：在用药过程中，父母要注意观察，若发现异常情况，应引起警惕，立即停药，并尽快请医生诊治。

(5)不可给新生儿用成人药：家庭用药千万谨慎。随着非处方用药的增多，许多父母为了方便、省钱，选择了自己给宝宝用药。这时，父母千万要谨慎，既不能选择成人药物，又不能按照成年人药量用药，最好还是在医生指导下使用药物。

(6)严格掌握用药剂量：在给宝宝用药时，药片、药丸可研细后溶于水制成“汤剂”，可使用试管型喂药器或滴管，最好不用普通汤匙喂，因为它不容易控制药量，影响疗效。

(7)先选择口服给药：打针、输液不一定比吃药效果好。注射用药的确作用快、用量准确、利用度高，但一般多用于重症、急症或呕吐症状，以及不能口服或口服后药效降低的药物。同时，注射用药对药品的质量、护士的注射技术和医院消毒设施要求较高，否则容易发生局部损伤，静脉注射和静脉输液还有可能出现输液反应。所以，口服给药是最安全、方便和经济的，特别是对一些消化系统疾病，如肠炎和痢疾，治疗效果好。

2. 新生儿不宜用的药物

由于新生儿肝脏解毒功能极差，肾排泄功能低，药物半衰期长，用药、用量等必须要注意，而且还有如下一些药不宜使用。

(1)四环素族药物。因该类药比较易于沉积于骨组织，阻碍骨骼发育，服用数月可使牙齿变黄。

(2)维生素 K_4、维生素 K_3、磺胺类药物、新生霉素、三乙酰竹桃霉素、伯氨喹等易引起新生儿黄疸。

(3)氯霉素可抑制骨髓,导致灰婴综合征。

(4)卡那霉素、庆大霉素疗程不要超过10日,以免听神经及肾功能受损。

(5)链霉素对听神经有影响,且对肾脏不利。

(6)吗啡、哌替啶、可待因会引起敏感者中毒,应慎用。

3. 给小儿喂药的技巧

许多父母都遇到过这种情况,宝宝本来满脸堆笑,可是一听说要吃药,瞬间就哭闹起来,更别说乖乖吃药了,使得本来很简单的事情变得困难起来。可见,父母掌握一些喂药的技巧是十分重要的。

(1)最好的喂药方法是把药水、药粉倒入奶瓶,可以加少许糖水,让宝宝像吸奶一样服药。当然,也可以把丸、片剂研成粉状,用糖水调成稀糊状,把宝宝抱在怀里,呈半仰卧状,左手扶住宝宝头部,右手持药勺,慢慢把药喂下。

(2)喂药前,可以先喂几口奶,再喂点药,反复这样做,直至将药喂完。然后将宝宝竖起轻拍背部,以防反胃呕吐。注意:喂药之前不应喂饱奶,以免饱后宝宝拒绝服药;也不可将药和乳汁混在一起喂,因为两者混合后可能出现凝结现象或者降低药物疗效。

(3)由于药物太苦,宝宝拒绝服药时,千万不能捏住宝宝的鼻子,撬嘴灌药,因为宝宝哭闹时易将药物灌入气管导致剧烈的呛咳、呕吐,甚至引起窒息等严重后果。这种情况下可暂时通过一个软管把药送到舌根部,避免药液与舌面上的味蕾接触。

(4)喂完药后,不要立即给宝宝喝很多水或带有汤类的食物,以免引起呕吐,可吃些饼干、蛋糕、糖果等偏干的东西。

温馨提示:给宝宝服药的方法很多,可灵活掌握,父母要有耐心,善于引导,不要发脾气,闹成僵局,使服药失败,延误病情。

4. 给新生儿点眼药的方法

父母在给新生儿使用眼药时,无论是药水还是药膏,一定要方法得当,有助于药效的发挥,取得良好的效果。否则,不但达不到预期效果,而且还会产生严重后果。

滴眼药水时,新生儿一般要仰卧,头略后仰,眼向上看。父母可以在新生儿头顶上方,挂一个玩具来逗引他,使眼睛保持向上看的状态。然后,父母用左手拇指或棉签轻轻扒开新生儿下眼睑,暴露下结膜囊,右手持眼药瓶或滴管将眼药水滴入结膜囊内,动作要快,以免新生儿不配合,再将上眼睑稍提起后轻合上,使整个结膜囊内充盈眼药水,这时最好让新生儿闭眼1~2分钟,待其睁开眼后,用手帕擦净眼周围药水。

注意:点眼药水时不要距离眼球太近,以防刺伤眼睛;若新生儿眼睛分泌物较多,在点眼药时要先擦干净;如果眼睛被分泌物粘住睁不开,可以用消毒棉球在温开水中浸湿,在眼睛上敷一会儿,然后轻轻地从眼角内向外侧擦洗。注意不要来回擦,一块棉球只能擦洗一只眼睛,擦净后再点眼药。

涂眼药膏时,在暴露结膜囊后,可将米粒大小的药物直接挤入结膜囊内,点完后使其闭眼,有助于眼膏在结膜囊内溶化分布,并用棉签或棉球擦净眼睑缘及睫毛上的油膏。如果需要眼药水与眼药膏合用时,要先滴眼药水,后点眼药膏。

5. 新生儿不能用氯霉素

新生儿的器官组织柔嫩，药物的吸收迅速，并且他们的肝肾功能发育不健全，肝脏缺乏分解、破坏氯霉素的葡萄糖醛酸转移酶，肾脏对药物的排泄能力较差。所以，新生儿不能用氯霉素，否则就会造成严重后果。

(1)氯霉素能抑制人体的骨髓造血系统。氯霉素能阻碍人体红细胞、白细胞的生长，使其生成减少，导致进行性贫血、出血倾向和反复感染，甚至诱发再生障碍性贫血。

(2)氯霉素能使胃肠道、口腔、肛门及生殖器等发生异常。胃肠道反应主要有腹胀、腹泻、食欲减退及恶心；口腔症状如黏膜充血、疼痛、糜烂、口角炎和舌炎等；少数患儿可有肛门裂，并有浆液性渗出。停药后这些症状迅速消失，偶见腹泻持续数周。

(3)新生儿长期大量服用氯霉素后会引起"灰婴综合征"，即出现腹胀、呕吐、呼吸不规则、进行性面色苍白、发绀、循环衰竭等症状，甚至休克。

(4)氯霉素还能引起过敏反应，如皮疹、日光皮炎、血管神经性水肿等。皮疹一般较轻，停药后可迅速消退。

(5)氯霉素还能引起视神经炎、多发性神经炎、神经性耳聋及严重失眠。

6. 新生儿不宜用中草药

不少年轻父母都以为中草药的不良反应小，就连刚刚出生的新生儿生病，也常常要求医生选用鱼腥草、大青叶等中药针剂。其实，"是药三分毒"，这些针剂并不全是安全无毒的。

临床上应用的不少中草药针剂，在制剂过程中加上了一种叫苯甲醇的药物，这是一种常用的局部止痛药，进入人体后，经肝脏氧化，代谢产物再由肾排出体外。但由于新生儿各种生理功能尚未健全，肝脏缺乏氧化反应所必需的催化酶，难以对苯甲醇进行分解，容易积蓄造成中毒。

国外有资料报道：16 名体重不足 2 500 克的新生儿，因使用含有 0.9%苯甲醇和生理盐水冲洗过的血管插管，或注射了用含有苯甲醇的灭菌注射用水溶化的药液而导致死亡。而临床上使用的不少中草药注射液含苯甲醇达 1%～2%，如果以每日注射 2 次，每次 0.5～1 毫升计算，其含量明显超过国外所报道的量。因此，新生儿不宜用中草药针剂。

7. 新生儿不宜用解热药

新生儿的体温调节功能不完善，汗腺发育不良，排汗散热能力差，若室温过高，或保暖太过，容易使体温上升而导致发热。这时，父母不要立即给他们喂解热药，因为药物往往会使体温突然下降，甚至会导致皮肤青紫，严重者还可出现便血、吐血、脐部出血、颅内出血等，可因抢救不及时而死亡。因此，解热药如阿司匹林等是新生儿的禁用药。

父母在护理新生儿发热时的最好方法是用物理降温的方法，如暴露肢体、枕冷水袋、温湿毛巾擦浴、酒精擦身等。同时还要保证给予充足的水分，如多喂些温白开水或葡萄糖水，以祛除体内毒素，防止脱水。另外，体温一旦下降，应立即停止降温，以免体温继续下降而导致体温不升。

8. 新生儿注射青霉素一般无须皮试

我们都知道，青霉素过敏是一种速发的变态反应，轻者可出现过敏性皮疹，荨麻疹、药物疹，淋巴结肿大等，而最为严重的是过敏性休克，表现为呼吸困难、发绀、出冷汗、四肢发凉、血压下降、惊厥和昏迷，若不及时抢救，就会危及生命安全。

药理研究表明，青霉素的降解产物及其所含高分子聚合体可成为半抗原，与体内蛋白质或多肽分子结合为全抗原，而致多种反应抗体，从而引起Ⅰ型变态反应，但造成过敏性休克的主要原因与体内IgE的作用有关。新生儿自身合成IgE的能力极差，而且免疫球蛋白IgA、IgM、IgE均不能透过胎盘及乳汁进入他们体内，所以，新生儿内IgE的含量特别少，即使用了青霉素也不会出现过敏反应，因此新生儿用药一般不须皮试。

但值得一提的是，如果母亲有高度的青霉素过敏史，或新生儿曾有过敏用药史，则使用青霉素时则必须皮试，以防过敏发生。

十三、其他问题

1. 新生儿出牙

正常宝宝一般在出生后6个月左右开始出牙，但也有个别宝宝出生不久就有牙齿萌出，一般是一颗或两颗，以上颌牙为多，称乳牙萌出过早。

(1)原因：牙齿发育的全过程和机体的内外环境有密切关系，是一种复杂的生物现象。萌出过早的乳牙可能是正常的，由于牙胚离口腔黏膜太近而过早萌出，又因为牙根没长或完全没牙根所以较松动，极易脱落。一旦落入气管容易造成窒息，危及生命。这种牙齿没有用处，而且还会咬母亲的乳头，同时也影响吸乳，故应及早拔除。

(2)处理：有的新生儿牙齿不松动，吮奶的时候舌系带，以及双侧软组织与牙齿发生摩擦，易产生创伤性溃疡，如果刺激源不清除，创口可能长期不愈合，此时应立即停止吮奶或哺乳，改用汤匙喂奶，以避免摩擦溃疡区。对于溃疡面可涂甲紫、碘甘油等缓和收敛性药物，促进溃疡尽快愈合。如果处理不及时，刺激长期存在，这种溃疡有时发展成慢性增殖性病变，易被误诊为肿物，一旦切除极易出血，所以一定要谨慎处理。

2. 新生儿斜颈

(1)症状：有的新生儿出生时好端端的，但在出生后10～20日常常出现脖子歪向一侧，细心的妈妈会发现宝宝的病侧颈部有一个圆形或椭圆形的肿块，直径2～3厘米，质地较硬，可以移动，触之不痛，表面皮肤正常，抚之不热。宝宝的头向有肿块的一侧倾斜，病侧耳接近锁骨，颜面不正，下颌及面部转向无肿块的一侧，形成斜颈。斜颈的病理变化为病侧胸锁乳突肌挛缩所致。

(2)原因：引起斜颈的病因是多方面的，常见的原因有：①先天遗传因素，如家族中有导致子代胸锁乳突肌挛缩的基因，可引起先天性斜颈。各种先天性发育异常，如第一颈椎与后头骨相接合，第一、二颈椎相结合，颈椎畸形，颈部肋骨存在等，均可发生斜颈。②分娩过程中由于胎儿的位置不正常，如一侧颈肌特别是胸锁乳突肌在出生时可因胎儿的位置不正常，致肌组织呈结缔组织化，缩短而不能伸展，或由于胸锁乳突肌在分娩时受强烈牵引损伤而发生血肿，多见于臀位分娩或分娩时肩娩出困难。

(3)新生儿斜颈的治疗方法：如果发现新生儿有斜颈现象，可以采取以下措施治疗。

①用沙袋或枕头使新生儿头、颈保持正位。让光源射在有肿块的一侧，因为新生儿头部常转向光亮处，对防止病侧肌肉挛缩有一定的帮助。

②在胸锁乳头肌肿块处，做按摩推拿治疗。

③固定新生儿的两侧肩部，然后给头部做被动动作，下颌向病侧旋转，头部向正常的一侧旋转，每天做100～150次。

④让新生儿仰卧在母亲怀内，两足紧贴母亲小腹，头部置于两膝外，两手把患儿头轻轻转向健侧，连续做20～25次，每日做2～3遍，持续半年。

一般经过以上治疗后，不少宝宝的斜颈均有不同程度的好转或治愈。若6个月后仍不见明显好转，要带患儿到医院检查及考虑早期做外科矫形手术治疗，以免引起宝宝头面部畸形。

3. 胎粪吸入综合征

新生儿胎粪吸入综合征见于胎儿窒息在宫内或产时排出胎粪，污染羊水，吸入后可发生肺炎。胎粪吸入气道可形成活瓣样栓塞，引起局限性肺气肿，完全阻塞气道引起肺不张。胎粪吸入尚可引起化学性或继发性感染性肺炎，严重胎粪吸入综合征由于缺氧、酸中毒引起肺血管痉挛，肺血管阻力增加，导致右向左分流的新生儿持续肺动脉高压。

(1)原因：胎粪吸入综合征通常是胎盘功能不全的并发症，多见于过期产儿，因为过期产儿的羊水量较少，胎粪不能被稀释，胎粪颗粒稠厚，很容易引起呼吸道梗阻。

(2)胎粪吸入综合征的表现：胎粪吸入综合征可以见到羊水被胎粪污染，呈黏稠和黄绿色，患儿的皮肤、指甲和口腔有胎粪污染，并且可发生轻到重度的呼吸窘迫，不同程度的青紫，如果支气管完全梗阻，导致肺不张；部分梗阻产生吸气时空气潴留，导致过度膨胀和肺气漏；由胎粪部分阻塞支气管或张力性气胸引起气体陷闭，可能增加胸廓前后径而呈桶状胸。

如果患儿用头罩吸氧，但血气仅达到临界的满意程度，或呈进行性恶化，最安全的方法是应用正压通气，以避免低氧血症或高碳酸血症，而这二者均可促使新生儿持续性肺动脉高压的产生。尤其是过期产儿，应怀疑存在持续性肺动脉高压。

(3)胎粪吸入综合征的治疗

①在胎头娩出而肩尚未娩出前，吸净口腔和气管内污染羊水，如喉镜下发现声带周围有胎粪生后可立即气管插管，在处理气道前不做正压呼吸。

②缺氧者可给予头罩或呼吸器供氧。

③纠正酸中毒，在高度通气的基础上用碳酸氢钠纠正酸中毒。

④如发生气胸、纵隔气肿，轻症自然吸收，重症抽气或引流。

⑤应用抗生素防治感染。注意维持液体及热卡量。

4. 新生儿缺钙

有时候宝宝老出汗，睡觉时总打战，夜里还哭闹，这种情况下父母千万不要掉以轻心，因为这可能是缺钙的表现。

(1)新生儿缺钙的原因：新生儿缺钙不仅影响正常的生长发育，尤其是身高的增长，还会引发一些其他问题，如肌张力低下、运动功能发育落后，以及大脑皮质功能异常、表情淡漠、语言发育迟缓、免疫力低下等。

母亲在怀孕期间钙量摄取不足，会频繁出现小腿抽搐，并且还会影响胎儿对钙的吸收，导致钙缺乏。所以，母亲及时补钙，是预防胎儿和新生儿缺钙的最好方法。

要判断宝宝缺钙与否，首先要分析宝宝的膳食，从宝宝的膳食质量中获取钙的量看是否充足，其次要了解宝宝的表现。在日常膳食中，应多给宝宝提供含钙丰富的食品，为宝宝选择合适并含钙丰富的食物。

(2)新生儿缺钙的表现：一些轻度缺钙的宝宝，经常表现为烦躁、好哭、睡眠不安、易醒、易惊跳、多汗、枕部脱发圈、出牙落后等症状。缺钙严重的宝宝可引起佝偻病，甚至引起各种骨骼畸形，如方颅、乒乓头、手镯或脚镯、肋骨外翻、鸡胸或漏斗胸、O形腿或X形腿等。专家建议，若发现宝宝出现这些症状了，应该怀疑缺钙，及时去医院检查，尽快加以纠正。另外，胖宝宝比瘦宝宝更容易缺钙，所以，父母在照料胖宝宝时更要细心观察。

5. 新生儿开始补钙的时间

近期社会上掀起了一股补钙热，就连新生儿也不放过。钙确实是儿童正常发育所必需的，然而是不是每个孩子都需要补充钙？新生儿何时开始补钙才科学？

最近，专家研究发现，只要新生儿吃奶好，维生素D在医生的指导下按要求供给，一般不需要补钙。如果盲目补充过多的钙，不但影响新生儿的食欲，大量的钙在肠道内形成钙锌磷酸盐化合物，反而使钙、锌得不到吸收，还可干扰蛋白质及脂肪的正常吸收，直接影响新生儿的正常生长发育。

如果在母乳期新生儿有“抽搐”史，应在3～4个月后开始补钙，早产儿一般2～3个月开始补钙，这些都是在母乳喂养的前提下。人工喂养可提前1个月给宝宝补钙。

温馨提示：孕妇在怀孕后期最好能进行一次肌内注射维生素D，这是预防新生儿缺钙较为理想的办法。同时，还要增加宝宝的户外活动时间。

6. 小宝宝补钙要讲究“分量”

人体对钙质的需求是随年龄、性别、生理状况的不同而有所差异的。我国营养学会的营养专家推荐每日膳食中钙的供给量是：1～6个月，母乳喂养儿300毫克/日，人工喂养儿400毫克/日；6～12月，400毫克/日；1～4岁，600毫克/日；4～11岁，800毫克/日；11～18岁，1 000毫克/日。

钙的主要来源是通过食补，即多摄取高钙食物，如牛奶及奶制品，大豆及大豆制品，虾皮、虾米、芝麻酱等。对宝宝而言，最好每天要食用奶类食品，因为奶类和奶制品含钙量丰富，而且易吸收。如1瓶牛奶(220毫升)的含钙量约200毫克，若每天能喝上1～2瓶鲜牛奶，就可得到 200～400 毫克的钙，再加上其他食物中的钙，合起来就能满足宝宝 1 天的需要量。

值得一提的是：奶酪含钙量也很高，父母可以自制蔬菜奶酪汉堡包，以增加钙的摄取。对于不爱喝奶的宝宝，可以改喝酸奶。另外，豆类及豆制品的含钙量也较高，最好能每天食用 25～50 克。

在补钙的同时，父母平时应该多带宝宝晒太阳，帮助钙的吸收。

7. 新生儿不宜吃钙片

现在，许多父母都知道要给宝宝补钙以防止出现佝偻病，随之市场上也出现了各种儿童钙片。儿童保健专家提醒父母，不要给正吃母乳的宝宝吃钙片来补钙，尤其是新生儿，这是因为很多钙片都是化学合成品。一般来说，从食物中摄取钙是最安全的途径。而对于还在母乳喂养期的宝宝来说，母乳中的钙就足够了。如果给宝宝喂服钙片，反而会影响吃奶量，影响营养的吸收。

因此要保证宝宝不缺钙，母亲可以注意适量摄入些含钙丰富的食品，如牛奶、鸡蛋、瘦肉、干果等，都可以帮助母亲补充钙、锌等，而宝宝只要通过母乳喂养就可以得到足够的钙了。同时还要注意多给宝宝晒太阳，利于维生素 D 的合成，以促进钙的吸收。

8. 新生儿期要加喂鱼肝油

佝偻病是一种常见的慢性营养不良性疾病，是由于身体内维生素 D 不足而造成钙磷代谢失常，使体内钙盐不能正常地沉着在骨骼的生长部位上，所以骨骼发生病变，出现畸形。同时，还影响神经系统、肌肉系统、造血系统、免疫系统的功能。佝偻病虽然很少直接危及生命，但因发病缓慢易被忽略，一旦发生明显症状时，机体的抵抗力已明显下降，容易得肺炎、腹泻。得病后表现病程长、病情重、病死率高。

体内维生素 D 主要依靠晒太阳的作用形成。因阳光中的紫外线能将皮肤中的 7-脱氢胆固醇变成胆骨醇，即维生素 D_3。其次，食物中也含少量维生素 D，特别是浓缩鱼肝油中含量较多。

一些在冬春季节妊娠的孕妇，如果在孕晚期没有补充维生素 D 及钙剂，出生的新生儿非常容易发生先天性佝偻病。新生儿期很少晒太阳，而人奶、牛奶含维生素 D 很少，不能满足每日的需要量，导致佝偻病加重，影响生长发育。为了防止新生儿患佝偻病，在新生儿出生半个月时，必须加服鱼肝油。

9. 为宝宝做正确的骨钙检查

不少父母常常不知道如何判断自己的宝宝是否缺钙？在医院检测中，头发和血液两种检测方法，哪种更能真实反映宝宝的含钙水平？

有关专家介绍，取宝宝的头发来检测其缺钙与否是没有科学依据的，结论也不可信。比较可信的是检测耳朵、手指等末梢血来查骨钙，这才能真实反映宝宝的含钙水平。一般医院是做血生化（抽静脉血查血钙、血磷、碱性磷酸酶）和骨骼X线检查（腕部X线照片）来判断有无佝偻病。

10. 新生儿也会低血糖

新生儿也会发生低血糖，一般多发生于出生后的2～3日内，常见于早产儿、足月小样儿、糖尿病母亲的巨大新生儿及新生儿缺氧窒息、硬肿症、感染败血症等。

（1）症状：低血糖症状轻的患儿可出现面色苍白，口周青紫，出冷汗，哭闹不安，全身肌肉软弱无力，体温偏低，心动过速等症状，或有到处寻找奶头要吃奶的明显饥饿现象。症状重的患儿则表现为哭声低弱，各种反应差，眼球出现异常的转动，心跳加速，肌肉震颤，腱反应亢进，阵发性呼吸暂停或增快，嗜睡、惊厥，甚至昏迷。

新生儿发生低血糖会妨碍神经组织中正常的新陈代谢活动，尤其是物质合成代谢，从而使脑细胞能量代谢障碍、脑细胞肿胀、软化、坏死，临床上出现智力低下、脑瘫等神经系统后遗症。因此对新生儿血糖的监测是十分重要的，尽量要做到预防为主、早期诊断及时治疗，这样才能降低发生率，减少脑损害。

（2）新生儿低血糖的原因

①早产儿及小样儿体内糖原的储存量少，出生后维持体温、呼吸、肌肉的活动，都要靠糖类物质来供应能量，如果不及时补充则很容易发生低血糖。

②新生儿如患有呼吸窘迫综合征，硬肿症、溶血症时，往往不能很好地进食，体内现有的葡萄糖消耗量又大，从而导致低血糖。

③母亲患有糖尿病或新生儿患有半乳糖血症、糖原储积症等遗传性疾病，也会出现小儿低血糖。

④如果快速葡萄糖输入可能刺激新生儿内源性胰岛素分泌增加，当突然停止葡萄糖输入时，可能发生反应性低血糖。因此，对窒息后新生儿，尤其是低出生体重儿，输注葡萄糖后应逐渐减量至停用，可避免发生反应性低血糖。

⑤一些疾病如激素缺乏、糖尿缺陷、先天性垂体功能低下等，还有先天性代谢性缺陷，如枫糖尿症、半乳糖血症等，均能导致糖减少。

（3）防止新生儿低血糖的方法：新生儿低血糖在早期（血糖在1.7～2.2毫摩/升）往往无症状，但可能引起脑的损伤。因此，在新生儿出生后的24小时内，必须加强血糖的监测，最早1次应在出生后的30分钟进行，随后可根据实际情况，在第1、2、4、6个小时各检查一次。如果发现血糖低于2.2毫摩/升就应给予补充葡萄糖。另外，母亲最好及时喂奶，若是早产儿或不会吸吮者，可用滴管或鼻饲喂奶。

当然，孕妇合理进食是预防新生儿低血糖的关键措施。自然分娩的产妇在产程前后应适当进食，少食多餐，以富含热能的流食、半流食为主，如果汁、藕粉、稀面条、稀饭等。当产妇因情绪紧张、焦虑而缺乏食欲或畏惧进食时，可给予5%～10%葡萄糖静脉注射。剖宫产的新生儿比自然分娩的新生儿更容易出现低血糖，这与孕妇禁食时间长和术中补盐多于补糖有关。对此，术前给孕妇注射5%～10%葡萄糖注射液，可提高其产时血糖浓度，有利于改善宝宝对糖的需求。

巨大儿要提早喂养，出生即可喂奶或糖水，以防发生低血糖，可以按照2个小时喂1

次进行。如果喂养困难，可以静脉滴注5%～10%葡萄糖液，此时要注意静脉滴注葡萄糖的浓度不能过浓，速度不能过快。

11. 冬季出生的新生儿春季易抽搐

有些冬季出生的新生儿在来年的春季会发生抽搐，这常常不是由于大脑病变或感染造成的，而是因为钙的缺乏所引起的抽搐症。

(1)病因：因为冬天出生的新生儿到户外晒太阳的机会少，体内维生素 D_3 的水平也低，就会影响钙的吸收。加之一些新生儿甲状旁腺发育不成熟，缺乏代偿体内血钙水平的能力，这就使来年春季容易发生抽搐。

(2)预防：关键是给新生儿储备和补充足量的维生素D。

①常晒太阳。根据天气和日光的情况，父母每天抱着宝宝到户外或阳台上晒太阳。注意：玻璃窗能阻挡紫外线通过，所以不能隔着玻璃窗晒太阳。

②滴入鱼肝油。新生儿，尤其是冬季出生的新生儿，可自出生后第3～4周起，每天加服1滴浓缩鱼肝油，待逐步适应后加至3～5滴。同时补充适量钙粉，但每日不得超过0.5克。早产儿、双胞胎或发育特别快的新生儿，口服浓缩鱼肝油的剂量应加倍，但不应超过5滴，以防鱼肝油中毒。在服用鱼肝油时，应注意新生儿的大便，如果大便多而稀，是消化不良的表现，应少量、慢慢地增加，使新生儿的胃肠道有个适应的过程。

12. 常见的新生儿产伤

新生儿产伤常由困难的产科手术、产程延长或分娩处理不当所引起。因此，积极提高助产技术，对防止新生儿产伤非常重要。

(1)头皮血肿：由于分娩时新生儿颅骨骨膜下血管破裂，血液积留在骨膜下所致。可因胎头负压吸引、产钳手术等引起，亦可见于自然分娩的新生儿。血肿多位于顶骨，偶见于枕骨和额骨。一般在产后数小时甚至数天内逐渐增大，常以颅骨边缘为界限，而不越过骨缝。血肿外覆盖的头皮不变颜色，血肿下的颅骨一般无明显骨折，但偶有颅骨线形骨折者。本病吸收较慢，常需数周，也有机化持续数年者，多不需特殊处理，但应防止揉擦。初期可冷敷，肌内注射维生素 K_1 100毫克每日1～2次，持续2～3日。血肿较大者，5日后在严密消毒下，自血肿内抽血，局部压迫包扎。

(2)颅内出血：由于分娩过程中的机械性损伤所致，如产钳术、胎头吸引、臀位后出胎头困难等，头颅被挤压，导致颅内血管破裂。此外，如分娩过速，由于外界压力的迅速变化亦可引起新生儿颅内出血。

(3)骨折

①锁骨骨折。锁骨骨折是产时损伤性骨折中最常见的一种。常发生在巨大胎儿肩周径过大、肩部娩出困难时，亦可发生在臀位牵引时，顺产时偶尔见到。损伤侧肩部运动受到影响或完全不能活动。体格检查时，见局部肿胀，折断处有骨摩擦音，必要时做X线摄片方可确诊。治疗可在患儿腋下置一个棉垫，将患侧上肢用绷带固定于胸部，两周后常可愈合，预后良好。

②肱骨骨折。肱骨骨折大都由臀位手术引起的。骨折多发生于骨干中段，系横断骨

折，有移位。治疗可在患儿腋下置一个棉垫，使肘关节处于直角位，用绷带缚于胸侧，2周后常可愈合。骨折端重叠和成角亦可在短期内自行消失。

③股骨骨折。在臀牵引时，用手勾出下肢，容易造成股骨骨折。骨折后局部肿胀严重及骨摩擦音，同时由于屈肌的收缩，使近侧断端向前移位，造成向前成角畸形。治疗可用小夹板固定或悬垂牵引，常于2周愈合，一般不会遗留畸形。

(4)周围神经损伤：臂丛麻痹是新生儿出生时因臂丛神经丛受伤引起的部位性或完全性麻痹。在头位产时，当肩部不易娩出而用力拉头部时发生，或在臀位产时，胎头不易娩出，强拉锁骨上窝时发生。表现为手臂下垂、内旋内收贴身，前臂不能弯曲，有时有前臂小肌群瘫痪。如果由于出血或水肿压迫造成损伤，功能可很快恢复，但如神经断裂将造成永久性的麻痹，尤其在三角肌有损伤时则更严重。治疗采用局部按摩或针灸疗法，可使麻痹的肌肉松弛，防止继发性挛缩。

13. 早期发现新生儿锁骨骨折

新生儿锁骨骨折是产伤性骨折中最常见的一种，有时症状不明显，易被医生或家长忽略，如不能及时发现和治疗，易造成严重后果。本病常发生于体重过大、分娩困难的新生儿，男女比例为2 ：1。

(1)原因：本病的发生常由于胎儿迅速下降，前肩胛部挤向产妇的骨盆耻骨联合处，使脆弱的锁骨极度弯曲而发生骨折；助产人员牵拉胎儿肩部用力过猛，强拉胎儿娩出至骨盆口时，两肩剧烈向内压而引起。骨折多发生于中央或中外1/3段，呈横形骨折，并有移位，也有不完全性骨折(青枝骨折)者。

(2)早期发现新生儿锁骨骨折的方法：对于有难产史、出肩困难的新生儿应进行细致的体格检查，将新生儿头部放于中位，检查者由外向内沿锁骨仔细触摸，体会双侧锁骨轮廓是否清楚，两侧是否对称。正常时锁骨呈S形，局部软组织无肿胀及压痛。锁骨骨折时，触摸锁骨双侧不对称，患侧锁骨有增厚模糊感觉，当触到骨折处时患儿会哭闹，两上肢活动度不一致，患侧上肢可能因活动时疼痛而呈现假性麻痹，痛肢紧贴胸部；局部软组织可能肿胀、压痛；有骨摩擦或骨痂形成。拥抱反射两侧不对称，患侧减弱或消失。

(3)处理：对于青枝骨折一般不需处理，对完全性骨折者，以前均以“8”字绷带固定两周，但现在主张对患侧上肢应减少牵拉，避免病情加重，随着新生儿的生长发育，肩部增宽，错位及畸形都能自行消失。预防在于提高助产质量及技巧。

14. 引起新生儿胸锁乳突肌血肿的原因

新生儿胸锁乳突肌血肿是由于分娩时胎头旋转过度或强度牵引所致，轻者仅有胸锁乳突肌的血管破裂，造成肌鞘内出血，重者肌纤维部分或全部断裂，同时有血管破裂，形成血肿。常见于臀位产的新生儿，临床上比较多见。

(1)表现：患儿一般在出生后1周左右出现症状，表现为头向患侧倾斜，下颌及面部转向健侧，下颌抬高，头颈活动受限，在胸锁乳突肌中下1/3部位可触及梭形或椭圆形肿块，触及有疼痛貌，质较硬如软骨，可随肌肉移动，局部皮肤无异常，血肿以右侧多见。出生后2～4周内逐渐增大，如橄榄大小，往往从2个月开始缩小，在3～6个月后逐渐吸收消失。

(2)处理:一旦病情发展,胸锁乳突肌发生挛缩,成为无弹性的纤维带而导致斜颈,出现这种症状时,可让宝宝仰卧于母腿部,两足紧贴母腹,头部伸展于母两膝处。把宝宝转向健侧,连续 20～25 次,每日做 2～3 回,配合局部按摩硬结,若 1～2 年仍不消失,可做矫形手术。

15. 新生儿髋关节脱位

(1)病因:先天性髋关节脱位,即股骨头不在髋骨臼窝里,或容易从里面滑出来,是比较常见的先天性畸形之一。本病的发生与许多因素有关,如遗传、母亲激素的影响、护理不当等。女孩发病比男孩多,左侧脱位比右侧多,单侧脱位约为双侧的 1 倍。

先天性髋关节脱位,以后脱位为多见,出生时即已存在,病变累及髋臼、肌骨头、关节囊、韧带和附近的肌肉,导致关节松弛,半脱位或脱位。有时可合并有其他畸形,如先天性斜颈、脑积水、脑脊膜膨出,其他关节先天性脱位或挛缩等。

(2)先天性髋关节脱位的症状

①关节活动受限。在儿童期先天性髋脱位通常是以无痛和关节活动不受限为其特点。然而在婴儿和新生儿时期则恰恰相反,有暂时性关节功能障碍,呈某种固定姿势。典型症状为患儿肢体呈屈曲状不敢伸直,活动较健侧差,无力,牵拉下肢时则可伸直,但松手后又呈屈曲,少数患儿下肢呈外旋位,外展位或两下肢呈交叉位,甚至髋关节完全呈僵直状态,少数患儿在牵拉下肢时哭闹。

②肢体缩短。单侧髋关节脱位常见患侧肢体缩短。

③其他常见症状。如大阴唇不对称,臀部、大腿内侧或腘窝的皮肤皱褶加多,加深或不对称,会阴部加宽,有时可在牵动患肢时有“弹响声”或弹跳感。

(3)新生儿髋关节脱位的治疗:髋关节不牢固的新生儿,在出生后很快就能恢复。但是如果新生儿髋关节先天性脱位,在 2 周时得不到恢复,可以采取夹板固定的办法,使新生儿的股骨头固定在骨窝里面,夹板一般戴 2～4 个月。当去掉夹板时,髋关节理应恢复正常。到下次例行检查时,如果脱位还没有恢复,只好开始长达儿周时间的股骨头牵拉的办法,强使股骨头进入骨窝。牵拉后,必须戴夹板或打石膏,坚持几个月。

先天性髋关节脱位治疗越早越好,如果在新生儿和婴儿期治疗,孩子将来走路正常,也不会在以后的生活中有什么影响。但是如果耽误了治疗,就有可能造成永久性的跛行,或是髋关节炎。

16. 新生儿唇腭裂做手术的时间

唇裂俗称“兔唇”,腭裂俗称“狼咽”。其形成的原因主要为两方面,即遗传因素和环境因素。环境因素是指胚胎在母体内生长发育的环境。现代医学证实了胎儿的唇腭发育是在胚胎 12 周内完成的,尤其是在怀孕后的前 3 个月内,一些影响胚胎发育的因素(如微量元素及维生素缺乏、病毒感染、损伤、不良精神刺激、某些药物等)可以直接导致唇腭发育障碍,因此,妊娠早期的妇女应避免一切不良精神刺激,注意劳逸结合,防止病毒感染,慎用药物。

一旦发生唇腭裂,畸形表现在面部,这不仅直接影响患儿美观,而且对其今后的生活、发育及心理都会产生不利的影响。因此，对唇腭裂患儿施行早期治疗是父母迫不及待地要求，但同时又因为考虑到新生儿能否忍受手术而犹豫不决，因此，如何选择手术时间尤为重要。

关于唇裂的修复年龄，宜早不宜迟，原则上只要避开新生儿黄疸期即可进行手术治疗，也就是通常在出生后 3 日内或 10 日后，倘若患儿因黄疸延迟消退，可考虑在出生 3 周后再行手术。至于双侧唇裂患儿暂可考虑先做一侧手术，另一侧待半年后再予治疗。

17. 新生儿外科疾病的信号

新生儿的外科疾病临床表现有特殊性，往往需要仔细观察，才能早期诊断、及时治疗。其主要临床表现如下：

(1)呼吸困难：正常新生儿呼吸 40～44 次/分，呼吸困难常表现为运动减弱、次数增加、点头状呼吸同时伴有呻吟。新生儿期常见于自发性气胸、膈疝所致。如初次吃奶后即发生呼吸困难，同时伴有咳呛，则应高度怀疑食管闭锁。

(2)呕吐：新生儿持续性呕吐常提示有严重的器质性疾病，如出生后 48 小时内出现呕吐，尤其是吐出胆汁样液体，应怀疑先天性疾病所致的消化道梗阻。出生后 2 周左右出现逐渐加重的喷射性呕吐，应怀疑先天性肥厚性幽门狭窄或胃食管反流。

(3)腹胀：腹胀伴呕吐多见于肠梗阻、胃肠道穿孔、胎粪性腹膜炎。高位梗阻常以频繁呕吐为其特点，低位梗阻则以腹胀为明显，如果腹胀同时伴有面色苍白、血压下降等现象，则应高度怀疑肝破裂、脾破裂出血所致的血腹。

(4)腹部肿块：除右上腹肿大可能是肝脏、下腹肿大可能是充盈的膀胱外，在腹部扪及的肿块常为内脏的积水、囊肿或是肿瘤。

(5)便秘：出生后无胎粪排出，首先应注意是否有肛门畸形，24 小时内无胎粪排出，提示有肠梗阻，而以肠道畸形可能性最大。

(6)便血：便血同时伴有呕吐、腹胀，多见于肠旋转不良、肠坏死。先出现腹泻，以后出现血便，并有腹胀、呕吐，则应高度怀疑出血性坏死性小肠炎，尤其是见于未成熟儿。

(7)黄疸：新生儿出生后 2～3 日出现轻度黄疸，第 2 周开始消退，常为生理性黄疸。如果黄疸持续不退并进行性加重应怀疑为新生儿肝炎综合征或先天性胆道闭锁。

18. 新生儿畸形足的原因及治疗

新生儿畸形足属于先天性畸形，指脚形状扭曲或是位置不正。男孩的发病率比女孩的发病率高 3 倍。造成畸形足的原因是胎儿在子宫内的姿势不正常（姿势性畸形足）或者是足骨发育畸形（结构性畸形足）。

在医院检查脚的活动能力，如果正常，属姿势性畸形足，无须治疗；活动受限则说明属于结构性的畸形足，治疗包括脚部推拿，用胶布和夹板固定脚的位置。如果在 3～6 个月时脚形仍没有改变过来，则需要做手术，使之矫正，然后用石膏固定 3 个月。经过治疗以后，姿势性畸形足在出生后几周就可自行恢复。结构性的畸形足在推拿或绷带疗 2～3 个月后，一半左右的宝宝都能恢复正常。只有少数需要多次手术，治疗需 5 年以上，才能使脚的外形与功能接近正常，但不能完全恢复。

第十四章 新生宝宝的早期教育

一、了解宝宝的大脑发育

1. 新生宝宝能运动

胎儿在子宫内就有运动，即胎动。出生后的新生儿已有一定活动能力，如新生儿会将手放到口边甚至伸进口内吸吮。四肢会做伸屈运动，当你和宝宝说话时，宝宝会随音节有节奏地运动，表现为转头、手上举、伸腿类似舞蹈动作，还会对谈话者皱眉、凝视、微笑。这些运动和语言的韵律是协调的，有时宝宝用手试图去触摸母亲说话的嘴，实际上宝宝是在用运动的方式和成年人交往。

如果你将新生儿扶着竖起来，使他的足底接触床面，有的新生儿会两腿交替迈步走路；当竖着抱新生儿时悬垂的足背碰到桌子边缘，新生儿会自动迈步踏到桌面上，很像上台阶的动作；当你把新生儿俯卧时，有些新生儿竟能稍微抬一下头或左右移动一些，以免堵住鼻孔；当新生儿被扶坐位时头可竖立1～2秒或以上，保持俯卧位时，宝宝可能会有爬的动作，口有觅食的活动，手有抓握动作，并有抓住成年人的两个手指使自己悬空的能力。

2. 新生儿大脑发育有先有后

有研究发现，新生儿的大脑发育有先有后，大脑中控制视觉和运动的区域最先发育，而负责抽象思维的区域却发育较晚。

专家在新生儿出生后的头几个月内给他们进行高清晰度磁共振成像扫描。扫描结果表明，新生儿出生后几个月内大脑后部控制视觉和其他感官信息的区域处于“疯狂发育期”，而这一阶段大脑中额叶前部负责抽象思维的区域没怎么发育。新生儿大脑灰质的发育也比白质要快得多，在头几个月内，灰质会增加40%，而白质增加极少。灰质和白质是大脑中重要的两类组织，灰质包含了大部分神经元，而白质则包含不同大脑区域神经元之间的纤维连接。

扫描还发现，新生男婴比女婴的大脑平均大10%左右，这一点与成年男女大脑相一致。但是大脑的不对称性在新生儿期和成年人期却恰恰相反，成年人大脑的右侧一般稍大于左侧，而新生儿大脑却是左侧平均比右侧大4.3%。这表明，成年人大脑的不对称性是在出生后的发育过程中逐渐形成的。

3. 新生儿大脑发育的特点

(1)大脑的重量迅速增加。一般来说，新生儿出生时脑重为360克左右，在良好的哺育下，大脑几乎每天增加约1克的重量。

(2)大脑组织结构不断变化。

(3)神经突起，树状突和神经纤维的数量也都迅速增加。

(4)传导通路的发展非常迅速。神经纤维成束状区域已经能够发生兴奋。

(5)神经纤维本身的结构也有变化，大脑的某些区域已经能够发生兴奋。

(6)适当的刺激可以使神经纤维更快地鞘化，加快神经联系的形成和巩固，这是新生儿能够学习的保证。

4. 判断新生儿聪明的早期迹象

新生儿到底有多聪明？这是许多父母关心的事。在出生时，聪明的新生儿可能要比其他宝宝更机警。有些新生儿从一开始就能独自把头抬高一会儿，仿佛在环顾四周，对生活有强烈的好奇心；并且在抱他时，你会感觉到这一点。如果他似乎避开某个东西，那就表明他能区分什么是让他感到愉快的，什么不是，这也就是心理活动的开始。

新生儿脑细胞的数量已接近成人，如果父母不关心他们的话，那么这些脑细胞就会很快死亡。一个总是看白色天花板的新生儿，表情就迟钝；而如果给他们多看些各种各样、颜色不同的玩具、鲜花，就会引起新生儿的注意力和好奇心，大脑细胞就不会死亡，会变得很聪明。

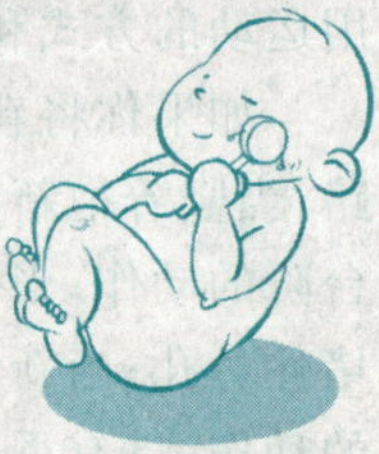

新生儿笑得越早，聪明的可能性就越大。尽管这不是完全可靠的迹象，但它是个象征。很早就开始笑的新生儿常常会成为聪明活泼的儿童。

新生儿身上不同能力的发展速度是不同的。尽管这些能力之间有某些关联，但是根据一、两种已测出的能力的发展来判断其他能力的发展是难以做到的。新生儿的某些技能与其身体发育状况有关，有些与经验有关，而有些与两者都相关。在设法判断新生儿聪明的早期迹象时，要把他作为一个完整的人来看。

5. 新生儿和成年人的交往

新生儿和父母或看护人交往的重要形式就是哭。正常新生儿的哭有很多原因，如饥饿、口渴、尿布湿等，还有在睡前或刚醒时不明原因的哭闹，一般在哭后都会安静入睡或进入觉醒状态。年轻父母经过2～3周的摸索就能了解新生儿哭的原因，并给予适当处理。

新生儿还用表情，如微笑或皱眉及运动等，使父母体会他们的意愿。过去都认为在父母和新生儿交往中，父母起主导作用，实际上是新生儿在支配父母的行为。

6. 哭声越丰富，宝宝越聪明

德国的研究人员最近发现，新生儿在刚出生1周内啼哭的声调越丰富，表明他长大以后语言能力越强。反之，旋律单一的哭声预示着他以后学说话难度会大些。这个研究小组目前已经对36名宝宝进行了相关分析。刚出生第一周，新生儿的声调曲线只是简单地起伏变化，到了第二周，声调曲线就变得复杂了。

研究人员认为，宝宝发出丰富多变的声调曲线时间越早，以后学说话时就能越多地学会各种词语，甚至语言。这项研究的科学意义在于，对于那些啼哭声单一的宝宝，可针对性地尝试进行音乐方面的训练，以帮助其提高语言能力。

二、对宝宝进行早期教育训练方案

1. 让新生儿快速感觉到母爱的方法

当小宝宝平安降临人间后，他的身体和妈妈的身体虽然分离了，可是，亲子之间的心与心却是连在一起的。这种心与心的相连直接影响着亲子关系的质量，与小宝宝今后的身心健康发展有着密切关联。所以，成为母亲之后的第一件事就是如何与小宝宝之间产生心与心的亲密结合。具体该怎么做呢？

(1)拥抱宝宝：小宝宝对最初抱自己的人会毕生难忘。所以，在出生后2小时以内，拥抱小宝宝是十分重要的。

(2)肌肤接触：当妈妈和小宝宝在一起时，最好让小宝宝不着衣物，躺在妈妈的胸前，让他能听到他在腹内时已听惯了的心脏跳动的声音。这能缓和小宝宝的不安情绪。

(3)让宝宝吮吸乳头：虽然可能还没有母乳，却要让小宝宝来吮吸妈妈的乳头，以此让小宝宝记住妈妈的体香。

(4)注视小宝宝：小宝宝因为对妈妈很感兴趣，所以，他可能会注视妈妈的脸。这时，要把他抱在离自己15厘米的距离之内，以使他能看清。同时，妈妈也要充满爱意地注视他的眼睛，这点对小宝宝来说很重要，他会感受到妈妈的爱意。

2. 对新生儿进行早期教育的方法

我们总是说“教育要从小抓起”，专家指出，从出生到2岁是大脑生长发育最快的时期，良好的刺激对新生儿促进大脑结构和功能的发育极为重要。

研究证明从新生儿期开始早期教育可以促进智力发育。那么如何从新生儿期开始进行早期教育呢？

(1)当宝宝觉醒时，可以和他面对面地说话，当宝宝注视你的脸时再慢慢移动你的头的位置，设法吸引宝宝的视线追随你移动的方向。

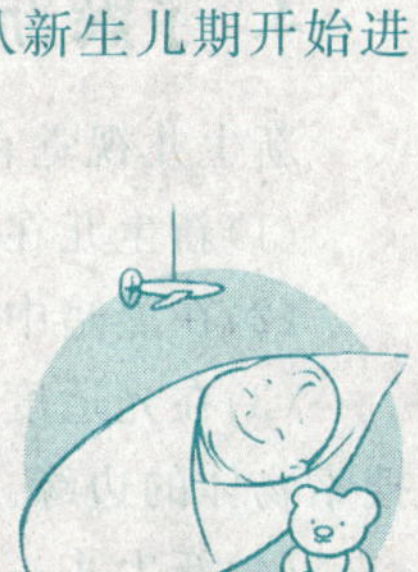

(2)在宝宝耳边(距离约10厘米)轻轻地呼唤他的名字，使他听到你的声音后转过头来看你，还可以利用一些能发出柔和声音的小塑料玩具或颜色鲜艳的小球等吸引宝宝听和看的兴趣。

(3)在宝宝床头上方挂些能晃动的小玩具、小花布头等，品种多样，经常更换，可锻炼宝宝看的能力。

(4)平时无论喂奶或护理新生儿时，都要随时随地和宝宝说话，使宝宝既能看到你，又能听到你的声音。

(5)可以播放一些优美、柔和的音乐给宝宝听，经常爱抚宝宝，使宝宝情绪愉快，四肢舞动。

其实早期教育新生儿的方法有很多，这里只是说了一些容易做到、很平常的方法。如果父母还有其他一些方法，只要科学合理，有助于新生儿智力的开发，都可以采用。

3. 新生儿的感知训练

新生儿时期是感官迅速发育时期，如果能进行及时恰当的训练，将会促进感觉器官的完善、大脑发育和智力的提高。

(1)视觉刺激

①新生儿出生15日就能识别颜色，可在宝宝小床上方距离宝宝脸部15～20厘米处悬挂各种颜色鲜艳、有声响的彩球、摇铃等，给宝宝观看。

②在宝宝的小床附近贴一些清晰的亲人画像，如爸爸、妈妈，让宝宝看亲人的画像。或者妈妈在给宝宝喂奶时，亲切地望着宝宝，让宝宝也看着妈妈的脸。

③宝宝出生10日时，用一张较大的白纸，将半边涂黑，宝宝仰卧时，在距宝宝30厘米处让宝宝看明暗图，宝宝的眼球会在黑白两个画面上移来移去。

(2)听觉刺激

①用各种发声玩具，如摇铃、拨浪鼓，引导宝宝听声转头。

②选择一些短小、悦耳的轻音乐，在宝宝吃奶或睡觉醒来时，放给宝宝听，或者妈妈在给宝宝喂奶时，唱一些抒情、优美的歌曲给宝宝听。

(3)触觉刺激

①妈妈给宝宝喂奶时，用手指轻轻触宝宝的脸颊，当触宝宝的右脸颊时，宝宝的头会往右侧转过来；当触宝宝的左脸颊时，宝宝的头会往左侧转过来。或者妈妈把着宝宝的小手让宝宝摸摸妈妈的脸、鼻子和宝宝自己的脸、鼻子等。

②让宝宝抓握成年人的手指，或者试着让宝宝抓握一下小玩具，如拨浪鼓、小摇铃等。

(4)嗅觉刺激

①烧饭或吃饭时，让宝宝闻闻饭菜的香味。

②天气好时，把宝宝抱到花园里，让宝宝闻闻花香。

4. 了解新生儿的视觉规律

新生儿视觉有5大规律。

(1)新生儿在清醒时，只要光不太强，都会睁开眼睛。

(2)在黑暗中，新生儿也保持对环境的有控制的、仔细的搜索。

(3)在光适度的环境中，面对无形状的情景时，新生儿会对相当广泛的范围进行扫视，搜索物体的边缘。

(4)新生儿一旦发现物体的边缘，就会停止扫视活动，视觉停留在物体边缘附近，并试图用视觉跨越边缘。如边缘离中心太远，视觉不可能达到时，宝宝就会继续搜索其他边缘。

(5)当新生儿的视线落在物体边缘附近时，便会去注意物体的整体轮廓。如新生儿在观看白色背景上的黑色长方形时，其视线会跳到黑色轮廓上，在它附近徘徊，而不是在整个视野游荡，这表明新生儿偏爱注意对比鲜明的图案，而且偏爱注意轮廓或形状的边缘，而不是图案的内容。

5. 新生儿的视觉训练

在孩子的所有感官中，眼睛是一个最主动、最活跃、最重要的感觉器官，大部分信息都是通过眼睛向大脑传递的。很多家长认为自己孩子只要能看见物体便是正常的，殊不知，“对眼”、“斜眼”等视觉障碍均由于家长后天不注意对孩子视觉培养造成的。

那么，怎样才能正确训练宝宝的视觉呢？

(1)新生儿天生最爱看人脸，在宝宝觉醒时，要多和他们面对面地交流。父母应以慈祥的目光注视宝宝，经常用笑脸吸引他们的视线，这对促进宝宝视觉及脑功能的发展至关重要。

(2)为新生儿创造一个良好的视觉环境。室内的光线要柔和，过亮会使宝宝睁不开眼，过暗又看不清东西，均不利于视觉刺激。要给新生儿看不同形状、颜色和大小的物体。

(3)父母可以在小床上方挂2～3种颜色鲜艳的玩具，颜色要纯正，如红、绿、蓝色的气球、吹塑小动物或其他能转动的玩具，甚至塑料花、小花手绢均可。注意：每隔几天要换换玩具；挂的方位不要固定，通过不停地变换玩具位置，训练宝宝改变视觉方位，协调左、右眼的灵活运转，以免引起斜视。

(4)为了丰富内容，吸引宝宝的注意力，爸爸妈妈还可将玩具系在绳上，在宝宝眼前先做有规律的水平方向移动和垂直方向移动，然后逐步过渡到水平与垂直方向交替进行，速度先慢后快，训练宝宝眼睛追逐左右、上下变化物体的能力。

(5)可以给新生儿看红光，方法是准备一个手电筒，外面包一块红布，距新生儿20厘米左右给新生儿看红光，父母要上下左右慢慢移动电筒，速度以每秒移动3厘米左右，大约1分钟摇动12次，每次距离为30～40厘米，让新生儿的目光追随和捕捉红光，从而训练新生儿目光固定及眼球的协调能力。这些训练可每日1次，每次1分钟。

(6)在距离新生儿15～20厘米处，放置印有黑白脸谱、条纹及同心圆图形的卡片，促进新生儿的视觉分辨能力。父母在这时要观察新生儿注视每个图形的时间，以了解新生儿比较喜欢看哪一种图形。

(7)新生儿卧室窗帘可用彩色花布，墙上可贴几张图画。由于新生儿视觉通路不成熟，图画内容最好有一个主题，大小适当，如画得逼真的小动物、人物像、卡通画或水果等。

温馨提示：在训练宝宝视觉的时候，给予的视觉刺激要适度，过度会使新生儿疲劳，甚至产生厌烦感。

6. 新生儿的听觉训练

听见声音是宝宝认识世界和学会说话的一个最起码的能力。出生时，宝宝就能听见声音了。人们可以用简单的方法来检查新生儿有否听觉：当摇铃时，宝宝能安静下来，这就说明宝宝是听得到的。反之，则说明听觉不灵，应到医院仔细检查。

那么，怎样训练宝宝的听觉呢？

(1)出生2周左右时，可以让新生儿听不同的声音，最好是柔和的轻音乐，以训练其对声音的条件反射，培养听音控制动作的能力。

(2)训练听觉的玩具包括音乐盒、摇铃、拨浪鼓等，宝宝清醒的时候，父母可以轻轻摇动玩具，发出声响，引导宝宝转头寻找声源。

(3)父母还可以拍拍手，学些小动物的声音等引逗宝宝，使他们做出向声音方向砖头的动作。

(4)父母平时也要多给宝宝说说话，逗宝宝出声，促进听觉的发展。

(5)除了给新生儿丰富的听觉刺激外，还要接受视觉刺激，只有这样有助于感觉的接通，促进感知觉的发展。

注意：新生儿很容易疲劳，一般每次视听训练不要超过10分钟，以保证新生儿有充足的睡眠。

7. 宝宝的注意力训练

注意力，是一种多面的、动态的、多层次的能力，并且受内在因素和外在因素的影响。大脑的额叶、脑干、丘脑在调节随意注意方面有重要作用。

视觉统合失调的宝宝，对看图看书缺乏兴趣，常呈现疲劳状，模仿极其简单的线条图画也有困难。触觉统合失调的宝宝因触觉十分敏感，所以极力抗拒被抚摸、打针、剃头等，表现为心神不安、易受惊，注意力难以集中。

注意力不集中的心理原因有：缺乏安全感、缺乏耐心、过分依赖或自信心不足等。另外，一些不当的教育方式、不适宜的环境也可以造成注意力不集中。

训练宝宝的注意力主要是给宝宝设定一个目标，让他们自觉地将注意力集中到目标上，帮助他形成有意注意的思维习惯。

下面介绍两种训练宝宝注意力的小游戏：

(1)拼图：让宝宝玩拼图，从最初的两三块起，逐渐增加拼图的块数。拼图要选宝宝熟悉的、喜欢的形象，比如小动物、卡通形象等，让他们完成后有惊喜、亲切的情感收获。如果宝宝入门困难，可以让他们对照着完整图形进行拼搭。

拼图游戏需要高度集中注意力，喜欢拼图的宝宝，有时能达到十分入迷的程度，可在相当长的一段时间里持续研究、拼搭。注意，拼图的难度要逐渐加大，要让宝宝有成功感，才能保持他们对拼图的热情。

(2)小帮手：宝宝对妈妈的日常用品很关注，利用这个特点可设计一些游戏。比如，出门前让宝宝帮忙找你的手袋。手袋要一直放在规定的地方，待宝宝熟悉后，悄悄挪动位置，但不要藏匿，让他们稍加寻找就可以看见。同样的游戏，可转换成找拖鞋、找衣服等。

寻找物件的游戏目标明确，容易集中起注意力，同时的收获是，宝宝耳濡目染养成井井有条的习惯，有益于宝宝形成理性思维和良好的注意力。

8. 给新生儿听音乐的好处

给新生儿听音乐有两方面作用。

(1)培养宝宝稳定愉快的情绪：专家发现，当宝宝戴上耳机后，他们中的大部分就会进入梦乡或是保持安静，乖乖地躺着。因为音乐可以刺激新生儿的神经传输系统，减轻宝宝适应新环境的压力。如果在宝宝睡前放几首催眠曲，或啼哭时放一些轻快柔和的乐曲等，这都利于宝宝平定情绪。

(2)进行听觉训练:研究证明,一个出生 24 小时的新生儿,当啼哭时在他们耳边摇几下响铃,就会马上停止哭声,并睁开眼睛;出生1周的新生儿就能分辨出妈妈的声音。对新生儿来说,听觉比视觉刺激大,生下来就能听到声音,而且会做出反应。不要以为新生儿有时会因响声而“惊吓”,就在屋里禁止出声,这样听觉刺激减少,会影响新生儿听觉细胞的发育和功能的提高。

9. 适合新生儿听的音乐

新生儿适合听什么音乐呢?新生儿的音乐感受性处于朦胧阶段,所以,在给宝宝选择音乐时,无须从音乐的内容多加考虑,只要注意节奏缓慢、快捷,旋律的刚柔,音量的大小等方面,至于是西洋乐、是民乐器乐,还是有伴奏的声乐都无关紧要。但是,诸如迪斯科音乐、摇滚乐等,切不可滥用,因为这类音乐对新生儿身心健康无益,甚至会产生损伤听力,惊悸心脏,钝化听觉敏感等副作用。

新生儿有 2/3 的时间是睡眠,父母就可以从摇篮曲开始放给他们听。年轻的爸爸、妈妈可以通过摇篮曲的音乐,用轻声哼,伴着轻轻拍或慢慢摇,让新生儿边睡觉、边逐渐感受缓慢、安静、力度较弱、音乐柔和的乐感。对新生儿音乐听觉能力的培养不是一朝一夕的事,它的过程是缓慢的,但是只要持之以恒,新生儿的音乐听觉一定会有所提高。

另外,新生儿有天生感受节奏的本能,因为他们在胎儿期就习惯了母亲心跳的节奏,因此播放乐曲最好相似于心跳的节奏,且比较明快、舒展。注意:听音乐不能代替成人的声音,也不能一直放音乐,应该每天在固定的时间听几次,不间断地刺激就失去了刺激的意义。为了催眠放的音乐应该固定,可以形成条件反射。

10. 给新生儿进行音乐早教的方法

通常人们会认为音乐早教就是学习乐器,但是一些传统的乐器学习肯定不适合刚刚出生的宝宝,这时就需要找到既能够尊重天性,同时又能让宝宝快乐地学习、享受音乐的方法。通过这些让宝宝爱上音乐,潜移默化中激发出多方面的潜能,这就是所谓的“音乐早教”。

音乐和声音相比具有不可替代性。人生来就能够辨别音符、音标和旋律,经常受熏陶的话这些能力会更加敏锐,不用则会废退。但普通声音中并不包含任何音乐元素,所以从一出生就“听音乐”对宝宝来说意义重大。

从胎教开始到出生后的 5～6 个月,专家建议父母最好选择一些悠扬、平和、没有歌词的音乐来听,使新生儿有如待在母体内的安全感,对于安抚情绪有相当好的功能。

温馨提示:一些音乐,如《字母歌》、《来到火车站》、《山谷里的农夫》、《祝你早晨好》、《幸福歌》、《希克里・迪克里・多克》、《我是一个小雪人》、《星儿,星儿,闪着光》、《玛丽有只小羊羔》、《祝你生日快乐》、《松饼师》、《伦敦桥》、《我们常相聚》、《一,二,穿上我的鞋》等,都是比较经典的,非常值得宝宝听。

11. 逗引新生儿发音的益处

新生儿生下来就有模仿能力,当妈妈对着他们张口说话时,宝宝会用口来模仿大人的动作，因此大人除了在生活上多关心宝宝外，也要多鼓励宝宝发音，这不仅与宝宝有情感的交流，还可促进宝宝语言的发展。

在宝宝醒着时，妈妈在给他们换尿布、喂奶时要用亲切的声调多与宝宝说话，如“乖乖，妈妈给你换干净尿布呀”，“宝宝不哭，妈妈给你喂奶”，使宝宝一听到有人说话就能安静下来，好像在仔细听。

父母还可以对着宝宝发不同的单音，如“啊、噢、呜”等，并经常不断重复发这些音，当宝宝自动地发出这些音后，父母要给予适当的奖励，如带有表情的赞扬、抚摸、拥抱等，并要用同样的声音回答他们。所以，父母要多加引导，从发出声音、模仿发音、到正确发音，经常逗引宝宝，并与他们互相应答。训练了一段时间，你会发现在宝宝高兴时，或者看到妈妈时，能自动地发出这些音了。

12. 笑是母婴情感的连接

刚出生的新生儿通常在睡眠或瞌睡状态时出现微笑，这是面部肌肉收缩无任何外部刺激的情况下发生的。2～3 周后，当母亲频频与他们说话，触摸他们面颊和胸部皮肤时，宝宝常会露出灿烂的微笑，这微笑令父母感到欣慰，更加抚爱自己的宝宝，并报之以微笑。父母对宝宝的微笑越多、越及时，宝宝也就笑得越多。

笑，增强了宝宝与父母的情感联结，有助于身心健康成长。有人观察，越早出现笑的宝宝越聪明，如果 2 个月还不会笑就有智力落后的可能性。因此，不要忽略宝宝逗笑的训练，让宝宝在快乐的氛围中，在笑声中学会与人交往，为培养良好的性格和社会适应能力打下基础。

怎样使宝宝微笑起来呢？

父母要轻轻抚摩或亲吻宝宝的鼻子或脸蛋，并笑着对他们说“宝宝笑一个”，也可用语言或带响的玩具引逗宝宝，或轻轻挠他们的肚皮，引起他们挥手蹬脚，甚至咿咿呀呀发声，或发出“咯咯”笑声。注意观察哪一种动作最易引起宝宝大笑，经常有意重复这种动作，使宝宝高兴而大声地笑。这种条件反射是有益的学习，可以逐渐扩展，使宝宝对多种动作都大声快乐地笑。

宝宝的笑声是家庭快乐的源泉，经常快乐的孩子招人爱，也能合群，是具有良好性格的开端。

13. 新生儿需要适宜的刺激

刺激是一种信息，它能作用于感觉器官产生神经信号传入大脑，经过分析综合产生感觉或做出反应。适宜的“刺激”可以促进感觉器官的发育和功能的完善，可以促进脑细胞的发育，加强脑细胞之间的联络，提高反应的灵敏程度，从而促进智能的发展。新生儿的各种感觉器官和神经系统已经发育得相当好，对外部的刺激有快的反应，如饥饿、寒冷、疲倦时他们就可能不安静或啼哭。

心理学家说，新生儿的条件反射出现得越早、越多、范围越广，说明他们的心理发育和智力发展越好。所以，为了让新生儿建立更多的条件反射，就必须给他们提供充足的适宜刺激来源。

怎样为新生儿提供适宜的刺激呢？

有的父母说了，既然刺激能帮助新生儿建立条件反射，那就越多刺激越好了。这是不科学的，因为不是任何一种刺激都是有好处的，父母应该为新生儿提供适宜的刺激。那么，怎么样才能给新生儿适宜的刺激呢？

第一，注意在宝宝哺乳、护理活动中为其提供更多更丰富的刺激。例如，喂奶时用轻松的姿势抱着新生儿，用手轻拍和抚摸他们，给他们以愉快、爱抚的感觉。在这一本能行为中，母亲脸和手的晃动、嘴里哼的小曲等，为宝宝提供视觉和听觉刺激，抱姿的变换为宝宝提供运动觉刺激；抚摸、轻拍、母子身体的接触提供触觉刺激；母体的气味，乳汁的气味，乳汁的甜、咸等为宝宝提供嗅觉、味觉刺激等。

第二，继续给予音乐刺激。在宝宝睡醒的时候播放一些欢快的乐曲；睡眠时也常播放一些"背景音乐"，因为新生儿差不多有一半时间处在浅睡眠状态，音乐刺激仍是有效的。

第三，让宝宝适度啼哭和运动。细心观察宝宝的不同啼哭，对他们不饿、不冷、无病的一般啼哭常不予理睬。一般啼哭不仅有利于肺的发育和呼吸功能锻炼，也为宝宝提供了刺激；此外，为宝宝安排一些简单的运动，如肢体的轻度运动和头颈运动等。

第四，适当增加各种感觉器官的刺激内容。如光线的强弱变化、颜色的变换、画面的变更、玩具的变化等，提供丰富视觉刺激；朗读声、说话声、哭笑声、敲击声等各种声响提供听力刺激；时常变换体位提供平衡觉刺激；改变食物味道，提供酸、甜、苦、咸等味觉刺激；提供香味的嗅觉刺激。

14. 为宝宝准备悬挂玩具

新生儿睡醒时，他们会睁开眼睛到处看，所以应该为宝宝预备几幅挂图。一般宝宝最喜欢的是模拟母亲脸的黑白挂图，也喜欢看条纹、波纹、棋盘等图形。挂图可放在床栏杆右侧距宝宝眼睛 20 厘米远让他观看，每隔 3～4 天应换一幅图。

家长可观察宝宝注视新画的时间，一般宝宝对新奇的东西注视时间比较长，对熟悉的图画注视的时间短。

父母可以在宝宝满月后换上彩图，另外在宝宝房间悬挂一些晃动的彩色气球、吹塑球、小灯笼以及能发出悦耳声音的彩色旋转玩具等，让宝宝看和听。悬挂的玩具品种可多样化，还应经常更换品种和位置，悬挂高度为 30 厘米左右。宝宝看到这些悬挂玩具后，会安静下来，不哭也不闹，显得很愉快。

另外，室内墙上也可挂一些彩画或色彩鲜艳的玩具。当宝宝醒来时，大人可把他们竖起来抱抱，让宝宝看看墙上的画及玩具，同时可告诉他们这些画和玩具的名称。当宝宝看到这些玩具，听到妈妈的声音，就会很高兴。

15. 注意宝宝智力的第一次飞跃

荷兰心理学家经多年研究观察发现，孩子智力发展有多次飞跃，每次飞跃发生时间间隔大体相同，而且在开始出现变化时孩子都有几天或几周表现得不安宁。如果父母对此十分关心，那么孩子会更快、更容易地度过这些阶段。

宝宝智力的第一次飞跃时间是出生后第 5 周左右，这时所有的感官都开始工作，并且迅速成熟。变化最明显的是宝宝啼哭时第一次流泪，也更多地以微笑表示高兴；对气味和动静会做出较明显的反应。

16. 宝宝的智力训练

宝宝的智力训练可以从刚刚出生就做起。如何做呢？

(1)飘动的丝带：将几条不同颜色的彩带组成一束，挂在离宝宝眼睛30厘米的一侧，最好挂在窗户附近，让微风将丝带吹舞起来，或者在丝带旁用电风扇吹。当丝带迎风飘动时，宝宝的视觉得到了满足。当然，也可以挂其他的东西。

(2)铃铛：让宝宝握住铃铛等发出声音的小型玩具，起初父母需握住他的手一起挥动，练习数次，宝宝就能自己挥动。然后适当增大玩具的体积、重量，使宝宝提高有意识抓握的灵活性，促进其大脑发育。

(3)走动：在宝宝高兴时，父母可以抱着他们，在室内四处走动，观察色彩鲜艳的气球和彩条、有声音的铃铛等。对宝宝来说，他们所看到的一切事物都十分新奇。

(4)传来传去：让宝宝在亲人之间抱来抱去，并伴随亲昵的爱语，使他们在父母、祖父母之间来来往往，增进亲情，体会愉悦。

17. 动作发育与智力发育的关系

儿童运动的发展是以脑的形态、功能为基础的。现代科学研究发现，在新生儿期，脑细胞的功能尚未发育完善，甚至在2岁以前还有部分的增殖，说明发育中的脑有很强的发展潜力。如果抓紧这个时期进行运动训练，则有利于大脑和小脑功能的发育，从而促进智力发育。

运动能力的发展是认知、语言等其他能力发展的基础和前提，这一方面是指其他能力的发展是在一定的运动能力水平上进行的；另一方面是指运动本身促进了脑的发育，从而有利于其他能力的发展。由此可见，动作发育与智力发育有着密切的关系。

为了促进儿童的智力发育，从新生儿期就应该注意运动能力的训练，尤其是一些精细动作，如抓握玩具、摇小鼓等活动，使他们手的触觉和手眼协调能力不断提高。

18. 尽早建立新生儿的心理依附

有专家对缺乏父母照顾的婴幼儿进行了调查研究，结果表明，这些孩子中有许多存在明显的焦虑、紧张等情绪反应。他们易激动、过敏，睡觉时常会惊醒或者难以自然入睡，体重都明显低于正常标准。

可见，剥夺了孩子依附的基础，即当孩子得不到来自父母的爱与保护时，直接的后果就是他们无法应付环境的各种刺激。这种无法适应，就意味着失调，就会影响孩子的健康发育，甚至削弱他们机体的防病能力。

所以，尽早建立孩子的心理依附是很重要的。那么，怎样建立新生儿的心理依附呢？

正常的情况下，无论母亲采用母乳还是牛奶喂养新生儿，母亲都应该在给新生儿喂食、换衣服或是抱他们时，与新生儿自动地建立起他们所需要的关系。如果由于某种原因，新生儿需要上医院观察或需要特殊护理，母亲应该尽可能与新生儿多接触。即使新生儿处于保育箱中，母亲也可以通过小窗孔触摸、爱抚他们，和他们讲话。如果可能的话，还要给新生儿喂奶。建立新生儿心理依附最重要的就是要母亲尽量缩短与他们的分开时间。

19. 新生儿认知能力的训练

研究证明，高对比度的黑白图形对新生儿最有刺激性。父母可以在床栏的右侧挂上自画的黑白脸形，大小与人脸相似，先画似母亲的脸形，让新生儿在觉醒时观看，父母可用钟表记录新生儿集中观看的时间。一般新的图形会引起新生儿注视 7～13 秒。当新生儿看惯了一幅图后，注视时间缩短到 3～4 秒就应该换另一幅图。

新生儿注视新图时间越长就越聪明，由于注视比逗笑出现较早，所以观察注视时间是新生儿第一个认知能力测验的方法。新生儿以时间反应来区分新图和旧图，表明新生儿具有分辨能力和记忆能力。所以，可用墨笔画女孩和男孩的脸形、竖形条纹、斜形条纹、葡萄状、棋盘状、地图状等供新生儿观看，边说话边逗笑以缓解疲劳，使这种视力分辨与视力记忆训练成为快乐的活动。

20. 新生儿生活自理能力的训练

新生儿初到世间，一切都不适应，饿了要吃，大小便要处理，不如意就哭。大约 3 周后，新生儿生活就会趋向规律化，父母可以试着把他们大小便了。估计新生儿快要排小便了，提前进行。拿过便盆，发出“嘘”的声音，让新生儿排小便，逐渐形成条件反射，一般等到满月时新生儿就懂得排大小便了。父母在把便时应注意新生儿的姿势要舒适，忌头胸贴在一起影响呼吸，应将双下臂紧贴他们的背部，身子略向后倾。一次把便时间不宜过长。培养有规律的大小便习惯，既锻炼了新生儿膀胱括约肌能力，又为妈妈解除了许多育儿烦恼。

21. 新生儿天天早教 10 分钟

新生儿期的早期教育格外重要，父母应根据新生儿的情况每天进行 10 分钟教育，具体如下：

(1)视觉训练：父母可以把一个红球放在新生儿的眼前，引起他们的注视，并可慢慢移动，使两眼随红球方向转动。

(2)听觉训练：用摇鼓或铃在新生儿耳边轻轻摇动，他们听到铃声可转向铃声方向。

(3)触觉训练：母亲可以把乳头伸到新生儿的嘴边，他们会做吮吸的动作。

(4)发音训练：要经常和新生儿讲话，虽然他们听不懂，但是会感到舒适和愉快。

(5)抓握训练：父母可以把有柄的玩具塞在新生儿手中，让他们练习抓握。

(6)动作训练：父母可以给新生儿做被动操，让他们的手足运动 2～3 分钟；有时也可训练他们俯卧，使其抬头，但时间只能在几秒钟之内。

22. 了解新生儿的心理需求

根据新生儿期简单的条件反射的建立和最初心理现象形成的特点，其心理需要的给予可以按照以下内容来做。

(1)母亲要切实做好第一任启蒙老师：母亲要对新生儿多给予抚爱，及早训练与建立新生儿主动寻找食物的条件反射。在每次喂奶时，用亲切温柔的话语与宝宝交流，言语刺激，这对新生儿条件反射的建立帮助极大。此条件反射的建立，属于最初的智力开发内容，对促进心理现象的萌发和心理活动的发展都有一定的帮助。

(2)给予新生儿周到的护理：如按需哺乳，根据天气变化进行护理等，使新生儿获得生理上最大限度地满足，而经常处于舒适感所带来的愉快情绪反应状态，有利于促使良好的心理品质的发展与形成。

(3)母亲的抚爱，应从新生儿出生后就开始：通过与新生儿身体皮肤的直接接触，对促进新生儿皮肤感觉的形成及心理健康发展都起积极作用。

(4)布置一个安静舒适的环境，如丰富的营养、充足的睡眠等，对新生儿脑的发育极有好处：脑是人类心理活动的物质基础，因此，出生后第一个月脑的发育，是心理活动健康发展的基础。尤其是母乳喂养，对新生儿的脑发育更有益处。

23. 运动刺激大脑发育

研究发现，运动本身能刺激大脑相应中枢区域的生长，促进脑的成熟，对心智的发展具有诱导和促进作用。而我们的动作发展正是在运动经验与大脑生长的互动过程中完成的。

当父母给新生儿引导行走反射第一步时，新生儿的大脑通过触觉、位置觉等进行学习，从而逐步建立起对扶走的感知经验刺激进行反应的皮质控制系统。当多次练习后，这种先天拥有的无条件反射，就会逐步变成后天学习到的运动本领。只要被扶起来，就会有意识地向前开步走。在这一互动过程中，动作发展和大脑生长几乎是同步的。

总之，生命在于运动，运动经验对于快速成长的宝宝有着特殊的意义。它不仅能促进大脑获得网络化的生长，而且诱导和促进了心智的发展，是宝宝智力发展的催化剂和领航员。

24. 新生儿也要培养“教养”

新生儿的教养十分重要，不要以为他们只是吃、喝、拉、撒、睡，早期教养是日后身心正常发育的重要基础。其做法如下：

(1)父母要利用一切机会与新生儿说话，内容与生活内容相结合。如“吃奶吧！”、“渴了吗？”、“宝宝真漂亮！”、“妈妈来了！”等。

(2)父母要经常抚摸新生儿前额和全身皮肤，经常搂抱他们，并且在喂奶或换尿布时要感情充沛地望着新生儿，不停地和他(她)说话，以满足新生儿心理需求，加深母子的相互信赖和感情。

(3)促进新生儿视觉的发育。用红气球，经常移动位置给新生儿看，并用深情的眼睛注视他们，不仅可促进新生儿视力，还可促进大脑发育。

(4)锻炼新生儿听觉。可用铃铛在头部的前后左右各方向轻轻摇动，使新生儿追随铃声活动头部；也可选择优美的乐曲放给新生儿听。新生儿哭闹时，将其抱在怀中紧贴母亲心脏部位，当他们听到熟悉的母亲心跳声时，就会立刻安静下来。

25. 多与宝宝交流利于智力开发

父母觉得新生儿不会说话，所以不用和他们交流什么。专家指出，这种做法是不正确的，新生儿是需要交流的。父母要学会与新生儿交流，那么，怎么和不会说话的新生儿交流呢？

新生儿生下来就会看、听、有嗅觉、味觉、触觉，活动和模仿等能力，具备了和大人交流的能力。新生儿的哭是和成人交流的主要方式，表达自己的要求。哭是一种生命的呼唤，提醒你不要忽视他的存在。若你能耐心仔细地观察宝宝的哭，就会发现其中有许多学问。

正常新生儿的哭声响亮婉转，使人听了悦耳。生病的宝宝哭声常常表现为高尖、短促、沙哑或微弱，如遇到这些情况尽快看医生。宝宝哭的原因有很多，如饥饿、尿布不舒适，排尿、排便时；入睡前或刚醒时不明原因的哭闹。宝宝会用不同的哭声表达不同的需要，年轻父母需慢慢地体会，就能正确理解宝宝哭的原因，并予以适当处理。

如果抱起正在哭的新生儿，他不仅可以停止哭闹，而且会睁开眼睛。如果你在逗他，他会注视你，用眼神和你交流。当宝宝发出与你交流的信息时，你不予应答，这样宝宝就不愿意再发出信息了，不利于宝宝智力的发展。

除了哭的方式以外，新生儿还会用表情和你交流，比如通过注视、微笑或皱眉等和你交流。如果父母从新生儿期能正确理解新生儿的表示，就可以促进宝宝交流能力的发展。

细心体会新生儿的各种表达方式，在宝宝觉醒时充满爱心地和他交流，在这个过程中，宝宝在交流中辨别不同人的声音、语义、辨认不同人的脸，不同的表情，保持愉快的情绪，促进了宝宝交流能力，有利于宝宝的智力发展。

26. 新生宝宝记忆力较弱

儿童的认识发展遵循从无意记忆向有意记忆、机械记忆向逻辑记忆过渡的过程，与此同时，长时记忆的能力越来越强。那么，新生儿的记忆发展是怎样的呢？

新生儿一天几乎有 20 个小时是处在睡眠状态中的，从知觉上来说，他们头脑里的世界是一个广大无比、吵吵嚷嚷、毫无统一性的混沌世界。新生儿一出生就有最简单的记忆，如对妈妈抱着吃奶姿势的记忆，熟悉母亲的味道和声音等。

新生儿的记忆力非常弱，不会记很长时间。在 2～3 个月和 6～10 个月的时候会有显著的提高。这与大脑中神经细胞髓鞘的形成和突触形成的加快、皮质前沿的发展和注意广度的增大有关。另外一个发展期发生在 18～20 个月，为孩子开始使用语言表达来帮助记忆的时候。

最近的研究证实，新生儿能区别眼睛看得到的东西。比起有色彩但形状不明显的东西，他们更注意黑色或白色的形状清楚的东西；比起无意义排列的形状相同的物体，他们更注意画有人脸轮廓的东西。另一研究又证实了出生才一天的新生儿也能区别各种声音和气味，如果反复发出同一声音和同一气味，他们马上就习惯了。专家指出，新奇的环境可能使新生儿在一段很长的时间内更容易记忆，尤其是新奇事件包含了气味，声音和运动的时候。

可见，新生儿是能够把听到、感觉到、看到的东西在脑子里记录下来的。也就是说，新生儿从一生下来就能享受各种感觉了。

27. 新生宝宝不宜早早离开父母

宝宝的成长除了需要营养和必需的生活条件外，还需要精神食粮，这一点不是所有父母都能意识到的。而精神食粮就是父母的爱，尤其是母亲的爱。这种爱体现在给宝宝喂奶、喂饭，给他洗澡、穿衣、换尿布，和他说话逗乐，抱他、亲他、陪伴他等。宝宝生活在充满母爱的环境中，会感受到父母与他之间的亲近关系，会依恋，热爱、信赖父母，从而建立起早期的亲子关系。这样的宝宝长大后将是一位感情真挚，充满爱心、心理健康的人。

现在，年轻的父母们大多忙于工作，他们会将宝宝早早送给老人养育，有的则会寄托给别人照管。只是偶尔抽空去看看，这样不但不利于宝宝的身体成长，也不利早期建立亲子关系。尽管老人或其他的照管者会给宝宝无微不至的关心和爱护，但这种爱和感情是无法替代父母的爱和感情的。如果这样的情况一直持续到宝宝 4～5 岁的话，亲子关系就很难建立了。所以，有些父母就会觉得宝宝和自己不亲也是很自然的事情。缺乏早期的亲子关系还会影响到今后亲子之间的感情与家庭关系。

曾有研究发现，如果在宝宝早期由于某种原因与母亲分离，会产生拒食、消化紊乱、夜惊、发育缓慢、个性孤僻、脾气古怪、不容易与他人相处、感情脆弱、情绪不稳等情绪障碍和个人异常。因此，早期建立亲子关系，对宝宝身心的健康发育有着很重要的意义。每位父母都要承担起自己的责任，尽可能地亲自哺育自己的宝宝，和他们建立深厚的感情，这种感情将会使你的宝宝和你都受益终身。

28.“快乐体操”利于宝宝快乐成长

给新生儿做体操要选择合适的时间。给新生儿做操最好是在睡觉之前，这样他们会睡得更香。不过要注意，当宝宝刚吃饱了的时候是不适合做体操的。条件允许的情况下，可以在两“顿饭”之间，让他们活动一下。

新生儿体操不同于抚摸，因为抚摸是局部的皮肤抚摸、按摩，它需要手有一定的力度，进行全身皮肤的抚摸。而新生儿体操，是全身运动，包括骨骼和肌肉。抚摸在刚生出时就可以做，而体操是在出生 10 日左右才开始做。

具体做法如下：

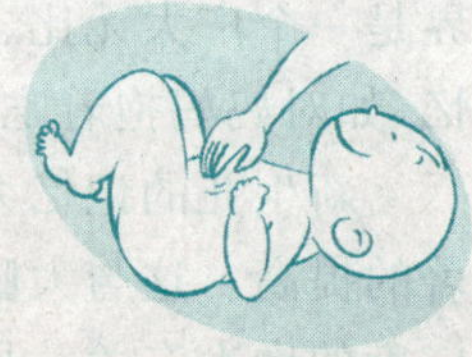

(1)上肢运动：把宝宝平放在床上，妈妈的两只手握着他们的两只小手，伸展他们的上肢，方向为上、下、左、右。

(2)下肢运动：妈妈的两只手握着宝宝的两只小腿，往上弯，使他们的膝关节弯曲，然后拉着小脚往上提一提，伸直。

(3)胸部运动：妈妈把右手放在宝宝的腰下边，把他们的腰部托起来，手向上轻轻抬一下，宝宝的胸部就会跟着动一下。

(4)腰部运动：把宝宝的左腿抬起来，放在右腿上，让宝宝扭一扭，腰部就会跟着运动。然后再把右腿放在左腿上，做同样的运动。

(5)颈部运动：让宝宝趴下，他们就会抬起头来。这样颈部就可以得到锻炼。

(6)臀部运动：让宝宝趴下，妈妈用手抬他们的小脚丫，小屁股就会随着一动一动的。

温馨提示：父母在给宝宝做操时不要有大幅度的动作，一定要轻柔，注意保护宝宝的小手小脚。